住房和城乡建设部"十四五"规划教材

建设部普通高等教育土建学科专业"十一五"规划教材

地下工程

（第2版）

主　编　贺少辉

副主编　曾德光　叶　锋
　　　　项彦勇　李兆平

主　审　张　弥

扫描二维码，免费获取数字资源

清华大学出版社

北京交通大学出版社

·北京·

内 容 简 介

本书结合近年来地下工程设计理论与施工技术的发展,较为系统地介绍了地下工程规划与设计的基本概念、基本原理、主要理论和方法,以及地下工程主要施工方法的工艺过程和技术要点,力求系统、全面,且重点突出、有所侧重。全书共分 4 篇 19 章,主要内容包括地下空间资源及开发利用价值、地下工程地质环境及围岩分级、交通地下工程规划、地下结构设计方法、地下结构计算理论、交通地下工程支护结构类型及参数设计、地下工程结构防水、地下工程结构设计示例、地下水赋存及运动的基本理论、地下水对地铁等地下工程施工的影响、地下工程施工的地下水控制综合技术、地下工程施工方法、地下工程施工监控量测等。

本书主要作为高等学校土木工程专业本科生和研究生地下工程课程的教材或参考书,也可供从事地下工程研究、设计和施工的人员参考。

图书在版编目(CIP)数据

地下工程 / 贺少辉主编.—2 版.—北京:北京交通大学出版社;清华大学出版社,2022.6

ISBN 978-7-5121-4433-0

Ⅰ.①地… Ⅱ.①贺… Ⅲ.①地下工程—高等学校—教材 Ⅳ.①TU94

中国版本图书馆 CIP 数据核字(2021)第 054980 号

地下工程

DIXIA GONGCHENG

责任编辑:严慧明

出版发行:清 华 大 学 出 版 社   邮编:100084   电话:010-62776969   http://www.tup.com.cn

    北京交通大学出版社   邮编:100044   电话:010-51686414   http://www.bjtup.com.cn

印 刷 者:北京时代华都印刷有限公司

经　　销:全国新华书店

开　　本:185 mm×260 mm   印张:32.5   字数:832 千字

版 印 次:2006 年 2 月第 1 版   2022 年 6 月第 2 版   2022 年 6 月第 1 次印刷

定　　价:89.00 元

本书如有质量问题,请向北京交通大学出版社质监组反映。对您的意见和批评,我们表示欢迎和感谢。

投诉电话:010-51686043,51686008;传真:010-62225406;E-mail:press@bjtu.edu.cn。

序

地下工程是北京交通大学的传统强势学科之一。在新世纪,面对国家工程建设的大发展,我校应该保持这一优势,且更应有所作为。为达此目标,有赖于两大方面的成就:一是优秀的教学质量,另一是突出的科研贡献。

地下工程是理论性和实践性俱强的学科。大学生要学好这门课程,我认为有三点最重要:一是教材,二是学生的兴趣和努力,三是教师的布道功夫,且这三者是关联和统一的。

教材是基础,是学生学习和教师组织教学的纲。教师教学好比牧羊。一本好的教材好比一片肥美的草原,能不能把学生引领到这片肥美的草原,那要看牧羊人的功夫;但前提是要有这片草原。

《地下工程》于 2006 年 2 月出版,2007 年 3 月被遴选为建设部普通高等教育土建学科专业"十一五"规划教材,并于 2008 年 3 月出版了修订本,2020 年被遴选为北京交通大学首届优秀教材。本教材自出版发行以来被国内 30 多所高校选作教材,并被众多的专业技术人员选作参考书,发行量达 2 万册,受到了广泛的欢迎! 尤为欣喜的是,经过主编人员的共同努力,为反映教材出版发行十几年来我国地下工程理论和技术的进展,将要出版发行《地下工程》(第 2 版)! 我期待着教材第 2 版尽快付梓。

主编贺少辉教授(博士生导师)是北京交通大学优秀主讲教师,一直在本科生、研究生教学第一线,并作为地下工程课程群的负责人主持这一专业方向的教学。教研相长,他在科学研究和为重大工程提供技术服务方面,同样出色。贺少辉、曾德光、叶锋、项彦勇、李兆平编写的这本教材贯彻了这样的编写原则:贯穿地下工程是由围岩和支护结构组成的结构体系这一主线,吸收地下工程学科领域的最新理论和工程技术成果,以基本原理、基本概念和基本方法的阐述为主,强调内容的系统性、完整性,在关键知识点上力求新、精、深。应该说,这是目前国内全面反映规范、标准修订成果和地下工程最新进展的一本地下工程学科的高等学校教材,也是本教材区别于其他同类教材的显著特点之一,值得大学生、研究生、从事地下工程规划、设计和施工的技术人员捧读。

作为主审,审读之余,很自然地为这本教材的出版做了上述感言。

中国著名隧道与地下工程专家　张　弥

2021 年 1 月

于北京交通大学红果园

前　　言

《地下工程》出版于 2006 年 2 月，修订于 2008 年 3 月。本教材自出版发行以来，除主编所在的北京交通大学一直将其用作本科生和研究生教材外，又被国内其他 30 多所院校选作本科生和研究生教材，可谓使用范围广，教材的生命力强。

截至目前，本教材的总印数合计达到了 20 000 册。除高校师生购买该教材作为教学用书外，尚有为数不少的从事地下工程设计与施工的专业技术人员也购买了该教材作为参考资料。由此可见，该教材在业界的使用范围也相当广。

本教材于 2007 年 3 月被遴选为建设部普通高等教育土建学科专业"十一五"规划教材，于 2020 年被评为北京交通大学首届优秀教材。2021 年，本教材又被遴选为住房和城乡建设部"十四五"规划教材。

本教材主编贺少辉，曾经接到过不少使用本教材的任课教师的来电。他们认为，本教材是国内最好用的教材。我们也经常听到专业技术人员对教材的评价，他们认为本教材论述问题清晰、角度独到、言简意赅，能切中要害；读后，对专业问题的理解，常有醍醐灌顶之感。同时，专业技术人员也认为，一本优秀教材的主编所在的高校，其与教材直接相关的学科的水平也是优秀的、领先的，北京交通大学土建学科的地下工程专业方向，是我国地下工程的优势和强势专业方向和该方向人才培养、科学研究的排头兵。因此，这本教材也是北京交通大学作为我国地下工程专业方向人才培养和科学研究排头兵的一个优秀的对外展现。

综合上述，我们主编的教材《地下工程》，是一本可学性与可读性好、可教性强、基础厚、内容全、涵盖学术性前沿发展的优秀教材，具有明显的社会影响力。为反映近十几年来我国地下工程理论与技术的发展，便于广大读者使用本教材，主编人员对本教材进行了再版。本教材第 2 版的突出特色及创新点主要体现在以下几点。

（1）在编写内容和架构上，形成了一条完整的主线。第 1 篇讲授与论述地下空间资源及开发利用价值，这一篇在国内的其他地下工程类教材中，基本上是鲜有论及的。第 2 篇讲授与论述地下工程设计，在这一篇的最后，增加了一章地下工程结构设计示例，将更加凸显教材的实用性和指导性。第 3 篇讲授与论述地下水控制，这一篇在国内地下工程类教材中是独一无二的。第 4 篇讲授与论述地下工程施工，该篇在补全了施工方法、反映施工技术最新进展的基础上，与第 2 篇相呼应，也增加了城市地铁工程施工方法比选的示例。本教材共 19 章，内容特别完整，学生可学性、教师可教性和专业技术人员的可参考性特别强。

（2）针对地下工程的特点，突出了两大学术论点：一是强调了地下空间是一种意义重大、需合理开发利用的总量有限的资源的学术观点；二是突出了地下工程是由地层（围岩）和支护/衬砌结构构成的具有复杂相互作用的二元结构体系的学术论点。以这两大学术论点统领本教材的编撰，站在了学术的至高点上，同时也使得本教材的学术主线特别清晰。

（3）地下工程类型繁多，一本教材实难做到面面俱到，在阐明地下工程的共性概念、原理、基本理论与方法的基础上，针对交通类大学的人才培养特点，彰显了铁路、公路、城市地铁等交通地下工程特色。

（4）贯彻了可持续发展的工程建设理念，将施工过程中的地下水资源保护和绿色、安全高效施工融入了教材的编撰。

（5）反映了近年来地下工程结构设计理论和施工关键技术的最新进展，例如，将主编主持的最新的浅埋超大跨四线高铁隧道的设计与施工技术成果和近年来由我国科技人员创立的、具国际领先水平的、并广泛应用于我国城市地铁车站建设的洞桩法(PBA法)、棚盖法的设计理论和施工控制关键技术写入了本教材。

（6）展现了我国地下工程建设的历史成就和新时代的重大进展。例如,我国建成了世界上最多的难度和规模大的铁路、公路隧道;在新时代,我国建成了居世界之冠的城市现代化地铁;在地下工程建设中,我国形成了城市地下工程浅埋暗挖法、洞桩法(PBA法)、棚盖法的原创理论和技术。本教材强调了作为我国地下工程建设人员的光荣感、自豪感,主动地、恰当地融入了立德树人、课程思政的教学元素。

读者在读完本教材的内容后,可能有一个体会:我不仅掌握了地下工程的基本概念、基本原理、基本方法,同时也会进行地下工程结构设计和指导地下工程施工了!

高等学校的根本任务之一是培养学生的创造精神和创新能力,将创造与创新精神融入所编写的教材是实现这一根本任务的具体体现,本教材第2版在这一方面尤其下了功夫。

本教材由北京交通大学地下工程系和北京城建设计发展集团、北京地矿工程建设有限责任公司的从事长期教学科研和工程设计施工的教师与高级工程技术人员集体编写。贺少辉教授任主编,叶锋教授级高级工程师(总工程师)、曾德光教授级高级工程师(所长)、项彦勇教授、李兆平教授任副主编;张弥教授任主审。张弥教授以九秩高龄,不顾劳累,担任主审,并欣然作序,给予了热情鼓励,提出了宝贵的审稿意见,更为本教材第2版添光加彩,在此深表敬意。

本书的编辑与出版得到了北京交通大学出版社高振宇、严慧明的鼎力相助,在此表示由衷的感谢。

作者通信地址:北京市海淀区上园村3号院北京交通大学土建学院地下工程系

邮政编码:100044

E-mail:shhhe@ bjtu. edu. cn

贺少辉

谨识于北京交通大学红果园

2021 年 1 月

目　　录

第3篇　地下水控制

绪　　论

20 世纪 80 年代,国际隧道协会提出"大力开发地下空间,开始人类新的穴居时代"的倡议,得到了广泛的响应。日本也提出了利用地下空间、把国土扩大 10 倍的设想。各国政府都把地下空间的利用作为一项国策来推进其发展,使地下空间利用获得了迅速的发展。地下空间的利用,已扩展到各个领域,发挥着重要的社会和经济效益。

地下空间开发利用的历史与人类的文明史相呼应,可以分为 4 个时代。

第一时代　从出现人类至公元前 3000 年的远古时期。人类原始穴居,天然洞窟成为人类防寒暑、避风雨、躲野兽的处所。

第二时代　从公元前 3000 年至 5 世纪的古代时期。埃及金字塔、古代巴比伦引水隧道,均为此时代的工程典范。我国秦汉时期(公元前 221 年至公元 220 年)陵墓和地下粮仓,已具有相当技术水准与规模。

第三时代　从 5 世纪至 14 世纪的中世纪时代。世界范围矿石开采技术出现。欧洲经历约 1 000 年的文化低潮,建筑工程技术发展缓慢。

第四时代　从 15 世纪开始的近代与现代。诺贝尔发明黄色炸药,成为开发地下空间的有力武器。

现代地下工程发展迅速,建成了一些举世瞩目的地下工程。

以我国交通地下工程——隧道工程为例,70 年来,得到了很大的发展。截至目前,共建成铁路隧道万座以上,总长度居世界第一;公路隧道(包括水底隧道)上万座,我国是世界上公路隧道数量最多的国家;我国已有北京、天津、长春、上海、南京、武汉、广州、重庆、大连、深圳等 40 余个城市建成了轨道交通线路,其规模也雄居世界之冠。

地下工程是指建造在岩体或土体中的工程结构物。广义来讲,它包括建造在地下的全部工程结构物;但是一般把矿井等地下构筑物排除,单指建造在地下的工业、交通、民用和军事建筑物。地下工程有多种分类方法,常见的有以下几种。

1. 按地下工程的功能分类

工业地下工程:包括各类地下工厂、车间、电站等。

交通地下工程:各种铁路和公路隧道、城市地下铁道、水底(跨江河、湖泊和海峡等)隧道。

民用地下工程:地下商业街(商场)、地下车库、影剧院、展览馆、体育馆、人民防空工程,以及一些公共建筑。

仓储地下工程:各种地下储库,包括油库、气库、液化气库、热库、冷库、档案库、物资库、放射性废料库。

市政地下工程:地下自来水厂、污水处理厂、给排水管道、热力和电力管线、煤气管道、通信电缆管道等。

军事地下工程:地下指挥所、地下飞机库、核潜艇库、地下通信枢纽、人员和武器掩蔽所、军火和物资库等。

2. 按地下工程的存在环境分类

地下工程不是建造在岩体环境中,就是建造在土体环境中。因此,可以分为岩石地下工程和土体中的地下工程。

3. 按地下工程的建造方式分类

地下工程是通过采用不同的施工方法修建而成。按照大类的施工方法,可分为明挖地下工程和暗挖地下工程。

4. 按埋置的深度分类

各类地下工程埋藏在地下不同深度。按埋深,可分为深埋地下工程和浅埋地下工程。

地下工程是研究各种地下工程的规划、勘测、设计和施工的一门应用科学和工程技术,是土木工程的一个分支。

地下工程是由围岩和支护结构(衬砌)组成的结构体系,其设计和施工都受到地质及其周围环境条件控制。因此,必须对工程所处环境作周密调查,尤其重要的是工程地质和水文地质的勘查;因为地质资料的正确与否关系到整个工程的成败。地质调查工作应贯穿在整个工程建设的始终。隧道和地下工程的规划、设计和施工都是根据围岩分级(类)所规定的级(类)别进行的。围岩分级(类)是将错综复杂的各种围岩按一定的稳定性影响因素和指标进行聚类,是统一地质工作者和隧道与地下工程设计、施工人员对围岩认识的共同基础。按照不同设计阶段的任务和目的,围岩分级(类)可以分为围岩的初步分级(类)和围岩的详细分级(类)。对于地质勘查的内容,除一般技术要求外,还应考虑不同施工方法对地质勘查的特殊要求。

隧道与地下工程的永久支护结构称为衬砌。衬砌设计计算理论经历了若干个发展阶段。目前衬砌设计计算方法可以归纳为以下4类方法。

(1) 以工程类比法为主的经验法。它是以围岩分级为基础,以已建成工程的实际经验为样本,用概率统计的方法,制定出适应于各级(类)围岩的结构形式和衬砌尺寸。这种方法至今仍然被广泛采用。

(2) 信息反馈法。它是一种用测试数据反馈于设计的实用方法。通常以施工中隧道与地下工程断面的变形量测值为依据。对于用新奥法施工的锚喷衬砌或复合式衬砌中锚喷支护,在施工中定期进行位移或收敛量测,可根据位移的绝对值或位移速率进行判断,了解支护是否适当和变形是否趋于稳定。但判断的基准值目前尚只能根据已成工程的实际经验和量测数据进行分析而定。这是当前隧道与地下工程设计与指导施工的主要方法。

(3) 作用–反作用模型。又称为荷载–结构模型,其特点是将衬砌视为承载的主体,围岩作为荷载的来源和衬砌的弹性约束,当衬砌受到围岩主动压力作用时,将有部分衬砌向围岩方向变形而受到围岩的反作用力(即弹性抗力),以约束衬砌变形。局部变形理论(winkler)假定认为,围岩的抗力仅与该点的变形成正比。在假定抗力图形的基础上,可用结构力学方法进行计算。这一设计理论原则上适用于用传统矿山法施工的整体式衬砌,目前也广泛用于新奥法、盾构法施工的隧道衬砌与其他地下结构的设计计算。

(4) 连续介质模型。它也可称之为连续介质力学法,包括解析法和数值法。对于复合式衬砌的初期支护即锚喷支护,因其能和围岩紧密接触,从而使围岩和衬砌形成一个整体,共同承受由于进行开挖而释放的初始地应力的作用;因此必须采用连续介质力学的方法。数值法目前以有限元法为主,尚有加权残数法和边界元法等。

应该指出,地下工程的关键问题之一是施工方法的选择。而其施工方法的选择应以地质、地形、环境条件和埋置深度为主要依据,其中对施工方法有决定性影响的是埋置深度和地质条件。在满足使用条件下,修建地下结构的施工方法要达到技术上可行与经济上合理,就需要进行多方案的比选。对埋置较浅的工程一般可采用明挖法施工。根据地质条件和周围环境情况,明挖法可用敞口开挖、工字钢桩或钢板桩侧壁支护。近年来,在城市施工时为减少打桩产生的噪声和振动,常采用地下连续墙、钻孔桩或人工挖孔桩作侧壁支护减少明挖施工对地面的影响,也可采用盖挖逆作法施工。明挖法施工可降低造价,缩短工期,保证工程质量,当条件许可时,应优先选用。当地下结构埋深超过一定限度后,常采用暗挖法施工。暗挖法最初采用传统的矿山法。20世纪60年代提出了新奥法,此法是尽量利用围岩的自承能力,用柔性支护如锚喷支护控制围岩的变形及应力重分布,使之达到新的平衡,目前已用于修建各种用途的隧道与地下工程。对松散含水地层可采用盾构法施工,为减少地面的沉陷可采用泥水加压式盾构或土压平衡式盾构。在坚硬的岩石中开挖隧道,为提高机械化程度,可采用隧道掘进机(TBM),在软硬的复合地层中可采用混合型盾构。在修建城市地下管道或地道时,为减少对地面建筑物的影响,可采用顶管法施工。修建水底隧道除采用盾构外,20世纪初开始采用沉埋法,此法主要工序在地面上进行,避免了水下作业,优点显著,应用日益广泛。21世纪之初,为控制隧道施工过程的变形和对隧道周围建构筑物的影响,确保安全,提出岩土控制变形分析法,即所谓的新意大利隧道施工法(新意法)。

目前,城市内为人民生活、生产、交通、储存、防灾等方面修建的地下工程日益增多,20世纪70年代以来,地下空间已被人们视作为一种自然资源。

最后应该指出,尽管近年来隧道和地下工程已经有了长足的发展,但由于围岩的性质十分复杂而且多变,人们对它的认识还很模糊;所以长期以来隧道与地下工程的设计和施工仍停留在以经验为主的水平上,对人力和物力的消耗与浪费都较大。今后应当加强地下工程地质环境研究和施工过程监测,制定出符合施工过程中围岩力学状态变化的计算模型和计算理论,并逐步由定值设计过渡到以可靠性理论为基础的概率极限状态设计,研究合理的和适应性广的支护衬砌的结构形式与施工方法;施工方面要进一步提高机械化和自动化水平,进一步改善劳动条件和提高施工效率。总之,只要不断地实践,不停地进行探索,一定会将隧道与地下工程的科学技术水平提高一步,促进隧道与地下工程在21世纪的新发展。

第 1 篇

地下空间资源及开发利用价值

第1章 地下空间资源及开发利用价值

1.1 地下空间利用的基本概念

1.1.1 地下空间的含义

地球表面以下是一层很厚的岩石圈,岩层表面风化为土壤,形成不同厚度的土层,覆盖着陆地的大部分。岩层和土层在自然状态下都是实体,在外部条件作用下才能形成空间。

在岩层或土层中天然形成或经人工开发形成的空间称为地下空间(subsurface space)。天然形成的地下空间,例如,在石灰岩山体中由于水的冲蚀作用而形成的空间,称为天然溶洞;在土层中存在地下水的空间称为含水层。人工开发的地下空间包括利用开采后废弃的矿坑和使用各种技术挖掘出来的空间。

建造在岩层或土层中的各种建筑物(buildings),是在地下形成的建筑空间,称为地下建筑(underground buildings)。地面建筑的地下室部分,也是地下建筑;一部分露出地面,大部分处于岩石或土壤中的建筑物和构筑物(structures)称为半地下建筑。地下构筑物一般是指建在地下的矿井、巷道、输油或输气管道、输水隧道、水库、油库、铁路和公路隧道、城市地铁、地下商业街、军事工程等。地下建筑物和构筑物一般统称为地下工程(underground construction)或地下设施(underground facilities)。

1.1.2 地下空间利用的历史沿革

人类对地下空间的利用,经历了一个从自发到自觉的漫长过程。推动这一过程的,一是人类自身的发展,如人口的繁衍和智能的提高;二是社会生产力的发展和科学技术的进步。

根据考古发现和史籍记载,在远古时期,人类就开始利用天然洞穴作为居住之用。在北京西南郊周口店村龙骨山发现的北京猿人头骨和使用火的遗迹,说明距今 50 余万年前[①]的原始人类曾居住在自然条件比较好的天然岩洞,并在其中保存生活所必需的火种。在周口店村龙骨山上,还发现有被称为"新洞人"和"山顶洞人"两种古人类的生活遗址,也都是在天然洞中,距今 1 万多年。

在前 8000—前 3000 年的新石器时代,冰河期已过,气候变暖,当时的劳动工具已适于在较软的土层中挖掘洞穴。由于一些民族部落从游牧开始聚居,天然岩洞已不能满足需要,故大量掘土穴居住,从简单的袋形竖穴到圆形或方形的半地穴,上面用树枝等支盖起伞状的屋顶。我国已发现新石器时代遗址 7 000 余处,其中最早的是河南新郑裴李岗及河北武安磁山两处,都有窑址和窖穴的发现。黄河流域典型的村落遗址有西安半坡、临潼姜寨、郑州大河村等,住房多为浅穴,房中央有火塘。氏族社会晚期的龙山文化遗址,出现套间房址和井址,地穴

---

① 据《辞海》"北京猿人"条目,"经古地磁法测定,北京猿人的绝对年龄为距今约 70 万～23 万年",这里的 50 余万年是通常的说法。

越来越浅,已开始向地面建筑过渡。

据史籍记载和各方面的考证材料,人工洞穴最早始于旧石器时代晚期至新石器时代早期,距今约 7 000~8 000 年。

由于中国西北部黄土高原特殊的地形、地质条件,以及这一地区的经济、社会长期比较落后,曾经在 200 个县的范围内,居住在各类窑洞中的总人口估计有 3 500 万~4 000 万人,有的县窑居户数占农户总数的 80%~90%。虽然从全国范围来看,当时窑洞居民在总人口中不到 5%,但其绝对数字仍相当于一个欧洲大国的人口,这促使我国政府认真对待、研究和引导,使传统的窑洞民居沿着正确的方向发展,逐步改善了居住条件和环境。

当时,比较典型的有两类窑洞,即靠山式窑洞和下沉式窑洞,见图 1-1 和图 1-2。这些窑洞堪称我国人民发挥聪明才智低成本开发利用地下空间解决居住问题的范例。

图 1-1　中国黄土高原靠山式窑洞

图 1-2　中国黄土高原下沉式窑洞

在日本也发现有两三万年前的古人类居住洞穴,如帝释峡洞窟群、圣岳钟乳洞等。在欧洲、美洲、西亚、中东、北非等地,都有一些穴居的遗迹,但年代已不很久远。

人类到地面上居住以后,除个别地区仍沿袭了穴居的传统外,开始把开发地下空间用于满足居住以外的多种需求,如采矿、储存物资、水的输送及人死后的埋葬等。公元前 3000 年以后,世界进入了铜器和铁器时代,劳动工具的进步和生产关系的改变,使奴隶社会中的生产力有了很大发展,导致在其鼎盛时期形成空前的古埃及、希腊、罗马及古代中国的高度文明。这时地下空间的利用也摆脱了单纯的居住要求,而进入了更广泛的领域,同时大量的奴隶劳动力使建造大型工程成为可能。这种发展势头一直持续到封建社会初期,在这几千年中遗留至今的或有历史可考的大型地下工程很多。例如:公元前 2770 年前后修建的埃及金字塔(实际上是用巨大石块堆积成的墓葬用地下空间);公元前 22 世纪巴比伦地区的幼发拉底河底隧道;前 18—前 12 世纪中国殷代的墓葬群;公元前 5 世纪波斯的地下水路;前 312—前 226 年期间修建的罗马地下输水道;公元 370 年左右东罗马帝国的地下储水池等。

公元前 206 年建成的中国秦始皇陵,至今虽未大规模发掘,但据《水经注》记载,该陵"斩山凿石,旁行周围,三十余里"。结合已发掘的兵马俑坑群可以判断,此陵可能是中国历史上最大的地下陵墓。

在中国封建社会这一漫长的历史时期中,地下空间的开发多用于建造陵墓和满足宗教建筑的一些特殊要求。用于屯兵和储粮的地下空间近年也陆续有所发现。在迄今为止的我国考古发现中,数量最多和规模最大的是战国、秦汉,直到明清各朝代的帝王陵墓和墓葬群。例如,河北满城的西汉墓,陕西乾县的唐章怀太子墓和永泰公主墓等,都表现出规整的布局、较高的结构和防水技术。在洛阳北邙山发掘出的汉、魏墓葬群,为方形对称布置,周围是墓道,在墓道的一侧(有的在两侧)有墓室,共 30 余个,第 13 号为曹魏正始八年(247)建的墓室。其有堂厅、侧室、正室,为贵族墓室,规模较大。

佛教在东汉时期从印度传入中国,在南北朝至五代的几百年中(大约为 4 世纪中叶至 10 世纪中叶),发展最盛,兴建了大量佛教建筑,地下空间的利用为展示和保存这些宗教艺术珍品提供了有利条件。在陡峭岩壁上凿出的洞窟形佛教建筑称为石窟寺(grotto),其中,最著名的有山西大同的云冈石窟(北魏),河南洛阳的龙门石窟(北魏),甘肃敦煌的莫高窟(从北魏到隋、唐、宋、元各朝),甘肃麦积山石窟(从后秦、北魏直到明、清),河北邯郸的响堂山石窟(北齐)等。这些石窟岩洞的成形和加工与以佛教故事为题材的浮雕艺术和壁画艺术融为一体,使整个岩洞成为一个大型的雕刻艺术空间。

1971 年,在洛阳市东北郊发掘出一座古代地下粮库,是隋朝建造(7 世纪),一直使用到唐朝。库区面积为 600 m×700 m,已经发掘出的半地下粮仓已近 200 个,其中,第 160 号仓直径为 11 m,深为 7 m,容量为 445 m³,可存粮 2 500~3 000 t。挖掘时,仓内还保存有原来储存的谷物。

1961 年,在河北峰峰矿区发现的古代地道,是 800 年前宋朝时挖掘,从布置情况和出土文物分析,是用于军事目的的地道,蜿蜒 40 余 km,走向很不规则,埋深约 4 m,有些部分在空间上立体交叉,还有通向地面的通风竖井。在河北雄县等地也有类似发现。在一些古籍中,也有关于利用地道作战、攻城的记载。

在欧洲,从 5 世纪到 15 世纪,进入了封建社会的最黑暗时期,即所谓中世纪,这时地下空间的开发利用也基本上处于停滞状态。一直到文艺复兴时期,欧洲不但在文化艺术上摆脱了宗教的束缚,出现了空前的繁荣,自然科学也有了很大的发展,促进了社会生产力的提高和资本主义生产关系的萌芽。从此,欧洲的科学技术开始走到世界的前列,地下空间的开发利用也进入了新的发展时期。17世纪火药的使用和18世纪蒸汽机的应用,使在坚硬岩层中挖掘隧道成为可能。例如,1613年建成伦敦水道,1681年修建了地中海比斯开湾的连接隧道(长170 m)。19世纪以后建设的隧道就更多。1843年,伦敦建造了越河隧道。1845年,英国建成第一条铁路隧道。1871年,穿过阿尔卑斯山,连接法国和意大利的长12.8 km的公路隧道开通。

现代地下空间的开发利用,在20世纪60年代和70年代达到了空前的规模,在一些发达国家,地下空间的开发总量都在数千万到数亿立方米,主要用于建造各种交通隧道、水工隧道、大型公用设施隧道和地下能源储库,城市地下空间的开发利用也占有一定的比重。几个发达国家在20世纪60—70年代的地下空间开发量见表1-1。

表1-1 几个发达国家地下空间开发的规模

国 名	地下空间开发总量/m³	
	20世纪60年代	20世纪70年代
日 本	$9.0×10^6$	$37.0×10^6$
美国	$4.0×10^6$	$22.5×10^6$
意大利	$4.0×10^6$	$11.2×10^6$
法国	$3.2×10^6$	$8.5×10^6$
挪威	$2.2×10^6$	$4.0×10^6$
瑞典	$1.5×10^6$	$5.0×10^6$
联邦德国	$1.3×10^6$	$3.7×10^6$
加拿大	$1.3×10^6$	$1.5×10^6$

城市地下空间的开发利用,一般是以1863年英国伦敦建成第一条地下铁道为起点。1865年,伦敦又修建了一条邮政专用的轻型地铁,至今仍在使用,已发展到长10.5 km。1875年,伦敦又开始建设下水道系统。进入20世纪后,一些大城市普遍陆续建设地下铁道,城市地下空间开始为改善城市交通服务。交通的发展促进了商业的繁荣,日本从1930年开始建设地下商业街。第二次世界大战以后到20世纪末,城市地下空间利用得到空前的发展,在城市重建、缓解城市矛盾和城市现代化过程中,起了重要作用。

1.1.3 地下空间发展的宏观背景

城市地下空间利用是城市发展到一定阶段而产生的客观要求。同时,一个国家或城市所处的自然地理环境和地缘政治环境对其开发利用地下空间的动因、重点、规模、强度等都有一定的影响。这些因素构成地下空间发展的背景和条件。例如,日本虽然经济发达,但国土狭小,人口众多,资源短缺,城市空间非常拥挤,因而在20世纪50—80年代,结合城市改造进行立体化的再开发,大量开发利用了城市地下空间。一些西欧和东欧国家在20世纪后半叶的冷战时期,为了防止在欧洲和两大阵营之间可能发生的大规模战争中受到袭击或波及,曾一度大规模修建地下民防工程,并成为这些国家城市地下空间利用的主体。瑞典等北欧国家缺少能源,故利用优越的地质条件,大量建造各类地下储油库,建立国家的石油战略储备,同时还在地下空间中储存热能、冷能、机械能、电能等多种能源。加拿大冬季漫长,气候寒冷,冰雪给城市生活造成很大不便,因此各大城市在建地下铁道的同时,大量建造地下步行道,进而形成大面积的地下商业街。这些情况表明,各国城市地下空间的发展,既符合城市发展的一般规律,又有各自的背景和条件。从我国国情出发,这种宏观背景可概括为以下 6 方面内容。

(1) 人口背景。截至 2020 年末,我国全国总人口约为 144 349 万人,其中城镇常住人口约为 90 199 万人,城镇人口的占比已经超过了 60%。今后,城镇常住人口的占比仍在增大。这样的人口形势不但是生态空间的沉重负担,对以城市为主的生活空间的压力更大。在人口不断增多、生存空间日益缩小的情况下,地下空间能开拓新的生存空间,为城市发展提供充分的后备空间资源。在我国,这一资源还远没有被开发,其潜力是十分巨大的,且比开发海下空间和宇宙空间要容易得多、现实得多。

(2) 土地资源背景。我国虽幅员辽阔,但平原和可耕地较少,人均耕地面积仅为世界平均水平的 1/4,土地承受的人口负荷相当沉重,不得不以占世界 7% 的耕地养活占世界 22% 的人口。能够为城市发展提供的土地更为有限,这就决定了城市空间的拓展只能在不增用或少增用土地的前提下进行,这也是城市地下空间发展的重要背景。

(3) 水资源背景。我国是缺少水资源的国家。人均水资源量为 2 730 m³,列世界第 88 位,且分布不均。城市缺水相当严重,有一半城市不同程度缺水,其中,严重缺水的有 108 座,许多大城市的发展受到水资源缺乏的制约。解决这个矛盾的途径,在人工力量尚无法改变气候条件的情况下,除节约用水外,只能是把丰水期多余的水储存起来供给枯水期使用。地面上的水库虽可用于储水,但要占用土地,而且蒸发和渗漏损失较大。地下空间为大量储水提供了安全、有效、方便的条件。

(4) 能源背景。我国的能源不够丰富,有些能源已接近枯竭,如石油、电力,都不得不花费很高的代价从西部向东部输送,因此城市的现代化只能在节约能源的条件下实现。此外,还可以利用地下空间把收集起来的天然能源(如空气和水中的热能、冷能及太阳能、风能等)储存起来,供能耗高峰时使用。

(5) 环境背景。城市建设是人类与自然环境相互作用最为密切的人类活动,因而在城市迅速发展的同时,也出现了“建设性破坏”,即对城市环境造成不同程度的污染,主要有大气污染、水污染、噪声污染等。城市植被对于保护和净化环境有明显的效果,因此如果通过开发利用地下空间而使城市地面上的植被面积有所扩大,也可以认为是地下空间利用的一种间接的积极作用。

(6) 灾害背景。我国是地震多发国,且国土的 70% 处于季候风的影响范围,水、旱、风等灾害频繁;同时,世界仍处于复杂动荡的局势之中,战争的根源并没有消除。因此,城市面临战争及多种自然和人为灾害的威胁,城市安全还没有得到充分的保障。地下空间天然具有的防护能力,可以为城市的综合防灾提供大量有效的安全空间,对于有些灾害的防护,甚至是地面空间无法替代的。

从以上对几种背景的简略分析可以看出,在我国条件下,城市的发展只能在控制人口、节约资源、防灾减灾和保护环境的前提下实现,而地下空间的开发利用在这几个方面都可以起到重要的作用,因而是中国城市化和城市现代化的必由之路。

1.2 地下空间资源的潜在与实际价值

1.2.1 地下空间资源

地下空间已被视为人类所拥有,迄今尚未被充分开发的一种宝贵自然资源,开发利用地下空间是开拓新的生存空间较为现实的途径。这一点在世界人口不断增长,而陆地上适于生存的土地正在日益减少的宏观背景下,对于人类的生存和发展具有重大意义。

作为自然资源,地下空间具有一切自然资源所共有的自然资源学属性,如稀缺性和有限性、整体性和地域性、多用性和变动性、社会性和价值属性、再生性和不可再生性等。充分认识地下空间的自然资源学属性和地下空间自身的特点,是科学认识、评估、规划、开发利用和管理地下空间资源的理论基础。

地下空间资源包括 3 个方面的含义:一是天然存在的资源蕴藏总量;二是一定技术条件下可供合理开发的资源总量;三是在一定历史时期内可供有效利用的地下空间总量。这 3 个概念不论从整个陆地和海洋的宏观范围看,还是对一个国家、地区或城市都是适用的,只是约束条件不同,在统计方法上应有所区别。

地球表面积为 $5.1×10^8$ km^2。地球表面以下为岩石圈(地壳),陆地下的岩石圈平均厚度为 33 km,海洋下为 7 km。从理论上讲,整个岩石圈都具备开发地下空间的条件,也就是说,天然存在的地下空间蕴藏总量有 $7.5×10^{18}$ m^3。

岩石圈的温度每加深 1 000 m 就升高 15~30 ℃,到地壳底部温度估计在 1 000 ℃左右;岩石圈内部的压力为每加深 100 m,增加 2.736 MPa,地壳底部的压力最大,可能超过 900 MPa。因此,以目前的施工技术水平和维持人的生存所花费的代价来看,地下空间的合理开发深度以 2 km 为宜。考虑到在实体岩层中开挖地下空间,需要一定的支承条件,即在两个相邻岩洞之间应保留相当于岩洞尺寸 1~1.5 倍的岩体。以 1.5 倍计,则在当前和今后一段时间内的技术条件下,在地下 2 km 以内可供合理开发的地下空间资源总量为 $4.12×10^{17}$ m^3。

地球表面的 80%为海洋、高山、森林、沙漠、江、河、湖、沼泽地、冰川和永久积雪带所占据。到目前为止和可以预见的未来,人类的生存与活动主要集中在占陆地面积 20%左右的可耕地及城市和村镇用地范围内。因此,可供有效利用的地下空间资源应为 $2.4×10^{16}$ m^3。在我国,可耕地、城市和乡村居民点用地的面积约占国土总面积的 15%,按照上面的计算方法,我国可供有效利用的地下空间资源总量接近 $1.15×10^{15}$ m^3。

由此可见,可供有效利用的地下空间资源的绝对数量仍十分巨大,从开拓人类生存空间的意义上看,这无疑是一种具有很大潜力的自然资源。

在我国,按照上面的测算方法,并将地下空间容积折合成建筑面积(以平均层高 3 m 计),则在不同开发深度时可获得的地下空间资源量及可提供的建筑面积见表 1-2。

表 1-2 我国可供有效利用的地下空间资源

开发深度/m	可供有效利用的地下空间资源/$10^{14}m^3$	可提供的建筑面积/$10^{14}m^2$
2 000	11.5	3.83
1 000	5.8	1.93
500	2.9	0.97
100	0.58	0.19
30	0.18	0.06

从表 1-2 中可以看出,以目前技术水平完全能够达到的开发深度 30 m 计,可提供建筑面积 $6×10^{12}$ m^2。当 2050 年我国生活空间用地占国土面积的 7.3%时,则这部分土地的面积为 $7×10^{11}$ m^2。假定在这些土地上的平均建筑密度为 30%,平均建筑层数为 4 层,则可容纳的建筑

总量为 $8.4×10^{11}$ m^2,与地下空间所能提供的相比仅为 14%,可见地下空间在扩大生活空间容量上能够起到不可替代的作用。

城市地下空间的天然蕴藏量应等于城市总用地范围以下的所有土层和岩层的体积(平均厚度为 33 km),但这个数字并没有实际意义。如果把开发深度限定在 2 km 以内,考虑地下建筑之间必要的距离,开发范围限定在城市总用地面积的 40% 以内较为适当。按照这样的开发深度和范围,一个总用地面积为 100 km^2 的城市,可供合理开发的地下空间资源量有 $8×10^{10}$ m^2;以建筑层高平均为 3 m 计,可提供建筑面积 $2.7×10^{10}$ m^2,相当于一个容积率平均为 50% 的城市地面空间所容纳建筑面积的 540 倍。但是地下空间开发深度达到 2 km 在技术上是很困难的,在可预见的一个时期,例如,在 21 世纪的 100 年内,合理开发深度达到 100~150 m,对于多数大城市是比较现实的。它既存在扩大城市空间容量的客观需求,在技术上也有可能做到。

以上一些数字比较笼统,只是为了说明地下空间资源的巨大潜力。对于一个国家、地区或城市,当出现了开发利用地下空间的客观需求,又具备了开发的必要条件时,首先应当对所在范围内的潜在的地下空间资源进行调查与评估,其目的是掌握地下空间资源规模与容量,和对其开发规模、开发深度、开发价值、发展目标,以及技术、经济的可行性等进行评估,为制定城市地下空间开发利用规划提供基础数据和科学依据。

基础数据的科学性、超前性、准确性、全面性、深化程度与质量对一个前瞻的、科学的城市地下空间规划至关重要,涉及地层环境、生态、自然环境、现在建设情况、资源潜力、资源配置等许多方面。

地下空间资源调查从原理上看并不复杂,主要采用的是逐项排除法,就是在一定平面和一定深度范围内,排除因地质条件不良而不宜开发的部分,排除地面空间已经利用而相对应的地下空间不宜再利用的部分,再排除地下空间已利用的部分,即可获得可供有效开发利用的地下空间资源量。但是地下空间资源分布广泛,有关的影响因素非常庞杂,故基础数据的研究应重视资源信息的采集与处理,采用最先进最新的实用技术,基于遥感与信息技术平台的资源动态监测系统模型,建立动态的研究体系,使浩大的调查与评估工作成为可能,使地下空间资源的过去、现状和将来的演变信息建立于全面调查和评估的平台上,且可以动态更新和监控,并以此成果建立地下空间资源数据库和地理信息系统(GIS)。

目前,对地下空间资源进行调查和评估,在国内外还没有比较完整和成熟的经验。20 世纪 90 年代初,我国曾进行初步的尝试,使用航空遥感(RS)和计算机辅助(CAD)技术,对北京市旧城区(面积为 62.5 km^2)城市地下空间资源做了调查。结果表明,尽管旧城区地面空间现状对开发浅层地下空间构成一定的障碍,但地面上可供再开发的空间仍占旧城区总面积的2/3左右。当开发深度为 10 m,合理开发系数为 0.4 时,北京旧城区内供合理开发的地下空间资源总量为 $1.64×10^8$ m^3,远大于现在地面建筑空间容量,对城市空间容量的进一步扩大具有重要的意义。因此,结合我国情况,用高科技手段对地下空间资源调查与评估的原理、内容、方法等开展深入的研究工作,不但可大大提高我国城市地下空间开发的科学性,有效地利用和保护地下空间资源,在国际上也将具有一定的领先意义。

1.2.2　开发地下空间的战略意义

当代人类社会所面临的最主要问题就是在和平的环境中求得生存与发展。但是,世界人口无节制地增加和生活需求无止境地增长与自然条件的日益恶化和自然资源的渐趋枯竭之间的矛盾越来越尖锐,这却是公认的事实。这一矛盾反映在生存空间问题上,表现为日益增多的人口与地球陆地表面空间容纳能力不足的矛盾;在城市发展问题上,则表现为扩大城市空间容量的需求与城市土地资源紧缺的矛盾,这种现象称之为生存空间危机。

世界上每增加一个人口,社会就需为其提供一定的生存空间,包括生态空间,即生产粮食等生活必需品的空间;生活空间,指供人居住和从事各种社会活动的空间,如城镇、乡村居民点,以及铁路、公路、工矿企业等所占用的空间。这两类空间主要都是以可耕地为依托,故衡量生态空间质量的标准应当是单位面积耕地供养人口的能力,衡量生活空间质量的标准应当是在保证足够生态空间的前提下,人均占有城镇或乡村居民点用地面积和人口的平均密度。

从世界范围来看,在现有的约 1.5×10^9 km² 耕地不再减少的情况下,如果 2150 年人口达到 150 亿,土地供养人口的能力将达到极限。我国人口占世界人口的 22%,而人均耕地面积仅为世界平均水平的 25%,即使按较低的粮食消费标准计,在现有 1×10^8 km² 耕地不再减少的前提下,每公顷可耕地年产粮能力必须达到 9 600 kg,才能供养 1.6×10^9 人口(2050 年)。也就是说,我国的生态空间将在 2050 年前后达到饱和,比世界平均水平提前 100 年。事实上,要求可耕地不再减少是很困难的,仅 1993 年全国耕地减少量就相当于 13 个中等县的耕地面积。

从生活空间来看,要容纳不断增加的人口和使原有人口提高生活质量,也需要大量的土地。1987 年,全国生活空间用地占国土总面积的 6.9%,约为 6.62×10^5 km²,其中,包括城市用地和农村居民点用地。如果到 21 世纪中叶,我国国民经济总体上达到当时中等发达国家的水平,则城市化水平必须从 1990 年的 19% 提高到 65% 左右,即城市人口要从 2.1 亿增加到 10.4 亿,净增 8.3 亿人。以城市人均用地 120 m² 计,需要土地 1×10^5 km²。如果进入城市的农村人口中有 20% 放弃在农村的居住用地,按人均用地 160 m² 计,可扣除用地 2.66×10^4 km²,即总的生活空间用地需增加 7.34×10^4 km²,约相当于台湾、海南两省面积的总和,这无疑将给我国本已十分有限的可耕地造成巨大的压力。因此,必须寻求在不占或少占土地的情况下拓展生活空间的途径,否则不但将影响我国城市化的进程,制约国民经济的发展,而且必然导致生态空间的缩减,加剧生存空间的危机。

为了拓展人类的生存空间,有 3 种可供选择的途径。第一种是宇宙空间。虽然人类对宇宙空间已进行了初步的探索,但由于人类生存所必需的阳光、空气和淡水在宇宙其他星球上尚未发现,故大量移民几乎是不可能的。第二种是水下空间。海洋面积占地球表面积的大部分,海底均为岩石,地下空间的天然蕴藏量很大;但阳光、空气、淡水等供应同样十分困难,在可预见的未来,大量开发海底地下空间也是不可能的。因此,当前和今后相当长时期内,开发陆地地下空间就成为拓展生存空间唯一现实的途径。尽管如此,陆地地下空间作为一种空间资源,蕴藏量仍十分巨大,能为人类开拓大量新的生存空间。因此,从缓解生存空间危机的宏观高度来认识和评价开发利用地下空间的战略意义,不但符合我国国情,而且对整个人类社会的可持续发展都是必要的。

具体来看,开发利用地下空间的战略意义主要表现在两大方面,一是城市地下空间的开发利用,二是城市以外的其他国土范围内地下空间的开发利用。

开发利用城市地下空间的战略意义在于以下几点:

(1) 在不扩大或少扩大城市用地的前提下,实现城市空间的三维式拓展,从而提高土地的利用效率,节约土地资源;

(2) 在同样前提下,缓解城市发展中的各种矛盾;

(3) 在同样前提下,保护和改善城市生态环境;

（4）建立完善的城市地下防灾空间体系,保障城市在发生自然和人为灾害时的安全;

（5）实现城市的集约化发展和可持续发展,最终大幅度提高整个城市的生活质量,达到高度的现代化。

在我国国土总面积中,有60%以上是山地和丘陵,大部分集中在西部地区。同时,我国的大江大河多为东西流向,对南北交通形成障碍。因此,城市以外的地下空间开发利用主要集中在山岭和水下。由于不占用耕地,对于发展交通和能源建设十分有利,对国防建设尤为重要,故开发利用城市以外地下空间的战略意义在于以下几个方面。

（1）有计划地建设过河和越江隧道,可以使南北交通大动脉在战争情况下保证畅通,这种作用是任何桥梁都无法替代的。

（2）研究建设贯通南北(哈尔滨至深圳)和东西(上海至乌鲁木齐)两条全地下交通隧道,大幅度提高列车速度,保证战时必要的交通运输。

（3）研究建设烟台至大连、雷州半岛至海南岛的跨渤海和跨琼州海峡的海底隧道,以及跨台湾海峡的海底隧道,对于发展经济,保障安全和祖国统一都是意义重大的。

（4）在山岭中大规模建设国家战略物资储备系统,大量储存能源和其他物资,不但可抵御平时的灾害和危机,对于支持反侵略战争和加快战后恢复,都是绝对必要的。

（5）在山岭中隐藏和掩蔽各种军事装备和武器,对于国防的意义是不言自明的。

1.2.3　地下空间的城市功能

地下空间作为城市空间整体的一部分,可以吸收和容纳相当一部分城市功能和城市活动,与地面上的功能活动互相协调与配合,使城市发展获得更大的活力与潜力。从近几十年世界上若干地下空间利用较先进的国家和城市看,城市地下空间的主要功能和主要内容有居住空间、交通空间、物流空间、业务空间、商业空间、文化活动空间、生产空间、储存空间、防灾空间、埋葬空间等。

城市地下空间利用尽管内容广泛,但不可能也没有必要容纳城市的全部功能,因此存在一个分工与配合的问题,即哪些功能在哪一个时期宜保留在地面上,以及哪些内容在什么条件下转入地下空间中是适宜的。从上面列举的内容看,城市浅层地下空间适合于人在其中短时间活动的内容和需要人工环境的内容,如出行、业务、购物、文体活动等;对于根本不需要人或仅需少数人实行管理的一些内容,如物流、储存、废弃物处理与储存等,则应在可能条件下最大限度地安排在地下空间中,其中,有些更适合于放在深层。此外应当强调的是,转入地下空间的城市功能,都应能适应并发挥地下环境的特性,才能产生最大的效益,否则不但无助于城市空间的拓展,还将造成不良的社会、经济后果。在日本的有关文献中,对城市地下空间利用内容按有人和无人的分类方法见表1-3。

表1-3　日本地下空间分类

有人空间	无人空间			
	基础设施	生产设施	储存设施	防灾设施
住宅、地下室、学校、医院、商业街、办公室、文化设施、停车场	上下水道、煤气、电力管道、交通设施	发电工厂、生产工厂	能源库、粮库、水库、废弃物存入库	避难设施、防洪设施、储备设施

瑞典学者伯格·杨森(Birger Jansson)提出过一个地下空间利用的原则:"让人留在地上,把物放到地下。"(Place things below the surface, and put man on the top.)也是基于上面的一些考虑。

国内外的实践表明,充分利用地下空间,已经成为城市空间三维式拓展的主要组成部分,成为城市今后进一步现代化的必然趋势。

1.2.4 地下空间的开发价值与综合效益

地下空间在自然状态下只具有潜在的价值,当付出必要代价将其开发出来以后,就具有一定的使用价值,表现为使用后所能创造的效益。使用价值中除掉开发的费用后,就是地下空间的开发价值,如果为正值,说明开发是合理的。

一个城市在其发展过程中,在什么阶段和什么时期开始有开发利用地下空间的需要,以及开发多大规模是合理的,与国民经济发展的总水平有直接的联系,城市的历史与地理条件对此当然也有一定影响。也就是说,只有在客观上需要,经济上、技术上又有可能时,开发利用城市地下空间才是可行的,才有可能创造较高的开发价值。

开发城市地下空间,比在地面上建筑房屋要困难和复杂很多,要付出高昂的代价。以城市交通为例,如果地面上的轨道交通造价为1,地上高架铁道造价为3,地下铁道的造价则约为10;地下铁道造价与地面汽车道路造价之比,则为58∶1。同类型同规模的城市公共建筑,建在地下时的工程造价比在地面上一般要高出2~4倍(不含土地费)。如果在地下空间保持不低于地面建筑的内部环境标准,则运行所耗费的能源,比在地面上要多3倍左右。日本在造价上所作的比较见表1-4。

表1-4 日本地下街造价与地面建筑的比较(地面建筑单位造价为100)

比较项目		普通地面建筑	地下街	地下街高出倍数
土建费	土方、地基	17	167	9.8
	结构	39	84	2.2
	装修	13	35	2.7
	合计	69	286	4.1
设备费	电气	12	25	2.1
	空调	14	23	6
	卫生	5	6	1.2
	合计	31	54	1.7
总计		100	340	3.4

当然,以上结论较为笼统,不一定完全符合我国情况。但是,这里重要的一点是在"同类型同规模"条件下进行比较,否则就会失去比较的意义。近年国内有的研究成果提出,地下工程造价不但不高于同类型地面工程,而且还略低一些。但这个结论是在地面高层框架建筑与地下单建式人防工程之间进行造价比较而得出的,既不是同类型,也不是同规模,故无可比性可言。总之,如果不在具体条件下进行比较,笼统地认为孰高孰低都是无益的,会对界外人士造成误导;更何况,工程造价仅占工程总投资的一部分,而工程总投资则受到土地费和拆迁费等的很大影响。

　　土地是城市空间的载体,不存在脱离土地的城市空间,不论是地上还是地下。土地的价值在很大程度上反映和体现了城市的效率,或者说,城市集约化程度和城市效益的提高就是不断发掘城市土地潜力,提高土地使用价值的过程。土地的价值基本上反映在其市场价格上,受经济规律的支配,但也受其他一些因素的影响,如法律的规定、政府的土地政策、土地市场的投机活动等。一般情况下,城市中土地昂贵的地区,表明那里的土地开发价值高,投资后可获得比其他地区更高的经济收益,因而起到将城市功能向这一地区吸引和聚集的作用。但是,高额的经济收益只有在以有限的土地取得最大空间容量的前提下才能获得,因而进一步促进了城市高层空间和地下空间的开发利用。

　　当开发城市地面空间必须付出高昂的土地费用时,如果开发地下空间不需支付或只需支付少量土地费用,则后者在开发费用上将显示出比较大的优势。以开发地下商业空间为例,据日本在 1976 年间建成的 11 处地下商业街的统计资料,工程造价随年度不同分别为 250 万 ~ 980 万日元/m^2,为地面同类型建筑的 2 ~ 4 倍;但如果在地面建筑造价中加上 300 万日元/m^2 土地费,则地下街造价反而低于地面建筑造价,仅为后者的 1/20 ~ 1/4。再以城市中的停车设施为例,越接近市中心区,停车需求量越大,土地价格也越高,以致投资者不愿以高价获得的土地去建造和经营收益很低的地面停车库。因此在许多大城市中,在不需支付土地费用的地下空间中兴建停车设施,就逐渐成为满足城市停车需求的主要手段。从我国情况看,在特大城市的最繁华地段,土地价格昂贵,占工程总投资的很大比重,与不需付土地费的地下工程相比,单位建筑面积造价高出很多。如果地下工程建在城市广场或绿地之下,一般拆迁量较少,其工程投资自然要低于需大量拆迁的地面建筑投资。

　　此外还有一种情况,在城市中经济效益很高的地段,当地面建筑的层数和高度受到某些条件的限制时,投资者往往宁可在原地建多层地下室,也不愿转移到别处去投资另建。例如,在东京市区内 7 万多幢 4 层以上建筑物中,约有 40% 附建有地下室,开发深度平均为 15 m,最深的有 5 层,深达 25 m。

　　再如北京市的"东方广场",地处王府井与东单之间的繁华地段,地价很高,因在长安街上建筑物高度受到限制,故投资方大规模开发利用了地下空间,其容量占总容量的 40% 左右,从而使容积率大幅度提高,在经济上得到应有的回报。

　　地下空间的使用价值,一般表现为开发后所产生的综合效益,包括经济效益、社会效益和环境效益。有时防灾效益也被列入,但实际上,地下空间在防灾减灾中的作用,其中减少的经济损失可属于经济效益,对生命的保护则可作为很高的社会效益。经济效益比较容易用量化的指标表达,但社会效益和环境效益的量化则有一定困难。一般来看,地下空间的开发利用有两种情况,一种是营利性的,如商业空间;另一种是非营利性的,如地下交通设施、地下公用设施等。在后一种情况下,地下空间的使用价值较低,甚至无法用直接的经济效益衡量,但这并不等于没有开发价值,这时的开发价值表现为社会效益上,只是难以定量。

　　当然,在可能条件下尽力使社会效益或环境效益能得到一定程度的量化或货币化表达,将会使地下空间的综合效益更为直观,更具说服力。例如,因地下轨道交通的建设而使居民出行缩短了时间,由于地面交通减少了堵塞时间这样的社会效益,都是可以折合成经济效益的。又如,当城市基础设施的主要部分实现地下化后,地面上节省出的用地可以集中起来用于绿化,而每平方米绿地所产生的环境效益,例如,空气污染降低多少和热岛效应减轻多少等,都是可以量化的。此外,由于开发地下空间对环境污染的减轻,也是可以转化为一种经济效益的。这样,就有助于对开发利用地下空间的效益进行综合的评估。

1.3　地下空间的防灾及环境特性

1.3.1　地下空间抗御外部灾害的能力

在致力于城市发展和现代化建设的同时,不能忽视城市的总体抗灾抗毁能力的增强,以便把灾害损失减到最低程度。在多种综合防灾措施中,充分调动各种城市空间的防灾潜力,建立以地下空间为主体的城市综合防灾空间体系,为城市居民提供安全的防灾空间和救灾空间,是一项重要的内容。

下面着重从抗爆、抗震、防火、防毒、防风、防洪等几个方面探讨地下空间抗御外部灾害的特性与能力,以便充分发挥地下空间在城市防灾中的积极作用。

1. 地下空间的抗爆特性

爆炸形成空气冲击波向四周扩散,对接触到的障碍物产生静压和动压,造成破坏,此外还会有伴生及次生灾害,如核爆炸的光辐射、早期核辐射、放射性沾染等是伴生灾害,火灾、建筑物倒塌等为次生灾害。这些破坏效应,对于破坏半径范围内暴露在地面空间中的人和建筑物,很难实行有效的防护,然而地下空间对此却有其独特的防护能力。例如,当核爆炸冲击波的地面超压达到 0.02 MPa 时,多层砖混结构的房屋将严重破坏,成为废墟;超过 0.12 MPa 时,所有暴露人员会由于冲击波致死。但是,由于冲击波在土层或岩层中受到削弱,成为压缩波,故要使地下建筑结构具备 0.1 MPa 以上的抗力并不困难,其中的人员自然也不会受到伤害。至于其他爆炸,由于爆炸能量较核爆炸小得多,地下空间的防护能力是不言自明的。

2. 地下空间的抗震特性

地震释放出的能量以垂直和水平两种波的形式向四面传递。垂直波的影响范围较小,但破坏性很大;水平波则可传递到数百千米以外。地震的强度是使建筑物破坏的主要外力,地震的持续时间也是主要破坏因素之一。

在浅层地下空间的建筑结构,与地面上的大型建筑物基础大致在一个层面上,受到的地震力作用基本相同。但两者的区别在于,地面建筑上部为自由端,在水平力作用下越高则振幅越大,越容易破坏;然而处于岩层或土层包围中的地下建筑,岩石或土对结构提供了弹性抗力,阻止了结构位移的发展,同时周围的岩石或土对结构自振起了阻尼作用,也减小了结构的振幅。这个区别已被世界上多次地震后果所验证,现在虽还不能进行量化的比较,但从定性分析看,可以被认为是在同一地点地下建筑破坏轻微而地面建筑破坏严重的主要原因,也是地下空间良好抗震性能的明显表现。

发生在地层深部的地震,其震波在岩石中传递的速度低于在土中传递的速度,故当震波进入到岩石上部的土层后,加速度发生放大现象,到地表面时达到最大值。据日本的一项测定资料,地震强度在 100 m 深度范围内可放大 5 倍。另据对唐山煤矿震害的调查,在 450 m 深度处,地震烈度从地表的 11 度降低到 7 度。这种随深度加大地震强度和烈度趋于减弱的特点,使在次深层和深层地下空间中的人和物,即使在强震情况下,只要通向地面的竖井和出入口不被破坏或堵塞,就基本上是安全的,这是地下空间良好抗震性能的又一明显表现。

3. 地下空间对城市大火的防护能力

不论是什么原因引起的城市火灾,都有可能在一定条件下(如天气干燥、有风、建筑密度过大等)燃烧成为城市大火,甚至形成火暴,造成生命财产的严重损失。由于热气流的上升,地面上的火灾不容易向地下空间蔓延,又有土层或岩石相隔,故除在出入口需采取一定的防火措施外,在城市大火中,地下空间比在地面上安全。但是这种安全有一个前提,就是由于燃烧中心的地面温度急剧升高,经覆盖层和顶部结构的热传导,使地下空间中的温度升高,只有当这种升温被控制在人和结构构件所能承受的范围内时,地下空间才是安全的。

据有关研究资料,当火灾中心温度为 1 100 °C时,如果顶板厚度大于 300 mm,则板内表面温度不超过100 °C,对混凝土强度基本无影响。当结构顶板厚度为 300 mm,上面覆土厚度为400 mm 时,顶板内表面升温至40 °C需要 36 h,这时距内表面 100 mm 处的室温只有20.5 °C,因而对其中的人员不至构成危害。

4. 地下空间的防毒性能

在现代战争中,如果发生核袭击或大规模使用化学和生物武器的情况,对于暴露在地面上的和在地面有窗建筑中的人员,防护非常困难,会造成严重伤亡。在平时的城市灾害中,有毒化学物质泄漏及核事故造成的放射性物质的泄漏,由于发生突然,在没有防护措施的情况下,对城市居民的危害十分严重。

地下空间的覆盖层和结构层只要具有一定的厚度,对核辐射就有很强的防护能力。地下空间有封闭性特点,在采取必要的措施后,能有效地防止放射物质和各种有毒物质的进入,因而其中的人员是安全的。

5. 地下空间对风灾的减灾作用

风灾对城市地面上的供电系统的破坏性很大,除直接损失外,停电造成的间接损失也很大。当风的强度超过建筑物的设计抗风能力时,由风压造成的建筑物倒塌和由负压造成的层顶被掀走的现象是常见的。由于风一般只是从地面以上水平吹过,对地下建筑物和构筑物不产生荷载,再加上覆盖层的保护作用,因而几乎可以排除风灾对地下空间的破坏性。

6. 地下空间的防洪问题

洪灾是我国相当多城市可能发生的自然灾害之一,由于水流方向是从高向低,故地下空间在自然状态下并不具备防洪能力,如果遭到水淹,就会成为地下空间的一种内部灾害。但是,这种状况是否可以通过人为的努力和科学技术的进步得到改变,使地下空间成为一种防洪设施,是个很值得研究的问题。除依靠地下空间的封闭性对洪水实行封堵外,还可以在更高的科技水平上,充分发挥深层地下空间大量储水的潜力,综合解决城市在丰水期洪涝,而在枯水期又缺水的问题。如果地下水库的容量超过地面上的洪水量,洪水就会及时得到宣泄,经处理后储存在地下空间中供枯水期使用。从这个意义上讲,应当认为地下空间同样可以起到防洪的作用。

在现代科学技术还不足以使城市摆脱灾害威胁以前,只有在建立健全单项防灾系统的同时,使这些系统能够协调地进行工作,并随时处于有准备状态,才能使城市在防止灾害发生、减轻灾害损失、加快灾害恢复等各个环节上具备综合的能力,这就是所谓的城市综合防灾。

在建立城市综合防灾体系的过程中,地下空间以其对多种灾害所具有的较强防护能力而受到普遍重视,越是城市聚集程度高的地区,这种优势就表现得越为明显。

在城市改造和立体化再开发过程中,地下空间在数量上迅速扩大,质量有所提高,本身都具有一定的防护能力,只要在出入口部适当增加防护设施,就可以形成大规模的地下防灾空间,包括面状地下空间和线状地下空间。面状地下空间可容纳大量人员避难、救治伤员、储存物资,线状地下空间(地铁、地下步行道、可通行的管线廊道等)则可用于人员疏散、伤员转运、物资运输等,使大量居民即使在灾前来不及疏散时也有可能置于地下防灾空间的保护之下。同时,实行地下与地面防灾空间的互补,建立起覆盖整个城市的防灾空间体系,增强城市的总体抗灾抗毁能力。

战争及平时灾害对城市造成的损失除人员伤亡外,城市经济(主要是工业)和基础设施的破坏,对保存战争潜力和灾后恢复能力都是很不利的。这一点虽然早已得到公认,但因其比对居民的保护需要更多的资金和物资,真正实行起来有很大困难。

城市中的工业企业如因受灾而停产,则不仅工业产值减少,而且产品的减少必然加重救灾的困难。如果平时有一定的防灾准备,例如,将战时必须坚持生产的生产线置于地下空间中,在地下空间中储备足够的备件、零件等,至少可以减轻一些损失和加快一些恢复时间。

城市基础设施在维持城市生存的意义上,常被称为城市的"生命线",其中最重要的除道路系统外,供水和供电系统应尽量避免破坏,即使部分破坏也能及时修复。

城市公用设施管线的地下化和廊道化,虽然需要相当数量的资金才能实现,但与灾害损失相比,可能还是一个小的数字。日本正在研究在大深度城市地下空间建立基础设施系统,其目的,除解决地面空间容量不足的问题外,加强城市基础设施的抗灾抗毁能力也是主要出发点之一。

1.3.2 地下空间的内部防灾要求

地下建筑对于外部发生的各种灾害都具较强的防护能力,但是,对于发生在地下建筑内部的灾害,特别像火灾、爆炸等,要比在地面上危险得多,防护的难度也大得多,这是由地下空间比较封闭的特点所决定。因此,地下建筑的内部防灾问题,在规划设计中应占有突出位置,重点应是防火、防爆、防水、防震等。

地下空间中发生火灾造成的危害比其他建筑空间中严重,因为:首先,在地下空间中,火势蔓延的方向和烟的流动方向与人员撤离时的走向一致,都是从下向上,火的燃烧速度和烟的扩散速度大于人员的疏散速度,同时,在出入口处由于烟和热气流的自然排出,给消防人员进入灭火造成很大困难;其次,在地下空间中,由于封闭性较强,人们的方向感较差,那些对内部情况不太熟悉的人很容易迷路,因此当灾情发生后,混乱程度比在地面上要严重。建筑规模越大,内部布置越复杂,这种危险性就越大。

地下建筑内部发生火灾的原因主要有电气事故(如打火、短路、过热等),使用明火不慎(如饮食加工、电焊、淬火等),易燃气体泄漏,以及管理不善(如允许吸烟、监控系统失灵)等。火灾发生后容易蔓延的原因是大量易燃物的存在,如装修材料、家具(货架、柜台、桌椅等)、易燃商品(衣服、鞋帽等)、纸制品(书籍、资料、档案、包装箱等)。一般的办公室、商店,每平方米地面面积平均有可燃物 100 kg,书库为 200 kg。因此,应针对内部火灾发生和蔓延的可能性,限制易燃物和可燃物的数量,采取必要的消防措施。

火灾对人的危害主要通过 4 种效应:烧伤、窒息、中毒和高温热辐射。据日本资料,在因火灾而死亡者的总数中,由于缺氧和一氧化碳中毒窒息而死的占 50% ~ 60%,烧死的约为 30%,离火焰端头 3 m 处的空气温度可达150 ℃,人在这种高温下只能生存 5 min。当包括一氧化碳在内的各种有害气体浓度达到1%时,人能维持呼吸的时间仅 5 ~ 6 min。此外,如果火灾引发爆炸,或爆炸引起火灾,两种灾害重叠,灾情将更为严重。

地下空间防火最重要的有两个方面:一是对灾情的控制,包括控制火源、起火感知和信息发布、阻止火势蔓延和烟流扩散及组织有效的灭火;二是内部人员的疏散和撤离,主要从规划设计上做到对火灾的隔离,保证疏散通道的足够宽度,满足出入口的数量要求并使其位置保持与疏散人员的最小距离。为了做到以上各点,地下空间在达到一定规模后,必须设置防灾中心并保证内、外通信系统的畅通,以及足够的消防用水和其他器材。地下空间遇到的水害一般由外部因素引起,如地表积水的灌入、附近供水干管破裂、地下水位回升、建筑防水层被破坏而失效等。这些只要在规划设计时加以重视,是不难预防和治理的。

地下空间在抗地震方面较之地面建筑有较大优势,在同样震级情况下,烈度相差较大,因此防震的重点应放在防止次生灾害上,如火灾、漏水、装修材料脱落等。

1.3.3　地下空间与生态环境

生态学(ecology)是研究生物及其所处环境之间相互关系的科学。生物与生物、生物与环境总是不可分割地相互联系、相互作用着,通过能量、物质、信息相互联结成为一个整体,这个整体称为生态系统,包括生物圈生态系统、水域生态系统、陆地生态系统、农业生态系统等。近年来,自然生态系统进一步扩展为包括经济系统和社会系统的复合系统。自然生态系统发展到一定阶段,出现了人类生态系统,再发展又出现城市生态系统。

自然环境是指一切可以直接或间接影响到人类生活、生产的自然界中的物质和能量的总体,包括地质环境、地形环境、大气环境、气候环境、水环境、土壤环境等,也称环境因子。人工环境是人类在开发利用和干预改造自然环境的过程中形成的有别于原有自然环境的新环境。城市环境就是人类活动与自然环境相互密切作用的结果。一方面,自然环境与条件影响着城市的形成与发展;另一方面,城市建设所形成的人工环境对人类的发展所起的作用也非常显著。

生态与环境既是两个独立的学科,同时又是互相作用、互相影响、紧密关联的两个范畴,因而常常被相提并论,如"生态环境问题""生态环境改善""生态平衡与环境保护"等。工业化和城市化一方面是人类社会进步和人类改造自然能力提高的重要标志,另一方面也造成了严重的生态失衡和环境恶化。联合国环境与发展委员会归纳了当前人类面临的 16 个严重生态环境问题,即人口剧增,土壤流失和退化,沙漠化扩大,森林锐减,大气污染严重,水污染加剧,自然灾害增多,大气"温室效应"加剧,大气臭氧层遭破坏,化学物质的滥用,能源消耗倍增,工业事故增多,海洋污染严重,物种不断灭绝,贫困加深,军费开支巨大等。在这些问题中,多数与城市生态环境有关。

现代社会由于城市的建设与发展,已经引发出相当复杂和严重的城市生态环境问题,造成一定的危害和损失。人们已开始采取各种防范和治理措施,在城市发展过程中保护生态环境,努力使之不再恶化,同时把创造良好的生态环境作为提高城市生活质量的重要内容。

在城市中,人工开发的地下空间是为了扩大城市空间容量,是一种在自然环境中创造人工环境的行为,对原有天然存在的地层构成了一种扰动,从实体变成空间。这样一个过程及其结果对城市生态环境是有利还是不利,对于这个问题迄今还缺少认真的研究。

前一时期,国际上曾有少数人为了保持地球的"完整",反对开发地下空间,以有利于生态环境的保护。这种观点并没有足够的科学依据,也缺乏全面的分析,未免失之偏颇,因噎废食。因此,对于开发城市地下空间可以在生态环境上起到哪些积极作用并可能发生哪些消极影响,不能笼统地加以肯定或否定,而是应当加以科学地、全面地分析,才能有针对性地采取措施,尽最大可能兴利除弊,以解除人们的顾虑,促进城市的现代化发展。

在环境诸因子中,地质因子、土壤因子和水因子与地下空间开发有很大关系。

　　地球岩石圈及其上部土层的存在,为地下空间的形成提供了物质基础,因而地质环境是否稳定决定了地下空间形成的难易程度。高度稳定地段对开发地下空间十分有利,而高度不稳定地段使开发地下空间的难度增大,甚至不可能开发。至于在稳定的地质环境中开发地下空间是否可能破坏原有的稳定状态,造成地质灾害,如引发地震、滑坡、塌方等,则需要进行具体分析。

　　以地震而论,由于使用化爆方法开发地下空间所产生的能量很小,与引发地震所需要的能量相差悬殊,即使前些年,世界上进行过无数次的地下核试验,爆炸能量比开挖岩石要大得多,也并没有引发地震,足以证明这种顾虑是不必要的。至于滑坡和塌方,如果地质勘测有误或工程措施不当,是有可能发生;但从技术上看,如果采取适当的预防措施和处理措施,是完全可以避免的。此外,在土层中开发地下空间,涉及生态环境的土壤因子。由于土壤状况直接影响植物的生长,而在地下空间开发范围内一般不再有植物,因此即使在开发过程中对土壤有所扰动和压实,影响到土壤的持水能力和通气性能,但因范围有限,对生态平衡不会产生不利影响。曾经有人指责,地下空间开发破坏了土壤中的有益动物,如蚯蚓等的生存环境,对生态不利。实际上,蚯蚓在城市中几乎已失去其存在价值,何况地面建筑在施工时也要翻动地表土层,同样存在这个问题,因此在城市中这样一点生态上的变化是无足轻重的。此外,城市土壤容易受到地面上各种人为活动的污染,但地下空间的开发,一般不会产生这方面的问题。

　　此外,来自土壤和岩石中的放射性元素铀和钍及它们的子体产物,在衰变时放出 γ 射线,对人员造成外照射。另外,铀和钍的放射性气体衰变产物氡能从岩石和土壤中扩散出来,被人体吸收,造成内照射。氡及其衰变产物是最主要的天然辐射源,也是对地下空间辐射环境产生影响的主要辐射源。对于其影响程度的研究,尚无定论,但已取得一定进展。

　　城市水环境是一个城市所处的地球表层空间中水圈的所有水体及溶解物的总称,主要来源于大气降水,包括地表水和地下水。水环境是受人类干扰和破坏最严重的环境因子,水环境的污染和水资源的匮乏已成为当今主要环境问题之一。在土层中地下空间的开发与地下水的关系较为密切,主要表现在对地下水存在条件、分布条件、水位和水量等的影响。在地下空间开发过程中,当地下水位高于工程底面标高时,为了便于施工,常常采取人工降低水位的方法;完工后为了建筑防水,又常继续抽水以保持低水位。这样,就使地下空间所处位置及其周围一定范围内形成一个疏干的"漏斗"区,土壤中的含水量降低,容易出现地面沉陷、开裂,同时使地下水流失,加剧城市水资源的短缺。防止这种失衡情况出现的措施是尽可能缩短施工期人工降低水位的时间,提高地下工程防水质量,然后人工灌水,恢复原有地下水位。当在较深土层中修建地下铁道时,线形的隧道有可能阻断地下水的流动,或破坏原有的储水构造,是否会影响到地层的稳定和附近建筑物的安全,是在可行性论证阶段应着重解决的问题之一。在一些特殊情况下,例如,在山东省济南市,不同位置的地下水体互相连通,形成一个地下水系。当水量和水压足够时即喷出地表,成为涌泉,出现"家家泉水,户户垂杨"的独特景观。济南也被誉为"泉城"。在这种情况下,如果因开发地下空间而使原有地下水系受到破坏,将造成不可弥补的损失。因此,济南市对开发地下空间持十分慎重的态度,即使少量开发,深度也限于5 m以内,以避免干扰地下水系。此外,如果由于开发地下空间,使城市部分主要街道的行车部分改为运河,与原有的城市河流共同形成一个地面水系,扩大水面面积,则对于城市空气环境和小气候的改善,会起到很好的作用。

　　城市大气环境也是受人类干扰和破坏最严重的环境因子之一,主要表现为大气污染,使城市生活质量降低,被称之为"公害"。地下空间的开发,一般不存在加剧大气污染的因素,相反,由于地下空间的利用,降低了地面上的建筑密度,扩大了开敞空间的范围,这样就有可能增加城市绿地面积,提高绿化率,对于改善大气环境是非常有效的,特别是以乔木为主的城市植被,其作用尤为明显。

植物对大气的污染可起到有效的净化作用,主要有:减少空气中的粉尘;降低有毒和有害气体如二氧化硫、氯化氢等的浓度及其对植物的危害;杀灭细菌,还可以起到指示和监测空气污染情况和程度的作用。

此外,城市植被的小气候效应和吸收二氧化碳与放出氧气相平衡所产生的生态效益,早已是人所共知。

在城市总体规划中对城市的绿化覆盖率都要求达到规定的指标,为的是保护和改善城市的生态环境。在发达国家和发展中国家之间,这一指标存在相当大的差距。尽管如此,不少发展中国家包括我国的城市仍达不到规划要求的绿化指标,而且由于城市的盲目发展,仅有的一些绿地常常被蚕食或侵占,以致生态环境日益恶化。在这种情况下,在对城市进行现代化改造的同时,由于开发利用地下空间而使地面上的开敞空间增加并加以绿化,其改善生态环境的作用会是很明显的。地下空间开发利用这种间接地扩大城市绿地从而改善生态环境的效果,是非常值得重视的。

此外,由于地下交通系统的发展,如果大部分机动车辆转入地下空间行驶和停放,那么,噪声的污染将明显减轻,也应视为地下空间对城市生态环境所起的积极作用之一。

综上所述,地下空间对城市生态环境的积极作用是多方面的,是应当肯定的,同时在开发利用过程中可能出现的消极影响也是值得注意的,应采取有效措施使之降到最低程度。当然,以上分析只是初步的,还应当对有关问题开展深入的研究,以求取得量化成果和提出有效的措施,弥补地下空间开发利用领域迄今存在的这项空白。

1.3.4　地下空间的内部环境要求

地面建筑室内环境可以依靠自然调节,如天然采光、自然通风等,来保持良好的建筑环境,这样做既节省能源,又可获得高质量的光线和空气;而地下空间与地面上的无窗建筑的封闭环境相似,则更多地依靠人工控制。

地下建筑的所有6个界面都包围在岩石或土壤之中,直接与介质接触,这使得内部空气质量、视觉和听觉质量,以及对人的生理和心理影响等方面,都有一定特殊性;加上认识上的局限和物质上的限制,要全面达到地下建筑功能所要求的环境标准,是比较困难的,以致长期以来,形成了一种“地下建筑环境不如地面建筑环境”的社会心理。应当说,这是客观现实的反映,因为这两种环境质量,确实在不同程度上存在差距。在消除这一差距的过程中,已经取得很大进步,如日本的地下街、苏联的地下铁道等,在环境上都已得到较高的评价。但必须看到,在建筑环境这一新学科中,还存在许多有待开发、研究的领域,要想取得比较完满的结果,还需做出巨大的努力。

不同的建筑功能,对环境有不同的要求,因此建筑环境有生活环境、生产环境、购物环境等多种类型;但是只要有人活动,就首先要满足生理上的客观需要,同时还要考虑一些心理因素。在地下建筑环境中,应确立在不同情况下的几种标准。舒适标准,人在这种环境中能正常进行各种活动而没有不适感;最低标准,指维持生命的最低要求;极限标准,如果低于这个标准,对人体健康就会产生致病、致伤,甚至致死的危险。

地下空间的内部环境分生理环境和心理环境两个方面,生理环境又包括空气环境、视觉环境和听觉环境 3 个内容。

空气与阳光和水一样,对于人的生存、生活和从事各种活动,是必不可少的。衡量和评价地下建筑的空气环境有两类指标,即舒适度和清洁度。每一类中包含若干具体内容,如温度、湿度、二氧化碳浓度等。

空气环境的舒适度表现在适当的温度和相对湿度,界面的热、湿辐射强度,室内气流速度,以及空气的电化学性能(负离子的浓度和单极性系数)。空气的清洁度衡量标准是含氧、一氧化碳、二氧化碳的浓度,含尘量和含细菌量,以及空气中氡及其子体的浓度等。所有这些指标都应达到国家标准,目前我国有关这方面的国家标准还不很完善,暂缺的部分只能先参照国外标准执行。

衡量视觉环境(或称光环境)的指标有照度、均匀度和色彩的适宜度等。天然光线的摄取程度,从室内可看到室外环境和景观的程度,也在一定程度上影响到室内视觉环境的质量。地下空间在后两个方面存在一些缺陷,可以利用人工控制的有利条件,创造一种稳定的符合人视觉特点的光照环境。

人在室内活动对听觉环境的要求有 3 个方面:一是声信号能顺利传递,在一定距离内保持良好的清晰度;二是背景噪声水平低,适合于工作或休息;三是由室内声源引起的噪声强度能控制在允许噪声级以下。这 3 项要求在地下空间中,除在控制混响时间上与地面略有不同外,达到舒适标准一般不会太困难。

建筑内部环境在人的心理上引起一定的反应,如舒适、愉快等,是一种积极的反应,而不适、烦闷等则属于消极反应。如果对于某种环境的消极心理反应持续时间较长,或重复次数较多,可能形成一种条件反射,或者形成一种难以改变的成见,称为心理障碍。地下环境本身的特点和由于这些特点引起的一些消极心理反应,如幽闭、压抑、担心自己的健康等,长期以来没有得到根本改善,几乎已形成了一种心理障碍,对进一步开发利用地下空间是一个不利因素。为了使这种状况得到改善,以进一步推动地下空间的开发利用,应当从 3 个方面进行努力:一是提高生理环境的质量,除提高舒适度外,着重研究解决地下环境对人体健康的长期影响问题;二是利用现代科学技术成果,设计较简单的系统,解决天然光线和景物传输到地下的问题,以及改善光环境和声环境等问题;三是从建筑设计上加以改进,增加建筑布置上的灵活性,提高建筑艺术处理的水平。这一问题已经普遍引起建筑学、医学、心理学等各领域中专家的重视,并开始组织跨学科的研究工作。

1.4　地下空间开发的法律与政策问题

1.4.1　法律问题

在 1.2.4 节中已经指出,地下空间的开发价值,只有在引入土地价值因素以后才有可能体现出其优势,才可能获得与地面空间开发相当的竞争力,因此这个问题与土地的所有权和使用权及地下建筑物、构筑物的产权都有直接的联系。在地下空间的潜在价值没有被认识之前,土地的所有权范围延伸到与其面积相对应的地面空间和地下空间,似乎是天经地义的,而且受到法律的保护,在土地私有制的国家中,这一点在过去并不存在任何疑问。日本民法第 207 条规定,土地所有权包括土地的上部和下部,可以理解为上至外层宇宙空间,下到地球中心;联邦德国的民法第 905 条和瑞士民法第 667 条也有类似的规定。这种情况大大限制了城市地下空间的开发利用,迫使一些城市的地下空间开发只能在有限的"公有地"下面进行,这种公有地为市政当局所有,可用于城市和市政建设而不需付出土地费用,例如,英国伦敦市的公有地占城市用地的22%,日本东京为19%。这也是为什么日本的地下商业街多建在城市广场和重要街道下面的主要原因,因为只有这些位置(还有公园)是"公地",而街区内均为"民地",即私有土地,在私有地下面开发地下空间,除高层建筑地下室外,很难实现较高的开发价值。

土地的私有制与开发城市地下空间的客观需求之间的矛盾日益尖锐,因而冲破土地所有权对地下空间控制的呼声日趋高涨,以致有些国家的政府和议会已开始研究这一问题,制定了一些过渡性措施,为在法律上彻底解决这个问题做准备,主要有两方面的措施:一种是规定土地所有权所达到的地下空间深度,如芬兰、丹麦、挪威规定私人土地在6 m以下即为公有;另一种是要求地下空间的开发者向土地的所有者付一部分低于土地价格的补偿,如日本的补偿费为20%左右,由双方协商确定。

如果不能彻底消除土地所有权对地下空间的权限,则对于城市地下空间的开发仍然很不利,特别对于修建大型地下公共工程,仍受到很大的限制。例如,日本的深埋地下铁道,为了缩短线路,走向不限于沿城市干道,这样私有地通过率达到80%,即使土地补偿费为10%,也会使造价提高3.3~3.6倍。因此,日本近年开展的关于开发大深度(100 m左右)城市地下空间的研究,首先遇到的障碍就是土地所有权和使用权问题。舆论界和与大深度开发直接有关的政府部门,如建设省、运输省等,纷纷要求国会制定法律,对地下空间的所有权和使用权做出明确的限定,有的要求把"大深度"定为地下50~70 m,在这以下的空间为公有;有的建议市区20~30 m以下,郊区60 m以下的空间应为公有。据悉,日本国会已于2001年通过法案,确定在私有土地地表以下30 m内地下空间为私有,30 m以下为公有,特殊情况可到40 m。

国际隧道协会执委会于1987年委托协会的"地下空间规划工作组"研究地下空间开发在法律和行政方面的问题,由当时的美国明尼苏达大学地下空间中心承担了研究任务,向国际隧协35个会员国发出了调查问卷,其中19个国家的有关组织做出了回应,经过整理后于1990年提出了调查报告。报告对各国的地下空间及其他地下自然资源所有权问题进行了6项问卷式调查,对于所提出的"对于土地的私有者或公有者,使用权是否一直达到地球中心?"这一问题,在19份问答中,有14份是肯定的,其余的5份分3种情况:3份是私有土地的,6 m以下为公有;1份是权限达到有价值的深度,概念不很清楚;还有1份是地下空间和土地一样均为公有,即中国。

以上情况说明,城市地下空间的所有权和使用权问题,对于充分开发利用地下空间以扩大城市空间容量至关重要,已经引起不少国家的重视。事实上,土地的私人所有者对地下空间的开发能力是有限的,一般限于建筑物的地下室,因此把所有权限定在地表以下30 m范围内,并不过分损害土地所有者的利益,反而有可能通过大型地下公共工程的开发得到意外的补偿。因此问题虽然复杂,但从法律上或行政上适当加以解决还是可能的。

我国的城市地下空间与土地一样,虽然均为全民所有,但长期以来同样是无偿使用,对于合理地进行统筹开发是不利的,因此亟须在解决土地有偿使用问题的过程中,同时解决土地上部和下部空间使用权限问题。土地的公有制使我国可以比较容易地解决这一问题,因为避免了土地所有者的各种阻力。

当前,在我国城市地下空间开发利用中,有许多法律问题尚待解决,其中最突出的是地下空间开发所形成的地下建筑物、构筑物,其产权的界定在全国还没有明确的规定。由于城市地下建筑,特别是地面上没有建筑物的单建式地下建筑,产权模糊不清,主体不明确,引起了不必要的纠纷,使地下空间开发的投资渠道不畅。因此,在与现行法规不相抵触的前提下,明确界定地下建筑产权,对推动城市地下空间开发利用有重要的现实意义。对于这个问题,已经有少数城市的有关部门正在研究解决之中。

1.4.2 政策问题

为了鼓励和支持城市地下空间的开发利用,政府应制定多种优惠政策,从土地租让金、补偿费到各种税费,都应全部或部分予以减免。工程的建设费用一般包括4项:第一项是前期费用,如征地、拆迁、补偿、勘察设计等;第二项是各种税费,多达几十种到上百种;第三项是基础设施增容费;第四项是工程直接费,内容有土建、安装、装修、配套等。近些年,随着我国对地下空间资源开发利用的日益重视,对地下建筑的土地使用税费和房产税费等已经初步颁布实施了一些政策与法律、法规。另外,对于一些地下公用设施和人民防空工程,由于属非营利性项目,可考虑减免绝大部分税费。这样才能使我国地下工程的造价得以维持在较低水平上,从而激发地下空间开发利用的积极性。尽管如此,政府仍应进一步统一制定各项优惠政策,特别应制定统一的减免标准。

除有关建设投资和各种费用的法律及政策外,为了推动地下空间的开发利用科学合理地进行,还需要制定各项技术性法规和政策。当前除地下人民防空工程和防水工程等有设计规范外,有许多领域的设计规范、设计标准、设计定额等仍不够完善甚至是空白,需要及时完善或组织研究和编制。

第 2 篇

地下工程设计

第2章 地下工程地质环境及围岩分级(类)

2.1 概述

地下结构和地面结构(如房屋、桥梁、水坝等)一样,也是一种结构体系,但两者之间在赋存环境、力学作用机理等方面都存在明显的差异,如图 2-1 所示。地面结构体系一般都是由结构和地基所组成,地基在结构底部起约束作用,除自重外,荷载都是来自外部,如人群、车辆、水力、风力等。而地下结构体系则是由地层和支护结构所组成,其中以地层为主,支护仅用来约束地层,不使它产生过大的变形而破坏、坍塌。在地层稳固的情况下,体系中甚至可以不设支护结构而只留下地层,如我国陕北的黄土窑洞。地下结构所承受的荷载又主要来自结构体系的本身——地层,故称为地层压力或围岩压力。所以说,在地下结构体系中,地层是承载结构的基本组成部分,又是造成荷载的主要来源,这种合二为一的作用机理与地面结构是完全不同的。

(a)地面结构   (b)地下结构

图 2-1 地面结构和地下结构的比较

由此可见,在地下结构中,地层起主导作用。地下工程的一切活动,包括能否顺利地建成、使用中是否会出现问题,以及工期长短、投资多少等,无一不与地下工程所在区域的地层条件,也就是它所赋存的地质环境息息相关。有些地下工程在开挖期间产生大规模坍方,造成施工困难,甚至使工程报废。有些隧道等地下工程在运营期间出现洞体开裂破坏,严重影响行车安全,要求采取复杂的治理措施。产生这些问题往往都是由于地质环境因素所造成的,当然施工方法不当、工程措施不力也可能是一个重要原因。因此,了解和认识地质环境,研究它在工程建设活动中的变化,制定有力的工程措施,使这种变化不危及地下工程的安全,乃是地下工程勘测、设计和施工中的头等大事,应当受到充分重视。

地下工程所赋存的地质环境的内涵很广,包括地层特征、地下水状况、开挖洞室前就存在于地层中的原始地应力状态及地温梯度等。但对地下工程来说,最关心的问题则是地层被开挖后的稳定程度。这是不言而喻的,因为地层稳定就意味着开挖所引起的地层向洞室内的变形很小,而且在较短的时间内就可基本停止,这对施工过程和支护结构都是非常有利的。地层被挖成隧道等地下空间后的稳定程度称为地下工程围岩的稳定性,这是一个反映地质环境的综合指标。所以说,研究地下工程地质环境问题,归根到底就是研究地下工程围岩的稳定性问题,包括围岩破坏或稳定的规律、影响围岩稳定的主要因素、标志围岩稳定性的指标和判断准则、分析围岩稳定性的方法及为维护围岩稳定而必须采取的工程措施。

对地下工程地质环境,也就是围岩稳定性问题的认识,科学的方法应该从围岩变形与破坏的根本作用力——围岩的原始地应力出发,结合围岩的工程性质、施工对地层原始状态干扰和破坏的程度等进行综合研究,并根据围岩与支护结构共同作用,用以围岩为主的观点来制定施工程序和进行支护结构设计。

由于围岩的性质与地质环境十分复杂,当前应用的力学模型还不能完全反映出围岩的真实性态,确定围岩特征参数的试验技术还不满足工程精度要求,因此当前的理论分析结果还达不到十分准确的水平。但不能因此而否定理论分析的价值,因为理论分析结果可以作为定性解释的依据,还可以用来研究在各种参数变化时围岩稳定和支护受力状态的限值范围,而且随着科学技术的发展,理论分析的结果将越来越逼近真实情况。

2.2　围岩结构分类及其破坏特征

地下工程围岩是指地层中受开挖作用影响的那一部分岩(土)体。应该指出,这里所定义的围岩并不具有尺寸大小的限制,它所包括的范围是相对的,视研究对象而定。从力学分析的角度来看,围岩的边界应划在因开挖而引起的应力变化可以忽略不计的地方,或者说在围岩的边界上因开挖而产生的位移应该为0,这个范围在横断面上约为6~10倍的洞径。当然,若从区域地质构造的观点来研究围岩,其范围要比上述数字大得多。

围岩的工程性质主要是强度与变形两个方面,与岩体结构、岩石的物理力学特性、原始地应力和地下水条件有关。围岩主要是各种岩体,也包括土体,下面主要论述岩体的结构特征和破坏特性。

岩体是在漫长的地质历史中,经过岩石建造、构造形变和次生蜕变而形成的地质体。它被许许多多不同方向、不同规模的断层面、层理面、节理面和裂隙面等各种地质界面切割为大小不等、形状各异的各种块体。工程地质中将这些地质界面称之为结构面或不连续面,将这些块体称之为结构体,并将岩体看作是由结构面和结构体组合而成的具有结构特征的地质体。所以,岩体的力学性质主要取决于岩体的结构特征、结构体岩石的特性及结构面的特性。环境因素尤其是地下水和地应力对岩体的力学性质的影响也很大。在众多的因素中,哪个起主导作用需视具体条件而定。

在软弱围岩中,节理和裂隙比较发育,岩体被切割得很破碎,结构面对岩体的变形和破坏不起控制作用,所以岩体的特性与结构体岩石的特性并无本质区别。当然,在完整而连续的岩体中亦是如此。反之,在坚硬的块状岩体中,由于受软弱结构面切割,块体之间的联系减弱,此时,岩体的力学性质主要受结构面的性质及其在空间的组合所控制。

由此可见,岩体的力学性质必然是诸因素综合作用的结果,只不过有些岩体是岩石的力学性质起控制作用,而有些岩体则是结构面的力学性质占主导地位。

岩体与岩石相比,两者有着很大的区别。和工程总的尺度相比,岩石几乎可以被认为是均质、连续和各向同性的介质;而岩体则具有明显的非均质性、不连续性和各向异性。

2.2.1　岩体结构分类

试验和实践都已证明,岩体的变形、破坏及应力在岩体中的传播途径,除了受上述的结构体岩石和结构面控制外,还有一个重要因素,就是岩体的构造特征。和宇宙间一切物体一样,岩体也是以它特有的结构形式存在着,并彼此相区别。不同块度、形状、产状的结构体构成了各种岩体结构类型。根据它们对岩体力学性质和围岩稳定性的影响(称为岩体的结构效应),工程地质学中将岩体划分为以下 4 种结构类型。

(1) 整体结构:包括整体结构和块状结构。

(2) 层状结构:包括层状结构和板状结构。

(3) 碎裂结构:包括镶嵌结构、层状碎裂结构和碎裂结构。

(4) 散体结构。

整体结构岩体的变形主要是结构体的变形;块状和层状结构岩体的变形主要是结构面的变形,岩体的破坏主要是沿软弱结构面的滑动;碎裂和散体结构岩体的变形,开始是将裂隙或孔隙压密,随后是结构体变形,并伴随有结构面张开。

2.2.2　地下工程围岩失稳破坏性态

地下工程围岩变形、破坏和岩体结构的关系十分密切,根据工程实践的观察,大致有以下5 种情况。

1. 脆性破裂

整体结构岩体和块状结构岩体,岩性坚硬,在一般工程开挖条件下表现稳定,仅产生局部掉块。但在高应力区,洞周应力集中可引起"岩爆",岩石成碎片射出并发出破裂响声,属于脆性破裂。

2. 块状运动

如图 2-2(a)所示,当块状或层状结构岩体受明显的少数软弱结构面切割而形成块体或数量有限的块体时,由于块体间的联系很弱,在自重作用下,有向临空面运动的趋势,逐渐形成块体塌落、滑动、转动、倾倒及块体挤出等失稳破坏性态。块体挤出是块体受到周围岩体传来的应力作用的结果。在支护结构和围岩之间如有较大空隙而又未回填密实或根本没有回填,块体运动可能对支护结构产生冲击荷载,而使之破坏。

3. 弯曲折断破坏

如图 2-2(b)所示,层状结构岩体尤其是有软弱夹层的互层岩体,由于层间结合力差,易于错动,所以其抗弯能力较低。洞顶岩体受重力作用易产生下沉弯曲,进而张裂、折断形成塌落体。边墙岩体在侧向水平力作用下发生弯曲变形而鼓出,也将对支护结构产生压力,严重时可使支护结构折断而塌落。

4. 松动解脱

碎裂结构岩体基本上是由碎块组合而成的,在张拉力、单轴压力、振动力作用下容易松动,溃散(解脱)而成碎块脱落。一般在洞顶表现为崩塌,在边墙则为滑塌、坍塌,如图 2-2(c)所示。

5. 塑性变形和剪切破坏

散体结构岩体或碎裂结构岩体,若其中含有较多的软弱结构面,开挖后由于围岩应力的作用,将产生塑性变形或剪切破坏,往往表现为坍方、边墙挤入、底鼓及洞径缩小等,而且变形的时间效应比较明显,如图2-2(d)所示。有些含蒙脱土或硬石膏等矿物的膨胀性岩体或结构面,遇水膨胀并向洞内挤入,也属于塑性变形性质。

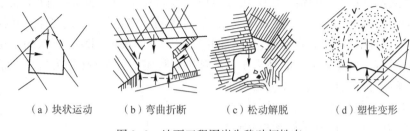

　(a)块状运动　　　(b)弯曲折断　　　(c)松动解脱　　　(d)塑性变形

图2-2　地下工程围岩失稳破坏性态

2.3　围岩的初始应力场

围岩的初始应力场又称原始地应力场。

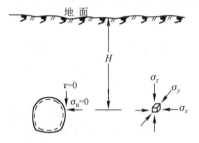

图2-3　围岩的初始应力场
和开挖卸载

由于岩体的自重和地质构造作用,在地下工程开挖前岩体中就已经存在一定的地应力场,人们称之为围岩的初始应力场。它是经历了漫长的应力历史而逐渐构成的,并处于相对稳定和平衡状态之中。洞室开挖后,使得围岩在开挖边界处解除了约束,失去平衡,此时洞室周边的应力都变为0,即 $\sigma_n = 0$,$\tau = 0$,如图2-3所示。其结果引起了洞室变形(这种变形系岩体卸载而发生的回弹变形),产生应力重分布,形成围岩的新的应力场,称为围岩二次应力场。由此可以看出,因开挖隧道而引起的围岩变形、破坏、应力传播等一切岩石力学现象无一不与围岩的初始应力场密切相关,都是初始应力发展的延续。

地下工程的一个主要问题是要搞清楚初始应力场的分布及其规律,以便最终能将它确定出来。但是,由于产生地应力的原因非常复杂,再加上地层结构本身的复杂性,以致到目前为止,仍不能完全认识它的规律而给出明确的定量关系,还有待我们继续探索。但在地下工程的影响范围内,我们已经能够较为准确地确定其大小和方向。

2.3.1　围岩的初始应力场的组成——自重应力场和构造应力场

围岩的初始应力场的形成与岩体的结构、性质、埋藏条件及地质构造运动的历史等有密切关系。因此,习惯上常根据地应力的成因将其分为自重应力场和构造应力场两大类,这两类应力场的基本规律有明显的差异。围岩的自重应力场比较好理解,它是地心引力和离心惯性力共同作用的结果。而围岩的构造应力场比较复杂,按其形成的时间,又可以分为以下两类。

(1)由于过去地质构造运动,譬如断层、褶曲、层间错动等所引起的,虽然外部作用力移去后有了部分恢复,但现在仍残存在岩体中的应力;岩石在形成过程中,由于热力和构造作用所引起的,虽经过风化、卸载,部分释放,现在仍残存着的原生内应力。这两种都称为构造残余应力。

(2)现在正在活动和变化的构造运动,譬如地层升降、板块运动等所引起的应力,称为新构造应力,地震的产生正是新构造应力的反映。

　　围岩的初始应力场中究竟是以自重应力为主还是以构造应力为主,历来都是有争论的。一种观点认为,岩体内的应力主要是在自重作用下产生的垂直应力,水平应力则是由岩体的泊松效应引起的,最大只能等于垂直应力(取泊松比等于 0.5)。这种观点实质上是否认地质构造运动能改变岩体的应力状态。这显然与实际情况不符,现今大量的地应力测量资料表明,围岩的初始应力场中水平应力与垂直应力之比常常大于 1,有的甚至高达 7~8,而且主应力方向与当地区域构造的迹象非常一致。这一切都说明地质构造运动不仅改变了岩体原生的结构特征,而且也改变了岩体原生的应力状态。另一种观点则认为,岩体中的应力主要是地球自转和自转速度变化而产生的离心惯性力,因此应以水平应力为主。李四光教授认为,地球自转及自转速度变化是地壳新构造运动的主要动力,是形成岩体中地应力的重要原因之一,但不能说是唯一的,因为在很多地区发现它的地应力场与最新构造运动所产生的变形场并不一致。

　　这一切都说明了现阶段围岩的初始应力场主要是构造残余应力场,晚期构造运动的强度如不超过早期构造运动强度的话,则新构造运动可以影响,但很难改变它。只有在埋深较浅而又比较破碎的岩体中,由于构造变动引起的剥蚀作用使构造应力释放殆尽,才是以自重应力场为主。当然,在那些从未遭到过较大构造运动的沉积岩体中,也可能是自重应力占主要地位。

2.3.2　围岩的初始应力场的变化规律与影响因素

　　围岩的初始应力场包括自重应力场和构造应力场两部分,而两者的变化规律则不相同。

1. 自重应力场

　　在以自重应力场为主的岩体中,地表以下任一深度 H 处的垂直应力 σ_z^o 等于其上覆岩体的重量,如图 2-4 所示,即

$$\sigma_z^o = \gamma H \tag{2-1}$$

这里以压应力为正,γ 为岩体的容重,单位为 kN/m^3;H 单位为 m。

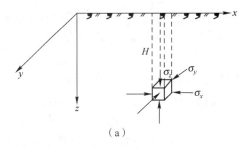
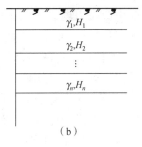

图 2-4　自重应力场

　　如图 2-4(b)所示,当上覆岩体为多层不同的岩石时,则 σ_z^o 为

$$\sigma_z^o = \gamma_1 H_1 + \gamma_2 H_2 + \cdots + \gamma_n H_n = \sum_{i=1}^{n} \gamma_i H_i \tag{2-2}$$

式中:γ_i——第 i 层岩体的容重;

　　　H_i——第 i 层岩体的厚度。

　　该点的水平应力 σ_x^o、σ_y^o 主要是由于岩体的泊松效应所引起的,按弹性理论假定可为

或

$$\left.\begin{array}{l} \sigma_x^o = \sigma_y^o = \dfrac{\mu}{1-\mu}\sigma_z^o = \dfrac{\mu}{1-\mu}\gamma H \\ \sigma_x^o = \sigma_y^o = \dfrac{\nu}{1-\nu}\sum_{i=1}^{n}\gamma_i H_i \end{array}\right\} \qquad (2\text{-}3)$$

式中：ν——计算应力处岩体的泊松比。

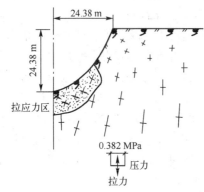

图 2-5 河谷区应力场分布

这里所说的只是基本概念，仅当地面为水平面，而岩体为各向同性的半无限弹性体时，上述各式才是有效的。

但岩体的组成比较复杂，不大可能是各向同性的，而且地面也都起伏不平。因此，围岩的自重应力场不能简单地按上述公式决定，必须根据三维弹性理论的基本方程，并考虑重力和各向异性求解，对此问题目前尚无精确的解析解。一般只能采用数值方法，如有限单元法求得近似解。图 2-5 表示一个河谷地区自重应力场的有限单元法解示意图，可以大致说明该地区的地应力分布状况。本例的围岩是按匀质各向同性弹性体处理的，在谷底将产生相当大的拉应力。如果围岩的抗拉能力较低，则谷底的围岩将被拉裂而使应力变为 0，故真实的应力值就可能与图 2-5 所示的结果不同。

不过，对于地面单一倾斜的各向同性半无限弹性体，其自重应力场可简化为平面问题，利用弹性理论中的布西内斯克(J. Boussinesq)解求得，这里不赘述。

从上述可以看出围岩自重应力场的变化规律为：

（1）垂直方向的自重应力随深度成线性增加；

（2）水平应力总是小于垂直应力，最多也只能与其相等。

2. 构造应力场

由于形成构造应力场的原因非常复杂，因而它在空间的分布极不均匀，而且随着时间的推移还不断发生变化，属于非稳定的应力场。但相对于工程结构物的使用期限来说，可以忽略时间因素，将它视为相对稳定的。即使如此，目前还很难用函数形式将构造应力场表示出来，只能通过实地量测找到一些规律性。但是实测的初始应力是许多不同成因的应力分量叠加而成的综合值，无法将它们一一区别。通过对实测数据的分析，只能了解由于构造应力的存在，使自重应力场发生什么样的变异，以及它在整个初始应力场中所起的作用。已发表的一些地应力测量资料表明，我国大陆初始应力场（包括自重应力场和构造应力场）的变化规律大致可以归纳为以下几点。

（1）在一定深度内，垂直应力的量值随深度成线性增大，而且水平应力普遍大于垂直应力。

（2）水平主应力具有明显的各向异性。水平主应力的另一个显著特点，就是具有很强的方向性，一般总是以一个方向的主应力占优势，很少有大、小主应力相等的情况。

3. 影响围岩的初始应力场的因素

围岩的初始应力状态，一般受到两类因素的影响：

（1）第一类因素有重力、地质构造、地形、岩体的物理力学性质及地温等经常性的因素；

（2）第二类因素有新构造运动、地下水活动、人类的长期活动等暂时性的或局部性的因素。

在上述因素中,前面已经提到了覆盖层自重和地质构造,前者的影响比较明确,它是形成垂直应力的主要来源。地质构造的影响就复杂得多了,目前还只能定性地说它主要是影响水平应力的大小和方向。

此外,在众多的因素中还要特别研究下面几点。

(1) 地形和地貌。地应力实测和有限元分析都表明了地形的变化并不产生新的地应力场,只对应力起调整作用。在靠近山坡部位,最大压应力方向近似平行山坡表面。从主应力的量值看,在接近山谷岸坡表面部分是应力偏低带,往里则转变为应力偏高带,再往山体深部逐渐过渡到应力稳定区,在山谷底部则有较大的应力集中。在实际工程中还发现有些傍山隧道,虽然邻近山谷,按理应力已基本释放完毕,属于应力偏低带,可是仍存在相当大的应力。这可能是由于地形剥蚀作用所造成的。剥蚀前,上覆岩层很厚、地壳中储存着很高的地应力,岩层剥蚀后,由于岩体内的颗粒结构的变化和应力松弛都赶不上剥蚀作用的速度,所以垂直应力虽然被释放了绝大部分,但水平应力却未能被充分释放而残留下来。这种残留应力和构造残余应力的主要区别在于,后者具有明显的方向,而前者则方向性不强。

(2) 岩体的力学性质。正如以上所述,现阶段围岩中的应力状态是经过历次构造运动的积累和后来剥蚀作用的释放而残存下来的。按照强度理论,岩体中的应力状态不能超出岩体强度,所以岩体强度越高,地应力值越大。一般可用垂直应力与岩体单轴抗压强度的比值(定义为应力比: $S = \dfrac{\gamma H}{R_c}$)来表示岩体在开挖前的状态。应力比越小,说明岩体的潜在能力还很大,开挖后就越稳定,引起的位移就越小。

此外,应力的积累还与岩体的变形特性有关,变形模量 E 较大的近于弹性的岩体对应力的积累比较有利。例如 $E = 5 \times 10^4$ MPa 以上的岩体,其最大压应力一般为 10~30 MPa,而 $E = 1.0 \times 10^4$ MPa 以下的岩体,其最大压应力很少有超过 10 MPa 的。塑性岩体容易产生变形,不利于应力的积累,故在这类岩体中常以自重应力场为主。

(3) 地温。温度变化,尤其是当围岩内部各处温度不相同时,温度应力的一部分会残留下来。此外,当地壳内岩浆固结或受高温高压再结晶时,将伴随着体积膨胀或收缩,由于受到相邻地块的约束也会产生残余应力。

(4) 人类活动。人类活动包括大堆渣场的形成、深的露天开采和地下开挖、水库、抽水、采油及高坝建筑等都可能局部地影响围岩的初始应力场,有时候影响甚至很大,例如,水库蓄水而诱发地震就是一个例子。

只有详尽了解影响围岩的初始应力场的各种因素,才能较可靠地确定围岩的初始应力状态。

2.3.3　围岩的初始应力场的确定方法

除了在以自重应力场为主的情况下,可以通过计算确定围岩的初始应力状态外(见 2.3.2节),一般都只能通过现场实地应力量测获得。但实测工作由于费时费钱,不可能大量进行,而且由于仪器设备不完善、操作过程不标准等原因,实测的围岩初始应力也不是绝对正确的。这就提出了如何利用少数测点实测资料,建立可靠的围岩初始应力场的问题。根据我国实践经验来看,比较可行的是实地应力量测和地质力学分析相结合的方法。

1. 实地应力量测

实地应力量测就是直接在未经开挖扰动过的岩体中进行应力量测。近年来,由于钻探技术和深孔应力量测技术的发展,为测量围岩的初始应力状态创造了条件。岩体应力量测有两种:① 量测围岩的绝对应力值,包括其大小和方向;② 量测围岩应力在开挖过程中的相对变化。前者可用来确定围岩的初始应力场,后者则可用来评价施工程序的优劣及开挖对相邻地下工程的影响等。岩体应力的量测方法按其原理大致可以分为以下 3 种类型。

1) 应力全解除法

其基本原理就是将包含着量测元件的那一部分岩体单元从岩体中分离出来,解除周围岩体中对它的约束作用,然后量测由于解除约束而产生的应变,利用岩体的应力-应变关系,反算出所解除的应力,也就是原存于围岩中的初始应力。当然,也可以直接量测所释放的应力,不必通过应力-应变关系反算。应力全解除法的具体做法有以下 2 种。

(1) 孔底法,其步骤如图 2-6 所示。首先用环钻钻孔至所要求量测应力的深度,并将岩芯取出;其次用打磨钻头将孔底磨平,并将应变计粘贴到孔底上,读取应变计的初读数;然后继续钻孔,使贴有应变计的岩芯与周围岩体分离开,解除对岩芯的约束作用,直到岩芯末端的应力完全释放(即应变计读数不再变化)为止,并读取最终读数,根据初读数和最终读数即可求得垂直于钻孔轴平面的由于应力解除而产生的任意 3 个方向的应变值 $\Delta\varepsilon_\alpha$、$\Delta\varepsilon_\beta$、$\Delta\varepsilon_\gamma$ [图 2-6 (b) 中 $\alpha=0$];最后根据岩体的应力-应变关系即可算出围岩中垂直于钻孔轴平面上的应力。

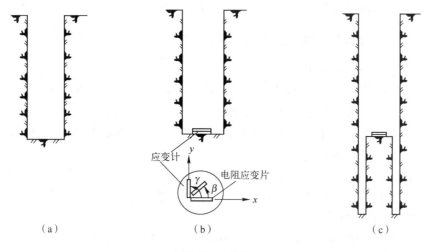

图 2-6 孔底法

孔底法所测得的孔底应力,由于钻孔引起的应力集中,使之比真实的围岩原始应力要高些。目前虽有很多种改正方法,但还没有一致的看法。

(2) 孔壁和孔径法,其步骤如图 2-7 所示。首先用大口径钻头钻孔到要量测应力的深度,并将孔底磨平;其次改用小口径钻头在大孔底中心钻一个小钻孔,并在其中安装孔壁三轴应变仪 [见图 2-7 (d)],取初读数,即为孔壁上 3 个不同方向的应变初值;然后用大口径钻头套钻,产生环状岩芯,解除约束,释放应力,并取最终读数;最后根据初读数和最终读数,即可求得应力释放后孔壁上 3 个不同的应变值 $\Delta\varepsilon_{\mathrm{I}}$、$\Delta\varepsilon_{\mathrm{II}}$、$\Delta\varepsilon_{\mathrm{III}}$,根据有关的力学公式和岩体应力-应变关系,即可反算出围岩中三维的应力状态。

需要指出:无论是孔底法或孔壁和孔径法,都可以在地面垂直向下钻孔,也可以在洞室内水平钻孔或向上钻孔进行量测。但孔底法只能测到一个平面上的 2 个主应力,第三个主应力值需要假设,如要量测三维应力状态,一般需要不同方向的 3 个钻孔。另外,应力全解除法量测岩体应力的精度一般都要受岩体应力-应变关系的控制,因此在条件许可的情况下,应尽可能在量测岩体应力的现场同时进行岩体应力-应变关系的测定,为应力量测提供比较可靠的基础。

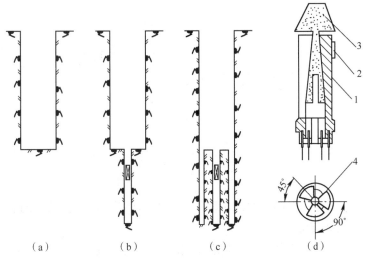

1—橡皮元体; 2—应变花; 3—圆锥形楔; 4—导向槽。

图 2-7　孔壁和孔径法

2) 应力恢复法

其基本原理是事先在洞室的岩壁表面安装应变计,并记录下应变的初读数,然后在岩壁上掏一个狭长的槽口,这就解除了垂直于槽口的法向约束和平行于槽口的切向约束,应变计读数亦将下降;最后将扁千斤顶放入槽口,固定后加压,使应变计读数恢复到掏槽前的数值。此时,扁千斤顶显示的压力即为岩体中相应方向的应力,如图 2-8 所示。

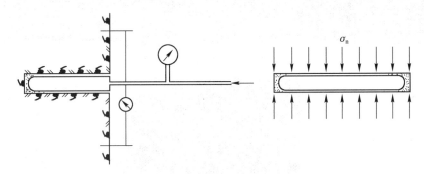

图 2-8　应力恢复法

扁千斤顶量测,习惯上是在几个相互垂直的槽口中进行。例如,可以在地下洞室边墙上切割水平和垂直槽口,来量测岩壁表面竖向和纵向的应力分量 σ_z^0、σ_y^0(y 轴平行洞室轴线),在洞顶切割纵向槽口,来量测垂直轴线的水平应力分量 σ_x^0。

扁千斤顶所得的岩体应力严格来说并非围岩的初始应力,而是由于开挖产生应力集中后的洞室周边应力,如图 2-9 所示。所以需对扁千斤顶所测得的结果进行修正,对于弹性岩体中的或断面形状规则的隧道,如圆形、矩形隧道,应力集中的修正比较简单,可以用弹性力学方法进行。对于断面形状复杂的洞室可以采用光弹性试验。但需注意,在隧道开挖过程中或多或少要损伤岩壁表面,从而使应力集中现象有所缓和,因此在按弹性力学方法进行修正时,要考虑不同的施工方法对岩壁表面损害的程度,而将应力集中系数进行折减。

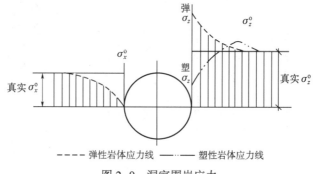

图 2-9　洞室围岩应力

这种方法的优点就是,岩体应力的量测结果不受岩体应力-应变关系的制约。

3) 水压致裂应力测量法

水压致裂应力测量法是利用地质勘察孔等既有钻孔,在孔内测量部位的上、下阻塞器(或称为封隔器)(见图 2-10)之间,加注水或其他液体形成很高的水压或液体压力,致使岩石破裂,以测量初始应力场的水平应力的大小的一种方法。

(a) 安装好的上、下阻塞器

(b) 往钻孔内的测量部位下放上、下阻塞器

图 2-10　阻塞器的安装与钻孔内下放、就位

水压致裂应力测量法基于下列基本假定:

① 岩石是均质且各向同性的;

② 岩石是完整的,压裂液体对岩石来说是非渗透的;

③ 岩体中有一个主应力的方向与孔轴平行;

④ 裂纹的扩展满足所假设的远场应力边界条件;

⑤ 在孔内的水压或液体压力作用下,岩石发生弹脆性破裂。

在上述假设前提下,水压致裂的力学模型可简化为一个平面应变问题,如图 2-11 所示。

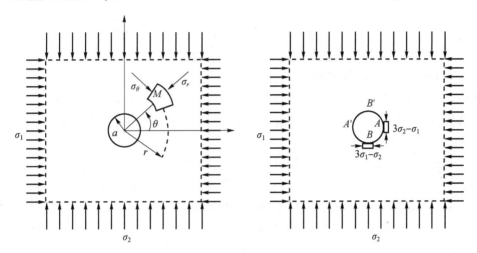

图 2-11　钻孔内测量部位应力状态

图 2-11 所示模型的孔周应力状态为

$$\sigma_r = \frac{\sigma_1+\sigma_2}{2}\left[1-\frac{a^2}{r^2}\right]+\frac{\sigma_1-\sigma_2}{2}\left[1-\frac{4a^2}{r^2}+\frac{3a^2}{r^4}\right]\cos 2\theta$$

$$\sigma_\theta = \frac{\sigma_1+\sigma_2}{2}\left[1+\frac{a^2}{r^2}\right]-\frac{\sigma_1-\sigma_2}{2}\left[1+\frac{3a^2}{r^4}\right]\cos 2\theta$$

$$\sigma_{r\theta} = -\frac{\sigma_1-\sigma_2}{2}\left[1+\frac{2a^2}{r^2}-\frac{3a^4}{r^2}\right]\sin 2\theta$$

式中:σ_1——水平初始应力的最大主应力;

　　σ_2——水平初始应力的最小主应力;

　　a——孔的半径。

水平直径和垂直直径与孔壁交点 A、A'、B、B' 的环向应力为

$$\sigma_A = \sigma_{A'} = 3\sigma_2 - \sigma_1$$

$$\sigma_B = \sigma_{B'} = 3\sigma_1 - \sigma_2$$

孔壁岩石的初始开裂条件为

$$P_f = \sigma_A + R_t$$

式中:P_f——岩石初始开裂时,上、下阻塞器之间的孔内液体压力;

　　R_t——岩石的抗拉强度。

当上、下阻塞器之间的孔内液体压力等于或略高于 P_f,则裂缝扩展,裂缝扩展方向垂直于 σ_2,与 σ_1 平行。

为了满足前述的"岩石是完整的"这一假定,以及能使得上、下阻塞器可有效封堵压裂液体,在实施加压致裂之前,需对钻孔编录数据进行分析,寻找到岩石完整和上、下孔径均匀一致的孔段。

采用水压致裂应力测量法测量初始应力的主要步骤和过程是:

① 逐步加压使岩石开裂,捕捉、确定岩石初始开裂压力 P_f;

② 以等于或略高于初始开裂压力持续加压,使裂缝扩展;

③ 待裂缝扩展到一定长度(一般要求裂缝长度大于 3 倍的钻孔直径)后,卸压使裂缝闭合;

④ 以略低于岩石初始开裂压力,进行多次的加压、卸压循环,在已经形成的裂缝不扩展的情况下,使原裂缝发生张开、闭合、再张开、再闭合的多次循环,找到并标定 σ_2;

⑤ 根据岩石初始开裂条件,确定 σ_1。

从以上的论述可以看出,水压致裂应力测量是一种直接测量初始应力大小的方法,它不像前述的其他方法,需要通过岩石的应力应变关系,由得到的应变,来计算确定应力。

2. 地质力学分析

岩体中的一切构造形迹,如岩层倾斜、褶曲、破裂和错动等,无一不是岩体在地应力作用下形成的永久变形的形象,是地壳构造运动的力学作用的残迹。因此,根据构造形迹可以宏观地反推出地应力的性质和方向,这就是地质力学分析的基本概念。

应用地质力学方法分析工程地段围岩的初始应力状态,应首先进行区域性的构造形迹的调查和测绘,查明区域构造应力场的方向,其次是根据构造形迹的特征,定性地估计初始应力场的量级,最后再考虑其他地质力学标志如埋深、风化程度等,评价水平应力和垂直应力的比值。

在分析初始应力场的方向时,首要的工作是寻找由于最大水平应力作用所形成的构造形迹,如线性紧闭褶皱、区域性陡立岩层、逆冲断层、片理、平缓柱状构造及线排列、应力矿物定向排列等微型构造。它们的走向称为构造线,最大水平压应力的方向必然与构造线相垂直。

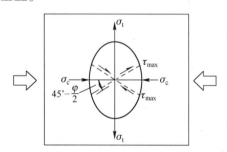

图 2-12 共轭 X 形节理

在产状比较平缓的层状岩体中,上述的构造线在工程范围内不明显,此时则可根据层面错动的逆向擦痕确定,其倾向方位即能代表最大压应力方向。

在没有明显的褶皱或构造形变不太强烈的块状岩体中,则可根据一对共轭的 X 形节理来确定水平应力的方向。因为整块岩层受压后,首先产生的就是由最大的剪应力所引起的 X 形剪切破坏,两组节理面之间所形成的锐角指向最大水平压力方向如图 2-12 所示。

当岩体受到构造形变时,在主应力场的基础上,还会产生局部的和主应力场不一致的次级应力场,有时候工程范围内的岩体应力状态主要受次级应力场的影响。典型的次级应力场与褶皱和断层有关。

岩体在褶皱过程中,尽管区域构造应力场的方向已知,但在褶皱的不同部位的应力状态还会有所变化。在褶皱的顶部可能产生与区域最大压应力方向平行的局部拉应力,层面之间产生很大的剪应力,如图 2-13 所示。

当岩体受断层切割,在推挤力作用下产生错动时,主动盘作用在断层上的法向压力可以传给被动盘,而切向力则不能全部传递,只有相当于断层抗滑阻力的那一部分的切向力可以传给被动盘。所以,作用在被动盘上的合力的方向就与主动盘的不一致了,它与断层法线所夹的角等于断层的内摩擦角。在断层带,经过大距离错动产生

图 2-13 褶皱中的次级应力

较厚的断层泥时,因其抗滑阻力很小,所以被动盘中作用力的方向近似地和断层相平行。

除应力全解除法、应力恢复法和水压致裂应力测量法之外,还有一些确定围岩初始应力场的计算方法,如试算法、多元回归分析法、位移反分析法等。不过,这些方法还有待在实践中不断完善,例如,试算法就是在确定的边界上施加不同的荷载组合,经反复试算应力场,直到观察点的计算值与实测值达到基本上符合为止(例如,可以采用最小二乘法来判断),但这种解可能不是唯一的。

2.4 围岩稳定性的影响因素及围岩分级因素与指标的选择

判断地下工程围岩的稳定性,并针对围岩稳定的程度制定相应的工程措施——最佳的施工方法和支护结构,乃是研究地下工程地质环境需要解决的两个基本问题。对此,工程界历来都并存着两种截然不同的方法可供采用:经验方法和理论方法。由于地下工程所处地质环境十分复杂,人们对它的认识远没有达到完善的地步,所以至今在地下工程中经验方法仍然占有较重要的地位。

所谓经验方法就是根据以往的工程经验对上述的两个问题作出决策,其依据就是地下工程围岩稳定性分级(类)。因为地下工程所赋存的地质环境千差万别,它给地下工程所带来的问题也是各式各样的,人们不可能对每一种特定情况都有现成的经验和行之有效的处理方法,因此有必要根据一个或几个主要指标将无限的岩体序列划分为具有不同稳定程度的有限个级(类)别。这就是地下工程围岩稳定性分级(类),并依照每一级(类)围岩的稳定程度给出最佳的施工方法和支护结构设计。这种做法不仅是必要的而且也是可能的,因为即使大量的或然事件也存在明显的规律性。俗话说"物以类聚",就是这个意思。拿围岩稳定性这个问题来说,岩体在开挖洞室后所表现出的性态,概括起来也不外乎是充分稳定的、基本稳定的、暂时稳定的、不稳定的几种。而工程中可能碰到的情况,也必然是属于其中的某一种。再说任何一种施工方法和支护结构都具有很大的地质适应性,例如,锚喷支护在采取一定措施的条件下,几乎可以适应绝大部分的地质条件。因此,针对不同的工程目的,可以将与之相应的地质环境进行一定的概括、归纳和分类,为地下工程的设计和施工提供一定的基础。应该说,一个准确而合理的围岩分级(类),不仅是人们认识地下工程围岩特征的共同基础,而且也是现场进行科学管理与正确评价经济效益的有力工具,以及地下工程建设投资的重要依据之一,因为评价工人劳动条件好坏、工程难易及制定劳动定额、材料消耗标准等都是以围岩分级(类)为基础的。

隧道等地下工程围岩分级(类)方法较多,国内外已经公开发表的近百种,但概括起来都是建立一个分级(类)表,表中一般都包括分级(类)挡数、分级(类)限界和分级(类)判据三大

要素。但是,对这三大要素的确定方法,各种分级(类)方法都不相同。

2.4.1　影响围岩稳定性的主要因素

影响围岩稳定性的因素很多,就其性质来说,基本上可以归纳为两大类:第一类是前面已经叙述过的,属于地质环境方面的自然因素,是客观存在的,它们决定了地下工程围岩的质量;第二类则属于工程活动所造成的人为因素,如地下工程的形状、跨度、施工方法、洞室轴线与主要结构面产状的关系等。后者虽然不能决定围岩质量的好坏,但却能给围岩的质量和稳定性带来不可忽视的影响。

下面简要地说明各项因素对围岩稳定性的影响及其在分级(类)中的作用和地位。

1. 地质因素

围岩在开挖地下洞室时的稳定程度乃是岩体力学性质的一种表现形式。因此,影响岩体力学性质的各种因素在这里同样起作用,只是各自的重要性有所不同。

1) 岩体结构特征

前面已经讲到,岩体的结构特征是长时间地质构造运动的产物,是控制岩体破坏形态的关键。从稳定性分级的角度来看,岩体的结构特征可以简单地用岩体的破碎程度或完整性来表示,在某种程度上它反映了岩体受地质构造作用的严重程度。实践证明,围岩的破碎程度对洞室的稳定与否起主导作用,在相同岩性的条件下,岩体越破碎,洞室就越容易失稳。因此,在近代围岩分级(类)法中,都已将岩体的破碎程度或完整状态作为分级(类)的基本指标之一。

岩体的破碎程度或完整状态是指构成岩体的岩块大小及这些岩块的组合排列形态。关于岩块的大小,通常都是用裂隙的密集程度,如裂隙率、裂隙间距等指标表示。所谓裂隙率就是指沿裂隙法线方向单位长度内的裂隙数目,裂隙间距则是指沿裂隙法线方向上裂隙间的距离。在分级(类)中常将裂隙间距大于 $1.0\sim1.5$ m 的视为整体的,而将裂隙间距小于 0.2 m 的视为碎块状的。当然,这些数字都是相对的,仅适用于跨度在 $5\sim15$ m 范围内的地下工程。据此,可以按裂隙间距将岩体分类,如图 2-14 所示。

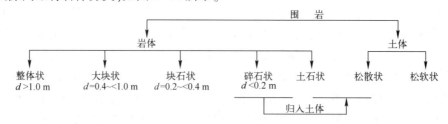

图 2-14　按裂隙间距的岩体分类

在图 2-14 中,d 为裂隙间距。这里所说的裂隙都是广义的,包括层理、节理、断裂及夹层等结构面。硅质、钙质胶结的,具有很高节理强度的裂隙不包括在内。

2) 结构面性质和空间的组合

如前所述,在块状或层状结构岩体中,控制岩体破坏的主要因素是软弱结构面的性质及它们在空间的组合状态。对于地下洞室来说,围岩中存在单一的软弱面,一般并不会影响洞室的稳定性。只有当结构面与洞室轴线的相互关系不利时,或者出现两组或两组以上的结构面时,才能构成容易坠落的分离岩块。例如,有两组平行但倾向相反的结构面和一组与之垂直或斜

交的陡倾结构面,就可能构成屋脊形分离岩块,如图 2-15 所示。至
于分离岩块是否会坍落或滑动,还与结构面的抗剪强度及岩块之间
的相互联锁作用有关。因此,在围岩分级(类)中,可以从下述的 5
个方面来研究结构面对地下工程围岩稳定性影响的大小:

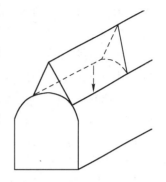

　　(1) 结构面的成因及其发展史,例如,次生的破坏夹层比原生
的软弱夹层的力学性质差得多,如再发生次生泥化作用,则性质
更差;

　　(2) 结构面的平整、光滑程度;

　　(3) 结构面的物质组成及其充填物质情况;

图 2-15　屋脊形分离岩块

　　(4) 结构面的规模与方向性;

　　(5) 结构面的密度与组数。

3) 岩石的力学性质

　　在整体结构的岩体中,控制围岩稳定性的主要因素是岩石的力学性质,尤其是岩石的强
度。一般来说,岩石强度越高,洞室越稳定。在围岩分级(类)中所说的岩石强度指标,都是指
岩石的单轴饱和抗压强度。因为这种强度的试验方法简便,数据离散性小,而且与其他物理力
学指标有良好的换算关系。

　　此外,岩石强度还影响围岩失稳破坏的形态,强度高的硬岩多表现为脆性破坏,在洞室内
可能发生岩爆现象;而在强度低的软岩中,则以塑性变形为主,流变现象较为明显。

4) 围岩的初始应力场

　　如前所述,围岩的初始应力场是地下工程围岩变形、破坏的根本作用力,它直接影响围岩的
稳定性。因此,在某些围岩分级方法中有所反映,如《工程岩体分级标准》(GB 50218—2014)和
《铁路隧道设计规范》(TB 10003—2016)的围岩分级等。

5) 地下水状况

　　隧道等地下工程施工的实践证明,地下水是造成施工坍方、使围岩丧失稳定的最重要因素
之一,因此在围岩分级(类)中切不可忽视。当然,在岩性不同的岩体中,水的影响也是不相同
的,归纳起来有以下几种:

　　(1) 使岩质软化,强度降低,对软岩尤其突出,对土体则可促使其液化或流动;

　　(2) 在有软弱结构面的岩体中,会冲走充填物质或使夹层软化,减少层间摩阻力,促使岩
块滑动;

　　(3) 在某些岩体中,如含有生石膏、岩盐或以蒙脱土为主的黏土岩,遇水后将产生膨胀,其
势能很大,在未胶结或弱胶结的砂岩中,水的存在可以产生流砂和潜蚀。

　　因此,在围岩分级(类)中,对软岩、碎裂结构和散体结构岩体、有软弱结构面的层状岩体
及膨胀岩等,应着重考虑地下水的影响。

　　在目前的分级(类)法中,对地下水的处理方法有 3 种:① 在分级(类)时不将水的影响直
接考虑进去,而是根据围岩受地下水影响的程度,适当降低围岩的等级;② 分级(类)时按有水
情况考虑,当确认围岩无水则可提高围岩的等级;③ 直接将地下水的状况(水质、水量、流通条
件、静水压等)作为一个分级(类)的指标。

2. 工程活动所造成的人为因素

　　施工等人为因素也是造成围岩失稳的重要条件,其中尤其以地下洞室的尺寸(主要指跨

度)、形状及施工中所采用的开挖方法等影响较为显著。

1) 地下洞室尺寸和形状

实践证明,在同一级(类)围岩中,洞室跨度越大,围岩的稳定性就越差,因为岩体的破碎程度相对加大了。例如,裂隙间距在 0.4~1.0 m 的岩体,对中等跨度(5~10 m)的洞室而言,可算是大块状的;但对大跨度(>15 m)的洞室来说,只能算是碎块状的。因此,在当前的围岩分级(类)法中,有的就明确指出分级(类)法的适用跨度范围,有的则采用相对裂隙间距,即裂隙间距与洞室跨度的比值作为分级(类)的指标。例如,相对裂隙间距为 1/5 的属完整的;1/5~1/20 范围内的属破碎的;小于 1/20 的属极度破碎的。但也有人反对这样,认为将跨度引进围岩分级(类)法中会造成对岩体结构概念的混乱和误解。比较通用的做法,是将跨度的影响放在确定围岩压力值与支护结构类型和尺寸时考虑,这样将分级(类)的问题简化了。

地下洞室的形状主要影响开挖后围岩的应力状态。圆形或椭圆形洞室围岩的应力状态以压应力为主,这对维持围岩的稳定性是有好处的。而矩形或梯形洞室,在顶板处的围岩中将出现较大的拉应力,从而导致岩体张裂破坏。但是,在目前的各种分级(类)法中都没有考虑这个因素。

2) 施工中采用的开挖方法

从目前的施工技术水平来看,开挖方法对地下工程围岩稳定性的影响较为明显,在分级(类)中必须予以考虑。例如,在同一级(类)岩体中,是采用普通的爆破法还是采用控制爆破法,是采用矿山法还是采用掘进机法,是采用全断面一次开挖还是采用小断面分部开挖,对围岩的影响都不相同。

以上所述的工程活动所造成的人为因素,虽然对围岩稳定性的影响很大,但为了简化围岩分级(类)问题,一般都是以分级(类)的适用条件来控制,而分级(类)的本身则主要从地质因素考虑。

2.4.2 分级(类)的因素指标及其选择

在充分研究了影响地下工程围岩稳定性的因素后,就可以分析哪些因素或其组合可作为分级(类)指标,用什么方法能可靠地确定它们,以及这些分级(类)指标与地下工程的关系等。

作为地下工程围岩分级(类)的指标,大体上有以下几种。

1. 单一的岩性指标

单一的岩性指标包括岩石的抗压和抗拉强度、岩石坚固性系数 f、弹性模量等物理力学参数,以及如抗钻性、抗爆性等工程指标。

在单一的岩性指标中,多采用岩石的单轴饱和抗压强度作为基本的分级(类)指标,除了试验方法较方便外,从定量上看也是比较可靠的。

单一的岩性指标只能表达岩体特征的一个方面,因此用来作为分级(类)的唯一指标是不合适的。例如,中国西部的老黄土,在无水条件下,虽然强度较低,只有十分之几兆帕,但其稳定性却很高,有些黄土洞室可维持几十年之久而不发生破坏。

2. 单一的综合岩性指标

它表明指标是单一的,但反映的因素却是综合的,如岩体的弹性波传播速度,它既可反映岩石的力学性质,又可表示岩体的破碎程度。因为,岩体的弹性波传播速度与岩体的强度和完整状态成比例。完整的花岗岩的弹性波传播速度为 5.0 km/s 以上,而破碎和风化极严重的花岗岩,其弹性波传播速度则小于 3.4 km/s。又如岩石质量指标(rock quality designation,RQD)

也是反映岩体破碎程度和岩石强度的综合指标。所谓岩石质量指标是指钻探时岩芯复原率,或称岩芯采取率。迪尔(D. U. Deere)指出,钻探时岩芯的采取率,岩芯的平均和最大长度受岩体原始的裂隙、硬度、均质性所支配,因此,它可以表示岩体的质量。同时他又指出,岩体质量的好坏主要取决于长度小于 10 cm 以下的细小岩块所占的比例。所以,岩芯采取率是以单位长度钻孔中 10 cm 以上的岩芯占有比例来判断的,即

$$\text{RQD} = \frac{10 \text{ cm 以上岩芯累计长度}}{\text{单位钻孔长度}} \times 100\% \tag{2-4}$$

围岩自稳时间亦可认为是综合岩性指标,地下洞室开挖后,围岩通常都会有一段暂时稳定的时间,根据不同的地质环境,这一段自稳时间有长有短,劳费(H. Lauffer)认为洞室围岩自稳的时间 t_s 可表示为

$$t_s = C \times L^{-(1+\alpha)} \tag{2-5}$$

式中:L——坑道未支护地段的长度;

　　α——视围岩情况在 0~1 变化,好的岩体可取 $\alpha = 0$,极差的 $\alpha = 1.0$;

　　C——视围岩条件而定的系数。

单一的综合岩性指标多与地质勘察技术的发展有关,因此这类指标的精度将受到一定的限制,有时会因操作上的原因或地质特征异常而得不到可靠的结论。

《工程岩体分级标准》(GB 50218—2014)和《铁路隧道设计规范》(TB 10003—2016)均采用围岩弹性纵波速度作为分级(类)的定量指标之一。

3. 复合指标

这是一种用两个或两个以上的岩性指标或综合岩性指标所表示的复合性指标。典型的复合指标有以下几种。

(1)巴顿(N. Barton)等人所提出的岩体质量——Q,Q 与 6 个表明岩体质量的地质参数有关,表示为

$$Q = \frac{\text{RQD}}{J_n} \cdot \frac{J_r}{J_a} \cdot \frac{J_w}{\text{SRF}} \tag{2-6}$$

式中:RQD——岩石质量指标,其取值方法见式(2-4);

　　J_n——节理组数目;

　　J_r——节理粗糙度;

　　J_a——节理蚀变值;

　　J_w——节理含水折减系数;

　　SRF——初始应力折减系数。

(2)我国总参工程兵坑道工程围岩分类中所采用的岩体质量指标 R_m 和应力比 S,其中 R_m 由式(2-7)确定,即

$$R_m = R_c \cdot K_v \cdot K_w \cdot K_J \tag{2-7}$$

式中:R_c——岩石单轴饱和抗压强度;

　　K_v——岩体完整性系数,岩体越完整,K_v 取值越大,变化范围为 1.0~0.08,由实测确定;

　　K_w——地下水影响减折系数,变化范围为 1.0~0.4,无水时取 1.0,视具体情况由经验确定;

　　K_J——岩层面产状要素影响折减系数,变化范围为 1.0~0.5,当层面走向与轴线夹角为

$60° \sim 90°$，层面倾角小于 $30°$，层面间距不小于 1 m 时，$K_J = 1.0$，其他情况由经验确定。

以 R_m 为基础，考虑地应力的影响，另一个复合指标应力比 S 由式（2-8）表述，即

$$S = \frac{R_m}{\sigma_m} \tag{2-8}$$

式中：σ_m——最大的垂直地应力。

（3）《水工隧洞设计规范》（SL 279—2016）围岩工程地质分类和《岩土锚杆与喷射混凝土支护工程技术规范》（GB 50086—2015）所采用的围岩/岩体强度应力比 S，S 综合考虑了岩石强度、岩体完整性和地应力的因素，即

$$S = R_c \cdot K_v / \sigma_m \tag{2-9a}$$

$$S = R_c \cdot K_v / \sigma_1 \tag{2-9b}$$

式中：R_c——岩石单轴饱和抗压强度，MPa；

$\quad\quad K_v$——岩体完整性系数；

$\quad\quad \sigma_m$——围岩的最大主应力，MPa；

$\quad\quad \sigma_1$——垂直洞轴线的较大主应力，kN/m^2。

（4）《工程岩体分级标准》（GB 50218—2014）也采用了两个复合指标——岩体基本质量指标 BQ 和地下工程岩体质量指标 [BQ] 对地下工程围岩进行分级，其表达式见后述。

从上述可以看出，复合指标考虑了多种因素的影响，故对判断围岩的稳定性是比较合理和可靠的，而且还可以根据工程对象的要求选择不同的指标。例如，为了判断岩石的弹性、塑性、脆性性质，可选用变形系数和弹性波传播速度两个指标，因此这种指标使用起来也是比较灵活的。

但也应指出，复合指标的定量，有的是通过试验或现场实测确定的，有的主要是凭经验决定的。看起来指标是定量了，实质上都带有很大的主观因素。

根据以上对分级（类）指标的分析，可以得到如下的结论：

① 应选择对围岩稳定性（主要表现在变形破坏特性上）有重大影响的主要因素，如岩石强度、岩体的完整性、地下水、地应力、软弱结构面产状和它们的组合关系等作为分级（类）指标；

② 选择测试设备比较简单，人为性小，科学性较强的定量指标；

③ 主要分级（类）指标要有一定的综合性，最好采用复合指标，以便全面、充分地反映围岩的工程性质，并应有足够的实测资料为基础。

总之，正确地选择分级（类）指标，是搞好地下工程围岩分级（类）的关键，应给予充分注意。

2.5 国内外主要地下工程围岩分级（类）标准

地下工程围岩分级（类）方法有简有繁，并无统一格式。围岩分级（类）的详细程度，在工程建设的不同阶段应有所不同。在工程规划和初步设计阶段的围岩分级（类），可以定性评价为主，判别的依据主要来源于地表的地质测绘及部分的勘探工作。在工程的技术设计和施工设计阶段，围岩分级（类）是为专门目的服务的，如为支护结构设计服务的围岩分级（类），为钻爆工作服务的围岩分级（类）等。围岩级（类）别除了取决于地质条件外，还应和

工程尺度、形状、施工工艺等条件有关。其判别依据除了地质测绘资料外,更重要的是详细勘探(包括钻探、坑探、物探等)资料和岩石(体)的室内与现场试验数据。这阶段的分级(类)指标应该是半定量的或定量的。在施工阶段,应利用各种量测和观测到的实际资料对围岩分级(类)进行补充修正,此时的分级(类)仍属第二阶段的详细分级(类),但数据则是岩体暴露后的实际值。

2.5.1　国内主要地下工程围岩分级(类)标准

1.《工程岩体分级标准》(GB 50218—2014)的围岩分级

为了能适应各种类型岩石工程的岩体分级需要,采取两步走的方法:先确定岩体基本质量;再结合具体工程的特点确定岩体级别。在确定岩体基本质量和级别时采用定性与定量相结合的方法,从而可以提高分级的准确性和可靠性。

所谓岩石工程,是指以岩体为工程建筑物地基或环境,并对岩体进行开挖或加固的工程,包括岩石地下工程、岩石边坡工程和岩石地基工程。工程岩体是指岩石工程影响范围内的岩体,包括地下工程围岩、工业与民用建筑地基、大坝基岩、边坡岩体等。

1) 分级因素及其确定方法

本分级标准认为岩体基本质量应由岩石坚硬程度和岩体完整程度两个因素确定。岩石坚硬程度的定性划分可按表 2-1 进行。

表 2-1　岩石坚硬程度的定性划分

坚硬程度		定性鉴定	代表性岩石
硬质岩	坚硬岩	锤击声清脆,有回弹;震手,难击碎;浸水后,大多无吸水反应	未风化～微风化的:花岗岩、正长岩、闪长岩、辉绿岩、玄武岩、安山岩、片麻岩、硅质板岩、石英岩、硅质胶结的砾岩、石英砂岩、硅质石灰岩等
	较坚硬岩	锤击声较清脆,有轻微回弹,稍震手,较难击碎;浸水后,有轻微吸水反应	1. 中等(弱)风化的坚硬岩; 2. 未风化～微风化的:熔结凝灰岩、大理岩、板岩、白云岩、石灰岩、钙质砂岩、粗晶大理岩等
软质岩	较软岩	锤击声不清脆,无回弹,较易击碎;浸水后,指甲可刻出印痕	1. 强风化的坚硬岩; 2. 中等(弱)风化的较坚硬岩; 3. 未风化～微风化的:凝灰岩、千枚岩、砂质泥岩、泥灰岩、泥质砂岩、粉砂岩、砂质页岩等
	软岩	锤击声哑,无回弹,有凹痕,易击碎;浸水后,手可掰开	1. 强风化的坚硬岩; 2. 中等(弱)风化～强风化的较坚硬岩; 3. 中等(弱)风化的较软岩; 4. 未风化的泥岩、泥质页岩、绿泥石片岩、绢云母片岩等
	极软岩	锤击声哑,无回弹,有较深凹痕,手可捏碎;浸水后,可捏成团	1. 全风化的各种岩石; 2. 强风化的软岩; 3. 各种半成岩

说明:未风化:结构构造未变,岩质新鲜。

　　微风化:结构构造、矿物成分和色泽基本未变,部分裂隙面有铁锰质渲染或略有变色。

　　中等(弱)风化:结构构造部分破坏,矿物成分和色泽较明显变化,裂隙面风化较剧烈。

　　强风化:结构构造大部分破坏,矿物成分和色泽明显变化,长石、云母和铁镁矿物已风化蚀变。

　　全风化:结构构造完全破坏,已崩解和分解成松散土状或砂状,矿物全部变色,光泽消失,除石英颗粒外的矿物大部分风化蚀变为次生矿物。

岩石坚硬程度划分的定量指标采用岩石的单轴饱和抗压强度 R_c，如无 R_c 的实测值亦可采用岩石点荷载强度指数 $I_{s(50)}$，它与 R_c 的换算关系为

$$R_c = 22.82\,(I_{s(50)})^{0.75} \tag{2-10}$$

R_c 与定性划分的岩石坚硬程度的对应关系，可按表 2-2 确定。

表 2-2　R_c 与定性划分的岩石坚硬程度的对应关系

R_c/MPa	>60	60~30	30~15	15~5	<5
坚硬程度	坚硬岩	较坚硬岩	较软岩	软岩	极软岩

岩体完整程度的定性划分可见表 2-3。

表 2-3　岩体完整程度的定性划分

完整程度	结构面发育程度		主要结构面的结合程度②	主要结构面类型	相应结构类型
	组数	平均间距①/m			
完整	1~2	>1.0	结合好或结合一般	节理、裂隙、层面	整体状或巨厚层状结构
较完整	1~2	>1.0	结合差	节理、裂隙、层面	块状或厚层状结构
	2~3	1.0~0.4	结合好或结合一般		块状结构
较破碎	2~3	1.0~0.4	结合差	节理、裂隙、劈理、层面、小断层	裂隙块状或中厚层状结构
	≥3	0.4~0.2	结合好		镶嵌碎裂结构
			结合一般		薄层状结构
破碎	≥3	0.4~0.2	结合差	各种类型结构面	裂隙块状结构
		≤0.2	结合一般或结合差		碎裂结构
极破碎	无序		结合很差		散体状结构

说明：① 平均间距指主要结构面间距的平均值。

② 表中结构面的结合程度定义如下。

结合好——张开度小于 1mm，为硅质、铁质或钙质胶结，成结构面粗糙，无充填物；

张开度 1~3 mm，为硅质或铁质胶结；

张开度大于 3 mm，结构面粗糙，为硅质胶结。

结合一般——张开度 1~3 mm，为钙质胶结；

张开度小于 1 mm，结构面平直，钙泥质胶结或无充填物；

张开度大于 3 mm，结构面粗糙，为铁质或钙质胶结。

结合差——张开度 1~3 mm，结构面平直，为泥质胶结或钙泥质胶结；

张开度大于 3 mm，多为泥质或岩屑充填。

结合很差——泥质充填或泥夹岩屑充填，充填物厚度大于起伏差。

岩体完整程度划分的定量指标采用岩体完整性指数 K_v。K_v 可用岩体弹性纵波速度 V_{pm} 和同一岩体取样测定的岩石弹性纵波速度 V_{pr} 按式（2-11）计算而得，即

$$K_v = \left(\frac{V_{pm}}{V_{pr}}\right)^2 \qquad (2-11)$$

岩体完整性指数(K_v)与定性划分的岩体完整程度的对应关系,可按表2-4确定。

表2-4 K_v 与定性划分的岩体完整程度的对应关系

K_v	>0.75	0.75~0.55	0.55~0.35	0.35~0.15	≤0.15
完整程度	完整	较完整	较破碎	破碎	极破碎

如无实测的岩体完整性指数K_v,亦可用岩体体积节理数J_v(条/m³)代替,它与K_v的对应关系可按表2-5确定。

表2-5 J_v 与 K_v 对照表

J_v/(条/m³)	<3	3~10	10~20	20~35	≥35
K_v	>0.75	0.75~0.55	0.55~0.35	0.35~0.15	≤0.15

2)岩体基本质量分级

岩体基本质量分级可根据上述的分级因素结合岩体基本质量指标BQ按表2-6进行。岩体基本质量指标BQ应根据R_c的兆帕数值和K_v值计算而得,即

$$BQ = 100 + 3R_c + 250K_v \qquad (2-12)$$

注:在使用式(2-12)时,应遵守下列限制条件,即

当$R_c > 90K_v + 30$时,应以$R_c = 90K_v + 30$ 和 K_v代入式(2-12)计算BQ值;

当$K_v > 0.04R_c + 0.4$时,应以$K_v = 0.04R_c + 0.4$和R_c代入式(2-12)计算BQ值。

当根据基本质量定性特征和岩体基本质量指标BQ确定的级别不一致时,则可通过对定性划分和定量指标的综合分析,确定岩体基本质量级别。必要时,应重新进行测试。

表2-6 岩体基本质量分级

基本质量级别	岩体基本质量的定性特征	岩体基本质量指标BQ
I	坚硬岩,岩体完整	>550
II	坚硬岩,岩体较完整;较坚硬岩,岩体完整	550~451
III	坚硬岩,岩体较破碎;较坚硬岩,岩体较完整;较软岩,岩体完整	450~351
IV	坚硬岩,岩体破碎;较坚硬岩,岩体较完整~破碎;较软岩,岩体较完整~较破碎;软岩,岩体完整~较完整	350~251
V	较软岩,岩体破碎;软岩,岩体较破碎~破碎;全部软岩及全部极破碎岩	≤250

3)工程岩体级别的确定

对于实际的工程岩体,仅确定了其基本质量级别尚不能满足设计和施工的需求,须在岩体基本质量分级的基础上,结合实际工程的特点,考虑地下水状态、初始地应力场、工程轴线或走向线的方位与主要软弱结构面产状的组合关系等必要的修正因素,对工程岩体进行详细定级。地下工程岩体质量指标可按式(2-13)计算,即

$$[BQ] = BQ - 100(K_1 + K_2 + K_3) \qquad (2-13)$$

式中:[BQ]——地下工程岩体质量指标;

BQ——岩体基本质量指标;

K_1——地下水影响修正系数；

K_2——主要结构面产状影响修正系数；

K_3——初始应力状态影响修正系数。

K_1、K_2、K_3 值可分别按表 2-7、表 2-8 和表 2-9 确定。

表 2-7　地下水影响修正系数 K_1

地下水出水状态	BQ				
	>550	550~451	450~351	350~251	≤250
潮湿或点滴状出水	0	0	0~0.1	0.2~0.3	0.4~0.6
淋雨状或线流状出水	0~0.1	0.1~0.2	0.2~0.3	0.4~0.6	0.7~0.9
涌流状出水	0.1~0.2	0.2~0.3	0.4~0.6	0.7~0.9	1.0

表 2-8　主要结构面产状影响修正系数 K_2

结构面产状及其与洞轴线的组合关系	结构面走向与洞轴线夹角<30°，结构面倾角为 30°~75°	结构面走向与洞轴线夹角>60°，结构面倾角>75°	其他组合
K_2	0.4~0.6	0~0.2	0.2~0.4

表 2-9　初始应力状态影响修正系数 K_3

围岩强度应力比 $\left(\dfrac{R_c}{\sigma_{max}}\right)$	BQ				
	>550	550~451	450~351	350~251	≤250
<4	1.0	1.0	1.0~1.5	1.0~1.5	1.0
4~7	0.5	0.5	0.5	0.5~1.0	0.5~1.0

然后即可根据[BQ]值按表 2-6 重新确定地下工程围岩的级别。

4）地下工程岩体自稳能力

在地下工程设计和施工中，最关心的是围岩的稳定性和围岩的压力特征。本分级标准中给出了岩体级别与地下工程岩体自稳性之间的关系，见表 2-10。同时，根据表 2-10 给出的可能塌方高度，可以大致计算出围岩松动压力的值。

表 2-10　地下工程岩体自稳能力

岩体级别	自稳能力
I	跨度≤20 m，可长期稳定，偶有掉块，无塌方
II	跨度为 10~20 m，可基本稳定，局部可发生掉块或小塌方；跨度<10 m，可长期稳定，偶有掉块
III	跨度为 10~20 m，可稳定数日到 1 个月，可发生小、中塌方；跨度 5~10 m，可稳定数月，可发生局部块体位移及小、中塌方；跨度<5 m，可基本稳定
IV	跨度>5 m，一般无自稳能力，数日~数月内可发生松动变形、小塌方，进而发展为中、大塌方。埋深小时，以拱部松动破坏为主，埋深大时，有明显塑性流动变形和挤压破坏；跨度≤5 m，可稳定数日至 1 个月
V	无自稳能力

说明：小塌方：塌方高度<3 m 或塌方体积<30 m³。

中塌方：塌方高度为 3~6 m 或塌方体积为 30~100 m³。

大塌方：塌方高度>6 m 或塌方体积>100 m³。

2.《铁路隧道设计规范》的围岩分级

经过长期工程实践发现,主要反映岩石强度的岩石坚固性系数 f 值分类法不能全面地反映隧道围岩的稳定特征和状态。所以,1975 年铁道部颁布了以围岩结构特征和完整状态为分类基础的铁路隧道围岩稳定性分类法,它总结了新中国成立以来在修建铁路隧道中使用 f 值分类法所积累的经验,并参考了国内外有关围岩分类成果。它的出现引起了各方面的重视,国内许多部门针对本部门地下工程的特点,也相继采用了类似的分类方法。这说明,这种分类法的原则、方法和内容是正确的,也是与当时国际上围岩分类的趋势相适应的。但从应用上来看,这个分类法仍然属于"经验"分类,还有一些亟待解决的问题:①有些分类指标难以定量,多数凭经验确定;②确定分类三要素的方法还很不完善;③没有充分和现代岩石力学概念结合起来……。为此,在 1975 年铁路隧道围岩稳定性分类法的基础上,结合工程实践和科学研究,铁道部又于 1985 年 8 月 27 日以(85)铁基字 925 号文件将铁道部第二勘测设计院主编的《铁路隧道设计规范》批准为部标准,编号为 TBJ 3—1985,自 1986 年 7 月 1 日起施行。在《铁路隧道设计规范》(TBJ 3—1985)中,对铁路隧道围岩分类法作了补充和修正。《铁路隧道设计规范》(TBJ 3—1985)及之前的铁路隧道围岩分类将围岩分为Ⅵ~Ⅰ类,6 个类别围岩的稳定性程度或围岩质量由好到差,即Ⅵ类围岩最稳定,Ⅰ类围岩稳定性最差。2001 年 6 月 7 日铁道部发布了编号为 TB 10003—2001 的《铁路隧道设计规范》,该规范自 2001 年 9 月 1 日起开始实施。《铁路隧道设计规范》(TB 10003—2001)为了与国标《工程岩体分级标准》(GB 50218—1994)接轨,改称围岩分级,分Ⅰ~Ⅵ级,围岩稳定性由好到差,即Ⅰ级围岩最稳定,Ⅵ级围岩最不稳定。

规范(TB 10003—2001)的围岩分级以老规范(TBJ 3—1985)围岩分类为基础,在分级的方法和思路上也与国标接轨,即采用定性划分和定量指标相结合,分两步走的方法。

2005 年 4 月 25 日发布并实施的《铁路隧道设计规范》(TB 10003—2005)的围岩分级的思路和方法与规范(TB 10003—2001)相同,只对围岩分级表的围岩级别作了很小的调整。为了展示《铁路隧道设计规范》近些年来的演变脉络,在这里,有必要先详细阐述《铁路隧道设计规范》(TB 10003—2005)的围岩分级。

1) 围岩基本分级

围岩基本分级由岩石坚硬程度和岩体完整程度两个因素确定,而岩石坚硬程度和岩体完整程度分级采用定性划分和定量指标两种方法综合确定。

岩石坚硬程度根据定量指标——岩石单轴饱和抗压强度 R_c 按表 2-11 进行划分。

表 2-11　岩石坚硬程度的划分

岩石类别		R_c/MPa	代表性岩石
硬质岩	极硬岩	$R_c>60$	未风化或微风化的花岗岩、片麻岩、闪长岩、石英岩、硅质灰岩、钙质胶结的砂岩或砾岩等
	硬岩	$30<R_c\leqslant60$	弱风化的极硬岩;未风化或微风化的熔结凝灰岩、大理岩、板岩、白云岩、灰岩、钙质胶结的砂岩、结晶颗粒较粗的岩浆岩等
软质岩	较软岩	$15<R_c\leqslant30$	强风化的极硬岩;弱风化的硬岩;未风化或微风化的云母片岩、千枚岩、砂质泥岩、钙泥质胶结的粉砂岩和砾岩、泥灰岩、泥岩、凝灰岩等
	软岩	$5<R_c\leqslant15$	强风化的极硬岩;弱风化至强风化的硬岩;弱风化的较软岩和未风化或微风化的泥质岩类;泥岩、煤、泥质胶结的砂岩和砾岩等
	极软岩	$R_c\leqslant5$	全风化的各类岩石和成岩作用差的岩石

岩体完整程度根据结构面特征、结构面发育的组数和岩体结构类型等定性特征及定量指标——岩体完整性指数 K_v 按表 2-12 进行划分。

表 2-12　岩体完整程度的划分

完整程度	结构面特征	结构类型	岩体完整性指数(K_v)
完整	结构面为 1~2 组,以构造型节理或层面为主,密闭型	巨块状整体结构	$K_v > 0.75$
较完整	结构面为 2~3 组,以构造型节理、层面为主,裂隙多呈密闭型,部分为微张型,少有充填物	块状结构	$0.75 \geqslant K_v > 0.55$
较破碎	结构面一般为 3 组,以节理及风化裂隙为主,在断层附近受构造影响较大,裂隙以微张型和张开型为主,多有充填物	层状结构,块石、碎石状结构	$0.55 \geqslant K_v > 0.35$
破碎	结构面多于 3 组,多以风化型裂隙为主,在断层附近受构造作用影响大,裂隙以张开型为主,多有充填物	碎石角砾状结构	$0.35 \geqslant K_v > 0.15$
极破碎	结构面杂乱无序,在断层附近受断层作用影响大,宽张裂隙全为泥质或泥夹岩屑充填,充填物厚度大	散体状结构	$K_v \leqslant 0.15$

以岩石坚硬程度和岩体完整程度的分级为基础,结合定量指标——围岩弹性纵波速度,按表 2-13 先确定围岩基本分级。

表 2-13　围岩基本分级

级别	岩体特征	土体特征	围岩弹性纵波速度/(km/s)
I	极硬岩,岩体完整	—	>4.5
II	极硬岩,岩体较完整; 硬岩,岩体完整	—	3.5~4.5
III	极硬岩,岩体较破碎; 硬岩或软硬岩互层,岩体较完整; 较软岩,岩体完整	—	2.5~4.0
IV	极硬岩,岩体破碎; 硬岩,岩体较破碎或破碎; 较软岩或软硬岩互层,且以软岩为主,岩体较完整或较破碎; 软岩,岩体完整或较完整	具压密或成岩作用的黏性土、粉土及砂类土,一般钙质、铁质胶结的粗角砾土、粗圆砾土、碎石土、卵石土、大块石土、黄土(Q_1、Q_2)	1.5~3.0
V	软岩,岩体破碎至极破碎; 全部极软岩及全部极破碎岩(包括受构造影响严重的破碎带)	一般第四系坚硬、硬塑黏性土,稍密以上、稍湿、潮湿的碎(卵)石土、粗圆砾土、细圆砾土、粗角砾土、细角砾土、粉土及黄土(Q_3、Q_4)	1.0~2.0
VI	受构造影响很严重呈碎石、角砾及粉末、泥土状的断层带	软塑状黏性土、饱和的粉土、砂类土等	<1.0(饱和状态的土<1.5)

2) 隧道围岩分级修正

隧道围岩级别应在围岩基本分级的基础上,结合隧道工程的特点,考虑地下水状态、初始地应力状态等必要的因素进行修正。

地下水状态的分级按表 2-14 确定。地下水影响对围岩级别的修正,宜按表 2-15 进行。

表 2-14　地下水状态的分级

级别	状态	渗水量/[L/(min・10m)]
Ⅰ	干燥或湿润	<10
Ⅱ	偶有渗水	10 ~ <25
Ⅲ	经常渗水	25 ~ 125

表 2-15　地下水影响对围岩级别的修正

地下水状态分级	围岩基本分级					
	Ⅰ	Ⅱ	Ⅲ	Ⅳ	Ⅴ	Ⅵ
Ⅰ	Ⅰ	Ⅱ	Ⅲ	Ⅳ	Ⅴ	—
Ⅱ	Ⅰ	Ⅱ	Ⅳ	Ⅴ	Ⅵ	—
Ⅲ	Ⅱ	Ⅲ	Ⅳ	Ⅴ	Ⅵ	—

围岩初始地应力状态,当无实测资料时,可根据隧道工程埋深、地貌、地形、地质、构造运动史、主要构造线与开挖过程中出现的岩爆、岩芯饼化等特殊地质现象,按表 2-16 作出评估。

表 2-16　围岩初始地应力状态评估

初始地应力状态	主要现象	评估基准(R_c/σ_{max})
极高应力	(1) 硬质岩:开挖过程中时有岩爆发生,有岩块弹出,洞壁岩体发生剥离,新生裂缝多,成洞性差	<4
	(2) 软质岩:岩芯常有饼化现象,开挖过程中洞壁岩体有剥离,位移极为显著,甚至发生大位移,持续时间长,不易成洞	
高应力	(1) 硬质岩:开挖过程中可能出现岩爆,洞壁岩体有剥离和掉块现象,新生裂缝较多,成洞性较差	4 ~ 7
	(2) 软质岩:岩芯时有饼化现象,开挖过程中洞壁岩体位移显著,持续时间较长,成洞性差	

说明:σ_{max} 为最大地应力值(MPa)。

初始地应力状态对围岩级别的修正宜按表 2-17 进行。

表 2-17　初始地应力状态影响对围岩级别的修正

初始地应力状态	围岩基本分级				
	Ⅰ	Ⅱ	Ⅲ	Ⅳ	Ⅴ
极高应力	Ⅰ	Ⅱ	Ⅲ或Ⅳ①	Ⅴ	Ⅵ
高 应 力	Ⅰ	Ⅱ	Ⅲ	Ⅳ或Ⅴ②	Ⅵ

说明:① 当围岩岩体为较破碎的极硬岩、较完整的硬岩时,定为Ⅲ级;当围岩岩体为完整的较软岩、较完整的软硬互层时,定为Ⅳ级。

　　② 当围岩岩体为破碎的极硬岩、较破碎及破碎的硬岩时,定为Ⅳ级;当围岩岩体为完整及较完整软岩、较完整及较破碎的较软岩时,定为Ⅴ级。

根据岩石坚硬程度和岩体完整程度两个因素对围岩的基本分级,结合地下水状态和初始地应力状态对基本分级的修正,隧道围岩的级别按表 2-18 综合确定。

表 2-18　铁路隧道围岩分级表

围岩级别	围岩主要工程地质条件		围岩开挖后的稳定状态(单线)	围岩弹性纵波速度 $v_p/(km/s)$
	主要工程地质特征	结构特征和完整状态		
I	极硬岩($R_c>60$ MPa):受地质构造影响轻微,节理不发育,无软弱面(或夹层);层状岩层为巨厚层或厚层,层间结合良好,岩体完整	呈巨块状整体结构	围岩稳定,无坍塌,可能产生岩爆	>4.5
II	硬质岩($R_c>30$ MPa):受地质构造影响较重,节理较发育,有少量软弱面(或夹层)和贯通微张节理,但其产状及组合关系不致产生滑动;层状岩层为中厚层或厚层,层间结合一般,很少有分离现象,或为硬质岩石偶夹软质岩石	呈巨块或大块状结构	暴露时间长,可能会出现局部小坍塌,侧壁稳定;层间结合差的平缓岩层,顶板易塌落	3.5~4.5
III	硬质岩($R_c>30$ MPa):受地质构造影响严重,节理发育,有层状软弱面(或夹层),但其产状及组合关系尚不致产生滑动;层状岩层为薄层或中层,层间结合差,多有分离现象;硬、软质岩石互层	呈块(石)碎(石)状镶嵌结构	拱部无支护时可产生小坍塌,侧壁基本稳定,爆破振动过大易塌	2.5~4.0
	软质岩($R_c=5$~30 MPa):受地质构造影响较重,节理较发育;层状岩层为薄层、中厚层或厚层,层间结合一般	呈大块状结构		
IV	硬质岩($R_c>30$ MPa):受地质构造影响极严重,节理很发育;层状软弱面(或夹层)已基本破坏	呈碎石状压碎结构	拱部无支护时,可产生较大的坍塌,侧壁有时失去稳定	1.5~3.0
	软质岩($R_c=5$~30 MPa):受地质构造影响严重,节理发育	呈块(石)碎(石)状镶嵌结构		
	土体:(1)具压密或成岩作用的黏性土、粉土及砂类土;(2)黄土(Q_1、Q_2);(3)一般钙质、铁质胶结的碎石土、卵石土、大块石土	(1)和(2)呈大块状压密结构,(3)呈巨块状整体结构		
V	岩体:软岩,岩体破碎至极破碎;全部极软岩及全部极破碎岩(包括受构造影响严重的破碎带)	呈角砾碎石状松散结构	围岩易坍塌,处理不当会出现大坍塌,侧壁经常小坍塌;浅埋时易出现地表下沉(陷)或塌至地表	1.0~2.0
	土体:一般第四系坚硬、硬塑黏性土,稍密及以上、稍湿或潮湿的碎石土、卵石土、圆砾土、角砾土、粉土及黄土(Q_3、Q_4)	非黏性土呈松散结构,黏性土及黄土呈松软结构		
VI	岩体:受构造影响严重呈碎石、角砾及粉末、泥土状的断层带	黏性土呈易蠕动的松软结构,砂性土呈潮湿松散结构	围岩极易坍塌变形,有水时土砂常与水一齐涌出;浅埋时易塌至地表	<1.0(饱和状态的土<1.5)
	土体:软塑状黏性土、饱和的粉土、砂类土等			

说明:(1)表中"围岩级别"和"围岩主要工程地质条件"栏,不包括膨胀性围岩、多年冻土等特殊岩土;

(2)层状岩层的层厚划分:巨厚层——厚度大于 1.0 m;厚层——厚度大于 0.5 m,且小于等于 1.0 m;中厚层——厚度大于 0.1 m,且小于等于 0.5 m;薄层——厚度小于等于 0.1 m。

现行的《铁路隧道设计规范》(TB 10003—2016)在前述的(TB 10003—2005)版的基础上,进一步与国标《工程岩体分级标准》接轨与完全融合。一方面,在其围岩分级表中,增加了围岩基本质量指标 BQ[由式(2-12)计算确定];另一方面,分级的第二步,即在对围岩基本分级后,考虑地下水状态、初始地应力状态、主要结构面产状对围岩稳定性的影响而确定围岩级别时,采取了按照表 2-15 和表 2-17 的定性的降级方法外,又引入了按照式(2-13)计算的围岩级别定量修正法,即采用定性修正和定量修正相结合的方法,综合分析确定围岩级别。表 2-19 为铁路隧道围岩分级。

表 2-19　铁路隧道围岩分级

围岩级别	围岩主要工程地质条件		围岩开挖后的稳定状态(小跨度)	围岩基本质量指标 BQ	围岩弹性纵波速度/(km/s)
	主要工程地质特征	结构特征和完整状态			
I	极硬岩(R_c>60 MPa):受地质构造影响轻微,节理不发育,无软弱面(或夹层);层状岩层为巨厚层或厚层,层间结合良好,岩体完整	呈巨块状整体结构	围岩稳定,无坍塌,可能产生岩爆	>550	A：>5.3
II	硬质岩(R_c>30 MPa):受地质构造影响较重,节理较发育,有少量软弱面(或夹层)和贯通微张节理,但其产状及组合关系不致产生滑动;层状岩层为中厚层或厚层,层间结合一般,很少有分离现象,或为硬质岩石夹软质岩石	呈巨块状或大块状结构	暴露时间长,可能会出现局部小坍塌,侧壁稳定,层间结合差的平缓岩层顶板易塌落	550~451	A：4.5~5.3 B：>5.3 C：>5.0
III	硬质岩(R_c>30 MPa):受地质构造影响严重,节理发育,有层状软弱面(或夹层),但其产状及组合关系尚不致产生滑动;层状岩层为薄层或中厚层,层间结合差,多有分离现象;硬、软质岩石互层	呈块(石)碎(石)状镶嵌结构	拱部无支护时可产生小坍塌,侧壁基本稳定,爆破振动过大易塌	450~351	A：4.0~4.5 B：4.3~5.3 C：3.5~5.0 D：>4.0
	较软岩(R_c=15~30 MPa):受地质构造影响轻微,节理不发育;层状岩层为厚层、巨厚层,层间结合良好或一般	呈大块状结构			
IV	硬质岩(R_c>30 MPa):受地质构造影响极严重,节理很发育,层状软弱面(或夹层)已基本破坏	呈碎石状压碎结构	拱部无支护时,可产生较大的坍塌,侧壁有时失去稳定	350~251	A：3.0~4.0 B：3.3~4.3 C：3.0~3.5 D：3.0~4.0 E：2.0~3.0
	软质岩(R_c≈5~30 MPa):受地质构造影响较重或严重,节理较发育或发育	呈块(石)碎(石)状镶嵌结构			
	土体:(1) 具压密或成岩作用的黏性土、粉土及砂类土;(2) 黄土(Q_1、Q_2);(3) 一般钙质、铁质胶结的碎石土、卵石土、大块石土	(1)和(2)呈大块状压密结构,(3)呈巨块状整体结构			

围岩级别	围岩主要工程地质条件		围岩开挖后的稳定状态(小跨度)	围岩基本质量指标 BQ	围岩弹性纵波速度/(km/s)
	主要工程地质特征	结构特征和完整状态			
V	岩体:较软岩、岩体破碎;软岩、岩体较破碎至破碎;全部极软岩及全部极破碎岩(包括受构造影响严重的破碎带)	呈角砾碎石状松散结构	围岩易坍塌,处理不当会出现大坍塌,侧壁经常出现小坍塌;浅埋时易出现地表下沉(陷)或塌至地表	≤250	A:2.0~3.0 B:2.0~3.3 C:2.0~3.0 D:1.5~3.0 E:1.0~2.0
	土体:一般第四系坚硬、硬塑黏性土,稍密及以上、稍湿或潮湿的碎石土、卵石土、圆砾土、角砾土、粉土及黄土(Q_3、Q_4)	非黏性土呈松散结构,黏性土及黄土呈松软结构			
VI	岩体:受构造影响严重呈碎石、角砾及粉末、泥土状的富水断层带,富水破碎的绿泥石或炭质千枚岩	黏性土呈易蠕动的松软结构,砂性土呈潮湿松散结构	围岩极易变形坍塌,有水时土砂常与水一起涌出;浅埋时易塌至地表	—	<1.0(饱和状态的土<1.5)
	土体:软塑状黏性土,饱和的粉土、砂类土等,风积沙,严重湿陷性黄土				

注:强膨胀岩(土)、第三系富水弱胶结砂泥岩、岩体强度应力比小于 0.15 的极高地应力软岩等,属于特殊围岩,相应工程措施应进行针对性的特殊设计。

表 2-19 中"围岩弹性纵波速度"一列中的 A、B、C、D、E 是指岩性类型,岩性类型的划分见表 2-20。

表 2-20　岩性类型的划分

岩性类型	代表性的岩性
A	岩浆岩(花岗岩、闪长岩、正长岩、辉绿岩、安山岩、玄武岩、石英斑岩等); 变质岩(片麻岩、石英岩、蛇纹岩等); 沉积岩(硅质石灰岩、硅质砾岩等)
B	沉积岩(石灰岩、白云岩等碳酸盐类)
C	变质岩(大理岩、板岩等); 沉积岩(钙质砂岩、铁质胶结的砾岩及砂岩等)
D	第三纪沉积岩类(页岩、砂岩、砾岩砂质泥岩、凝灰岩等); 变质岩(云母片岩、千枚岩等),且岩石单轴饱和抗压强度 $R_c > 15$ MPa
E	晚第三纪~第四纪沉积岩类(泥岩、页岩、砂岩、砾岩等),且岩石单轴饱和抗压强度 $R_c < 15$ MPa

表 2-20 中层状岩层厚度的划分见表 2-21。

表 2-21　层状岩层厚度的划分

岩层的类型	单层厚度
巨厚层	大于 1.0 m
厚层	大于 0.5 m,且小于等于 1.0 m
中厚层	大于 0.1 m,且小于等于 0.5 m
薄层	小于等于 0.1 m

《铁路隧道设计规范》(TB 10003—2016)第 4.3.2 条规定:隧道施工过程中可根据揭示的地质情况进行围岩亚分级。Ⅲ、Ⅳ、Ⅴ级围岩,可进一步地细分为Ⅲ₁、Ⅲ₂,Ⅳ₁、Ⅳ₂,Ⅴ₁、Ⅴ₂亚级。

3.《地铁设计规范》(GB 50157—2013)的围岩分级

2013 年发布的《地铁设计规范》(GB 50157—2013)规定:暗挖隧道结构的围岩分级按现行行业标准《铁路隧道设计规范》TB 10003 的有关规定执行。也就是说,地铁暗挖隧道工程按《铁路隧道设计规范》(TB 10003—2016)确定围岩分级。

4.《公路隧道设计规范 第一册 土建工程》(JTG 3370.1—2018)的围岩分级

1990 年发布的《公路隧道设计规范》(JTJ 026—1990)称围岩分类,分成 Ⅵ ~ Ⅰ 类,Ⅵ 类围岩稳定性最好,Ⅰ 类围岩稳定性最差。为了与国标《工程岩体分级标准》(GB 50218—1994)接轨,2004 年发布的《公路隧道设计规范》(JTG D70—2004)改称围岩分级。《公路隧道设计规范》(JTG D70—2004)围岩分级的思路、方法和采用的分级指标与《工程岩体分级标准》(GB 50218—1994)完全相同,即采用了两步分级法,只是分级的对象范围更广,包括了土体。2018 年发布了新的《公路隧道设计规范 第一册 土建工程》(JTG 3370.1—2018)。该规范基本上保持了(JTG D70—2004)版规范的围岩分级方法。

第一步,根据岩石坚硬程度和岩体完整程度两个基本因素的定性、定量特征和定量的岩体基本质量指标 BQ,综合进行初步分级(岩体基本质量分级)。

第二步,在岩体基本质量分级的基础上,考虑地下水、主要软弱结构面产状、初始应力状态的影响修正岩体基本质量指标值,按岩体修正质量指标[BQ],结合岩体的定性特征综合评判、确定围岩的详细分级。

围岩分级中岩石坚硬程度、岩体完整程度的划分采用定性划分和定量指标相结合的方法。岩石坚硬程度按表 2-1 作定性划分;岩石坚硬程度划分的定量指标用岩石单轴饱和抗压强度 R_c 表达(若无实测值,可采用岩石点荷载强度指数 $I_{s(50)}$ 按式(2-10)进行换算),R_c 与岩石坚硬程度定性划分的关系按表 2-2 确定。岩体完整程度按表 2-3 作定性划分;岩体完整程度划分的定量指标用岩体完整性指数 K_v 表达,K_v 一般用弹性纵波速度探测值按式(2-11)确定,若无弹性波的探测值时,可用岩体体积节理数 J_v 按表 2-5 确定,K_v 与岩体完整程度定性划分的关系按表 2-4 确定。

岩体基本质量分级的定量指标 BQ 根据分级因素的定量指标 R_c 值和 K_v 值按式(2-12)确定。

围岩详细定级时,如遇有下列情况之一,应对岩体基本质量指标 BQ 进行修正:

(1) 有地下水;

(2) 围岩稳定性受软弱结构面影响,且由一组起控制作用;

(3) 存在高初始应力。

岩体修正质量指标[BQ]按式(2-13)确定。

根据岩石坚硬程度和岩体完整程度两个因素的定性特征与定量的岩体基本质量指标 BQ,先对围岩进行基本质量分级,然后,考虑地下水、主要软弱结构面产状和初始应力状态对基本质量分级进行修正(即采用岩体修正质量指标[BQ]对基本质量分级进行修正)。对于土体隧道,主要考虑土体类型、密实状态等定性特征。隧道围岩的级别最终按表2-22综合确定。在分级过程中,当岩体质量的定性划分与 BQ、[BQ]值确定的级别不一致时,应重新审查定性特征和定量指标计算参数的可靠性,并对它们重新观察、测试。

根据表 2-22,《公路隧道设计规范 第一册 土建工程》(JTG 3370.1—2018)将隧道围岩分成 Ⅰ ~ Ⅵ 级,Ⅰ 级围岩稳定性最好,Ⅵ 级围岩稳定性最差。

表 2-22　公路隧道围岩分级

围岩级别	围岩岩体或土体主要定性特征	岩体基本质量指标 BQ 或岩体修正质量指标[BQ]
Ⅰ	坚硬岩,岩体完整	>550
Ⅱ	坚硬岩,岩体较完整; 较坚硬岩,岩体完整	550~451
Ⅲ	坚硬岩,岩体较破碎 较坚硬岩,岩体较完整; 较软岩,岩体完整,整体状或巨厚层状结构	450~351
Ⅳ	坚硬岩,岩体破碎; 较坚硬岩,岩体较破碎~破碎; 较软岩,岩体较完整~较破碎;软岩,岩体完整~较完整	350~251
Ⅳ	土体:(1) 压密或成岩作用的黏性土及砂性土; (2) 黄土(Q_1、Q_2); (3) 一般钙质、铁质胶结的碎石土,卵石土,大块石土	
Ⅴ	较软岩,岩体破碎; 软岩,岩体较破碎~破碎; 全部极软岩和全部极破碎岩	≤250
Ⅴ	一般第四系的半干硬至硬塑的黏性土及稍湿至潮湿的碎石土,卵石土、圆砾、角砾土及黄土(Q_3、Q_4)。非黏性土呈松散结构,黏性土及黄土呈松软结构	
Ⅵ	软塑状黏性土及潮湿、饱和粉细砂层、软土等	

说明:本表不适用于特殊条件的围岩分级,如膨胀性围岩、多年冻土等。

5. 总参工程兵《坑道工程》围岩分类

根据单一岩性指标——单轴饱和抗压强度 R_c 和复合指标——岩体质量指标 R_m[由式(2-7)定义]及应力比 S[由式(2-8)定义],将围岩分为 3 种 5 大类,见表 2-23。

表 2-23　总参工程兵坑道工程围岩分类

岩质类型	A 种:硬质岩					B 种:软质岩					C 种:特殊岩类和土
分类	Ⅰ	Ⅱ	Ⅲ	Ⅳ	Ⅴ	Ⅰ	Ⅱ	Ⅲ	Ⅳ	Ⅴ	Ⅴ
状况	稳定	基本稳定		不稳定				基本稳定	稳定性差,不稳定		不稳定
R_c	>30 MPa					5~30 MPa					<5 MPa
K_v	≥0.75	0.27~0.75		<0.1~0.45				>0.75	<0.2~0.75		
R_m	>60	30~60	15~30	5~15	<5			>15	<15		<5
S	>4	>2		>1				≥2	≥1		

6.《水工隧洞设计规范》(SL 279—2016)的围岩分类

规范规定:水工隧洞的围岩分类,岩洞按《水利水电工程地质勘察规范》(GB 50487)的规定执行,土洞按《土的工程分类标准》(GB/T 50145)的规定执行。

《水利水电工程地质勘察规范》(GB 50487)的围岩工程地质分类以控制围岩稳定的岩石强度、岩体完整程度、结构面状态、地下水状态和主要结构面产状 5 项因素之和的总评分为基本判据,围岩强度应力比 S[其值按式(2-9a)计算]为限定判据,按表2-24确定。

表2-24　水工隧洞围岩工程地质分类

围岩类别	围岩稳定性	围岩总评分 T	围岩强度应力比 S
I	稳定。围岩可长期稳定,一般无不稳定块体	$T>85$	>4
II	基本稳定。围岩整体稳定,不会产生塑性变形,局部可能产生掉块	$85 \geqslant T>65$	>4
III	局部稳定性差。围岩强度不足,局部会产生塑性变形,不支护可能产生塌方或变形破坏。完整的较软岩,可能暂时稳定	$65 \geqslant T>45$	>2
IV	不稳定。围岩自稳时间很短,规模较大的各种变形和破坏都可能发生	$45 \geqslant T>25$	>2
V	极不稳定。围岩不能自稳,变形破坏严重	$T \leqslant 25$	

　　表2-24中的围岩总评分 T 是5项因素的评分之和。岩石强度、岩体完整程度、结构面状态、地下水状态、主要结构面产状这5项因素的评分分别按表2-25~表2-29的评分标准确定。

表2-25　岩石强度评分

岩质类型	硬质岩		软质岩	
	坚硬岩	中硬岩	较软岩	软岩
单轴饱和抗压强度 R_c/MPa	$R_c>60$	$60 \geqslant R_c>30$	$30 \geqslant R_c>15$	$15 \geqslant R_c>5$
岩石强度评分 A	30~20	20~10	10~5	5~0

　　说明:(1) 岩石饱和单轴抗压强度大于100 MPa时,岩石强度的评分为30;

　　　　　(2) 当岩体完整程度与结构面状态评分之和小于5时,岩石强度评分大于20的,按20评分。

表2-26　岩体完整程度评分

岩体完整程度		完整	较完整	完整性差	较破碎	破碎
岩体完整性系数 K_v		$K_v>0.75$	$0.75 \geqslant K_v>0.55$	$0.55 \geqslant K_v>0.35$	$0.35 \geqslant K_v>0.15$	$K_v \leqslant 0.15$
岩体完整性评分 B	硬质岩	40~30	30~22	22~14	14~6	<6
	软质岩	25~19	19~14	14~9	9~4	<4

　　说明:(1) 当60 MPa$\geqslant R_c>$30 MPa,岩体完整程度与结构面状态评分之和>65时,按65评分;

　　　　　(2) 当30 MPa$\geqslant R_c>$15 MPa,岩体完整性程度与结构面状态评分之和>55时,按55评分;

　　　　　(3) 当15 MPa$\geqslant R_c>$5 MPa,岩体完整程度与结构面状态评分之和>40时,按40评分;

　　　　　(4) 当 $R_c \leqslant$5 MPa,属特软岩,岩体完整性程度与结构面状态不参加评分。

表2-27　结构面状态评分

结构面状态	张开度 W/mm	闭合 $W<0.5$	微张 $0.5 \leqslant W<5.0$										张开 $W \geqslant 5.0$	
	充填物	—	无充填			岩屑			泥质			岩屑	泥质
	起伏粗糙情况	起伏粗糙	平直光滑	起伏粗糙	起伏光滑或平直粗糙	平直光滑	起伏粗糙	起伏光滑或平直粗糙	平直光滑	起伏粗糙	起伏光滑或平直粗糙	平直光滑	—	—
结构面状态评分 C	硬质岩	27	21	24	21	15	21	17	12	15	12	9	12	6
	较软岩	27	21	24	21	15	21	17	12	15	12	9	12	6
	软岩	18	14	17	14	8	14	11	8	10	8	6	8	4

　　说明:(1) 结构面的延伸长度小于3 m时,硬质岩、较软岩的结构面状态评分另加3分,软岩加2分;结构面延伸长度大于10 m时,硬质岩、较软岩减3分,软岩减2分;

　　　　　(2) 当结构面张开度大于10 mm,无充填时,结构面状态的评分为0。

表 2-28　地下水状态评分

活动状态			干燥到渗水滴水	线状流水	涌水
10 m 洞长的水量 q/(L/min) 或压力水头 H/m			$q \leqslant 25$ 或 $H \leqslant 10$	$25 < q \leqslant 125$ 或 $10 < H \leqslant 100$	$q > 125$ 或 $H > 100$
基本因素评分 T'	$T' > 85$	地下水评分 D	0	$0 \sim -2$	$-2 \sim -6$
	$85 \geqslant T' > 65$		$0 \sim -2$	$-2 \sim -6$	$-6 \sim -10$
	$65 \geqslant T' > 45$		$-2 \sim -6$	$-6 \sim -10$	$-10 \sim -14$
	$45 \geqslant T' > 25$		$-6 \sim -10$	$-10 \sim -14$	$-14 \sim -18$
	$T' \leqslant 25$		$-10 \sim -14$	$-14 \sim -18$	$-18 \sim -20$

说明:基本因素评分 T' 是岩石强度评分 A、岩体完整性评分 B 和结构面状态评分 C 的和。

表 2-29　主要结构面产状评分

结构面走向与洞轴线夹角		$90° \sim 60°$				$<60° \sim 30°$				$<30°$			
结构面倾角		大于70°	70°~45°	45°~20°	小于20°	大于70°	70°~45°	45°~20°	小于20°	大于70°	70°~45°	45°~20°	小于20°
结构面产状评分 E	洞顶	0	-2	-5	-10	-2	-5	-10	-12	-5	-10	-12	-12
	边墙	-2	-5	-2	0	-5	-10	-2	0	-10	-12	-5	0

说明:按岩体完整程度分级为完整性差、较破碎和破碎的围岩不进行主要结构面产状评分的修正。

表2-24 的围岩工程地质分类不适用于埋深小于 2 倍洞径或跨度的地下洞室和特殊土、喀斯特洞穴发育地段的地下洞室。

7.《岩土锚杆与喷射混凝土支护工程技术规范》(GB 50086—2015)的围岩分级

规范规定:围岩级别的划分,应根据岩石坚硬性、岩体完整性、结构面特征、地下水和地应力状况等因素,按表 2-30 综合确定。

表 2-30　围岩分级

围岩级别	主要工程地质特征							毛洞稳定情况
	岩体结构	构造影响程度,结构面发育情况和组合状态	岩石强度指标		岩体声波指标		岩体强度应力比	
			单轴饱和抗压强度/MPa	点荷载强度/MPa	岩体纵波速度/(km/s)	岩体完整性指标		
I	整体状及层间结合良好的厚层状结构	构造影响轻微,偶有小断层。结构面不发育,仅有 2~3 组,平均间距大于 0.8 m,以原生和构造节理为主,多数闭合,无泥质充填,不贯通。层间结合良好,一般不出现不稳定块体	>60	>2.5	>5	>0.75	>4	毛洞跨度 5~10 m 时,长期稳定,无碎块掉落
II	同 I 级围岩结构	同 I 级围岩特征	30~60	1.25~2.5	3.7~5.2	>0.75	>2	毛洞跨度 5~10 m 时,围岩能较长时间(数月至数年)维持稳定,仅出现局部小块掉落
	块状结构和层间结合较好的中厚层或厚层状结构	构造影响较重,有少量断层。结构面较发育,一般为 3 组,平均间距为 0.4~0.8 m,以原生和构造节理为主,多数闭合,偶有泥质充填,贯通性较差,有少量软弱结构面。层间结合较好,偶有层间错动和层面张开现象	>60	>2.5	3.7~5.2	>0.5	>2	

续表

围岩级别	主要工程地质特征							毛洞稳定情况
	岩体结构	构造影响程度,结构面发育情况和组合状态	岩石强度指标		岩体声波指标		岩体强度应力比	
			单轴饱和抗压强度/MPa	点荷载强度/MPa	岩体纵波速度/(km/s)	岩体完整性指标		
Ⅲ	同Ⅰ级围岩结构	同Ⅰ级围岩特征	20~30	0.85~1.25	3.0~4.5	>0.75	>2	毛洞跨度 5~10 m 时,围岩能维持一个月以上的稳定,主要出现局部掉块、塌落
	同Ⅱ级围岩块状结构和层间结合较好的中厚层或厚层状结构	同Ⅱ级围岩块状结构和层间结合较好的中厚层或厚层状结构特征	30~60	1.25~2.50	3.0~4.5	0.50~0.75	>2	
	层间结合良好的薄层和软硬岩互层结构	构造影响较重。结构面发育,一般为 3 组,平均间距为 0.2~0.4 m,以构造节理为主,节理面多数闭合,少有泥质充填。岩层为薄层或以硬岩为主的软硬岩互层,层间结合良好,少见软弱夹层、层间错动和层面张开现象	>60（软岩,>20）	>2.50	3.0~4.5	0.30~0.50	>2	
	碎裂镶嵌结构	构造影响较重。结构面发育,一般为 3 组以上,平均间距 0.2~0.4 m,以构造节理为主,节理面多数闭合,少数有泥质充填,块体间牢固咬合	>60	>2.50	3.0~4.5	0.30~0.50	>2	
Ⅳ	同Ⅱ级围岩块状结构和层间结合较好的中厚层或厚层状结构	同Ⅱ级围岩块状结构和层间结合较好的中厚层或厚层状结构特征	10~30	0.42~1.25	2.0~3.5	0.50~0.75	>1	毛洞跨度 5 m 时,围岩能维持数日到一个月的稳定,主要失稳形式为冒落或片帮
	散块状结构	构造影响严重,一般为风化卸荷带。结构面发育,一般为 3 组,平均间距为 0.4~0.8 m,以构造节理、卸荷、风化裂隙为主,贯通性好,多数张开,夹泥,夹泥厚度一般大于结构面的起伏高度,咬合力弱,构成较多的不稳定块体	>30	>1.25	>2.0	>0.15	>1	
	层间结合不良的薄层、中厚层和软硬岩互层结构	构造影响较重。结构面发育,一般为 3 组以上,平均间距为 0.2~0.4 m,以构造节理、风化节理为主,大部分微张(0.5~1.0 mm),部分张开(>1.0 mm),有泥质充填,层间结合不良,多数夹泥,层间错动明显	>30（软岩,>10）	>1.25	2.0~3.5	0.20~0.40	>1	
	碎裂状结构	构造影响严重,多数为断层影响带或强风化带。结构面发育,一般为 3 组以上。平均间距 0.2~0.4 m,大部分微张(0.5~1.0 mm),部分张开(>1.0mm),有泥质充填,形成许多碎块体	>30	>1.25	2.0~3.5	0.20~0.40	>1	

续表

围岩级别	主要工程地质特征							毛洞稳定情况
	岩体结构	构造影响程度,结构面发育情况和组合状态	岩石强度指标		岩体声波指标		岩体强度应力比	
			单轴饱和抗压强度/MPa	点荷载强度/MPa	岩体纵波速度/(km/s)	岩体完整性指标		
V	散体状结构	构造影响严重,多数为破碎带、全强风化带、破碎带交汇部位。构造及风化节理密集,节理面及其组合杂乱,形成大量碎块体。块体间多数为泥质充填,甚至呈石夹土状或土夹石状	—	—	<2.0	—	—	毛洞跨度5 m时,围岩稳定时间很短,约数小时至数日

说明:(1)围岩按定性分级与定量指标分级有差别时,应以低者为准。

(2)本表声波指标以孔测法测试值为准。如果用其他方法测试时,可通过对比试验,进行换算。

(3)层状岩体按单层厚度可划分为以下几种。

厚层:大于0.5 m;

中厚层:0.1~0.5 m;

薄层:小于0.1 m。

(4)一般条件下,确定围岩级别时,应以岩石单轴湿饱和抗压强度为准;当洞跨小于5 m,服务年限小于10年的工程,确定围岩级别时,可采用点荷载强度指标代替岩块单轴饱和抗压强度指标,可不做岩体声波指标测试。

(5)测定岩石强度,做单轴抗压强度测定后,可不做点荷载强度测定。

表2-30中的岩体强度应力比和岩体完整性指数分别按式(2-9b)和式(2-11)计算确定。当无地应力实测数据时,σ_1按式(2-14)计算,即

$$\sigma_1 = \gamma H \qquad (2-14)$$

式中:γ——岩体重力密度,kN/m^3;

H——隧洞顶覆盖层厚度,m。

对Ⅲ、Ⅳ级围岩,当地下水发育时,应根据地下水类型、水量大小、软弱结构面多少及其危害程度,适当降级。对Ⅱ、Ⅲ、Ⅳ级围岩,当洞轴线与主要断层或软弱夹层的夹角小于30°时,应降一级。极高应力围岩或Ⅰ、Ⅱ级围岩强度应力比小于4,Ⅲ、Ⅳ级围岩强度应力比小于2,宜适当降级。

2.5.2 国外主要围岩分类系统简介

1. Q 系统

Q系统为挪威隧道工法(Norwegian method of tunnelling,NMT)之核心,该工法起源于挪威并已广泛应用于斯堪的纳维亚(Scandinavia)半岛。该系统最早是由Barton等人根据212个隧道案例,于1974年提出,至1993年已达1 050个累积案例。

Q系统主要以Q值[由式(2-6)定义]来评价岩体质量的优劣。根据不同的Q值,将岩体质量评为9个等级,详见表2-31。

表2-31 岩体质量评估

岩体质量	特别好	极好	良好	好	中等	不良	坏	极坏	特别坏
Q值	400~1 000	100~400	40~100	10~40	4~10	1~4	0.1~1	0.01~0.1	0.001~0.01

Q 值中 6 个参数的描述及其取值标准见表 2-32～表 2-37。

表 2-32　岩体质量与 RQD 取值

岩体质量	RQD/%
很差	0～<25
差	25～<50
好	50～<75
良好	75～<90
优质	90～<100

说明:(1) 当 RQD<10 时(包括 0),计算 Q 值时 RQD 取 10;

(2) RQD 值的间距采用 5(如 100、95、90 等),其精度即已足够。

表 2-33　节理发育组数及 J_n 取值

节理发育组数	J_n 取值
整体结构,无或很少有节理	0.5～1.0
一组节理	2
一组节理加偶现节理	3
二组节理	4
二组节理加偶现节理	6
三组节理	9
三组节理加偶现节理	12
四组以上节理,节理分布不规则,极发育,将岩体切割成小方块状	15
岩体破碎,类似土状	20

表 2-34　节理粗糙度描述及 J_r 取值

节理粗糙度描述	J_r 取值
不连续节理	4
粗糙或不规则,波浪状	3
光滑,波浪状	2
具擦痕,波浪状	1.5
粗糙或不规则,平面状	1.5
光滑,平面状	1.0
具擦痕,平面状	0.5
含有黏土充填物,其厚度足以使两壁不致发生接触	1.0
含有砂状、砾石状或粉碎带,其厚度足以使两壁不相接触	1.0

表 2-35　节理面蚀变及 J_a 取值

节理面蚀变		J_a 取值
节理面两壁接触		
(1)	紧密闭合,坚硬,夹心不软化与不透水(如石英或绿帘石)	0.74
(2)	两壁面未蚀变,仅表面锈染	1.0
(3)	两壁面轻微蚀变,仅表面为不软化矿物、砂质颗粒、不含黏土的崩解岩石	2.0
(4)	壁面外层为粉质或砂质黏土,含少量黏土(不软化)	3.0
(5)	壁面外层为软化或低摩擦力黏土矿物,如高岭石、云母、绿泥石、滑石、石膏、石墨等与少量膨胀性黏土	4.0
剪切错动不超过 10 cm,两壁仍可接触		
(6)	砂质颗粒、不含黏土之崩解岩石	4.0
(7)	高度压密,不软化的黏土矿物夹心(连续,但厚度<5 mm)	6.0
(8)	中度或低度压密,软化的黏土夹心(连续,但厚度<5 mm)	8.0
(9)	膨胀性黏土夹心,如蒙脱石(连续,但厚度<5 mm),J_a 值视膨胀性黏土含量百分比及与水接触的情形而定	8~12
剪切错动时两壁岩石不会接触		
(10) (11) (12)	夹崩解或粉碎的岩石与黏土(黏土状况的描述见(7)、(8)、(9))	6 8 12
(13)	夹粉质、砂质黏土,少量黏土成分(不软化)	5
(14) (15) (16)	夹厚且连续的黏土(黏土状况的描述见(7)、(8)、(9))	10 13 13~20

表 2-36　节理含水状况及 J_w 取值

节理含水状况描述	概估水压/MPa	J_w 取值
开挖面干燥或少量渗水	<0.1	1.0
中度渗水或有一定水压,有时将节理夹心冲洗出	0.1~0.25	0.66
坚硬岩体的无夹心节理大量渗水或有高水压	0.25~1.0	0.5
大量渗水或高水压,大量节理夹心被冲洗出	0.25~1.0	0.33
爆破后冒出极大量渗水或极高水压,但逐渐减小	>1.0	0.2~0.1
极大量涌水或极高水压,持续无明显减小	>1.0	0.1~0.05

说明:不考虑结冰所引起的特殊问题。

表 2-37　岩体应力状态描述及应力折减因子 SRF 取值

岩体应力状态描述	SRF 取值
1. 开挖与软弱带相交,隧道开挖时会使岩体松动	
有多条含有黏土或化学分解岩石的软弱带,周围岩体非常松动(任何深度)	10
一条含有黏土或化学分解岩石的软弱带(开挖深度 50 m)	5
一条含有黏土或化学分解岩石的软弱带(开挖深度>50 m)	2.5
优良岩石含多条剪裂带(无黏土),周围岩体松动(任何深度)	7.5

续表

岩体应力状态描述			SRF 取值
优良岩石含一条剪裂带(无黏土),开挖深度为 50 m			5.0
优良岩石含一条剪裂带(无黏土),开挖深度>50 m			2.5
松动开口节理,节理高度发达或岩石成小方块等(任何深度)			5.0
说明:若相关剪裂带仅影响,但不与开挖面相交,SRF 可减少 25%~50%			
2. 优良岩体,存在初始应力的影响问题	σ_c/σ_1	σ_θ/σ_c	SRF 取值
低应力,近地表,开口节理	>200	<0.01	2.5
中等应力,有利的应力状态	200~10	0.01~0.3	1
高应力,极紧密结构,通常对稳定有利,可能对侧壁不利	10~5	0.3~0.4	0.5~2
厚层岩体在 1 小时后发生中等应力破裂	5~3	0.5~0.6	5~50
厚层岩体在数分钟后发生应力破坏或岩爆	3~2	0.65~1.0	50~200
厚层岩体强烈岩爆或动态变形	<2	>1.0	200~400
说明:(1) 若地应力经量测具高度的方向性,当 $5<\sigma_1/\sigma_3<10$ 时,将 σ_c 折减为 $0.75\sigma_c$,当 $\sigma_1/\sigma_3>10$ 时,将 σ_c 折减为 $0.5\sigma_c$。σ_c 为单轴抗压强度,σ_1 与 σ_3 分别为最大与最小主应力,σ_θ 为依据弹性理论估计的最大切向应力。 　　(2) 由于仅有少数顶拱埋深小于跨度的案例,在此种情况下建议 SRF 由 2.5 增加至 5.0。			
3. 挤压性岩体:软弱岩体在高压影响发生塑性流动		σ_θ/σ_c	SRF 取值
中度挤压性岩体		1.5	5~10
高度挤压性岩体		>5	10~20
4. 膨胀性岩体:因水存在而引起体积膨胀			SRF 取值
中等膨胀压力			5~10
强烈膨胀压力			10~15

2. RMR 系统

南非隧道工法之核心为 RMR 系统,主要由 Bieniawski 根据南非 49 个隧道案例的调查结果,于 1973 年所提出。其后陆续增加地下工程案例达 351 个,并历经多次修正。RMR 系统以 RMR(rock mass rating)值来代表岩体的质量或称稳定性,主要针对下列 6 个评估因素及指标,对影响围岩稳定性的各主要因素进行评分,并以其合计总值作为岩体的 RMR 值。影响围岩稳定性的 6 个因素和指标及其所占分值如下:

（1）岩体强度,　　　　　　　　　0~15;

（2）岩石质量指标 RQD,　　　　　3~20;

（3）节理间距,　　　　　　　　　5~20;

（4）节理状况,　　　　　　　　　0~30;

（5）地下水情况,　　　　　　　　0~15;

（6）节理产状及组合关系,　　　　-12~0。

上述 6 个评估因素及指标的评分标准详见表 2-38,计算所得围岩的 RMR 值介于 0~100 之间。RMR 系统依 RMR 值之高低,将围岩分为 Ⅰ 、Ⅱ 、Ⅲ 、Ⅳ 、Ⅴ 5 个类(级),并提供不同隧道跨度围岩的无支护自稳时间,以及各类围岩的凝聚力(c)与内摩擦角(φ),见表 2-39。

RMR 系统目前仍然是国际隧道与地下工程界应用最为广泛的围岩分类(级)方法。

表 2-38　RMR 系统围岩评分标准

	岩体强度	点荷载强度/(kg/cm^2)	>100	40~100	20~40	10~20	此强度范围内以单轴饱和抗压强度为准		
1		单轴饱和抗压强度/(kg/cm^2)	>2 500	1 000~2 500	500~1000	250~500	50~250	10~50	<10
		评分	+15	+12	+7	+4	+2	+1	0
2		RQD/%	90~100	75~90	50~75	25~50	<25		
		评分	+20	+15	+10	+8	+3		
3		节理间距	>2 m	0.6~2 m	0.2~0.6 m	60~200 mm	<60 mm		
		评分	+20	+15	+10	+8	+5		
4		节理状况	不连续、紧闭,壁面很粗糙、坚硬	开口<1 mm,壁面略粗糙、轻度风化	开口>1 mm,壁面略粗糙、高度风化	连续擦痕或含泥<5 mm 或开口1~5 mm	连续,含泥>5 mm 或开口>5 mm		
		评分	+30	+25	+20	+10	0		
5	地下水情况	10 m 长隧道的流量	0	<10 L/min	<25 L/min	25~125 L/min	>125 L/min		
		节理内的水压/MPa	0	0	0~0.2	0.2~0.5	>0.5		
		渗水情况	全干	潮	湿	滴水	流水		
		评分	+15	+10	+7	+4	0		
6	评分	节理产状及组合关系	很有利	有利	可	不利	很不利		
		隧道	0	−2	−5	−10	−12		
		基础	0	−2	−7	−15	−25		
		岩石边坡	0	−2	−25	−50	−60		

表 2-39　RMR 系统各类围岩的评分值、自稳时间及强度参数

围岩类别	I	II	III	IV	V
稳定性评价	很好	好	中等	差	很差
RMR 值	100~81	80~61	60~41	40~21	<20
隧道无支护自稳时间/跨度	10 年/15 m	6 个月/8 m	1 周/5 m	10 h/2.5 m	30 min/1 m
岩体凝聚力 c/kPa	>400	300~400	200~300	100~200	<100
岩体内摩擦角 φ/(°)	>45°	35°~45°	25°~35°	15°~25°	<15°

第3章 交通地下工程规划

所有的建筑工程都需要经过规划阶段。地下工程处于地下,建造或拆除都比较困难;因此它的规划就尤为重要。用于铁路、公路、城市轨道中的交通隧道是地下工程的典型代表。本章首先介绍地下工程投资与规划的基本内容和原则,然后分别介绍山岭隧道、水底隧道和城市地下铁道工程规划的一些基本内容。由于地下工程规划是一个涉及多种系统指标的复杂问题,更详细的内容可参考有关专题文献。

3.1 地下工程投资分析

为了认清一个工程项目的必要性与可行性,工程的投资分析是必不可少的。由于地下结构的工程费用一般比地面或高架结构要高得多,地下工程的投资分析就显得格外重要。与其他工程项目一样,选定的地下工程项目应该以最短的时间和最低的造价取得最大的效益。效益可以是有形的,也可以是无形的。对于地下结构的无形效益(如地下铁道的社会效益),往往很难以金钱的形式赋予一个价值。有些时候,地下结构的无形效益可以远远超过其有形效益,例如,一所核防护地下设施的作用只有在核爆炸时才能显现出来。也许正因为如此,地下工程项目往往是公众或政府行为,其决策的本质是集体性的,为的是公众的安全与生活质量,并不一定受利益的驱动。

地下工程项目投资分析一般需要这样一些参数:①项目的目的;②可以接受的(贷款、投资)利息;③项目的约束条件;④项目的经济寿命;⑤业主可以承受的风险;⑥项目在施工过程中可能遇到的地下环境的不确定性。显然,其中一些参数是很难实际评价的。

利息受到金融供需循环的影响,又与政府的政策有关。利息在项目的经济寿命中是不可能不变化的,这是公理。因此,有必要对不同的利息进行敏感性分析,以评价项目的健全程度。以下是投资敏感性分析中常用的一些利息计算公式:

$$S = P(1+i)^n$$
$$R = P\frac{i(1+i)^n}{(1+i)^n-1} \tag{3-1}$$
$$R = S\frac{i}{(1+i)^n-1}$$

式中,在某些时期内,P 和 S 分别指货币的当前价值和将来价值,n 为时期的个数,i 为一个时期内的利息,R 为资本回收因子。

一个地下工程项目的约束条件涉及自然的、法律的、管理的、政治的、财政的等几种类型。在决定项目开工之前,应该对各种约束条件进行敏感性分析。

一个地下工程项目的设计经济寿命一般为 50~100 年或更长。但是,其实际的经济寿命可能小于设计值,而这是很难准确预测的。在投资分析时应该评价地下工程项目的最可能实际经济寿命。

不同的业主所能承受的风险水平是不同的,具有一定的主观性,很难确切给定。当然,业主的理想是不为地下工程项目承担任何风险,但零风险需要巨大的资本投入。

地下工程一般几乎必然遇到由地质、水文等地下自然环境条件带来的各种不确定性。任何业主都不可能具备足够的时间和资金,去施行排除所有不确定因素的地下勘探计划。因此,地下工程的规划和设计应该考虑施工中可能遇到的不确定情况或风险。

基于上述,地下工程项目投资分析(及相应的风险分析)不是一门精确的科学,而是具有一定的主观性和推测性;因而工程经验类比是重要的决策因素。在所有的投资分析方法中,如当前价值法、回收率法、费用效益分析等,费用效益分析似乎是最常用的一种。当前价值法,是把总投资费用(包括土地、施工、材料和劳动力、设备、使用和维修等费用)都转换成当前价值,具有最小投资费用的方案为最好的方案。回收率法,是把当前的总投资费用放到项目经济寿命中的每个年头当中去,刨除使用与维修费用,具有最大回收率方案为最好的方案。相比之下,费用效益分析是以项目费用表示项目效益(所有的效益,有形的和无形的),很容易理解;效益费用比最大者就是最好的方案。

3.2　交通地下工程规划

地下工程的产品是地下结构保护下的地下空间。规划是一项系统性工作,是一个受目标驱动的过程,其中经常性地涉及各种性能要求和约束条件。在地下工程项目的规划过程中,既要看到那些有益的特点,也应该认识到各种潜在问题和它们的解决方式。地下工程规划需要考虑工程的可行性、实用性、耐久性及对环境的影响,具体通过主体规划设计、施工方法规划设计、对邻近结构及环境影响的分析和评估3个方面的工作来实现。下面以隧道为例,说明地下工程规划的主要有关内容。

对隧道而言,主体规划设计主要考虑4个方面的问题:①隧道(平面、立面)线型的选择,需要考虑地表条件、地层条件、地下水条件和既有邻近建筑及设施;②隧道施工对地层的影响,需要分析地层的变形、荷载和稳定性特征,还需要考虑地下水和地层的渗透性;③隧道断面、主体及附属结构形式的选择,需要考虑地层的变形和刚度、衬砌的变形和刚度,以及两者之间的相互作用;④隧道防水方案,选择全封闭方案、部分封闭部分排水方案或其他防排水方案。

隧道施工方法的规划设计主要涉及3个方面的问题:①地层开挖与出渣,需要考虑地层结构和岩石硬度的变化,还要计入地下水的作用;②地层稳定性的维持,需要考虑地层的自稳特征和站立时间、对注浆或冻结等地层处理方法的适应性;③地下水,包括流量与流向,流砂或管涌的可能性,以及处理方法。

关于隧道工程对邻近结构及环境的影响,需要从以下3个方面予以考虑:①灾害,包括坍塌、流砂、爆炸或有毒气体、水土流失、地层和地下水污染等;②对邻近结构和设施的影响,需要考虑隧道施工引发的振动、噪声、地层移动等变化;③地下水系统的变化,对作物、水源和自然植被的影响,降水引起的地层固结等。

下面分别以山岭隧道、水底隧道和地下铁道为例,介绍地下工程规划的原则及主要内容和特点。

3.2.1　山岭隧道的规划

山岭地区的地下工程包括铁路、公路、水工隧道和地下储库等位于山岭内部的地下建筑物。对于这类地下工程,规划的内容主要包括地下工程平面和高程位置、形状和大小等工程要素的选择,需要根据工程的用途、经济和技术条件,考虑地形地貌、地质、水文等情况经过方案比选决定。下面以交通隧道为例予以阐述。

对于交通隧道,规划的主要内容之一就是选择与线路相协调的隧道平面和高程位置。一般来说,线路比选方案一旦确定,线路上隧道的平面和高程位置就不得不大体上服从线路方案的选择。当然,如果隧道构成线路上的重点控制工程,隧道位置的规划就可能成为线路比选方案过程中的重要决策因素。方案比选的基础是工程调查,后者一般应该包括以下几个方面的内容:

(1) 地形、地貌特征和气象;

(2) 工程地质特征,包括地层、岩性和地质构造特征;

(3) 水文地质特征,包括地下水类型、水位,地下水量和补给关系,含水层分布形态、范围及渗透系数;

(4) 不良地质地段的类型、规模、成因和发展;

(5) 地震基本烈度等级;

(6) 施工条件和周边环境。

1. 地形障碍与隧道定位

为了克服线路行进中遇到的山峰障碍,有绕行、深堑、隧道 3 种方案可以选择。与绕行或深堑相比,隧道方案能使线路缩短、平缓、顺直,避免陡坡,保护环境;因而从全局和长远利益来看,应该是较合理的方案。

1) 越岭线上隧道位置的选择

当线路需要从一个汇水流域进入另一个汇水流域时,必须跨越高程很大的分水岭。对于这样的越岭线,隧道一般较长,应该进行大范围的方案研究。隧道的定位主要以选择垭口和隧道高程为依据。垭口是分水岭山脊线上标高较低的地方,一条山脊线上有若干个垭口,隧道应选择地形、地质和水文条件较有利的垭口通过。

分水岭的山体一般是上部较薄下部较厚,但隧道的高程位置必须兼顾线路的高程,不要仅为了减小隧道长度而选得太高,造成两端过度的引线。低标高的隧道可能相对较长,需要注意通风和防灾等问题;但线路顺直平缓,有利于运营。

2) 河谷线上隧道位置的选择

沿河傍山的线路称为河谷线。这种线路左右受到山坡和河谷的制约,可供选择的范围不大。隧道应尽可能避开山坡表层岩体风化破碎的地带,"宁里勿外",虽然隧道长度会因此而增加;但避免了河流冲刷、不良地质、隧道覆盖和侧壁太薄与承受偏压。

2. 地质条件与隧道定位

从地质条件考虑,隧道位置应尽量选择在稳定性良好的地层中,应该尽量避开不良地质区域,包括岩堆、滑坡、崩塌、泥石流、高地温(如 40~50 ℃ 的潮湿地层)、地下富水(如每昼夜数千甚至上万吨的流量)、溶洞、瓦斯等。当不得不通过一些稳定性差或不良地质地段时,应具备充分的理由和可靠的工程措施。

隧道位置的选择应充分考虑地质构造的结构和力学特征。

(1) 对于断层构造,由于断层带中的岩体破碎、强度低,且往往是地下水的主要通道,隧道走向应与断层走向尽可能地接近正交。

(2) 对于单斜构造中的软弱结构面,参考图 3-1,隧道应尽可能避开,不得已时,至少不要把隧道走向设置成与软弱结构面走向一致或平行,交角应尽量接近垂直。

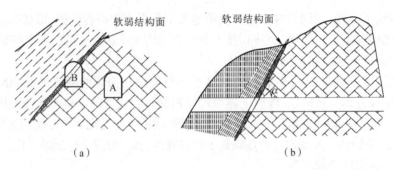

α—隧道走向与软弱结构面走向的交角；A 和 B—不同的隧道位置选择方案。

图 3-1　单斜构造中隧道位置与走向的选择

（3）在褶皱构造区域里，参考图 3-2，隧道应尽量选在背斜中，而避开向斜和褶曲的两翼。这是因为，在背斜中，由于地层向下弯曲而可能于地层上部开裂、形成上大下小的岩块，开挖时，岩块易于保持稳定；相反，在向斜中，由于地层向上弯曲而可能于地层下部开裂、形成上小下大的岩块，开挖容易引起掉块或坍方；另外，如果地下水汇聚在向斜的凹底，也对施工不利；而在褶曲的两翼，隧道容易受到偏压力作用。

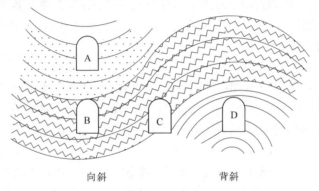

向斜　　　　　　　　背斜

A、B、C、D—不同的隧道位置选择方案。

图 3-2　褶皱构造中隧道位置的选择

3. 隧道方案的比选

1）单线隧道与双线隧道

与两座并行的单线隧道相比，一座双线隧道有以下优点：①较小的建筑总宽度，②开挖总面积较小，③净空较大，有利于机械化施工，④维修养护方便。

双线隧道的缺点有：①因断面跨度较大而需要较强的支护结构，②因断面较大而不利于列车活塞风的产生，③一次性工程投资比两座单线隧道先后修建的初期投资大。

单线隧道方案与双线隧道方案相比较时，需要综合考虑经济、技术条件。一般来说，如果技术经济条件允许，应该选择一座双线隧道的方案。

两相邻隧道的最小净距，应该按照工程地质条件、隧道断面形状和尺寸、施工方法等因素确定。《铁路隧道设计规范》（TB 10003—2016）在大量工程实践的基础上分别给出了如表 3-1 所示的参考值。当两隧道的净距较小，甚至很小时，两隧道存在相互影响，表 3-2 为《公路隧道设计规范 第一册 土建工程》（JTG 3370.1—2018）所给出的双洞四车道小净距隧道的围岩级别、净距与相互影响的关系。

表 3-1　两相邻单线铁路隧道之间的最小净距

围岩级别	I	II ~ III	IV	V	VI
净距/m	$(0.5 \sim 1.0)\,W$	$(1.0 \sim 1.5)\,W$	$(1.5 \sim 2.0)\,W$	$(2.0 \sim 4.0)\,W$	$>4.0\,W$

说明：W 为隧道开挖跨度，m。一般情况下，可采用表中的中值；困难情况下，通过采取控制爆破、加强支护等措施，可采用表中的下限值。

表 3-2　双洞四车道小净距隧道的围岩级别、净距与相互影响的关系

双洞的相互影响程度			严重	中等	轻微
围岩级别	III	隧道净距	$\leq 0.375W$	$(0.375 \sim 0.75)W$	$(0.75 \sim 2.0)W$
	IV		$\leq 0.5W$	$(0.5 \sim 1.0)W$	$(1.0 \sim 2.5)W$
	V		$\leq 0.75W$	$(0.75 \sim 1.5)W$	$(1.5 \sim 3.5)W$

说明：（1）W 为隧道开挖跨度。

（2）I、II 级围岩可参照此表确定隧道净距与双洞之间的相互影响程度。

（3）VI 级围岩和三车道隧道小净距隧道目前资料较少，应结合现场情况计算分析确定。

2）长隧道与短隧道群

在沟梁众多的山坡地区，如果线路靠外，则往往需要多个彼此距离很近的短隧道；而如果线路靠内，则只需要一座较长的隧道。应该通过比选两种方案来选择线路位置。

短隧道群方案的优点有工作面较多，易于施工，通风好。但是，短隧道群上方的岩体往往比较松散破碎，围岩压力较大，容易产生偏压力，隧道不易稳定；另外，隧道之间进出口较近，施工时容易互相干扰，洞口施工场地不好布置，洞门建筑量较大。而如果以山体深处的一座长隧道代替短隧道群，则围岩的稳定性一般会比较好，各工作面的施工互不干扰，且只需要两座洞门。一般而言，修建一座长隧道往往会是比短隧道群更为有利的方案。

4. 隧道洞口位置的选择

隧道的位置选定以后，其长度是由两端洞口的位置决定的。在一般情况下，铁路线路在进洞之前，总要经过一段引线路堑，当路堑达到一定高度时就开始进入隧道；因此选择洞口位置实质上就是选择适宜从引线路堑转为隧道的转换点。选择隧道洞口位置的一般原则是：①宜"早进晚出"，即尽量不要采用过深的路堑，宁可早些进洞、晚些出洞；②应尽可能地设在山体稳定、不富水的地方，避开不良地质；③不宜设在垭口、沟谷中心或沟底低洼处，不要与水争路，可以让出沟心，放在沟谷的一侧；④最好在线路与地形等高线正交或尽可能接近正交的地方进洞，必要时可以采用斜洞门或台阶式洞门，以避免洞门承受显著的偏压力；⑤如线路在洪水影响范围之内，洞口应设在洪水位以上，以防洪水灌入隧道；⑥不宜选择在边坡和（或）仰坡开挖过高的地带（岩体稳定性越差，所需坡度越缓，刷坡越高）；⑦在岩体表面陡立的地方，不应刷动原生坡面，宜考虑采用贴壁进洞；⑧综合考虑施工场地布置的需要。

5. 隧道的平面设计

处于（平面）曲线上的铁路隧道至少有以下 3 个缺点：①因为建筑限界需要视曲线曲率的变化而适量加宽，增大了开挖和衬砌的工程量，随曲线曲率的变化，断面尺寸使施工和测量也变得比较复杂；②列车运行的空气阻力加大；③通风条件不良。但是，由于运营、地形、地质、水文等条件的制约，有时隧道不得不建在曲线线路上。这时，应尽可能采用长度比较短、半径比较大的曲线。在圆曲线与直线相连接的地方设置缓和曲线时，应避免把缓和曲线设在隧道洞口位置，因为，在缓和曲线上半径及外轨超高不断变化，而使得列车运行不稳。所以，应尽可能

将缓和曲线设在洞外一个适当距离以外。在一座隧道内最好不要设置一个以上的曲线,尤其不宜设置反向曲线(弯曲方向相反的两条曲线直接相连)或复曲线(一条曲线与另一条曲线不经直线而直接相连)。

《公路隧道设计规范 第一册 土建工程》(JTG 3370.1—2018)的条文规定:应根据地质、地形、路线走向、通风等因素确定隧道的平面线形。当设曲线时,不宜采用设超高和加宽的圆曲线。隧道不设超高的圆曲线最小半径应符合表3-3的规定。隧道平面线形需采用设超高的圆曲线时,其超高值不宜大于4.0%。当设计速度为20 km/h时,圆曲线半径不宜小于250 m。隧道内每条车道的视距均应符合现行《公路路线设计规范》(JTG D20—2017)的视距要求。

表3-3 不设超高的圆曲线最小半径
单位:m

设计速度/(km/h)	120	100	80	60	40	30
路拱≤2.0%	5 500	4 000	2 500	1 500	600	350
路拱>2.0%	7 500	5 250	3 350	1 900	800	450

6. 隧道的纵断面设计

《铁路隧道设计规范》(TB 10003—2016)对隧道纵断面的设计做了下列规定。

(1)隧道内的纵坡可设计为人字坡或单面坡,地下水发育的3 000 m及以上长度的隧道宜采用人字坡。

(2)隧道内的坡度不宜小于3‰。

(3)在最冷月平均气温低于-3 ℃的地区,隧道宜适当加大坡度。

(4)相邻坡段间应根据设计速度、相邻坡段坡度差,按《铁路线路设计规范》(GB 50090—2006)的规定设置圆曲线形竖曲线连接。

《公路隧道设计规范 第一册 土建工程》(JTG 3370.1—2018)的相关条文规定:隧道内纵断面线形应考虑行车安全、运营通风规模、施工作业和排水要求确定,最小纵坡不应小于0.3%,最大纵坡不应大于3%。隧道内的纵坡形式,一般宜采用单向坡;地下水发育的长隧道、特长隧道可采用双向坡。纵坡变更的凸形竖曲线和凹形竖曲线的最小半径和最小长度应符合表3-4的规定,且纵坡的变换不宜过大、过频,以保证行车安全视距和舒适性。

表3-4 竖曲线最小半径和最小长度
单位:m

设计速度/(km/h)	120	100	80	60	40	30	20
凸形竖曲线最小半径	17 000	10 000	4 500	2 000	700	400	200
凹形竖曲线最小半径	6 000	4 500	3 000	1 500	700	400	200
竖曲线最小长度	100	85	70	50	35	25	20

3.2.2 水底隧道的规划

水底隧道为地表水体(江、河、湖、海峡)下面或地表水体基床下面连接两岸的通道。与桥梁相比,水底隧道具有不影响水上通航和受天气影响较小等优点。水底隧道可以采用沉管法、暗挖法(如盾构法、掘进机法、钻爆法等)或围堰明挖法建造。图3-3为水底隧道纵断面布置示意图。

水底沉管隧道多修建在水体基床(如河床、海床等)比较平坦、水深适当、水流方向稳定且速度不大的地段;因为如果水体基床有深沟,地形陡峭,或水深过大,或水流方向不稳定,或水流速度过大,都会造成管节浮运、沉放和对接的困难。沉管隧道对基床承载力要求不高(所以很多沉管隧道都是修建在软弱的水体基床上),但是应该注意基床的稳定性。沉管隧道的两岸工程、基槽开挖和管节预制均可以同时施工,而管节的浮运、沉放、水下对接和基础处理等工序相对于总工期来讲又都比较短;所以沉管隧道的施工总工期相对较短。沉管隧道的最小覆盖厚度一般建议为 0.5~1.0 m,但如果因此而使隧道长度增加过多时,也可以使管节局部露出水体基床表面。当然,此时必须保证管节在水流冲刷下的稳定性,而且露出的管节不能改变水流特性或水体基床的稳定性。

(a)沉管法修建的水底隧道纵断面

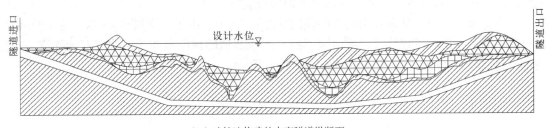

(b)暗挖法修建的水底隧道纵断面

图 3-3　水底隧道纵断面布置示意图

与沉管法相比较,暗挖法不影响通航,施工不受天气变化的影响,且对水域环境影响较小。与掘进机法相比较,钻爆法具有施工技术相对简单、对地层情况变化适应性强的优点;但其围岩稳定性和防水问题较突出,且因埋置深度较大,隧道较长,坡度较大。水底暗挖隧道的高程低于两端隧道的高程。在一定的限制坡度条件下,隧道顶板至水体底面的距离越小,则隧道长度越小,反之则隧道越长。最小顶板厚度的选择取决于场地的工程地质和水文地质条件。对于水底隧道,在选择最小顶板厚度时,可以参考图 3-4 所示的经验曲线(挪威),需要重点考虑的问题主要包括钻爆法开挖对地层稳定、地下水稳定及水域环境的影响范围和程度。

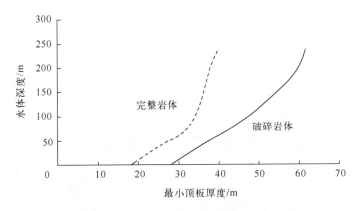

图 3-4　水底隧道最小顶板厚度与水体深度的经验曲线(挪威)

由于场地条件的制约,水底地质勘察可能对某些自稳性较差的地质情况揭示不足。隧道的开挖会提供大范围的渗流通道和增加水力梯度,如果处理不当,就可能产生突水和地层失稳。因此,隧道施工过程中的超前地质预报极其重要,可综合采用洞内地质素描、探地雷达、红外探测、超前钻孔、超前导坑等技术手段了解隧道工作面前方的工程和水文地质条件,保证施工安全和隧道的稳步推进。

水底隧道施工的最突出的安全隐患就是地表水体向隧道内的突涌。如果钻探、开挖改变地下水的赋存和流动条件、使渗透性较强的地层成为地表水体向隧道内流动的通道,则隧道将出现灾难性涌水事故。为此,水底隧道施工必须采取防范地表水体突涌的措施,并制定好危急情况下的逃生路线。隧道每推进一段距离,就应该选择地质条件较好的地带设置防淹闸门;在任何时刻都应该有两道以上的防淹闸门;随着开挖面的前进,离其最远的闸门可以拆除、前移,循环使用。

由于隧道下穿的地表水体水源浩大;所以水底隧道必须采用全封闭防水,主要应该从衬砌结构的自防水性能(抗渗、抗裂、耐久)、防水板的封闭设置与耐久性(耐久、抗穿刺)、施工缝和沉降缝的止水性能、分区防水处理等几个方面解决。

水底交通隧道的纵坡设计与隧道的使用功能有关,一般由于防洪要求,在水底隧道两端与陆地道路的衔接地段设置防洪反坡(小驼峰)。水底隧道的横断面布置形式有双管隧道、三管隧道、双管加服务隧道等形式,如图3-5~图3-7所示。

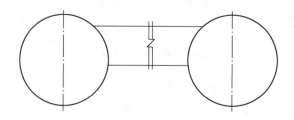

图 3-5　双管隧道方案的断面布置形式

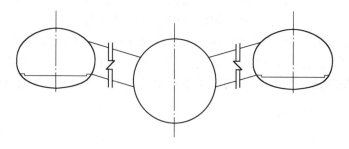

图 3-6　三管隧道方案的断面布置形式

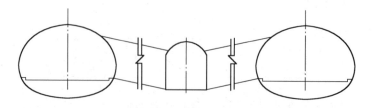

图 3-7　双管加服务隧道方案的断面布置形式

3.2.3　城市地下铁道的规划

1. 城市地下铁道路网规划

城市(地面和地下)轨道交通是缓解城市交通拥挤问题的重要手段。地下铁道建筑全部处于地下,其周边环境,从地质和水文等自然条件方面来讲,一般比山岭隧道或水底隧道要简单得多;但其附近的地面和地下建筑环境往往比较复杂。

地下铁道的规划必须与城市总体规划和地面路网规划统一考虑。一般原则包括:①线路走向和路由应该与城市交通主客流方向一致,比如沿城市地面干道布设;②与城市的街道布局和发展规划密切结合,并为长远发展留有余地;③在长途汽车站、火车站、飞机场、商业中心、大型居民区等客流集散量大的地区设置车站;④适当选择路网密度和分布,以减小路网中各车站之间的"时距"(时间距离,即任意两个车站之间的行走总时间);⑤与其他城市公共交通系统相协调;⑥路网中各规划线上的运量负荷应该尽量均匀;⑦线路走向选择,除了考虑地形、地貌、地质、水文等自然条件以外,还应该充分了解沿线既有的地面和地下建筑情况,并与地面建筑和市政设施的未来发展相结合,从而合理有效地综合利用地面和地下的空间资源。

路网的结构形式(即路网中各条线路组成的几何形状)一般应该与城市路网的结构形式相适应。路网结构形式是否得当,直接关系到路网的经济与社会效益。路网结构形式与政治、经济、社会、历史等众多因素有关,其选择和形成并无一定之规,几种典型的形式是放射形、放射加环线形、棋盘形、棋盘加环线形。图 3-8 所示为北京轨道交通路网图。选择线路方向及路由时需要考虑的主要因素有:①线路的用途,②客流分布和走向,③城市道路网分布(快速路、主干道、次干道、支路等),④隧道主体结构施工方法(明挖、盖挖、矿山法、盾构法等)。

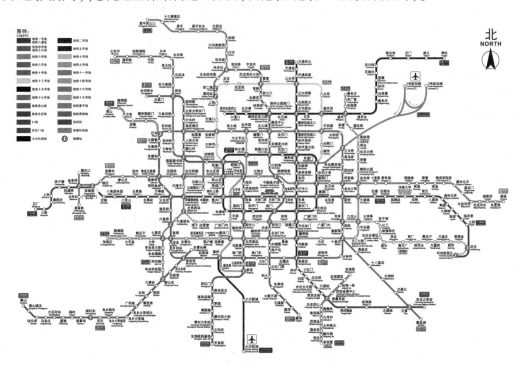

图 3-8　北京市轨道交通路网图

车站是地铁客流的集散场所,其分布规划应该与线路走向选择相结合。车站的种类,按功能可以划分为一般站、换乘站、折返站、终端站,按站台形式可以分为岛式站台车站、侧式站台车站、混合式车站等。影响车站分布的主要因素有：①城市规模和人口密度，②城市地貌、道路和建筑物布局，③大型客流集散点（如每日有 20 万上下车人次客流量的地点），④车站的合理间距（如市区为 1 km 左右，郊区为 2 km 以内）。

路网规划的指标一般包括路网密度、线路负荷强度、非直线系数、客运量及其在城市公共交通体系中的比重等。其中，路网密度是衡量城市轨道交通社会经济效益的重要指标，可以用轨道交通线路总长度与其覆盖地区的面积或人口来表示。在城市的不同地区（如市区与郊区），不同的交通方式，路网是不同的，例如，有资料显示，在城市市区，公共汽车较合适的线网密度为 $2 \sim 3 \ km/km^2$，地下铁道为 $0.25 \sim 0.35 \ km/km^2$。

地铁的规划设计年限可以划分为初期、近期和远期。根据国内外经验，设计年限分期采用的设计标准可以按该期最后一年采用：初期为建成通车，也就是交付运营以后的第 3 年；近期为第 10 年；远期为第 25 年。地铁工程的建设规模要按远期设计年限的预测客流量和列车通过能力确定。由于地铁属于大型建设工程，投资大并且建设周期长，为了节省初期和近期投资，对于可以分期建设的工程，应分期扩建或增建。但地下车站和区间隧道等土建工程，后期扩建增建往往困难很大，应一次建成。

2. 城市地下铁道的平面设计

地下铁道线路的正线必须是双线，其平面设计必须与城市发展规划相结合。地下铁道往往是在高人口密度、高建筑密度、高交通密度的城市环境里修建的，剩余空间有限而宝贵。地下铁道线路必须尽量节省空间，浅埋线路尽量与道路红线相平行。地铁的区间隧道、车站、出入口等，应尽量与城市建筑相结合。地铁线路平面设计的技术指标主要有以下两个方面。

（1）曲线半径和长度：宜大不宜小，最大一般很少超过 3 000 m，400 m 以下的曲线半径会产生较大的轮轨磨耗和噪声，应尽量少用。《地铁设计规范》（GB 50157—2013）规定：地铁正线的最小曲线半径，对 B 型车，行车速度不大于 80 km/h，在一般情况下为 300 m，困难情况时为 250 m；车站站台范围内一般不设曲线，不得已时，曲线半径不应小于 800 m。正线及辅助线的圆曲线最小长度，A 型车不宜小于 25 m，B 型车不宜小于 20 m，困难情况下不得小于一个车辆的全轴距。

（2）曲线连接：缓和曲线一般采用三次抛物线。在正线上，当圆曲线的半径小于或等于 3 000 m 时，圆曲线与直线之间应根据圆曲线半径和行车速度设置一定长度的缓和曲线；除非在困难地段，不宜采用复曲线；在复曲线上，当两圆曲线的曲率差大于 1/2 500 时，中间应设长度大于 20 m 的缓和曲线。

在平面相对位置上，地铁线路应该与城市道路、地面建筑物和地下设施或其他建筑物相协调；图 3-9 所示的 3 种不同的地铁线路平面位置选择各有利弊，一般可以选择城市道路红线范围以内的位置。

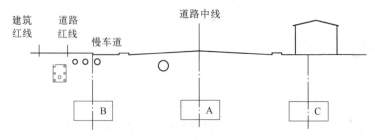

图 3-9　地铁线路与周边环境相对位置的选择

如图 3-10 所示，一般站的车站平面位置往往可以有跨路口站位、偏路口站位、两路口之间站位、道路红线外侧站位 4 种选择。

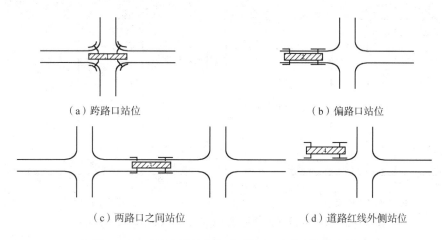

（a）跨路口站位　　　　　　　　　　　　（b）偏路口站位

（c）两路口之间站位　　　　　　　　　　（d）道路红线外侧站位

图 3-10　地铁车站站位与道路的相对平面位置选择

3. 城市地下铁道的纵断面设计

地铁线路纵断面设计应该在保证列车运行安全平稳的前提下，综合考虑列车运行规律、地形、地质、水文、埋深、施工方法、地面和地下既有建筑物及设施等条件，例如，将车站设在高于区间隧道的地方可以节省列车的牵引能量。

最大允许坡度与行车系统有关。《地铁设计规范》（GB 50157—2013）规定（不考虑各种坡度折减值），正线的最大坡度宜采用 30‰，困难地段最大坡度可采用 35‰，联络线、出入线的最大坡度宜采用 40‰；区间隧道的线路最小坡度宜采用 3‰；困难条件下可采用 2‰。

3.3　交通隧道的限界与构造形式

3.3.1　交通隧道结构的限界与净空要求

交通隧道结构的设计需要选择结构的轴线形状和内轮廓尺寸，这与地下结构的净空形状和尺寸要求有关，而这些主要取决于地下结构的用途。以交通类的隧道为例，衬砌结构横断面内轮廓的形状和大小必须足以包含隧道建筑限界，即结构的任何部位（包括施工误差、测量误差及结构永久变形量）都不得侵入限界以内。隧道建筑限界是在车辆限界和设备限界的基础上制定的；车辆限界为车辆断面的限制范围（如轨道上车辆的动态包络线），设备限界为车辆限界之外、考虑沿线设备安装（如照明、信号等设施）的限制范围。车辆限界、设备限界和建筑限界分别控制车辆运行、设备安装和土建工程的作用空间，合理地制定这些限界、控制车辆通行的有效净空断面，有利于控制建筑工程规模、保障运行安全、倡导车辆生产标准化和降低工程整体造价。

关于限界的具体内容，应参考相应的行业标准，如《铁路隧道设计规范》（TB 10003—2016）、《公路隧道设计规范 第一册 土建工程》（JTG 3370.1—2018）、《地铁设计规范》（GB 50157—2013）和《地铁限界标准》（CJJ/T 96—2018）等。图 3-11~图 3-13 分别为某些隧道限界的示例，其中 v 为列车车速。

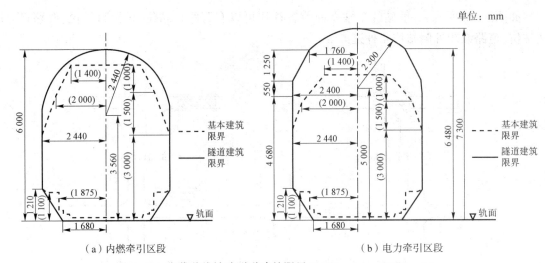

（a）内燃牵引区段　　　　　　　　　　　（b）电力牵引区段

图 3-11　客货共线铁路隧道建筑限界（160 km/h<v≤200 km/h）

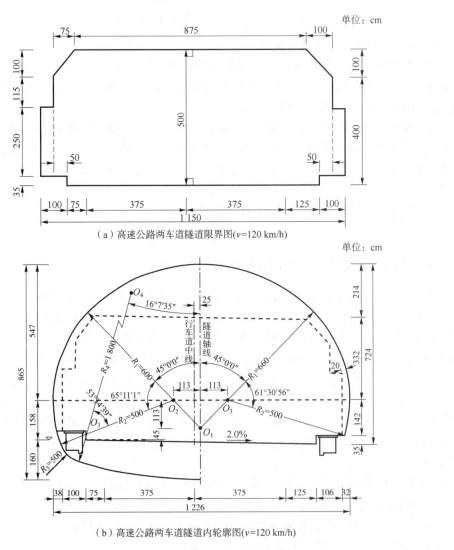

（a）高速公路两车道隧道限界图(v=120 km/h)

（b）高速公路两车道隧道内轮廓图(v=120 km/h)

图 3-12　高速公路两车道隧道限界图

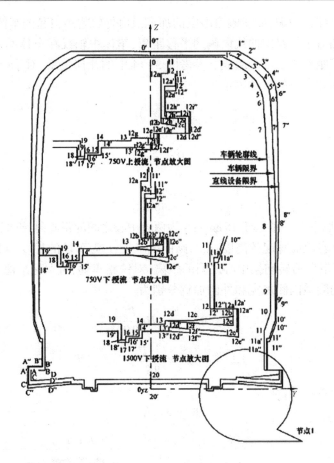

图 3-13　地铁 B_1 型车限界图

注:车辆轮廓线、车辆限界和设备限界各点(见图中的数字、字母)的坐标值请查阅《地铁设计规范》(GB 50157—2013)。

当然,需要说明的是,除了限界以外,影响结构形状选择的因素还有地质和水文条件、初始地应力、施工方法、支护形式与材料等。常用的地下结构形状一般都具有某种对称性,如矩形、梯形、圆形、椭圆形、马蹄形、拱形等。例如,矩形和梯形是采矿工业中常见的巷道形状;很多输水隧道或在软弱、挤压、膨胀地层中,圆形是常用的形状;矿山法开挖的洞室常采用马蹄形或拱形;当地层的大主应力与小主应力存在显著差异时,有时采用椭圆形(长轴与地层大主应力相平行)。

3.3.2　铁路隧道曲线地段断面加宽

在直线地段,车辆中心线在水平面的投影与线路中心线重合;而在曲线地段,两者不再重合。车辆纵向中心线在水平面上的投影与线路中心线的交点,即车辆转向架中心销在线路中心线上的投影点,称为导向点。导向点以外的车辆中心线水平投影与曲线线路中线产生的矢距为位于曲线上车辆的几何偏移量,在导向点处为 0,在前、后两个导向点之间为内侧偏移量(在车辆中部取最大值),在两导向点之外为外侧偏移量(在车辆的两端取最大值)。

另外,在直线地段,两条钢轨处于相同的水平面上;而在曲线地段,由于克服车辆离心力的需要,外侧钢轨高于内侧钢轨(即外轨超高),车辆横断面向曲线的内侧倾斜。

由于车辆偏移和外轨超高带来的车体内倾,曲线地段的铁路隧道需要采用大于直线隧道建筑限界的净空。综合考虑,曲线隧道净空的加宽值由外轨超高引起的车体内倾距离、车体中轴线在车体中部相对于线路向曲线内侧的平移距离、车体中轴线在车体两端部分相对于线路向曲线外侧的平移距离 3 个部分组成。参考图 3-14 中的几何关系,对于圆曲线,这 3 部分的加宽值可以用车体和线路的参数表示为

$$D_1 = \frac{E}{G} \cdot H \tag{3-2a}$$

$$D_2 = \frac{l^2}{8R} \tag{3-2b}$$

$$D_3 = \frac{L^2 - l^2}{8R} \tag{3-2c}$$

式中:E 为曲线外轨超高(一般小于 15 cm);G 为两轨中心之间的距离(可近似取为 150 cm);H 为车辆限界控制点 J 自轨面算起的高度;R 为圆曲线半径;L 为车辆的长度(对铁路车辆,可取标准值 26 m);l 为车辆前后转向架中心之间的距离(对铁路车辆,可取标准值 18 m)。

它们所引起的隧道内侧加宽和外侧加宽分别为

$$W_i = \frac{E}{G} \cdot H + \frac{l^2}{8R} \tag{3-3a}$$

$$W_o = \frac{L^2 - l^2}{8R} \tag{3-3b}$$

总加宽值为两者之和,即

$$W'' = W_i + W_o \tag{3-4}$$

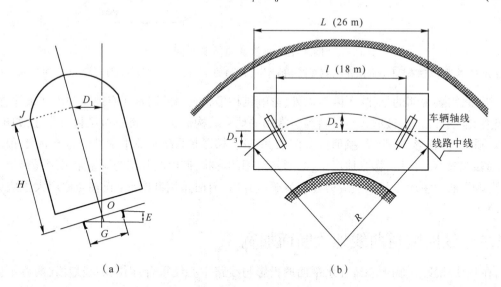

图 3-14 单线铁路隧道曲线地段净空加宽的 3 个组成部分

双线铁路隧道的圆曲线地段,如图 3-15 所示,除了外线外侧和内线内侧需要(像单线隧道的曲线地段一样)分别加宽 W_o 和 W_i 以外,两线之间也需要的加宽值为(隧道直线地段两线之间的距离为 4 m)

$$W_c = D_2 + D_3 + \frac{E_o - E_i}{G} \cdot H \tag{3-5}$$

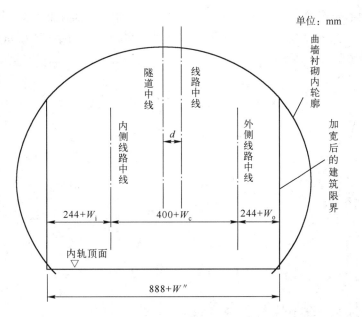

图 3-15   双线铁路隧道曲线地段的净空加宽

式中：E_o、E_i 分别为外线和内线的外轨超高值。

这是因为外线车辆的中部和内线车辆的端部均有向两线之间的平移；另外，如果外线的外轨超高大于内线的外轨超高，外线车辆向曲线内侧的平移就会大于内线车辆向曲线内侧的平移。相应的总加宽值为外线外侧、内线内侧和两线间距加宽之和，即

$$W'' = W_o + W_i + W_c \tag{3-6}$$

无论单线还是双线，由于内侧加宽值一般总大于外侧加宽值；因而在圆曲线地段的隧道结构中心线相对于线路中心线向曲线内侧偏移一个距离，即

$$d = \frac{1}{2}(W_i - W_o) \tag{3-7}$$

参见图 3-16。

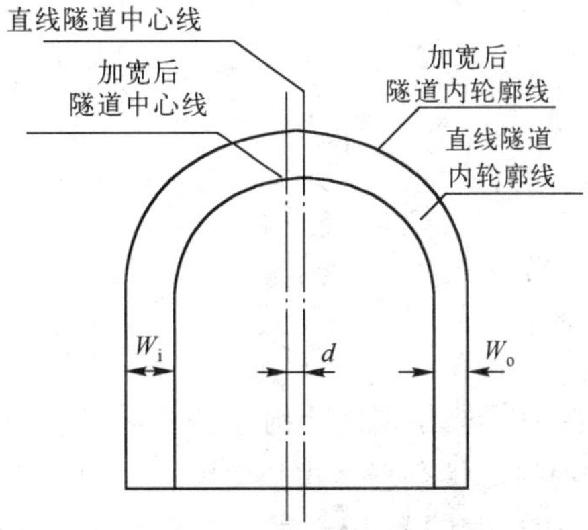

对于铁路隧道中圆曲线与直线之间的缓和曲线，可以由圆缓点向着缓直点方向随着线路曲率半径的增大而采用连续的逐渐减小的加宽，也可以近似地采用分段台阶式加宽。考虑以下两个分段。

（1）当列车由直线进入曲线、车辆前转向架跨进缓和曲线的起点时，由于曲线外轨已经开始有了超高，车辆后端也开始偏离线路中线；所以应该在车辆前转向架至车辆后端点范围内加宽隧道断面，加宽值不得小于该范围需要的最大加宽值。

（2）当车辆的一半进入缓和曲线中点时，前面的转向架已接近圆曲线，为偏于安全计，可采用圆曲线断面的加宽值。

鉴于上述分析，一般可以把缓和曲线分成两段。参考图 3-17，从圆缓点至缓和曲线中点

图 3-16   （单线或双线）铁路隧道曲线地段净空加宽后的横断面轮廓

并向直线方向延长二分之一个车体长度(13 m),采用圆曲线断面的加宽 W'(双线为 W'');其余缓和曲线并从缓直点向直线方向延长车体一端至另一端转向架的距离(22 m),采用圆曲线加宽的一半 $0.5W'$(双线为 $0.5W''$)。

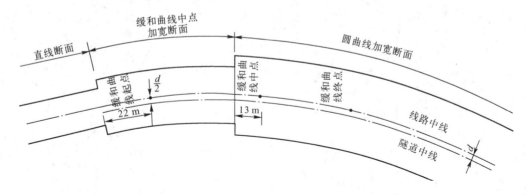

图 3-17　铁路隧道曲线地段净空加宽的线路范围

3.3.3　交通隧道结构的构造形式

1. 主体结构(洞身)的构造形式

地下结构的构造、形状和尺寸因其用途、地形、地质、施工和结构性能等条件的差异而不同。按照构筑方式的不同,可以把地下结构的构造形式分成喷射混凝土加锚杆(和钢筋网)支护、现场模筑混凝土衬砌、拼装或预制衬砌(如盾构管片、顶管结构和沉管结构等)和复合式衬砌 4 种。

参考图 3-18,一般喷射混凝土的支护特点是快速性、密贴性、柔性,并可以对围岩张性裂隙和节理起封闭作用。锚杆的支护特点是它的快速性和深入性。钢筋网可以增加喷射混凝土的强度和柔性。

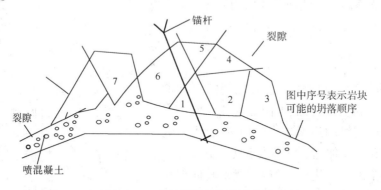

图 3-18　喷射混凝土加锚杆支护

现场模筑混凝土衬砌是从洞室表面支护地层的,其支护特点是坚实稳固、难密贴、作用慢,常用的形状有直墙式和曲墙式两种,如图 3-19 所示。前者由直边墙和拱圈构成(下部不闭合,仅以素混凝土铺底),适用于地质条件比较好、地层压力以竖向为主(横向压力没有或较小)、地下水作用不显著的地层,如铁路隧道围岩分级中Ⅲ级和Ⅱ级围岩。曲墙式衬砌由曲边墙、上部拱圈和下部仰拱构成,适用于地质条件较差、侧向水平压力较大、有显著地下水作用的情况,如铁路隧道围岩分级中Ⅳ级以下的围岩。仰拱的作用可以使整个结构封闭,从而更有效地防水、防止结构下沉和抵抗地层的上鼓力。

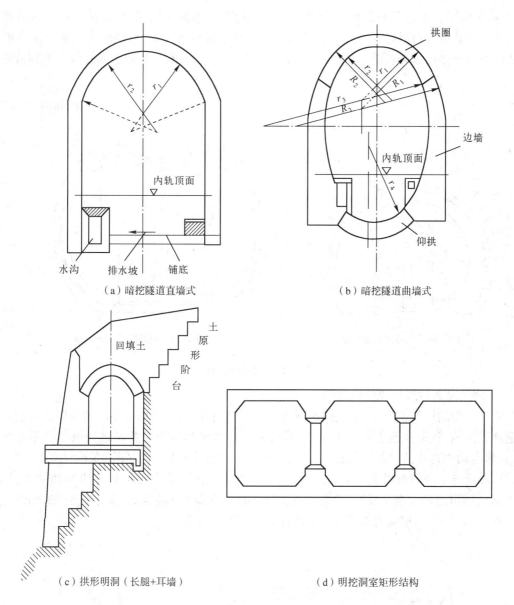

（a）暗挖隧道直墙式　　　　　　　　（b）暗挖隧道曲墙式

（c）拱形明洞（长腿+耳墙）　　　　　（d）明挖洞室矩形结构

图 3-19　模筑混凝土衬砌

　　拼装衬砌是由预制构件在现场拼装而成，一般为圆形，参考图 3-20。其支护特点有坚实稳固、作用快，但需要妥善处理与地层密贴及管片接头防水等问题。拼装衬砌是城市地下铁道区间盾构隧道常用的一种结构形式。

　　复合式衬砌是由两种以上不同构筑类型的支护组成的。参考图 3-21，常用的复合式衬砌由 3 部分分期构筑而成：外衬，也称初期支护，为喷射混凝土（可含锚杆、钢筋网、钢拱架、钢格栅等），内衬，也称二次衬砌，为现场模筑混凝土，两者之间设防水板（可含土工布、排水

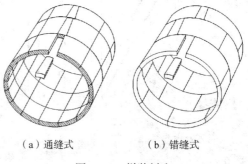

（a）通缝式　　　　　　（b）错缝式

图 3-20　拼装衬砌

盲管等)。复合式衬砌兼有其外衬和内衬的支护特点。作为初期支护,外衬可以适时地在洞室边缘支护地层,改善洞室附近地层的应力状态,与地层共同变形,允许地层荷载有限制的释放。内衬制止地层和外衬的收敛,承受地下水压力,与外衬一起抵抗地层的残留变形和荷载。

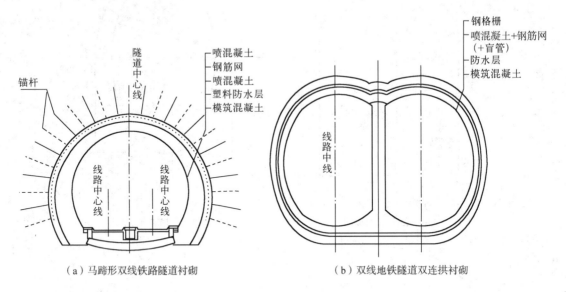

（a）马蹄形双线铁路隧道衬砌　　　　　　（b）双线地铁隧道双连拱衬砌

图 3-21　复合式衬砌

2. 洞门及其附属建筑的构造形式

不同类型的地下工程,除了主体地下建筑物不同之外,还可能需要不同的关联建筑物。以交通隧道为例,除了隧道结构主体以外,洞门和运营通风建筑物等关联结构也是必不可少的(其他带有附属性质的关联建筑物有安全避让设施、防排水设施、电力及通信设施等)。

山岭隧道的洞门有以下几个方面的作用:减少洞口土石方开挖量,稳定边坡和仰坡(挡土墙作用),导引地表水避开洞口,装饰洞口。洞门的常用形式有端墙式(参考图 3-22,与线路正交或斜交)、翼墙(加端墙)式、台阶式(见图 3-23)等。

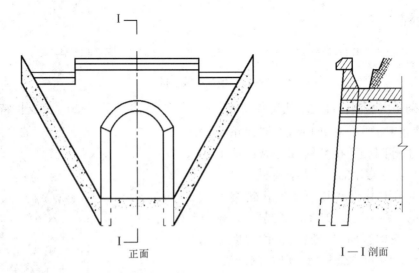

正面　　　　　　　　　　　Ⅰ—Ⅰ剖面

图 3-22　端墙式洞门正面与纵断面

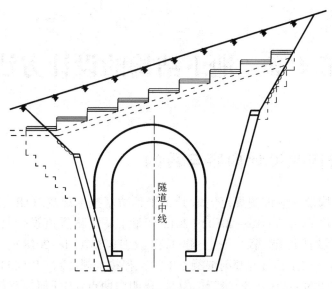

图 3-23 台阶式洞门正面

隧道运营通风的作用有除湿、排除有害气体、净化空气。如果天然风和列车活塞风不能满足隧道空气环境的要求,就需要采用机械通风。机械通风设施所需要的建筑物与通风形式有关。图 3-24 为地铁车站地面通风亭示意图。

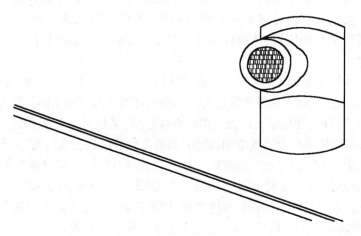

图 3-24 地铁车站地面通风亭示意图

第4章 地下结构的设计方法

4.1 地下结构的设计内容与目的

地下工程的结构设计应该按规范[如《地下工程防水技术规范》(GB 50108—2008)、《混凝土结构设计规范》(GB 50010—2010)(2015 年版)、《铁路隧道设计规范》(TB 10003—2016)、《公路隧道设计规范 第一册 土建工程》(JTG 3370.1—2018)、《地铁设计规范》(GB 50157—2013)、《岩土锚杆与喷射混凝土支护工程技术规范》(GB 50086—2015)和《水工隧洞设计规范》(SL 279—2016)等]进行。但是,要明白两点:①任何规范都只是当前理论与经验水平的反映,并非"绝对真理";②只有了解规范背后的理论和经验,才能有效地、合理地利用规范中的原则和规定。

任何地下工程的设计都包含有经验、推理和观察 3 个元素,但在不同的项目中,三者所起作用的分量则可能是很不相同的。工程类比法是地下结构常用的设计方法之一。地下结构设计的工程类比法可以分成直接与间接两种:①直接类比法,把拟建工程的自然和工程条件与以往类似工程相比较,从而确定设计参数;②间接类比法,按围岩分级(类)确定设计参数。

结构设计的目的是协调结构可靠与结构经济这一对矛盾。结构设计就是合理选择结构的参数,以达到安全、适用、耐久和经济等目的。结构设计当然与结构上的荷载有关;这里的荷载(又称为作用)是广义的,既包括土压力之类的直接作用,又包括如温度变化之类的间接作用。地下结构的荷载可以按其在设计基准期内随时间的变化特征划分为 3 类:①永久荷载,量值不随时间变化或变化与平均值相比可以忽略不计,包括结构自重、使用设施自重(如地铁道床重量)、地层压力(含水压力)、混凝土收缩和徐变力等;②可变荷载,量值随时间变化,且变化与平均值相比不可忽略,包括施工荷载、温度变化、使用活载(如交通隧道内的车辆活载、地面车辆活载等)和活载所产生的地层压力等;③偶然荷载,不一定出现且一旦出现作用时间很短,如地震力等。

地下结构的设计内容包括选择结构的轴线形状、内轮廓尺寸、结构的尺寸(如截面厚度)、材料和构造。结构的轴线形状和内轮廓尺寸要满足地下结构的净空要求,前面已经介绍过了。结构的尺寸(如截面厚度)、材料和构造要满足结构的承载力和稳定性要求。地下工程结构一般为超静定结构,结构内力只有在拟定了结构的尺寸、材料和构造以后才能求得。因此,地下结构的设计一般需要以下迭代过程:假定结构的尺寸、材料和构造,针对一定的荷载或荷载组合计算结构的内力(计算方法见第 5 章),检算结构的承载力和稳定性,如果满足要求且经济合理则选定假设的结构尺寸、材料和构造,设计完成;否则重复上面的过程直到满足设计要求。

结构设计方法与结构的构造形式密切相关。例如,关于喷混凝土支护的几何参数和设置时间,可以根据地层的变形特征和初期支护的目的,采用相应的设计思想:如果初期支护是为了尽快地完全制止开挖带来的地层变形,就应该选择较大的喷层厚度;反之,假如地层的自稳性较好,而且周边环境也容许地层发生一定的变形,则可以选择较小的喷层厚度。下面依次介绍钢筋混凝土衬砌结构设计方法、喷锚支护与复合式衬砌的设计方法、支护设计的特征曲线法。

4.2　地下结构的具体设计计算方法

对于拟定尺寸的结构,通过计算可以得到结构的内力,然后就需要检验结构尺寸是否经济合理。对于模筑混凝土、拼装衬砌、复合式衬砌等地下结构,可以采用与地面结构相同的承载力和稳定性检算方法,即容许应力法、破损阶段法或极限状态法。这 3 种方法分别对应构件最不利截面的不同工作阶段,破损阶段法与极限状态法的主要区别在于它们处理不确定性影响因素的方式和定量程度不同。

以纯受弯的钢筋混凝土构件为例,图 4-1 显示了荷载增加过程中构件正截面应力分布和大小变化的 4 个代表性情况。

图 4-1(a):混凝土开裂前大致弹性工作阶段(范围),应力与应变成正比,沿截面高度线形分布。

图 4-1(b):混凝土开裂的临界状态(点),大部分受拉区的应力已经达到或接近混凝土的抗拉强度极限,混凝土出现显著塑性,钢筋仍处于弹性工作阶段;受压区应力仍处于弹性工作阶段,呈线形分布。

图 4-1(c):为受拉区混凝土开裂后的工作阶段(范围),受拉区混凝土已经出现了延伸到中性轴附近的裂缝(但裂缝宽度不大),钢筋应力仍未达到其屈服强度;受压区混凝土仍基本上处于弹性阶段,应力略呈曲线分布。

图 4-1(d):为破损阶段(范围),受拉区钢筋应力达到其屈服强度(假设配筋适当),裂缝向上扩展,受压区高度缩小,受压混凝土的应变达到其极限压应变(应力达到极限抗压强度)。

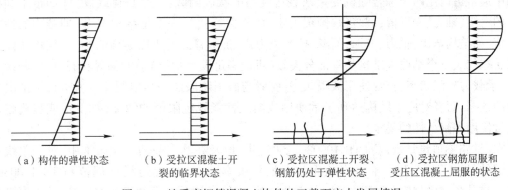

（a）构件的弹性状态　　（b）受拉区混凝土开　　（c）受拉区混凝土开裂、　　（d）受拉区钢筋屈服和
　　　　　　　　　　　裂的临界状态　　　　钢筋仍处于弹性状态　　　受压区混凝土屈服的状态

图 4-1　纯受弯钢筋混凝土构件的正截面应力发展情况

4.2.1　容许应力法

容许应力法以图 4-1 中的(c)类情况为依据,假定材料保持在弹性工作阶段。按容许应力法,结构的尺寸必须保证在最不利荷载组合的作用下,结构的控制应力不超过材料的容许应力,即

$$\sigma_{\max} \leqslant [\sigma] = \overline{\sigma}/K_{\sigma} \tag{4-1}$$

式中: σ_{max}、$[\sigma]$、$\bar{\sigma}$ 和 K_σ 分别为结构最不利截面上的最大应力（正应力或剪应力）、材料的容许应力、材料的极限强度和按容许应力法设计时结构的安全系数。

4.2.2　破损阶段法

《铁路隧道设计规范》(TB 10003—2016)和《公路隧道设计规范 第一册 土建工程》(JTG 3370.1—2018)规定,隧道结构设计计算按破损阶段法验算构件截面的强度。

破损阶段法以图 4-1 中的(d)类情况为依据(比容许应力法的截面承载模型更为接近材料破坏前的实际应力状态)计算结构截面的极限承载力。按破损阶段法,结构的尺寸必须保证在最不利荷载组合的作用下,结构的控制内力不超过材料的极限承载力,即

$$F \leqslant \bar{F}/K_f \tag{4-2}$$

式中, F 为结构最不利截面上的控制内力(轴力或剪力或弯矩), $\bar{F}$ 为该截面的极限承载力, K_f 为按破损阶段模型设计时结构的安全系数。

破损阶段法按破坏截面的抗力检算截面的安全性和经济性,不像容许应力法那样假定截面应力的详细分布,其安全系数也比容许应力法的安全系数意义更为明确。

4.2.3　极限状态法——按结构可靠度设计

容许应力法和破损阶段法是用安全系数给予结构一定的安全储备,安全系数的大小是凭经验取值的,没有充分的理论依据。结构的可靠性包括安全性、适用性和耐久性,综合考虑各种影响因素以后,可以用"失效概率"或"可靠度"来定量地描述。例如,如果能够估算某地下结构在其 50 年的设计基准期内每年独立发生失效的概率为 10^{-5},则该结构在其设计基准期内的可靠度(概率)为 $1-50×10^{-5}=0.9995$,这种具体而明确的定量描述是经验安全系数所不能提供的。极限状态法考虑荷载、结构尺寸、材料特性等因素的变异和概率分布,建立表达结构功能的状态函数和极限状态方程。显然,一般的结构状态函数是多元随机变量的随机函数,但实用中通常可以用两个综合随机变量来表达结构的状态函数:一个是荷载效应(如最不利截面上的弯矩、轴力、变形值、裂缝值、倾覆力矩、滑移力等),另一个是结构抗力(即结构的性能容许值,如结构弯矩、轴力、变形、裂缝、抗倾覆力矩、抗滑移力的极限容许值等)。结构功能的极限状态代表整个结构或结构的一部分失效(不能满足设计功能)前的临界状态,可以归纳成两类:承载力极限状态,正常使用极限状态;前者与破损阶段法一样以图 4-1 中(d)类情况为分析的依据,后者对应于结构达到正常使用或耐久性能规定限值的情况(如变形或裂缝超过了正常使用和耐久性的要求)。

在《铁路隧道设计规范》(TB 10003—2005)中,以及在其之前的两个版本中,对于单线铁路隧道的结构设计,引入了极限状态法。最新版本的《铁路隧道设计规范》(TB 10003—2016),在其条文中规定:采用极限状态法设计时,应符合相关标准的规定。但是,一方面没有规定应符合什么相关标准。另一方面,在该条文的条文说明中明确:考虑到目前铁路隧道极限状态法设计尚在试设计阶段,本规范编制以破损阶段法及容许应力法设计为主,暂不纳入极限状态法设计的相关内容。

4.2.4　支护设计的特征曲线法

洞室开挖后,围岩会向洞室内部变形(称之为收敛),洞室围岩中的径向应力随之减小,环

向应力随之增加(相对于原始应力)。如果没有支护,围岩收敛变形不受限制,根据围岩强度和稳定性能的不同,可能出现两种极端情况:①围岩收敛到一定程度后,达到自稳状态;②围岩因收敛过度(应力集中过强)而出现塑性甚至坍落。对于前一种情况,只要围岩收敛的幅度不影响洞室的净空要求,就不需要支护(即使设置支护,支护也不承受围岩荷载)。对于后一种情况,只有设置刚度足够大的支护才能抵抗围岩的坍落荷载。为了避免使用大刚度的支护,就必须在围岩出现塑性和坍落以前设置支护来控制围岩的收敛。

在围岩强度和稳定性所允许的范围内,围岩在设置支护前的收敛越大,支护所需要约束的围岩剩余收敛就越小,即支护受到的围岩剩余形变荷载越小。但如果围岩出现塑性破坏,则因为塑性和坍落范围的增大,围岩在设置支护前的收敛越大,支护所需要抵抗的围岩坍落荷载也越大。可以把这种关系在围岩收敛与围岩荷载构成的直角坐标系中表示出来,称为围岩特征曲线(见图 4-2)。在弹性范围内,支护的变形(等于围岩的变形)越大,支护所能提供的抗力就越大;在围岩收敛与支护抗力构成的直角坐标系中,这种关系称为支护特征曲线[见图 4-2(a)]。支护受到的围岩形变(包括松动)荷载大小与支护的设置时间和刚度有关。支护设置后即与围岩共同变形。如果支护的刚度不足以完全制止围岩的继续变形,随着围岩的继续变形,围岩残留形变荷载在变小,支护所能提供的抗力在增加,两者最终在某个围岩变形值处达到平衡,如图 4-2(a)所示。这种利用围岩与支护共同作用特性来选择支护参数的方法叫作特征曲线

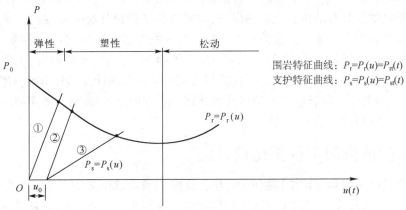

（a）围岩特征曲线与不同刚度、不同支护时间的支护特征曲线

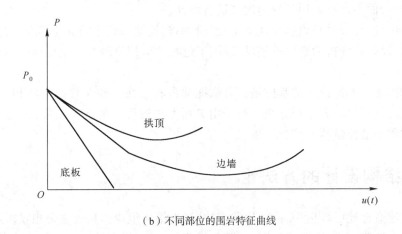

（b）不同部位的围岩特征曲线

图 4-2 围岩特征曲线与支护特征曲线

法(又称收敛约束法)。在一般情况下,洞室周边各点处的围岩特征曲线和支护特征曲线是不同的[见图4-2(b)]。设计应由最不利位置的特征曲线控制。

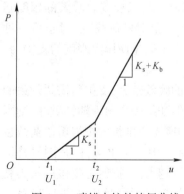

图4-3　喷锚支护的特征曲线

不同类型的支护有不同的特征曲线。复合型支护的特征曲线由各支护构件的特征曲线按施作时间组合而成。以喷锚支护为例,设喷层和锚杆先后在时刻 t_1 和 t_2 设置,开挖边界上某点处相应的围岩收敛为 U_1 和 U_2,并假设各支护构件均处于弹性工作范围,则参考图4-3,喷锚支护的联合特征曲线可以表示为

$$P=\begin{cases} K_s \cdot (u-U_1), U_1 \leqslant u < U_2 \\ K_s(U_2-U_1)+(K_s+K_b) \cdot (u-U_2), u \geqslant U_2 \end{cases} \quad (4-3)$$

式中: K_s 和 K_b 分别为喷层和锚杆的平均有效刚度, u 为任意时刻围岩的位移, P 为相应的支护抗力。

可见,围岩与支护特征曲线分别代表围岩与支护的力-位移关系,需要经过力学计算获得。

另外需要提及的是有关超前围岩加固或支护的设计方法。对于强度较低、稳定性较差的围岩,或者在周边围岩环境不允许发生超过一定标准的变形的情况下(例如,为了实现对暗挖地铁隧道或车站附近既有结构和设施的保护,就需要严格控制开挖引起的围岩变形),在洞室开挖前往往需要采取围岩加固或超前支护措施。常用的有超前锚杆、小导管注浆、管棚等支护措施。这些支护的共同特征是:沿与开挖方向呈某外插角度,超前分组布置,相邻两组之间有一定的搭接长度。虽然可以采用围岩结构模型或某些简化方法计算和分析各种超前围岩支护的机理和效应,但关于这些类型支护的设计和计算还没有成型的理论,目前主要还是以理论计算分析为辅,依靠经验按工程类比法处理。

4.2.5　支护结构的工程类比设计法

地下工程是由围岩和支护结构组成的,包含众多非确定性因素的复杂结构体系。对围岩的结构特征、力学性质及支护结构与围岩的相互作用等很难加以定量化的表述;同时,结构体系的稳定性又与施工方法、工艺过程密切相关。因此,地下工程的支护结构往往难以用确定的方法加以定量设计,而不得不采用工程类比法进行设计。

所谓工程类比设计法,就是以已往地下工程支护结构设计与施工的资料和经验为基础,以围岩分级为前提,以计算分析为必要的辅助,以施工过程的监控量测和信息反馈为指导的方法体系。

做好支护结构工程类比设计的基础是充分掌握和占有已往类似工程的资料和成功经验,前提是正确地对地下工程围岩进行分级。对于用工程类比法设计的地下工程,成功建造的关键是做好施工过程的监控量测和信息反馈。

4.3　地下结构设计的方法论

地下工程是建造在地层环境中,由围岩和支护/衬砌结构组成的具有复杂相互作用的二元结构体系。在受力特征上,地下工程的围岩,既是作用在支护/衬砌结构上的荷载的来源,同时又与支护/衬砌结构共同承载。此外,地下工程一方面要充分调动发挥围岩的承载能力;另一

方面,又强调不能过度调动与发挥,以至于破坏围岩的承载能力。也就是说,地下工程实质上是多种看似相互对立的矛盾的统一体。

　　针对地下工程的上述特征,为了有利于顺利地处理与解决建造全过程的各种对立统一的矛盾和不确定性,其结构设计的方法论,就与其他土木工程结构有很大的不同。在工程施工之前,基于围岩分级,采用工程类比法或依据规范的规定初步拟定支护/衬砌结构的类型及其参数,并通过采用容许应力法或破损阶段法进行计算检算而做出的地下结构设计,仅仅可称作为一种"预设计"(initial design 或 preliminary design)。进入施工阶段,在施工过程中,应按要求对围岩的变形、支护/衬砌结构的受力和变形进行监测,并基于开挖所揭露的围岩级别的变化和及时反馈的监测信息,不断调整、修正之前的设计,以确保地下工程安全、顺利地施工。也就是说,在这一阶段,有一系列(多次)的地下结构的修正设计(modified designs)。这是一个处于不断的调整中的动态的过程,将其称之为地下结构的信息化动态设计。信息化动态设计,是处理解决好地下工程中的相互对立统一的各种矛盾,统领地下结构设计的方法论。

第5章 地下结构计算理论

地下结构在承受荷载过程中的力学行为是地下结构设计和制定施工方案的基础。本章依次介绍地下结构的受力特点和力学计算模型、荷载结构模型的荷载和内力计算、地层结构模型的基本思想和计算方法及地下结构的其他计算理论。

5.1 地下结构的受力特点和力学计算模型

地下结构力学计算的目的可以分成定量分析和定性分析两种。虽然都需要进行定量的计算,但两者对计算结论的使用方式不同:定量分析的结论用确定的数量来表达,计算得到的数据直接用作设计的依据;而定性分析的结论不是用确定的数量来表达,计算得到数据只是为了认识计算对象的一般行为规律。定性分析可以分成3种情形:①参数分析,通过在计算中选择不同的参数值(如参数的期望值、最小值和最大值等)来分析参数变化对结构体系的影响规律;②敏感性分析,研究参数(如洞室形状、结构埋深、开挖方法和支护方法等)变化对结构体系行为的影响程度;③基本原理分析,目的是提高对工程基本原理的认识。

不论是出于何种目的,地下结构的力学计算都要充分考虑地下结构的受力特点。概括地说,地下结构的受力至少有以下6个方面的特点。

(1)除了承受使用荷载(在洞室使用过程中作用在结构内部的荷载,如设备重量、输水隧道内水压力、隧道中行驶车辆的重量等)以外,地下结构还要承受周围岩土体和地下水的作用,而且后者往往构成地下结构的主要荷载。

(2)地下结构的围岩既是荷载的来源,又可以在某些情况下(如洞室收敛带来的围岩应力释放、深埋结构围岩的成拱作用、围岩弹性抗力对结构的约束与强化作用等)与结构共同构成承载体系。结构的功能主要是加固或支撑围岩、维持和发挥围岩自身的承载和稳定能力。

(3)地下水对结构的力学作用与岩土材料组成、地下水流场及结构防水系统等因素有关。视岩土材料组成的不同,地下水压力既可能混同于岩土压力,也可能明显地有别于后者;地下水的流动会使结构水荷载较静止水压力(地下水头高度乘以地下水重度)有所减少或增加;地下水的流场会因结构防水系统不同而发生不同的变化。

(4)当地下结构的埋置深度足够大时,由于地层的成拱效应,结构所承受的围岩竖向压力总是小于其上覆地层的自重压力。

(5)地下结构的受力可能受到结构与围岩相互作用及施工过程的显著影响。

(6)地下结构的荷载与众多的、随机性和时空效应明显的、往往难以量化的自然和工程因素有关。

可以按结构与围岩的相对位移关系,把围岩对地下结构的作用划分成主动围岩压力和围岩被动反力两种类型,参考图5-1。

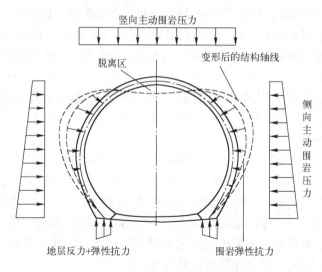

图 5-1　主动围岩压力与围岩被动反力

主动围岩压力主要表现为形变压力和松动压力,分别是在围岩发生向着地下结构的变形和松动时因受到结构的约束而作用在结构上的力。当围岩与地下结构没有相对变形时,若围岩为完整自立的岩体,则围岩压力基本上为 0;但若围岩为破碎岩体或散粒土体,则围岩竖向压力为松动围岩的重力,水平围岩压力为松动围岩重力乘以侧压力系数。某些特殊围岩的膨胀压力(如石膏、页岩等遇水膨胀而对结构造成压力)与冲击压力(高地应力场中硬岩因约束松弛或解除而突然释放变形能——岩爆)也属于主动围岩压力,只不过压力的成因特殊而已。主动围岩压力的大小和分布与围岩的变形或松动的形态和范围有关。

围岩被动反力是结构向着围岩变形时受到的约束力。显然,围岩被动反力的大小与围岩的刚度有关,而其对结构内力影响的大小则还与结构的刚度有关。特别地,当被迫变形的围岩处于弹性状态时,围岩被动反力被称作弹性抗力。围岩被动反力的大小、作用范围及分布与结构的变形的大小及形态互为相关,求解结构变形需要围岩弹性抗力,而计算围岩弹性抗力又需要结构变形;因此围岩弹性抗力的计算是个需要迭代的问题。

关于地下结构的内力计算,目前有两种不同的设计理念,一种认为围岩的作用只是向结构施加荷载,而结构的作用只是承受荷载;另一种则认为围岩既是荷载又有承载能力,而结构的作用是调整围岩从而与之共同维持洞室的稳定性。相应地,地下结构的内力计算模型可以划分为以下两种类型。

(1) 荷载结构模型:洞室围岩已经发生松弛或坍落,结构只是被动地承受围岩松动所带来的荷载;结构内力(和变形)按结构力学方法计算;围岩弹性抗力是结构与围岩相互作用的唯一反映;计算的关键在于确定围岩主动荷载和被动弹性抗力。

(2) 地层结构模型:围岩与结构共同构成承载体系,荷载来自围岩的初始应力和施工所引起的应力释放;结构内力与围岩重分布应力一起按连续介质力学方法计算(如弹塑性力学的有限单元法);围岩与结构的相互作用以变形协调条件来体现;计算的关键在于确定围岩的初始应力场及应力释放和围岩与结构的相互作用。

由于其概念清晰,计算过程明确;荷载结构模型是目前最常用的、也是有关规范推荐的地下结构内力计算模型。地层结构模型虽然在概念和理论上比荷载结构模型更合理、更灵活;但由于围岩应力释放和围岩与结构相互作用很难准确有效地模拟,且计算过程相对复杂,目前应用范围有限,常用作比选施工方案、分析开挖环境影响等工作的一种辅助工具。

采用荷载结构模型进行地下结构内力计算时,需要计算地下结构受到的各种荷载的大小和按照一定的标准进行荷载组合。按荷载作用的时间特征划分,地下结构的荷载可以分成以下3类。

(1)永久荷载。又称恒载,是地下结构承受的主要静力荷载,在设计基准期内其量值不随时间变化(或其变化与平均值相比可以忽略不计),主要包括结构自重、围岩压力、地下水压力、地层反力和弹性抗力等。

(2)可变荷载。在设计基准期内其量值随时间发生与平均值相比不可忽略的变化,主要包括使用活载(如交通隧道的运营活载)、活载产生的土压力、温度应力、冻胀力等,其中经常作用的可变荷载(如铁路隧道的列车活载、公路隧道的汽车活载及其产生的土压力等)是地下结构承受的主要活荷载,而不经常作用的可变荷载(如温度应力、冻胀力等)一般被当作附加荷载考虑。

(3)偶然荷载。在设计基准期内不一定出现,而一旦出现,其量值很大且作用时间很短,如落石冲击力、地震力等,一般当作特殊荷载考虑。

可以考虑将荷载组合分为基本组合和一些特殊组合,前者仅计入主要荷载(永久荷载 + 某些经常作用的可变荷载),而特殊组合则考虑主要荷载和某些不经常作用的可变荷载及偶然荷载的共同作用。

5.2 荷载结构模型中荷载的计算方法

5.2.1 荷载(作用)及其分类、组合

建造于地层环境中的地下结构,受到各种荷载的组合作用。作用在地下结构上的荷载,现行设计规范(铁路隧道、公路隧道、地铁)按表5-1~表5-4分别给予了分类。

表5-1 《铁路隧道设计规范》(TB 10003—2005)的作用(荷载)分类

序号	作用分类	结构受力及影响因素	荷载分类	
1	永久作用	结构自重	恒载	主要荷载
2		结构附加恒载		
3		围岩压力		
4		土压力		
5		混凝土收缩和徐变的影响		
6	可变作用	列车活载	活载	
7		活载所产生的土压力		
8		公路活载		
9		冲击力		
10		渡槽流水压力(设计渡槽明洞时)		
11		制动力	附加荷载	
12		温度变化的影响		
13		灌浆压力		
14		冻胀力		
15		施工荷载(施工阶段的某些外加力)	特殊荷载	
16	偶然作用	落石冲击力	附加荷载	
17		地震力	特殊荷载	

说明:永久作用(恒载)除表中所列外,对有水或含水地层中的隧道结构,必要时还应考虑水压力。

表 5-2　《铁路隧道设计规范》(TB 10003—2016)的荷载分类

荷载分类			荷载名称
永久荷载	主要荷载	恒载	结构自重
			结构附加恒载(包括设备荷载)
			围岩(地层)压力
			土压力
			浅埋隧道上部及破坏棱体范围内的设施及建筑物荷载
			混凝土收缩和徐变的影响
			静水压力及浮力
			基础变位影响力
可变荷载		活载	与隧道立交的铁路列车荷载及其动力作用
			与隧道立交的公路车辆荷载及其动力作用
			隧道内列车荷载及其制动力
			渡槽流水压力(设计渡槽明洞时)
	附加荷载		隧道内列车冲击力
			温度变化的影响
			灌浆压力
			冻胀力
			风荷载
			雪荷载
			气动力
	特殊荷载		施工荷载(施工阶段的某些外加力)
偶然荷载	附加荷载		落石冲击力
	特殊荷载		人防荷载
			地震荷载
			沉船、抛锚或疏浚河道产生的撞击力

注:(1)围岩弹性抗力不作为设计荷载。
　　(2)当围岩为膨胀岩(土)时,应考虑所处水环境变化产生的膨胀力。
　　(3)其他未列荷载,应根据其对隧道结构的影响特征考虑。

表 5-3　《公路隧道设计规范 第一册 土建工程》(JTG 3370.1—2018)的隧道荷载分类

编号	荷载分类	荷载名称
1	永久荷载	围岩压力
2		土压力
3		结构自重
4		结构附加恒载
5		混凝土收缩和徐变的影响力
6		水压力

续表

编号	荷载分类		荷载名称
7	可变荷载	基本可变荷载	公路车辆荷载,人群荷载
8			立交公路车辆荷载及其所产生的冲击力、土压力
9			立交铁路列车活载及其所产生的冲击力、土压力
10			立交渡槽流水压力
11		其他可变荷载	温度变化的影响力
12			冻胀力
13			施工荷载
14	偶然荷载		落石冲击力
15			地震力

说明:编号 1~10 为主要荷载,编号 11、12、14 为附加荷载;编号 13、15 为特殊荷载。

表 5-4　《地铁设计规范》(GB 50157—2013)的荷载分类

荷载分类		荷载名称
永久荷载		结构自重
		地层压力
		结构上部和破坏棱体范围内的设施及建筑物压力
		水压力及浮力
		混凝土收缩及徐变影响
		预加应力
		设备重量
		地基下沉影响
可变荷载	基本可变荷载	地面车辆荷载及其动力作用
		地面车辆荷载引起的侧向土压力
		地铁车辆荷载及其动力作用
		人群荷载
	其他可变荷载	温度变化影响
		施工荷载
偶然荷载		地震影响
		沉船、抛锚或河道疏浚产生的撞击力等灾害性荷载
		人防荷载

说明:设计中要求考虑的其他荷载,可根据其性质分别列入上述三类荷载中。

隧道结构按破损阶段法设计验算构件截面的强度时,应根据不同的荷载组合,分别采用表 5-5 和表 5-6 规定的安全系数。

表 5-5　混凝土和砌体结构的强度安全系数

材料种类		混凝土		砌体	
荷载组合		主要荷载（永久荷载+基本可变荷载）	主要荷载加附加荷载（永久荷载+基本可变荷载+其他可变荷载）	主要荷载（永久荷载+基本可变荷载）	主要荷载加附加荷载（永久荷载+基本可变荷载+其他可变荷载）
破坏原因	混凝土或砌体达到抗压极限强度	2.4	2.0	2.7	2.3
	混凝土达到抗拉极限强度	3.6	3.0	—	—

表 5-6　钢筋混凝土结构的强度安全系数

荷载组合		主要荷载（永久荷载+基本可变荷载）	主要荷载加附加荷载（永久荷载+基本可变荷载+其他可变荷载）
破坏原因	钢筋达到计算强度或混凝土达到抗压或抗剪极限强度	2.0	1.7
	混凝土达到抗拉极限强度	2.4	2.0

5.2.2　主动围岩压力的计算

1. 天然拱的概念与隧道（洞室）深浅埋的划分

主动围岩压力的大小和分布与地下工程的力学作用范围和形式有关。地下开挖对地层的力学作用强度随距离而衰减，范围是有限的。特别地，开挖对上覆地层的力学作用能否波及地表与洞室的埋深有关。当洞室的埋深足以使开挖作用局限在地表以下时，参考图 5-2（箭头方向和大小分别代表地层主应力的方向和大小），上覆地层的变形-松动-坍塌过程会在地表以下某个相对稳定的范围内终止，就好像在这个坍塌范围的周边出现一架能够承受以上地层全部重量的"压力拱结构"。这种现象被称作地层的成拱作用，似拱结构被称作天然拱（或压力拱，或坍落拱，或自然拱）。天然拱以内坍落地层的重量就是作用在结构上的主动围岩压力。另一种主动围岩（形变）压力是由于洞室收敛变形受到结构的约束而产生的；但这种主动形变压力在荷载结构模型中是无法计入的，只能在地层结构模型中考虑。

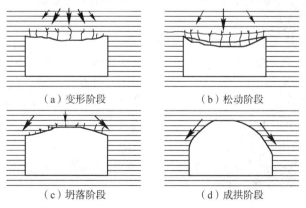

（a）变形阶段　　　　（b）松动阶段

（c）坍落阶段　　　　（d）成拱阶段

图 5-2　水平成层围岩中洞室天然拱的形成过程

　　影响天然拱形状和范围的因素有两类:一类为自然因素,即围岩的组成、结构和力学性质;另一类为工程因素,包括洞室的埋置深度、形状和尺寸、开挖方法、支护的刚度和架设时间及其与围岩的接触状态,等等。

　　可以把地下结构划分为深埋与浅埋两种类型,分别采用不同的概念计算主动围岩压力。但是,如何区分一个地下结构是处于深埋状态还是浅埋状态呢? 这当然取决于判断标准的选择,而目前尚没有定型的深埋、浅埋判断标准。假如判断的标准是看结构的埋深能否保证天然拱的形成,则埋深大于天然拱高度的结构是处于深埋状态,否则处于浅埋状态。然而,考虑到一般并不能确切地计算天然拱的高度,以及天然拱以外的岩体虽然没有坍落但并非没有变形,为偏于安全计,目前通常是以天然拱的高度为参照,并兼顾开挖对天然拱以外岩体的某个影响范围来判别结构的深埋、浅埋状态。按照这种判别方法,定义开挖的有效影响高度达到天然拱高度以外的某个位置,则可以把地下结构的埋深划分为以下 3 种不同状态:①极浅埋,地下结构的埋深小于或等于天然拱高度;②浅埋,地下结构的埋深大于天然拱高度、但小于开挖的有效影响高度;③深埋,地下结构的埋深大于开挖的有效影响高度。用 h^* 表示天然拱的高度,h_c 表示地下结构的埋深(顶板上覆地层的净厚度),可以把这种深埋、浅埋划分表示为

$$极浅埋　　　　　　　　h_c \leqslant h^* \tag{5-1a}$$

$$浅埋　　　　　　　　h^* < h_c < \alpha h^* \tag{5-1b}$$

$$深埋　　　　　　　　h_c \geqslant \alpha h^* \tag{5-1c}$$

式中:αh^* 为地下开挖的有效影响高度,α 为有效影响高度系数,反映的是天然拱内外岩体的坍落与变形范围,一般取 $\alpha = 2.5$。

　　当然,还可以采用其他形式的深埋、浅埋判断标准。比如,根据结构顶部实测地层压力所占上覆地层自重压力的比例,如果实测地层压力不足上覆地层自重压力的 40% ~ 50%,则为深埋,否则为浅埋或极浅埋(实测地层压力大于或等于上覆地层自重压力)。这种判断形式与前面按天然拱高度的判断形式在本质上是相同的。

2. 深埋结构主动围岩压力的计算方法

　　对于深埋结构,天然拱可以形成且岩体的变形没有波及地表,可以把主动围岩压力的计算归结为确定天然拱的形状和范围。当然,也可以对围岩变形做出其他假设,并借以计算主动围岩压力。下面介绍 3 种方法:第 1 种是以工程现场坍方统计为基础的经验公式,第 2 种是假定天然拱性质的理论计算,第 3 种则是没有借助天然拱概念而对地层变形做出其他假设的理论计算。

　　1) 规范中所推荐的方法

　　(1)《铁路隧道设计规范》(TB 10003—2005)的方法。

　　根据以往铁路隧道的坍方资料统计所反映的围岩松动范围的大小,从而通过对坍方资料的统计分析获得围岩松动压力的经验估算公式。当然,坍方资料的背景不同或统计分析的前提假定不同,所得经验公式也不同。例如,对于在不产生显著偏压力及膨胀性压力的围岩中用钻爆法开挖的、高跨比小于 1.7 的隧道,经过对 417 个坍方数据库的统计与回归,得到了铁路隧道围岩竖向匀布松动压力的计算表达式为

$$q = \gamma h^* = \gamma \cdot \{0.45 \times 2^{s-1} \times [1 + i(B - 5)]\} \tag{5-2a}$$

与之相应的侧向压力 e 的计算公式为

$$e = \eta q \tag{5-2b}$$

式中:γ 为围岩的重度;s 为围岩的级别;B 为洞室的跨度;i 为 B 每增减 1 m 时的围岩压力增减率,当 $B < 5$ m 时,取 $i = 0.2$,当 $B > 5$ m 时,可取 $i = 0.1$;η 为视围岩级别不同而按经验取值的侧

向压力系数,$0 \leqslant \eta \leqslant 1.0$。

在《铁路隧道设计规范》(TB 10003—2005),以及其之前的两个版本中,铁路单线隧道因按概率极限状态法设计,其竖向匀布围岩松动压力的计算表达式为

$$q = \gamma \times (0.41 \times 1.79^s) \tag{5-2c}$$

实际上,作用在铁路隧道结构上的松动围岩压力往往是很不均匀的。这是因为:围岩的变形和破坏受岩体结构控制,局部塌方往往是主要的。

《铁路隧道设计规范》(TB 10003—2016)不区分单线或双线,且包括宽于双线的大跨度,隧道围岩竖向匀布松动压力均按式(5-2a)计算确定。

(2)《公路隧道设计规范 第一册 土建工程》(JTG 3370.1—2018)的方法。

不同条件的围岩,其稳定性不一样。表现为:不同条件的围岩,作用在结构上的围岩压力的性质有所不同。因而,其围岩压力的计算方法不同。

如将深埋隧道的围岩压力视为松动荷载,其垂直匀布压力及水平匀布压力可分别按式(5-2a)和式(5-2b)计算确定。但是,与《铁路隧道设计规范》不同,式(5-2a)中的i按表5-7的规定取值。

表 5-7　围岩压力增减率 i 的取值

隧道宽度 B/m	$B < 5$	$5 \leqslant B < 14$	$14 \leqslant B < 25$	
围岩压力增减率 i	0.2	0.1	考虑施工过程分导洞开挖	0.07
			上下台阶法或一次性开挖	0.12

如将深埋隧道作用在结构上的围岩压力视为形变压力,其值可按开挖释放荷载计算。

如后面所论述,释放荷载采用有限元计算得到。在有限元分析中,形变压力常在计算过程中同时确定,而作为开挖效应的模拟,直接施加的荷载是在开挖边界上施加的释放荷载。释放荷载可由已知初始地应力或与前一步开挖相应的应力场确定。先求得预计开挖边界上各节点的应力,并假定各节点间应力呈线性分布,然后反转开挖边界上各节点应力的方向(改变其符号),据以求得释放荷载。

2) 普氏(普罗托季亚科诺夫,M.M. ПРОТОДЬЯКОНОВ)理论

普氏理论假定围岩为松散体(岩体不同程度地被节理、裂隙等软弱结构面所切割),是一种基于天然拱概念的围岩压力理论,即围岩的垂直匀布压力为

$$q = \gamma h^* \tag{5-3}$$

式中:h^* 为天然拱的高度。

既然假设天然拱是压力拱,拱轴线即为压力线,截面上力矩处处为0。在一定条件下可以推出(详见孙钧和侯学渊合著的《地下结构》,科学出版社,1987):天然拱的轴线为二次抛物线,拱的高度为

$$h^* = b^*/f \tag{5-4}$$

式中:b^* 为天然拱的半跨度,f 为普氏提出的岩石坚固性系数。

关于天然拱的跨度,参考图5-3,在坚硬完整的岩体中,洞室的跨度就是天然拱的跨度,即$b^* = b_t$(b_t 为洞室跨度的一半);在松散破碎的岩体中,按照松散体主动极限平衡的理论,在有衬砌时洞室侧壁围岩坍落最多只能发展到与垂直线成$(45° - \varphi/2)$角度的斜面,相应的天然拱

跨度为 $b^* = b_t + h_t \tan(45° - \varphi/2)$（$h_t$ 为洞室的高度）。

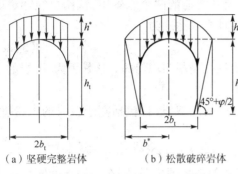

（a）坚硬完整岩体　（b）松散破碎岩体

图 5-3　普氏理论中天然拱的范围

岩石坚固性系数即是岩石的似摩擦系数,可以表示为

$$f = \tan \varphi^* = \frac{\tau}{\sigma} = \frac{c + \sigma \cdot \tan \varphi}{\sigma} \quad (5-5)$$

式中:φ^* 和 φ 分别为岩石的似摩擦角和内摩擦角,c 为岩石的黏聚力,τ 和 σ 分别为岩石的抗剪强度和剪切破坏时的正应力。

可以按兰金(Rankine)主动土压力理论计算作用在结构上的围岩侧向压力。参考图 5-3,围岩侧向压力沿高度线性变化,不计岩石的黏聚力,洞顶和洞底的围岩侧向压力可以分别表示为

$$e_1 = \gamma h^* \tan^2(45° - \varphi/2) \tag{5-6a}$$

$$e_2 = \gamma(h^* + h_t) \tan^2(45° - \varphi/2) \tag{5-6b}$$

普氏理论一般对松散、破碎围岩较适用。在松软地层(如淤泥、软黏土等)中不宜使用普氏理论。

3）太沙基(Terzaghi)理论

太沙基理论也把洞室围岩看作松散体;但没有天然拱的概念,而是在假定洞室上方岩体变形形态的基础上按平衡条件推导出围岩压力的计算表达式。

如图 5-4 所示,假定:①洞室上方岩体因洞室变形而下沉,产生错动面 OAB 和 $O'A'B'$;②竖向压应力 σ_v 是匀布的,且侧向压应力 $\sigma_h = k\sigma_v$(k 为侧压力系数)。对图 5-4 中深度 h 处厚度为 dh 的微分条带,取竖向力系的平衡而得到一元一阶常微分方程,积分并利用地表处竖向应力为 0 的边界条件,得

$$\sigma_v = \frac{(\gamma - c/b)b}{k\tan\varphi}\left[1 - \exp\left(-\frac{kh\tan\varphi}{b}\right)\right] \tag{5-7}$$

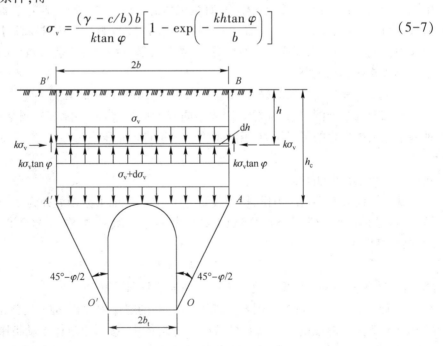

图 5-4　太沙基地压理论所假定的围岩变形形态

这是一个随深度 h 按指数衰减的函数,随 h 趋近无限大, σ_v 趋于定值。洞室顶部的围岩竖向压力为

$$q = \sigma_v \mid_{h=h_c \to \infty} = \frac{(\gamma - c/b)b}{k\tan\varphi} \tag{5-8}$$

太沙基取 $k = 1 \sim 1.5$。若用 $k = 1$,不计岩石黏聚力(完全松散体, $c = 0$),并用岩石坚固性系数 f 取代 $\tan\varphi$,则式(5-8)与普氏理论的围岩竖向压力相同。

洞室高度范围内的围岩侧向压力可以采用兰金主动土压力理论计算,在洞顶和洞底处,围岩侧向压力可以分别表示为

$$e_1 = q\tan^2(45° - \varphi/2) \tag{5-9a}$$

$$e_2 = (q + \gamma h_t)\tan^2(45° - \varphi/2) \tag{5-9b}$$

式中: q 为按式(5-7)计算的洞室顶部的围岩竖向压力。

3. 浅埋地下结构主动围岩压力的计算

一般来说,对于埋深较浅的洞室(如山岭铁路或公路隧道的洞口地段、明挖或暗挖的浅埋地铁车站和区间隧道等),开挖会引起整个上覆地层的变位,如果不及时支护,地层就会大量地变形和坍落,波及地表而形成一个沉陷区。参照图5-5,按平衡条件可得

松动围岩压力 = 支护结构反力 = 滑动岩体的重力 - 滑移面上的摩擦阻力,

式中:滑移面上的摩擦阻力与具体的埋深情况有关。

根据上面关于深、浅埋的划分和式(5-1),在此需要进一步具体考虑浅埋地下结构的两种不同情况:极浅埋和浅埋。对于极浅埋洞室,滑移面上的摩擦阻力往往远小于滑动岩体的重力,为偏于安全可以忽略不计,则围岩竖向匀布压应力为

$$q = \gamma h_c \tag{5-10}$$

这里值得指出的是,用明挖回填法修筑的地下结构在某个时期可能会出现所谓"埋管现象",即其受到的竖向压力大于上方回填层的重力,这是由于地下结构正上方回填层区域受到侧上方回填层区域向下的夹持作用所致。

对于一般的浅埋洞室,滑移面上的摩擦阻力较为显著,计算松动围岩压力时必须计入。滑移面上摩擦阻力的计算当然与滑移面的位置和摩擦性质有关,不同的滑移面假定可以得到不同的围岩松动压力计算表达式。对于图5-5中滑移面 AC 和 BD 所代表的假设滑移图式,可以推导出围岩竖向匀布压力为

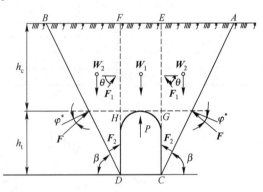

图 5-5　浅埋洞室的主动围岩压力

$$q = \gamma h_c \left(1 - \frac{\lambda h_c \tan\theta}{2b_t}\right) \tag{5-11}$$

围岩侧向压力按梯形分布,洞顶与洞底值为

$$e_1 = \gamma h_c \lambda \tag{5-12a}$$

$$e_2 = \gamma(h_c + h_t)\lambda \tag{5-12b}$$

式中:

$$\lambda = \frac{\tan\beta - \tan\varphi^*}{\tan\beta[1 + \tan\beta(\tan\varphi^* - \tan\theta) + \tan\varphi^* \cdot \tan\theta]} \tag{5-13}$$

式中：φ^* 为岩石的似摩擦角，θ 为洞室跨度内正上方土柱（$EFHG$）所受外侧滑移三棱体（ACE 和 BDF）的夹持力（F_1）与水平方向的夹角（洞顶土体 $EFHG$ 与两侧三棱土体 ACE 和 BDF 之间的摩擦角），β 为使该夹持力极小（偏于安全）时滑移面（AC 和 BD）的倾角。

注意：式（5-13）中的围岩侧压力系数，与通过极限平衡假定得到的兰金主动土压力系数不同。θ 与 φ^* 不同，因为 EG 和 FH 面上并没有发生破裂；所以 $0<\theta<\varphi^*$，按经验取值。

值得指出，上面把滑移面取为平面只是一种假定；如果假定其他形式的滑移面形状，通过类似的推导，将会得到不同的围岩压力表达式。

4. 偏压地下结构主动围岩压力的计算

在隧道的进出口段和河谷线上的一些傍山隧道，往往出现偏压作用。地下结构可能产生偏压时，应根据偏压的状态和程度采取相应的治理措施，当预期不能消除偏压影响时，应按偏压结构进行设计，计算作用于结构上的偏压力。

作用于隧道衬砌上的偏压力，应视地形、地质条件及外侧围岩的覆盖厚度确定。一般情况下，Ⅲ~Ⅴ级围岩，当地面倾斜、隧道外侧拱肩至地表的垂直距离 d_t（见图 5-6）等于或小于表 5-8 所列数值时，围岩将对结构产生偏压力。

表 5-8　铁路偏压隧道外侧拱肩山体最大覆盖厚度　　　　　　　单位：m

地面坡 1：m	线别	围岩级别			
		Ⅲ	石Ⅳ	土Ⅳ	Ⅴ
1：0.75	双线	7.0	—	—	—
1：1	单线	—	5.0	10.0	18.0
	双线	7.0	—	—	—
1：1.25	双线			18.0	
1：1.5	单线	—	4.0	8.0	16.0
	双线	7.0	11.0	16.0	30.0
1：2	单线	—	4.0	6.0	12.0
	双线		10.0	14.0	25.0
1：2.5	单线	—	—	5.5	10.0
	双线	—	—	13.0	20.0

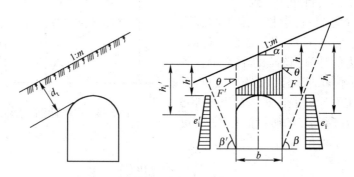

图 5-6　偏压隧道及作用于结构上的偏压力

如图 5-6 所示，假定偏压分布图形与地面坡一致，其垂直压力的计算公式为

$$Q = \frac{\gamma}{2}\left[2(h + h')b_t - (\lambda h^2 + \lambda' h'^2)\tan\theta\right] \tag{5-14}$$

式中：h、h'——内、外侧自拱顶水平至地面的高度，m；

　　　b_t——隧道跨度的一半，m；

　　　γ——围岩重度，kN/m³；

θ——顶板岩(土)柱两侧摩擦角,(°);

λ、λ'——内、外侧的侧压力系数。

其中,λ、λ'的计算公式为

$$\lambda = \frac{1}{\tan\beta - \tan\alpha} \times \frac{\tan\beta - \tan\varphi_{\text{c}}}{1 + \tan\beta(\tan\varphi_{\text{c}} - \tan\theta) + \tan\varphi_{\text{c}}\tan\theta} \tag{5-15}$$

$$\lambda' = \frac{1}{\tan\beta' + \tan\alpha} \times \frac{\tan\beta' - \tan\varphi_{\text{c}}}{1 + \tan\beta'(\tan\varphi_{\text{c}} - \tan\theta) + \tan\varphi_{\text{c}}\tan\theta} \tag{5-16}$$

$$\tan\beta = \tan\varphi_{\text{c}} + \sqrt{\frac{(\tan^2\varphi_{\text{c}} + 1)(\tan\varphi_{\text{c}} - \tan\alpha)}{\tan\varphi_{\text{c}} - \tan\theta}} \tag{5-17}$$

$$\tan\beta' = \tan\varphi_{\text{c}} + \sqrt{\frac{(\tan^2\varphi_{\text{c}} + 1)(\tan\varphi_{\text{c}} + \tan\alpha)}{\tan\varphi_{\text{c}} - \tan\theta}} \tag{5-18}$$

式中:α——地面坡度角,(°);

　φ_{c}——围岩计算摩擦角,(°);

　β、β'——内、外侧产生最大推力时的破裂角,(°)。

作用在偏压结构内、外侧的水平侧压力,其计算公式为

$$e_i = \gamma h_i \lambda \text{(内侧)} \tag{5-19}$$

$$e_i' = \gamma h_i' \lambda' \text{(外侧)} \tag{5-20}$$

5.2.3　围岩被动反力的计算

如图 5-1 所示,在主动围岩压力的作用下,地下结构的某些部分会发生朝向围岩的变形,从而受到围岩的反力。当围岩处于弹性状态时,围岩对结构变形的反力称为弹性抗力,有两种计算理论,一种称作局部变形理论,另一种称为共同变形理论。

以文克勒(Winkler)假说为基础的局部变形理论认为:围岩-结构界面上任意一点的围岩弹性抗力与该点的变位成正比,与界面上其他部位的变位或弹性抗力无关,其数学表达式可写成

$$\sigma_i = K_i \delta_i \tag{5-21}$$

式中:σ_i——围岩-结构界面上任意一点 i 的围岩弹性抗力,MPa;

　K_i——该点的围岩弹性抗力系数(又称基床系数),MPa/m;

　δ_i——该点的围岩压缩变形,m。

显然,参考图 5-7,这种局部变形理论把围岩简化成一系列彼此独立的弹簧,某一弹簧受到压缩时所产生的抗力只与该弹簧的刚度(弹簧的弹性模量与长度)和变形有关,与其他弹簧的刚度和变形无关。需要注意的是,围岩的弹性抗力系数反映的是围岩的刚度,既与围岩的弹性模量有关,又包含围岩变形影响深度的作用,对于各向异性围岩还与方向有关。

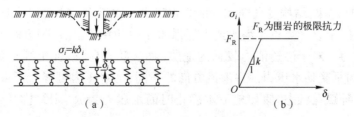

图 5-7　以文克勒假说为基础的局部变形理论

　　文克勒弹簧可以有几种基本布置方式:沿结构轴线的法线方向布置,可以模拟围岩对结构的法向弹性约束;沿结构轴线方向布置,可以模拟围岩的切向弹性约束(摩擦阻力);还可以布置成约束转动的环状弹簧。这些基本文克勒弹簧可以组合来模拟围岩对结构的各种弹性约束作用。

　　如果围岩受到结构的过度挤压而出现塑性,则不再能够提供弹性抗力。如果以围岩的极限承载力为界,把围岩简化为理想弹塑性介质,参考图 5-7,则围岩弹性抗力不得超过围岩极限抗力,否则应取为 0。

　　围岩弹性抗力计算的共同变形理论比前述的局部变形理论接近实际,但复杂程度也增加了。设围岩处于弹性状态,共同变形理论把围岩假想为一排或数层以某种联系构造的弹簧结构,参考图 5-8。

　　对于土质围岩中的浅埋结构(如城市地下铁道),其侧向被动围岩反力也可以按兰金被动土压力理论计算。当然,这隐含了结构背后地层已经出现被动极限破裂面的假设。

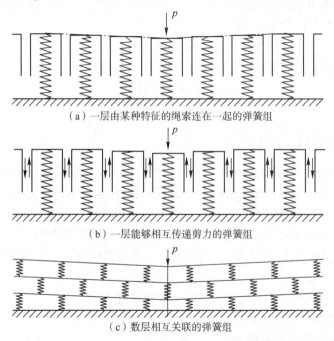

（a）一层由某种特征的绳索连在一起的弹簧组

（b）一层能够相互传递剪力的弹簧组

（c）数层相互关联的弹簧组

图 5-8　几种共同变形理论的围岩概念模型

5.2.4　地下水压力和浮力的计算

　　作用在地下结构上的水压力与地下水的赋存及流动情况有关。当渗流作用不明显时,按帕斯卡(Pascal)定律,结构受各向相同的静水压力。在潜水或上层滞水地层中,静水压力强度等于水的重度乘以计算点至潜水或上层滞水水位的深度。在承压水地层中,静水压力等于承压水的压力。对于渗透能力较强的地层(如裂隙岩体、砂性土等),如果存在明显的水力梯度,则结构承受动水压力。视渗流方向的不同,动水压力可能大于或小于静水压力。设地下水处于某种赋存状态,假如地下水静止时的水压力为 p_0,则结构受到的水压力 p 可以一般地表示为

$$p = \xi \cdot p_0 \tag{5-22}$$

这里的 ξ 是一个与地下水的状态和地层渗透性有关的系数,可能等于、大于或小于 1.0。当然,如果结构有显著的渗透性,ξ 也会受到结构渗透因素的影响。这种独立于地层而单独计算地下水压力的做法称作水土分算[见图 5-9(a)],相应的地层压力要用地层的有效重度来计算。

在黏性土中,孔隙地下水的流动微弱且与土颗粒结合紧密(结合水),地下水对结构的静水压力作用可以纳入地层压力一同计算,即采用地层的饱和重度计算饱水地层的压力,这就是所谓的水土合算[见图 5-9(b)]。这种水土合算中"水压力"(在合算中,并没有通常意义上的水压力概念,故用引号表示相当的意思)的作用一般不再各向相同:"侧向水压力"等于"竖向水压力"乘以地层侧压力系数,而在一般情况下,地层侧压力系数小于 1.0,这就使得"侧向水压力"小于"竖向水压力"。

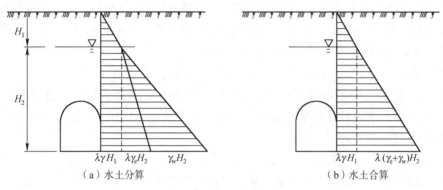

H_1—地下水位埋深;H_2—隧道底板至地下水位的距离;

λ—侧压力系数;γ—土的天然重度;γ_e—土的有效重度;γ_w—水的重度。

图 5-9　地下水压力的两种计算方法

地下水对结构的浮力用阿基米德(Archimedes)原理计算。

地下水位在地下结构使用期间可能随补给和排水条件的变化而上升或者下降。静水压力是各向相等压力,对形状等于或接近于圆(球)形的结构,静水压力使结构的压应力增大;对抗压性强而抗拉弯性差的混凝土结构来说,压应力的增大相当于改善了结构的受力状态;因此按最低水位计算静水压力可以偏于安全。而对于矩形结构或在验算结构的抗浮能力时,则按可能最高水位计算是偏于安全的。

5.2.5　地震力的计算

地震对地下结构的作用主要表现为地层的剪切错位和振动。用结构来约束地层的剪切错位几乎是不可能的,因此结构设计计算一般是在假定地层不丧失完整性的前提下,只考虑地震力的振动效应。地震力效应的计算有两种方法,一种是结构的地震响应分析,另一种是拟静力法。前者需要地层的运动描述和动力特性参数,且计算比较复杂;故这里仅介绍一般地下结构计算常用的拟静力法。

拟静力法是一种偏于安全的算法,其具体做法就是在结构的静力计算中,把随时间变化的地震力或地层位移用当量的静地震力或静地层位移代替,可以分别称作地震力法和地震变形法(文献中有地震系数法和反应位移法的叫法)。一般认为地震系数法对下面的两种情况比较适合,一是当地下结构作为上部地面建筑物的基础时,二是当与围岩的重量相比地下结构的重量较大时。下面仅介绍地震力法。

地震力法认为地震对结构的作用主要包括两个部分:①结构及其上覆地层与地震加速度成比例的惯性力;②主动侧土压力增量。

地震力的具体计算可以按垂直和两个水平方向考虑。按拟静力法计算地震力的一般表达式可以写成

$$F_i = \eta \cdot K_i \cdot Q \tag{5-23}$$

式中:F_i 代表沿 i 方向(i=h,v,分别代表水平和垂直方向)作用在结构上的地震惯性力;η 为地震综合影响系数,反映工程重要程度、地层种类和性质及结构埋置深度的影响;Q 为地震物体(如结构、结构上方岩土体)的重量,对隧道之类的狭长结构物,横截面计算时 Q 可按每单位长度上结构或岩土体的重量考虑,而沿结构纵轴方向的地震惯性力则与地震波的波长有关,有人建议按地震波长的一半考虑 Q 的计算;K_i 为 i 方向的(标准)地震系数,取决于地震基本烈度,代表地震物体 i 方向峰值加速度与重力加速度的比。

一般取 $K_v = (1/2 \sim 2/3) K_h$,这是由于地震垂直加速度峰值一般为水平加速度峰值的 $1/2 \sim 2/3$(但在震级较大的震中附近可能大于 1.0)。另外,因为垂直地震频谱的影响因素目前尚不够清楚,所以对震级较小和对垂直振动不敏感的结构,可以不计垂直地震力(但在验算结构的抗浮能力时,则应计入垂直地震力)。

地震引起地层移动,使地层的有效内摩擦角变小,从而带来主动侧向地层压力的改变。设 φ 为地层的内摩擦角,β 为地震角,则地震时的主动侧向地层压力系数为 $\tan^2[45° - (\varphi - \beta)/2]$。

参考图 5-10,以一个地下矩形框架结构的横截面为代表,不计结构下面地层的惯性力,地震的直接荷载作用计算如下。

(1) 结构的水平惯性力:

$$F_s^t = \eta K_h m_s^t g \tag{5-24a}$$

$$F_s^b = \eta K_h m_s^b g \tag{5-24b}$$

$$f_s = \eta K_h m_s^w g / h_t \tag{5-24c}$$

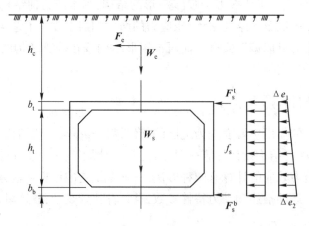

图 5-10　地下矩形框架结构的横截面上受到的地震荷载

注:W_e、W_s 的方向在验算地基承载力时向下,在抗浮验算时向上。

（2）结构上方地层的水平惯性力：

$$F_{e} = \eta K_{h} m_{e} g \tag{5-25}$$

（3）结构的垂直惯性力：

$$W_{s} = \eta K_{v} Q_{s} \tag{5-26}$$

（4）结构上方地层垂直惯性力：

$$W_{e} = \eta K_{v} m_{e} g \tag{5-27}$$

（5）侧向主动地层压力增量（顶板顶面和底板底面处）：

$$\Delta e_{1} = \gamma h_{c} \left[\tan^{2}\left(45° - \frac{\varphi - \beta}{2} \right) - \tan^{2}\left(45° - \frac{\varphi}{2} \right) \right] \tag{5-28a}$$

$$\Delta e_{2} = \gamma(h_{c} + h_{t} + b_{b} + b_{t}) \left[\tan^{2}\left(45° - \frac{\varphi - \beta}{2} \right) - \tan^{2}\left(45° - \frac{\varphi}{2} \right) \right] \tag{5-28b}$$

式中：g 为重力加速度，m_{s}^{t}、m_{s}^{b} 和 m_{s}^{w} 分别代表结构顶板、底板和侧墙的质量，Q_{s} 为结构总重量，m_{e} 为结构上方地层的质量，γ 为土的重度；h_{c}、h_{t}、b_{t} 和 b_{b} 分别为结构上覆地层厚度、结构净空高度、结构顶板和底板的厚度。

地震作用除了直接引发的上述各水平荷载以外，还会间接地在结构的底面产生反方向上的水平摩擦阻力和在结构的另侧面上产生反方向上的水平阻力。在整个结构不发生侧移的条件下，这些阻力应该与地震的直接水平荷载相平衡。

5.3　地下结构内力的计算方法

5.3.1　荷载结构法

1. 荷载结构法计算模型的建立

荷载结构法计算模型可以分 3 种情况：①如果不计被动围岩反力，则这种荷载结构法就与一般的结构力学方法没有什么不同，可以称为主动荷载模型；②如果考虑被动围岩反力，则由于被动围岩反力的分布和大小与结构的变形有关，而结构的变形又只能在确定了包括被动围岩反力在内的所有荷载之后求得，所以需要迭代计算，可以把这种荷载结构模型称为主动荷载加围岩弹性抗力约束模型；③如果围岩荷载通过实测获得，实测荷载值中既包含主动围岩压力，也包括围岩弹性抗力，可以按情况①的方式处理，称作实测荷载模型。

对于长度远大于横截面尺寸的地下结构（如隧道），如果结构的荷载、几何及力学参数沿长度方向没有变化，则可以认为结构不会发生纵向位移（即平面应变状态），沿纵向取一段单位长度的结构进行内力计算。如果考虑三维作用，则因纵向应变为 0，按胡克（Hooke）定律可以得到单位长度结构的有效弹性模量和有效泊松比，分别为 $E^{*} = E/(1-\nu^{2})$，$\nu^{*} = \nu/(1-\nu)$，其中，E 和 ν 分别为结构材料的弹性模量和泊松比。

地下结构一般为超静定结构，必须考虑结构的变形协调和变形–受力关系，才能够进行结构内力计算。下面以一个暗挖无仰拱马蹄形隧道模筑衬砌为例，来说明建立荷载结构法计算模型（参考图 5-11）的 3 个基本步骤。

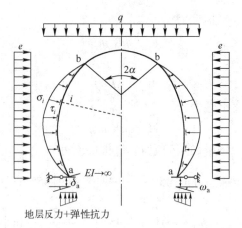

q 和 e—竖向和水平主动围岩压力；2α—脱离区的角度范围；

δ_a 和 ω_a—拱脚的下沉和转角；σ_i 和 τ_i—结构在 i 点受到的法向和切向被动围岩弹性抗力。

图 5-11　暗挖马蹄形隧道模筑衬砌（无仰拱）的计算图式

（1）结构的离散化。沿隧道纵向取长度为 b 的一个横断面，如图 5-12 所示，用有限多个在端点相连的直梁单元代替结构。单元的端点称为节点，单元（和节点）的数目取决于对计算精度要求。单元的（横向）厚度可以近似地取为常量，一般取为单元两端厚度的平均值。

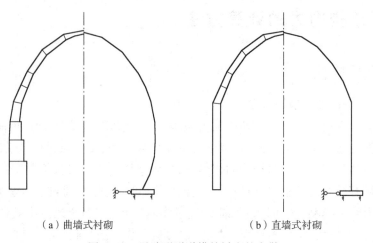

（a）曲墙式衬砌　　　　　　　　　　（b）直墙式衬砌

图 5-12　马蹄形隧道模筑衬砌的离散

（2）主动荷载的离散化。就是把实际的荷载按静力等效（虚功不变）原则置换为节点荷载。有时为了简化，可以近似地按简支分配原则进行置换，即不计作用力位置迁移时所引起的力矩；对于竖向（水平）分布荷载，分别在节点两相邻单元水平（垂直）投影长度一半的范围内计算分布荷载的合力，然后取两者之和作用在该节点上，即为等效节点荷载；对于结构自重，等效节点力可以近似地取为节点两相邻单元自重的一半。以强度为 q 的匀布竖向围岩主动压力为例，图 5-13 所示为其等效节点力的计算方法。

（3）被动荷载的处理。假设只考虑弹性抗力，由于与结构变形互为相关，弹性抗力的大小与分布只能在结构内力与变形的计算过程中获得。以文克勒假说为基础，主要有以下 3 种处理弹性抗力的方法。

① 假定抗力法。假定弹性抗力的分布范围和
形状,并假设其大小只依赖于结构(围岩)上某些特
征(如围岩压缩变形最大)点的变形。

② 弹性支撑链杆法。把围岩对结构的连续法
向和切向约束离散为有限多个作用在节点上的弹性
支撑链杆,弹性支撑链杆的刚度由围岩抗力系数和
弹性支撑链杆所代表的围岩范围确定,弹性抗力的
大小用文克勒假说与结构变形相联系,弹性抗力的
作用范围通过迭代确定。

③ 弹性地基梁法。把围岩看作弹性地基,把直
线型结构构件(如直墙式衬砌的整个直边墙)或单
元(如离散后衬砌结构的直梁单元、结构底板单元)
看作弹性地基上的梁,利用弹性地基梁理论,计算弹
性抗力作用下的结构内力和变形。这相当于把围岩
对结构构件或单元的连续约束处理为无限多个独立

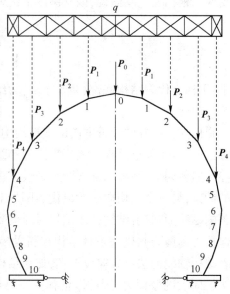

图 5-13　等效节点荷载的计算

的弹性支撑链杆,弹性抗力的大小用文克勒假说与结构变形相联系,弹性抗力的作用范围通过
迭代确定。

这里仅具体介绍弹性支撑链杆法。参考图 5-14,结构侧面的法向弹性抗力 F_i 可以表
示为

$$F_i = K_i b S_i \cdot \delta_i \tag{5-29}$$

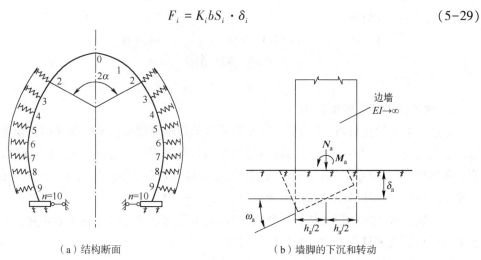

（a）结构断面　　　　　　　　　（b）墙脚的下沉和转动

图 5-14　弹性抗力值的计算（假设结构边墙墙脚不能侧移,只能下沉和转动）

式中:下标 i 代表节点编号,符号 δ、K 和 S 分别代表节点法向位移、围岩弹性抗力系数和对节
点有直接影响的单元长度。

衬砌结构在底部受到围岩的弹性或刚性约束。如果假定围岩约束使结构底部不能够发生
侧移,则可以沿侧向在结构底部设置刚性约束。如果假定结构底部(墙脚)下沉和转动且受到
围岩的弹性约束,则可以把结构底部围岩处理成一个能够约束结构底部整体下沉和转动的弹

性支座。根据文克勒假说,该支座的下沉弹性抗力和转动抗力矩可以分别表示为

$$N_a = K_a b h_a \cdot \delta_a \tag{5-30}$$

$$M_a = \frac{K_a b h_a^3}{12} \cdot \omega_a \tag{5-31}$$

式中:下标 a 代表结构底部(墙脚),h_a 为结构底部的(横向)厚度,δ_a 为下沉量,ω_a 为转角,其余符号同前。

弹性支撑链杆的设置方向应该按结构与围岩的接触状态确定,参考图 5-15。4 种典型处理方法如下:①如果结构与围岩牢固地黏结在一起,以至于两者之间不仅能传递法向压力而且还能传递剪切力,则可以设置两个弹性支撑链杆,一个沿法向设置以代表围岩对结构外法向变形的约束,另一个沿切向设置以代表围岩对结构切向变形的约束;②如果结构与围岩之间没有显著的黏结力,只有结构挤压围岩时才受到围岩的约束,即两者之间只能传递法向压力(不能传递拉力和剪力),则在不计结构与围岩接触面上摩擦力影响的前提下,可以把弹性支撑链杆沿着结构轴线的法线方向设置;③如果结构与围岩之间虽然没有显著的黏结力,但需要计入两者接触面上的摩擦力,则可以把弹性支撑链杆沿偏离结构法线一个(围岩-结构)摩擦角的方向设置;④如果为了简化,也可以只沿水平方向设置弹性支撑链杆。

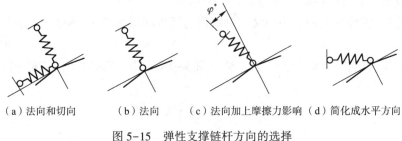

(a)法向和切向　　　(b)法向　　　(c)法向加上摩擦力影响　(d)简化成水平方向

图 5-15　弹性支撑链杆方向的选择

注:φ^* 为围岩-结构的摩擦角。

2. 结构内力计算的位移法

通过以上离散化分析,得到了暗挖无仰拱马蹄形隧道模筑衬砌的荷载结构模型:一个折线形超静定无铰拱,在节点上承受各种主动荷载(包括围岩压力、地下水压力、地震力、结构自重等),外法向变形受到围岩的弹性约束,底部无侧移,但可以发生下沉和转动。对此模型可以方便地采用位移法计算结构的内力和变形。

位移法的数学表达形式具有一致性,即针对不同问题的位移法表达形式完全相同;因此便于采用位移法编制具有通用性的计算机程序。

对于离散后的结构和荷载,位移法的步骤如下:

① 进行单元分析,建立单元刚度方程,即确定单元节点力与单元节点位移之间的关系;

② 进行整体分析,即利用静力平衡条件(各节点外力和内力之矢量和为 0)和变形协调条件(节点上各连接单元在该节点的位移相同并等于该节点的结构节点位移),建立以结构节点位移为基本未知量的结构刚度方程;

③ 引入边界条件,求解结构刚度方程,得到未知的结构节点位移(注意,地层反力的作用范围、分布和大小需要迭代确定);

④ 利用单元刚度方程,计算出结构的内力(单元节点力)。

下面介绍各计算步骤的基本内容。

(1) 单元分析。

参考图 5-16,离散后的结构由 3 种单元构成,即模拟结构的直梁单元、模拟围岩侧面约束作用的弹性支撑链杆单元和模拟结构底部弹性约束的弹性支座单元。

① 直梁单元分析。

参考图 5-17,考虑节点 i 和 j 之间的典型单元 e,在单元局部坐标系 $\bar{x}-\bar{y}$ 下,单元刚度方程可以表示为

$$\{\bar{F}\}^e = \{\bar{K}\}^e \{\bar{\delta}\}^e \tag{5-32}$$

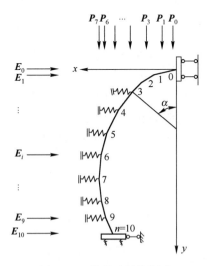

图 5-16　位移法计算图式

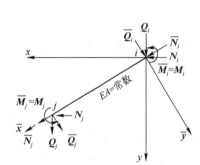

图 5-17　结构直梁单元分析

式中,方程的左端向量、右端系数矩阵和右端向量分别表示单元局部坐标系中的单元节点力向量,单元刚度矩阵和单元节点位移向量,可以分别展开为

$$\{\bar{F}\}^e = [\,\bar{N}_i \quad \bar{Q}_i \quad \bar{M}_i \quad \bar{N}_j \quad \bar{Q}_j \quad \bar{M}_j\,]^{\mathrm{T}}$$

$$\{\bar{K}\}^e = \begin{bmatrix} \dfrac{EA}{l} & 0 & 0 & -\dfrac{EA}{l} & 0 & 0 \\[2mm] 0 & \dfrac{12EI}{l^3} & \dfrac{6EI}{l^2} & 0 & -\dfrac{12EI}{l^3} & \dfrac{6EI}{l^2} \\[2mm] 0 & \dfrac{6EI}{l^2} & \dfrac{4EI}{l} & 0 & -\dfrac{6EI}{l^2} & \dfrac{2EI}{l} \\[2mm] -\dfrac{EA}{l} & 0 & 0 & \dfrac{EA}{l} & 0 & 0 \\[2mm] 0 & -\dfrac{12EI}{l^3} & -\dfrac{6EI}{l^2} & 0 & \dfrac{12EI}{l^3} & -\dfrac{6EI}{l^2} \\[2mm] 0 & \dfrac{6EI}{l^2} & \dfrac{2EI}{l} & 0 & -\dfrac{6EI}{l^2} & \dfrac{4EI}{l} \end{bmatrix}$$

$$\{\bar{\delta}\}^e = [\,u_i \quad v_i \quad \theta_i \quad u_j \quad v_j \quad \theta_j\,]^{\mathrm{T}}$$

式中,N、Q 和 M 分别代表作用在单元节点的轴力、剪力和弯矩,u、v 和 θ 分别代表单元节点的轴向位移、法向位移和转动位移,上划线代表局部坐标系,下标代表节点编号,E 为单元材料的弹性模量,l、A 和 I 分别为单元的长度、截面积和截面惯性矩。单元刚度矩阵 $\{\bar{K}\}^e$ 为一奇异矩阵。

局部坐标系下的单元节点力 $\{\bar{F}\}^e$ 和位移 $\{\bar{\delta}\}^e$ 与总体坐标系下的单元节点力 $\{F\}^e$ 和位移 $\{\delta\}^e$ 之间存在以下转换关系:

$$\{\bar{F}\}^e = \boldsymbol{T}\{F\}^e \tag{5-33a}$$

$$\{\bar{\delta}\}^e = \boldsymbol{T}\{\delta\}^e \tag{5-33b}$$

其中的方阵 $\boldsymbol{T}$ 为坐标变换矩阵,可以用单元局部坐标系相对于总体坐标系的转角 β 表示,即

$$\boldsymbol{T} = \begin{bmatrix} \cos\beta & \sin\beta & 0 & 0 & 0 & 0 \\ -\sin\beta & \cos\beta & 0 & 0 & 0 & 0 \\ 0 & 0 & 1 & 0 & 0 & 0 \\ 0 & 0 & 0 & \cos\beta & \sin\beta & 0 \\ 0 & 0 & 0 & -\sin\beta & \cos\beta & 0 \\ 0 & 0 & 0 & 0 & 0 & 1 \end{bmatrix} \tag{5-34}$$

把式(5-33a)和式(5-33b)代入式(5-32),并考虑到式(5-34)的坐标变换矩阵 $\boldsymbol{T}$ 为正交矩阵(其逆矩阵等于转置矩阵),可得该单元在总体坐标系 $x\text{-}y$ 中的刚度方程,即

$$\{F\}^e = [K]^e\{\delta\}^e \tag{5-35}$$

其中的方阵 $\boldsymbol{K}^e$ 为单元在总体坐标系下的刚度矩阵,即

$$\boldsymbol{K}^e = \boldsymbol{T}^{\mathrm{T}}\bar{\boldsymbol{K}}^e\boldsymbol{T} \tag{5-36}$$

② 弹性支撑链杆单元分析。

参考图 5-18,设节点 i 处的侧面弹性支撑链杆单元沿水平方向设置,则其单元局部坐标系与总体坐标系方向一致,可以直接写出该单元在总体坐标系下的刚度方程,即

$$R_i = [K_i b \cdot (l_i\sin\beta_i + l_{i+1}\sin\beta_{i+1})/2]\Delta_i \tag{5-37}$$

式中,$K_i b \cdot (l_i\sin\beta_i + l_{i+1}\sin\beta_{i+1})/2$ 为该弹性支撑链杆单元的刚度系数,R_i 和 Δ_i 分别是单元的轴向压力和轴向压缩变形,K_i 为单元所代表围岩的弹性抗力系数。

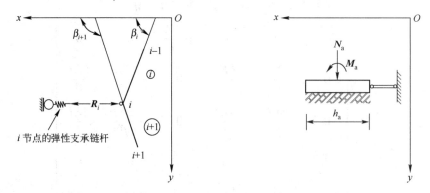

图 5-18　围岩弹性支撑链杆单元分析与结构弹性支座单元分析

③ 结构底部弹性支座单元分析。

参考图 5-14 和图 5-18,假定结构底部不能发生水平位移,但可以发生下沉和转动并受到

弹性支座单元的约束。在总体坐标系下,按照式(5-30)和式(5-31),该弹性支座单元的刚度方程为

$$\begin{Bmatrix} N_a \\ M_a \end{Bmatrix} = \begin{bmatrix} K_a b h_a & 0 \\ 0 & K_a b h_a^3/12 \end{bmatrix} \begin{Bmatrix} \delta_a \\ \omega_a \end{Bmatrix} \tag{5-38}$$

式中,δ_a 和 ω_a 分别为结构底部弹性支座单元的下沉和转角。

（2）整体分析。

结构的任意节点都要满足静力平衡方程,即节点所连接各单元的单元节点力向量之和应该与该节点的外力向量大小相等、方向相反。据此把单元刚度方程组合在一起,并利用变形协调条件,即单元节点位移等于结构节点位移,就得到了联系结构节点力向量$\{F\}$和节点位移向量$\{\delta\}$的结构总体刚度方程

$$\{F\} = K\{\delta\} \tag{5-39}$$

其中的方阵 K 为结构刚度矩阵,是由单元刚度矩阵按单元节点所对应的结构节点编号"对号入座"组合而成。结构刚度矩阵 K 仍然是一个奇异矩阵。

（3）求解未知节点位移和计算结构内力。

上面建立的结构刚度方程式(5-39)没有包含任何约束条件,方程可以有无限多组解,即相应的结构体系可以包含任意大小的刚体位移。为了使该方程有确定、唯一解,就必须引入具体问题的边界条件。

应该注意的是,围岩弹性抗力的作用范围、分布和大小必须通过迭代试算才能确定。由于弹性支撑链杆单元的作用是模拟围岩弹性抗力,只能承受压力;故对应节点的位移必须是朝向围岩方向的。如果计算得到的弹性支撑链杆单元变形为拉伸,则需要把该弹性支撑链杆去掉,再重新计算。这样迭代下去,直到所有的弹性支撑链杆单元都只发生压缩变形为止。

求出所有结构节点的位移后,利用单元节点位移与结构节点位移相等的条件,根据单元刚度方程可得到单元节点力,即衬砌的内力。

3. 荷载结构模型计算图式的选择

对于同一地下结构,其荷载结构模型的计算图式往往并不是一成不变的。前面已经介绍过被动地层荷载、地下水荷载、衬砌结构侧面和底部地层约束等的一些处理方式,下面将针对5 种情况进一步说明地下结构荷载结构模型计算图式选择的多样性及相关特点。

（1）一个暗挖的有仰拱马蹄形隧道模筑衬砌如图 5-19 所示,其计算图式可以有两种不同的选择:①弹性地基梁图式——把结构拱顶两侧 α 角范围(脱离区,一般 $\alpha = 45° \sim 60°$)内的单元处理成普通直梁单元,其余均为弹性地基直梁单元(相当于用无限多个相互独立的弹性支撑链杆来模拟围岩与结构之间的相互作用);②弹性支撑链杆图式——所有单元均为普通直梁单元,采用离散的设在节点处的弹性支撑链杆来代表抗力区内分布的围岩弹性抗力。

（2）对于在围护结构内侧用明挖法修建的箱形地下结构,根据围护结构(如围护排桩或地下连续墙)及其与内衬墙联系方式的不同(如复合墙、叠合墙),在计算内衬结构时,可以采用不同的处理方式:①不计围护结构的作用,内衬承受全部侧向土压力;②把围护结构与内衬作为同一构件计算,然后按刚度分配内力;③在围护结构与内衬之间设置二力杆,模拟防水层作用。

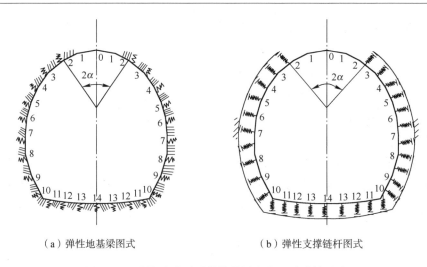

（a）弹性地基梁图式　　　　　　　　（b）弹性支撑链杆图式

图 5-19　暗挖马蹄形隧道模筑衬砌的两种计算图式

对于结构的基底反力,可以采用两种不同的方法计算:①按结构整体的静力平衡条件,与基底上部荷载大小相等、方向相反;②假定底板下部地层为弹性地基。

（3）对于由喷锚初期支护、防水层和内层模筑衬砌(二次衬砌)所组成的复合式衬砌,可以采用以下 3 种不同的方式处理。

① 若内层衬砌在初期支护变形彻底完成后修筑,则原则上内衬不承受除地下水压力之外的围岩荷载(假设地下水渗透越过初期支护而把压力传递到防水层上),这样,内衬只作为围岩和支护体系可能出现不良情况时的安全储备。

② 如果内衬在初期支护变形稳定之前施作,则内衬将与初期支护共同承受围岩荷载,占围岩总荷载的比例与初期支护的位移-时间曲线及内衬的施作时间有关。如果在初期支护发生占总变形比例为 λ 的变形时施作内衬,则可以认为,初期支护单独承受的围岩荷载为围岩总荷载乘以系数 λ,而初期支护和内衬共同承受的围岩荷载为围岩总荷载乘以系数 $(1-\lambda)$。例如,如果认为内衬作用时围岩变形已基本稳定,则可取 $\lambda = 70\%$;如果认为内衬是主体承载结构,则可取 $\lambda = 30\%$;等等。关于 λ 的取值,目前还没有确定且唯一的原则。

③ 考虑初期支护、防水层和内衬作为一个结构体系共同承受围岩总荷载,用离散的二力杆单元模拟防水层(不能抵抗剪力)的作用。

（4）对于暗挖圆形隧道的装配式衬砌(如盾构隧道的管片衬砌),可以根据管片接头力学模拟方法的不同,分成两种不同的计算图式:一种是把管片环当作具有均匀弯曲刚度的连续环,另一种是把管片环当作在管片接头处铰接(不能传递弯矩)的多铰环。

对于把管片环当作均质连续环的计算图式,有两种对管片接头的模拟方法:①如果装配式衬砌接头的刚度与管片自身的刚度大致相等,则可以忽略管片接头部分刚度的不同,取管片刚度作为均质连续环的刚度;②如果装配式衬砌接头的刚度明显不同于(一般是小于)管片环自身的刚度,则均质连续环的有效刚度就会受到接头刚度和接头数目的显著影响,其有效弯曲刚度 K_e 可以用管片自身弯曲刚度 EI_0(E 为管片材料弹性模量,I_0 为管片截面惯性矩)表示,即 $K_e = \eta \cdot EI_0$,其中,η 是用来反映接头弯曲刚度和接头数目影响的系数。

对于弹性抗力,可以根据地层与结构的相对刚度,采用不同的处理方式。①在较坚硬的地层(如岩体、硬黏土等)中,地层刚度与衬砌刚度相比不能忽略,可以选用弹性地基梁模型或弹性支撑链杆模型,也可以按衬砌的变形特征假定弹性抗力的作用范围与分布,把任意一点的弹性抗力表示成某个特征(如变形最大)点弹性抗力的显式函数。后者常用如图 5-20 所示的两种假定弹性抗力分布:三角形分布(地层只有较显著的侧向约束作用),月牙形分布(坚硬地层)。②若地层刚度相对较弱(如软弱岩体、饱和软黏土等),则可以不计地层的约束,把计算图式取为仅承受地层主动荷载的自由变形均质环,圆环基底反力与基底上部荷载大小相等、方向相反。

(5) 地下结构往往是分步构筑的,其承载状态实际上与结构的构筑过程有关。例如,对于用盖挖逆作法修建的浅埋多层多跨框架结构(如地铁车站结构),其部分主要受力构件可能兼有临时承载和永久结构的双重功能,结构的形式、刚度、支撑和荷载有明显的继承性,随施工过程而变化,结构在施工阶段的最终内力和变形是各施工步骤中结构内力和变形的累计效应。具体可以总结如下。

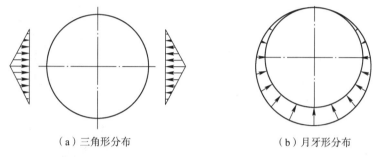

(a) 三角形分布   (b) 月牙形分布

图 5-20 圆形装配式衬砌所受弹性抗力的假定分布

① 施工过程中,边墙(如钻孔灌注桩、地下连续墙等)既要作为挡土构件承受横向土压力,同时又要承受水平构件(顶板、底板和各层中板)传递的竖向荷载。

② 中柱主要承受竖向荷载,施工阶段竖向荷载在中柱和边墙之间分配,结构封底后竖向荷载在边墙、中柱和底板之间分配。

③ 在结构封底之前,由于竖向荷载的增加和土体开挖的影响,边墙和中柱可能会发生显著的沉降。这不仅会在水平构件中产生较大的附加应力,而且会给节点连接带来困难。

④ 顶板和中板在开挖过程中对围护结构起到刚度很大的横撑作用。

⑤ 盖挖逆作的地下结构一般埋深较浅,地面荷载(如车辆等)可能对结构受力有较大影响。

对于形式、刚度、支撑和荷载在施工过程中不断变化的盖挖逆作法结构体系,应该按施工阶段的延续,采用增量叠加法进行受力和变形计算。显然,应当把施工阶段的划分界限选择在结构形式、刚度、支撑或荷载出现显著变化的时候,通常可以这样处理:①构件的自重仅在该构件在计算模型中第一次出现时考虑;②把活载与静载分开计算,结果相叠加即得结构的静、活载综合效应;③在增量计算过程中,可以将支撑的拆除处理成反向施加相应的支撑力;④坑底土体开挖引起边墙横向土压力的改变可以按阶段增量考虑。

以一个两层三跨的地铁车站为例,对于如图 5-21 所示的增量叠加法计算过程,可以解释如下(为简化陈述,不失一般性,这里忽略被动地层荷载的作用。符号规定:小写字母代表阶段静载或活载内力增量,大写字母代表当前累计内力,下标 1 和 2 分别代表静载效应和活载效应)。

① 开挖至中板底:静载工况有结构自重、覆土重和不平衡侧向土压力(即侧墙内、外土压力之差),计算可得相应的结构内力,设为 $A_1=a_1$;活载工况有地面施工荷载及其引起的侧向土压力,计算可得相应的内力,设为 a_2,则本阶段静载加活载的叠加内力可以表示为 $A_{12}=A_1+a_2$。

② 施作中板并开挖至底板:静载增量有中板自重和不平衡侧向土压力增量,计算可得相应的结构内力,设为 b_1,则与前面静载工况相叠加,得到本阶段静载总内力为 $B_1 = A_1 + b_1$;活载工况有地面施工荷载及其引起的侧向土压力,再加上中板的施工活载,计算可得相应的内力,设为 b_2,则本阶段静载加活载的叠加内力可以表示为 $B_{12} = B_1 + b_2$。

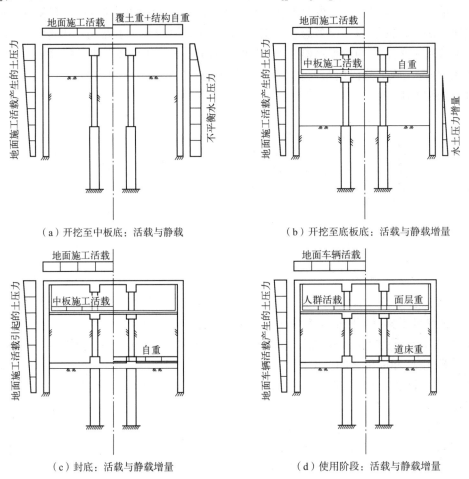

（a）开挖至中板底：活载与静载　　　　　（b）开挖至底板底：活载与静载增量

（c）封底：活载与静载增量　　　　　　　（d）使用阶段：活载与静载增量

图 5-21　盖挖逆作地下结构的增量法计算过程

③ 底板封底:静载增量有底板自重,计算可得相应的结构内力,设为 c_1,则与前面各静载工况相叠加,得到本阶段静载总内力为 $C_1 = B_1 + c_1$;活载工况与前一步相同(但结构不同),计算可得相应的内力,设为 c_2,则本阶段静载加活载的叠加内力可以表示为 $C_{12} = C_1 + c_2$。

④ 使用阶段:静载增量有中板面层静载和底板承受的静载(如道床等),计算可得相应的结构内力,设为 d_1,则与前面各静载工况相叠加,得到本阶段静载总内力为 $D_1 = C_1 + d_1$;活载工况有中板人群荷载、地面车辆荷载及其引起的侧向土压力,计算可得相应的内力,设为 d_2,则本阶段静载加活载的叠加内力可以表示为 $D_{12} = D_1 + d_2$。

5.3.2　地层结构法

1. 地层的初始应力状态

地层结构法认为,地下空间的结构体系是由围岩和支护共同组成的,围岩既是荷载的来源,又是承载体系的一部分。从地层的初始应力状态出发,地层结构法采用固体力学方法计算开挖和支护对围岩应力和位移场的作用,而支护结构的内力和变形只是整个围岩-结构体系计算结果中的一部分。固体力学计算方法包括解析法、半解析法和数值法。解析法或半解析法一般只适用于区域,材料,边界和初始条件都比较规则、简单的情况,而数值法则可以用于计算任何情况。

在第 2 章中已经比较详细地介绍了地层初始应力的有关主要内容,本节仅从介绍地层结构法第一步计算的角度,简单介绍如何计算地层初始应力状态的问题。

地层的初始应力场与地层的结构、性质、埋藏条件及地质构造运动历史等因素有关,可以划分成自重应力场和构造应力场两个部分。前者是地层自重产生的应力,后者代表过去和当前地质构造运动(包括褶曲、断裂、层间错动、地壳升降、板块运动等)所引发的应力(分别称为残余构造应力和新构造应力)。地层初始应力的大小、方向和分布是位置和时间的函数,某时某地可能以自重应力为主,另时另地则可能是构造应力显著大于自重应力。例如,在埋深较浅的破碎岩体中,构造应力可能已经基本释放完毕,岩体自重应力就成为地层初始应力的主要部分;而在那些从未经历过显著构造运动的沉积岩体中,则可能是自重应力起主要作用。

因为成因复杂,构造应力场在空间的分布可能很不均匀,而且还随时间变化,属于非稳定应力场。但相对于工程结构的使用期限而言,可以忽略时间因素,把构造应力场当作是相对稳定的。即便如此,目前还很难用函数形式把构造应力场表示出来。如果认为构造应力可以忽略不计,则地层初始应力的垂直应力等于地层的自重应力,而相应的水平应力分量是由于地层自重引起的地层侧向变形受到约束而产生的,后者总是小于或等于前者。但是,如果地层中存在着显著的构造应力,则由于水平构造应力可能大于垂直构造应力,初始水平地应力并不一定会小于初始垂直地应力。

在以自重应力为主的地层中,当地表为水平面、地层为均质各向同性时,参考图 5-22(a),深度为 h 处自重应力的垂直和水平分量可以分别表示为

$$\text{垂直应力}\qquad \sigma_v = \gamma h \tag{5-40a}$$

$$\text{水平应力}\qquad \sigma_h = \lambda_0 \gamma h \tag{5-40b}$$

式中,γ 和 λ_0 分别为地层的重度和侧压力系数。

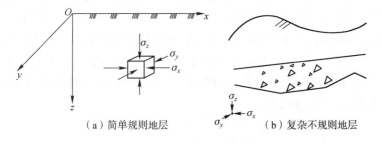

(a) 简单规则地层　　　　　　　(b) 复杂不规则地层

图 5-22　地层初始应力的确定方法

如果地层是水平成层分布的,自重应力的大小可以分层总和而得。地层的侧压力系数 λ_0 原则上应由现场实测获得,但在缺少实测数据的情况下,也常常采用简化理论公式或经验公式、利用地层材料的其他力学指标计算:①利用地层侧向应变为 0 的条件可以推得 $\lambda_0 = \nu/(1-\nu)$,其中 ν 为地层泊松比;②对于正常固结土体地层,有经验公式 $\lambda_0 = 1-\sin \varphi'$,其中 φ' 为土体的有效内摩擦角;③对于处于膨胀(而不是再压缩)过程中的超固结土,有经验公式 $\lambda_0 = (1-\sin \varphi')(\text{OCR})^{\sin \varphi'}$,其中 OCR 代表土体的超固结比。

在一般情况下,参考图 5-22(b),当地表起伏不平、地层构成复杂或有显著的各向异性时,地层的自重应力可能呈三维不规则分布,不能按上面的简单方法处理,必须通过固体力学(如弹性力学、弹塑性力学等)方法计算求得。

地层的初始应力在一般情况下是自重应力和构造应力叠加的反映,划分只是为了分析的方便。视具体情况不同,地层初始应力的大小、方向和分布可以通过固体力学计算、地质力学分析和(或)现场量测确定。

2. 开挖的模拟与围岩二次应力场

围岩二次应力状态分析是地层结构法的关键步骤。

地下开挖使地层出现了新临空面和该临空面上地层应力的释放,破坏了地层的初始应力平衡,引起地层应力的重新分布。在这个时间过程中,地层应力是连续变化的,特别地,洞室开挖后在未加支护情况下,地层应力所达到新的相对平衡称为围岩的二次应力状态。二次应力的发展与稳定受到自然因素和工程因素的影响:①围岩组成、结构、性质、初始应力状态等;②开挖手段和方法,洞室的位置、大小和形状及其与围岩结构的相对关系等。

关于自然因素,以初始应力状态为例,当自重应力起主导作用时,如果垂直应力分量明显大于水平应力分量,开挖可能使洞室的顶部和底部出现拉应力区,边墙附近出现压应力区;但是当构造应力起主导作用时,水平应力分量可能大于垂直应力分量,则边墙附近可能出现拉应力区,洞顶和洞底附近可能出现压应力区。另外,以岩(土)体本构性质(如弹性、塑性、黏弹性、黏弹塑性)为例,对于具有显著流变性的地层,二次应力不仅是空间的函数,而且还与时间有关。

关于工程因素,以开挖手段和分部方法为例,爆破或非爆破、全断面开挖或分部开挖及不同的分部方法等都对未开挖地层有不同的影响方式和影响水平。另外,与凹凸不平、棱角突出的洞室形状相比,形状光滑圆顺的洞室所对应的二次应力场的应力集中程度一般较小,从而更有益于围岩的稳定。

一般来说,二次应力场是三维场。例如,在隧道施工过程中,参考图 5-23,开挖面前方地层对已开挖区域的围岩有某种程度的纵向支撑作用,不同横断面上的二次应力分布和变形是不同的。这种开挖面效应使得在开挖面前方和后方一定范围内的二次应力呈三维分布状态。如图 5-24 所示,开挖面施工的前方影响距离 D_1 和后方影响距离 D_2 与围岩条件、隧道特征及施工方法有关。定义应力释放率为某断面释放应力与该断面初始应力之比,在采用二维横断面模型计算时,则可以根据所选横断面与开挖面之间距离的不同,选用不同的应力释放率来近似地模拟开挖面附近这种三维效应。

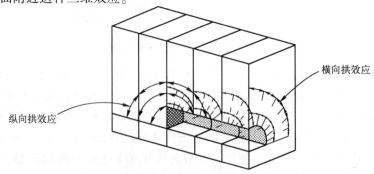

图 5-23　隧道开挖面对二次应力场的三维效应

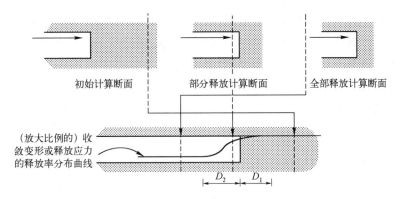

图 5-24　隧道开挖面附近三维效应的二维模拟

为了简化,下面先介绍二次应力场和位移场的计算方法,然后针对横断面(二维)模型,分别通过简化重力场下均质地层中深埋圆形洞室开挖影响的弹性和弹塑性解析解,介绍二次应力场和位移场的主要特点。

(1)围岩二次应力场和位移场的计算方法。

围岩二次应力场可以用初始应力释放的办法通过固体力学计算确定。在围岩材料本构关系为线弹性的条件下,参考图 5-25,具体步骤可以描述如下。

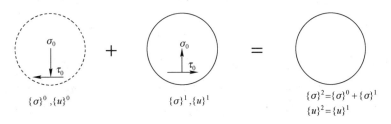

图 5-25　在自重应力作用下二次应力场和位移场的简化计算

① 首先,通过力学计算、地质力学分析和(或)现场量测,确定地层的初始应力场及相应的位移场,用 $\{\sigma\}^0$ 和 $\{u\}^0$ 代表。

② 开挖解除了洞室边界内部的约束,使边界上的法向和剪切应力消失。为了模拟这种初始应力的释放,在边界上分别施加与初始法向和剪切应力大小相等、方向相反的释放等效应力,计算在释放应力单独作用下的围岩应力和位移,称为开挖应力场,用 $\{\sigma\}^1$ 和 $\{u\}^1$ 代表。

③ 围岩的二次应力场是初始应力场和开挖应力场的叠加,即 $\{\sigma\}^2 = \{\sigma\}^0 + \{\sigma\}^1$。而由于开挖引起的(相对于初始状态,即以 $\{u\}^0$ 为起点)的位移场则可以表示为 $\{u\}^2 = \{u\}^1$。

另外一种等效的处理方法是:把地层初始应力和开挖应力一同计算,得到 $\{\sigma\}^*$,这就是二次应力场,即 $\{\sigma\}^2 = \{\sigma\}^*$;而开挖引起的位移场则应该从与 $\{\sigma\}^*$ 相应的位移场 $\{u^*\}$ 中刨除初始应力引起的位移场 $\{u\}^0$ 得到,即 $\{u\}^2 = \{u\}^* - \{u\}^0$。

(2)弹性围岩二次应力场和位移场的分布特点。

对于埋深较大的洞室,在开挖所影响的范围内,围岩自重应力的绝对值变化量相比其绝对值要小得多;因此可以近似地把地层初始应力场看作常应力场,常常可以取洞室中心处的自重应力作为代表。自重应力本属于体积力;但对于均质弹性地层,也可以把它简化成作用在无限远边界上的分布荷载,如图 5-26 所示。一般来说,这样简化所带来的计算误差在洞周附近是不大的,并且随着洞室埋深的增加而减小;当埋深大于 10 倍洞径时,该误差可以忽略不计。这样,对于均质弹性地层中某些规则形状洞室的平面问题,就可能比较方便地采用弹性力学办法求解出二次应力场和位移场分布的解析表达式。下面采用这种对地层重力场的简化,通过均质地层中深埋圆形洞室开挖影响的弹性解析解,介绍弹性二次应力场和位移场的分布特点。

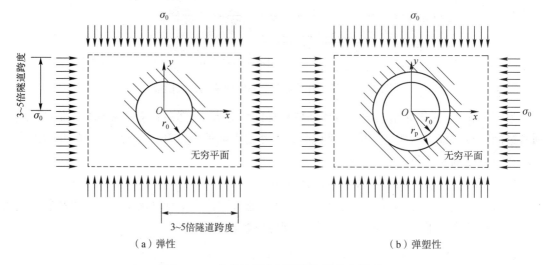

图 5-26　均质地层中圆形洞室的简化模型

当地层的侧向自重应力与竖向自重应力大小相等时(侧压力系数取 1.0),取初始(自重)地应力 $\sigma_x^0 = \sigma_y^0 = \sigma^0 = \gamma h_0$($h_0$ 为圆形洞室中心点的埋深)为作用在无限远边界上的均布荷载,圆形洞室围岩的二次应力和位移均呈轴对称分布,其弹性力学解答可以用极坐标 (r, θ) 表达为

$$\sigma_r = \gamma h_0 \left(1 - \frac{r_0^2}{r^2} \right) \tag{5-41a}$$

$$\sigma_\theta = \gamma h_0 \left(1 + \frac{r_0^2}{r^2} \right) \tag{5-41b}$$

$$\tau_{r\theta} = 0 \tag{5-41c}$$

$$u_r = \frac{\gamma h_0 r_0^2}{2Gr} \tag{5-41d}$$

$$u_\theta = 0 \tag{5-41e}$$

式中:σ_r 和 σ_θ 分别代表半径为 r(θ 任意)处的径向应力和环向应力(以压为正),$\tau_{r\theta}$ 为剪切应力(当作用面外法向与坐标轴正向一致时,与坐标轴负向一致的剪切应力方向为正),r_0 为洞室半径,u_r 和 u_θ 分别代表开挖引起的半径为 r(θ 任意)处的径向位移和环向位移(不含初始应力引起的位移,u_r 向洞室内为正,u_θ 顺时针为正),G 为围岩的剪切弹性模量。

由此可知:①二次应力是由初始应力和(开挖引起的)释放应力作用叠加而成,释放应力使径向应力减小,环向应力增加,并与半径的平方成反比;②开挖引起的径向位移在洞室边界处最大,随径向距离的增加而减小;③开挖面积(与 r_0 的平方成正比)与二次应力值和位移量成正比。

参考图 5-27(a),弹性二次应力的分布特点为:①径向应力在开挖边界处由初始应力释放为 0,随半径增加而增加,并在无限远处恢复为初始应力;②环向应力在开挖边界处增大为初始应力的两倍,随半径增加而减小,并渐进在无限远处恢复为初始应力。

(3) 弹塑性围岩二次应力场和位移场的分布特点。

在洞室开挖的影响下,如果围岩中某些地方的应力超出了围岩材料的弹性范围,该处围岩就会进入塑性状态,二次应力和位移必须通过弹塑性力学分析求得。下面将沿用前面关于符号和方向约定,介绍简化重力场下均质地层中深埋圆形洞室开挖影响的弹塑性二次应力场和位移场。

为了判断材料是否进入塑性状态,需要规定屈服准则。如果某点的应力状态满足了屈服准则,就认为该点已达到塑性状态。莫尔-库仑(Mohr-Coulomb)条件为剪切强度判据,是一种常用的岩土屈服准则,可以表示成

$$\tau - \sigma \cdot \tan \varphi - c = 0 \qquad (5\text{-}42)$$

式中:τ 和 σ 分别为材料微元中某截面上的剪切应力和法向压应力,c 和 φ 分别为材料的黏聚力和内摩擦角。

也可以利用材料屈服时应力圆与莫尔-库仑强度包络线相切的关系,用主应力的形式把式(5-42)表示为

$$\sigma_1 - \frac{1 + \sin \varphi}{1 - \sin \varphi}\sigma_3 - \frac{2\cos \varphi}{1 - \sin \varphi}c = 0 \qquad (5\text{-}43)$$

这里,假设 σ_1、σ_2 和 σ_3 分别为大主压应力、中主压应力和小主压应力,即 $\sigma_1 \geqslant \sigma_2 \geqslant \sigma_3$。

参考图 5-26(b),这里继续采用匀质无重地层中圆形洞室并在无限远处有各向相同初始应力的二维模型,且仍为轴对称问题。根据前面得到的弹性二次应力分布,可以看出,环向应力为大主应力,径向应力为小主应力,且围岩的塑性区应该是洞室边界附近的某个圆环范围。设塑性区的半径为 r_p(待定),注意到应力释放使洞室边界上的法向应力为 0,联合利用平衡微分方程和莫尔-库仑屈服准则,可得塑性区应力的控制方程

$$\sigma_\theta^p - \frac{1 + \sin \varphi}{1 - \sin \varphi}\sigma_r^p - \frac{2\cos \varphi}{1 - \sin \varphi}c = 0 \qquad (5\text{-}44)$$

$$\frac{\mathrm{d}\sigma_r^p}{\mathrm{d}r} + \frac{\sigma_r^p - \sigma_\theta^p}{r} = 0 \qquad (5\text{-}45)$$

$$\sigma_r^p \mid_{r=r_0} = 0 \qquad (5\text{-}46)$$

式中:σ_θ^p 和 σ_r^p 分别为塑性区的环向和径向应力。

由这些方程可以求得塑性区的径向和环向压应力分量为(剪应力分量为 0)

$$\sigma_r^p = \frac{R_c}{\xi - 1}\left[\left(\frac{r}{r_0}\right)^{\xi-1} - 1\right], r_0 \leqslant r \leqslant r_p \qquad (5\text{-}47a)$$

$$\sigma_\theta^p = \frac{R_c}{\xi - 1}\left[\xi\left(\frac{r}{r_0}\right)^{\xi-1} - 1\right], r_0 \leqslant r \leqslant r_p \qquad (5\text{-}47b)$$

式中:$R_c = 2c \cdot \cos \varphi/(1-\sin \varphi)$,为围岩的单轴极限抗压强度,$\xi = (1+\sin \varphi)/(1-\sin \varphi)$。

这里,塑性应力与初始应力无关,仅为围岩材料强度参数和开挖半径的函数。

把塑性区半径处的径向压应力记为 σ_{rp},即

$$\sigma_{rp} = \sigma_r^p \mid_{r=r_p} = \frac{R_c}{\xi - 1}\left[\left(\frac{r_p}{r_0}\right)^{\xi-1} - 1\right] \tag{5-48}$$

用推导式(5-41)相类似的弹性力学方法,可以得到弹性区的二次应力和开挖引起的位移为(剪应力为 0,环向位移为 0)

$$\sigma_r^e = \gamma h_0\left(1 - \frac{r_p^2}{r^2}\right) + \sigma_{rp} \cdot \frac{r_p^2}{r^2}, r_p \leqslant r < \infty \tag{5-49a}$$

$$\sigma_\theta^e = \gamma h_0\left(1 + \frac{r_p^2}{r^2}\right) - \sigma_{rp} \cdot \frac{r_p^2}{r^2}, r_p \leqslant r < \infty \tag{5-49b}$$

$$u_r^e = (\gamma h_0 - \sigma_{rp})\frac{r_p^2}{2Gr}, r_p \leqslant r < \infty \tag{5-49c}$$

可以看出,弹性区的应力是初始应力、开挖释放应力和塑性半径处塑性应力共同作用的结果。开挖释放应力的作用随半径的平方而衰减;塑性半径处塑性应力的作用也随半径的平方而衰减,但两者的影响方向相反,开挖释放应力的作用使环向应力增加、径向应力减小,而塑性半径处塑性应力的作用则刚好相反。

弹性区与塑性区交界面上的应力既要满足式(5-44)所表达的塑性区应力条件,又要满足下面的弹性条件,即

$$\sigma_r^e + \sigma_\theta^e = 2\gamma h_0 \tag{5-50}$$

联立求解式(5-44)和式(5-50),并考虑塑性区与弹性区交界面上应力的连续性条件,即可以推导出塑性区半径为

$$r_p = r_0\left[\frac{2}{\xi + 1} \cdot \frac{\gamma h_0(\xi - 1) + R_c}{R_c}\right]^{\frac{1}{\xi-1}} \tag{5-51}$$

可以看出,塑性区半径是初始应力、洞室半径和材料的强度参数的函数。

塑性区位移的求解与关于塑性区体积变形的假定有关。假定塑性区体积不变,则有

$$\varepsilon_r^p + \varepsilon_\theta^p + \varepsilon_z^p = 0 \tag{5-52}$$

把平面应变条件下轴对称问题的几何方程

$$\varepsilon_r^p = \frac{\mathrm{d}u_r^p}{\mathrm{d}r}, \varepsilon_\theta^p = \frac{u_r^p}{r}, \varepsilon_z^p = 0 \tag{5-53}$$

代入式(5-52),可得

$$\frac{\mathrm{d}u_r^p}{\mathrm{d}r} + \frac{u_r^p}{r} = 0 \tag{5-54}$$

积分并利用弹、塑性区交界面上的变形协调条件,可得塑性区的径向位移为(环向位移为 0)

$$u_r^p = (\gamma h_0 - \sigma_{rp})\frac{r_p^2}{2Gr}, r_0 \leqslant r \leqslant r_p \tag{5-55}$$

可见,在假设塑性区的体积应变为 0 的条件下,塑性区的位移表达式(5-55)与弹性区的位移表达式(5-49c)相同。

参考图 5-27(b),弹塑性解的特点为:①径向应力在开挖边界处由初始应力释放为 0,随半径增加而增加,并渐进在无限远处恢复为初始应力;②环向应力由于围岩的屈服在开挖边界

处降低为围岩的单轴极限抗压强度 R_c，在开挖边界与塑性半径之间（塑性区）随半径增加而增加，在塑性半径以外（弹性区）随半径增加而减小，并渐进在无限远处恢复为初始应力；③径向和环向应力均在塑性区半径处与弹性区应力保持连续。

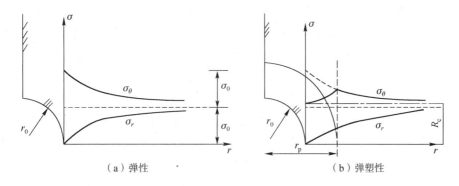

图 5-27　均质围岩中圆形洞室的二次应力分布

3. 支护抗力对围岩位移的控制

洞室的稳定与否，取决于围岩的二次应力和变形是否超过了围岩的强度和变形能力。如果二次应力的发展没有伴随围岩的坍落或过度变形，则单从围岩稳定的角度来看是没有必要设置支护结构的。但如果情况相反，围岩自身不能保持长期稳定，就必须施作支护控制围岩的变形、改善围岩的应力状态（支护使洞室周边围岩处在三维压应力状态，有利于发挥围岩的抗压能力）。支护与围岩共同变形而达到某种平衡，称为围岩-结构体系的三次应力状态。地层结构法就是在确定初始应力以后，以二次应力分析为基础，计算支护结构与围岩的共同作用，从而确定隧道结构体系的三次应力状态。

以图 5-26（b）所示的轴对称模型为例，假设塑性区已经形成，如果沿洞室边界设置均质等厚度的支护，设其沿圆周的均布径向抗力为 P_a，则通过与前面相似的过程，可以推导出塑性区半径为

$$r_p = r_0 \left[\frac{2}{\xi + 1} \cdot \frac{\gamma h_0(\xi - 1) + R_c}{P_a(\xi - 1) + R_c} \right]^{\frac{1}{\xi - 1}} \tag{5-56}$$

与式（5-51）比较可知，支护抗力使塑性区半径减小。当支护及时并具有足够刚度时，围岩不形成塑性区，$r_p = r_0$，由式（5-56）可以得到这时的支护抗力至少应为

$$P_a = \frac{2\gamma h_0 - R_c}{\xi + 1} \tag{5-57}$$

把塑性区半径处径向应力表达式（5-48）代入塑性区径向位移表达式（5-55），再把塑性区半径表达式（5-56）代入，即可得到在支护的作用下塑性区的径向位移；特别地，洞室边界处的径向位移可以表示为

$$u_r^p \big|_{r=r_0} = \frac{r_0}{2G}(\gamma h_0 \sin \varphi + c \cdot \cos \varphi) \left[(1 - \sin \varphi) \frac{\gamma h_0 + c \cdot \cot \varphi}{P_a + c \cdot \cot \varphi} \right]^{\frac{1 - \sin \varphi}{\sin \varphi}} \tag{5-58}$$

这就是洞室边界处径向位移与支护抗力之间的关系式。

对于给定地层和洞室条件，支护时间和支护刚度是影响三次应力和位移状态的决定性

因素。

4. 地层结构模型的有限单元法

在上面关于二次和三次应力场和位移场的分析过程中,由于考虑的问题只涉及比较简单的材料模型、几何形状、边界条件,所以可以比较简单地求得解析解。实际地下结构的地层结构模型分析往往需要考虑比较复杂的材料模型、几何形状、边界条件,一般是没有办法求出解析解的;因而就必须使用数值方法。数值方法以对连续体的离散化分析为基础,不同的离散化分析方法对应不同的数值方法,这里仅采用有限单元法简单介绍地层结构模型边值问题分析的一些主要特点。至于地层结构模型边值问题的计算过程,与一般边值问题的有限元法没有什么差别:通过单元分析建立单元刚度方程,根据位移协调条件组建总体刚度方程,引入边界条件并求解,得到各节点的位移,然后再利用节点位移通过单元刚度方程获得单元节点力,通过单元应力方程获得单元应力,通过单元应变方程获得单元应变。

1) 计算范围的选取

有限单元法的模型只能是空间有限的区域,而地下结构周围的地层相对而言是无限大或半无限大(深埋或浅埋)的;因此必须选择某个有限的计算范围建立有限单元模型。这个计算范围的边界应该离地下结构足够远,设在几乎不受地下工程影响的地方。经验表明,一般来说,在离洞室中心3~5倍于洞室特征尺寸(最大内径)以外的地方,地下工程的影响足够小,如图5-28所示。在这样足够远的边界上,可以认为地下工程不会改变地层的初始状态,按固定或滑动约束处理。当然,如果洞室上覆地层的厚度较小,3~5倍洞室特征尺寸的范围可能已经超过了地表,也只需把地表取作模型的上边界,并根据有或没有地面荷载而按给定应力边界或自由边界处理。

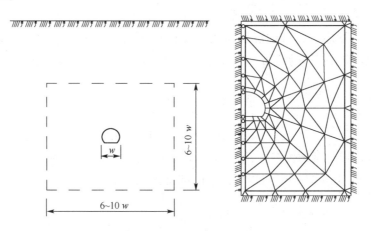

图5-28   有限单元模型范围及边界条件的选择(假设洞室的跨度 w 为洞室的特征尺寸)

2) 单元类型的选择

可以用二维平面单元(平面应变或平面应力问题)或三维实体单元(三维问题)来对计算范围内的地层进行离散化分析。

对于如喷射混凝土或模筑混凝土之类的(外接触式)面式支护结构,可以采用与地层单元相协调的实体单元,也可以采用直梁单元。后者的特点是可以直接计算出支护结构的轴力、弯

矩和剪力。但是,因为梁单元允许节点发生转动,而(平面或实体)地层单元只允许节点发生
线位移;故两者在公共节点处不能直接满足位移协调条件,需要特殊处理。一种处理方法是用
只能承受轴力和发生轴向变形的杆单元在两端分别与梁单元节点和地层单元节点铰接,即可
达到公共节点的位移协调。当然,也可以把这种杆单元看成是对模筑混凝土背后注浆层或其
他回填层的模拟。

　　参考图 5-29,对于如锚杆之类的(内接触式)线式支护构件,可以用二力杆单元模拟。例
如,预应力或端头锚固式锚杆可以用一个在两端作用有集中力的杆单元来代表,全长黏结式锚
杆可以用若干个彼此铰接,但与地层单元节点刚性相连的杆单元来模拟。

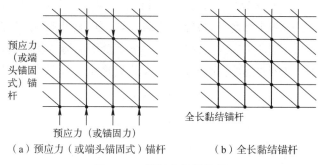

（a）预应力（或端头锚固式）锚杆　　　　（b）全长黏结锚杆

图 5-29　锚杆支护的模拟

3) 开挖效应的模拟

　　洞室的开挖释放了洞室边界上的初始应力,在计算中可以通过在开挖边界上施加与初始
作用力大小相等,方向相反的释放荷载来模拟这种应力释放。参考图 5-30 所示的平面问题,
设开挖边界上各节点的初始应力已经确定(为了简化表达,这里假定为均匀应力场;对不均匀
应力场可按类似方法处理),则某节点 i 处的典型释放荷载可以表示为

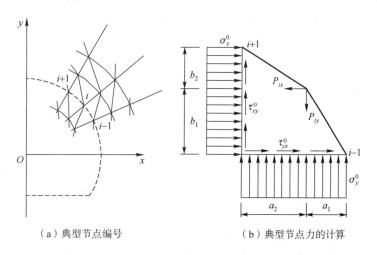

（a）典型节点编号　　　　　　　　（b）典型节点力的计算

图 5-30　开挖释放应力的计算

$$p_{ix} = \frac{1}{2} \left[\sigma_x^0 (b_1 + b_2) + \tau_{xy}^0 (a_1 + a_2) \right] \tag{5-59a}$$

$$p_{iy} = \frac{1}{2} \left[\sigma_y^0 (a_1 + a_2) + \tau_{xy}^0 (b_1 + b_2) \right] \tag{5-59b}$$

如果直接知道的是单元内部的初始应力值,可以先对位于开挖边界一侧(内侧或外侧)的单元,把单元内部初始应力转换成单元节点力,再将交汇于开挖节点的各单元节点力分量的代数和作为该节点的释放荷载,即

$$p_{ix} = - \sum_e f_{ix}^e \tag{5-60a}$$

$$p_{iy} = - \sum_e f_{iy}^e \tag{5-60b}$$

式中,f_{ix}^e 和 f_{iy}^e 分别代表单元 e 在节点 i 处的 x 方向和 y 方向单元节点力分量。

如果考虑开挖与支护的时间效应,则释放荷载的取值应视支护结构的设立时间而定。如果支护是在开挖后瞬时设置的,则支护结构单元将承受全部的释放荷载;如果支护是在开挖之后某个时刻设立的,则支护结构承受的释放荷载应该只是全部释放荷载中尚未释放掉的那个部分。

第6章 交通地下工程支护结构类型及参数设计

6.1 地下工程围岩与支护结构的共同作用

地下工程开挖时,由于临空面的形成,围岩开始向洞内产生位移,这种位移称之为收敛。若岩体强度高,整体性好,断面形状有利;岩体的变形发展到一定程度,就将自行终止,围岩是稳定的。反之,岩体的变形将自由地发展下去,最终导致围岩整体失稳而破坏。在这种情况下,应在开挖后适时地沿周边设置支护结构,对岩体的移动产生抗力(阻力),形成约束。相应地,支护结构也将承受围岩所给予的反力,并产生变形。支护结构变形后所能提供的抗力(阻力)会有所增加,而围岩却在变形过程中释放了部分能量,进一步变形的趋势有所减弱,需要支护结构提供的阻力及支护结构所承受的反力都将降低。如果支护结构有一定的强度和刚度,这种围岩和支护结构的相互作用会一直延续到支护所提供的阻力与围岩应力之间达到平衡为止,从而形成一个力学上稳定的地下结构体系。

假定在开挖的同时,支护结构立即施设并发挥作用。在支护结构具有极大刚度的情况下,围岩可以一点也不产生变形;但支护结构必须使围岩保持在原来的初始应力状态,因而支护结构所受到的反力也必然等于围岩中初始应力所形成的全部压力。反之,支护结构施设得过迟,或它的刚度过小,都将会引起围岩结构松弛,自承能力下降,所需的支护阻力或支护结构的受力又将增大。所以,要经济合理地设计支护结构,必须进一步研究地下工程围岩的收敛和支护结构的约束作用的机理。

6.1.1 围岩特征曲线

由式(5-58)可知,在洞周部分围岩产生塑性区后,隧道壁径向位移不仅与岩体的物理参数 c、ϕ、γ,隧道尺寸 r_0 和埋深 h_0 有关,而且还取决于支护阻力 P_a 的大小。

现在来研究支护阻力 P_a 对围岩位移状态的影响。假定 $\gamma h_0 = 10.0$ MPa,$E = 10^4$ MPa,$\nu = 0.2$,$c = 1.5$ MPa,$\phi = 30°$。根据莫尔-库仑塑性判据可以断定,围岩的二次应力场使洞周围岩形成塑性区。按式(5-58)就可画出弹塑性状态下,支护阻力与洞壁的相对径向位移的关系曲线,如图6-1中虚线所示。从图6-1中可以发现:①在形成塑性区后,无论加多大的支护阻力都不能使围岩的径向位移为0;②不论支护阻力如何小(甚至不设支护),围岩的变形如何增大,围岩总是可以通过增大塑性区范围来取得自身的稳定而不致坍塌。

这两点显然与客观实际有出入。首先,根据式(5-57)可知,如隧道开挖后立即支护并起作用,只要支护阻力 $P_a = (2\gamma h_0 - R_c)/(\xi + 1)$,围岩内就可以不出现塑性区,当支护阻力等于围岩的初始应力时,洞壁径向位移就为0;其次,实践证明,任何级别的围岩都有一个极限变形量 u_l,超过这个极限值,岩体的 c、ϕ 值将急剧下降,造成岩体松弛和坍落。而在较软弱的围岩中,这个极限值一般都小于无支护阻力时洞壁的最大计算径向位移量 u_{max}。因此,在洞壁的径向位移超过 u_l 后,围岩就将失稳。如果在此时进行支护以稳定围岩,无疑其所需的支护阻力必将增大。也就是说,这条曲线到达 u_1 后不应该再继续下降而是上升。

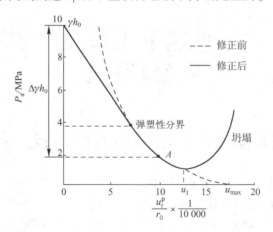

图 6-1　修正前与修正后的 P_a-u_r^p/r_0 关系曲线

鉴于上述原因,可以将弹塑性状态的径向位移与支护阻力的理论曲线做如下适当修正。

（1）在 $P_a \geqslant (2\gamma h_0 - R_c)/(\xi+1)$ 阶段改用直线,以表示它处于弹性状态,可以用弹性力学的厚壁筒的公式来确定支护阻力 P_a 与洞壁径向位移的关系,即

$$u_r^e|_{r=r_0} = \frac{1}{2G}(\gamma h_0 - P_a)r_0 \tag{6-1}$$

（2）洞壁径向位移超过 u_1 后,改用一个上升的凹曲线表示,说明随着位移的发展,所需的支护阻力将大增。遗憾的是,虽经多年努力,提出过各种假设;但对于超过极限变形量后所需支护阻力的真实情况仍然很不清楚。所以,这段曲线性态只能任意假定。不过,如此做法并不影响我们对围岩与支护结构相互作用的分析。

当然,在 $u_{\max} < u_1$ 的情况下,就不必做第(2)项修正。

修正后的 P_a-u_r^p/r_0 关系曲线在图 6-1 中以实线表示。从图 6-1 中可以看出,随 u_r^p/r_0 的增大,P_a 逐渐减小,超过 u_1/r_0 后,P_a 又逐渐增大;反之,随着 P_a 的增大,u_r^p/r_0 也逐渐减小。可以认为这条曲线形象地表达了支护结构与围岩之间的相互作用:在极限位移范围内,围岩允许的位移大了,所需的支护阻力就小,而应力重分布所引起的大部分后果由围岩所承担,如图 6-1 中的 A 点,围岩所承担的部分为 $\Delta\gamma h_0$;围岩允许的位移小了,所需的支护阻力就大,围岩的承载能力则得不到充分发挥。所以可以称这条曲线为支护需求曲线或围岩特征曲线。

应该指出,上述的分析是在理想条件下进行的,例如,假定洞壁各点的径向位移都相同,又如假定支护需求曲线与支护的刚度无关等。事实上,即使在标准固结的黏土中,洞壁各点的径向位移相差也很大,也就是说洞壁的每一点都有自己的支护需求曲线。再说支护阻力是支护结构与围岩相互作用的产物,而这种相互作用与围岩的力学性质有关,当然也取决于支护结构的刚度,不能认为支护结构只有阻力而无刚度。不过,尽管存在这样一些不准确的地方,但上述的围岩与支护结构相互作用的机理仍是有效的。

6.1.2　支护结构的补给曲线(支护特征曲线)

以上所述乃是隧道围岩与支护结构共同作用的一个方面,即围岩对支护的需求情况。现在分析它的另一个方面,即支护结构可以提供的约束能力。任何一种支护结构,如钢拱支撑、

锚杆、喷射混凝土层、模板灌注混凝土衬砌等,只要有一定的刚度,并和围岩紧密接触,总能对围岩变形提供一定的约束力,即支护阻力。但由于每一种支护形式都有自己的结构特点,因而可能提供的支护阻力大小与分布,以及它随支护变形而增加的情况都有很大的不同。

现仍以圆形隧道为研究对象,并假定围岩给支护结构的反力也是径向匀布的。因此,这还是一个轴对称问题。相对于围岩的力学特性而言,可以认为混凝土或钢支护结构的力学特性是线弹性的,也就是说作用在支护结构上的径向均布压力 P_a 与它的径向位移 u_s 呈线性关系,即

$$P_a = K_s \cdot \frac{u_s}{r_0} \tag{6-2}$$

式中,K_s 为支护结构的刚度。

因为这里只考虑径向匀布压力,所以 K_s 中只包含支护结构受压(拉)刚度。若隧道周边的收敛不均匀,则支护结构的弯曲刚度就成为主要的了。不同的支护结构形式将有不同的 K_s 值,举例如下。

1. 混凝土或喷射混凝土的支护结构

厚度为 d_c 的模注混凝土衬砌或喷射混凝土支护,如果构筑在半径为 r_0 的隧道内侧,当 $d_c/r_0 \leq 0.04$ 时,可采用薄壁筒的公式来计算支护结构的受压刚度(见图6-2),即

$$K_s = \frac{E_c \cdot d_c}{r_0(1-\nu^2)} \tag{6-3}$$

它能提供的最大支护阻力 $P_{a,\max}$ 为

$$P_{a,\max} = d_c R_c / r_0 \tag{6-4}$$

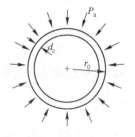

图 6-2　支护结构的
薄壁筒计算图式

式中,E_c 和 R_c 分别是混凝土或喷射混凝土的弹性模量和抗压强度。

当 $d_c > 0.04\, r_0$ 时,应按厚壁筒公式计算,这里从略。

2. 灌浆锚杆

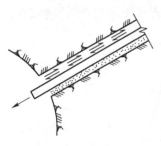

图 6-3　灌浆锚杆的
力学作用机理

灌浆锚杆的受力变形情况是比较复杂的,它对围岩变形的约束力是通过锚杆与胶结材料之间的剪应力来传递的,所以在围岩向隧道内变形过程中锚杆始终是受拉的(见图6-3)。同时,锚杆所能提供的约束力必然与灌浆的质量直接有关。因此,目前在评价锚杆的力学特性时,只能通过现场的拉拔试验。在无试验条件时,亦可参考下列近似公式来确定锚杆的受拉刚度,此时假定锚杆是沿隧道周边均匀分布的,即

$$K_s = \frac{E_s \pi d_B^2}{4l} \cdot \frac{r_0}{s_a \cdot s_e} \Psi \tag{6-5}$$

式中,Ψ 是大于1的系数,表示灌浆后所增加的刚度,E_s 是钢筋的弹性模量,d_B、s_a、s_e、l 分别是锚杆的直径、纵向间距、横向间距、长度。

锚杆最大的抗拔力只能参考以往类似的工程实例确定。

3. 组合式支护结构

如采用喷射混凝土和锚杆联合支护,其组合的支护刚度为

$$K_s = \frac{E_c \cdot d_c}{r_0(1-\nu^2)} + \frac{E_s \pi d_B^2}{4l} \cdot \frac{r_0}{s_a \cdot s_e} \cdot \Psi \tag{6-6}$$

式中,符号意义同前。它能提供的最大支护阻力也是两者之和。

在已知支护结构的刚度后,根据式(6-2)即可画出支护结构提供约束的能力和它的径

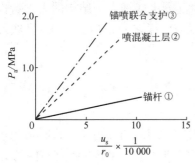

图 6-4 不同支护结构的支护特征曲线

向位移 u_s/r_0 的关系曲线。假设 $E_c = 2.4 \times 10^4$ MPa, $d_c = 0.2$ m, $E_s = 2.1 \times 10^5$ MPa, $R_c = 40$ MPa, $s_a = s_e = 10$ m, $l = 3.0$ m,隧道半径 $r_0 = 5.0$ m。按式(6-3)~式(6-6),则各类支护结构的 P_a-u_s/r_0 曲线如图 6-4 所示。由图 6-4 可知,支护结构所能提供的支护阻力随支护结构的刚度而增大,所以这条曲线又称为支护结构的补给曲线,或称为支护特征曲线。

通常,支护结构都是在隧道围岩已经出现一定量值的收敛变形后才施设的。若用 u_0 表示这个初始径向位移,则支护结构的支护阻力与径向位移的关系可改写为

$$P_a = \frac{K_s(u_s - u_0)}{r_0} \tag{6-7}$$

同时,也应将支护特征曲线的起始点移至 $(0, u_0)$ 处。

6.1.3 围岩与支护结构的相互作用

有了围岩特征曲线和支护特征曲线,就可以进一步分析围岩与支护结构如何在相互作用的过程中达到平衡状态(见图 6-5)。初期(图 6-5 中的 A 点),围岩所需的支护约束力很大,而一般支护结构所能供给的则很小。因此,围岩继续变形,在变形过程中支护结构的约束阻力进一步增长,如果支护结构有足够的强度和刚度,则围岩特征曲线和支护特征曲线会相交于一点,而达到平衡,这个交点应在 u_1 或 u_{max} 之前。随着时间的推移,围岩性质恶化,锚杆锈蚀等,这个平衡状态还将调整。

下面对图 6-5 做进一步分析。

(1)不同刚度的支护结构与围岩达成平衡时的 P_a 和 u_s 是不同的。刚度大的支护结构承受较大的围岩反力(压力);反之,柔性较好的支护结构所承受的围岩压力要小得多。所以,我们在工程中强调采用柔性支护以节约成本;但它也应有必要的刚度,以便有效地控制围岩变形,从而达到稳定。图 6-5 中锚杆的支护特征曲线没有能和围岩特征曲线相交,如图中曲线①,说明了锚杆的刚度太小,它所能提供的支护阻力满足不了围岩稳定的需要,这种供不应求的状况最终将导致围岩失稳。当然,增加支

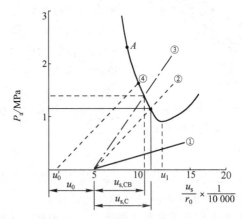

C—喷射混凝土支护;CB—喷射混凝土和锚杆联合支护。

图 6-5 围岩特征曲线与不同支护结构的支护特征曲线

护结构的刚度并不总是意味着要增加支护结构的尺寸和数量,重要的是支护结构及早地闭合成环。

（2）同样刚度的支护结构,架设的时间不同,最后达成平衡的状态也是不同的,如图 6-5 中的曲线②和④。支护结构架设得越早,它所承受的围岩压力就越大。但这不等于说支护结构参与相互作用的时间越迟越好,因为初始变形不加控制会导致围岩迅速松弛而崩坍。因此,原则上要尽早地施作初期支护,以控制围岩的初始变形在适当的范围内。当然,这个范围的大小视岩体的特性和洞室的埋深而变。例如,在埋深较大的塑性岩体中,即使变形已达到 0.2～0.3 m,岩体还在应力释放的过程中,此时只要能够逐步控制它的变形速度就可以了。过早地架设刚度较大的支护结构,反而有可能因受力过大而破坏。

6.2　支护结构的设计原则

支护结构的基本作用就是和围岩一起组成一个有足够安全度的地下结构体系,能承受可能出现的各种荷载,保持地下工程断面的使用净空。同时,支护结构还能防止围岩质量的进一步恶化。因此,任何一种类型的支护结构都应具有与上述作用相适应的构造、力学特性和施工的可能性。

6.2.1　对支护结构的基本要求

根据围岩与支护结构相互作用的机理知道,一个理想的支护结构所应满足的基本要求如下。

（1）必须能与围岩大面积地牢固接触,即保证支护结构与围岩作为一个整体进行工作。例如,喷射混凝土支护、无回填层的泵灌混凝土衬砌基本上都能满足这个要求。由于全面牢固接触,这两种支护结构都能提供比较均匀的径向约束力及切向约束力,对于改善围岩应力状态、促进围岩稳定,效果都比较好;同时作用在支护结构上的围岩压力也比较均匀,对改善支护结构的受力状态十分有利。

又如钢拱支撑,虽然通过楔形垫块可以做到与围岩在某些点上紧密接触,但不能满足全面接触的要求和提供切向约束力。它的支护效果主要取决于楔块的软硬、数目、分布及楔紧的程度。一般来说,楔块数目越多,楔得越紧,则越接近全面接触,所提供的径向约束力也均匀,支护效果亦好。

过去工程中常用的木支撑和模板灌注混凝土衬砌,因为其施工工艺原因很难做到牢固接触,所以支护效果较差。其由于接触点不固定,围岩压力极不均匀,常常造成衬砌受力异常,发生开裂甚至丧失使用功能。

现代的支护结构设计理论都是以全面接触为出发点的,因此应尽量选用能达到这个要求的结构形式和施工工艺。

（2）要允许地下结构体系能产生有限制的变形,以充分发挥围岩的承载能力而减少支护结构的作用,使两者更加协调地工作。因此,现代支护结构的刚度相对偏小,如隧道衬砌厚度一般为隧道直径的 3%～4%,而过去所采用的刚性衬砌,其厚度约为隧道直径的 8%。虽然支护结构的厚度减小了,但不影响支护结构的承载能力。因为柔性的支护结构可以调整围岩的变形,使围岩与支护结构之间的作用力和反作用力分布均匀,所以支护结构主要受压而弯矩很小。当然,这种柔性支护结构的柔度也应该有一定的限度,绝不是越柔越好。

（3）要能分期施工,并使早期支护和后期支护相互配合,主动控制围岩的变形。上面曾经指出,围岩的变形是随着时间的推移而逐渐发展的,因此开挖的早期要能适时地进行初次支护,其刚度不宜过大,应能让围岩产生一定的变形量。当这种变形发展到一定程度时,初次支护可能因强度不足而产生问题,要能随时补强直到变形趋于基本稳定后再做后期支护结构。这种可分式的支护结构不仅使作业灵活,而且可以保证支护结构的经济性和合理性。

在新奥法(NATM)之前的传统工法施工阶段,工程中多采用木支撑作为早期支护,但在大多数情况下是用完后拆除的,它不能和后期支护成为整体。而且,在拆除已承载的支护过程中会造成围岩再度变形而坍塌。所以,木支撑是不符合要求的,作为正式的早期支护,目前工程上已经很少采用。

最后,作为支护结构还要满足易于架设,构件可以互换,断面类型单一等施工技术上的要求。

当然,某一种支护结构要完全满足上述要求是很困难的,这就要求我们对各种类型的支护结构有一个正确评价,以便根据变化的地质条件加以合理的选择。

6.2.2 支护结构类型的选择和设计

地下工程支护结构的类型较多,但目前常用的有木支撑、钢支撑、锚杆和钢筋网支护、喷射混凝土和混凝土支护,以及上述支护所组成的复合式结构。

木支撑由于其自身的弱点,现在地下工程中很少用其作为正式的早期支护,只是在塌方抢救时用来作为临时支撑。

钢支撑基本上有两种形式,一种是用型钢做成的钢拱,另一种是用钢筋焊成的格栅拱。它们都可以迅速架设,并能提供足够的支护阻力。钢支撑与围岩的接触条件取决于楔块的数目和楔块打紧的程度。钢支撑现在主要用来作为早期支护,但在大多数情况下都是将其灌入混凝土,作为永久支护结构的一部分。

锚杆是一种特殊的支护类型,它主要是起加固岩体的作用,只有预应力和两端锚固型锚杆才能形成主动的支护阻力。锚杆安装迅速并能立即起作用,故广泛地被用作早期支护,尤其适应于多变的地质条件、块裂岩体及形状复杂的地下洞室。而且锚杆不占用作业空间,洞室的开挖体积要比使用其他类型支护结构时小。锚杆和围岩之间虽然不是大面积接触,但其分布均匀,从加固岩体的角度来看,它能使岩体的强度普遍提高。

一般来说,锚杆所提供的支护阻力比较小,尤其不能防止小块塌落,所以它经常和钢筋网同时使用,如能与喷射混凝土联合使用效果更佳。

喷射混凝土支护中有素喷混凝土支护和纤维(钢纤维、聚丙烯纤维等)喷混凝土支护两种。因素喷混凝土的抗拉伸和弯曲的能力较低,抗裂性和延性较差,因此素喷混凝土通常都配合金属网一起使用。钢纤维喷混凝土是指在混凝土中加入占其总体积 1% ~ 2%,直径为 0.25 ~ 0.4 mm,长为 20~30 mm,端部带钩或断面形状奇特的钢丝纤维的一种新型混凝土。它的抗拉、抗弯及韧性比素喷混凝土高 30% ~ 120%,故可取消喷射混凝土内的钢筋网。这对提高喷射混凝土支护的密实度大有好处,因为钢筋网后面不易喷到。

喷射混凝土支护施喷迅速,能与围岩紧密结合,并具有足够的柔性,对岩体条件和隧道形状具有很好的适应性;而且这种支护可根据它的变形情况随时补喷加强。喷混凝土支护主要用作早期支护,对通风阻力要求不高的隧道也可用作后期支护。

立模板灌注混凝土支护有人工灌注支护和混凝土泵灌注支护两种。后者因取消了回填层,故能和围岩大面积牢固接触,是当前比较通用的一种支护形式。因工艺和防水要求,立模板灌注混凝土支护的厚度一般都不小于 25~40 cm,所以刚度大,强度高,表面光滑。但由于现浇混凝土需要有一定的硬化时间(不小于 8 h),不能立即承受荷载,故这种支护结构通常都用作后期支护,在早期支护的变形基本稳定后再灌注,或用于围岩稳定无需早期支护的场合。

复合式支护结构的种类较多,但都是上述基本支护结构的某种组合,这里就不重复叙述。

支护结构类型的选择应根据客观需要和实际可能相结合的原则。客观需要是指围岩和地下水的状况,实际可能就是支护结构本身的能力、适应性、经济性及施工的可能性。

在设计支护结构时应注意以下两个方面。

(1) 最好将支护结构设计成封闭式的。众所周知,封闭式结构具有最佳的抵抗变形的能力,即使在厚度较小时,亦能提供较大的支护阻力。所以,在软弱岩体、塑性或流变岩体和膨胀性岩体中,以及在围岩压力较大条件下,支护结构必须封闭。

(2) 对于抗拉性能较差的混凝土类支护结构,应尽量避免受弯矩作用。首先,支护结构应尽量设计得薄一些,如果需要加强的话,亦不应增加其厚度,而应通过配筋来解决;其次,支护结构应设计得圆顺些,断面尽量接近圆形,岩体越差,围岩压力越大,就越需要这样做;最后,可以在支护结构中设置铰或纵向伸缩缝,增加支护结构的柔性,减少弯矩,但必须结合地下工程的防水要求一并考虑。目前,支护结构中铰的防水问题仍是个难点。

6.3　铁路隧道支护类型的选择和设计参数

《铁路隧道设计规范》(TB 10003—2005)规定:隧道应采用曲墙式衬砌,其衬砌类型应优先采用复合式衬砌,地下水不发育的 Ⅰ、Ⅱ 级围岩的短隧道,可采用喷锚衬砌。衬砌结构的形式及尺寸,可根据围岩级别、水文地质条件、埋置深度、结构工作特点,结合施工条件等,通过工程类比和结构计算确定,必要时,还应经过试验论证。

(1) 复合式衬砌设计,应符合下列规定。

① 复合式衬砌设计应综合考虑包括围岩在内的支护结构、断面形状、开挖方法、施工顺序和断面闭合时间等因素,力求充分发挥围岩的自承能力。

② 复合式衬砌的初期支护,宜采用喷锚支护;二次衬砌宜采用模筑混凝土,二次衬砌宜为等厚截面,连接圆顺。

③ 各级围岩在确定开挖断面时,除应满足隧道建筑限界要求外,还应预留适当的围岩变形量,其量值可根据围岩级别、隧道宽度、埋置深度、施工方法和支护情况等条件,采用工程类比法确定。当无类比资料时,可参照表6-1采用。

表 6-1　预留变形量　　　　　　　　　　　　　　　　　　单位:mm

围岩级别	单线隧道	双线隧道
Ⅱ	—	10~30
Ⅲ	10~30	30~50
Ⅳ	30~50	50~80
Ⅴ	50~80	80~120
Ⅵ	由设计确定	由设计确定

说明:(1) 深埋、软岩隧道取大值,浅埋、硬岩隧道取小值。

(2) 有明显流变、原岩应力较大和膨胀性围岩,应根据量测数据反馈分析确定。

④ 复合式衬砌初期支护及二次衬砌的设计参数,可采用工程类比确定,并通过理论分析进行验算,当无类比资料时,可参照表6-2与表6-3选用,并应根据现场围岩量测信息对支护参数做必要的调整。

表 6-2　单线隧道复合式衬砌的设计参数

围岩级别	初期支护							二次衬砌厚度/cm	
	喷射混凝土厚度/cm		锚杆			钢筋网	钢架	拱、墙	仰拱
	拱、墙	仰拱	位置	长度/m	间距/m				
Ⅱ	5	—	—	—	—	—	—	25	—
Ⅲ	7	—	局部设置	2.0	1.2~1.5	—	—	25	—
Ⅳ	10	—	拱、墙	2.0~2.5	1.0~1.2	必要时设置@25×25	—	30	40
Ⅴ	15~22	15~22	拱、墙	2.5~3.0	0.8~1.0	拱、墙、仰拱@20×20	必要时设置	35	40
Ⅵ	通过试验确定								

表 6-3　双线隧道复合式衬砌的设计参数

围岩级别	初期支护							二次衬砌厚度/cm	
	喷射混凝土厚度/cm		锚杆			钢筋网	钢架	拱、墙	仰拱
	拱、墙	仰拱	位置	长度/m	间距/m				
Ⅱ	5~8	—	局部设置	2.0~2.5	1.5	—	—	30	—
Ⅲ	8~10	—	拱、墙	2.0~2.5	1.2~1.5	必要时设置@25×25	—	35	45
Ⅳ	15~22	15~22	拱、墙	2.5~3.0	1.0~1.2	拱、墙、仰拱@25×25	必要时设置	40	45
Ⅴ	20~25	20~25	拱、墙	3.0~3.5	0.8~1.0	拱、墙、仰拱@20×20	拱、墙、仰拱	45	45
Ⅵ	通过试验确定								

说明:(1) 当采用钢架时,宜选用格栅钢架,钢架设置间距宜为 0.5~1.5 m。

(2) 对于Ⅳ、Ⅴ级围岩,可视情况采用钢筋束支护,喷射混凝土厚度可取小值。

(3) 钢架与围岩之间的喷射混凝土保护层厚度不应小于 4 cm;临空一侧的混凝土保护层厚度不应小于 3 cm。

(2) 喷锚衬砌设计,应符合下列规定。

① 喷锚衬砌内部轮廓应比整体式衬砌适当放大,除考虑施工误差和位移量外,应再预留 10 cm 作为必要时补强用。

② 遇下列情况,不应采用喷锚衬砌:

● 地下水发育或大面积淋水地段;

● 能造成衬砌腐蚀或膨胀性围岩的地段;

● 最冷月平均气温低于-5 ℃地区的冻害地段;

● 有其他特殊要求的隧道。

③ 喷锚衬砌的设计参数,可参照表 6-4 选用。

表 6-4　喷锚衬砌的设计参数

围岩级别	单线隧道	双线隧道
Ⅰ	喷射混凝土厚度 5 cm	喷射混凝土厚度 8 cm,必要时设置锚杆,锚杆长 1.5~2.0 m,间距 1.2~1.5 m
Ⅱ	喷射混凝土厚度 8 cm,必要时设置锚杆,锚杆长 1.5~2.0 m,间距 1.2~1.5 m	喷射混凝土厚度 10 cm,锚杆长 2.0~2.5 m,间距 1.0~1.2 m,必要时设置局部钢筋网

说明:(1)边墙喷射混凝土厚度可略低于表列数值,当边墙围岩稳定时,可不设置锚杆和钢筋网。

(2) 钢筋网的网格间距宜为 15~30 cm,钢筋网保护层厚度不应小于 3 cm。

（3）整体衬砌设计,应符合下列规定。

① 单线隧道洞口段,当线路中线与地形等高线斜交,围岩为Ⅰ~Ⅲ级时,可采用斜交衬砌。双线斜交衬砌的选用应慎重考虑。

② 最冷月平均气温低于-15 ℃的地区,应根据情况设置变形缝。

③ 各级围岩地段拱部衬砌背后应压注强度不低于 M20 的水泥砂浆。

（4）初期(施工)支护的组成应根据围岩的性质及状态、地下水情况、隧道断面尺寸及其埋置深度等条件确定。

① 系统锚杆应沿隧道周边均匀布置,在岩面上按梅花形布置,其方向应接近于径向或垂直岩层,并应根据使用目的和围岩性质及状态等确定锚杆的类型、锚固方式、长度等,尤其对软弱围岩、自稳时间短、初期变形大的地层,应采用长锚杆或自钻式锚杆注浆加固围岩。

② 自稳时间短、初期变形大的地层,或对地面下沉量有严格限制时,应采用钢架。根据围岩条件的不同,可选择仅在隧道拱部设置的钢架或在拱部及墙部设置的开口式钢架。在软弱围岩中应采用封闭式钢架。格栅钢架主筋的直径不宜小于 18 mm,各排钢架间应设置钢拉杆,其直径宜为 20~22 mm。

③ 松散、破碎或膨胀性围岩中宜采用钢筋网喷射混凝土作初期支护,其厚度不宜小于 10 cm,钢筋网应以直径 6~8 mm 的钢筋焊接而成,网格间距宜为 15~30 cm,钢筋网搭接长度应为 1~2 个网孔。

（5）衬砌仰拱应具有与其使用目的相适应的强度、刚度和耐久性。仰拱厚度宜与拱、墙厚度相同。

Ⅲ~Ⅵ级围岩隧道的仰拱,其初期支护宜采用钢筋网喷射混凝土,必要时宜加设锚杆、钢架或采用早强喷射混凝土;二次衬砌应采用模筑混凝土。

在软弱围岩有水地段或最冷月平均气温低于-15 ℃地区的洞口段,仰拱应加强。

（6）隧道仰拱与底板施工应符合下列要求：

① 在仰拱或底板施作前,必须将隧底虚碴、杂物、积水等清除干净,超挖部分应采用同级混凝土回填与找平;

② 仰拱应超前拱墙衬砌施作,其超前距离宜保持 3 倍以上衬砌循环作业长度;

③ 仰拱或底板施工缝、变形缝处应做防水处理,其工艺按有关规定办理;

④ 仰拱或底板施作应各段一次成型,不得分部灌筑。

（7）隧道喷射混凝土应在开挖后及时进行,宜采用湿喷工艺。

（8）隧道拱、墙背回填应符合下列规定：

① 拱部范围与墙脚以上 1 m 范围内的超挖,应用同级混凝土回填;

② 其余部位的空隙,可视围岩稳定情况、空隙大小,采用混凝土、片石混凝土回填;

③ 拱部局部坍塌严禁采用浆砌片石回填。

（9）特殊岩土和不良地质地段的隧道衬砌设计,应符合下列规定。

① 黄土地区的隧道,应视黄土分类、物理力学性能和施工方法等确定衬砌结构,并应采用曲墙有仰拱的衬砌,曲墙衬砌的边墙矢高不应小于弦长的 1/8。

黄土隧道宜采用复合式曲墙带仰拱衬砌,其初期支护宜采用钢架、钢筋网喷射混凝土和锚杆支护,单线隧道喷层厚度不得小于 10 cm,双线隧道不应小于 15 cm,钢筋网钢筋直径宜为 6~12 mm。设锚杆时,其长度宜为 2.5~4 m,支护沿纵向每隔 5~10 m 应设置环向变形缝,其宽度宜为 10~20 mm。

位于隧道附近地表的冲沟、陷穴、裂缝应予回填、铺砌,并设置地表水的引排设施。

② 松散堆积层、含水砂层及软弱、膨胀性围岩的隧道设计,应遵守下列规定。

● 衬砌应采用曲墙有仰拱的结构,必要时可采用钢筋混凝土或钢架混凝土结构。

● 通过松散堆积层或含水砂层时,施工前宜采取设置地表砂浆锚杆、从地表或沿隧道周边向围岩注浆等预加固措施;施工中可采用超前锚杆、超前小导管注浆或管棚等超前支护措施。

● 通过软弱和膨胀性围岩时,宜采用圆形或接近圆形断面。

● 根据具体情况,应对地表水和地下水做出妥善处理。

③ 穿越岩溶、洞穴的隧道,应根据空穴大小、充填情况及其与隧道的关系、地下水情况,采取下列处理措施:

● 对空穴水的处理应因地制宜,采用截、堵、排结合的综合治理措施;

● 干、小的空穴,可采取堵塞封闭;有水且空穴较大,不宜堵塞封闭时,可根据具体情况,采取梁、拱跨越;

● 当空穴岩壁强度不够或不稳定,可能影响隧道结构安全时,应采取支顶、锚固、注浆等措施。

④ 通过含瓦斯地层的隧道,应根据地层每吨煤含瓦斯量、瓦斯压力确定瓦斯地段等级,针对不同瓦斯等级地段采用不同的衬砌结构。瓦斯隧道衬砌应采取下列防瓦斯措施:

● 瓦斯隧道应采用复合式衬砌,初期支护的喷射混凝土厚度不应小于 15 cm,二次衬砌模筑混凝土厚度不应小于 40 cm;

● 衬砌应采用单层或多层全封闭结构,并选用气密性建筑材料,提高混凝土的密实性和抗渗性指标;

● 衬砌施工缝隙应严密封填;

● 应向衬砌背后或地层压注水泥砂浆,或采用内贴式、外贴式防瓦斯层,加强封闭。

⑤ 通过放射性岩层的隧道,应根据放射性元素性质和放射强度,采用单层或多层全封闭衬砌结构。

《铁路隧道设计规范》(TB 10003—2016)在其第 8.2.2 条的条文说明中,按照围岩级别、岩质的软硬、隧道开挖跨度、隧道的埋深,对铁路隧道复合式衬砌的设计参数提出了建议,见表 6-5。

表 6-5　铁路隧道复合式衬砌的设计参数

围岩级别	隧道开挖跨度	初期支护							二次衬砌厚度/cm	
		喷射混凝土厚度/cm		锚杆			钢筋网	钢架	拱、墙	仰拱
		拱、墙	仰拱	位置	长度/m	间距/m				
II	小跨	5	—	局部	2.0	—	—	—	30	—
	中跨	5	—	局部	2.0	—	—	—	30	—
	大跨	5~8	—	局部	2.5	—	—	—	30~35	—
III硬质岩	小跨	5~8	—	拱、墙	2.0	1.2~1.5	拱部@25×25	—	30~35	—
	中跨	8~10	—	拱、墙	2.0~2.5	1.2~1.5	拱部@25×25	—	30~35	—
	大跨	10~12	—	拱、墙	2.5~3.0	1.2~1.5	拱部@25×25	—	35~40	35~40

续表

围岩级别	隧道开挖跨度	初期支护							二次衬砌厚度/cm	
		喷射混凝土厚度/cm		锚杆			钢筋网	钢架		
		拱、墙	仰拱	位置	长度/m	间距/m			拱、墙	仰拱
Ⅲ软质岩	小跨	8	—	拱、墙	2.0~2.5	1.2~1.5	拱部@25×25	—	30~35	30~35
	中跨	8~10	—	拱、墙	2.0~2.5	1.2~1.5	拱部@25×25	—	30~35	30~35
	大跨	10~12	—	拱、墙	2.5~3.0	1.2~1.5	拱部@25×25	—	35~40	35~40
Ⅳ深埋	小跨	10~12	—	拱、墙	2.5~3.0	1.0~1.2	拱墙@25×25	—	35~40	40~45
	中跨	12~15	—	拱、墙	2.5~3.0	1.0~1.2	拱墙@25×25	—	40~45	45~50
	大跨	20~23	10~15	拱、墙	3.0~3.5	1.0~1.2	拱部@20×20	拱墙	40~45*	45~50*
Ⅳ浅埋	小跨	20~23	—	拱、墙	2.5~3.0	1.0~1.2	拱墙@25×25	—	35~40	40~45
	中跨	20~23	—	拱、墙	2.5~3.0	1.0~1.2	拱墙@20×20	拱墙	40~45	45~50
	大跨	20~23	10~15	拱、墙	3.0~3.5	1.0~1.2	拱墙@20×20	拱墙	40~45*	45~50*
Ⅴ深埋	小跨	20~23	—	拱、墙	3.0~3.5	0.8~1.0	拱墙@20×20	拱墙	40~45	45~50
	中跨	20~23	20~23	拱、墙	3.0~3.5	0.8~1.0	拱墙@20×20	全环	40~45*	45~50*
	大跨	23~25	23~25	拱、墙	3.5~4.0	0.8~1.0	拱墙@20×20	全环	50~55*	55~60*
Ⅴ浅埋	小跨	23~25	23~25	拱、墙	3.0~3.5	0.8~1.0	拱墙@20×20	全环	40~45*	45~50*
	中跨	23~25	23~25	拱、墙	3.0~3.5	0.8~1.0	拱墙@20×20	全环	40~45*	45~50*
	大跨	25~27	25~27	拱、墙	3.5~4.0	0.8~1.0	拱墙@20×20	全环	50~55*	55~60*

注:(1) 表中喷射混凝土厚度为平均值;带 * 号者为钢筋混凝土。
(2) Ⅵ级围岩和特殊围岩应进行单独设计。
(3) Ⅲ级缓倾软质岩地段,隧道拱部 180°范围初期支护可架设格栅钢架,相应调整拱部喷射混凝土厚度。
(4) 小跨:5 m 以上至 8.5 m;中跨:8.5 m 以上至 12 m;大跨:12 m 以上至 14 m。

实例 6.1 大瑶山隧道工程的支护参数选择。

大瑶山隧道为双线铁路隧道,全长为 14.3 km,位于广东省境内坪石至乐昌之间。经方案比选,采用长隧道方案。从线路角度看,该方案较沿河方案缩短线路长度约 11 km,改善了运营条件;从地质角度看,该方案避开了沿河水文条件恶劣及岩坡的坍塌、错落、滑坡等不良地质地段。

大瑶山隧道的支护结构参数见表 6-6,图 6-6 为方案示意图。

大瑶山隧道 Ⅴ、Ⅳ级围岩的衬砌断面分别如图 6-7 和图 6-8 所示。

表 6-6　大瑶山隧道的支护结构参数

围岩级别	初期支护形式	锚杆			喷混凝土厚度/cm	钢筋网		仰拱厚度/cm	钢支撑	二次衬砌厚度/cm
		根数×长度/m	直径/mm	间距/m		直径/mm	格距/cm			
Ⅱ	喷混凝土,局部锚杆	视具体情况而定	22	—	6	—	—	—	—	30
Ⅲ	喷混凝土,系统锚杆,拱部钢筋网	15×2.0	22	1.5	10	6	20×20	—	—	35
Ⅳ	全断面喷锚网	19×3.0	22	1.2	14	6	20×20	30	必要时设	拱部截面为40 cm,变截面
Ⅴ	全断面喷锚网	23×3.5	22	1.0	18	8	20×20	40	必要时设	拱顶截面为50 cm,变截面

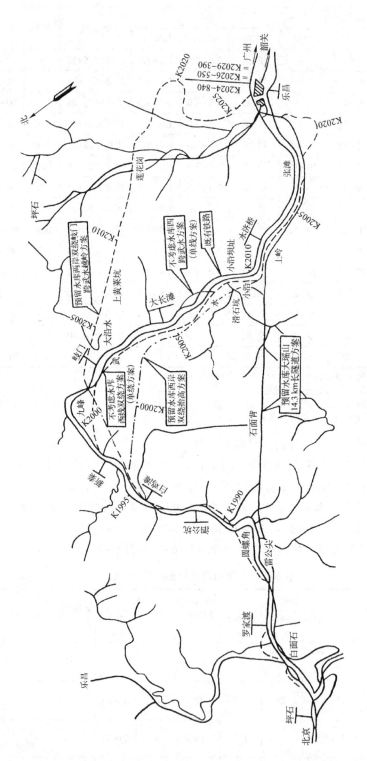

图6-6 大瑶山隧道线路方案示意图

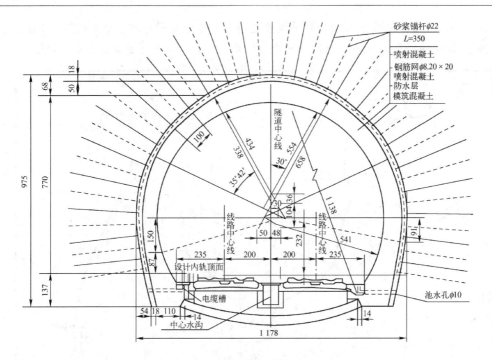

图 6-7　Ⅴ级围岩的衬砌断面
（单位：钢筋直径以 mm 计，其余均以 cm 计。）

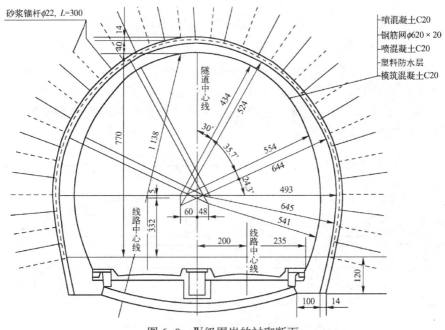

图 6-8　Ⅳ级围岩的衬砌断面
（单位：钢筋直径以 mm 计，其余均以 cm 计。）

实例 6.2　浅埋超大跨四线高铁隧道的支护参数选择。

下北山 1 号、2 号隧道位于浙江省台州市椒江区，是杭绍台（杭州—绍兴—台州）高铁（也称杭绍台客运专线，设计时速 350 km）的难点工程之一，长度分别约为 166 m、430 m，如图 6-9 所示。

受城市地形和线路选线的制约,隧道出口端里程距离台州市中心车站的中心里程仅为 795 m,面临线路并线、转辙机安装等诸多原因,因而该两隧道均设计为单洞四线,是我国跨度最大的隧道。

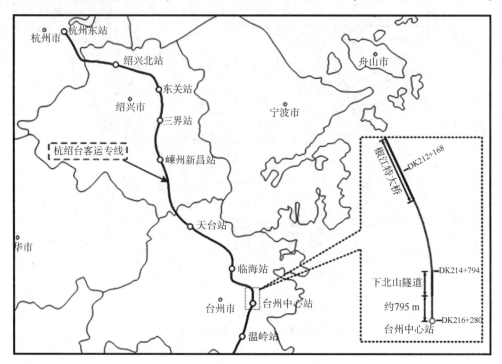

图 6-9　下北山隧道线路示意图

下北山 1 号、2 号隧道设计开挖跨度为 26.3 m,高度为 16.5 m,加宽段开挖跨度为 26.99 m,总开挖面积超过 350 m²。1 号隧道覆土厚度为 6~35 m,2 号隧道覆土厚度为 8~57 m。隧道穿越的地质纵断面及围岩分级情况如图 6-10 所示,开挖区域为侏罗系上统西山头组凝灰岩(J3XTu),主要为全风化、强风化、弱风化凝灰岩,区域发育有多组节理,局部节理充填黏土,山体表面覆盖有第四系残坡积粉质含砾黏土。

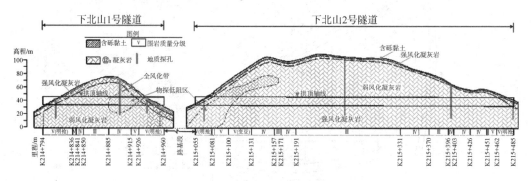

图 6-10　下北山隧道地质纵断面示意图

在《铁路隧道设计规范》中,没有关于四线高速铁路隧道的支护类型及参数设计的规定可作为下北山 1 号、2 号隧道的设计的参考,也找不到类似工程案例作为类比设计的依据。通过系统深入的研究,最终确定的下北山 1 号、2 号隧道的支护、衬砌类型如图 6-11 所示,选定的施工方法为如图 6-12 所示的双侧壁导坑法。表 6-7 给出了隧道所穿越的各级围岩条件下的支护和衬砌参数。通过施工过程对围岩和支护结构的动态监控量测及信息反馈,对支护结构设计参数做了必要的调整:Ⅴ级围岩中,格栅拱架调整为 I22b 型钢拱架,以加强初期支护的刚度;同时,因覆土厚度小,顶拱的锚杆作用不明显,取消了顶拱锚杆的施工。

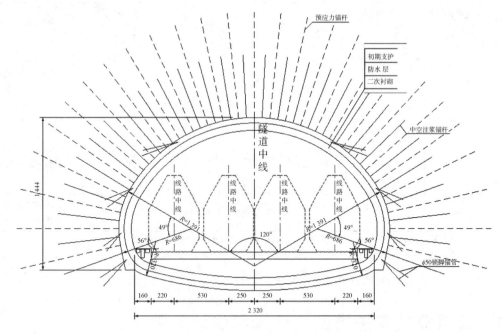

图 6-11　下北山 1 号、2 号隧道支护与衬砌断面图

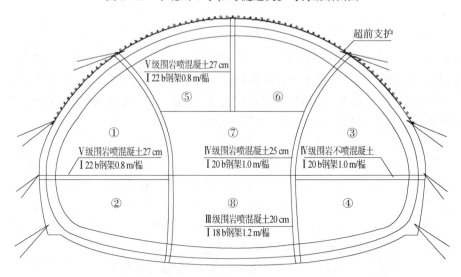

图 6-12　下北山 1 号、2 号隧道施工方法及施工步序示意图

开挖顺序:施作超前管棚支护;开挖①部,施作对应①部初期支护及临时支撑;①部掌子面进尺 20~30 m 后开挖②部,施作对应②部初期支护及临时支撑;②部掌子面进尺 10~15 m 后开挖③部,施作对应③部的初期支护及临时支撑;③部掌子面进尺 20~30 m 后开挖④部,施作对应④部初期支护及临时支撑;④部掌子面进尺 10~15 m 后开挖⑤部,施作⑤部初期支护及临时支撑;⑤部掌子面开挖 5~10 m 后开挖⑥部,施作⑥部初期支护;⑥部掌子面开挖 20~30 m 后,依次开挖⑦、⑧部,施作⑧部相应初期支护、二衬仰拱及填充层;拆除临时支撑后,施作防水层、绑扎钢筋,推进二衬台车浇筑二次衬砌的墙、拱结构。

表 6-7　下北山 1 号、2 号隧道支护和衬砌类型及参数

围岩级别	初期支护						二次衬砌		
	C30 喷射混凝土	锚杆(拱墙位置)			钢拱架		厚度/cm		配筋/mm
	厚度/cm	型号、长度/m	间距/m		型号	间距/m	拱墙	仰拱	
Ⅲ	35	φ32 涨壳式预应力锚杆,L=8 m	2.0×1.2 (环×纵)		H180 格栅	1.2	60	70	主筋 φ22@200 纵筋 φ16@250
		φ32 中空注浆锚杆,L=5 m							
Ⅳ	45	φ32 涨壳式预应力锚杆,L=10 m	1.5×1.0 (环×纵)		H180 格栅	1.0	60	70	主筋 φ25@200 纵筋 φ20@250
		φ32 中空注浆锚杆,L=6 m							
Ⅴ	50	φ32 中空注浆锚杆,L=6 m	0.8×0.8 (环×纵)		H180 格栅	0.8	70	80	主筋 φ25@100 纵筋 φ20@200

注:(1) 洞口段 Ⅴ 级围岩拱部设置 φ159 管棚;洞身段 Ⅲ、Ⅳ 级围岩拱部设置 φ89 管棚。
　　(2) 拱、墙位置的钢拱架间搭接 φ6 单层钢筋网片,网格尺寸为 25 cm×25 cm。

下北山 1 号、2 号隧道已经于 2020 年底顺利建成。

6.4　公路隧道支护类型的选择和设计参数

6.4.1　支护(衬砌)类型及其选择

公路隧道支护(衬砌)类型有喷锚支护(衬砌)、整体式衬砌和复合式衬砌。隧道采用何种衬砌类型,应视围岩地质条件、施工条件和使用要求而定。高速公路、一级公路、二级公路的隧道应采用复合式衬砌;三级及三级以下公路隧道,在Ⅰ、Ⅱ、Ⅲ级围岩条件下,隧道洞口段应采用复合式衬砌或整体式衬砌,其他段可采用锚喷衬砌。

6.4.2　分离式独立双洞隧道复合式衬砌设计参数

对于隧道衬砌参数,一般采用工程类比法进行设计,而通过理论分析进行验算。根据《公路隧道设计规范 第一册 土建工程》(JTG 3370.1—2018),复合式衬砌初期支护及二次衬砌的设计参数可参照表 6-8、表 6-9 选用,但应通过施工过程对围岩和支护结构进行动态的监控量测及信息反馈,从而对设计参数做必要的验证和调整。

表 6-8　两车道隧道复合式衬砌的设计参数

围岩级别	初期支护							二次衬砌厚度/cm	
	喷射混凝土厚度/cm			锚杆			钢筋网	钢架间距/m	拱、墙混凝土	仰拱混凝土
	拱部、边墙	仰拱	位置	长度/m	间距/m				
Ⅰ	5		局部	2.0~3.0				30~35	—
Ⅱ	5~8		局部	2.0~3.0				30~35	—
Ⅲ	8~12		拱、墙	2.0~3.0	1.0~1.2	局部@25×25		30~35	—
Ⅳ	12~20		拱、墙	2.5~3.0	0.8~1.2	拱、墙@25×25	拱、墙 0.8~1.2	35~40	0 或 35~40
Ⅴ	18~28		拱、墙	3.0~3.5	0.6~1.0	拱、墙@20×20	拱、墙、仰拱 0.6~1.0	35~50 钢筋混凝土	0 或 35~50 钢筋混凝土
Ⅵ	通过试验、计算确定								

表 6-9　三车道隧道复合式衬砌的设计参数

围岩级别	初期支护							二次衬砌厚度/cm	
	喷射混凝土厚度/cm		锚杆			钢筋网	钢架	拱、墙混凝土	仰拱混凝土
	拱部、边墙	仰拱	位置	长度/m	间距/m				
Ⅰ	5~8		局部	2.5~3.5				35~40	
Ⅱ	8~12		局部	2.5~3.5				35~40	
Ⅲ	12~20		拱、墙	2.5~3.5	1.0~1.2	拱、墙@ 25×25	拱、墙,间距1.0~1.2 m,截面高14~16 cm	35~45	
Ⅳ	16~24		拱、墙	3.0~3.5	0.8~1.2	拱、墙@ 20×20	拱、墙,间距0.8~1.2 m,截面高16~20 cm	40~50	40~50
Ⅴ	20~30		拱、墙	3.5~4.0	0.5~1.0	拱、墙@ 20×20	拱、墙,仰拱,间距0.5~1.0 m,截面高18~22 cm	50~60,钢筋混凝土	50~60,钢筋混凝土
Ⅵ	通过试验、计算确定								

说明:有地下水时,可取大值;无地下水时,可取小值。采用钢架时,宜选用格栅钢架。

6.4.3　小净距及连拱隧道支护类型选择及设计参数

由于公路选线条件的限制,往往不可避免地出现小净距隧道或连拱隧道。小净距隧道,特别是连拱隧道,经常给施工造成很大的困难,连拱隧道甚至给结构防水带来极大困难。因此,小净距及连拱隧道的支护设计及施工过程的控制是公路隧道设计与施工的难点之一。

当隧道间的中间岩柱宽度小于表 6-10 中列的值时,应视为小净距隧道。

表 6-10　分离式独立双洞间的最小净距

围岩级别	Ⅰ	Ⅱ	Ⅲ	Ⅳ	Ⅴ	Ⅵ
最小净距/m	1.0×B	1.5×B	2.0×B	2.5×B	3.5×B	4.0×B

说明:B——隧道开挖断面的宽度。

小净距隧道支护设计,应符合下列要求。

(1) 应优先选用复合式衬砌,支护参数应经工程类比、计算分析综合确定。

(2) 设计应考虑相应的施工方法,并提出各类方法的具体要求。

(3) 设计与施工应遵循"少扰动、快加固、勤量测、早封闭"的原则,并将中间岩柱的稳定与加固作为设计与施工的重点。

(4) 小净距隧道监控量测应根据不同围岩级别制定量测方案,将中间岩柱稳定、爆破振动对相邻洞室的影响作为监控量测的重点。

(5) 在地震动峰值加速度大于 $0.15g$ 的地区选用小净距隧道时,宜进行抗震强度和稳定性验算。

连拱隧道支护设计,应符合下列要求。

(1) 隧道暗挖段应优先采用复合式衬砌,支护参数可采用工程类比或计算分析确定。

（2）中墙设计应在满足结构设计与施工安全的前提下,综合考虑洞外接线要求、防排水系统的可靠性等因素。

（3）连拱隧道按中墙结构形式不同分为整体式中墙和复合式中墙两种形式,在有条件加大中墙厚度的地段宜选用复合式中墙连拱隧道形式。

（4）当两车道连拱隧道设计为整体式中墙时,中墙厚度不宜小于1.4 m;设计为复合式中墙时,中墙厚度不宜小于2.0 m。当三车道连拱隧道设计为整体式中墙时,中墙厚度不宜小于1.6 m;设计为复合式中墙时,中墙厚度不宜小于2.2 m。

（5）在地震动峰值加速度大于0.15g的地区,连拱隧道应进行抗震强度和稳定性验算。

连拱隧道复合式衬砌的设计参数请参考《公路隧道设计规范 第一册 土建工程》(JTG 3370.1—2018)附录P的规定。

6.5　盾构隧道衬砌结构类型选择与参数设计

6.5.1　盾构隧道衬砌结构类型选择

用盾构法修建的隧道衬砌有预制装配式衬砌、预制装配式衬砌和模注钢筋混凝土整体式衬砌相结合的双层衬砌及挤压混凝土整体式衬砌三大类,如图6-13所示。

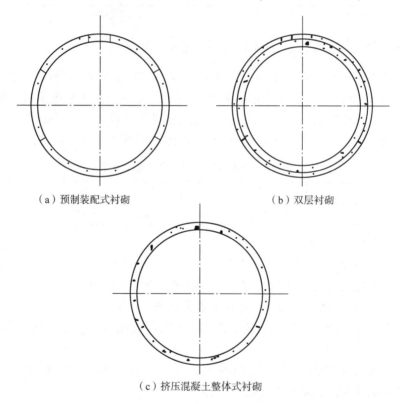

（a）预制装配式衬砌　　　　　　　　　（b）双层衬砌

（c）挤压混凝土整体式衬砌

图6-13　采用盾构法修建的隧道衬砌结构

1. 预制装配式衬砌

预制装配式衬砌是用工厂预制的构件(称为管片),在盾构尾部拼装而成的。按材料不同,管片种类可分为钢筋混凝土,钢、铸铁及由几种材料组合而成的复合管片。

钢筋混凝土管片的耐压性和耐久性都比较好,目前已可生产抗压强度达 60 MPa,渗透系数小于 10^{-11} m/s 的管片,而且这种管片刚度大,由其组成的衬砌防水性能有保证,所以,其在用盾构法修建的各种隧道中都得到了广泛应用。其缺点是重量大,抗拉强度较低,在脱模、运输、拼装过程中,其角部容易被碰坏。

钢管片的强度高,具有良好的焊接性,便于加工和维修。其由于重量轻也便于施工。与混凝土管片相比,其刚度小、易变形,而且钢管片的抗锈性差,在不做二次衬砌时,必须采取抗腐、抗锈措施。

铸铁管片强度高,防水和防锈蚀性能好,易加工,和钢管片相比,刚度亦较大,故其在早期的地下铁道区间中得到广泛的应用。

钢管片和铸铁管片价格较贵,现在除了在需要开口的衬砌环或预计将承受特殊荷载的地段采用这两种管片外,一般都采用钢筋混凝土管片。

按管片螺栓手孔成型大小,可将管片分为箱型和平板型两类。箱型管片是指因手孔较大而呈肋板型结构,如图 6-14 所示。手孔较大不仅方便了接头螺栓的穿入拧紧,而且也节省了材料,使单块管片重量减轻,便于运输和拼装。但其因截面削弱较多,在盾构千斤顶推力作用下容易开裂,故只有强度较大的金属管片才采用箱型结构。当然,直径和厚度较大的钢筋混凝土管片也有采用箱型结构的。

箱型管片的纵向加劲肋是传递千斤顶推力的关键部位,一般沿衬砌环向等距离布置,加劲肋的数量应大于盾构千斤顶的台数,其形状应根据管片拼装和是否需要灌注二次衬砌的施工要求而定。

平板型管片是指因螺栓手孔较小或无手孔而呈曲板型结构的管片,如图 6-15 所示。由于管片截面削弱少或无削弱,故对盾构千斤顶推力具有较大的抵抗力,对通风的阻力也较小。无手孔的管片也被称为砌块。现代的钢筋混凝土管片多采用平板型结构。

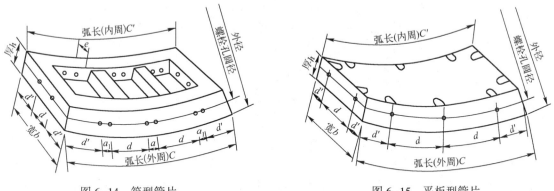

图 6-14　箱型管片　　　　　　　图 6-15　平板型管片

箱型管片的纵向接缝(径向接缝)和横向接缝(环向接缝)一般都是平面状的。为了减少管片在盾构千斤顶推力和横向荷载作用下的损伤,钢筋混凝土管片间的接触面通常比相应的接缝轮廓要小些。

平板型管片的接缝除可采用平面状外,为提高装配式衬砌纵向刚度和拼装精度,也有采用榫槽式接缝的,如图 6-16 所示。当管片间的凸出和凹下部分相互吻合衔接时,靠榫槽即可将管片相互卡住。当衬砌中内力较大时,管片的径向接缝还可以做成圆柱状的,使接缝不产生或少产生弯矩,如图 6-17 所示。

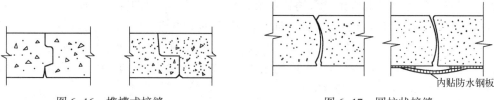

图 6-16　榫槽式接缝　　　　　　　　　　　　图 6-17　圆柱状接缝

　　衬砌环内管片之间及各衬砌环之间的连接方式,从其力学特性来看,可分为柔性连接和刚性连接。前者允许相邻管片间产生微小的转动和压缩,使衬砌环能按内力分布状态产生相应的变形,以改善衬砌环的受力状态;后者则通过增加连接螺栓的排数,力图在构造上使接缝处的刚度与管片本身相同。实践证明,刚性连接不仅拼装麻烦、造价高,而且会在衬砌环中产生较大的次应力,带来不良后果,因此目前较为通用的是柔性连接,有以下几种常用形式。

　　(1)单排螺栓连接:按螺栓形状又可分为直螺栓连接、弯螺栓连接和斜螺栓连接 3 种,如图 6-18 所示。其中,弯螺栓连接多用于钢筋混凝土管片平面形接缝上,由于它所需螺栓手孔小,截面削弱少,原以为接缝刚度可以增加,能承受较大的正负弯矩;但实践表明,弯螺栓连接容易变形,且拼装麻烦,用料又多,近年来有被其他螺栓连接方式取代的倾向。

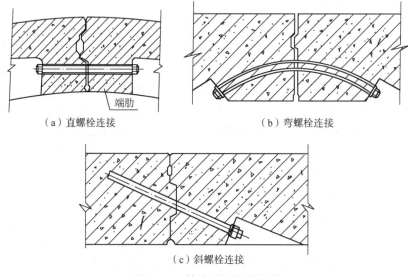

(a)直螺栓连接　　　　　　　　　　(b)弯螺栓连接

(c)斜螺栓连接

图 6-18　管片柔性连接形式

　　直螺栓连接是最常见的连接方式。设置单排直螺栓的位置,要考虑它与管片端肋的强度相匹配,即在端肋破坏前,螺栓应先屈服,同时又要考虑施工因素的影响。单排直螺栓一般设在 $h/3$ 处,h 为管片厚度,且螺栓直径亦不应过小。为了提高管片端肋的强度和缩短直螺栓的长度,在钢筋混凝土管片中也可采用钢板端肋,但其用钢量大,预埋钢盒时精度不易保证,目前只有少数国家还在使用。

　　斜螺栓连接是近几年发展起来的用于钢筋混凝土管片上的一种连接方式,它所需的螺栓手孔最小,耗钢量最省,如能和榫槽式接缝联合使用,管片拼装就位亦很方便。

　　从理论上讲,连接螺栓只在拼装管片时起作用,拼装成环并向衬砌背后注浆后,即可将其卸除。但在实践中大多不将其卸除,原因有两点:一是拆除螺栓费工费时,得不偿失;二是为了安全。不准备拆除的螺栓,必须要有很高的抗腐、抗锈能力。试验表明,采用锌粉酪酸对其进行化学处理形成保护膜和采用氧化乙烯树脂涂层效果较好,可以有 100 年以上的保护效果

（在海岸地带）。

（2）销钉连接。销钉连接可用于纵向接缝，亦可用于横向接缝。所用的销钉可在管片预制时埋入，亦可在拼装时安装。销钉的作用除为了临时稳定管片，保证防水密封垫的压力外，在安装管片时还起导向作用，将相邻衬砌环连在一起。用销钉连接的管片形状简单，截面无削弱，建成的隧道内壁光滑平整。和螺栓连接相比，销钉连接既省力、省时，价格又低廉，连接效果也相当好。

销钉是埋在衬砌内的，不能回收，故通常其都是用塑料制成，如图 6-19 所示。

（3）无连接件。在稳定的不透水地层中，圆形衬砌的径向接缝也可不用任何连接件连接。因管片沿隧道径向呈一楔形体，外缘宽内缘窄，在外部压力作用下，管片将相互挤紧，而形成一个稳定的结构。

关于装配式衬砌的防水问题，一直是盾构法施工中的重要课题。金属管片本身不透水，而且加工精度高，拼装后管片接缝非常密贴，几乎不透水，因此仅需在隧道内壁用防水材料对接缝进行嵌填，并对螺栓孔和注浆孔进行防水处理，如图 6-20 所示。

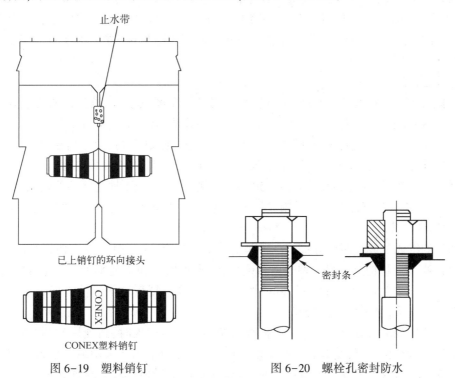

图 6-19　塑料销钉　　　　图 6-20　螺栓孔密封防水

目前，钢筋混凝土管片的制造精度和抗渗性已经大大提高，单块管片各部尺寸误差均可达 ±0.1 mm，但管片接缝的密贴程度尚不能保证不渗水。有关管片衬砌的防水细节见第 7 章。

2. 双层衬砌

为了防止隧道渗水和衬砌腐蚀，修正隧道施工误差，减少噪声和振动及作为内部装饰，可以在装配式衬砌内部再做一层整体式混凝土或钢筋混凝土内衬，根据需要还可以在装配式衬砌与内层之间敷设防水隔离层。双层衬砌主要用在含有腐蚀性地下水的地层中。例如香港地下铁道区间隧道单层钢筋混凝土管片衬砌，因地下水中氯化物含量高达 1.6%，在地下 26 ℃ 的高温和相对湿度达 90% 以上的环境中，加上行车时间内干湿循环和列车活塞效应，引起衬砌渗漏处积聚大量盐分，出现严重腐蚀现象，导致混凝土保护层剥落，钢筋锈蚀，不得不进行大量修复和补强工作。但近年来，由于混凝土耐腐蚀性和管片防水性能的提高，采用双层衬砌的必要性已大为减少,但仍有一些国家(如日本等)坚持使用双层衬砌。

6.5.2 横截面内轮廓和结构尺寸拟定

1. 横截面内轮廓尺寸

采用盾构法修建隧道时,无论是在直线上还是曲线上,均使用同一台盾构施工,中途无法更换。因此,其横截面的内轮廓尺寸全线是同一的,故除要根据建筑限界、施工误差、道床类型、预留变形等条件决定外,还要按线路的最小曲线半径进行验算,保证列车在最困难条件下也能安全通过。广州、上海地下铁道的圆形区间隧道内径为 5.5 m,可以保证 3.0 m 宽体车在 $R = 300$ m,最大超高 $h = 120$ mm 的曲线上安全通过。

2. 管片厚度

管片厚度取决于围岩条件、覆盖层厚度、管片材料、隧道用途、施工工艺等条件。为了充分发挥围岩自身的承载能力,现代隧道工程中都采用柔性衬砌,其厚度相对较薄。根据日本经验,对于单层的钢筋混凝土管片衬砌,管片厚度一般为衬砌环外径的 5.5%左右。上海、南京地下铁道区间隧道钢筋混凝土管片厚度为 350 mm,广州、北京、深圳地下铁道管片厚度为 300 mm,为衬砌环外径的 5%~6%。

3. 管片宽度

管片宽度的选择对施工、造价的影响较大。当管片宽度较小时,虽然在曲线上搬运、组装施工方便,但接缝增多,加大了隧道防水的难度,增加管片制作成本,而且不利于控制隧道纵向的不均匀沉降。若管片宽度太大,则施工不便,也会使盾尾长度增长而影响盾构的灵活性。因此,过去单线区间隧道管片的宽度控制在 700~1 000 mm,但随着铰接盾构的出现,管片宽度有进一步增大的趋势,目前控制在 1 000~1 500 mm。例如,上海地下铁道区间隧道的管片宽度为 1 000 mm;广州地下铁道区间隧道采用铰接式盾构施工,故其管片宽度为 1 200~1 500 mm。

4. 衬砌环的分块

衬砌环的组成一般有两种方式。一种是由若干标准管片(A 型)、两块相邻管片(B 型)和一块封顶管片(K 型)构成。另一种是由若干块 A 型管片、一块 B 型管片和一块 K 型构成,如图 6-21 所示,相邻管片一端带坡面,封顶管片则两端或一端带坡面。从方便施工,提高衬砌环防水效果角度看,第一种方式较好。

封顶块的拼装形式有径向楔入和纵向插入两种。径向楔入时,封顶块的两个径向边必须呈内八字形或者至少平行,受载后有向下滑动的趋势,受力不利。采用纵向插入时,封顶块不易向内滑动,受力较好,但在拼装封顶块时,需加长盾构千斤顶行程。封顶块位置一般设在拱顶处,但也有设在 45°、135°甚至 180°(圆环底部)处的,视需要而定。

衬砌环的拼装形式有错缝和通缝两种,如图 6-22 所示。错缝拼装可使接缝分布均匀,减少接缝及整个衬砌环的变形,整体刚度大,所以是一种较为普遍采用的拼装形式。但当管片制作精度不够高时,管片在盾构推进过程中容易被顶裂,甚至顶碎。在某些场合,如需要拆除管片修建横通道处或某些特殊需要时,则衬砌环常采用通缝拼装形式,以便于结构处理。

由上述可知,从制作成本、防水、拼装速度等方面考虑,衬砌环分块数越少越好,但从运输和拼装方便而言,又希望分块数多些。在设计时应结合隧道所处的围岩条件、荷载情况、构造特点、计算模型(如按多铰柔性圆环考虑,分块数应多些;如按弹性匀质圆环考虑,分块数宜少)、运输能力、制作拼装方便等因素综合考虑决定。通常对直径 $D \leqslant 6$ m 的地下铁道区间隧道,衬砌环以分 4~6 块为宜;当 $D > 6$ m 时,可分 6~8 块,如上海、广州地铁都是分 6 块。

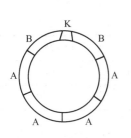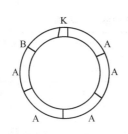

图 6-21　管片分块方法

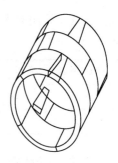

图 6-22　管片拼缝形式

5. 螺栓和注浆孔的配置

组装管片用的螺栓分为纵向连接螺栓和环向连接螺栓两种。在柔性连接中,纵、环向连接螺栓通常都布置在一排,螺栓孔的设置不得降低管片强度,并方便螺栓紧固作业。螺栓直径一般为16～36 mm,螺栓孔直径必须大于螺栓直径4～8 mm,见表6-11。当以销钉代替螺栓时,孔径的余裕见表6-12。表6-11 和表6-12 数据取自日本《隧道标准规范〈盾构篇〉》。

表 6-11　螺栓直径与螺栓孔直径的关系

螺栓直径[1]/mm	27	30	33
螺栓孔直径[2]/mm	32～33	35～38	38～41

说明:(1)—螺纹的公称直径;(2)—最狭部分的孔径。

表 6-12　销钉直径与销钉孔直径的关系

销钉直径[1]/mm	16	18	20	22	24	27	30	33	36
销钉孔直径[2]/mm	19	21～23	23～25	25～27	27～29	30～32	33～36	36～39	39～41

说明:(1)—螺纹的公称直径;(2)—最狭部分的孔径。

采用错缝拼装形式时,为了曲线地段施工方便,一般将纵向连接螺栓沿圆周等距离分置。

为了均匀地向衬砌背后进行回填注浆,管片上还应设置一个以上的注浆孔,注浆孔直径一般由所用的注浆材料决定,通常其内径为50 mm 左右。如将注浆孔兼作起吊孔使用,则应根据作业安全和是否便于施工确定其位置及孔径的大小。

在钢筋混凝土管片中一般都不另行设置起吊孔,而是将注浆孔或螺栓孔兼作起吊孔使用。

6.5.3　盾构法施工时特殊地段的衬砌

这里主要讲曲线段的衬砌。

在竖曲线和水平曲线地段上,需要在标准衬砌环之间插入一些楔形衬砌环,以保证隧道向所需的方向逐渐转折,如图6-23 所示。

楔形衬砌环的楔入量为 Δ (楔形衬砌环最大宽度与最小宽度之差),或楔入角 θ (楔入量与衬砌外径 $D_外$ 之比,即 $\theta = \dfrac{\Delta}{D_外}$),应根据曲线半径、衬砌外径、管片宽度和在曲线段使用楔形衬砌环所占的百分比予以确定,并按盾尾间隙量进行校

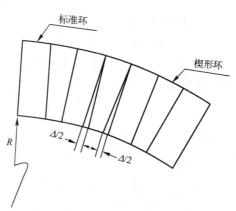

图 6-23　曲线段的管片衬砌环

核。实践中采用的楔入量和楔入角见表 6-13,可供参考。

表 6-13 楔入量和楔入角取值

衬砌环外径 $2R_0$/m	$2R_0 < 4$	$4 \leqslant 2R_0 < 6$	$6 \leqslant 2R_0 < 8$	$8 \leqslant 2R_0$	$10 \leqslant 2R_0 < 12$
楔入量/mm	15~45	20~50	25~60	30~70	32~80
楔入角	15'~60'	15'~45'	10'~35'	10'~30'	10'~25'

通常,一条线路上有很多不同半径的曲线,如按不同的曲线半径来设计楔形环,势必造成类型太多,给制造增加麻烦,甚至无法制造。如曲线半径为 3 000 m 时,楔形衬砌环的楔入量 $\Delta = 2.01$ mm,制造楔入量如此小的钢筋混凝土管片,精度不易控制,造价也高。因此,常用的方法是根据线路上的最小曲线半径设计一种楔形环,然后用优选的方法将标准环和楔形环进行排列组合,以拟合不同半径的曲线段,并使线路拟合误差,即隧道推进轴线与设计轴线的偏差,达到最小($\leqslant 10$ mm)。在进行排列组合时,楔形衬砌环与标准衬砌环的组合比最好不要大于 2:1,否则暗榫式对接区间过长,易于变形,从构造和施工两方面来看都不可取。此时,可以重新设计楔形衬砌环,以满足上述要求,或采用楔形垫板的方法,如图 6-24 所示,即在标准衬砌环背后盾构千斤顶的环面上,分段覆贴不同厚度的低压石棉橡胶板,以使其在施工阶段千斤顶推力作用下成为一个合适的斜面,以调整楔形衬砌环的拟合精度或组合比。由于覆贴料厚度小,不会减弱弹性密封垫的止水效果。

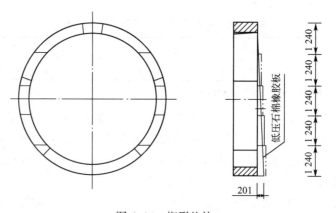

图 6-24 楔形垫块

拟合曲线用的楔形衬砌环或楔形垫板也可用来修正蛇行。所谓蛇行即盾构在施工中,由于地质条件变化或操纵不当,使施工轴线或左或右地偏离轴线,其轨迹似蛇行的曲线。此时,就需要根据已成环的衬砌的坐标和下续施工的设计轴线情况,在一段范围内采用楔形衬砌环或楔形垫板来修正线路位置,使线路偏差控制在允许范围内。

第7章　地下工程防水

7.1　地下工程防水的重要性

地下工程是在含水的岩土环境中修建的结构物,在其施工和使用过程中,时刻都受到地下水的危害。由于地下水的渗透和侵蚀作用,使工程产生病害,轻者影响工程使用功能,严重者使整个工程报废,造成巨大的经济损失和严重的社会影响。国际隧道协会(International Tunnelling Association,ITA)地下结构维修与养护工作组(Working Group on Maintenance and Repair of Underground Structures)在国际著名刊物 *Tunnelling and Underground Space Technology* 发表了一个专题报告"Report on the Damaging Effects of Water on Tunnels During Their Working Life"。该报告将水对隧道等地下结构的影响作了开宗明义的论述:"Water is the tunneller's enemy: it causes problems during excavation; it introduces additional expense into the tunnel lining and ground support; it frequently causes ongoing problems during the working life of the tunnel, sometimes affecting not only the tunnel lining but also the structures and fittings within the tunnel."

因此,杜绝水对地下工程的危害,做好地下结构的防水是地下工程设计、施工和运营阶段的重要课题。

7.2　地下工程中常遇的地下水

1. 上层滞水

上层滞水一般存在于近地表岩土层的包气带中,如透水性不大的夹层,阻滞下渗的大气降水和凝结水,并且使它聚集起来,如图7-1(a)所示。地表的低洼地区,由于降水很难从其中流走,也可以形成上层滞水。上层滞水型的地下水,距地表一般较浅,分布范围有限,补给区与分布区一致,水量极不稳定,通常是雨季出现,旱季消失。因此,旱季勘测时往往很难发现上层滞水。另外,在居民区和工业区上下水管的渗漏,也有可能出现上层滞水,人工填土层也会出现上层滞水。

2. 潜水

潜水是埋藏在地表以下第一个隔水层以上的地下水。当开挖到潜水层时,即出现自由水面,或称潜水面,在地下工程中通常把这个自由水面标高称作地下水位。潜水主要由大气降水、地表水和凝结水补给,变化幅度比较大。潜水系重力水,在重力作用下,由高水位流向低水位。如图7-1(b)所示,当河水水位低于潜水位时,潜水补给河水;当河水水位高于潜水水位时,河水补给潜水。因此,当地下工程采取自流排水的办法防水时,必须准确掌握地表水体(江河、湖泊、水渠、水库等)的常年水位变化情况,对于近地表水体构筑的地下工程,要特别注意防止洪水倒灌。

3. 毛细管水

通常毛细管水可以部分或全部充满离潜水面一定高度的土壤孔隙,如图7-1(c)所示。毛细管现象是由于土粒和水接触时受到表面张力的作用,水沿着土粒间的连通孔隙上升而引起的。土壤的孔隙所构成的毛细管系统很复杂,所形成的沟管通向各个方向,沟管的粗细变化也很大,而薄膜水的存在又妨碍了毛细管水的运动,因此土中毛细管水的上升高度不可能用简单的数学公式来计算,它与土壤的种类、孔隙和颗粒大小及土壤湿润程度有关。一般粗砂和大块碎石类土中毛细管水的上升高度不超过几厘米,而黄土可超过 2 m,黏土则更大,这是因为水的毛细管上升引力作用是与毛细管的直径成反比例的。当温度为 15 ℃时,直径为 1 mm 的毛细管里的水的上升高度为 0.29 cm;而直径为 0.1 mm 的可上升 29 cm,直径为 0.01 mm 的可上升200 cm。试验证明,当小碎石粒径为 1.0~0.5 mm 时,水可上升 1.31 cm;当土粒径为 0.2~0.1 mm时,水可上升4.82 cm;当土粒径为 0.1~0.05 mm 时,水可上升 10.5 cm。土壤中的毛细管水上升,也可传播到与地下水和土壤的毛细管水相接触的地下工程。在地下工程防水设计时,毛细管水带区取潜水位以上 1 m,毛细管带以上部分可设防潮层。

4. 层间水

埋藏在两个隔水层之间的地下水称为层间水。在层间水未充满透水层时为无压水。如水充满了两个隔水层之间的含水层,打井至该层时,水便在井中上升甚至自动喷出,这种层间水称为承压水或自流水。承压水的特征是上下都有隔水层,具有明显的补给区、承压区和泄水区,如图 7-1(d)所示,补给区和泄水区相距很远。由于具有隔水层顶板,它受地表水文、气候因素影响较小,水质好,水温变化小。它是很好的给水水源,但是当地下工程穿过该层时,由于层间水压力较大,要采取可靠的防压力水渗透措施,否则将造成严重后果。

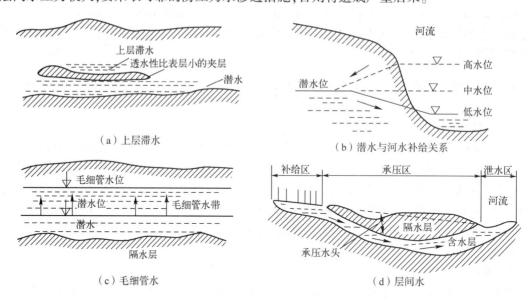

（a）上层滞水　　　　　　　　　　（b）潜水与河水补给关系

（c）毛细管水　　　　　　　　　　（d）层间水

图 7-1　地下工程中常遇的地下水

7.3　地下工程防水设计原则和要求

7.3.1　设计原则

《地下工程防水技术规范》(GB 50108—2008)规定:地下工程防水的设计和施工应遵循"防、排、截、堵相结合,刚柔相济,因地制宜,综合治理"的原则。

铁路隧道、公路隧道和地铁设计规范从各自的特点、功能和使用要求出发,分别提出了自己的防水设计原则。

《铁路隧道设计规范》(TB 10003—2016)规定:隧道防排水设计应遵循"防、排、截、堵相结合,因地制宜,综合治理,保护环境"的原则,采取切实可靠的设计、施工措施,保障结构物和设备的正常使用和行车安全。对地表水和地下水应作妥善处理,洞内外应形成一个完整的防排水系统。

铁路隧道防排水原则是多年来隧道治水的经验和总结,与国标《地下工程防水技术规范》(GB 50108—2008)提出的防排水原则是一致的。

"防"即要求隧道衬砌结构具有一定的防水能力,能防止地下水渗入,如采用防水混凝土或塑料防水板等。

"排"即隧道应有排水设施并充分利用,以减少渗水压力和渗水量,但必须注意大量排水后引起的后果,如围岩颗粒流失,降低围岩稳定性或造成当地农田灌溉和生活用水困难等,要求设计时应事先了解当地环境要求,以"限量排放"为原则,结合注浆堵水制定设计方案与措施,妥善处理排水问题。

"截"即隧道顶部如有地表水易于渗漏处或有坑洼积水,应设置截、排水沟和采取消除积水的措施。

"堵"即在隧道施工过程中,有渗漏水时,可采用注浆、喷涂等方法堵住;运营后渗漏水地段也可采用注浆、喷涂或用嵌填材料、防水抹面等方法堵水。

铁路隧道防排水工作应结合水文地质条件、施工技术水平、工程防水等级、材料来源和成本等,因地制宜,选择适宜的方法,以达到防水可靠,排水通畅,线路基床底部无积水,经济合理,最终保障结构物和设备的正常使用和行车安全。

《公路隧道设计规范 第一册 土建工程》(JTG 3370.1—2018)规定:隧道防排水设计应遵循"防、排、截、堵相结合,因地制宜,综合治理"的原则,妥善处理地表水、地下水,洞内外防排水系统应完整通畅,保证隧道结构物和营运设备的正常使用及行车安全。

公路隧道的水害是由洞内、洞外的多种因素引起的,所以靠单一的办法不能得到很好的解决。根据多年来公路隧道治水的经验,防排水应遵循"防、排、截、堵结合,因地制宜,综合治理"的原则。

"防"即要求隧道衬砌、防水层具有防水能力,防止地下水透过防水层、衬砌结构渗入洞内。

"排"即隧道应有畅通的排水设施,将衬砌背后、路面结构层下的积水排入洞内中心水沟或路侧边沟,排出衬砌背后的积水,能减少或消除衬砌背后的水压力,排得越好,衬砌渗漏水的概率就越小,防水也就更容易;排出路面结构层下的积水,能防止路面冒水、翻浆、结构破坏。

"截"即对易于渗漏到隧道的地表水,应采用设置截(排)水沟,清除积水,填筑积水坑洼地,封闭渗漏点等措施。对于地下水,应采取导坑、泄水洞、井点降水等措施。

"堵"即针对隧道围岩有渗漏水地段,采用注浆、喷涂、堵水墙等方法,将地下水堵在围岩体内。

公路隧道防排水工作,应结合水文地质条件、施工技术水平、材料来源和成本等,因地制宜,选择适宜的方法,以达到保证使用期内结构和设备的正常使用及行车安全的目的。

《地铁设计规范》(GB 50157—2013)规定:地铁工程的防水设计,应根据气候条件、工程地质和水文地质状况、结构特点、施工方法和使用要求等因素进行,以保证结构的安全、耐久性和使用要求,并应遵循"以防为主,刚柔结合,多道设防,因地制宜,综合治理"的原则,采取与其相适应的防水措施。

地铁隧道工程属大型构筑物,长期处于地下,时刻受地下水的渗透作用,防水问题能否有效地解决不仅影响工程本身的坚固性和耐久性,而且直接影响地铁的正常使用。防排结合的提法仅限隧道处于贫水稳定的地层,围岩渗透系数小,可允许限排,因结构排水不致对周围环境造成不良影响;反之,当围岩渗透系数大,使用机械排除工程内部渗漏水需要耗费大量能源和费用,且大量的排水还可能引起地面和地面建筑物不均匀沉降或破坏,这种情况则不允许排。"刚柔结合,多道设防",其出发点是从材料角度要求在地铁工程中结合使用刚性防水材料和柔性防水材料。多道设防是针对地铁工程的特点与要求,通过防水材料和构造措施,在各道设防中发挥各自的作用,达到优势互补、综合设防的要求,以确保地铁工程防水和防腐的可靠性,从而提高结构的使用寿命。实际上,目前地铁工程结构主体不仅采用了防水混凝土,同时也使用了柔性防水材料。"因地制宜,综合治理",是指勘察、设计、施工、管理和维护保养各个环节都要考虑防水要求,应根据工程及水文地质条件、隧道衬砌的形式、施工技术水平、工程防水等级、材料来源和价格等因素,因地制宜地选择相适应的防水措施。

总之,地下工程因其种类、使用功能、所处的区域和环境保护要求等的不同,防水设计原则有所不同。

7.3.2　设计要求

(1) 防水设计应定级准确、方案可靠、施工简便、经济合理。

(2) 地下工程的防水必须从工程规划、结构设计、材料选择、施工工艺等方面统筹考虑。

(3) 地下工程的钢筋混凝土结构应采用防水混凝土。

(4) 地下工程的变形缝、施工缝、诱导缝、后浇带、穿墙管(盒)、预埋件、预留通道接头、桩头等细部构造应加强防水措施。

(5) 地下工程的排水管沟、地漏、出入口、窗井、风井等,应有防倒灌措施,寒冷及严寒地区的排水沟应有防冻措施。

(6) 地下工程防水设计,应根据工程的特点和需要搜集下列资料:

① 最高地下水位的高程、出现的年代,近几年的实际水位高程和随季节变化情况;

② 地下水类型、补给来源、水质、流量、流向、压力;

③ 工程地质构造,包括岩层走向、倾角、节理及裂隙,含水地层的特性、分布情况和渗透系数,溶洞及陷穴,填土区、湿陷性土和膨胀土层等情况;

④ 历年气温变化情况、降水量、地层冻结深度;

⑤ 区域地形、地貌、天然水流、水库、废弃坑井及地表水、洪水和给水排水系统资料;

⑥ 工程所在区域的地震烈度、地热,含瓦斯等有害物质的资料;

⑦ 施工技术水平和材料来源。

(7) 地下工程防水设计应包括以下5方面内容:

① 防水等级和设防要求;

② 防水混凝土的抗渗等级和其他技术指标、质量保证措施;

③ 柔性防水层选用的材料及其技术指标、质量保证措施;

④ 工程细部构造的防水措施,选用的材料及其技术指标,质量保证措施;

⑤ 工程的防排水系统,地面挡水、截水系统及工程各种洞口的防倒灌措施。

7.4　地下工程防水等级和设防要求

7.4.1　地下工程的防水等级

《地下工程防水技术规范》(GB 50108—2008)规定:地下工程的防水等级分为 4 级,各级的标准应符合表7-1的规定。

表 7-1　地下工程防水标准

防水等级	防水标准
一级	不允许渗水,结构表面无湿渍
二级	不允许漏水,结构表面可有少量湿渍; 工业与民用建筑:总湿渍面积不应大于总防水面积(包括顶板、墙面、地面)的1/1 000;任意 100 m² 防水面积上的湿渍不超过 2 处,单个湿渍的最大面积不大于 0.1 m²; 其他地下工程:总湿渍面积不应大于总防水面积的2/1 000;任意 100 m² 防水面积上的湿渍不超过 3 处,单个湿渍的最大面积不大于 0.2 m²;其中,隧道工程还要求平均渗水量不大于0.05 L/(m²·d),任意 100 m² 防水面积上的渗水量不大于 0.15 L/(m²·d)
三级	有少量漏水点,不得有线流和漏泥砂; 任意 100 m² 防水面积上的漏水点数不超过 7 处,单个漏水点的最大漏水量不大于 2.5 L/d,单个湿渍的最大面积不大于 0.3 m²
四级	有漏水点,不得有线流和漏泥砂; 整个工程平均漏水量不大于 2 L/(m²·d);任意 100 m² 防水面积上的平均漏水量不大于 4 L/(m²·d)

各类地下工程的防水等级,应根据工程的重要性和使用中对防水的要求按表 7-2 选定。

表 7-2　不同防水等级的适用范围

防水等级	适用范围
一级	人员长期停留的场所,因有少量湿渍会使物品变质、失效的贮物场所及严重影响设备正常运转和危及工程安全运营的部位,极重要的战备工程、地铁车站
二级	人员经常活动的场所,在有少量湿渍的情况下不会使物品变质、失效的贮物场所及基本不影响设备正常运转和工程安全运营的部位,重要的战备工程
三级	人员临时活动的场所,一般战备工程
四级	对渗漏水无严格要求的工程

7.4.2　地下工程的防水设防要求

地下工程的防水设防要求应根据使用功能、结构形式、环境条件、施工方法及材料性能等因素合理确定。

(1)明挖法地下工程的防水设防要求应按表 7-3 选用。

(2)暗挖法地下工程的防水设防要求应按表 7-4 选用。

表 7-3　明挖法地下工程的防水设防要求

工程部位	主体结构							施工缝							后浇带					变形缝(诱导缝)					
防水措施	防水混凝土	防水卷材	防水涂料	塑料防水板	膨润土防水材料	防水砂浆	金属防水板	遇水膨胀止水条(胶)	外贴式止水带	中埋式止水带	外抹防水砂浆	外涂防水涂料	水泥基渗透结晶型防水涂料	预埋注浆管	补偿收缩混凝土	外贴式止水带	预埋注浆管	遇水膨胀止水条(胶)	防水密封材料	中埋式止水带	外贴式止水带	可卸式止水带	防水密封材料	外贴防水卷材	外涂防水涂料
一级	应选	应选一至二种						应选二种							应选	应选二种			应选	应选一至二种					
二级	应选	应选一种						应选一至二种							应选	应选一至二种			应选	应选一至二种					
三级	应选	宜选一种						宜选一至二种							应选	宜选一至二种			应选	宜选一至二种					
四级	宜选	—						宜选一种							应选	宜选一种			应选	宜选一种					

表 7-4　暗挖法地下工程的防水设防要求

工程部位	衬砌结构						内衬砌(二次衬砌)施工缝						内衬砌(二次衬砌)变形缝(诱导缝)				
防水措施	防水混凝土	塑料防水板	防水砂浆	防水涂料	防水卷材	金属防水层	外贴式止水带	预埋注浆管	遇水膨胀止水条(胶)	防水密封材料	中埋式止水带	水泥基渗透结晶型防水涂料	中埋式止水带	外贴式止水带	可卸式止水带	防水密封材料	遇水膨胀止水条(胶)
一级	必选	应选一至二种					应选一至二种						应选	应选一至二种			
二级	应选	应选一种					应选一种						应选	应选一种			
三级	宜选	宜选一种					宜选一种						应选	宜选一种			
四级	宜选	宜选一种					宜选一种						应选	宜选一种			

注:《地铁设计规范》(GB 50157—2013)对于暗挖法(矿山法)施工的隧道衬砌结构的防水措施,除表 7-4 中的塑料防水板、防水卷材外,尚有膨润土防水材料可供选择。

（3）处于侵蚀性介质中的地下工程,应采用耐侵蚀的防水混凝土、防水砂浆、卷材或涂料等防水材料。

（4）处于冻土层中的混凝土结构,其混凝土抗冻融循环不得少于 100 次。

（5）结构刚度较差或受振动作用的工程,应采用卷材、涂料等柔性防水材料。

防水混凝土是指以调整配合比或掺用外加剂的办法增加混凝土自身抗渗性能的一种混凝土。隧道衬砌常用的防水混凝土有以下两类。

(1) 普通防水混凝土。普通防水混凝土是指以控制水灰比,适当调整含砂率和水泥用量的方法来提高其密实性及抗渗性的一种混凝土,其配合比需经过抗压强度及抗渗性能试验后确定。在有冻害地区或受侵蚀介质作用的地区应选择适宜品种的水泥,此种混凝土应严格按有关规定要求施工。

(2) 外加剂防水混凝土。在混凝土中掺入适量的外加剂,如引气剂、减水剂或密实剂等,使其达到防水的要求。这种防水混凝土施工较为方便,若使用得当,一般能满足隧道衬砌的防水要求。

当衬砌处于侵蚀性地下水环境中,混凝土的耐侵蚀系数不应小于0.8。

混凝土的耐侵蚀系数按式(7-1)计算,即

$$N_s = R_{ws}/R_{wy} \tag{7-1}$$

式中: N_s ——混凝土的耐侵蚀系数;

R_{ws} ——在侵蚀性水中养护 6 个月的混凝土试块抗折强度;

R_{wy} ——在饮用水中养护 6 个月的混凝土试块抗折强度。

防水混凝土的设计抗渗等级,应符合表7-5的规定。

表 7-5 防水混凝土的设计抗渗等级

工程埋置深度 H/m	设计抗渗等级
$H<10$	P6
$10 \leqslant H<20$	P8
$20 \leqslant H<30$	P10
$H \geqslant 30$	P12

说明:(1) 本表适用于土层及软弱围岩。

(2) 山岭隧道防水混凝土的抗渗等级可按相关规范执行。

混凝土的抗渗等级(标号)是以每组 6 个试件中 4 个未发现有渗水现象时的最大水压力表示。抗渗等级(标号)按式(7-2)计算,即

$$P = 10P_t - 1 \tag{7-2}$$

式中: P ——混凝土抗渗等级(标号);

P_t ——6 个试件中 4 个未出现渗水时的最大水压值,MPa。

7.5 地下工程防排水系统

根据围岩的水文地质条件、地下工程的防水要求、地下工程周围的环境条件和环境保护要求、地下工程的防水成本等的不同,按柔性防水层的敷设方式,地下工程的防排水系统可分为以下 3 类。

(1) 全包式防水系统。全包式防水系统是结构外包全封闭式的柔性防水层或复合式衬砌的内外衬之间夹全封闭式的柔性防水层。城市地下工程,如地下铁道,因环境(包括水环境)保护要求高,不允许排水,一般应采用全包式防水系统。

(2) 半包式防排水系统。半包式防排水系统是结构边墙和顶板(或隧道边墙和顶拱)设防水层,底板或仰拱不设防水层,结构的边墙、顶板或顶拱为普通混凝土或防水混凝土,结构内

部设排水系统,如为复合式衬砌,初期支护背后间隔一定距离设环向排水管或盲沟,在墙脚高于结构内排水沟位置设纵向排水管或盲沟,环向排水管(或盲沟)与纵向排水管(或盲沟)相连,初期支护背后的排水系统间隔一定距离以横向排水管与结构内排水沟相连。对环境保护要求不高的地下工程,可以采用半包式防排水系统。

(3)控制排水型全包式防排水系统。控制排水型全包式防排水系统是结构外包全封闭式的防水层或复合式衬砌的内外衬之间夹全封闭式的防水层,结构(或二衬)本身为普通混凝土或防水混凝土。复合式衬砌初期支护背后设盲管或盲沟排水系统与结构内排水沟相连,在与结构内水沟相连的横向排水管上安装可控制的排水阀门以实现控制排水。城市地下工程或山岭隧道,如作用于结构上的静水压很高,全包式防水代价太大时,可采用控制排水型全包式防排水系统。

7.6 地下工程防水层的材料

7.6.1 卷材防水层

卷材防水层适用于受侵蚀性介质作用或受振动作用的地下工程。卷材防水层应铺设在混凝土结构主体的迎水面上;用于建筑物地下室的卷材防水层应铺设在结构主体底板垫层至墙体顶端的基面上,在外围形成封闭的防水层。

卷材防水层为一层或二层。其厚度应符合《地下工程防水技术规范》(GB 50108—2008)的要求。

卷材防水层应选用高聚物改性沥青类或合成高分子类防水卷材,并符合下列规定。

(1)卷材外观质量、品种规格应符合现行国家标准或行业标准。

(2)卷材及其胶黏剂应具有良好的耐水性、耐久性、耐刺穿性、耐腐蚀性和耐菌性。

(3)高聚物改性沥青类防水卷材的主要物理性能应符合表7-6的要求。

表7-6 高聚物改性沥青类防水卷材的主要物理性能

项目		性能要求				
		弹性体改性沥青防水卷材			自黏聚合物改性沥青防水卷材	
		聚酯毡胎体	玻纤毡胎体	聚乙烯膜胎体	聚酯毡胎体	无胎体
可溶物含量/(g/m²)		3 mm 厚:≥2 100;4 mm 厚:≥2 900			3 mm 厚:≥2 100	—
拉伸性能	拉力/(N/50 mm)	≥800(纵横向)	≥500(纵横向)	≥140(纵向) ≥120(横向)	≥450(纵横向)	≥180(纵横向)
	延伸率/%	最大拉力时 ≥40(纵横向)	—	断裂时 ≥250(纵横向)	最大拉力时 ≥30(纵横向)	断裂时 ≥200(纵横向)
低温柔度/℃		−25,无裂纹				
热老化后的低温柔度/℃		−20,无裂纹			−22,无裂纹	
不透水性		压力 0.3 MPa,保持时间 120 min,不透水				

(4)合成高分子类防水卷材的主要物理性能应符合表7-7的要求。

表 7-7　合成高分子类防水卷材的主要物理性能

项目	性能要求			
	三元乙丙橡胶防水卷材	聚氯乙烯防水卷材	聚乙烯丙纶复合防水卷材	高分子自黏胶膜防水卷材
断裂拉伸强度	≥7.5 MPa	≥12 MPa	≥60 N/10 mm	≥100 N/10 mm
断裂伸长率/%	≥450	≥250	≥300	≥400
低温弯折性	−40 ℃,无裂纹	−20 ℃,无裂纹	−20 ℃,无裂纹	−20 ℃,无裂纹
不透水性	压力 0.3 MPa,保持时间 120 min,不透水			
撕裂强度	≥25 kN/m	≥40 kN/m	≥20 N/10 mm	≥120 N/10 mm
复合强度(表层与芯层)	—	—	≥1.2 N/mm	—

7.6.2　涂料防水层

涂料防水层中的涂料包括无机防水涂料和有机防水涂料两种。无机防水涂料可选用水泥基防水涂料、水泥基渗透结晶型防水涂料。有机防水涂料可选用反应型、水乳型、聚合物水泥防水涂料。

无机防水涂料宜用于结构主体的背水面,有机防水涂料宜用于结构主体的迎水面。用于背水面的有机防水涂料应具有较高的抗渗性,且与基层有较强的黏结性。

水泥基防水涂料的厚度不得小于 3.0 mm;水泥基渗透结晶型防水涂料的用量不应小于 1.5 kg/m²,其厚度不应小于 1.0 mm;有机防水涂料的厚度不得小于 1.2 mm。

无机防水涂料、有机防水涂料的性能指标应分别符合表 7-8 和表 7-9 的规定。

表 7-8　无机防水涂料的性能指标

涂料种类	抗折强度/MPa	黏结强度/MPa	一次抗渗性/MPa	二次抗渗性/MPa	冻融循环/次
掺外加剂、掺合料水泥基防水涂料	>4	>1.0	>0.8	—	>50
水泥基渗透结晶型防水涂料	≥4	≥1.0	>1.0	>0.8	>50

表 7-9　有机防水涂料的性能指标

涂料种类	可操作时间/min	潮湿基面黏结强度/MPa	抗渗性/MPa			浸水 168 h 后的拉伸强度/MPa	浸水 168 h 后的断裂伸长率/%	耐水性/%	表干/h	实干/h
			涂膜(120 min)	砂浆迎水面	砂浆背水面					
反应型	≥20	≥0.5	≥0.3	≥0.8	≥0.3	≥1.7	≥400	≥80	≤12	≤24
水乳型	≥50	≥0.2	≥0.3	≥0.8	≥0.3	≥0.5	≥350	≥80	≤4	≤12
聚合物水泥	≥30	≥1.0	≥0.3	≥0.8	≥0.6	≥1.5	≥80	≥80	≤4	≤12

注:(1) 浸水 168 h 后的拉伸强度和断裂伸长率是在浸水取出后只经擦干即进行试验所得的值。
　　(2) 耐水性指标是指材料浸水 168 h 后取出擦干即进行试验,其黏结强度及抗渗性的保持率。

7.6.3　塑料防水板防水层

塑料防水板可选用乙烯-醋酸乙烯共聚物(EVA)、乙烯-沥青共混聚合物(ECB)、聚氯乙烯(PVC)、高密度聚乙烯(HDPE)、低密度聚乙烯(LDPE)类或其他性能相近的材料。

塑料防水板应符合下列规定：

（1）幅宽宜为2~4 m;

（2）厚度不得小于1.2 mm;

（3）耐刺穿性良好;

（4）耐久性、耐水性、耐腐蚀性、耐菌性良好;

（5）塑料防水板物理力学性能应符合表7-10的规定。

表7-10　塑料防水板的主要性能指标

项目	性能指标			
	乙烯-醋酸乙烯共聚物	乙烯-沥青共混聚合物	聚氯乙烯	高密度聚乙烯
拉伸强度/MPa	≥16	≥14	≥10	≥16
断裂延伸率/%	≥550	≥500	≥200	≥550
不透水性,120 min/MPa	≥0.3	≥0.3	≥0.3	≥0.3
低温弯折性	-35 ℃无裂纹	-35 ℃无裂纹	-20 ℃无裂纹	-35 ℃无裂纹
热处理尺寸变化率/%	≤2.0	≤2.5	≤2.0	≤2.0

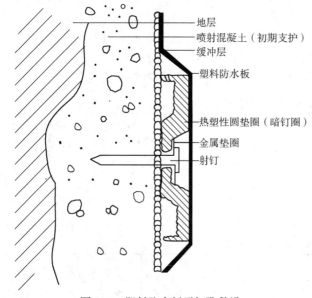

图7-2　塑料防水板无钉孔敷设

防水板应在初期支护基本稳定并经验收合格后进行铺设。

铺设防水板的基面应平整,无尖锐物。基面平整度 D/L 不应大于1/6,其中,D 为初期支护基面相邻两凸面间凹进去的深度,L 为初期支护基面相邻两凸面间的距离。

铺设防水板前应先铺缓冲层。缓冲层应用暗钉圈固定在基面上(无钉孔敷设),如图7-2所示。

在铺设防水板时,边铺边将其与暗钉圈焊接牢固。两幅防水板的搭接宽度不应小于100 mm,搭接缝应为双焊缝,单条焊缝的有效焊接宽度不应小于10 mm,焊接严密,不得焊焦焊穿。环向铺设时,先拱后墙,下部防水板应压住上部防水板。

图中标注：
地层
喷射混凝土（初期支护）
缓冲层
塑料防水板
热塑性圆垫圈（暗钉圈）
金属垫圈
射钉

7.6.4　膨润土(纳米)板(毯)防水层

用膨润土板(毯)做地下工程防水层最多的是美国、加拿大、日本、韩国、新加坡、马来西亚等国家。

膨润土(bentonite)的矿物学名称叫蒙脱石(montmorillonite),是天然的纳米材料。因其具有高度的水密实性和自我修补、自愈合功能,在理论上是最接近于完美的防水材料。

1. 膨润土板(毯)的4种特性

（1）密实性。天然钠基膨润土在水压状态下形成凝胶隔膜,在厚度约5 mm 的时候,它的

透水系数小于 10^{-9} cm/s 量级,几近不透水。

（2）自保水性。天然钠基膨润土在和水反应的时候,因为有 13~16 倍膨胀力的作用,混凝土结构物 2 mm 长以内的裂纹会自我补修填补,从而继续维持其防水能力。

（3）永久性。因为天然钠基膨润土是天然无机矿物质,所以不会出现因为时间的增长而经常发生的老化或者腐蚀现象,也不会发生化学性质的变化,因而具有永久的防水性能。

（4）环保性。膨润土是天然无机矿物质,不会污染地下水。

2. 使用膨润土防水的基本条件

（1）只有在密闭的空间(有压力)才能防水。如果密实度(一般 85%以上)不够,膨润土就不能正常发挥作用。密实度可以用填充的方法解决,填充时要求压力一般为 1.4~2.0 kPa。另外,对密实度的要求条件中,在膨润土防水剂和结构物之间,不能有影响密实度的其他物质。

（2）与水接触后发挥防水性能。膨润土只有和水接触后才会水化膨胀并形成凝胶体(见图 7-3),所以必须要有水。有时在施工完膨润土防水层后,将为了防止水化而设的 PE 保养薄膜去掉;有时也有提前让其和水接触,让其提前形成胶体。

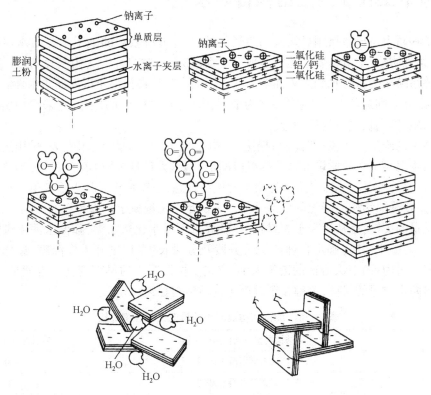

图 7-3　膨润土的水化膨胀过程

（3）膨润土和结构的结合。膨润土在特性上要求和结构物接触才会在结构物表面上形成胶体隔膜,从而达到防水的目的。

一定要遵守以上 3 个基本条件,只有这样膨润土才能发挥性能,这也是膨润土——天然纳米材料防水的特点。

膨润土(纳米)防水板(毯)耐穿刺,直接穿孔铺设,不需焊接直接搭接即可,因而施工简便,效率高,不易发生渗漏。

　　我国也开始生产膨润土(纳米)防水板(毯)。膨润土防水毯是将天然钠基膨润土颗粒均匀分布在两层土工织物之间,用针织方法固定膨润土颗粒,其构造如图7-4所示。北京地铁5号线天坛东门站—磁器口站区间隧道复合式衬砌采用了膨润土防水毯作为其防水层。

图7-4　膨润土防水毯的构造

7.7　地下工程混凝土结构自防水

　　地下工程防水系统包括刚柔结合的多道防线,7.6节所叙述的地下工程防水层属于柔性防水层,为柔性防线;本节将要论述的是地下工程混凝土结构自防水,为刚性防线。混凝土结构的质量关系结构的自防水和耐久性能。从确保地下工程在使用年限内的防水性能的角度考虑,合理的设计原则是确立"结构自防水为根本,多道防线并重"的理念,并采取切实有效的设计和施工措施,以实现这一设计理念。

　　地铁结构的施工方法包括明(盖)挖法、盾构法、矿山法、沉管法、顶进法,采用这些施工方法的地铁结构混凝土的最低设计强度等级应满足《地铁设计规范》(GB 50157—2013)的要求,见表7-11。为了实现以结构自防水为根本的设计理念,地铁结构混凝土不宜追求过高的强度等级,关键是要确保结构混凝土的抗渗性能。在满足结构混凝土抗渗等级的前提下,确保地铁结构防水质量的关键,是从混凝土原材料的选用(选用低水化热水泥,降低水泥用量)、混凝土配合比设计、混凝土浇筑(确定合理的浇筑分段及分段长度、控制好入模温度、选择合适的养护方式和养护时间等)三大方面的措施入手,严格防控混凝土的早期裂缝。也就是说,地铁混凝土结构自防水质量的保证,关键在于混凝土的防裂与控裂。

表7-11　地铁结构混凝土的最低设计强度等级

施工方法	结构类型或结构部位	最低设计强度等级
明(盖)挖法	整体式钢筋混凝土结构	C35
	装配式钢筋混凝土结构	C35
	作为永久结构的地下连续墙或灌注桩	C35
盾构法	装配式钢筋混凝土管片	C50
	整体式钢筋混凝土衬砌	C35
矿山法	现浇混凝土或钢筋混凝土衬砌(或称二次衬砌,也可称内衬砌)	C35
沉管法	钢筋混凝土结构	C35
	预应力混凝土结构	C40
顶进法	钢筋混凝土结构	C35

7.8 地下工程混凝土结构细部构造防水

7.8.1 变形缝防水

1. 一般规定

（1）变形缝应满足密封防水、适应变形、施工方便、检修容易等要求。

（2）用于伸缩的变形缝宜少设，可根据不同的工程结构类别和工程地质情况采用诱导缝、加强带、后浇带等替代措施。

（3）变形缝处混凝土结构的厚度不应小于 300 mm。

2. 变形缝防水设计

（1）用于沉降的变形缝，其最大允许沉降差值不应大于 30 mm。当计算沉降差值大于 30 mm时，应在设计时采取措施。

（2）变形缝的宽度宜为 20~30 mm。

（3）变形缝的防水措施可根据工程开挖方法、防水等级按表 7-3 和表 7-4 选用，变形缝的几种复合防水构造形式如图 7-5、图 7-6 和图 7-7 所示。

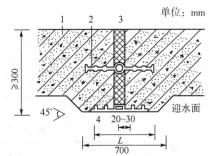

1—混凝土结构；2—中埋式止水带；3—填缝材料；
4—外贴式止水带。其中，外贴式止水带宽度 $L \geqslant 300$ mm，
外贴防水卷材宽度 $L \geqslant 400$ mm，外涂防水涂层宽度 $L \geqslant 400$ mm。
图 7-5 中埋式止水带与外贴防水层复合使用

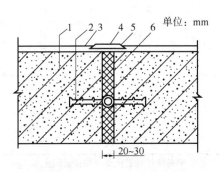

1—混凝土结构；2—中埋式止水带；3—防水层；
4—隔离层；5—密封材料；6—填缝材料。
图 7-6 中埋式止水带与嵌缝材料复合使用

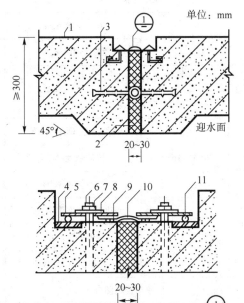

1—混凝土结构；2—填缝材料；3—中埋式止水带；
4—预埋钢板；5—紧固件压板；6—预埋螺栓；
7—螺母；8—垫圈；9—紧固件压块；
10—Ω 型止水带；11—紧固件圆钢。
图 7-7 中埋式止水带与可卸式止水带复合使用

（4）对环境温度高于 50 ℃处的变形缝,可采用 2 mm 厚的紫铜片或 3 mm 厚不锈钢等金属止水带,其中间呈圆弧形,如图 7-8 所示。

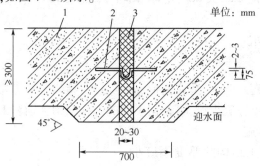

1—混凝土结构;2—金属止水带;3—填缝材料。

图 7-8　中埋式金属止水带

（5）变形缝使用的钢边橡胶止水带的物理力学性能应符合表 7-12 的规定。

表 7-12　橡胶止水带的性能

项目		性能要求		
		B 型	S 型	J 型
硬度（邵尔 A,度）		60±5	60±5	60±5
拉伸强度/MPa		≥15	≥12	≥10
扯断伸长率/%		≥380	≥380	≥300
压缩永久变形	70 ℃×24 h,%	≤35	≤35	≤25
	23 ℃×168 h,%	≤20	≤20	≤20
撕裂强度/（kN/m）		≥30	≥25	≥25
脆性温度/℃		≤-45	≤-40	≤-40
热空气老化	70 ℃×168 h　硬度变化（邵尔 A,度）	+8	+8	—
	70 ℃×168 h　拉伸强度/MPa	≥12	≥10	—
	70 ℃×168 h　扯断伸长率/%	≥300	≥300	—
	100 ℃×168 h　硬度变化（邵尔 A,度）	—	—	+8
	100 ℃×168 h　拉伸强度/MPa	—	—	≥9
	100 ℃×168 h　扯断伸长率/%	—	—	≥250
橡胶与金属黏合		断裂面在弹性体内		

注:（1）B 型适用于变形缝用止水带,S 型适用于施工缝用止水带,J 型适用于有特殊耐老化要求的接缝用止水带。
　　（2）橡胶与金属黏合指标仅适用于具有钢边的止水带。

7.8.2　施工缝防水构造

施工缝防水的 4 种构造形式如图 7-9、图 7-10、图 7-11 和图 7-12 所示。

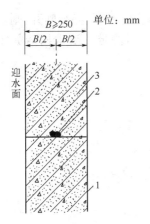

1—先浇混凝土;2—遇水膨胀止水条(胶);
3—后浇混凝土。

图 7-9 施工缝防水基本构造(一)

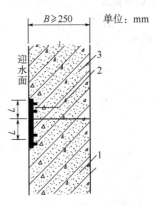

1—先浇混凝土;2—外贴式止水带;3—后浇混凝土。

外贴式止水带宽度 $L \geqslant 150$ mm,外涂防水涂料宽度 $L = 200$ mm,

外抹防水砂浆宽度 $L = 200$ mm。

图 7-10 施工缝防水基本构造(二)

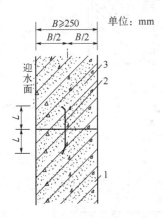

1—先浇混凝土;2—中埋式止水带;3—后浇混凝土。

其中,钢板止水带宽度 $L \geqslant 100$ mm,

橡胶止水带宽度 $L \geqslant 125$ mm,

钢边橡胶止水带宽度 $L \geqslant 120$ mm。

图 7-11 施工缝防水基本构造(三)

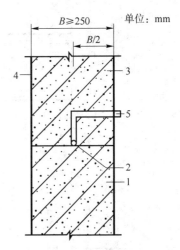

1—先浇混凝土;2—预埋注浆管;3—后浇混凝土;
4—结构迎水面;5—注浆导管。

图 7-12 施工缝防水基本构造(四)

施工缝的施工应符合下列规定:

(1)水平施工缝浇筑混凝土前应将其表面浮浆和杂物清除,铺水泥砂浆或涂刷混凝土界面处理剂并及时浇筑混凝土;

(2)垂直施工缝浇筑混凝土前应将其表面清理干净,涂刷界面处理剂并及时浇筑混凝土;

(3)施工缝采用遇水膨胀橡胶止水条止水时,应将止水条牢固地安装在缝表面预留凹槽内;

(4)施工缝采用中埋式止水带止水时,应确保止水带位置准确、固定牢靠。

7.8.3 后浇带防水

后浇带应设在不允许留设变形缝,且受力和变形较小的部位,间距宜为 30~60 m,宽度宜为 700~1 000 mm。后浇带可做成平直缝,结构主筋不宜在缝中断开,如必须断开,则主筋搭接长度应大于 45 倍主筋直径,并应按设计要求加设附加钢筋。后浇带的防水构造如图 7-13、图 7-14 和图 7-15 所示。

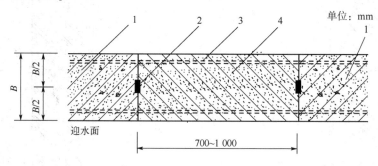

1—先浇混凝土;2—遇水膨胀止水条(胶);3—结构主筋;4—后浇补偿收缩混凝土。

图 7-13　后浇带防水构造(一)

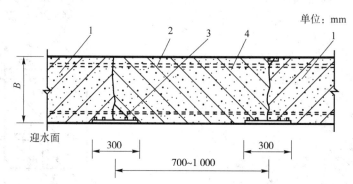

1—先浇混凝土;2—结构主筋;3—外贴式止水带;4—后浇补偿收缩混凝土。

图 7-14　后浇带防水构造(二)

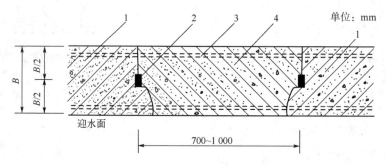

1—先浇混凝土;2—遇水膨胀止水条(胶);3—结构主筋;4—后浇补偿收缩混凝土。

图 7-15　后浇带防水构造(三)

7.9　盾构法隧道结构防水

目前,采用盾构法修建的隧道绝大部分仍然主要采用由单层钢筋混凝土管片拼装而成的衬砌结构,其防水工作包括管片防水、管片接缝防水、螺栓孔和注浆孔防水。有的情况下,在管片衬砌内部构筑混凝土内衬或其他内衬。不同防水等级盾构隧道的防水措施设计应符合表 7-13 的要求。

表 7-13　不同防水等级的盾构隧道的防水措施

防水等级	高精度管片	接缝防水				混凝土内衬或其他内衬	外防水涂料
		密封垫	嵌缝	注入密封剂	螺栓孔密封圈		
一级	必选	必选	全隧道或部分区段应选	可选	必选	宜选	对混凝土有中等以上腐蚀的地层应选,在非腐蚀地层宜选
二级	必选	必选	部分区段宜选	可选	必选	局部宜选	对混凝土有中等以上腐蚀的地层宜选
三级	应选	必选	部分区段宜选	—	应选	—	对混凝土有中等以上腐蚀的地层宜选
四级	可选	宜选	可选	—	—	—	—

注:表中的"高精度管片",是指采用满足《地下工程防水技术规范》(GB 50108—2008)要求的高精度钢模制作而成的钢筋混凝土管片。

7.9.1　管片防水

管片防水包括管片本体防水和管片外防水涂层。根据隧道所处的水文地质条件,应对管片本体的抗渗性能作出明确规定,一般要求其抗渗标号不小于 P8,渗透系数不大于10^{-11} m/s。对于钢筋混凝土管片来说,制作质量、工艺和外加剂的使用对提高管片本体的抗渗性效果明显。上海地下铁道区间隧道的钢筋混凝土管片制作时,掺入了 10%~15% 的磨细粉煤灰与 SH-Ⅱ型减水剂。

管片外防水涂层需根据管片材质而定,对钢筋混凝土管片而言,一般要求如下:

(1) 涂层应能在盾尾密封钢丝刷与钢板的挤压摩擦下不损伤;

(2) 当管片弧面的裂缝宽度达 0.3 mm 时,仍能抗 0.6 MPa 的水压,长期不渗漏;

(3) 涂层应具有良好的抗化学腐蚀性能、抗微生物侵蚀性能和耐久性;

(4) 涂层应具有防迷流的功能,其体积电阻率、表面电阻率要高;

(5) 涂层应具有良好的施工季节适应性,施工简便,成本低廉。

上海有些隧道的钢筋混凝土管片采用焦油氯磺化聚乙烯涂料为底层,环氧类树脂为表层。因底层具有较高延伸率,可以解决裂缝时的防水问题,而表面层则具有很好的耐磨性,足以抵抗钢丝刷的挤压摩擦。或者采用 911 环氧聚氨酯反应物涂层也是可行的。

但应指出,若管片制作质量高,采用抗侵蚀水泥,不作外防水涂层也是可以的。

7.9.2　管片接缝防水

管片接缝防水包括管片间的弹性密封垫防水、隧道内侧相邻管片间的嵌缝防水及必要时向接缝内注入聚氨酯防水涂料等。其中,弹性密封垫防水最可靠,是接缝防水重点。当然,管片制作精度对接缝防水的影响不可忽视,一般要求接缝宽度不应大于 1.5 cm。

1. 弹性密封垫防水

1) 弹性密封垫的功能要求

一般情况下,要求弹性密封垫能承受实际最大水压的 3 倍。衬砌环缝的密封垫还应在衬砌产生纵向变形时,保持在规定水压力作用下不透漏水,即密封垫在设计水压下的允许张开值

应大于衬砌在产生纵向挠曲时环缝的张开值,可表示为

$$\delta \leqslant \frac{B \cdot D}{\rho_{\min} - \frac{D}{2}} + \delta_\text{o} + \delta_\text{s} \qquad (7\text{-}3)$$

式中:δ——环缝中弹性防水密封垫在设计水压下允许的缝张开值;

D——衬砌外径;

B——管片宽度;

$\rho_{\min}$——隧道纵向挠曲的最小曲率半径;

δ_o——生产和施工可能造成的环缝间隙;

δ_s——隧道邻近建筑物及桩基沉降等引起的隧道挠曲和接缝张开值。

同时,还要求密封垫传给密封槽接触面的应力大于设计水压力。接触面应力是由扭紧连接螺栓、盾构千斤顶推力、密封垫膨胀等因素产生的。此外,当密封垫一侧受压力作用时也会产生一定的接触面应力,即所谓"自封作用"。

2)密封垫材料要求

实践证明,密封垫的材料性能极大地影响接缝防水的短期或长期效果,因此对它有严格的要求,尤其是对防水功能的耐久性,即要求密封垫能长期保持接触面应力不松弛。有文献建议:接触面应力由 0.6 MPa 降至 0.2~0.3 MPa 的时间即为密封垫的寿命。其他耐久性要求包括耐水性、耐动力疲劳性、耐干湿疲劳性、耐化学侵蚀性等。对水膨胀橡胶还要求能长期保持其膨胀压力。

密封材料之间及密封材料与管片之间应有足够的黏结性,而且不能影响管片的拼装精度,施工还要方便。

3)密封材料种类

从密封材料的发展过程看,密封材料大致可以分为以下 3 类:

(1)单一的,如未硫化的异丁烯类、硫化的橡胶类、海绵类、二液型的聚氨酯类等;

(2)复合的,如海绵加异丁烯类加保护层、硫化橡胶加异丁烯类加保护层等;

(3)水膨胀的,如水膨胀橡胶,它是在橡胶(天然橡胶或氯丁橡胶)中加入水膨胀剂(如吸水性树脂、水溶性聚氨酯等)而制成的。

可以说,水膨胀密封材料的出现显著地改变了盾构法隧道的防水性,因为它吸水后膨胀产生的膨胀压力可以抵抗水压力,防止渗水。

《地下工程防水技术规范》(GB 50108—2008)规定:管片应至少设置一道密封垫沟槽。接缝密封垫宜选择具有合理构造形式、良好的弹性或遇水具有膨胀性、耐久性、耐水性的橡胶类材料,其外形应与沟槽相匹配。弹性橡胶密封垫和遇水膨胀橡胶密封垫的材料性能应分别符合表 7-14 和表 7-15 的要求。

表 7-14　弹性橡胶密封垫的材料物理性能

序号	项目	指标	
		氯丁橡胶	三元乙丙橡胶
1	硬度(邵尔 A,度)	45±5~60±5	55±5~70±5
2	伸长率/%	≥350	≥330
3	拉伸强度/MPa	≥10.5	≥9.5

续表

序号	项目		指标	
			氯丁橡胶	三元乙丙橡胶
4	热空气老化	硬度变化值(邵尔 A,度)	≤+8	≤+6
	70 ℃×96 h	拉伸强度变化率/%	≥−20	≥−15
		扯断伸长率变化率/%	≥−30	≥−30
5	压缩永久变形(70 ℃×24 h)/%		≤35	≤28
6	防霉等级		达到与优于 2 级	达到与优于 2 级

注:以上指标均为成品切片测试的数据,若只能以胶料制成试样测试,则其伸长率、拉伸强度的性能数据应达到表中规定的 120%。

表 7-15　遇水膨胀橡胶密封垫胶料的物理性能

序号	项目		性能要求		
			PZ−150	PZ−250	PZ−400
1	硬度(邵尔 A,度)		42±7	42±7	45±7
2	拉伸强度/MPa		≥3.5	≥3.5	≥3
3	扯断伸长率/%		≥450	≥450	≥350
4	体积膨胀倍率/%		≥150	≥250	≥400
5	反复浸水试验	拉伸强度/MPa	≥3	≥3	≥2
		扯断伸长率/%	≥350	≥350	≥250
		体积膨胀倍率/%	≥150	≥250	≥300
6	低温弯折(−20 ℃×2 h)		无裂纹		
7	防霉等级		达到与优于 2 级		

注:(1) 成品切片测试应达到本表指标的 80%。
　　(2) 接头部位的拉伸强度指标不得低于本表指标的 50%。
　　(3) 体积膨胀倍率是浸泡前后的试样质量的比率。

4) 国际上采用的弹性密封垫简介

德国主要采用氯丁橡胶的制品,经过实践和试验(包括不同构造形式的密封垫压缩量和压缩应力的关系及水压力和允许接缝张开值的关系、不同硬度的密封垫在低温和常温下压缩量与压缩应力的关系及水压力和允许张开值的关系等),他们认为:中间开 4 孔形式的密封垫更为合理;硬度对密封垫的压缩量和压缩应力的影响很大,氯丁橡胶密封垫硬度以 HRC65 较为合理。4 孔形密封垫如图 7-16 所示。

图 7-16　4 孔形密封垫

日本普遍采用水膨胀橡胶制品,经过实践和试验(不同材质的水膨胀橡胶在不同温度、水质、时间下浸泡的质量变化率,不同硬度和构造形式的水膨胀橡胶密封垫在长期压缩下应力松弛特性及压缩时间和复原率关系,膨胀、干缩循环后材料以上特性的变化),其结论如下:

(1) 接触面上必须设置密封沟槽,其体积应为密封垫体积的 1~1.5 倍;

(2) 为确保密封垫完全压密,初始接触面应力应小于螺栓拧紧力和千斤顶顶力,长期接触面应力必须大于水压力;

(3) 聚氨酯类材料吸水性比丙烯酸盐吸水性树脂好;

（4）密封垫构造形式和硬度对止水影响很大；

（5）接缝张开值为"0"时，其压缩量也应达到30%~40%。

日本在试验时对膨胀力、水压力都用精度较高的压力传感器测定，对硬度与止水性关系研究较深入，尤其对材料的使用寿命估计方法较科学、合理。根据推算，水膨胀橡胶密封垫在隧道内寿命为50~100年。他们还指出管片角部加贴密封腻子条有利于防水。

日本普遍采用的密封垫形式如图7-17所示。

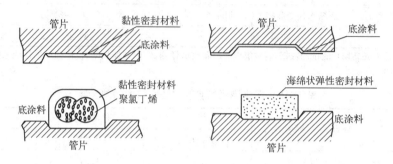

图7-17   日本普遍采用的密封垫形式

我国曾经采用过非水膨胀性和水膨胀性的密封垫，经过实践和试验发现：水膨胀橡胶在接缝张开时，止水性的发挥有滞后现象，外涂缓膨胀剂可使其在受力前遇水不膨胀，受力后才吸水膨胀。氯丁橡胶经长期压缩后，其止水性有滞后和下降的现象。图7-18所示的密封垫可满足 A、B 型管片的要求。

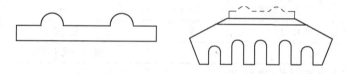

图7-18   国产密封垫形式

5）密封垫设计的有关问题

根据上述各国的实践经验和试验研究，在设计密封垫时应注意：密封垫沟槽的断面积应大于或等于密封垫的断面积，才能使密封垫完全压密；盾构千斤顶的顶力应大于环面密封垫的压缩力，才能保证环缝不张开；螺栓紧固力应大于纵面密封垫压缩力，才能使纵缝张开值为"0"；拼装后接缝张开值为"0"时，密封垫压缩率不大于35%，这是考虑材料老化所需要的；密封垫厚度与密封槽应视具体工程的接缝张开值和材料性能而定，一般槽深为10 mm，槽宽为50 mm，密封垫高出端面4.5 mm，如图7-18所示；密封槽的数目视具体工程的情况而定，一般为1道，在含水砂层或薄弱部位也可设2道，对于大直径隧道，因管片厚，也可设3道。

6）密封垫施工

弹性密封垫一般为预制品，但也可采用现场涂抹。无论采用哪一种形式的密封垫，施工前都必须用钢丝刷将密封槽内的浮灰和油污除去、烘干，并涂刷底层涂料以保证黏结良好。

对预制的密封垫，尤其是管片上有2道以上的密封槽时，一定要"对号入座"，不得装错。嵌入槽内的密封垫要用木槌敲击，以提高黏结效果，不致在管片运输和拼装时掉落和错位。拐角处的密封垫，粘贴时尤应注意，必要时应采取加强措施。

对于 K 型管片，在纵向或径向插入时，密封垫容易被拉长或剥落，此时宜在密封垫上涂一层减摩剂，最好选用后期能凝固止水的减摩剂。

　　在曲线推进或纠正蛇行需要加设楔形垫板时,其厚度应与密封垫板相匹配,以确保接缝防水要求。

2. 接缝嵌缝防水

接缝防水的另一措施就是在隧道内侧用防水材料进行嵌缝。

嵌缝槽的形状要考虑拱顶嵌缝时,不致使填料坠落、流淌,其深度通常为 20 mm,宽度为 12 mm,如图 7-19 所示。嵌缝材料应具有良好的水密性、耐侵蚀性、伸缩复原性,硬化时间短,收缩小,便于施工等特性。满足上述要求的材料有以环氧类、聚硫橡胶类、尿素树脂类为主的材料。

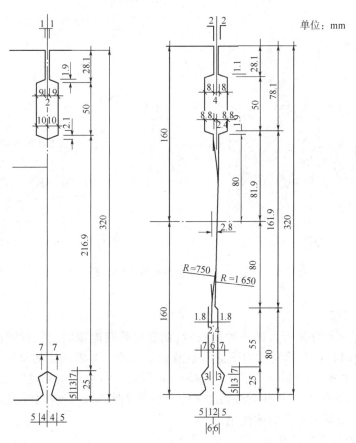

图 7-19　接缝嵌缝防水结构图(一)

　　变形缝的嵌缝槽形状和填料必须满足在变形情况下,亦能止水的要求。上海市曾对不定型自黏性丁基橡胶腻子、水膨胀橡胶腻子(用氯丁胶乳水泥加封)、制品型海绵橡胶为芯材外包水膨胀橡胶的圆形嵌条及内插塑料扩张芯材的特殊齿形嵌条进行过试验,认为特殊齿形嵌条和水膨胀橡胶腻子较好,如图 7-20 所示。

嵌缝作业应在衬砌稳定后,在无千斤顶推力影响的范围内进行,一般距盾尾 20~30 m。嵌缝前要将嵌缝槽内的油、锈、水清除干净,必要时用喷灯烘干,不得在渗水情况下作业。涂刷底层涂料后再行填塞填料,进行捣实。

嵌缝时要特别注意仰拱 90°范围内的嵌填质量,因为此处在运营后无法补救。

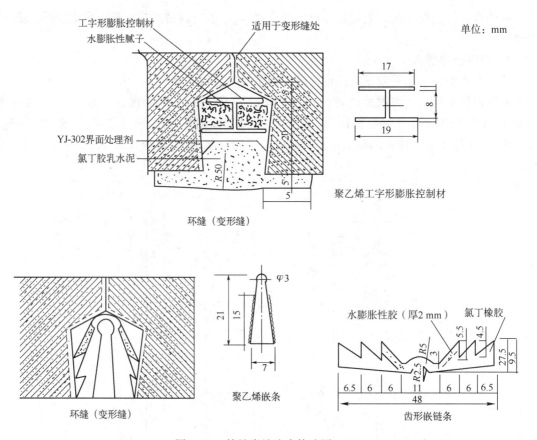

图 7-20　接缝嵌缝防水构造图(二)

3. 接缝注浆

接缝注浆是近年来开发的一种新技术,在管片的四边端面上设置灌注槽,管片拼装成环后,由隧道内向管片的灌注槽内压注砂浆或防水浆液。要求压注的材料流动性好,具有膨胀性,固结后无收缩,如聚氨酯类浆液。但应注意,接缝注浆常易引起衬砌变形,反而降低防水效果;故须对管片的形状和压注方法仔细考虑。也有文献建议,只有当接缝的密封垫防水和嵌缝防水施作后仍有漏水现象时才使用。

4. 螺栓孔和压浆孔防水

螺栓与螺栓孔或压浆孔之间的装配间隙是渗水的重要通道,所采取的防水措施就是用塑性(合成树脂类、石棉沥青或铅)和弹性(橡胶或聚氨酯水膨胀橡胶等)密封圈垫在螺栓和螺孔之间,在拧紧螺栓时,密封圈受挤压充填在螺栓与孔壁之间,达到止水效果。

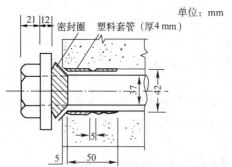

图 7-21　螺栓孔和压浆孔防水

另一种防水方法是采用一种塑料螺栓孔套管,浇筑混凝土预埋在管片内,与密封圈结合起来使用,防水效果更佳,如图 7-21 所示。

密封圈应具有良好的伸缩性、水密性、耐螺栓拧紧力、耐老化等。为提高防水效果,螺栓孔口可做成喇叭状。由于螺栓垫圈会产生蠕变而松弛,为了提高止水效果,有必要对螺栓进行二次拧紧。

施工时螺栓位置偏于一边的现象是经常发生的,应充分注意,必要时也可对螺栓孔进行注浆。

7.10　北京地铁区间暗挖隧道复合式衬砌可穿刺自愈合材料防水新技术与新工艺

7.10.1　地铁暗挖隧道复合式衬砌防水技术及工艺发展历史

1. 北京地铁暗挖隧道复合式衬砌防水技术和工艺的演变

1986—1987 年,地铁复兴门折返线工程采用厚 1.0 mm PVC(聚氯乙烯板)做防水层,用电烙铁焊接,射钉穿破板固定于喷射混凝土上。

1987—1990 年,地铁复兴门至西单车站区间隧道采用厚 1.0 mm PVC 板做防水层,用电烙铁焊接,射钉穿破板固定于喷射混凝土上。

1990 年以后,在复西区间隧道试验应用厚 0.65 mm HDPE(高密度聚乙烯膜)做防水层,并用美国 Gundle 公司专用焊枪焊接膜间接缝,射钉穿破膜固定于喷射混凝土上;但为防水,在射钉处加了遇水膨胀橡胶垫圈,效果较好。

1989—1992 年,地铁西单车站采用先在喷射混凝土基面上施作水泥防水砂浆,然后在拱部及边墙喷涂焦油聚氨酯涂料(设计要求厚度不小于 1.5 mm)做防水隔离层;与此同时,在西单车站折返线工程则采用厚 0.65 mm LDPE(低密度聚乙烯膜)做防水层,膜间接缝用专用焊枪焊接,用射钉固定,钉眼处用同质材料焊补。

1992 年 1 月,对北京五洲大酒店地下人行通道复合式衬砌防水层做了较大改进,仍采用厚 0.65 mm LDPE 膜做防水层,但在 LDPE 膜下面加了一层厚 4.0 mm PE 泡沫塑料垫衬作为缓冲层,膜间接缝采用专用热合机双焊缝焊接,先用射钉或胀管螺丝固定 LDPE 膜于喷射混凝土基面上,然后再将 LDPE 膜固定在 PE 泡沫塑料垫衬的垫圈上。这样实现了防水层无钉铺设、膜间连接为双焊缝,从而提高了防水层的防水可靠性。

1993 年 9 月 23 日,北京地铁复八线工程防水领导小组召开会议专门研究复八线工程防水用材料问题。会议根据防水专家小组意见决定:用浅埋暗挖法修建的区间隧道及车站复合式衬砌防水材料选用以下两种:LDPE 膜和 EVA 膜(乙烯-醋酸乙烯共聚物)。LDPE 膜侧重用于区间隧道,EVA 膜侧重用于车站,两者亦可兼用,膜厚为 0.8 mm。由于初期支护喷射混凝土基面粗糙,为保证防水膜不受损伤,保证防水的可靠性,在 LDPE 膜或 EVA 膜下均需加设缓冲层。缓冲层选用厚 4~5 mm PE 泡沫塑料垫衬或土工布(无纺布)。

1994 年,北京地铁复八线工程采用盖挖逆作法修建的永安里车站及天安门车站,其边墙防水层均采用了 EVA 膜+PE 泡沫塑料垫衬新技术、新材料、新工艺施作,效果较好。当时,横穿长安街的多条人行过街地道复合式衬砌防水层也采用了上述技术、材料及工艺。

2002 年 1 月,北京地铁 5 号线工程开工。经研究确定,地下结构防水原则同地铁复八线工程,车站与区间隧道仍为复合式衬砌结构。由于车站与区间二次衬砌为钢筋防水混凝土,根据复八线工程的经验,防水板选择具有一定抗穿刺能力的 ECB 板(乙烯-醋酸乙烯与沥青共聚物)和 EVA 板,其厚度为:车站选用厚 2.0 mm,区间选用厚 1.5 mm,缓冲层选用 400~350 g/m²

无纺布。

2. 复合式衬砌防水的优点及存在的突出问题

复合式衬砌的塑料防水板夹层,也称作防水隔离层。防水隔离层,除其本身作为一道防线起到防水作用外,其优点是能大大减少内衬砌(二衬)混凝土的约束,控制或减少二衬混凝土的早期裂缝,确保二衬自防水和耐久性。

复合式衬砌是一种"三明治"式构造。其在防水方面存在的突出问题,归纳起来,有以下4点。

(1)复合式衬砌防水本质上为"被动"防水。由于喷射混凝土初期支护不防水,复合式衬砌实际上是将地下水引入"三明治"结构内部,然后由塑料防水板和二衬防水混凝土来被动防水。

(2)塑料防水板有大量焊缝,焊接质量没有百分之百的保证,焊缝又难以一一检查;二衬钢筋架立、绑扎、焊接过程中易刺破和烧坏防水板,这些客观因素的存在,使得塑料防水板的敷设质量不易保证,焊缝的漏焊、脱焊和防水层的破损难以避免。

(3)只要有水从焊缝和防水板破损处透过防水层,那么,透过来的水在防水层与二衬的接触面间形成"窜流"。一旦发生渗漏,复合式衬砌渗漏水治理将很难找到渗漏源,就成了"打靶找不到靶子",就像"盲人摸象"。

(4)大量的施工缝和一定数量的变形缝使得二衬防水质量难以保证,施工缝、变形缝是最易产生渗漏的部位。

3. 复合式衬砌分区防水技术及其存在的问题

因复合式衬砌塑料防水板防水技术存在的突出问题,自20世纪90年代起,欧美发达国家在复合式衬砌防水中全面引入分区防水的设计理念,开发了分区防水的系统材料,在隧道与地下工程复合式衬砌防水中开始推广应用塑料防水板分区防水新技术、新工艺。塑料防水板分区防水新技术、新工艺是国外隧道与地下工程复合式衬砌防水的领先技术和工艺之一。

在国内地铁暗挖车站和区间隧道复合式衬砌防水中,北京地铁以5号线、4号线、10号线为依托工程,领先研究、全面推广塑料防水板分区防水新技术、新工艺。

尽管分区防水技术在很大程度上能防止塑料防水板的窜流的发生,并且一旦发生渗漏,能使得治理范围较为明确,治理代价小。但是,它存在的问题是:① 背贴止水带(亦称外贴式止水带)的底座板较防水板厚、硬,且只能与防水板采用人工焊接(手焊),焊缝不易保证均匀、连续且易脱开、撕裂,尤其是施工中无可靠方法检查其焊接效果,造成的后果是当地下水透过防水板的破损处进入某一个分区后,能从背贴止水带与防水板焊缝的漏焊、脱开或撕裂处"窜"到另一分区;② 背贴止水带的齿条在阴角处必然发生"倒齿",施工又常见不作处理或处理不到位,使得二衬混凝土与齿条不能紧密咬合而"窜"水;③ 二衬混凝土在拱顶部位不能浇捣密实而使得混凝土与背贴止水带的齿条完全不能咬合等主要问题使得分区往往无法实现。

7.10.2　可穿刺、自愈合防水材料

1. 膨润土防水材料及防水原理

1)膨润土防水材料

膨润土防水材料(bentonite materials for waterproofing)是指利用天然钠基膨润土(见图7-22)加工制作而成的地下工程防水材料,包括膨润土防水毯主材、密封膏及膨润土止水条等配套材料。

膨润土的主要矿物成分是蒙脱石(montmorillonite)。蒙脱石是一种层状含水的铝硅酸盐矿物,其理论结构式为$(1/2Ca, Na)_{0.7}(Al, Mg, Fe)_4(Si, Al)_8O_{20}(OH)_4 \cdot nH_2O$,其中的$Ca^{2+}$、$Na^+$为可交换的阳离子。根据层间离子不同,自然界的蒙脱石可分为钠蒙脱石、钙蒙脱石,因

图 7-22　颗粒状天然钠基膨润土

此天然膨润土分为钠基膨润土和钙基膨润土。因钠基膨润土较钙基膨润土具有更优异的遇水膨胀性能,因此仅钠基膨润土可用作地下工程防水材料。北京地铁 5 号线选用的防水毯的膨润土的矿物成分见表 7-16。

表 7-16　膨润土的矿物组成

矿物名称	矿物代号	含量/%
钠蒙脱石	S	55~60
伊利石	I	20
高岭石+绿泥石	K（C）	<5
石英	Q	<15
长石	Ab	<5
石膏	G	<5

蒙脱石是由纳米级的颗粒($10^{-11} \sim 10^{-9}$ m)组成的,国外也称膨润土为天然纳米材料。

膨润土防水毯是指由两层土工织物(一层有纺土工布、一层无纺土工布)包裹天然钠基膨润土颗粒针织而成的毯状材料。膨润土颗粒均匀分布,以针织方法将膨润土颗粒固定,无纺土工布的外表面加烫一层高密度聚乙烯(HDPE)薄膜以适应在潮湿基面上铺设,如图 7-23 所示。

图 7-23　针织法固定膨润土颗粒的膨润土防水毯

(注:图中两层土工织物间针织固定的为膨润土颗粒,黑色边缘为 HDPE 薄膜。)

2）膨润土材料的防水原理

膨润土材料的防水原理是遇水止水。

天然钠基膨润土与水接触后,将逐渐发生水化膨胀(见图7-24,扫描电镜研究的膨润土样品取自用于北京地铁5号线工程的膨润土防水毯);如在自由状态下充分水化,其体积至少能膨胀13~16倍,甚至超过30倍;如在一定的限制条件下,能形成极低渗透性(可以看作不透水)的凝胶体,其渗透系数小于$\alpha \times 10^{-9}$ cm/s(α 为1.0至10.0之间的数值)。

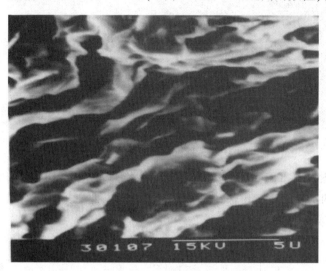

图7-24　天然钠基膨润土水化膨胀的扫描电镜照片

(注:图中白色部分为膨润土水化物,黑色部分为膨润土颗粒间的吸附水和层间域的结合水。)

膨润土防水毯遇水化形成的极低渗透性的致密凝胶层,即为地铁工程结构的防水层。

2. 膨润土防水毯的技术性能指标

膨润土防水毯的主要技术性能指标见表7-17。

表7-17　膨润土防水毯的主要技术性能指标

序号	技术性能指标	单位	指标值
1	防水毯厚度	mm	6.4
2	钠基颗粒状膨润土单位面积含量	kg/m²	5.5
3	抗拉强度	N	≥530
4	膨润土膨胀指数	mL/2 g	≥24
5	导水系数(渗透率)	cm/s	≤5×10⁻¹⁰
6	穿刺强度	N	≥620
7	延伸率	%	20
8	抗静水压	m	≥70
9	低温柔韧性		-32 ℃不受影响
10	高密度聚乙烯(HDPE)薄膜剥离强度	N	≥65
11	剥离强度	N	≥65
12	混凝土面剥离强度	kN/m²	≥2.6

3. 膨润土防水毯的膨胀压力

1）测试装置

为了研究膨润土防水毯的水化膨胀特性,专门研制了一种膨胀压力测定仪(见图 7-25)。在饱和水条件下,对膨润土防水毯吸水膨胀所产生的压力及其随时间变化趋势进行测定。其中,样品两侧的金属挡板相当于约束防水毯的工程结构。试验时,将膨润土防水毯置于钢板和挡板之间,并施加一定的初始压力将其固定。试验时,采用针式注水法连续向防水毯注水,防水毯吸水膨胀,并把其膨胀所产生的压力传给压力传感器的探头,通过

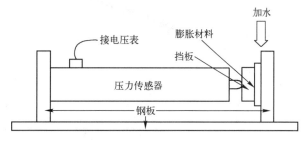

图 7-25　膨润土防水毯膨胀压力测定装置示意图

压力传感器来判读防水毯吸水膨胀所产生的压力值,并实时记录其随时间的变化趋势。

2）测试结果

（1）膨胀压力测定仪的可靠性。

如图 7-26 所示,在给定初始压力值和饱和供水的条件下,膨胀压力测定仪所测得的压力曲线具有很好的一致性,证明自行研制的膨胀压力测定仪是可靠的。

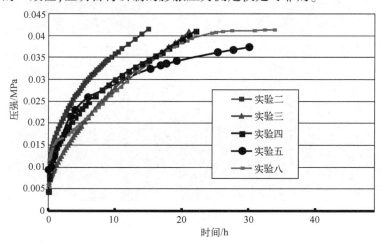

图 7-26　膨润土防水毯膨胀压力随时间变化曲线

（2）膨润土防水毯在饱水条件下的膨胀压力时程曲线。

图 7-27 为在饱水条件下膨润土防水毯充分膨胀和失水状态收缩的压力时程曲线,充分膨胀和失水收缩的初始状态历时 100 d。从图 7-27 中的时程曲线可以看出:① 膨润土防水毯在饱水条件下充分膨胀约历时 80 d;② 在失水状态下,膨润土防水毯能逐渐收缩至初始状态,具有很好的膨胀-收缩的可逆性能;③ 在结构的完全限制条件下,膨润土防水毯充分膨胀能产生高于 20~30 kPa 的膨胀压力。

4. 膨润土防水材料的技术特点

（1）可穿刺、自愈合。膨润土防水毯是一种可穿刺、自愈合防水材料。防水毯铺/挂设时,采用水泥钉、垫片穿刺固定。防水毯穿刺处遇水后,因膨润土水化膨胀,可自行愈合,如图 7-28 所示。

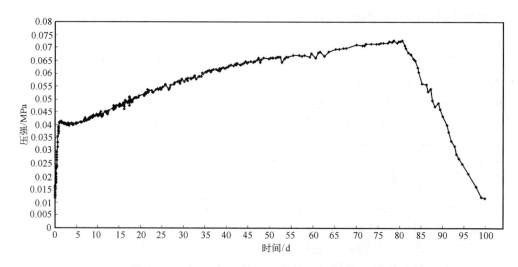

图 7-27　膨润土防水毯充分膨胀和完全收缩的压力时程曲线

图 7-28　膨润土防水毯穿刺处的自愈合

（2）自然搭接、不需焊接。因具有自愈合功能,膨润土防水毯接缝处为自然搭接固定（见图 7-29),而不像塑料防水板那样在接缝处需要焊接。

（3）耐久。膨润土是天然无机黏土矿物,在自然界其物理化学性质十分稳定;在 pH 为4~12 的水或溶液中,其防水性能无任何变化。天然钠基膨润土防水材料的耐久性远超过结构物本身。

（4）环保。膨润土无毒、无害,用作地铁和其他地下工程的防水材料,不会污染地下水;同时,膨润土防水毯在铺/挂设过程中,不会在作业环境中产生任何有害物。

（5）能修补结构混凝土裂隙。由于天然钠基膨润土具有独有的高膨胀性,使其能修补结构混凝土的孔隙、裂隙,因而能提高结构的自防水功能。

（6）对基面无特殊要求。膨润土防水毯铺/挂设时,对基面平整度和渗漏水处理的要求与塑料防水板相同。

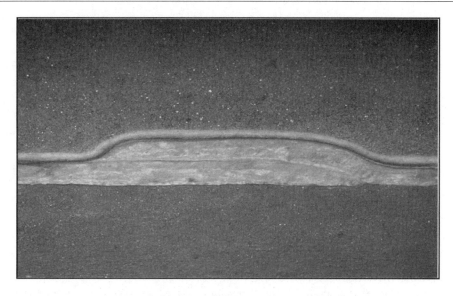

图 7-29　膨润土防水毯在搭接处的自愈合

7.10.3　地铁区间暗挖隧道复合式衬砌可穿刺、自愈合材料防水新技术及新工艺

1. 技术和工艺标准的制定

基于实验室试验、相似结构模型(隧道模型与地铁标准的区间暗挖隧道的几何相似比为 1∶2)试验和北京地铁 5 号线天坛东门站东南风井、磁器口站西南风井复合式衬砌膨润土防水毯防水的工程试验,首次研制了 2 个北京市建设工程技术企业标准(实际为北京市地方标准)《轨道交通膨润土材料防水工程施工质量验收标准》(QGD-001—2005)和《轨道交通膨润土材料防水工程施工细则》(QGD-002—2005),这是国内第一套膨润土材料防水的技术标准。

2. 膨润土防水毯铺/挂设的技术及工艺要点

1) 基面处理

(1) 防水毯铺/挂设前应进行基面处理,包括基面渗漏水治理和基面平整度处理等。

(2) 基面渗漏水治理应符合下列规定。

① 治理后的基面允许潮湿,但不得有点状漏水或线状流水现象。

② 基面渗漏水治理应以堵为主,如难以封堵,可采取临时引排水措施。所使用的临时引排水管应嵌入槽内或直接固定在基面上,但必须用水泥砂浆填槽抹平覆盖;临时引排水坑及引排水管在停止排水后必须用水泥砂浆充填。

③ 基面低洼处的积水应清除。

(3) 基面平整度处理应符合下列规定。

① 基面应坚实、平整、圆顺、清洁,平整度应符合 $D/L \leqslant 1/30$ 的要求。其中,D 为基面相邻两凸面凹进去的深度,L 为基面相邻两凸面间的距离。

② 基面应无尖锐突起和凹坑,有尖锐突起应去除,有凹坑应用砂浆填平。

③ 注浆管等金属突出物应截除,并用水泥砂浆覆盖。

④ 基面裂缝宽度大于等于 1.5 mm 时,应做嵌填处理。处理方法:凿 V 形槽,平面上用水泥砂浆或膨润土防水粉/浆嵌填;立面上用水泥砂浆或膨润土防水浆嵌填。

⑤ 基面阴阳角应用水泥砂浆做成 φ50 mm 的圆角,或做成 50×50 mm 的钝角。

⑥ 底板或仰拱防水毯铺设前,必须将底板或仰拱清扫干净。

(4) 基面渗漏水治理和平整度处理后,须报请监理检查,验收合格签字后,方可进行下道工序。

2) 防水毯铺/挂设设备与机具

(1) 铺/挂设防水毯的设备与机具包括简易吊装设备、铺/挂设台架、射钉枪、铁锤、裁切刀/剪刀。

(2) 所使用的射钉枪应为可调节冲击力的射钉枪,不用冲击力过大的射钉枪,冲击力的大小应在防水毯铺设前通过现场试验确定。

(3) 如无可调节冲击力的射钉枪,亦可人工锤击固定防水毯。

3) 防水毯的铺/挂设

(1) 防水毯的固定。

① 防水毯应用水泥钉及垫片穿孔固定。

② 水泥钉的长度应不小于 40 mm,垫片可为圆形或方形,垫片的直径或边长应不小于 30 mm。钉孔应呈梅花形布置,水泥钉间距:立(斜)面不大于 500 mm,隧道顶拱不大于 300 mm,隧道仰拱不大于 500 mm,搭接缝处不大于 300 mm。平面(顶板、底板)仅在搭接缝处用水泥钉固定。在搭接部位,水泥钉距搭接缝边缘应为 15~20 mm。

③ 垫片可用与水泥钉配套的圆垫片,也可用不小于 1.5 mm 厚的镀锌铁皮现场裁剪而成的方形垫片,或厚度 2.0 mm 以上、有一定刚度、能满足挂设要求的塑料垫片。

④ 防水毯的高密度聚乙烯(HDPE)薄膜的一面应朝向迎水面;如为暗挖隧道复合式衬砌防水,防水毯的高密度聚乙烯(HDPE)薄膜的一面则朝向初期支护面。

(2) 防水毯搭接。

① 防水毯为自然搭接,搭接宽度应不小于 100 mm。

② 大面防水毯的搭接缝不宜设在拐角处,搭接缝应离拐角 500 mm 以上;拐角处防水毯应增设附加层。

拐角处防水毯铺设方法:先铺 500 mm 宽附加层(沿拐角两侧各 250 mm),再铺大面防水毯。

③ 如在立面(边墙)、平面(底板)拐角处的搭接不可避免,则搭接宽度应为 600 mm,即立面、平面上的防水毯在拐角处均再往平面、立面延长 300 mm,不另铺 500 mm 宽的附加层,且立面的防水毯必须压在平面的防水毯之上;如为顶板和侧墙拐角处的外包防水,则必须为顶板防水毯压侧墙防水毯。

④ 膨润土防水毯与塑料类防水板的搭接宽度应不小于 400 mm。

⑤ 搭接缝应密贴、平整,严禁皱折。

⑥ 立(斜)面上,防水毯的搭接必须是上幅压下幅,隧道为顶拱防水毯压边墙防水毯。

⑦ 防水毯的拼接应尽量减少接缝,接缝宜错开。

⑧ 搭接缝必须用膨润土防水浆封闭。

⑨ 所有搭接缝的搭接质量,包括搭接宽度、平整度、密贴、叠压等是否符合要求,均必须经监理人员检查、签字认可。

(3) 甩头的保护和连接。

① 甩头的预留长度应比钢筋头长 200 mm 以上(见图 7-30),且必须大于 500 mm,并用收

边条收边密封。

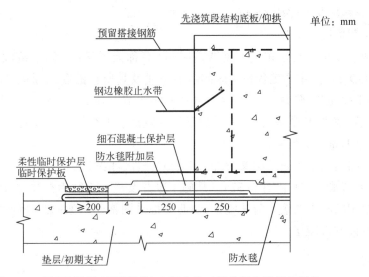

图 7-30　平面(底板/隧道仰拱)上竖向施工缝的甩头及甩头保护

②立面上的甩头应用 300 mm 宽的白铁皮或低密度聚乙烯(LDPE)防水板保护,以防止杂物进入甩头背后和施工对甩头的扰动、破坏。

③平面(底板/隧道仰拱)上的甩头,用柔性临时保护层作 U 形包裹后,再压临时保护板覆盖保护(见图 7-30)。

④由于甩头暴露时间长,一定程度的水化难以避免,严禁对甩头反复揉搓、挤压而致使膨润土水化凝胶破坏、损失。

⑤甩头连接时,不应将已发生一定程度水化的甩头截掉,新防水毯可直接搭接在甩头上,并与附加层对接(甩头的实际搭接宽度应为 250 mm);甩头对接缝必须用膨润土防水浆封闭;连接时,应先撕掉收边条。

⑥甩头连接前,必须先将甩头部位的杂物清除干净。

(4)与塑料防水板的连接。

防水毯与塑料类防水板的搭接方法:塑料类防水板必须压在防水毯之上,并应用水泥钉和垫片固定;搭接缝必须用膨润土防水浆封闭;同时,应在搭接部位的塑料类防水板上焊接与其同材质的背贴止水带,以实现两种防水材料防水区域的分隔。

(5)防水毯破损处的修补。

防水毯铺/挂设过程中,因钉孔或其他原因造成的破损,应妥善修补。

修补方法:在防水毯铺设过程中,对破损处先作明显标识;破损如为钉孔,用膨润土防水浆封闭即可。其他较大的破损,先用膨润土防水浆将破损部位封闭,再用同质防水毯覆盖修补,补丁应大于破损边缘 300 mm,并用水泥钉固定;同时,必须用膨润土防水浆将补丁周边封闭。

(6)防水毯空鼓或皱折的处理。

防水毯一旦空鼓或皱折,应割开或切除少许防水毯,使之平整并与基面伏贴;割开或切除部位,先用膨润土防水浆封闭,再用同质防水毯覆盖修补,补丁处的搭接宽度应不小于 300 mm,补丁周边必须用膨润土防水浆封闭。

3. 北京地铁天磁区间暗挖隧道复合式衬砌膨润土材料防水工程

1）工程概况及工程地质和水文地质条件

（1）工程概况。

北京地铁5号线天坛东门—磁器口区间（简称天磁区间）施工范围包括 K4+984～K5+979，全长为995 m。主要工程包括区间隧道正线及其所含的联络通道、迂回风道、泵房、人防防护段、施工横通道、竖井、与规划7号线的联络线节点等土建工程。区间经过的路段，道路两侧重大建筑物较少，以居民住宅为主，由于区间隧道主要位于机动车道下方，离两侧居民住宅较远，对住宅基本上无影响。

区间线路沿天坛东路及崇文门外大街走向，隧底埋深为21.2～22.5 m，见天磁区间平面图及纵断面图（见图7-31和图7-32）。从施工竖井及横通道往南和往北，区间正线采用上半断面环形开挖留核心土的短台阶法施工，初期支护采用格栅拱架+C20网喷混凝土，二次衬砌采用 C30 P10 防水混凝土。

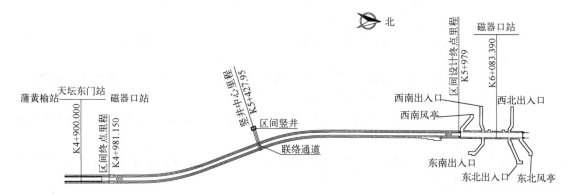

图7-31　北京地铁5号线天坛东门站—磁器口站区间（天磁区间）总平面图

（2）工程地质和水文地质条件。

① 天磁区间位于永定河冲积扇南部地带，场址地形基本平坦，地面标高为40 m左右。场址地层由上至下依次为人工堆积层、第四纪全新世冲洪积层、第四纪晚更新世冲洪积层。隧道穿越地层主要为粉质黏土、黏土层，其中 K5+150～K5+500、K5+700～K5+820 段隧底处于细中砂层（见图7-32）。

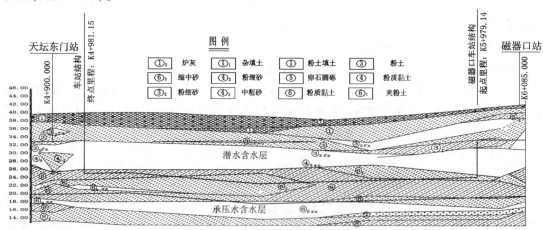

图7-32　天磁区间地质纵剖面图

场址处从上到下有 3 层水,依次为上层滞水、潜水和承压水。区间全部位于承压水下。

② 地层性质。

● 粉质黏土、黏土、粉土层为饱和土层,属Ⅵ级围岩,土体的自稳能力差,在地下水的作用下强度大大降低,易发生坍塌现象。

● 中粗砂、粉细砂层为含水层,在地下水作用下易发生漏水、流砂、坍方等现象。

● 圆砾层为富含水层、饱和状态,一般粒径为 15~40 mm,亚圆形为主,砾、卵含量约占全重的 55%,密实,有一定的自稳性。

③ 地下含水层的性质。

● 上层滞水位于地表下 4 m 左右,存于填土层。

● 潜水层主要存于粉细砂层、中粗砂层、圆砾层内,潜水埋深为 7~12 m。

下层水主要为承压水,主要存于深层粉细砂层和卵石圆砾层内。第一层承压水埋深为 14~16 m,第二层承压水埋深为 20 m 左右。

④ 地下水的腐蚀性。

潜水对混凝土结构无腐蚀性,在干湿交替环境下对钢筋混凝土的钢筋具有弱腐蚀性,而在长期浸水的条件下对钢筋混凝土中的钢筋无腐蚀性。承压水对混凝土结构无腐蚀性,对混凝土中的钢筋无腐蚀性。

2）区间暗挖隧道复合式衬砌膨润土材料防水设计

如图 7-33 所示,为了进行工程试验对比,横通道以南的南段隧道(约 350 m 长),在喷射混凝土的基面上设计了 20 mm 厚的找平层;横通道以北的北段隧道(长约 645 m),取消找平层,膨润土防水毯直接在符合平整度要求($D/L \leqslant 1/30$)的基面上铺设。

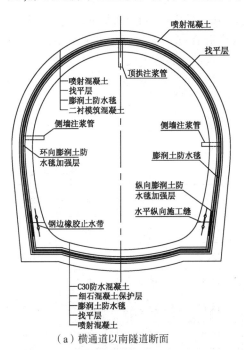
（a）横通道以南隧道断面

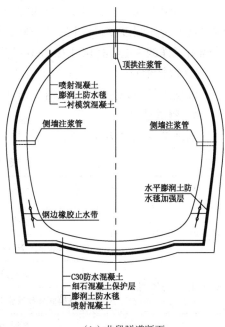
（b）北段隧道断面

图 7-33　区间隧道标准横断面结构防水设计图

3）区间暗挖隧道复合式衬砌膨润土材料防水施工

（1）膨润防水毯的铺/挂设。

天磁区间隧道按照如前所述的技术和工艺要点铺/挂设膨润土防水毯，膨润土防水毯铺/挂设的效果如图7-34所示。

图7-34 隧道内铺/挂设好的高质量膨润土防水毯防水层

（2）膨润土防水毯对二衬混凝土强度影响的现场测试。

① 测试方法。

取两组对比试验试样，一组为常规的抗压强度试样，另一组为在试模的底部放置了膨润土防水毯的抗压强度试样。同一时刻取同样的混凝土，取样后在同一条件下养护两组试样。测试两组试样的3 d、7 d、14 d和28 d抗压强度。

② 取样地点。

天坛东门站东南风井，磁器口站西南、东北风井。

③ 测试结果。

测试结果见表7-18。

表7-18 抗压强度对比 单位:MPa

试样分组		3 d	7 d	14 d	28 d
组1(取自天坛东门站东南风井)	常规强度试块	17.8	21.2	28.2	31.1
	试模底部放置膨润土防水毯的试块	17.7	23.6	27.6	31.2
组2(取自磁器口站西南风井)	常规强度试块	15.8	19.2	28.5	31.2
	试模底部放置膨润土防水毯的试块	14.0	22.8	28.2	33.5
组3(取自磁器口站东北风井)	常规强度试块	16.3	22.7	28.2	34.6
	试模底部放置膨润土防水毯的试块	16.5	24.4	28.1	30.4

④ 测试结论。

膨润土防水毯对二衬混凝土强度没有影响。

（3）顶拱充填注浆。

① 注浆材料、配比及注浆参数。

通过相似结构模型的注浆试验,确定隧道顶拱充填注浆的材料、配比及注浆参数如下。

● 浆液种类:为了提高浆液结石率,保证填充密实,采用水泥与天然钠基膨润土防水粉的混合浆液。

● 浆液配比:水灰比为 0.75:1,天然钠基膨润土防水粉掺量为水泥用量的 15%,水泥的强度等级为 32.5 的普通硅酸盐水泥。

● 浆液性能:凝结时间为初凝 5 h 15 min、终凝 9 h 38 min,结石率>90%。

● 注浆压力:0.2~0.3 MPa。

● 注浆次数:2 次,间隔时间为 9 h,为同一注浆管注浆。

② 注浆施工及效果。

注浆顺序为先拱腰后拱顶。图 7-35 为浆液结石率测试的现场取样,测试得到顶拱充填注浆浆液的平均结石率为 93.4%。拱腰注浆时,因膨润土防水毯被二衬混凝土压紧且其织布纤维"长入"混凝土而使得膨润土防水毯与二衬紧密结合,未发现相邻注浆管的"窜浆"现象。经钻孔检查和无损检测证实,通过 2 次注浆,拱顶填充密实。

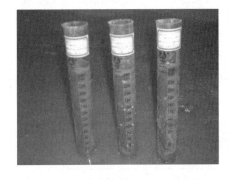

图 7-35　顶拱充填注浆浆液结石率测试的现场取样

4. 天磁区间隧道的防水效果

1) 地下水位恢复状况

据 2006 年 2 月 9 日的水位观测结果,部分降水井的地下水水位见表 7-19。根据表 7-19,试验段地下水水位恢复到 21.70~21.90 m 标高,而隧道结构底板标高为 19.35 m,因此截至 2006 年 2 月 9 日,地下水水位恢复到隧道底板以上 2.35~2.55 m。此后,因地面交通原因无法进一步观测地下水位,但估计目前地下水已经恢复到施工前的状态。

表 7-19　天磁区间 2006 年 2 月 9 日的地下水水位

本次观测日期:2006-02-09		上次观测日期		2005-09-21		平均水位	20.72 m		
井号	部位	初始观测时间	初始值/m	上次水位标高/m	井口标高/m	本次水位埋深/m	本次水位标高/m	结构底标高/m	备注
116	天磁区间	2003-11-16	17.50		41.70	20.80		19.350	
117	天磁区间	2003-11-24	18.60		41.70			19.350	已回填
118	天磁区间	2003-11-18	20.40		41.70			19.350	注死
119	天磁区间	2003-11-16	24.60		41.70			19.350	注死
120	天磁区间	2003-11-16	20.10		41.70			19.350	已回填
121	天磁区间	2003-11-18	17.90		41.70	17.00		19.350	
122	天磁区间	2003-11-16	17.10		41.70			19.350	已回填

续表

本次观测日期：2006-02-09		上次观测日期		2005-09-21		平均水位	20.72 m		
井号	部位	初始观测时间	初始值/m	上次水位标高/m	井口标高/m	本次水位埋深/m	本次水位标高/m	结构底标高/m	备注
123	天磁区间	2003-11-16	26.10		41.70			19.350	注死
124	天磁区间	2003-11-18	22.70		41.70			19.350	已回填
125	天磁区间	2003-11-16	26.00		41.70	18.00		19.350	
126	天磁区间	2003-11-16	20.90		41.70	19.00		19.350	
127	天磁区间	2003-11-18	18.70		41.70	21.00	20.70	19.350	
128	天磁区间	2003-11-16	14.30		41.70	21.00	20.70	19.350	
129	天磁区间	2003-11-16	15.40		41.70	19.80	21.90	19.350	
130	天磁区间	2003-11-18	18.80		41.70	21.00	20.70	19.350	
131	天磁区间	2003-11-16	16.40		41.70	20.90	20.80	19.350	
132	天磁区间	2003-11-16	15.00		41.70			19.350	已回填
133	天磁区间	2003-11-18	16.00		41.70			19.350	已回填
134	天磁区间	2003-11-16	16.50		41.70	20.50	21.20	19.350	
135	天磁区间	2003-11-16	14.80		41.70	21.00	20.70	19.350	
136	天磁区间	2003-11-16	15.20		41.70	21.00	20.70	19.350	
137	天磁区间	2003-11-24	18.00		41.70	21.40	20.30	19.350	
138	天磁区间	2003-11-23	24.80		41.70	21.50	20.20	19.350	
139	天磁区间	2003-11-16	15.80		41.70	21.60	20.10	19.350	
140	天磁区间	2003-11-24	17.70		41.70	23.13	18.57	19.350	
141	天磁区间	2003-11-23	23.10		41.70	21.00	20.70	19.350	
142	天磁区间	2003-11-16	16.10		41.70	21.20	20.50	19.350	
143	天磁区间	2003-11-24	25.70		41.70			19.350	注死
144	天磁区间	2003-11-23	17.50		41.70	21.10	20.60	19.350	
145	天磁区间	2003-11-16	16.70		41.70	21.00	20.60	19.350	
146	天磁区间	2003-11-17	17.10		41.70	20.80	20.90	19.350	
147	天磁区间	2003-11-23	18.30		41.70	21.00	20.70	19.350	
148	天磁区间	2003-11-16	17.10		41.70	20.50	21.20	19.350	
149	天磁区间	2003-11-17	26.30		41.70	20.00	21.70	19.350	
150		2003-11-23	18.60		41.70	21.00	20.70	19.350	
151	天磁区间	2003-11-16	17.30		41.70	20.80	20.90	19.350	
152	天磁区间	2003-11-17	24.00		41.70	20.90	20.80	19.350	
153	天磁区间	2003-11-23	18.20		41.70	20.50	21.20	19.350	
154	天磁区间	2003-11-16	17.80		41.70	20.80	20.90	19.350	

2）防水效果

《地铁设计规范》（GB 50157—2013）规定：区间隧道及连接通道等附属的隧道结构防水等级应为二级，顶部不允许滴漏，其他部位不允许漏水，结构表面可有少量湿渍，总湿渍面积不应大于总防水面积的2/1 000；任意100 m² 防水面积上的湿渍不超过3处，单个湿渍的最大面积不大于0.2 m²。

建成后，根据2年多时间对天磁区间隧道防水效果的连续观测，其防水效果满足并好于《地铁设计规范》（GB 50157—2013）规定和设计要求。

5. 暗挖隧道复合式衬砌膨润土材料防水的性价比

北京市轨道交通建设管理有限公司物资部对在5号线、10号线、4号线工程应用的膨润土防水毯防水层、ECB 塑料防水板防水层的材料和施工综合成本作了精确测算，见表7-20。

据表7-20，不计膨润土防水毯铺/挂设工效大为提高的节约，膨润土防水毯防水层的材料和施工的直接总成本为110.76 元/m²，ECB 塑料防水板防水层的材料和施工的直接总成本为118.37 元/m²。因此，暗挖隧道复合式衬砌膨润土材料防水新技术和新工艺具有较优的性价比。

表7-20　膨润土防水毯防水层与 ECB 塑料防水板防水层的材料和施工综合成本比较

膨润土防水毯					
序号	防水施工项目	单位	单价/元	数量/m²	金额/元
1	【防滴】针织加劲膨润土防水毯（单层厚6.4 mm，含膨润土防水浆、膨润土防水粉等附料）	m²	83	1.2	99.6
2	人工费	m²	6	1	6
3	水泥钉	个	0.19	4	0.76
4	水泥钉垫片	个	0.1	4	0.4
5	脚手架费用（人工、材料）	m²	4	1	4
每平方米共合					110.76
ECB 防水板					
1	【ECB】塑料防水板	m²	40	1.25	50
2	无纺土工布	m²	8	2.5	20
3	人工费（含印章、焊缝机、水泥钉、垫片等小材和小型机具费）	m²	15.14	1	15.14
4	水泥砂浆基面处理（人工、材料费）	m²	10	1	10
5	细石混凝土或水泥砂浆保护层（平、立面平均后的人工、材料费）	m²	19.23	1	19.23
6	脚手架费用（人工、材料）	m²	4	1	4
每平方米共合					118.37
备注	成本数据来源：膨润土防水毯，中铁三局集团承建，北京地铁5号线4标段，天磁区间隧道左线；ECB 防水板，中铁三局集团承建，北京地铁5号线4标段，天磁区间隧道右线				

7.10.4　工程应用结论

（1）在我国首次研制的轨道交通膨润土材料防水工程的技术和工艺标准，将成为我国隧道及地下工程膨润土材料防水工程的技术和工艺依据。

（2）复合式衬砌可穿刺、自愈合材料（膨润土材料）防水新技术和新工艺在北京地铁 5 号线天磁区间暗挖隧道的成功实施为我国暗挖隧道设计与施工开创了一种新的工法。

（3）复合式衬砌可穿刺、自愈合材料（膨润土材料）防水新技术和新工艺施工简易，大大提高了防水工程施工的工效，且具有较优的性价比，具有广泛的推广应用价值。

第8章 地下工程结构设计示例

8.1 算例说明

本章节算例源自我国地下工程的建设实例,选取了工程建设中常见并典型的 4 种工法进行了计算分析,分析的方法及计算过程与我国现有地下工程设计方法相吻合。

我国幅员辽阔,同时由于土体特性的离散性及水土作用的复杂性,目前我国地下工程的设计贯彻理论计算和工程类比相结合的基本原则,因此不同地区地下工程计算分析中的水土压力取值依据当地工程经验存在着差异性。本章节算例基于北京第四纪形成的地层展开。明挖顺作工程施工阶段的土压力取主动土压力,正常使用阶段的土压力取静止土压力。盖挖逆作工程施工阶段及正常使用阶段的土压力均取静止土压力。静止土压力系数 K_0 取自勘察报告,主动土压力系数在静止土压力系数基础上依据工程经验进行折减,本算例采用的折减系数为0.7。读者在使用本算例的算法时,应结合当地下工程建设经验进行合理的水土压力取值。

本工程算例基于 SAP 软件进行。

8.2 明挖车站结构计算案例

8.2.1 工程概况

1. 结构简况

车站主体结构为三层三跨矩形框架结构,采用明挖法施工。车站横断面标准段宽23.5 m,结构高 22.25 m,底板埋深约 26.15 m,顶板覆土约 3.9 m,如图 8-1 所示。

2. 地层条件

根据钻探资料及室内土工试验结果,按地层沉积年代、成因类型,将本工程场地勘探范围内的土层划分为人工堆积层、第四纪全新世冲洪积层、第四纪晚更新世冲洪积层三大类,具体物理力学参数见表 8-1。

表 8-1 地层的物理力学参数

层号	岩土名称	垂直基床系数 K_v/(MPa/m)	水平基床系数 K_x/(MPa/m)	静止土压力系数 K_0	天然密度 ρ/(kN/m³)	黏聚力 c/kPa	内摩擦角 φ/(°)
①₁	杂填土	—	—	—	17	0	12
③	粉土	25.00	25.00	0.26	19.2	20	25
③₅	粉质黏土	33.50	31.80	0.4	19.3	27	19
④₃	细中砂	36.00	38.00	0.33	20	0	32
⑥₄	粉质黏土	35.10	37.20	0.52	19.5	29	20

续表

层号	岩土 名称	垂直基床系数 $K_v/(\text{MPa/m})$	水平基床系数 $K_x/(\text{MPa/m})$	静止土压力系数 K_o	天然密度 $\rho/(\text{kN/m}^3)$	黏聚力 c/kPa	内摩擦角 $\varphi/(°)$
⑦	卵石	60.00	56.00	0.23	21	0	42
⑦₂	粉细砂	45.00	40.00	0.33	20.8	0	36
⑧₁	粉质黏土	46.90	52.90	0.42	19.8	30	19

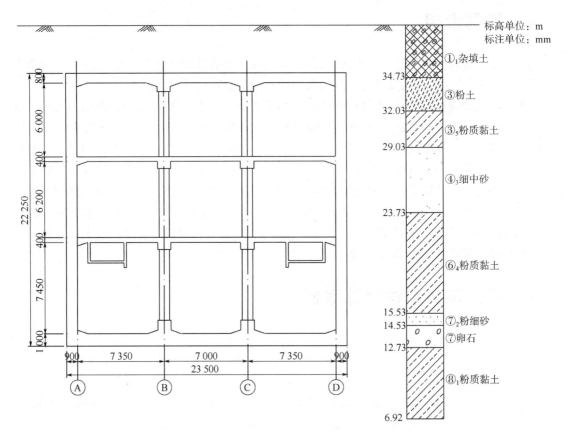

图 8-1　车站标准段断面图

3. 结构计算参数

车站标准段的结构埋深、抗浮水位和场地特性的描述见表 8-2。

表 8-2　结构埋深、抗浮水位、场地特性

类别	数值
车站顶板埋深/m	3.9
车站底板埋深/m	26.15
抗浮水位埋深/m	2.5
底板以上土体容重(密度)/(kN/m^3)	按表 8-1 取值
底板以上土体水平侧压力系数 K_o	按表 8-1 取值
底板处土体垂直基床系数 $K_v/(\text{MPa/m})$	46.9

4. 工程材料

顶板、顶梁、底板、底梁、侧墙、端墙、与侧墙及端墙为一体的壁柱和墙柱等外围结构构件：C40,抗渗等级 P10。

中楼板及中纵梁:C40。

框架柱:C50。

5. 荷载及组合

1) 荷载分类

根据《地铁设计规范》(GB 50157—2013),地下结构按永久荷载、可变荷载、偶然荷载(地震作用、人防荷载)进行分类,对结构整体或构件可能出现的最不利组合进行计算。在决定荷载的数值时,考虑施工和使用过程中发生的变化。车站结构计算时所考虑的荷载见表 8-3。

表 8-3　地下结构荷载分类表

荷载类型		荷载名称
永久荷载		结构自重
		地层压力
		结构上部和受影响范围内的设施及建筑物压力
		水压力及浮力
		混凝土收缩及徐变作用
		预加应力
		设备荷载
		设备基础、建筑做法、建筑隔墙等引起的结构附加荷载
		地基下沉影响力
可变荷载	基本可变荷载	地面车辆荷载及其冲击力
		地面车辆荷载引起的侧向土压力
		地铁车辆荷载及其冲击力
		人群荷载
	其他可变荷载	温度变化影响力
		施工荷载
偶然荷载		地震荷载
		人防荷载

2) 施工阶段及正常使用阶段荷载计算

(1) 结构自重:结构自身重量产生的沿构件轴线分布的竖向荷载。

(2) 地层压力。

竖向压力:按计算截面以上全部土柱重量考虑。

水平压力:施工期间支护结构的外土压力按兰金主动土压力公式计算。使用阶段结构承受的水平力按静止土压力计算。设计采用的侧向水、土压力,对于黏性土地层,在施工阶段采用水土合算,在使用阶段采用水土分算的办法;对于砂性土地层,采用水土分算的办法。计算中应计及地面荷载和邻近建筑物及施工机械等引起的附加水平侧压力。

（3）水压力：作用于顶板的水压力等于作用在其顶点的静水压力值，作用于底板底的水压力等于作用在最低点的静水压力值。垂直方向的水压力取为均布荷载。水平方向的水压力取为梯形分布荷载，其值等于静水压力。

（4）侧向地层抗力和地基反力：采用弹簧进行模拟。

（5）人群荷载：站台、站厅、楼梯、车站管理用房等部位的人群荷载按 4.0 kPa 计算。

（6）设备荷载：设备用房的计算荷载，一般按 8.0 kPa 进行计算，大于 8.0 kPa 的应根据设备的实际重量、动力影响、安装运输路径等确定其大小和范围。对于自动扶梯等需要吊装的设备荷载，在结构计算时还应考虑设备起吊点所设置的位置及起吊点的荷载值。另外尚应满足消防荷载要求。

（7）施工荷载：结构设计中应考虑各种施工荷载可能发生的组合，按 10 kPa 计算。

（8）地面超载：一般可按 20 kPa 计算。对于覆土厚度特别小的地下结构，按汽超-20 计算，挂-100 验算，并考虑冲击系数。

3）荷载组合

在确定荷载的数值时，应考虑施工期间和使用年限内预期可能发生的变化进行最不利荷载组合，荷载组合及不同组合工况下的荷载分项系数应按表 8-4 取值。

表 8-4　主要荷载组合

荷载组合	验算工况	永久荷载	可变荷载	偶然荷载	
				地震荷载	人防荷载
永久荷载+可变荷载	构件强度验算	1.35(1.0)	1.4		
	构件裂缝宽度验算	1.0	0.8		
	构件变形验算	1.0	0.8		
永久荷载+可变荷载+地震荷载	构件强度验算	1.2(1.0)	0.6	1.3	
永久荷载+人防荷载	构件强度验算	1.2(1.0)			1.0

注：括号内的数字用于该荷载对结构作用有利时的分项系数取值。

8.2.2　内力计算

1. 工况选取及计算简图

结构计算工况应根据结构在实际使用中可能出现的各种不利作用，综合分析后确定。本站施工阶段采用降水施工，经综合分析后，取施工阶段无水工况、正常使用阶段低水位工况及高水位（抗浮水位）工况进行分析计算。对以上 3 种工况，分别按承载能力极限状态和正常使用极限状态进行荷载组合。其中承载能力极限状态采用基本组合，正常使用极限状态采用准永久组合。各工况计算简图如图 8-2、图 8-3 所示。

2. 施工阶段无水工况内力设计值

1）承载能力极限状态

承载能力极限状态，按照荷载效应的基本组合进行计算。计算图见图 8-4~图 8-6。

2）正常使用极限状态

正常使用极限状态，按照荷载效应的准永久组合进行计算。计算图见图 8-7~图 8-9。

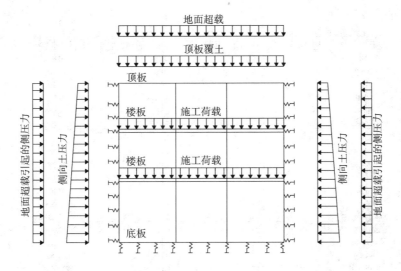

图 8-2 施工阶段无水工况结构计算模型

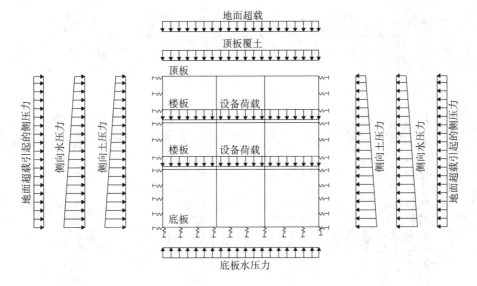

图 8-3 正常使用阶段(含低水位及高水位工况)结构计算模型

3. 正常使用阶段低水位工况内力设计值

1) 承载能力极限状态

承载能力极限状态,按照荷载效应的基本组合进行计算。计算图见图 8-10~图 8-12。

2) 正常使用极限状态

正常使用极限状态,按照荷载效应的准永久组合进行计算。计算见图 8-13~图 8-15。

4. 正常使用阶段高水位工况内力设计值

1) 承载能力极限状态

承载能力极限状态,按照荷载效应的基本组合进行计算。计算图见图 8-16~图 8-18。

2) 正常使用极限状态

正常使用极限状态,按照荷载效应的准永久组合进行计算。计算图见图 8-19~图 8-21。

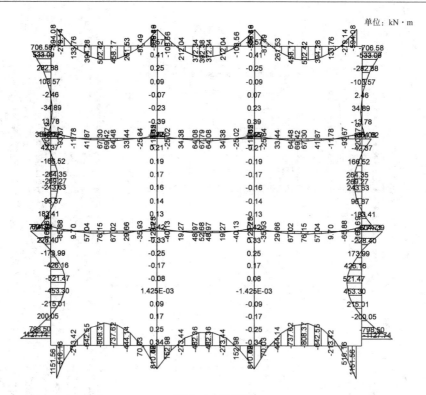

图 8-4　弯矩图

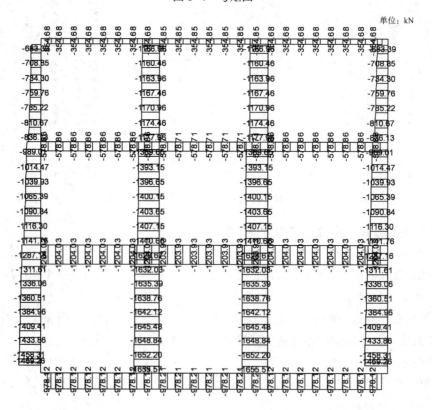

图 8-5　轴力图

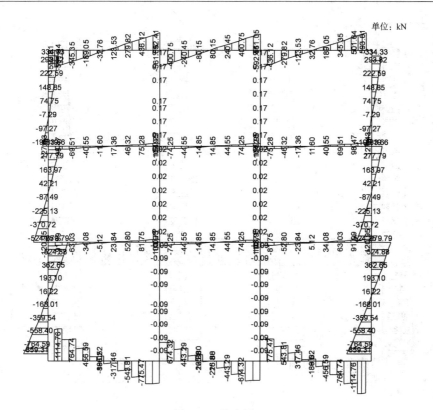

图 8-6　剪力图

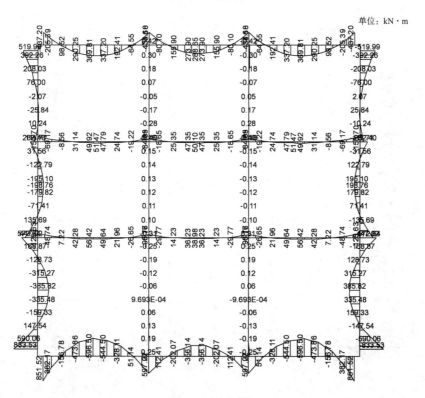

图 8-7　弯矩图

单位：kN

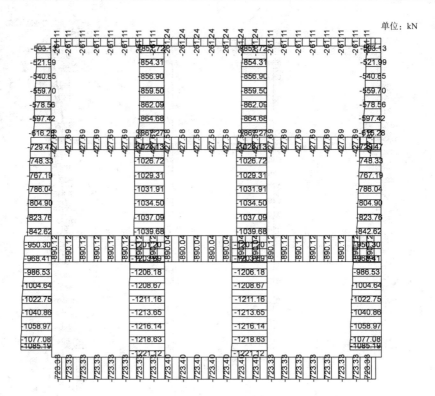

图 8-8　轴力图

单位：kN

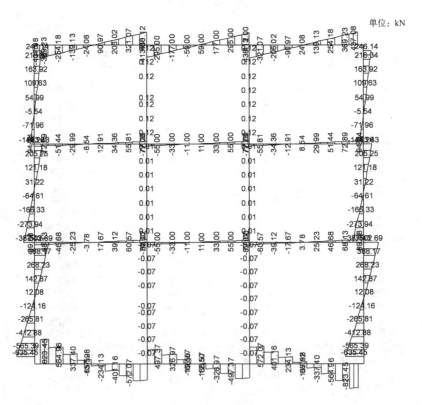

图 8-9　剪力图

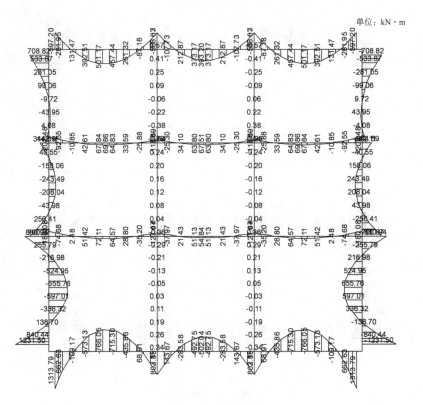

图 8-10　弯矩图

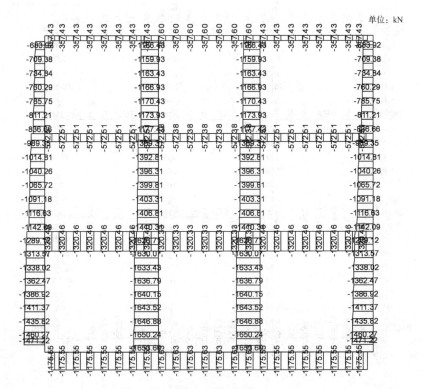

图 8-11　轴力图

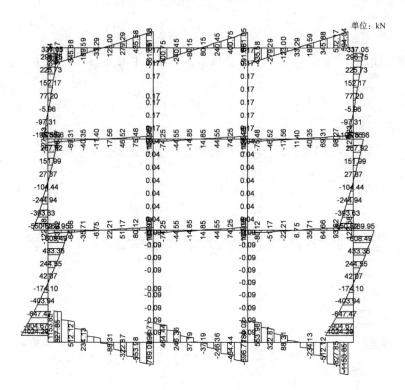

图 8-12　剪力图

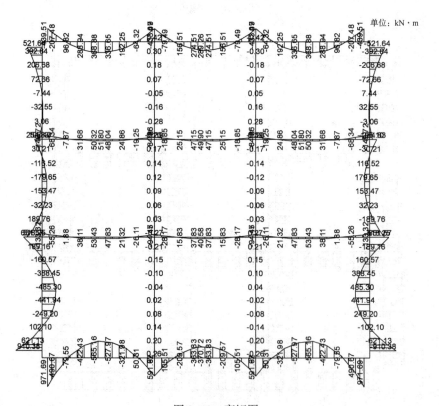

图 8-13　弯矩图

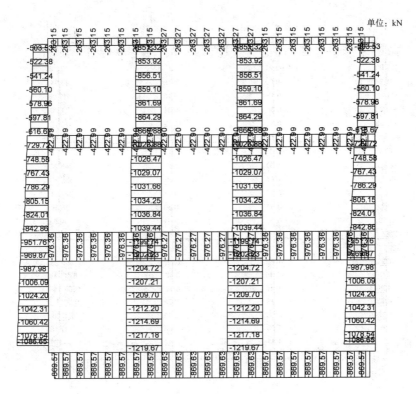

图 8-14　轴力图

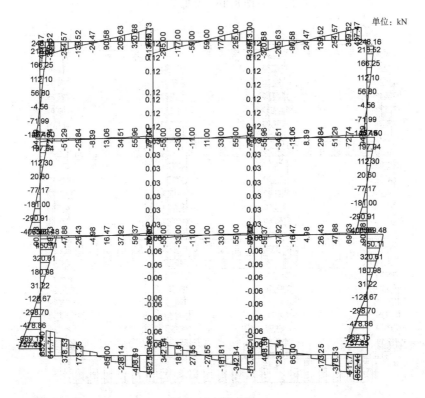

图 8-15　剪力图

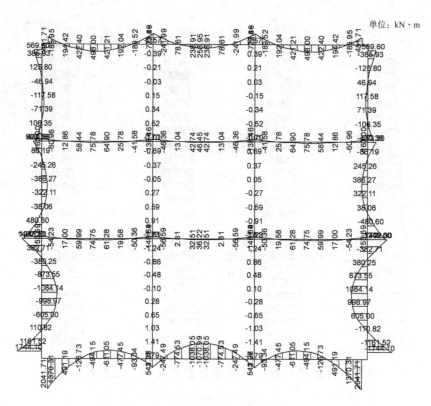

图 8-16 弯矩图

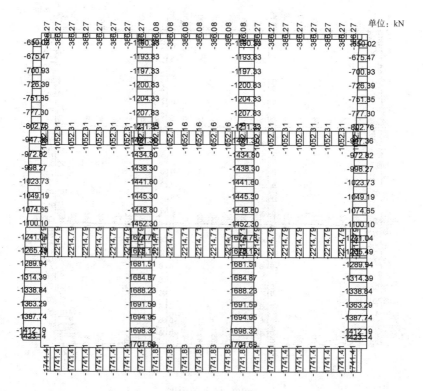

图 8-17 轴力图

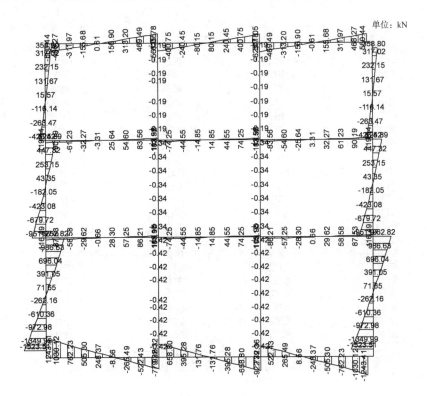

图 8-18　剪力图

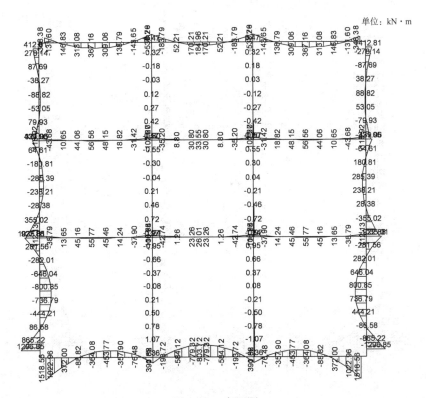

图 8-19　弯矩图

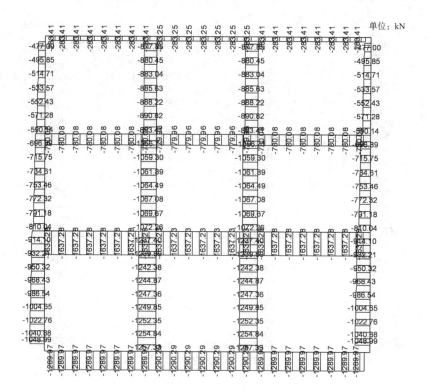

图 8-20　轴力图

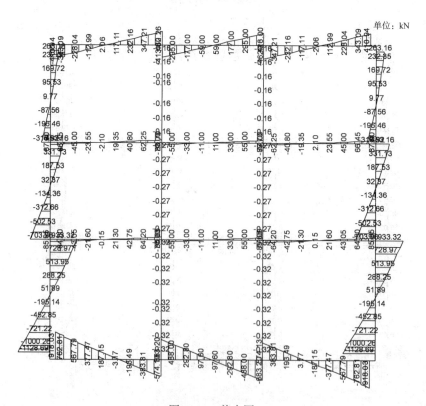

图 8-21　剪力图

8.2.3　计算结果分析

1. 计算原则

（1）按照荷载效应的基本组合进行承载能力极限状态计算,荷载效应的基本组合时结构的重要性系数取 1.1。

（2）裂缝宽度验算采用准永久组合,临土构件最大裂缝宽度限值取 0.2 mm,其他构件取 0.3 mm。

（3）结构的顶板按弯、剪构件进行配筋设计,侧墙、底板、中楼板、柱按压弯、剪构件进行设计,梁按弯、剪构件进行配筋设计。

（4）结构配筋取各工况计算结果进行包络设计。

2. 结构板墙计算分析

各工况计算结果见表 8-5。

表 8-5　各工况计算结果

截面位置			施工工况		常水位工况		抗浮工况		配筋计算	
			基本组合	准永久组合	基本组合	准永久组合	基本组合	准永久组合	计算配筋/mm²	实际配筋
顶板 (800 mm)	边跨与侧墙支座	$M/(kN \cdot m)$	−594	−437	−597	−439	−482	−348	3 617	28@150
		N/kN	−355	−261	−357	−263	−386	−283		
		V/kN	−594	−437	−594	−437	−560	−411		
	边跨跨中	$M/(kN \cdot m)$	502	370	501	368	498	367	2 163	22@150
		N/kN	−355	−261	−357	−263	−386	−283		
		V/kN	0	0	0	0	0	0		
	中柱支座	$M/(kN \cdot m)$	−589	−436	−589	−433	−723	−538	4 254	28@150
		N/kN	−355	−261	−357	−263	−386	−283		
		V/kN	592	436	592	436	626	462		
	中跨跨中	$M/(kN \cdot m)$	392	289	393	289	259	185	1 891	22@150
		N/kN	−355	−261	−357	−263	−386	−283		
		V/kN	0	0	0	0	0	0		
侧墙 (800 mm)	与顶板支座	$M/(kN \cdot m)$	707	520	709	522	570	413	3 000	28@150
		N/kN	−683	−484	−684	−504	−625	−477		
		V/kN	334	246	337	248	359	263		
	负一层中	$M/(kN \cdot m)$	104	76	99	73	−118	−89	2 988	28@150
		N/kN	−734	−540	−760	−560	−701	−515		
		V/kN	0	0	0	0	0	0		
	与负一层板支座	$M/(kN \cdot m)$	355	262	345	255	593	440	4 404	28@150 20@150 双排钢筋
		N/kN	−964	−711	−964	−711	−922	−678		
		V/kN	384	283	376	278	626	463		
	负二层中	$M/(kN \cdot m)$	−269	−199	−243	−180	−386	−285	1 600	22@150
		N/kN	−1 040	−786	−1 066	−786	−998	−735		
		V/kN	0	0	0	0	0	0		

续表

截面位置			施工工况		常水位工况		抗浮工况		配筋计算	
			基本组合	准永久组合	基本组合	准永久组合	基本组合	准永久组合	计算配筋/mm²	实际配筋
侧墙（800 mm）	与负二层板支座	$M/(\text{kN}\cdot\text{m})$	774	573	881	652	1 402	1 035	7 213	28@150 25@150 双排钢筋
		N/kN	−1 263	−932	−1 265	−934	−1 217	−896		
		V/kN	680	503	770	569	1 263	933		
	负三层中	$M/(\text{kN}\cdot\text{m})$	−521	−386	−656	−485	−1 084	−801	4 262	22@150 22@150 双排钢筋
		N/kN	−1 361	−1 023	−1 363	−1 006	−1 314	−968		
		V/kN	0	0	0	0	0	0		
	与底板支座	$M/(\text{kN}\cdot\text{m})$	1 127	834	1 232	910	1 744	1 297	9 567	32@150 28@150 双排钢筋
		N/kN	−1 469	−1 086	−1 471	−1 087	−1 423	−1 049		
		V/kN	−859	−635	−1 024	−758	−1 524	−1 129		
底板（1 000 mm）	边跨与侧墙支座	$M/(\text{kN}\cdot\text{m})$	1 152	852	1 314	972	2 042	1 519	8 194	32@150 28@150 双排钢筋
		N/kN	−978	−723	−1 176	−870	−1 741	−1 290		
		V/kN	1 115	799	1 154	852	1 243	918		
	边跨跨中	$M/(\text{kN}\cdot\text{m})$	−808	−597	−766	−565	−611	−454	2 319	25@150
		N/kN	−978	−723	−1 176	−870	−1 741	−1 290		
		V/kN	0	0	0	0	0	0		
	中柱支座	$M/(\text{kN}\cdot\text{m})$	810	597	803	592	543	392	2 319	28@150
		N/kN	−978	−723	−1 176	−870	−1 741	−1 290		
		V/kN	−775	−548	−789	−582	992	683		
	中跨跨中	$M/(\text{kN}\cdot\text{m})$	−482	−356	−502	−370	−1 071	−804	2 536	25@150
		N/kN	−978	−723	−1 176	−870	−1 741	−1 290		
		V/kN	0	0	0	0	0	0		

注:表中 M,N,V 分别表示弯矩、轴力、剪力。

8.3 洞桩（柱）法车站结构计算案例

8.3.1 工程概况

1. 结构简况

车站主体结构为地下三层三跨岛式站,采用洞桩（柱）逆作法（PBA 工法）施工。标准段宽度为 24.7 m,车站结构高 24.73 m,底板埋深约 33.67 m,顶板覆土厚度约为 10.2 m,车站各构件尺寸如图 8-22 所示。其中,D 为直径,t 为壁厚。

2. 地质条件

根据钻探资料及室内土工试验结果,按地层沉积年代、成因类型,将本工程场地勘探范围内的土层划分为人工堆积层、第四纪全新世冲洪积层、第四纪晚更新世冲洪积层三大类,具体物理力学参数见表 8-1。

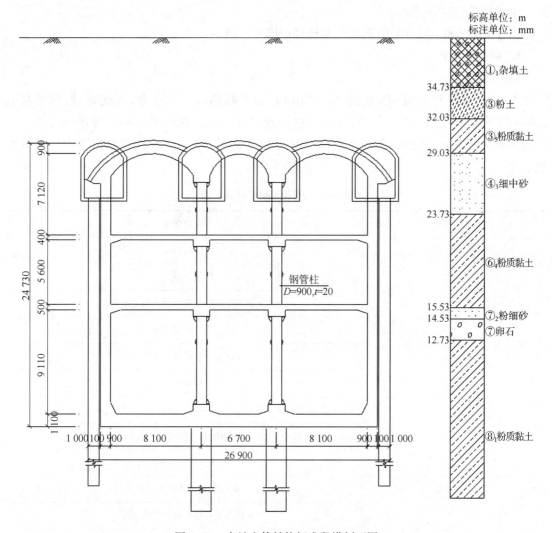

图 8-22　车站主体结构标准段横剖面图

3. 结构计算参数

对车站标准段的结构埋深、抗浮水位、场地特性进行统计,见表 8-6。

表 8-6　结构埋深、抗浮水位、场地特性统计表

类别	数值	类别	数值
车站顶板埋深/m	10.09	底板以上土体水平侧压力系数 K_0	按表 8-1 取值
车站底板埋深/m	33.87	底板处土体垂直基床系数 K_v/(MPa/m)	46.9
抗浮水位埋深/m	2.5		
底板以上土体容重/(kN/m³)	按表 8-1 取值		

4. 工程材料

顶板、顶梁、底板、底梁、侧墙、端墙、与侧墙及端墙为一体的壁柱和墙柱等外围结构构件:
C40,抗渗等级 P10。

中楼板及中纵梁:C40。

钢管混凝土柱:Q235B,填充 C50 高性能微膨胀混凝土。

5. 荷载及组合

1) 荷载分类

根据《地铁设计规范》(GB 50157—2013),地下结构按永久荷载、可变荷载、偶然荷载(地震作用、人防荷载)进行分类,对结构整体或构件可能出现的最不利组合进行计算。在决定荷载的数值时,考虑施工和使用过程中发生的变化。车站结构计算时所考虑的荷载见表 8-7。

表 8-7　地下结构荷载分类表

荷载类型		荷载名称
永久荷载		结构自重
		地层压力
		结构上部和受影响范围内的设施及建筑物压力
		水压力及浮力
		混凝土收缩及徐变作用
		预加应力
		设备荷载
		设备基础、建筑做法、建筑隔墙等引起的结构附加荷载
		地基下沉影响力
可变荷载	基本可变荷载	地面车辆荷载及其冲击力
		地面车辆荷载引起的侧向土压力
		地铁车辆荷载及其冲击力
		人群荷载
	其他可变荷载	温度变化影响力
		施工荷载
偶然荷载		地震荷载
		人防荷载

2) 施工阶段及正常使用阶段荷载计算

(1) 结构自重:结构自身重量产生的沿构件轴线分布的竖向荷载。

(2) 地层压力。

竖向压力:按计算截面以上全部土柱重量考虑。

水平压力:施工期间支护结构的土压力按兰金主动土压力公式计算。使用阶段结构承受的水平力按静止土压力计算。设计采用的侧向水、土压力,对于黏性土地层,在施工阶段采用水土合算,在使用阶段采用水土分算的办法;对于砂性土地层,采用水土分算的办法。计算中应计及地面荷载和邻近建筑物及施工机械等引起的附加水平侧压力。

（3）水压力:作用于顶板的水压力等于作用在其顶点的静水压力值,作用于底板底的水压力等于作用在最低点的静水压力值。垂直方向的水压力取为均布荷载。水平方向的水压力取为梯形分布荷载,其值等于静水压力。

（4）侧向地层抗力和地基反力:采用弹簧进行模拟。

（5）人群荷载:站台、站厅、楼梯、车站管理用房等部位的人群荷载按 4.0 kPa 计算。

（6）设备荷载:设备用房的计算荷载,一般按 8.0 kPa 进行计算,大于 8.0 kPa 的应根据设备的实际重量、动力影响、安装运输路径等确定其大小和范围。对于自动扶梯等需要吊装的设备荷载,在结构计算时还应考虑设备起吊点所设置的位置及起吊点的荷载值。另外尚应满足消防荷载要求。

（7）施工荷载:结构设计中应考虑各种施工荷载可能发生的组合,按 10 kPa 计算。

（8）地面超载:一般可按 20 kPa 计算。对于覆土厚度特别小的地下结构,按汽超-20 计算,挂-100 验算,并考虑冲击系数。

3）荷载组合

在确定荷载的数值时,应考虑施工期间和使用年限内预期可能发生的变化进行最不利荷载组合,荷载组合及不同组合工况下的荷载分项系数应按表 8-8 取值。

表 8-8　主要荷载组合

荷载组合	验算工况	永久荷载	可变荷载	偶然荷载	
				地震荷载	人防荷载
永久荷载+可变荷载	构件强度验算	1.35(1.0)	1.4		
	构件裂缝宽度验算	1.0	0.8		
	构件变形验算	1.0	0.8		
永久荷载+可变荷载+地震荷载	构件强度验算	1.2(1.0)	0.6	1.3	
永久荷载+人防荷载	构件强度验算	1.2(1.0)			1.0

注:括号内的数字用于该荷载对结构作用有利时的分项系数取值。

8.3.2　内力计算

1. 工况选取及计算简图

结构计算工况应根据结构在实际使用中可能出现的各种不利作用,综合分析后确定。本站采用洞桩(柱)逆作法,施工阶段将地下水位降至底板以下,不考虑地下水作用,施工阶段应分工况采用增量法分别进行基本组合及准永久组合受力分析计算,按施工阶段可能出现最不利内力进行设计;正常使用阶段按抗浮水位工况,分别进行基本组合及准永久组合受力分析计算。各工况计算简图绘制如图 8-23、图 8-24 所示。逆作法施工应采用增量法计算,因篇幅原因本计算简图未体现增量法相关内容,其相关内容详见计算过程。

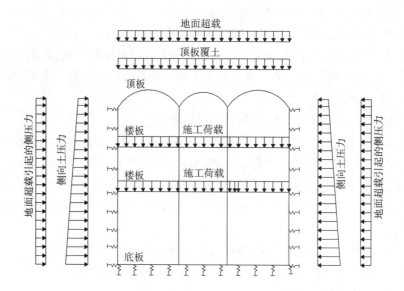

图 8-23 施工阶段无水工况结构计算模型

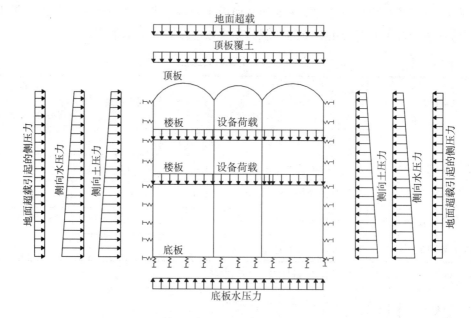

图 8-24 正常使用阶段(含低水位及高水位工况)结构计算模型

在确定荷载的数值时,应考虑施工期间和使用年限内预期可能发生的变化进行最不利荷载组合,荷载组合及不同组合工况下的荷载分项系数应按表 8-8 取值。

2. 施工阶段各工况内力设计值

1)承载能力极限状态

承载能力极限状态,按照荷载效应的基本组合进行计算。计算图见图 8-25~图 8-28。

单位: kN・m

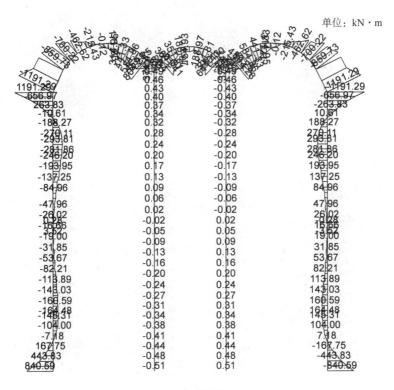

（a）弯矩图

单位: kN

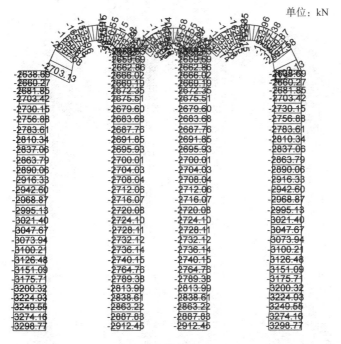

（b）轴力图

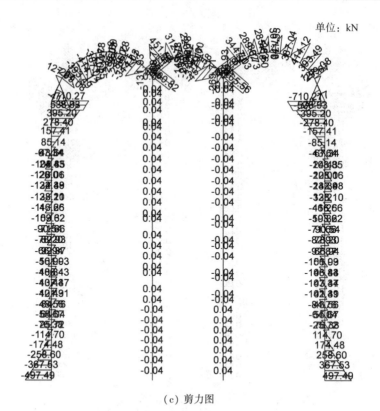

（c）剪力图

图 8-25　施作拱顶结构, 开挖地下一层土体

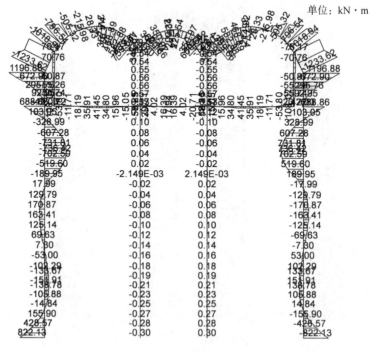

（a）弯矩图

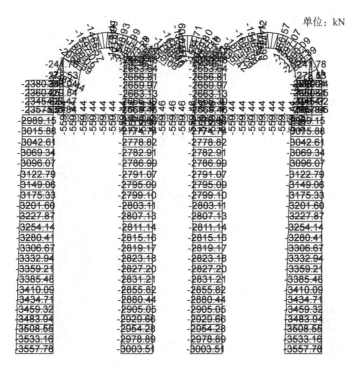

（b）轴力图

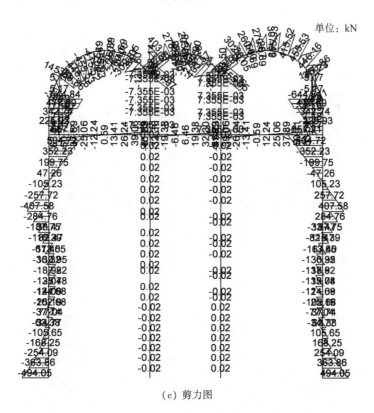

（c）剪力图

图 8-26 施作地下一层中楼板和侧墙,开挖地下二层土体

单位：kN·m

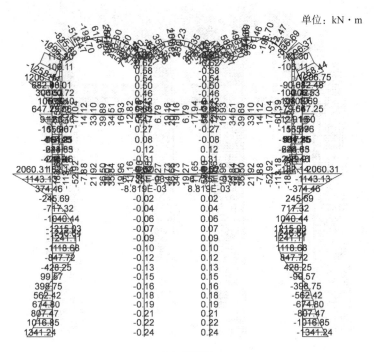

（a）弯矩图

单位：kN

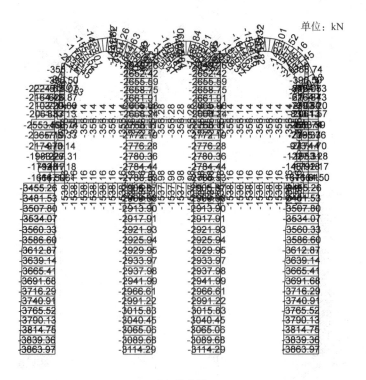

（b）轴力图

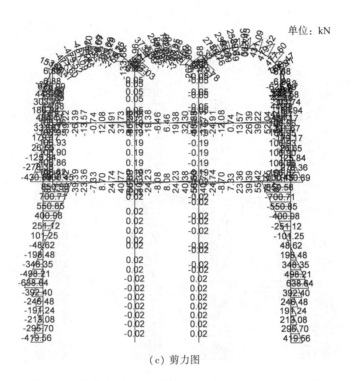

（c）剪力图

图 8-27　施作地下二层中楼板和侧墙,开挖地下三层土体

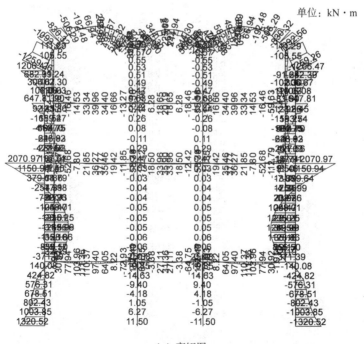

（a）弯矩图

单位：kN

（b）轴力图

单位：kN

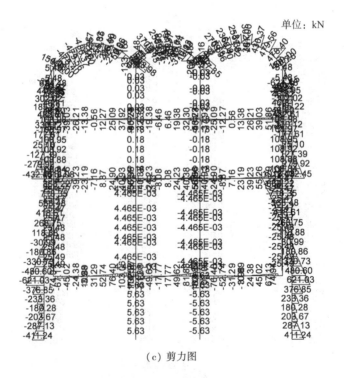

（c）剪力图

图 8-28　施作底板结构

2）正常使用极限状态

正常使用极限状态,按照荷载效应的准永久组合进行计算。计算图见图 8-29～图 8-32。

单位：kN·m

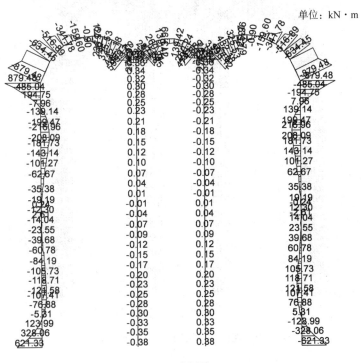

（a）弯矩图

单位：kN

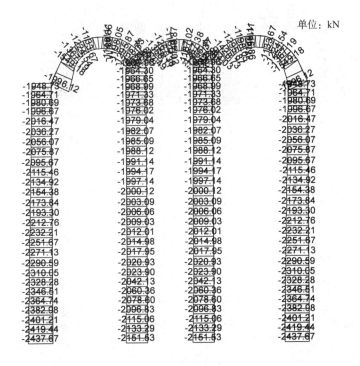

（b）轴力图

单位: kN

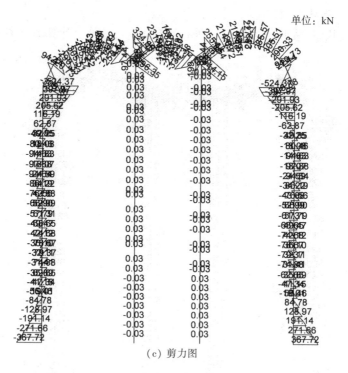

（c）剪力图

图 8-29　施作拱顶结构,开挖地下一层土体

单位: kN·m

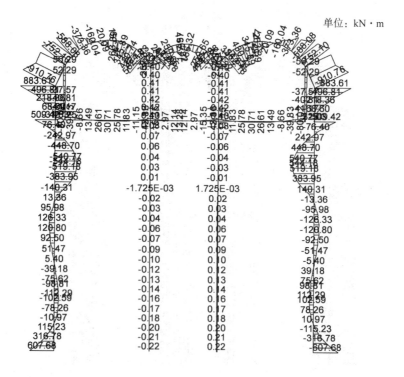

（a）弯矩图

（b）轴力图

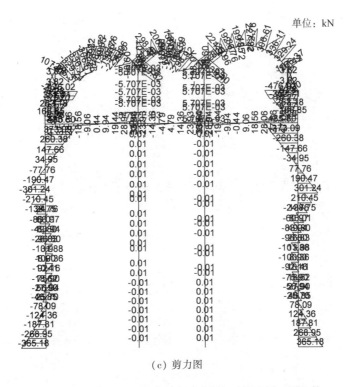

（c）剪力图

图 8-30　施作地下一层中楼板和侧墙，开挖地下二层土体

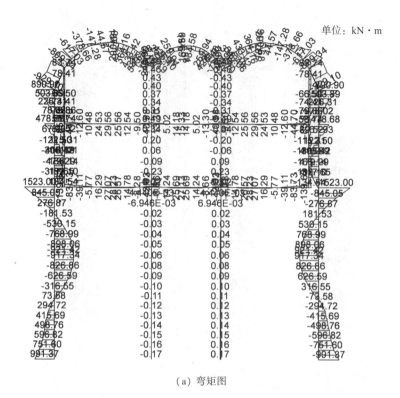

（a）弯矩图

（b）轴力图

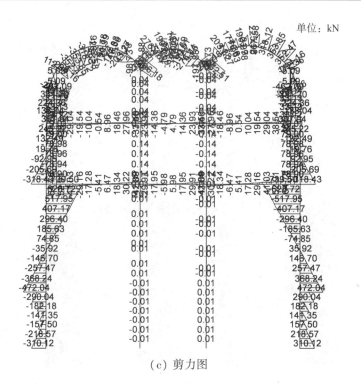

（c）剪力图

图 8-31　施作地下二层中楼板和侧墙，开挖地下三层土体

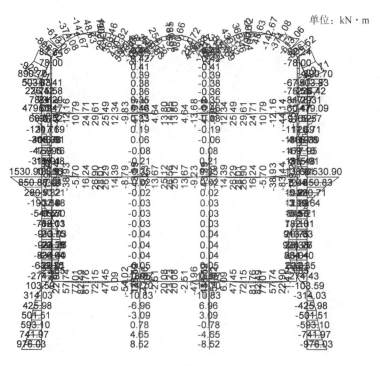

（a）弯矩图

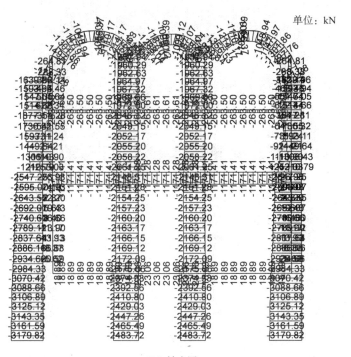

（b）轴力图

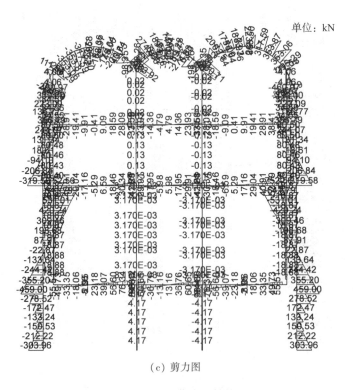

（c）剪力图

图 8-32　施作底板结构

3. 正常使用阶段低水位工况内力设计值

1）承载能力极限状态

承载能力极限状态,按照荷载效应的基本组合进行计算。计算图见图 8-33~图 8-35。

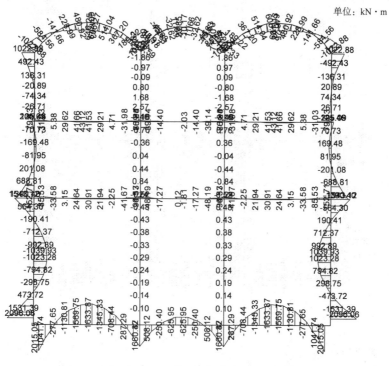

图 8-33　弯矩图

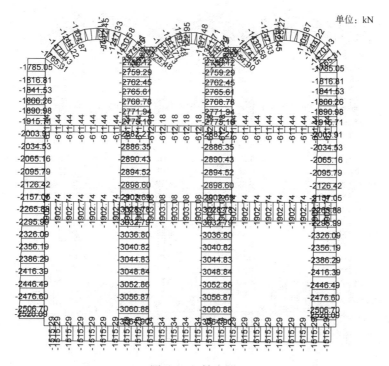

图 8-34　轴力图

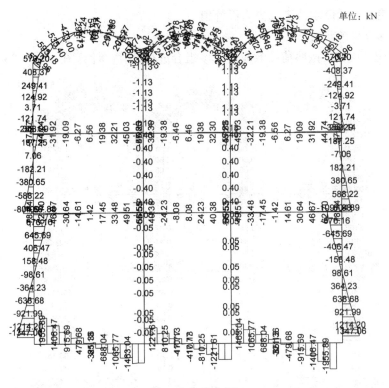

图 8-35　剪力图

2) 正常使用极限状态

正常使用极限状态,按照荷载效应的准永久组合进行计算。计算图见图 8-36~图 8-38。

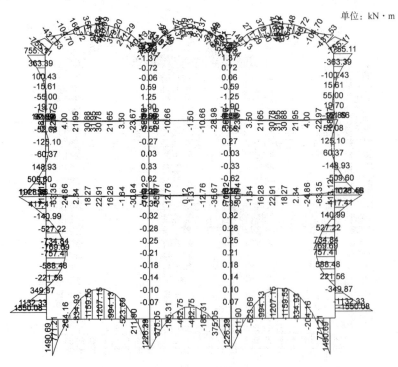

图 8-36　弯矩图

单位: kN

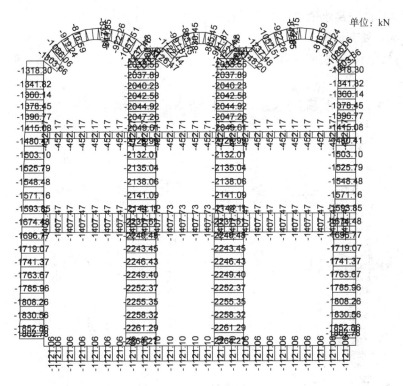

图 8-37　轴力图

单位: kN

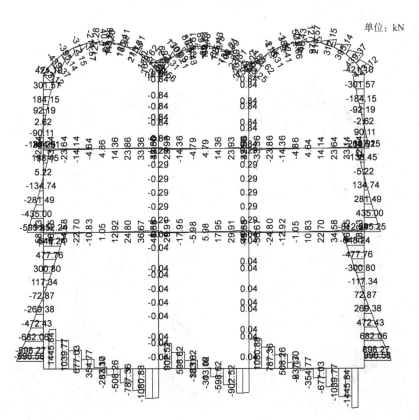

图 8-38　剪力图

4. 正常使用阶段高水位工况内力设计值

1）承载能力极限状态

承载能力极限状态，按照荷载效应的基本组合进行计算。计算图见图 8-39～图 8-41。

单位：kN·m

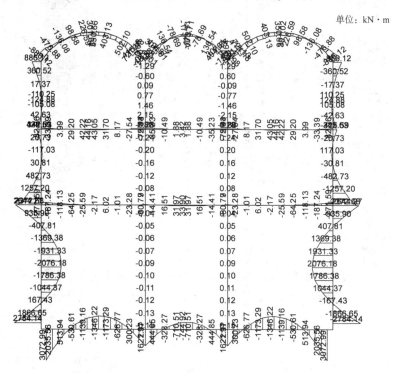

图 8-39　弯矩图

单位：kN

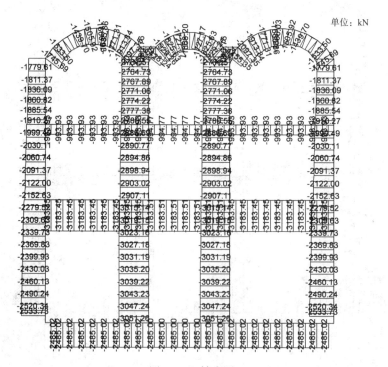

图 8-40　轴力图

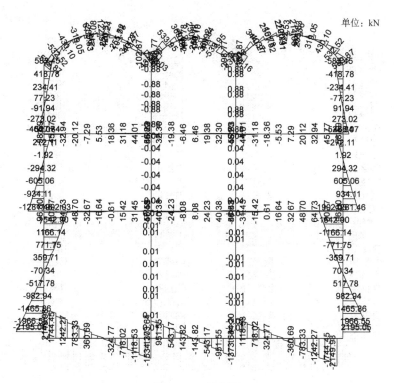

图 8-41　剪力图

2) 正常使用极限状态

正常使用极限状态,按照荷载效应的准永久组合进行计算。计算图见图 8-42~图 8-44。

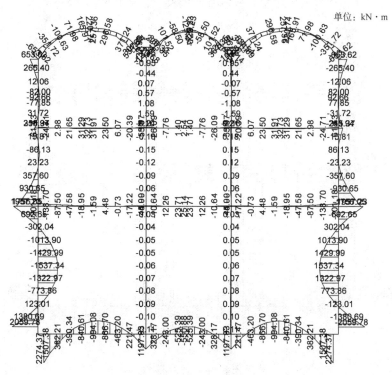

图 8-42　弯矩图

单位: kN

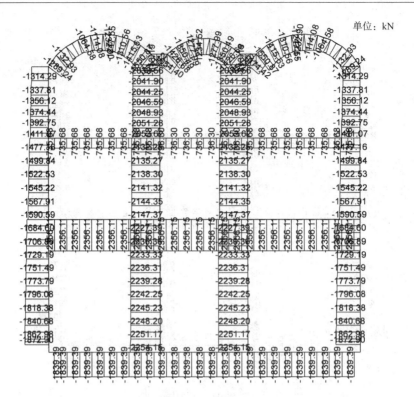

图 8-43 轴力图

单位: kN

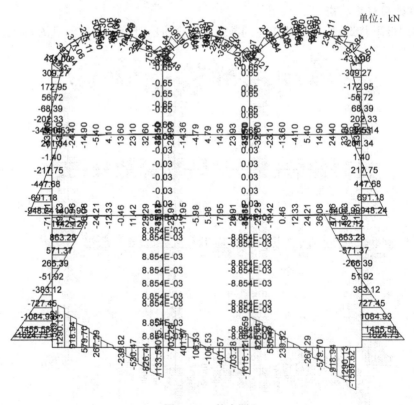

图 8-44 剪力图

8.3.3　计算结果分析

1. 计算原则

（1）按照荷载效应的基本组合进行承载能力极限状态计算，荷载效应的基本组合时结构的重要性系数取 1.1。

（2）裂缝宽度验算采用准永久组合，临土构件最大裂缝宽度限值取 0.2 mm，其他构件取 0.3 mm。

（3）暗挖结构的顶板、侧墙、底板、中楼板、柱按压弯、剪构件进行设计，梁按弯、剪构件进行配筋设计。

（4）结构配筋取各工况计算结果进行包络设计。

2. 结构板墙计算分析

各工况计算结果见表 8-9。

表 8-9　各工况计算结果

截面位置			施工工况		抗浮工况		配筋计算	
			基本组合	准永久组合	基本组合	准永久组合	计算配筋 /mm²	实际配筋
顶板 (900 mm)	边跨与侧墙支座	$M/(kN \cdot m)$	−1 096	−809	−886	−653	2 886	32@150
		N/kN	−2031	−1 500	−1 746	−1 289		
		V/kN	−398	−294	−590	−436		
	边跨跨中	$M/(kN \cdot m)$	646	476	351	257	1 967	25@150
		N/kN	−1 125	−845	−1 686	−1 248		
		V/kN	0	0	0	0		
	中柱支座	$M/(kN \cdot m)$	843	624	721	535	2 689	32@150
		N/kN	−1 961	−1 449	−2 097	−1 550		
		V/kN	−133	−98	−103	−76		
	中跨跨中	$M/(kN \cdot m)$	230	170	−174	−129	1 800	25@150
		N/kN	−1 423	−1 053	−1 668	−1 235		
		V/kN	0	0	0	0		
侧墙 (900 mm)	与顶板支座	$M/(kN \cdot m)$	1 023	755	886	653	2 820	32@150
		N/kN	−1 785	−1 295	−1 748	−1 291		
		V/kN	570	421	583	431		
	地下一层中	$M/(kN \cdot m)$	−21	−16	−110	−93	1 800	28@150
		N/kN	−1 866	−1 360	−1 836	−1 356		
		V/kN	0	0	0	0		
	与地下一层板支座	$M/(kN \cdot m)$	205	152	426	315	2 374	32@150
		N/kN	−1 973	−1 458	−1 969	−1 454		
		V/kN	358	152	528	391		
	地下二层中	$M/(kN \cdot m)$	−169	−125	−117	−86	1 800	28@150
		N/kN	−2 065	−1 526	−2 061	−1 523		
		V/kN	0	0	0	0		

续表

截面位置			施工工况		抗浮工况		配筋计算	
			基本组合	准永久组合	基本组合	准永久组合	计算配筋 /mm²	实际配筋
侧墙 (900 mm)	与地下二层板支座	$M/(kN \cdot m)$	1 543	1 142	2 644	1 957	10 775	32@150 32@150 双排钢筋
		N/kN	-2 236	-1 652	-2 249	-1 662		
		V/kN	1 098	812	1 902	1 408		
	地下三层中	$M/(kN \cdot m)$	1 040	-770	-2 076	1 537	8 445	28@150 28@150 双排钢筋
		N/kN	-2 386	-1 764	-2 400	-1 774		
		V/kN	0	0	0	0		
	与底板支座	$M/(kN \cdot m)$	2 096	1 550	2 784	2 060	11 124	32@150 32@150 双排钢筋
		N/kN	-2 520	-1 863	-2 534	-1 873		
		V/kN	-1 347	-997	-2 195	-1 625		
底板 (1 100 mm)	边跨与侧墙支座	$M/(kN \cdot m)$	2 015	1 491	3 073	2 274	9 653	32@150 32@150 双排钢筋
		N/kN	-1 515	-1 121	-2 485	-1 829		
		V/kN	1 956	1 446	2 150	1 590		
	边跨跨中	$M/(kN \cdot m)$	-1 634	-1 207	-1 346	-994	3 999	28@150
		N/kN	-1 515	-1 121	-2 485	-1 829		
		V/kN	0	0	0	0		
	中柱支座	$M/(kN \cdot m)$	1 660	1 226	1 622	1 198	4 469	32@150
		N/kN	-1 515	-1 121	-2 485	-1 829		
		V/kN	-1 428	-1 081	-1 534	-1 134		
	中跨跨中	$M/(kN \cdot m)$	626	463	-745	-551	2 200	28@150
		N/kN	-1 515	-1 121	-2 485	-1 829		
		V/kN	0	0	0	0		

注：表中 M, N, V 分别表示弯矩、轴力、剪力。

8.4　盾构法区间隧道计算案例

8.4.1　工程概况

1. 结构简况

盾构区间标准段外径6.4 m,管片厚300 mm,底部埋深约18.1 m,顶板覆土约11.7 m。区间构件尺寸如图8-45所示。

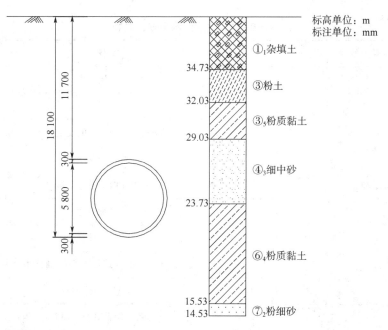

图 8-45　区间结构标准段横剖面图

2. 地质条件

根据钻探资料及室内土工试验结果,按地层沉积年代、成因类型,将本工程场地勘探范围内的土层划分为人工堆积层、第四纪全新世冲洪积层、第四纪晚更新世冲洪积层三大类,具体物理力学参数见表 8-1。

3. 结构计算参数

隧道标准段的结构埋深、抗浮水位、场地特性见表 8-10。

表 8-10　结构埋深、抗浮水位、场地特性统计表

类别	数值
抗浮水位埋深/m	2.5
底板以上土体容重/(kN/m^3)	按表 8-1 取值
底板以上土体水平侧压力系数 K_0	按表 8-1 取值
底板处土体垂直基床系数 K_v/(MPa/m)	35.10

4. 工程材料

混凝土强度等级 C50,抗渗等级 P12。

5. 荷载及组合

1) 荷载分类

根据《地铁设计规范》(GB 50157—2013),地下结构按永久荷载、可变荷载、偶然荷载(地震作用、人防荷载)进行分类,对结构整体或构件可能出现的最不利组合进行计算。在决定荷载的数值时,考虑施工和使用过程中发生的变化。结构计算时所考虑的荷载见

表 8-11。

表 8-11　地下结构荷载分类表

荷载类型		荷载名称
永久荷载		结构自重
		地层压力
		结构上部和受影响范围内的设施及建筑物压力
		水压力及浮力
		混凝土收缩及徐变作用
		预加应力
		设备荷载
		设备基础、建筑做法、建筑隔墙等引起的结构附加荷载
		地基下沉影响力
可变荷载	基本可变荷载	地面车辆荷载及其冲击力
		地面车辆荷载引起的侧向土压力
		地铁车辆荷载及其冲击力
		人群荷载
	其他可变荷载	温度变化影响力
		施工荷载
偶然荷载		地震荷载
		人防荷载

2）施工阶段及正常使用阶段荷载计算

（1）结构自重：结构自身重量产生的沿构件轴线分布的竖向荷载。

（2）地层压力。

竖向压力：当覆土$<2D$（D 为盾构外径）时，按全土柱计算；当覆土$>2D$ 时，需考虑地层拱作用的影响；当计算塌落拱$<2D$ 时，取 $2D$。

水平压力：施工期间支护结构的土压力按兰金主动土压力公式计算。使用阶段结构承受的水平压力按静止土压力计算。设计采用的侧向水、土压力，对于黏性土地层，在施工阶段采用水土合算，在使用阶段采用水土分算的办法；对于砂性土地层，采用水土分算的办法。

（3）水压力：作用于顶板的水压力等于作用在其顶点的静水压力值，作用于底板底的水压力等于作用在最低点的静水压力值。垂直方向的水压力取为均布荷载。水平方向的水压力取为梯形分布荷载，其值等于静水压力。

（4）侧向地层抗力和地基反力：采用弹簧进行模拟。

（5）地面超载：按 20 kPa 计算。

3) 荷载组合

在确定荷载的数值时,应考虑施工期间和使用年限内预期可能发生的变化进行最不利荷载组合,荷载组合及不同组合工况下的荷载分项系数应按表 8-12 取值。

表 8-12　主要荷载组合

荷载组合	验算工况	永久荷载	可变荷载	偶然荷载	
				地震荷载	人防荷载
永久荷载+可变荷载	构件强度验算	1.35(1.0)	1.4		
	构件裂缝宽度验算	1.0	0.8		
	构件变形验算	1.0	0.8		
永久荷载+可变荷载+地震荷载	构件强度验算	1.2(1.0)	0.6	1.3	
永久荷载+人防荷载	构件强度验算	1.2(1.0)			1.0

注:括号内的数字用于该荷载对结构作用有利时的分项系数取值。

8.4.2　正常使用阶段内力计算

1. 工况选取及计算简图

结构计算工况应根据结构在实际使用中可能出现的各种不利作用,经综合分析后,正常使用阶段取低水位工况与抗浮高水位工况进行受力分析计算。各工况计算简图分别绘制如图 8-46、图 8-47 所示。

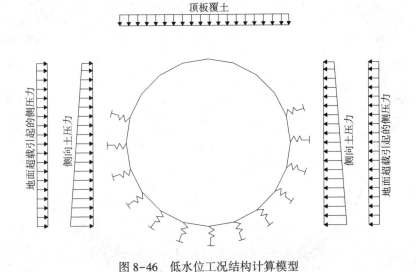

图 8-46　低水位工况结构计算模型

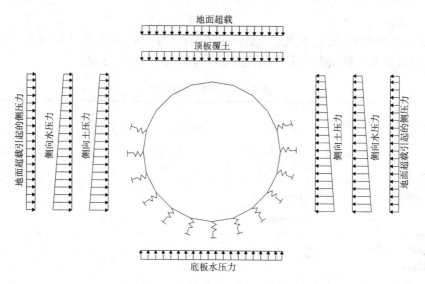

图 8-47　高水位工况结构计算模型

在确定荷载的数值时,应考虑施工期间和使用年限内预期可能发生的变化进行最不利荷载组合,荷载组合及不同组合工况下的荷载分项系数应按表 8-12 取值。

2. 正常使用阶段低水位工况内力设计值

1）承载能力极限状态

承载能力极限状态,按照荷载效应的基本组合进行计算。计算图见图 8-48~图 8-50。

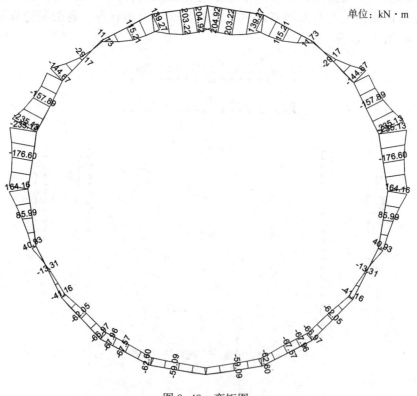

图 8-48　弯矩图

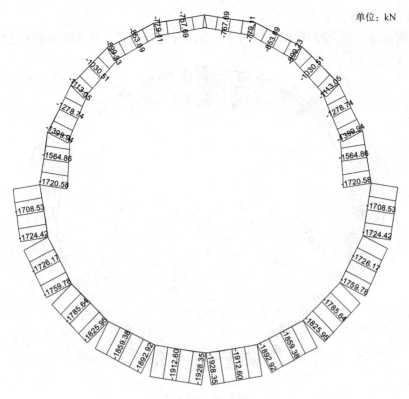

图 8-49　轴力图

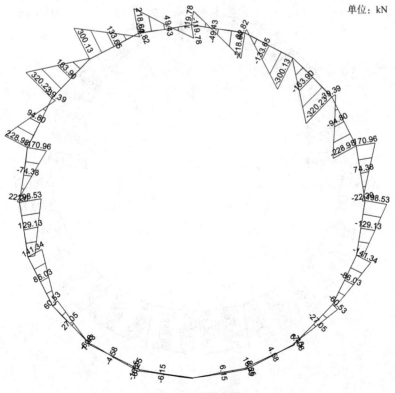

图 8-50　剪力图

2）正常使用极限状态

正常使用极限状态,按照荷载效应的准永久组合进行计算。计算图见图 8-51~图 8-53。

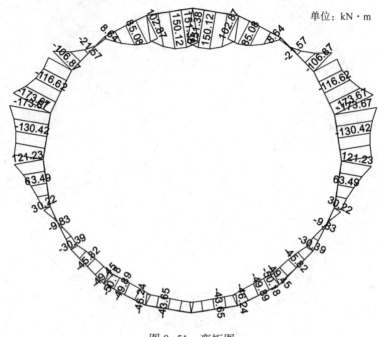

图 8-51　弯矩图

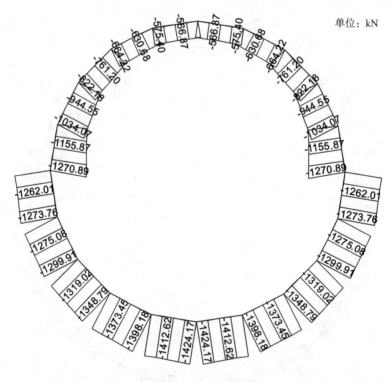

图 8-52　轴力图

单位：kN

图 8-53　剪力图

3. 正常使用阶段高水位工况内力设计值

1）承载能力极限状态

承载能力极限状态，按照荷载效应的基本组合进行计算。计算图见图 8-54～图 8-56。

单位：kN·m

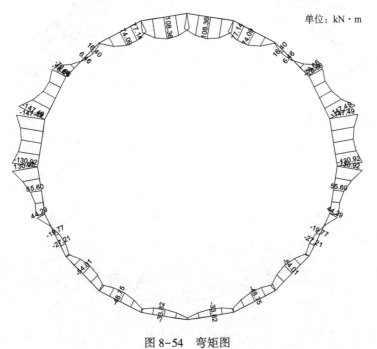

图 8-54　弯矩图

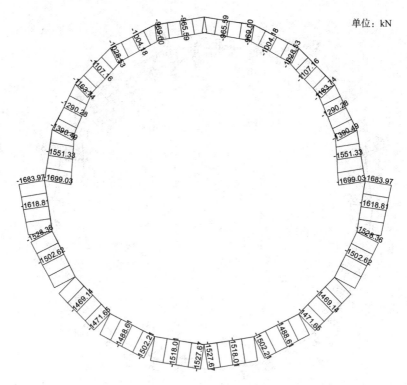

单位：kN

图 8-55 轴力图

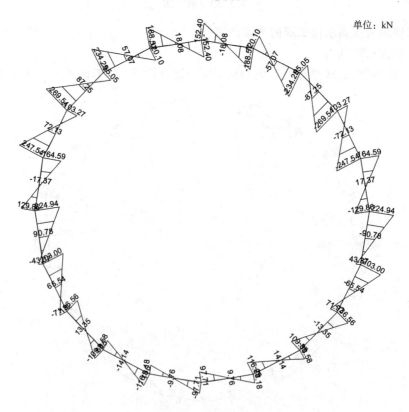

单位：kN

图 8-56 剪力图

2）正常使用极限状态

正常使用极限状态,按照荷载效应的准永久组合进行计算。计算图见图 8-57~图 8-59。

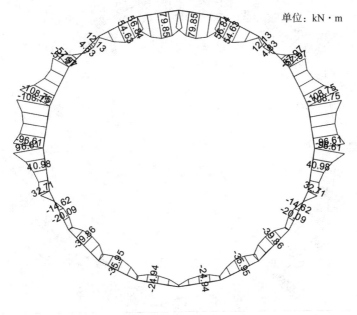

图 8-57　弯矩图

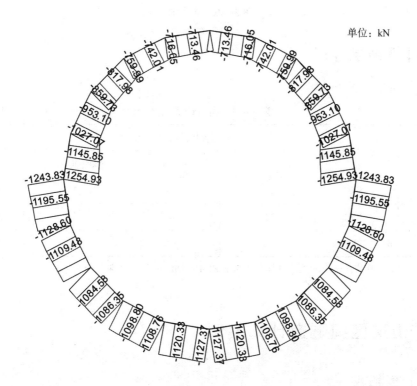

图 8-58　轴力图

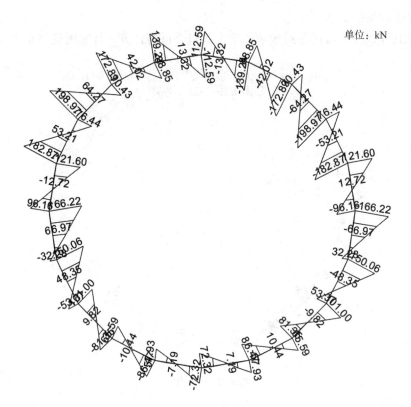

图 8-59 剪力图

8.4.3 计算结果分析

内力计算结果见表 8-13。

表 8-13 内力计算结果

位置	截面高/mm	正常使用阶段内力包络值			实际配筋
		弯矩/(kN·m)	轴力/kN	计算配筋/mm²	
隧道顶	300	205	768	2 177	20@150
隧道腰	300	235	1 400	1 904	20@150
隧道底	300	59	1 928	600	20@150

注:混凝土管片按压弯构件设计,在内力计算中,正常使用阶段考虑施工和使用期间竖向及水平向的最不利荷载工况进行包络设计。

8.5 矿山法区间隧道计算案例

8.5.1 工程概况

1. 结构简况

区间隧道标准断面为马蹄形断面,二衬厚度为 350 mm,顶板覆土约 32.2 m,底部埋深约

38.54 m,区间构件尺寸如图 8-60 所示。

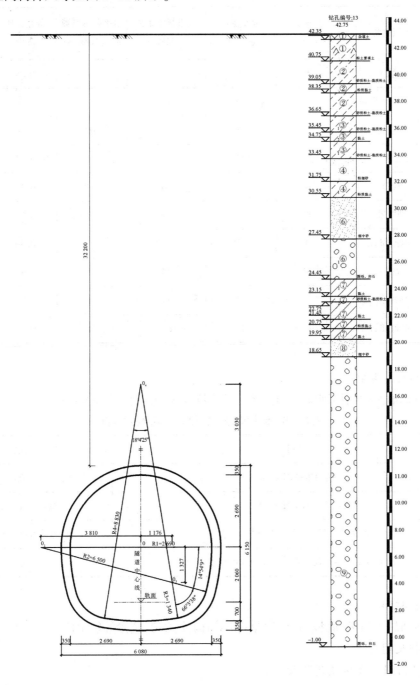

图 8-60　区间隧道标准段断面图

2. 地层条件

　　根据钻探资料及室内土工试验结果,按地层沉积年代、成因类型,将本工程场地勘探范围内的土层划分为人工堆积层、第四纪全新世冲洪积层、第四纪晚更新世冲洪积层三大类,具体物理力学参数见表 8-14。

表 8-14 地层的物理力学参数

地层编号	地层名称	黏聚力 c/kPa	内摩擦角 φ/(°)	垂直基床系数 K_v/(MPa/m)	水平基床系数 K_x/(MPa/m)	静止土压力系数 K_o	天然密度 ρ/(kN/m³)
①	杂填土	5	10	—	—	0.38	17
②	黏质粉土、砂质粉土	18	20	24	22	0.36	19.5
③	粉质黏土	22	15	15	16	0.36	19.2
③₁	黏质粉土、砂质粉土	15	25	13	11	0.35	19.2
④	粉细砂	0	25	20	17	0.40	19.8
⑥	细中砂	0	28	20	19	0.37	19.8
⑥₁	圆砾、卵石	0	38	70	60	0.30	21.5
⑦₁	黏土	40	10	24	23	0.44	19.7
⑧	细中砂	0	32	24	21	0.33	20.5
⑨	圆砾、卵石	0	45	85	75	0.30	22

3. 结构计算参数

对隧道标准段的结构埋深、抗浮水位、场地特性进行统计,见表 8-15。

表 8-15 结构埋深、抗浮水位、场地特性统计

类别	数值
抗浮水位埋深/m	2.05
底板以上土体容重/(kN/m³)	按表 8-14 取值
底板以上土体水平侧压力系数 K_o	按表 8-14 取值
底板处土体垂直基床系数 K_v/(MPa/m)	85

4. 工程材料

隧道结构二衬顶拱、底板、侧(端)墙等结构构件:C40,抗渗等级 P12。

5. 荷载及组合

1)施工阶段及正常使用阶段

根据《地铁设计规范》(GB 50157—2013),地下结构按永久荷载、可变荷载、偶然荷载(地震作用、人防荷载)进行分类,对结构整体或构件可能出现的最不利组合进行计算。在决定荷载的数值时,考虑施工和使用过程中发生的变化。结构计算时所考虑的荷载见表 8-16。

表 8-16　地下结构荷载分类表

荷载类型		荷载名称
永久荷载		结构自重
		地层压力
		结构上部和受影响范围内的设施及建筑物压力
		水压力及浮力
		混凝土收缩及徐变作用
		预加应力
		设备荷载
		设备基础、建筑做法、建筑隔墙等引起的结构附加荷载
		地基下沉影响力
可变荷载	基本可变荷载	地面车辆荷载及其冲击力
		地面车辆荷载引起的侧向土压力
		地铁车辆荷载及其冲击力
		人群荷载
	其他可变荷载	温度变化影响力
		施工荷载
偶然荷载		地震荷载
		人防荷载

2）施工阶段及正常使用阶段荷载计算

（1）结构自重：结构自身重量产生的沿构件轴线分布的竖向荷载。

（2）地层压力。

竖向压力：当覆土<2D（D 为隧道等效直径）时，按全土柱计算；当覆土>2D 时，需考虑地层拱作用的影响，当计算塌落拱<2D 时，取 2D。

水平压力：施工期间支护结构的土压力按兰金主动土压力公式计算。使用阶段结构承受的水平压力按静止土压力计算。设计采用的侧向水、土压力，对于黏性土地层，在施工阶段采用水土合算，在使用阶段采用水土分算的办法；对于砂性土地层，采用水土分算的办法。

（3）水压力：作用于顶板的水压力等于作用在其顶点的静水压力值，作用于底板底的水压力等于作用在最低点的静水压力值。垂直方向的水压力取为均布荷载。水平方向的水压力取为梯形分布荷载，其值等于静水压力。

（4）侧向地层抗力和地基反力：采用弹簧进行模拟。

（5）地面超载：按 20 kPa 计算。

3）荷载组合

在确定荷载的数值时，应考虑施工期间和使用年限内预期可能发生的变化进行最不利荷载组合，荷载组合及不同组合工况下的荷载分项系数应按表 8-17 取值。

表 8-17　主要荷载组合

荷载组合	验算工况	永久荷载	可变荷载	偶然荷载	
				地震荷载	人防荷载
永久荷载+可变荷载	构件强度验算	1.35(1.0)	1.4		
	构件裂缝宽度验算	1.0	0.8		
	构件变形验算	1.0	0.8		
永久荷载+可变荷载+地震荷载	构件强度验算	1.2(1.0)	0.6	1.3	
永久荷载+人防荷载	构件强度验算	1.2(1.0)			1.0

注:括号内的数字用于该荷载对结构作用有利时的分项系数取值。

8.5.2　内力计算

1. 工况选取及计算简图

结构计算工况应根据结构在实际使用中可能出现的各种不利作用,综合分析后确定。本区间隧道施工阶段采用降水施工,经综合分析后,取施工阶段无水工况、正常使用阶段低水位工况及高水位(抗浮水位)工况进行分析计算。对以上 3 种工况,分别按承载能力极限状态和正常使用极限状态分别进行荷载组合。其中承载能力极限状态采用基本组合,正常使用极限状态采用准永久组合。各工况计算简图分别绘制如图 8-61、图 8-62 所示。

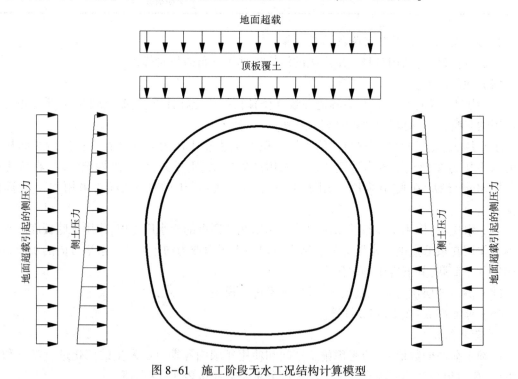

图 8-61　施工阶段无水工况结构计算模型

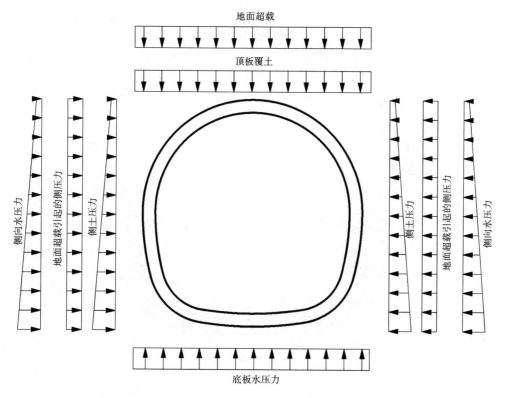

图 8-62 正常使用阶段(含低水位及高水位工况)结构计算模型

2. 施工阶段无水工况内力设计值

1) 承载能力极限状态

承载能力极限状态,按照荷载效应的基本组合进行计算。计算图见图 8-63~图 8-65。

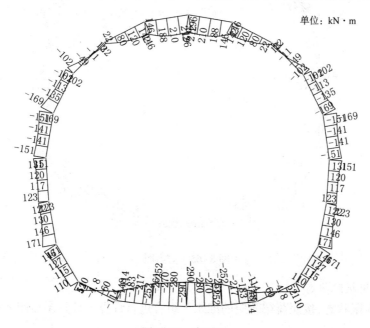

图 8-63 弯矩图

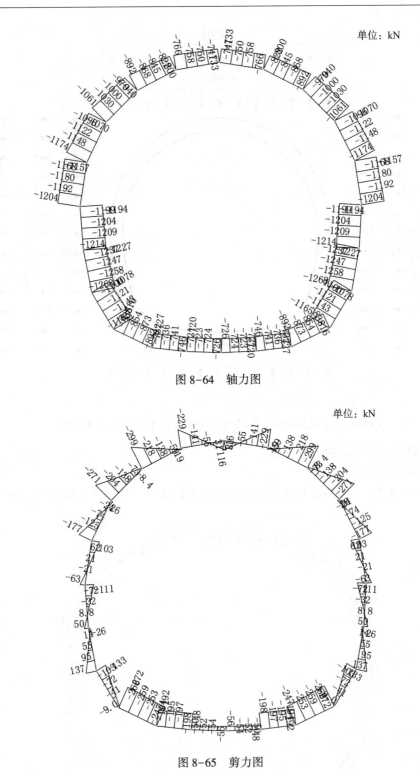

图 8-64　轴力图

图 8-65　剪力图

2) 正常使用极限状态

正常使用极限状态,按照荷载效应的准永久组合进行计算。计算图见图 8-66~图 8-68。

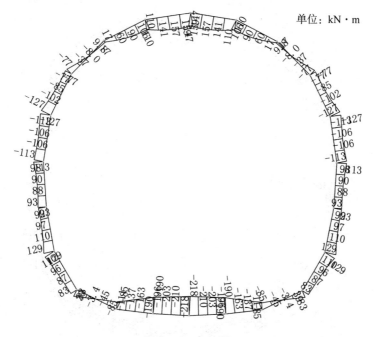

图 8-66　弯矩图

单位：kN·m

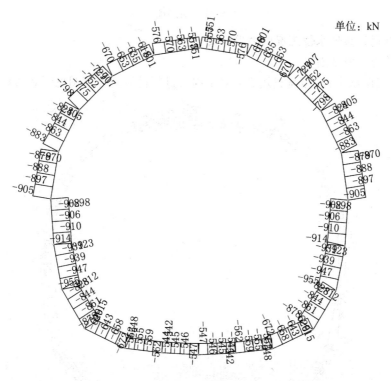

图 8-67　轴力图

单位：kN

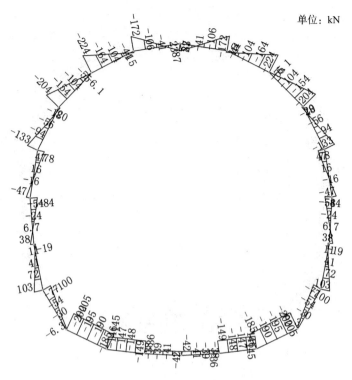

图 8-68　剪力图

3. 正常使用阶段低水位工况内力设计值

1）承载能力极限状态

承载能力极限状态,按照荷载效应的基本组合进行计算。计算图见图 8-69~图 8-71。

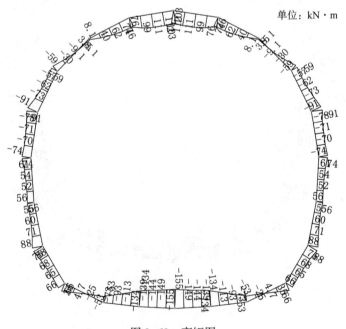

图 8-69　弯矩图

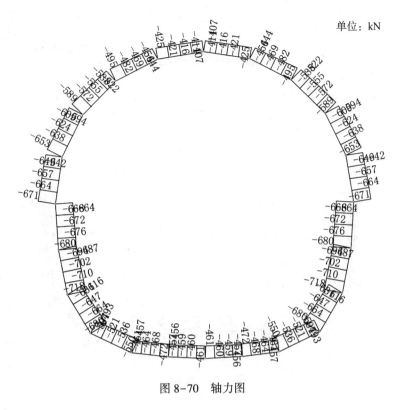

图 8-70　轴力图

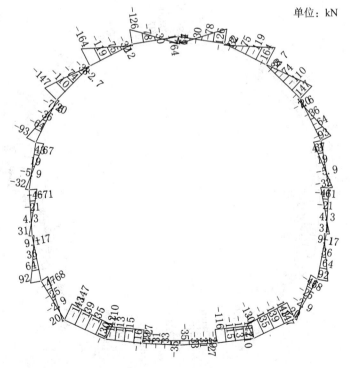

图 8-71　剪力图

2) 正常使用极限状态

正常使用极限状态,按照荷载效应的准永久组合进行计算。计算图见图 8-72~图 8-74。

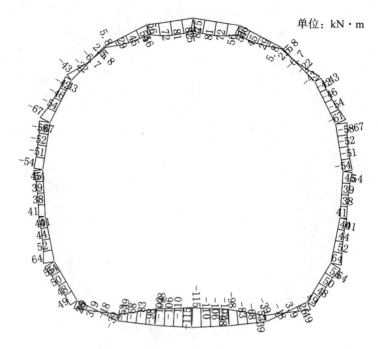

单位：kN·m

图 8-72　弯矩图

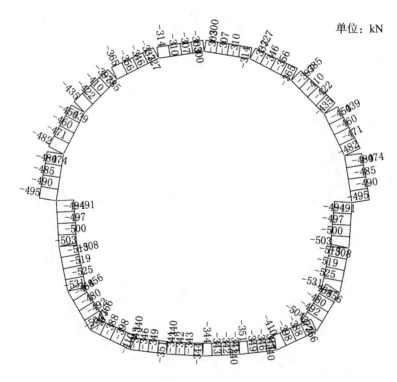

单位：kN

图 8-73　轴力图

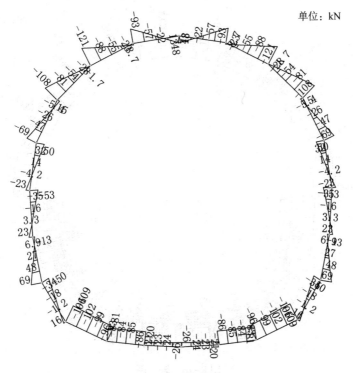

单位：kN

图 8-74　剪力图

4. 正常使用阶段高水位工况内力设计值

1) 承载能力极限状态

承载能力极限状态, 按照荷载效应的基本组合进行计算。计算图见图 8-75~图 8-77。

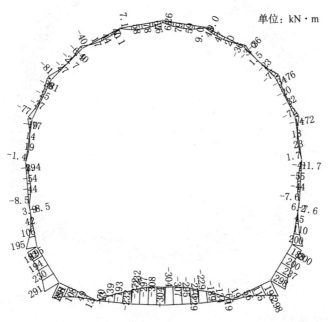

单位：kN·m

图 8-75　弯矩图

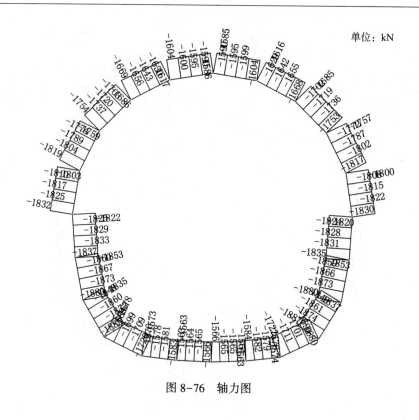

图 8-76 轴力图

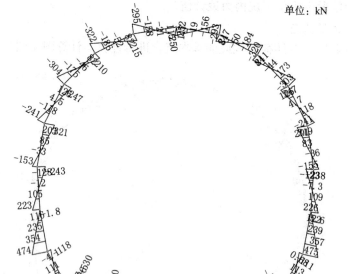

图 8-77 剪力图

2）正常使用极限状态

正常使用极限状态，按照荷载效应的准永久组合进行计算。计算图见图 8-78～图 8-80。

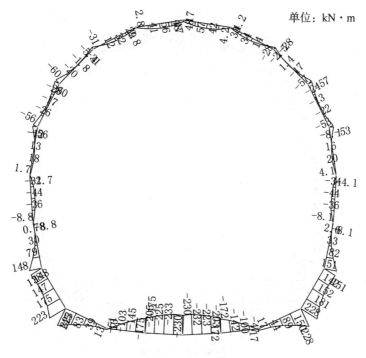

图 8-78　弯矩图

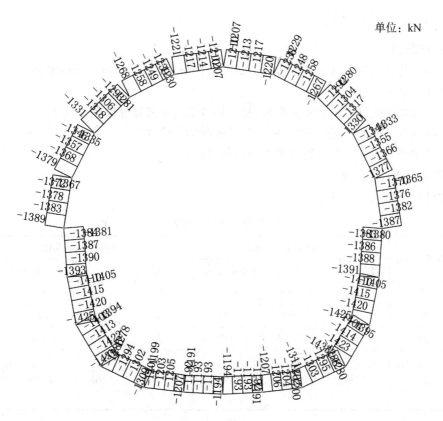

图 8-79　轴力图

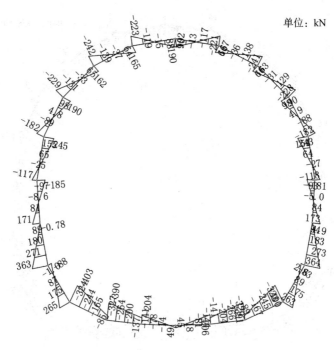

图 8-80　剪力图

8.5.3　计算结果分析

1. 计算原则

（1）按照荷载效应的基本组合进行承载能力极限状态计算，荷载效应的基本组合时结构的重要性系数取 1.1。

（2）裂缝宽度验算采用准永久组合，临土构件最大裂缝宽度限值取 0.2 mm。

（3）区间隧道侧墙、底板、顶板按压弯、剪构件进行设计。

（4）结构配筋取各工况计算结果进行包络设计。

2. 区间遂道计算分析

内力计算结果见表 8-18。

表 8-18　内力计算结果

位置	截面高/mm	施工阶段内力包络值			正常使用阶段内力包络值			实际配筋
		弯矩/(kN·m)	轴力/kN	计算配筋/mm²	弯矩/(kN·m)	轴力/kN	计算配筋/mm²	
拱部	350	210	766	1 778	26	1 586	700	20@150
拱肩	350	169	892	920	72	1 800	700	20@150
拱脚	350	171	1 165	842	298	1 165	2 008	20@150
底板	350	290	726	3 182	304	1 566	2 276	20@150 18@150 双排钢筋

第3篇

地下水控制

在影响地下工程施工稳定性的诸多因素中，地下水的破坏作用占有突出位置。全国各地发生的地下工程施工事故中，大多数都和地下水的作用有关。因此，妥善解决地下工程的地下水控制问题就成为工程勘察、设计、施工、监测的重大课题。地下水对地下工程的危害，除了地下水水压力对支护结构的作用之外，更重要的是基坑涌水、渗流破坏（流砂、管涌、坑底突涌）引起地面沉陷和降（排）水引起地层固结沉降。控制地下水的目的，就是要根据场地的工程地质、水文地质及岩土工程特点，采取可靠措施防止因地下水的不良作用引起支护体系失稳及其对周边环境的影响。地下工程的地下水控制方法分降（排）水和隔水（帷幕）两大类，这两种方法各自又包括多种形式。根据岩土工程条件、周边环境、开挖深度和支护形式等因素的组合，可分别采用不同方法或几种方法的合理组合（见表 9-1），以达到有效控制地下水的目的。

表 9-1　地下水控制方法总览表

降水	隔水
管井降水	地下连续墙帷幕
辐射井降水	水泥搅拌桩帷幕
轻型井点降水	高压喷射注浆帷幕
喷射井点降水	静压注浆帷幕
真空管井降水	冻结帷幕
明排降水	钻孔咬合桩帷幕
落底式帷幕+坑内疏干降水	
落底式帷幕+坑内疏干降水+坑内(外)减压降水	
悬挂式帷幕+坑内疏干+坑内(外)减压降水	

充分掌握场地的水文地质特征，预测地下工程施工可能发生的地下水危害类型，如基坑涌水、渗流破坏（流砂、管涌、坑底突涌）或渗流固结沉降，是选择正确、合理方法，实现有效控制地下水的前提和基础。对地下工程而言，水文地质特征主要是指工程场地存在的地下水类型（上层滞水、潜水、承压水）和含水层、隔水层的分布规律及主要水文地质参数（地下水位或承压水头深度、含水层渗透系数和影响半径等）。水文地质参数需要通过专门的水文地质勘探、测试、试验来取得。不同含水层的地下水位或水头必须用分层止水、分层观测得到，而不能用混合水位代替。渗透系数和影响半径则须进行现场抽水试验确定。

由于我国幅员辽阔，地质条件复杂多变，但各地的水文地质、工程地质特点，是有宏观规律可循的。任一地区的水文地质、工程地质特点，主要受控于所属的地貌单元、地层时代和地层（含水层）组合这三个要素。也就是说，地貌单元不同则地层时代和地层（含水层）组合不同，因而地层中地下水的类型和相关的水文地质特点也不相同，因此也就决定了地下工程的地下水控制的路线和重点。

第9章 地下水赋存及运动的基本理论

9.1 岩土中水的存在形式

地下水是赋存于地表以下岩土空隙中的水,主要来源于大气降水、冰雪融水、地表水等,经土壤渗入地下而成。地下水与大气水、地表水是统一的,共同组成地球水圈。地下水在岩土空隙中运移,参与全球性陆地、海洋之间的水循环。

地下水是地质环境的组成部分之一,能影响环境的稳定性,它往往是滑坡、地面沉降和地面塌陷发生的主要原因。地下水对地下工程的影响也很大:地基土中的水能降低土的承载力,基坑涌水会威胁工程的安全施工,地下水对地下工程结构有渗透、侵蚀作用,因而需进行结构防水处理。

岩土空隙中的水,根据其存在形式可分为气态水、结合水、重力水、毛细水、固态水和矿物水。

9.1.1 气态水

气态水即水蒸气,它和空气一起分布于包气带岩土空隙中。它来源于大气中的水汽与地下水的蒸发。气态水可随空气一起流动,也可独自由绝对湿度大的地方向绝对湿度小的地方迁移。夏季白天的气温高于岩土的温度,于是水汽将由大气向岩土空隙中运动、聚集、并凝结成为凝结水,夜晚则相反。此外,在年常温带以下,深部的温度总是高于上部,水蒸发成气态水后总是向上运动,然后聚集凝结成为液态水。气态水在一定的温度、压力下与液态水相互转化,二者保持动平衡,因而对岩土中水的重新分配有很大意义,但气态水不能被直接利用,也不能被植物吸收。

9.1.2 结合水

由于静电引力作用而吸附在岩土颗粒上的水称结合水。岩土颗粒及裂隙表面均带有电荷,水又是偶极体,由于静电吸引,颗粒表面能够吸附水分子,形成结合水。根据库仑定律,电场强度与距离平方成反比,离颗粒越近、吸附的水分子越多,而随着距离的增大,吸附的水分子将越来越少,以至到达某一距离,水分子将不受静电引力作用,而只受重力的作用,水便由结合水变为重力水或毛细水。由于颗粒表面对水分子的吸引力自内向外减弱,结合水的物理性质也自内向外发生变化。其中最靠近颗粒表面、受静电引力最大的那部分结合水称强结合水,其外层受静电引力较小的叫弱结合水。

强结合水又称吸着水或吸附水,是最靠近颗粒表面的结合水,其厚度相当于几个到几百个水分子厚度。水分子和颗粒表面之间的静电引力很大,可达 $1.013\ 25\times10^5$ Pa,故结合水分子排列紧密整齐,具有与固体相似的性质,其平均密度为 2 g/cm^3,冰点为 -78 ℃,具有较大的黏滞性、抗剪强度和弹性,不能溶解盐类,不能为植物所吸收,不能自由运动,只有加热到 $105\sim110$ ℃,使其成为气态水时才能将它与岩土分开。

弱结合水又称薄膜水,处于强结合水的外层,其厚度说法不一,从几十到几千个水分子厚。其特点是排列不如强结合水规则和紧密,密度约 $1.3\sim1.774\ g/cm^3$,冰点仍低于 0 ℃,其黏滞性、抗剪强度和弹性均小于强结合水,且越往外层相差越大。其外层有少量溶解盐类的能力,能被植物所吸收,一般不受重力作用,不能自由移动,但可由水膜厚处向水膜薄处移动,直到两者相等为止。弱结合水的这一性质对岩土中地下水的分布有一定的意义,它能使水分由湿度大处向湿度小处转移。

弱结合水在某些情况下能够传递静水压力。弱结合水在包气带分布不连续,故不能传递静水压力,但在饱水带中,若对其施加一个外力,使之大于其抗剪强度,便能够传递静水压力。如黏土是不透水层,但在一定的水头差下,若所受的静水压力大于其抗剪强度,黏土层也能发生越流渗透变为透水层。

结合水的含量决定于所受静电引力的大小,静电引力又决定颗粒表面积的大小,即岩土颗粒的大小,岩土颗粒越细小,表面积就越大,吸附的结合水就越多。如细颗粒的黏土所含强结合水与弱结合水量分别达到18%和45%,而粗颗粒的砂分别只有 0.5% 和 2%。可见,含水介质粒径越大,所含结合水量越少,大都为重力水。

9.1.3　重力水

岩土空隙全部被充满,在重力作用下运动的液态水称为重力水。结合水层以外的水分子,其自身重力大于颗粒表面的吸引力,便可凝聚成液态水滴充满岩土的空隙,在自身重力影响下运移。重力水可以被植物所吸收,可以被人类利用,是水文地质学研究的主要对象,对土木工程的影响也非常大。

位于结合水外层、靠近固体颗粒的那部分重力水,仍然受静电引力的影响,水分子排列比较整齐,运动比较规则,水流表现为层流运动;空隙中央远离颗粒表面的那一部分水分子,完全不受静电引力的作用,只受重力的作用,流速比较快,水分子的运动轨迹比较杂乱,可以出现紊流运动。

9.1.4　毛细水

由于毛细力的作用而充满岩土毛细空隙中的水被称为毛细水。岩土的毛细孔隙直径小于 1 mm,毛细裂隙宽度小于 0.25 mm,就如同细小的玻璃管一样,可以发生毛细现象。即在表面张力作用下水可沿重力水面上升一定的距离,形成毛细上升带。

毛细上升高度与毛细孔隙大小有关,毛细孔隙越大,毛细上升高度越小。在砾石中实际上不存在毛细上升高度,而黏土的毛细上升高度最大,可达 6~12 m。岩土的矿物成分也能影响毛细上升高度,因为不同的矿物与水之间联系的力量不同。若颗粒在粒径相同,都是0.25~0.1 mm,在云母砂中,水能够上升 65.8 cm,在石英砂中,水能够上升 56 cm,而在长石砂中,水只能上升49.2 cm。此外温度可以使水的黏滞性减小,故温度升高,将使毛细上升最大高度减小。

毛细水充满了全部孔隙,能做垂直方向的运动,能够有条件地传递静水压力,能被植物所吸收,按性质来说其接近于重力水。同时,它又有结合水的某些性质,如冰点较低,必须低于 0 ℃才能冻结等。毛细孔隙的直径越小,其冻结温度越低。

毛细水按其形成特点,可以分为以下 3 种类型。

(1)支持毛细水。由于毛细力的作用,水沿毛细孔隙上升一定高度,形成毛细水带,其下部有地下水面支持,故称支持毛细水[见图 9-1(a)]。

（2）悬挂毛细水。呈悬挂帷幕状。砾石和细砂交互成层时,当接受补给后地下水位可上升到细砂层中形成支持毛细水。如果一段时间内没有补给,水位将下降到下面的砾石层中,砾石孔径大于毛细孔隙,在其中不能形成毛细水,使保留在细砂层中的毛细水与砾石层中的重力水面不相连接,因而形成悬挂毛细水[见图 9-1(b)]。

（3）孔角毛细水。在颗粒和颗粒之间的接触处或狭窄地带,孔隙直径小于毛细孔隙,也可形成弯曲液面,将水滞留在孔角间,呈个别点滴状态,这种水叫孔角毛细水。

毛细水对岩土中地下水的分布有很大意义,土壤盐渍化与毛细作用密切相关。对于气候炎热、蒸发强烈的干旱地区,地下水补给较少且埋藏不深时,水分不断被蒸发走,盐分不断积聚沉淀而形成土壤盐渍化。此外,土木工程也需要考虑防止毛细水造成的破坏作用。

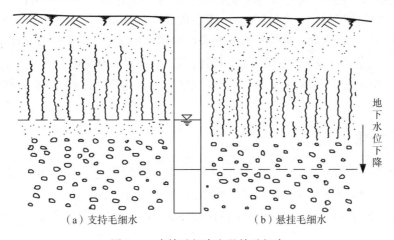

（a）支持毛细水　　　　　　（b）悬挂毛细水

图 9-1　支持毛细水和悬挂毛细水

9.1.5　固态水

以固体冰形式存在于岩土空隙中的水被称为固态水。当岩土温度低于水的冰点 0 ℃时,岩土空隙中的重力水便冻结成固态冰。冻结岩土中并非所有的水都呈固体状态,结合水尤其是强结合水,其冰点较低仍可保持液态。固态水分布于多年冻结区或季节冻结区。我国内蒙古自治区、黑龙江省与青藏高原的某些地区,可形成多年冻土和季节性冻土,其岩土含有固态水。地下工程的冻结法施工即通过人工冻结使地层中的水发生相变成为固态水,从而提高土的强度,增强土体的稳定性和整体性,而且冻结壁还构成了完美的隔水帷幕,成为地下工程中地下水控制的重要方法。

9.1.6　矿物水

矿物水是存在于矿物晶体内部或晶格之间的水,又被称为化学结合水,包括沸石水、结晶水和结构水等。矿物水只有经高温加热以后,才能从矿物中析出。

9.2　岩土的水理性质

岩土的水理性质是指与水分的储容和运移有关的岩土性质,指水进入岩土空隙后,岩土空隙所表现出的与地下水的贮存和运移有关的一些物理性质。在岩土的空隙中,依次分布着强结合水、弱结合水和重力水。空隙大小不同,各种形式水所占的比例不同。空隙越大,重力水所占比例越大;空隙越小,结合水所占比例便越大。当空隙的半径小于结合水的水层厚度时,则空隙中全是结合水,不含重力水。而在砂砾石、大裂隙或大溶穴等大空隙中,结合水的数量甚微,几乎全部为重力水占据。因此水渗入岩土后,因空隙大小不同,岩土中水的存在形式也不同,岩土能够容纳、保持、释放或允许水透过的性能也有所不同,而具有不同的容水性、持水性、给水性与透水性等水理性质。

9.2.1 容水性

容水性是指岩土能够容纳一定水量的性能。衡量岩土容水性大小的指标叫容水度,即岩土所能容纳的水的体积和岩土总体积之比,用小数或百分数表示。岩土之所以能够容纳水,是因为岩土具有空隙。岩土的空隙体积即岩土所能容纳水的体积,故在数值上容水度等于松散沉积物的孔隙度、基岩的裂隙率和碳酸盐岩的溶穴率。但对于具有膨胀性的黏土矿物,如蒙脱石等,因其结晶格架为层束结构,层与层之间活动性很大,水进入层间,体积要膨胀若干倍,故其容水度将大于孔隙度。

9.2.2 持水性

持水性是指重力释水后,岩土能够保持住一定水量的性能。在重力作用下,岩土能够保持住的水,主要是结合水和部分孔角毛细水或悬挂毛细水。衡量岩土持水性的指标叫持水度,它是指在重力作用下,岩土能够保持住的水的体积与岩土总体积之比,可用小数或百分数表示。

根据岩土保持水的形式不同,可分为毛细持水度和结合持水度,通常说的是指结合持水度。结合持水度又被称为最大分子持水度,是岩土所能保持的最大结合水的体积或重量和岩土总体积或重量之比。结合持水度的大小取决于颗粒大小。颗粒越小,其表面积越大,表面吸附的结合水越多,持水度也越大。松散岩土持水度数值见表9-2。

表9-2 松散岩土持水度数值表

岩土名称	粗砂	中砂	细砂	粉砂	黏质粉土	黏土
颗粒大小/mm	2~0.5	0.5~0.25	0.25~0.1	0.1~0.05	0.05~0.002	≤0.002
持水度/%	1.57	1.6	2.73	4.75	10.8	44.85

9.2.3 给水性

给水性是指饱水岩土在重力作用下,能自由给出一定水量的性能。当地下水位下降时,饱水岩土在重力作用下,其中所含的水将自由释出。衡量岩土给水性的指标叫给水度。给水度是地下水位下降1个单位深度时,单位水平面积的岩土柱体在重力作用下释放出的水的体积,以小数或百分数表示。例如,当水位下降1 m时,在重力作用下,1 m² 水平面积的岩土柱体释放出的水的体积为0.1 m³,则其给水度为0.1或10%。

给水度的大小取决于岩土空隙的大小,其次才是空隙的多少。松散岩土给水度数值见表9-3。

表 9-3　松散岩土给水度数值表

岩土名称	黏土	粉土	粉砂	细砂	中砂	粗砂	砾砂	细砾	中砾	粗砾
平均给水度/%	2	7	8	21	26	27	25	25	23	22

　　黏土虽然孔隙度大,可达 60%,但因其颗粒细小,所含的几乎都是结合水,重力不能将结合水排出,故黏土的给水度很小,只有 2% 左右。随着颗粒的增大,给水度也增大。其中中砂和粗砂的给水度最大,分别达到 26% 和 27%。这是因为粗、中砂既有较大的孔隙度,又有较大的孔隙,在大孔隙中结合水所占比重极少,故给水度几乎等于其孔隙度。砾砂和砾石类岩土,给水度略有减小,这是因为颗粒虽更粗大,但易被小颗粒充填而使孔隙和孔隙度减小。坚硬岩土粗大裂隙和溶穴中的地下水也和粗粒松散岩土的情况相似,结合水、毛细水所占比例非常小,故它们的孔隙度或容水度可近似地看作是给水度。

　　对于松散土层,其给水度值还与地下水位埋藏深度及水位下降速度有关。如果地下水位埋深小于毛细上升最大高度,当水位下降时,总有一些重力水转为毛细水而不能给出,从而使给水度偏小。特别当地下水位下降速度较快,重力释水速度往往滞后于水位下降速度。同时大、小孔隙的释水速度也不相同,因而在小孔隙中保留一部分悬挂毛细水,使给水度偏小。可见岩土空隙特点不同,其重力给水过程也不同。

9.2.4　透水性

　　透水性是指岩土允许水透过的能力。评价岩土透水性的指标是渗透系数(K)。岩土的透水性取决于岩土中孔隙的大小、多少和连通程度。一般来说,岩土中孔隙大而多、连通程度好的,则具良好的透水性;孔隙小而少、连通程度差的,则透水性弱或不透水。颗粒越细小,孔隙就越小,透水性就越差。因为细小的空隙大都被结合水占据,水在细小的孔隙中流动时,孔隙表面对其流动产生很大的阻力,水不容易从中透过。例如,黏土虽有很高的孔隙度,可达 50% 以上,但因其孔隙细小,重力水在其中的运动很困难,故黏土被称为不透水层。《城市轨道交通岩土工程勘察规范》(GB 50307—2012)根据渗透系数大小,对岩土透水性进行了划分(见表 9-4)。

表 9-4　岩土透水性划分

类别	特强透水	强透水	中等透水	弱透水	微透水	不透水
$K/(\text{m/d})$	$K>200$	$10\leqslant K\leqslant200$	$1\leqslant K<10$	$0.010\leqslant K<1$	$0.001\leqslant K<0.010$	$K<0.001$

9.2.5　毛细性

　　岩土的毛细性指的是在地下水面以上,岩土中的水在毛细张力作用下,沿毛细孔隙向上运动的性能。

　　毛细水的形成是由于两种力的作用。一是上凹的弯液面产生向上的表面张力,可以把水上拉一定的距离,二是自身的重力使水滴向下运动。当二者达到平衡时,水位便稳定不变,形成毛细水带。各类岩土的毛细上升最大高度见表 9-5。不同的岩土,其毛细上升高度不同。毛细上升高度可用下式计算:

$$H_k=\frac{0.003}{D} \tag{9-1}$$

式中：H_k——毛细上升高度，cm；

      D——孔隙直径或裂隙宽度，mm。

表 9-5   各类岩土的毛细上升最大高度表

岩石名称	粗砂	中砂	细砂	粉土	黏质粉土	黏土
毛细上升最大高度/cm	2~4	12~<35	35~<120	120~<350	350~<650	650~<1 200

　　对粉土、黏质粉土等细颗粒弱含水层采用管井方法进行降水，效果往往较差，基坑或隧道开挖出临空面后，还有水缓慢渗出，其主要原因就是弱含水层的孔隙度大，毛细孔隙小，毛细作用强，仅靠重力作用地下水难以形成井流。而采用真空方法降水，对弱含水层施加负压，相当于人为加大水力梯度，就能达到比较理想的降水效果。

9.3 　地下水的赋存

9.3.1 　包气带与饱水带

　　地下水面一般在地面下一定深度内形成。称地下水面以上为包气带，称地下水面以下为饱水带。

　　在包气带中，空隙壁面吸附有结合水，细小空隙中含有毛细水，未被液态水占据的空隙中包含空气及气态水。空隙中的水超过吸附力和毛细力所能支持的量时，空隙中的水便以过路重力水的形式向下运动。以上述几种形式存在于包气带中的水统称为包气带水。

　　包气带水来源于大气降水入渗，地表水体及地下管线渗漏，由地下水面通过毛细上升输送的水分，以及地下水蒸发形成的气态水。包气带水的赋存与运移受毛细力与重力的共同影响。重力使水分下移，毛细力则将水分输向空隙细小与含水量较低的部位，在蒸发影响下，毛细力常将水分由包气带下部输向上部。在雨季，包气带水以下渗为主，雨后，浅表的包气带水以蒸发及植物蒸腾形式向大气圈排泄，一定深度以下的包气带水则继续下渗到饱水带。

　　包气带的含水量及包气带水的运动受气象因素影响极为显著，植被对其影响也很大。包气带又是饱水带与大气圈、地表水圈联系必经的通道。饱水带通过包气带获得大气降水和地表水的补给，又通过包气带蒸发与蒸腾排泄到大气圈。

　　饱水带岩土空隙全部为液态水所充满。饱水带中的水体是连续分布的，能够传递静水压力，在水头差的作用下，可以发生渗流。饱水带中的重力水是地下工程施工降水和结构防水的主要对象。

9.3.2 　含水层与隔水层

　　含水层是指能够透过并给出相当数量水的岩土层，因此，含水层应是空隙发育的具有良好给水性和透水性的岩土层，如各种砂土、砾石、裂隙和溶穴发育的坚硬岩石。隔水层则是不能透过并给出水或只能透过与给出极少量水的岩土层，因此，隔水层具有良好的持水性，而其给水性和透水性微弱。隔水层可以含水，甚至饱水，如黏土层，也可以不含水，如致密的岩石。

　　含水层是透水层中位于地下水位以下经常为地下水所饱和的部分，上部未饱和部分则是透水不含水层。故一个透水层可以是含水层，如冲洪积砂卵石含水层，也可以是透水不含水层,如河流阶地上部的粉土层。同一岩性的岩土层,还可以部分是含水层(位于水面以下部分),部分是透水不含水层(位于水面以上部分)。

含水层的形成应具备以下条件。① 岩层具有储存重力水的空间。岩土的空隙越大,数量越多,连通性越好,储存和通过的重力水就越多,越有利于形成含水层。② 具备储存地下水的地质结构,即一个含水层的形成必须要有透水层和不透水层组合在一起,形成储水空间,以便地下水汇集不致流失。③ 具有一定的补给水源,形成含水层的透水岩层应部分地或全部地出露地表以便接受大气降水和地表水的补给,或在顶部及底部的隔水层中存在透水天窗或导水断裂等通道,通过这些通道,含水层可以得到其他含水层补给。

含水层在空间分布的几何形态是多样的,但多为层状,故称之为含水层,如冲积平原的砂砾石含水层。此外,有些含水层还呈带状、脉状和透镜状分布,此类含水层宜称为含水带,如断层含水带。

9.3.3　不同埋藏条件的地下水

1. 上层滞水

当包气带中存在局部隔水层时,局部隔水层之上会积聚具有自由水面的重力水,这便是上层滞水。上层滞水分布最接近地表,接受大气降水的补给,以蒸发形式或向隔水底板的边缘下渗排泄。上层滞水雨季补给补充,积存一定水量,旱季水量逐渐耗失。因而上层滞水水量小,动态变化大。

另外,地下管线渗漏也可能形成上层滞水,由于有渗漏水常年补给,其动态较稳定。这类由地下管线渗漏形成的上层滞水对工程建设危害很大,常突然涌入基槽给施工造成安全隐患。

2. 潜水

饱水带中第一个具有自由表面的含水层中的水称为潜水。潜水没有隔水顶板,或只有局部隔水顶板。潜水的表面为自由水面,称潜水面。潜水面到隔水底板的距离为潜水含水层的厚度,潜水面到地面的距离为潜水埋藏深度。

潜水面是向排泄区倾斜的曲面,起伏大体与地形一致而较缓和。潜水面上任一点的高程称为该点的潜水位。将潜水位相等的各点连线,即得潜水等水位线图(见图 9-2)。该图能反映潜水面形状。垂直等水位线由高到低为潜水流向。相邻两条等水位线的水位差除以其水平距离即为潜水水力梯度。利用同一区域的潜水等水位线图与地形图可以判断潜水与地表水体的相互补给关系。潜水面的陡缓一般能反映潜水含水层厚度与渗透性的变化情况。

由于潜水含水层与包气带直接连通,因而在潜水分布范围内都可以通过包气带接受大气降水和地表水的补给。潜水在重力作用下由水位高的地方向水位低的地方径流。自然状态下,潜水的排泄,除了流入其他含水层以外,还向大气圈蒸发排泄,还可以泉、泄流等形式向地表或地表水体排泄。

潜水动态受气候影响较大,具有明显的季节性变化特征。如北京地区每年7—9月为大气降水的丰水期,地下水位从7月开始上升,9—10月达到当年最高水位,随后逐渐下降,至次年的6月达到当年的最低水位,平均年变幅约2~3 m。

3. 承压水

充满于两个隔水层之间的含水层中的水叫承压水。承压含水层上部的隔水层称隔水顶板,承压含水层下部的隔水层称隔水底板。隔水顶、底板之间的距离为承压含水层厚度。承压

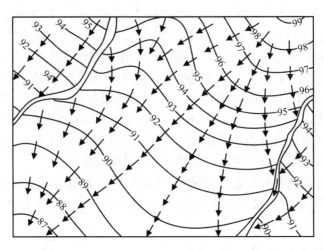

图 9-2 潜水等水位线图

性是承压水的重要特征,由于来自出露区地下水的静水压力作用,承压区含水层不但充满水,而且含水层顶面的水承受大气压强以外的附加压强。当钻孔揭穿隔水顶板时,钻孔中的水位将上升到含水层顶部以上一定高度才静止下来。钻孔中静止水位到含水层顶面之间的距离称为承压高度。井中静止水位的高程就是承压水在该点的测压水位。测压水位高于地表的范围是承压水的自流区。

承压水和潜水一样,主要来源于大气降水与地表水的入渗。当顶、底板隔水性能良好时,它主要通过含水层出露于地表的补给区获得补给,并通过范围有限的排泄区,以泉或其他径流方式向地表或地表水体泄出。当顶、底板为弱透水层时,还可以从上下部含水层获得越流补给,也可向上下部含水层进行越流排泄。承压水参与水循环不如潜水积极。因此,气象、水文因素的变化对承压水的影响较小,承压水动态比较稳定。

将某一承压含水层测压水位相等的各点连线,即得等水压线图。根据等测压水位线可以确定承压水的流向和水力梯度。承压水的测压水面只是一个虚构的面,并不存在这样一个实际的水面。只有当钻孔穿透上覆隔水层达到含水层顶面时,钻孔中才能见到水,孔中水位上升到测压水位高度后静止不动。

在接受补给或进行排泄时,承压含水层对水量增减的反应与潜水含水层不同。当潜水获得补给或进行排泄时,随着水量增加或减少,潜水位抬高或降低,含水层厚度加大或变薄。当承压含水层接受补给时,由于隔水顶板的限制,不通过增加含水层厚度而容纳增加的水量。获得补给时测压水位上升,一方面,由于压强增大含水层中水的密度加大。另一方面,由于孔隙水压力增大,有效应力降低,含水层骨架发生少量回弹,孔隙度增大,使含水层厚度也有微量增加。这就是说,增加的水量通过水的密度加大及含水介质空隙的增加而容纳。承压含水层排泄时,减少的水量表现为含水层中水的密度变小及含水介质空隙缩减。

关于承压含水层的给水性,可以比照潜水含水层给水度,用贮水系数(也称弹性给水度)进行表征。承压含水层贮水系数是指其测压水位下降(或上升)一个单位深度,单位水平面积含水层释出(或储存)的水的体积。

可以看出,在形式上,潜水含水层的给水度与承压含水层的贮水系数非常相似,但是在释出或储存水的机理方面是不同的。水位下降时潜水含水层所释出的水来自部分空隙的排水,而测压水位下降时承压含水层所释出的水来自含水层体积的膨胀及含水介质的压密。显然,测压水位下降时承压含水层释出的水,远较潜水含水层水位下降时释出的为小。一般,承压含水层的贮水系数比潜水含水层小 1~3 个数量级。

由于上部受到隔水层或弱透水层的隔离,承压水与大气圈、地表水圈的联系较差,水循环也缓慢得多。

9.3.4 水文地质单元与水文地质边界

地下水体系按其储存系统和交替系统,分为一系列独立的或半独立的单元,这些单元称为水文地质单元。一个水文地质单元可以是一个或几个联合的蓄水构造,或是完整的地下水域,也可是二者结合的水文地质体。

约束地下水储存和运动的水文地质单元的边界称为水文地质边界。任何一个水文地质单元都有它本身的边界。这个边界决定了水文地质单元的大小、几何形态及封闭程度。因此,要了解一个地区的水文地质单元应首先弄清水文地质边界条件。

1. 蓄水构造边界

(1) 隔水边界:由隔水层和隔水围岩所构成的边界,边界两侧不产生水量交换。隔水边界包括:①含水层与隔水层或阻水体之间的分界面;②含水带与隔水围岩之间的分界面;③断层阻水边界。

(2) 透水边界:由透水岩层构成的边界,边界两侧会发生水量交换。

① 给水边界。

给水边界是对地下水起补给作用的边界,包括:河湖、渠道、水库等地表水体的渗漏补给段(见图 9-3);基岩含水层接受松散层孔隙水补给时,其与第四系含水层的界面即为基岩含水层的给水边界(见图 9-4);回灌井或其他形式的人工补给地段。

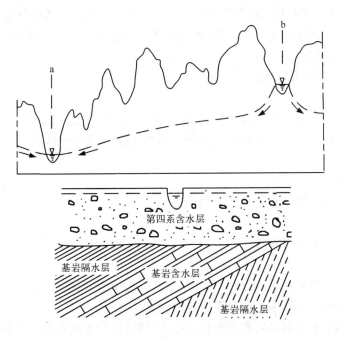

a—作为排泄边界的得水河流;b—作为给水边界的失水河流。

图 9-3 排泄边界与给水边界

② 排泄边界。

排泄边界是对地下水起排泄作用的边界,包括:泉水溢出带;河流或排水渠道排泄地下水的地段(见图9-3);基岩地下水排入第四系松散地层时,基岩含水层与第四系含水层的界面(见图9-4);沼泽、湿地、盐碱地为垂向蒸发排泄边界;人工开采地下水排泄地段。

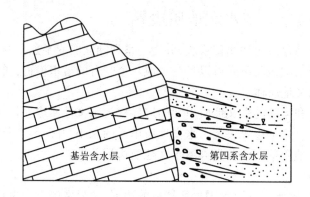

图9-4　山前地带基岩地下水排入第四系松散地层时的排泄边界

2. 地下水域边界

地下水域边界是包围或区分地下水渗流系统的界面,包括可动边界和固定边界。

(1) 可动边界(自由边界)。

可动边界位于透水层中,其位置随着渗流场强度变化而移动,包括:相邻地下水流之间的分水面,即地下水分水岭;非承压地下水的自由水面。

(2) 固定边界(约束边界)。

它由隔水层或隔水围岩构成,其位置是固定的,对地下水渗流场的分布起约束作用,对地下水域的扩展起限制作用。地下水域的固定边界主要包括含水层与隔水层、隔水围岩、阻水体、阻水断层之间的分界面。

3. 水文地质边界的表现形式

(1) 地形边界。

当地下水分水岭与地表水分水岭一致时,地形分水岭就是水文地质单元在地表的边界。山区与平原的交界线是基岩与第四系沉积物分界线,这种地形分界线常是基岩地下水在地表的排泄边界。

(2) 地质边界。

地质边界包括地层岩性边界和地质构造边界。

(3) 水文边界。

水文边界包括与地下水有联系的河流、湖泊,泉水溢出带和地下水分水岭。

(4) 人工边界。

地铁等地下构筑物修建后,在地下含水层中起阻水作用,也即构成人工边界。

(5) 水文地质数值计算中水文地质边界的设定。

① 第一类边界(水头边界):水头变化规律为已知,又分为定水头边界和变水头边界。

② 第二类边界(流量边界):流过边界的流量或流量的变化规律为已知,隔水边界属第二类边界,因流过边界的流量为零。

9.3.5 不同岩土介质中的地下水

1. 孔隙水

孔隙水广泛分布于第四系松散沉积物中,其赋存规律主要受沉积物的成因类型控制。特定沉积环境中形成的成因类型不同的松散沉积物,形成时受到不同的水动力条件控制,从而呈现岩性与地貌有规律的变化,决定着赋存于其中的地下水的特征。

孔隙水最主要的特点是其水量空间分布连续性好,且相对均匀。孔隙水一般呈层状分布,同一含水层中的水有密切的水力联系,具有统一的地下水面,在自然状态下呈层流运动。

1) 洪积扇中的地下水

洪积扇形成于干旱半干旱地区的山前地带。其形成过程是:暴雨形成流速极大的洪流,山区洪流沿河槽流出山口,进入平原或盆地,洪流不再受河槽的约束,加之地势突然转为平坦,集中的洪流转为辫状散流,水的流速顿减,搬运能力急剧降低,洪流所携带的物质以山口为中心堆积成扇形。在山前平原或盆地处常常形成一系列大大小小的洪积扇,扇间为洼地。

从洪积扇顶部到边缘地形由陡逐渐变缓,洪水的搬运能力逐渐降低,因而沉积物颗粒由粗逐渐变细。洪积扇的顶部、中部和下部(见图9-5)表现出不同的水文地质特征。

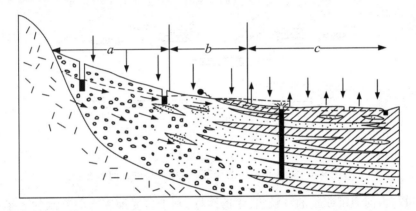

1—基岩;2—砾石;3—砂;4—黏性土;5—潜水位;6—承压水侧压水位;7—地下及地表水流向;
8—降水补给;9—蒸发排泄;10—下降泉;11—井;a—径流带;b—溢出带;c—垂直交替带。

图9-5 洪积扇水文地质剖面示意图

洪积扇顶部地形较陡,沉积物颗粒粗,卵石、粗砂直接出露地表,十分有利于吸收降水及山区汇流的地表水,是主要补给区。该部位潜水透水性强,厚度大,径流条件好,水位埋藏深,水量丰富,水质好。在洪积扇的轴部,水量更为丰富。

洪积扇中部地形变缓,由粗、细沉积物交错组成,潜水径流条件逐渐变差,水位埋深变浅,富水性变小。当潜水运移受前方黏性土沉积物阻挡,水面上台逐步贴近地面,形成沼泽或溢出成泉。该部位上部为潜水,下部为承压水。在区域地下水开采强度很小的情况下,此部位打井,承压水甚至可以形成自流。

洪积扇下部处于洪积扇边缘与平原的交接处,地形平缓,沉积物由粉土、黏性土与细粉砂互层组成,潜水埋藏较深,富水性差,径流缓慢,土壤盐碱化。

洪积扇的形成往往也伴随有河流的冲积作用,因而在我国很多文献中也称之为冲洪积扇。

2）冲积平原中的地下水

冲积平原中流速较大的河床堆积着砂砾石,河床外围则以淤积黏性土为主。因而构成冲积平原主要含水层的砂沿河道呈条带状分布。随着河流决口改道,形成不同时期的古河道。除了决口处前后期古河道的砂层连通外,后期的河道砂带也可能在某些地方直接叠置在原有河道砂带之上。因此,剖面上看来似乎是孤立透镜体的砂,在三维空间实际上是相互联系的网络状砂带(见图9-6)。砂层含水层正是这样相互连通,以及通过黏性土弱透水层的越流相互发生水力联系。

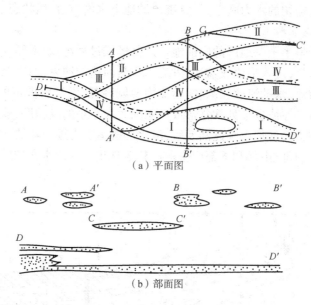

（a）平面图

（b）部面图

I~IV—河道期次。

图9-6 冲积平原中的河道变迁及砂层的几何形态

现代河道与古河道沉积物的颗粒粗,渗透性好,利于接受地表水与降水的入渗补给,地下水埋藏深度较大。自两侧向河间洼地,渗透性变差,地下水位变浅。

河流下游为下沉积区,常形成滨海平原,松散沉积物很厚,常在100 m以上。滨海平原上部为潜水,埋藏很浅。滨海平原下部常为砂层与黏土互层,存在多层承压水。

2. 裂隙水

贮存并运移于基岩裂隙中的裂隙水具有与孔隙水不同的特点。某些情况下,打在同一岩层中相距很近的钻孔,水量悬殊,甚至一孔有水而邻孔无水;有时在相距很近的井孔测得的地下水位差别很大,水质与动态也有明显不同;在裂隙岩层中开挖隧道,通常涌水量不大的岩层中,局部也可能大量涌水。在裂隙岩层中抽取地下水往往发生这种情况:某一方向上离抽水井很远的观测孔水位已明显下降,而在另一方向上离抽水井很近的观测孔水位却无变化。这些现象表明,裂隙水的赋存具有不均匀性和各向异性的特点。

松散沉积的地层中,空隙分布连续均匀,构成具有统一水力联系、水量分布均匀的层状含水系统。但裂隙岩层只有在一些特殊的条件下才能形成水量分布比较均匀的层状含水系统,如夹于厚层塑性岩层中的薄层脆性岩层、规模比较大的风化裂隙岩层等,这些岩层中裂隙往往密集均匀,使整个含水层具有统一的水力联系。

基岩的裂隙率比较低,通常比松散岩土的孔隙率低一到两个数量级。裂隙在岩层中所能占有的赋存空间很有限,这一有限的赋存空间在岩层中分布很不均匀。裂隙通道在空间上的展布具有明显的方向性。因此,裂隙岩层一般并不形成具有统一水力联系、水量分布均匀的含水层,而通常由部分裂隙在岩层中某些局部范围内连通构成若干带状或脉状裂隙含水系统。岩层中各裂隙含水系统内部具有统一的水力联系,水位受该系统最低出露点控制。各个系统与系统之间没有或仅有微弱的水力联系,各有自己的补给范围、排泄点及动态特征,其水量的大小取决于自身的规模。规模大的系统贮容能力大,补给范围广,水量丰富,动态比较稳定。规模小的系统贮存和补给有限,水量小而动态不稳定。带状或脉状裂隙含水系统一般是由一条或几条大的断层带、侵入岩与围岩接触带等构成。地下工程开挖通过这类裂隙含水带时往往会大量涌水,给安全施工造成极大威胁。

3. 岩溶水

赋存并运移于岩溶化岩层(石灰岩、白云岩)中的水称岩溶水。岩溶常沿可溶岩层的构造裂隙带发育,通过水的溶蚀,常形成管道化岩溶系统,并把大范围的地下水汇集成一条地下河系。因此,岩溶水在某种程度上带有地表水系的特征,其空间分布极不均匀,动态变化大,流速快,排泄集中。

由于介质的可溶性及水对介质的差异性溶蚀,岩溶水在流动过程中不断扩展介质的空隙,改变其形状,改造着自己的赋存与运动的环境,从而改造着自身的补给、径流、排泄与动态特征。岩溶水系统是一个能够通过水与介质相互作用不断自我演化的动力系统。处于不同演化阶段的岩溶水具有不同特征,处于演化初期的岩溶水系统往往与裂隙水系统没有很大的不同。处于演化后期的岩溶水系统,管道系统发育,大范围内的水汇成一条完整的地下河系。

9.4 地下水的运移

9.4.1 地下水的渗流

地下水在岩土空隙中的运动称为渗流。由于受到介质的阻滞,地下水的流动比地表水缓慢得多。为了使渗流符合渗透的真实情况,它必须满足条件:① 对于同一过水断面,渗流的流量等于通过该断面的实际渗透流量;② 渗流在任意体积内所受的阻力和实际渗透水流所受的阻力相同。

渗透是岩土中实际存在的水流,由于岩土空隙的大小、形状和连通情况极不相同,从而形成大小不等、形状复杂、弯曲多变的通道[见图 9-7(a)]。在不同空隙或同一空隙中的不同部位,地下水的流动方向和流动速度均不相同,空隙中央部分流速最大,而水流与颗粒接触面上的流速最小。真实渗透水流的特点是在整个含水层过水断面上不连续。通常根据生产实际需要对地下水流加以概化,即用假想的水流模型去代替真实的水流,一是不考虑渗流途径的迂回曲折,只考虑地下水的流向,二是不考虑岩土的颗粒骨架,假想岩土的空间全被水流充满[见图 9-7(b)],渗流就是这样的假想水流。

在岩土空隙中渗流时,水的质点做有秩序的、互不混杂的流动,称作层流运动。在狭小空隙的岩土中流动时,重力水受介质的吸引力较大,水的质点排列较有秩序,故均做层流运动。水的质点无秩序的、互相混杂的流动,称为紊流。做紊流运动的水流所受阻力比层流状态大,消耗能量多。在宽大的空隙中(如大的溶穴、裂隙),当水的流速较大时,容易呈紊流运动。

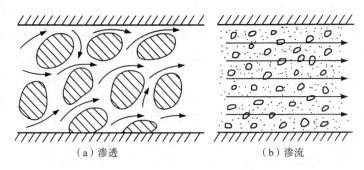

（a）渗透　　　　　　　　　（b）渗流

图 9-7　渗透与渗流示意图

水在渗流场内运动,当水位、流速、流向等运动要素不随时间改变时,称作稳定流。运动要素随时间变化的水流运动,称作非稳定流。严格来说,自然界中地下水都属于非稳定流,但为了便于分析和运算,也可以将某些运动要素变化微小的渗流,近似地看作稳定流。

发生渗流的区域称为渗流场。通常采用一些物理量描述渗流场的特征,如渗流速度、渗流量、渗流压强、水头等。这些表示渗流特征的物理量,称作渗流的运动要素。

渗流场内的水头及流向是空间的连续函数,因此可作出一系列水头值不同的等水头线和一系列流线,由一系列等水头线与流线所组成的网络称为流网。在各向同性介质中,地下水必定沿着水头变化最大的方向——垂直于等水头线的方向运动,因此,流线与等水头线构成正交网格。显然,此时的等水头面与过水断面是一致的。渗流场内的流网分布形象地刻画了渗流的特征,同时也反映形成此种渗流特征的水文地质背景。因此,正确地绘制渗流区的流网对分析该地区的水文地质条件,了解地下水运动规律,进行水文地质计算都具有重要意义。下面简要介绍各向同性岩土介质中的稳定流网。

作流网图时,首先根据边界条件绘制容易确定的等水头线或流线。边界包括定水头边界、隔水边界和地下水面边界。地表水体的断面一般可看作等水头面,因此,河渠的湿周必定是一条等水头线[见图9-8（a）]。隔水边界无水流通过,而流线本身就是零流量边界,因此,平行隔水边界可以绘出流线[见图9-8（b）]。

地下水面边界比较复杂,当无入渗补给及蒸发排泄,有侧向补给并做稳定流运动时,地下水面是一条流线[见图9-8(c)]当有入渗补给时,既不是流线,也不是等水头线[见图9-8(d)]。

如果流网图的线间距是按等值绘制的,即相邻两根流线之间的流量相等,相邻两根水头线的水头差相等,则根据流网图上等水头线的疏密变化,可判断渗流场内不同部位渗流强度的差异。也可以根据等水头线(浸润曲线)与流网的关系来判断潜水的补给条件。

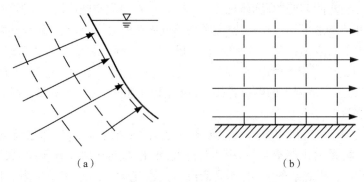

（a）　　　　　　　　　　　　　　（b）

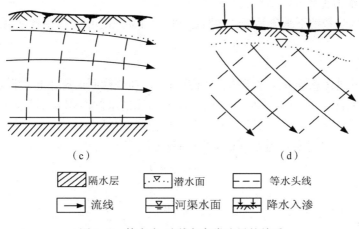

（c）　　　　　　　　　　　　（d）

▨ 隔水层　　⋯▽ 潜水面　　--- 等水头线

→ 流线　　☒ 河渠水面　　⁂ 降水入渗

图 9-8　等水头、流线与各类边界的关系

9.4.2　渗流的基本定律

法国水力学家达西（Darcy）通过大量试验，于 1856 年总结出了线性渗流定律。

试验是在装有砂的圆筒中进行的（见图 9-9）。水由圆筒的上端加入，水流经过砂柱由下端流出。上、下游用溢水设备控制水位，使试验过程中水头始终保持不变。在圆筒的上、下端各设一根测压管，分别测定上、下过水断面的水头。从下端出口处测定流量。根据试验结果，得到下列关系式：

$$Q = K\omega \frac{H_1 - H_2}{L} = K\omega I \tag{9-2}$$

式中：Q——渗流量，出口处测得的流量，水位稳定后即等于通过砂柱各断面的流量；

　　ω——过水断面，在试验装置中相当于砂柱横截面积；

H_1, H_2——两测压管水位；

　　L——渗流长度，即两过水断面之间的距离；

　　I——水力梯度；

　　K——渗透系数，常用单位是 m/d 或 cm/s。

式（9-2）即是达西公式。从水力学已知，通过某一断面的流量 Q 等于流速 v 与过水断面 ω 的乘积，即

$$Q = \omega v \tag{9-3}$$

由此得到达西定律的另一种表达形式

$$v = KI \tag{9-4}$$

式中：v——渗流速度。

它说明渗流速度等于渗透系数与水力梯度的乘积。v 与 I 的一次方成正比，故称达西公式为线性渗透定律。

在实际的地下水流中，水力梯度往往各处不同，因此可以把达西定律写成更一般的表达式，即

$$v = -K \frac{\mathrm{d}H}{\mathrm{d}l} \tag{9-5}$$

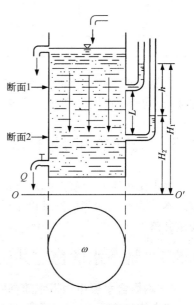

图 9-9　达西试验装置图

式中：dH/dl——水力梯度。

　　天然条件下大多数地下水流是符合达西定律的。下面把达西定律中各项物理含义及一些有关的问题说明如下。

1. 渗流速度

　　式(9-2)中的过水断面 ω 是指砂柱的横断面积。在该横断面积中包括砂颗粒所占据的面积与孔隙所占据的面积,而水流实际通过的是孔隙实际过水的面积 ω',即 $\omega' = n_e\omega$,其中 n_e 为有效孔隙度,即实际参与流动的那部分水所占的孔隙体积(不包括结合水所占据的体积)与岩土总体积之比。如令通过实际过水断面 ω' 时的渗透流速为 u,则

$$Q = \omega v = \omega' u \tag{9-6}$$

则得到

$$v = n_e u \tag{9-7}$$

2. 水力梯度

　　水力梯度为沿渗透途径水头损失与相应渗透长度的比值。水质点在空隙中运动时,为了克服水质点之间的摩擦阻力,必须消耗机械能,从而出现水头损失。所以,水力梯度可以理解为水流通过单位长度渗透途径为克服摩擦阻力所耗失的机械能。

3. 渗透系数

　　渗透系数是表征含水层透水性能的一个重要的水文地质参数。从达西定律 $v = KI$ 可以看出当：$I = 1$ 时,$v = K$。这说明渗透系数值相当于水力梯度为 1 时的渗流速度。当水力梯度一定时,K 愈大,则 v 就愈大。当渗流速度一定时,I 与 K 成反比,K 愈大,则 I 愈小,这说明渗透系数大时,岩土透水性好,水头损失小。

　　岩土的渗透系数可以通过如抽水、注水试验、井间示踪等现场试验测定,也可室内按达西试验测定。松散沉积物渗透系数经验值见表9-6。

表9-6　松散沉积物渗透系数经验值　　　　　　　　　　单位：m/d

松散岩土名称	渗透系数	松散岩土名称	渗透系数
黏质粉土	0.001~0.10	中砂	5.0~2.00
粉土	0.10~0.50	粗砂	20.0~50.0
粉砂	0.50~1.0	砾石	50.0~150.0
细砂	1.0~5.0	卵石	100.0~500.0

　　根据渗透系数在空间位置变化情况,可将地下水含水介质划分为均质各向同性、均质各向异性、非均质各向同性和非均质各向异性介质。

9.5　流向井的地下水运动

　　地下工程降水要确定降水井的布设,要计算基坑涌水量,要预测降水水位分布及其变化规律。本节为这些问题提供理论基础。按照地下水运动要素是否随时间变化分为稳定井流和非稳定井流。

9.5.1　地下水的稳定井流

1. 均质含水层中地下水流向完整井的稳定井流

　　裴布依(J. Dupuit)是最早研究稳定井流的学者,裴布依公式是在下列假设基础上建立起来的：

（1）含水层是水平的，均质各向同性；

（2）水流呈轴对称的径向流运动；

（3）在距井轴一定距离 R 上，水位下降为零；

（4）水流运动符合达西定律。

承压水完整井：单井

$$Q = 2.73 \frac{KMs_w}{\lg \dfrac{R}{r_w}} \tag{9-8}$$

多井

$$Q = 2.73 \frac{KM(s_w - s_1)}{\lg \dfrac{r_1}{r_w}} \tag{9-9}$$

潜水完整井：单井

$$Q = 1.366K \frac{(2H_0 - s_w)s_w}{\lg \dfrac{R}{r_w}} \tag{9-10}$$

多井

$$Q = 1.366K \frac{(H_2^2 - H_1^2)}{\lg \dfrac{r_2}{r_1}} \tag{9-11}$$

式中符号见图 9-10 和图 9-11。

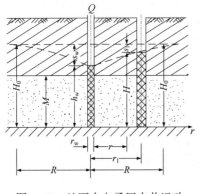

图 9-10　地下水向承压水井运动

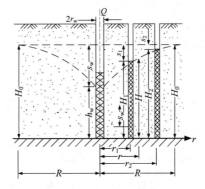

图 9-11　地下水向潜水井运动

2. 裴布依公式存在的问题

按裴布依公式可以看出：流量与水位降 $[Q - s$（承压水）或 $Q - (H_0^2 - h_w^2)$（潜水）] 均为线性关系；潜水井的最大流量应在 $s_w = H_0$ 时；井径与流量呈对数关系；在距抽水井 R 处水位降为零等。实际上并非如此。

1）降落漏斗曲线方程

裴布依公式未考虑到地下水流入井时流速很高，造成水头损失；入井后由水平运动转为垂直运动也有损失，这些损失统称为井损失。因此，$Q - s$ 或 $Q - (H_0^2 - h_w^2)$ 呈线性关系只是在降深很小时才出现，大部分情况下呈曲线关系，不论是抛物线型、幂函数曲线型，都可以用 $\dfrac{s}{Q} = a + bQ^{n-1}$ 这一通式来表示，因此存在 $\lg\left(\dfrac{s}{Q} - a\right) = \lg b + (n-1)\lg Q$ 关系，在 n 次抽降得到 n 对 s-Q 值后经多次试算，在双对数纸上总可以找到一根直线，其截距为 $\lg b$，斜率为 $n-1$，从而求得该曲线的方程式。根据该方程式来推算降深适当加大时的出水量与实际的偏离不会太大。

2）井的最大出水量

由于裴布依公式在潜水井公式中忽略了渗透速度的垂直分量，以 $\dfrac{\mathrm{d}H}{\mathrm{d}r} = \tan\theta$ 代替 $\dfrac{\mathrm{d}H}{\mathrm{d}s} = \sin\theta$（$\theta$ 为降落漏斗曲线的坡角），造成了当 $s_w = H_0$ 时会出现最大出水量的错觉，可以看出当 $s_w = H_0$ 时只有渗透速度的垂直分量，$\sin\theta = 1$，而 $\tan\theta \to \infty$。因此裴布依的潜水井公式只有在降深与含水层厚度相比很小时才有较高的准确性。

3）井径与出水量的关系

井损失与井径有关，裴布依公式只考虑了出水量与渗透系数的关系，而忽视了出水量与井损有关。在降深相同的情况下，出水量与井径并非对数关系，一般井径的变化对出水量的影响要比对数关系大得多。渗透性好的含水层井径变化对出水量很敏感，反之，井径与出水量的关系比较接近于裴布依公式，而井径增大到一定程度后其变化对出水量就不敏感了。

4）关于影响半径 R

裴布依公式中的 R 只有在圆形的孤岛或河心洲中心打井抽水时才能出现，这种情况下是极个别的。一般在井内抽水随着时间的推移，影响半径必然要扩展到边界，裴布依公式的影响半径只不过是当井抽水量较小，水位下降较小，到一定距离以后很难用一般的方法测量到，或在这个距离外因抽水而引起的水位降可忽略不计而已，而且这距离并非一个对称圆，显然这个影响半径的大小与含水层透水性的好坏有关，与补给边界的距离等因素有关。因此有人建议将影响半径改称为引用影响半径，其大小是反映区域地下水补给强度的综合性参数。

尽管如此，由于计算简便，计算结果基本能达到工程精度要求，裴布依公式在工程上还是得到了广泛应用。但在应用过程中，要充分认识到裴布依公式存在的问题。

3. 非均质含水层中层状构造地下水流向完整井的运动

（1）对承压水完整井（见图 9-12）：

$$Q = 2.73 K_m \frac{M s_w}{\lg \dfrac{R}{r_w}} \tag{9-12}$$

$$K_m = \frac{K_1 M_1 + K_2 M_2 + \cdots + K_n M_n}{M_1 + M_2 + \cdots + M_n}$$

式中：M——含水层总厚度，m。$M = M_1 + M_2 + \cdots$

（2）对潜水完整井（见图 9-13）：

$$Q = 1.366 K_m \frac{H^2 - h_w^2}{\lg \dfrac{R}{r}} \tag{9-13}$$

式中：$K_m = \dfrac{K_{mw} h_w + K_{m0} H_0}{H_0 + h_w}$，其中 K_{mw}，K_{m0} 分别为井壁和井壁到影响边界上岩土层渗透系数的加权平均值，$\mathrm{m/d}$。

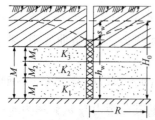
图 9-12　层状非均质层中的承压水完整井

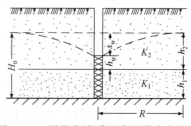
图 9-13　层状非均质层中的潜水完整井

9.5.2　地下水的非稳定井流

1. 承压水流向完整井的非稳定流运动

1) 基本微分方程

假设条件：① 含水层是均质、各向同性的，在平面上的扩展是无限、没有越流补给和水平的；② 从完整井中抽水时，在水头降低的瞬间，水立即从含水层的储存中释放，流入井内的水量全部来自含水层自身储存水的释放；③ 水头 H 不随 θ 的大小而改变；④ 水头 H 随深度 Z 的变化很小，可以忽略不计。

这样 H 只是径向距离 r 和时间 t 的函数，以柱坐标表示的微分方程：

$$\frac{\partial^2 H}{\partial r^2} + \frac{l}{r}\frac{\partial H}{\partial r} = \frac{S}{T}\frac{\partial H}{\partial t} \tag{9-14}$$

2) 抽水流量不变时，单井非稳定流计算

假设从完整井抽水流量是固定的，抽水前承压水头面是水平的，水头为 H_0；井的半径为无限小，式(9-14)相应的边界条件为

$$H(\infty, t) = H_0 \ , t>0$$

$$\lim_{r \to 0}\left(r\frac{\partial H}{\partial r}\right) = \frac{Q}{2\pi T} \ , t>0$$

初始条件为

$$H(r, 0) = H_0 \qquad (t=0, r_w < r < \infty)$$

式(9-14)的解为

$$s = H_0 - H = \frac{Q}{4\pi T}\int_{\frac{r^2 s}{4\pi t}}^{\infty}\frac{\mathrm{e}^{-u}}{u}\mathrm{d}u \tag{9-15}$$

在地下水动力学中常用井函数代替指数积分函数：

$$W(u) = \int_{\frac{r^2 s}{4\pi t}}^{\infty}\frac{\mathrm{e}^{-u}}{u}\mathrm{d}u = -0.577216 - \ln u + u - \frac{u^2}{2 \cdot 2!} + \frac{u^3}{3 \cdot 3!} - \cdots$$

这个级数可从相关的水文地质手册中查得。

式(9-15)可写成：

$$s = \frac{Q}{4\pi T}W(u) = \frac{0.08Q}{T}W(u) \tag{9-16}$$

该式就是著名的泰斯公式。

当 u 相当小时，$W(u) \approx -0.577216 - \ln u$，则

$$s = \frac{Q}{4\pi T}\left[\ln\frac{1}{u} - \ln 1.78\right] = \frac{0.183Q}{T}\lg\frac{2.25Tt}{r^2 S} \tag{9-17}$$

3) 抽水流量呈阶梯状变化时单井非稳定流计算

可以将抽水流量呈阶梯状变化时经时间 t 后的水位降看作为用流量 Q_1 抽水、经时间 $t - t_1$ 后产生的下降 s_1，用流量 $Q_2 - Q_1$ 抽水、经时间 $t - t_2$ 产生的下降 s_2，用流量 $Q_3 - Q_2$ 抽水、经时间 $t - t_3$ 后产生的下降 s_3 等的叠加，即

$$s = \sum_{j=1}^{n} s_j = \frac{1}{4\pi T}\left[Q_1 W(u_1) + \sum_{j=2}^{n}(Q_j - Q_{j-1})W(u_j)\right] \tag{9-18}$$

式中：$u_1 = \dfrac{r^2 S}{4T(t - t_1)}, u_2 = \dfrac{r^2 S}{4T(t - t_2)}, \cdots, u_j = \dfrac{r^2 S}{4T(t - t_j)}$。

2. 潜水流向完整井的非稳定运动

由于潜水含水层上部界面为一自由表面(见图9-14),故潜水含水层中的非稳定运动与承压含水层不同。主要表现在:① 导水系数 $T = kh$ 是随降深而变化的,不同的距离 r 和时间 t 出现不同的 T 值;② 井的附近是三维流,需要考虑渗透速度的垂直分量;③ 潜水井抽出的水因水位下降释放的弹性储存量与整个抽水量相比只占了很少的一部分,并随着抽水时间增加愈来愈微不足道,而抽出的水主要来自含水层孔隙水的疏干,它不是瞬间完成的,而是逐渐被释放出来的。

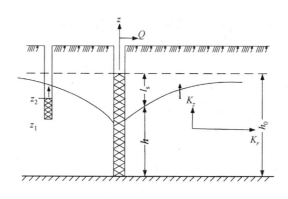

图 9-14 潜水含水层示意图

同时考虑上述3种情况的解还没有很好的办法,目前一般采用均质含水层考虑各向异性和滞后反应的纽曼法来计算潜水含水层中完整井抽水的地下运动。

假设:① 水平隔水层上的含水层侧向延伸是无限的;② 含水层是均质、各向异性的;③ 完整井的抽水流量不变;④ 从储存中释放出来的水由含水介质的压缩、水的膨胀和自由面的重力排水两部分组成;⑤ 潜水面上没有入渗水补给;⑥ 降深与含水层厚度相比小得多。

在上述情况下,可近似列出基本方程和定解条件:

$$
\begin{cases}
K_r \dfrac{\partial^2 s}{\partial r^2} + \dfrac{K_r \partial s}{r \partial r} + K_z \dfrac{\partial^2 s}{\partial z^2} = S_s \dfrac{\partial s}{\partial t} \quad (0 < z < h_0) \\[2mm]
s(r,z,0) = 0 \\[2mm]
s(\infty,z,t) = 0 \\[2mm]
\dfrac{\partial}{\partial z} s(r,0,t) = 0 \\[2mm]
K_z \dfrac{\partial}{\partial z} s(r,h_0,t) = -S_y \dfrac{\partial}{\partial z} s(r,h_0,t) \\[2mm]
\lim\limits_{r \to 0} \displaystyle\int_0^{h_0} \dfrac{\partial s}{\partial r} \mathrm{d}z = -\dfrac{Q}{2\pi K_r}
\end{cases}
\tag{9-19}
$$

式中:K_r,K_z——潜水含水层的径向和垂直渗透系数,m/d;

S_s——潜水储水率;

S_y——潜水给水度。

求得上述定解问题的解对完整观测孔来说为

$$\begin{cases} s(r,z,t) = \dfrac{Q}{4\pi t} \int_0^\infty 4y J_0(y\beta^{\frac{1}{2}}) \left[\omega_0(y) + \sum_{n=1}^\infty \omega_n(y) \right] \mathrm{d}\nu \\[2mm] \omega_0(y) = \dfrac{\{1 - \exp[-t_s\beta(y^2 - \nu_0^2)]\} \mathrm{ch}(\nu_0 z_d)}{\{y^2 + (1+\sigma)r_0^2 - [(y^2 - \nu_0^2)^2/\sigma]\} \mathrm{ch}(\nu_0)} \\[2mm] \omega_n(y) = \dfrac{\{1 - \exp[-t_s\beta(y^2 + \nu_n^2)]\} \cos(\nu_n z_d)}{\{y^2 + (1+\sigma)\nu_n^2 - [(y^2 + \nu_n^2)^2/\delta]\} \cos(\nu_n)} \end{cases} \tag{9-20}$$

其中 ν_0, ν_n 为下列方程式的根：

$$\sigma\nu_0 \mathrm{sh}(\nu_0) - (y^2 - \nu_0^2)\mathrm{ch}(\nu_0) = 0 \qquad (\nu_0^2 < y^2)$$

$$\sigma\nu_n \sin(\nu_n) + (y^2 - \nu_n^2)\cos(\nu_n) = 0$$

此处 $\qquad (2n-1)\dfrac{\pi}{2} < \nu_n < n\pi \qquad (n \geqslant 1)$

$$\sigma_y = \frac{S}{S_y}, K_d = \frac{K_z}{K_r}, Z_d = \frac{Z}{h_0}, t_s = \frac{Tt}{Sr^2}$$

$$\beta = \frac{K_d}{h_d^2} = \frac{r^2 K_z}{h_0^2 K_r}, h_d = \frac{h_0}{r}$$

由解析解所描述的时间-降深曲线与实测的是一致的。整个曲线分为三部分,在早期,符合与弹性储存有关的泰斯解,抽水开始的瞬间,水主要来自含水层的弹性释放,随着时间的推移,重力水逐步释放,曲线偏离泰斯解。与有越流补给相似,出现了一种水位暂时稳定现象,随着时间的进一步增大,弹性释放显得微不足道,而水量主要来自孔隙水的疏干,曲线又再一次和与给水度有关的泰斯解一致(见图9-15)。在距抽水井不同的径向距离上,时间-降深曲线形状有所不同,径向距离增大,弹性储存和地下水面的滞后反应现象逐渐减弱,在一定距离后,时间-降深曲线的前半部消失,曲线只遵循与给水度有关的泰斯曲线。各向异性含水层中,K_z 越小(垂直渗透系数相对较小),则弹性储存和滞后现象越明显。

潜水完整井绘制标准曲线 A 及标准曲线 B 的 s_d 数值可从相关的水文地质手册中查得。

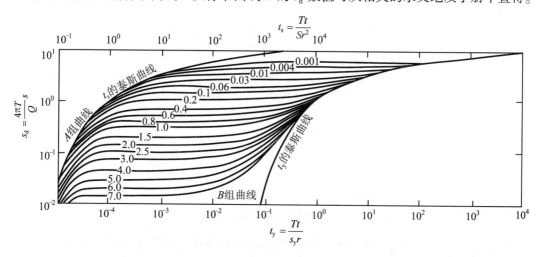

图 9-15　潜水含水层中完整井定流抽水时的标准曲线(据纽曼)

3. 地下水流向非完整井的非稳定流运动

在承压水层中非完整井抽水是属于三维流问题,在不完整井附近要考虑渗透速度的垂直分量。对于无越流补给的承压含水层中的非完整井(见图9-16),假设滤水管安装在含水层的底部(或顶部),滤水管顶部与隔水顶(底)板距离为 m_d。观测孔滤水管位置与抽水孔一致,离抽水孔的距离 $r<1.5M$(M 为含水层厚度),其他假设条件与泰斯解假设条件一样。

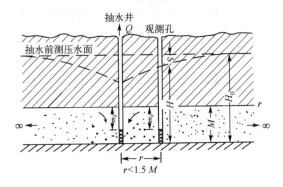

图 9-16 无越流补给的承压含水层中的非完整井

渗流的微分方程式:

$$\frac{\partial^2 s}{\partial r^2} + \frac{1}{r}\frac{\partial s}{\partial r} + \frac{\partial^2 s}{\partial z^2} = \frac{S}{T}\frac{\partial s}{\partial t} \tag{9-21}$$

定解条件:

$$s(r,z,0) = 0$$
$$s(\infty,z,0) = 0$$
$$\frac{\partial s(r,z,0)}{\partial z} = \frac{\partial s(r,M,t)}{\partial z} = 0$$
$$\lim_{r\to 0}\left(L_r\frac{\partial s}{\partial r}\right) = \begin{cases} 0, & 0 < z < m_d \\ -\dfrac{Q}{2\pi K}, & m_d < z < M \end{cases}$$

则离抽水井 r 处观测孔中的水位降为

$$s = \frac{Q}{4\pi T}\left\{\int_0^\infty \frac{e^{-y}}{y}dy + \frac{2M^2}{\pi^2 L^2}\sum_{n=1}^\infty \frac{1}{n^2}\sin^2\left(\frac{n\pi m_d}{M}\right)\cdot\right.$$
$$\left.\int_u^\infty \frac{1}{y}\exp\left[-y - \frac{\left(\frac{n\pi r}{M}\right)^2}{4y}\right]dy\right\} = \frac{Q}{4\pi T}W\left(u,\frac{r}{M},\frac{l}{M}\right) \tag{9-22}$$
$$u = \frac{r^2 S}{4Tt}$$

式中:M——含水层厚度,m;

$\quad l$——$M-m_d$,滤水管长度,m;

$\quad m_d$——含水层顶(底)板到滤水管顶(底)部的距离,m;

$\quad W\left(u,\dfrac{r}{M},\dfrac{l}{M}\right)$——无越流补给的均质各向同性承压含水层中非完整井的井函数,可从相

$\qquad$ 关的水文地质手册中查得。

在 $r>1.5M$ 处,由于承压含水层的流线已接近水平,渗透速度的垂直分量可以忽略不计,因此,利用 $r>1.5M$ 处的观测资料就可以不考虑非完整井的影响而符合泰斯解。

9.5.3　地下水流向直线边界附近完整井的运动

含水层在侧向延伸不是无限的,其侧面在一定范围内会受到直线补给边界(如河流)或隔水边界(如含水层突然尖灭)的限制,这必然会影响地下水运动。解决这类问题可以采用"汇点源点映射法"来处理。直线边界就像一面镜子,有一个实体就有一个映像,如当有两个或两个以上的直线边界组成一定的形状(如矩形等)时,实体与映像的多次反射可形成若干个映像。如一条补给边界,假设补给边界上在抽水过程中水头保持不变,这就必须在边界另一侧有一个与实井到边界距离相等的虚井同时以相同的流量注水,这个假设才能实现这个注水井表示水流沿径向流出(见图9-17),渗透理论中把这种直径无限小的注水井称为源点。相反,在隔水边界上为了保持其流量为零,就必须在边界另一侧也有一个与实际边界相等的虚井同时以相同的流量在抽水,在边界形成一个分水岭才能实现这个抽水井表示水流沿径向被吸收(见图9-18),渗流理论中将这种直径无限小的抽水井称为汇点。将这些虚设的抽水井或注水井分别代表隔水边界或补给边界的存在,则在直线边界附近抽水对含水层中任意点引起水位降应为所有实井与虚井对该任意点引起的水位降的叠加。

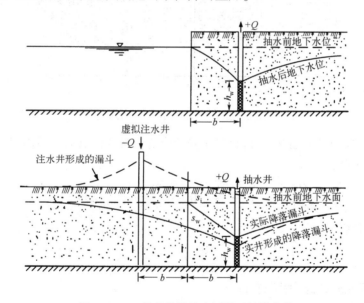

图 9-17　一条直线补给边界附近的抽水井

1. 半无限含水层

半无限含水层是指含水层有一条直线边界。

(1) 直线补给边界(见图9-17):相当于受等流量的一个汇点和一个源点的共同作用,t 相当大时:

抽水井的水位降:

$$s_{\mathrm{w}} = \frac{Q}{4\pi T}\left(\ln\frac{2.25at}{r_{\mathrm{w}}^2} - \ln\frac{2.25at}{(2b)^2}\right) = \frac{Q}{2\pi T}\ln\frac{2b}{r_{\mathrm{w}}} \tag{9-23}$$

任意点的水位降:

$$s = \frac{Q}{2\pi T}\ln\frac{r_1}{r_2} \tag{9-24}$$

式中：r_2——虚井到任意点的距离，m；

  r_1——实井到任意点的距离，m；

  b——虚井到补给边界的距离，m；

  r_w——实井的半径，m；

  a——导压系数，m^2/d。

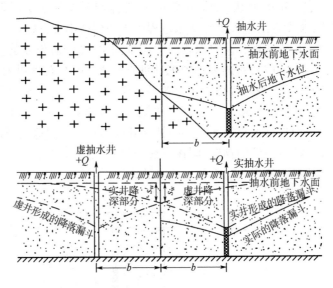

图 9-18 一条直线隔水边界附近的抽水井

（2）直线隔水边界（见图 9-18）：相当于受两个等流量的汇点的共同作用，t 相当大时：

抽水井的水位降：

$$s_w = \frac{Q}{4\pi T}2\left(\ln\frac{\sqrt{2.25at}}{r_w} - \ln\frac{\sqrt{2.25at}}{2b}\right) = \frac{Q}{2\pi T}\ln\frac{2.25at}{2r_w \cdot b} \tag{9-25}$$

任意点的水位降：

$$s = \frac{Q}{2\pi T}\ln\frac{2.25at}{r_1 \cdot r_2} \tag{9-26}$$

式中：b——实井到隔水边界的距离，m。

2. 象限含水层

含水层受两条相互垂直的直线边界所限。

（1）一条补给边界，一条隔水边界（见图 9-19）。

相当于等流量的两个汇点、两个源点共同作用，t 相当大时：

抽水井的水位降：

$$s_w = \frac{Q}{4\pi T}\left(\ln\frac{2.25at}{r_w^2} + \ln\frac{2.25at}{r_2^2} - \ln\frac{2.25at}{r_3^2} - \ln\frac{2.25at}{r_4^2}\right)$$

$$= \frac{Q}{2\pi t}\ln\frac{r_3 \cdot r_4}{r_w \cdot r_2} \tag{9-27}$$

任意点的水位降：

$$s = \frac{Q}{2\pi T}\ln\frac{r_3 \cdot r_4}{r_w \cdot r_2} \tag{9-28}$$

式中：r_1, r_2, r_3, r_4——实井和虚井到计算点的距离，m。

（2）两条补给边界（见图 9-20）。

相当于两个抽水井与两个注水井等流量注水的共同作用，t 相当大时：

抽水井的水位降：

$$s_w = \frac{Q}{2\pi T} \ln \frac{r_2 \cdot r_4}{r_w \cdot r_1} \tag{9-29}$$

任意点的水位降：

$$s = \frac{Q}{2\pi T} \ln \frac{r_2 \cdot r_4}{r_1 \cdot r_3} \tag{9-30}$$

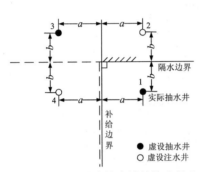

图 9-19　相互垂直的直线补给边界和
隔水边界附近的完整井

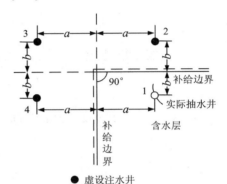

图 9-20　两条相互垂直的直线补给
边界附近的抽水井

（3）两条隔水边界（见图 9-21）。

相当于四个等流量抽水井的共同作用，t 相当大时：

抽水井的水位降：

$$s_w = \frac{Q}{2\pi T} \ln \frac{(2.25at)^2}{r_w \cdot r_2 \cdot r_3 \cdot r_4} \tag{9-31}$$

任意点的水位降：

$$s = \frac{Q}{2\pi T} \ln \frac{(2.25at)^2}{r_w \cdot r_2 \cdot r_3 \cdot r_4} \tag{9-32}$$

3. 条形含水层

位于平行边界内的含水层，称为条形含水层。它形如两面平行的镜子，抽水孔位于其间，会出现无数次

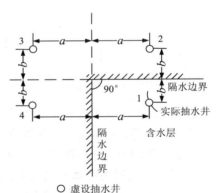

图 9-21　两条相互垂直的直线隔水
边界附近的抽水井

映射，得到一个无限长的流量抽水的井排。根据边界性质不同，这些源点与汇点和抽水井对于任意点产生的水位降的叠加之和，即为条形含水层中抽水井对于任意点引起的水位降，见图 9-22 和图 9-23。

4. 矩形含水层

含水层为两组正交的断层所分割，形成矩形含水层，可以看作条形含水层出现的无数次映射，形成一个无限长的等流量抽水井排的再一次映射，得到两个无限长井排。根据边界性质不同，将所有的源点与汇点及抽水井抽水对任意点产生的水位降叠加之和，即为在矩形含水层中抽水井对任意点引起的水位降（见图 9-24）。

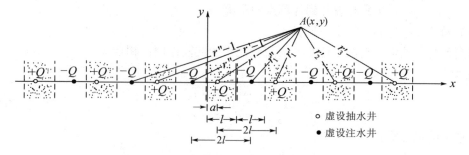

图 9-22　两条平行直线补给边界附近的抽水井

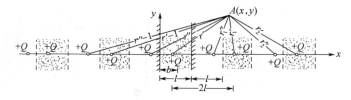

图 9-23　两条平行直线隔水边界附近的抽水井

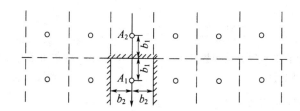

图 9-24　矩形含水层中的抽水井

9.5.4　井群干扰的计算

群井降水时对含水层任意点所引起的水位降,等于各个井对于该点引起的水位降的叠加,这就是叠加原理。降水设计一般要检验不同地段含水层的水位降深是否符合要求,因而涉及井群干扰计算问题,一般应验算基坑最不利点的降深。

1. 稳定流完整井井群干扰水位计算

有 n 个降水井,按任意方式布置互相干扰,其流量分别为 $Q_1', Q_2', \cdots, Q_n'$。若 A 点为井群影响范围内的任意点,它至各井的距离依次为 $x_1, x_2, \cdots, x_n$。

承压水井群

$$H = H_0 - \frac{1}{2\pi KM}\left(Q_1'\ln\frac{R_1}{x_1} + Q_2'\ln\frac{R_2}{x_2} + \cdots + Q_n'\ln\frac{R_n}{x_n}\right) \tag{9-33}$$

潜水井群

$$H = \sqrt{H_0^2 - \frac{1}{\pi K}\left(Q_1'\ln\frac{R_1}{x_1} + Q_2'\ln\frac{R_2}{x_2} + \cdots + Q_n'\ln\frac{R_n}{x_n}\right)} \tag{9-34}$$

如各井流量相等,影响半径相等,则可简化为

承压水井群

$$H = H_0 - \frac{1}{2\pi KM}\left[\ln R - \frac{1}{n}\ln(x_1 \cdot x_2 \cdot \cdots \cdot x_n)\right] \tag{9-35}$$

潜水井群

$$H = \sqrt{H_0^2 - \frac{Q}{\pi K}\left[\ln R - \frac{1}{n}\ln(x_1 \cdot x_2 \cdot \cdots \cdot x_n)\right]} \tag{9-36}$$

式中：H——含水层任意点的动水位，m；

　　　H_0——含水层静水位，m。

2. 非稳定流井群干扰降深计算

含水层中有 n 口井降水，抽水量分别为 $Q_1, Q_2, Q_3, \cdots, Q_n$，各井离观测点的距离为 $r_1, r_2, r_3, \cdots, r_n$，则观测点引起的水位降为各井单独抽水时在该点引起的水位降 $s_1, s_2, s_3, \cdots, s_n$ 的和。则

$$s = \sum_{i=1}^{n} s_i = \frac{Q_1}{4\pi T}W(u_1) + \frac{Q_2}{4\pi T}W(u_2) + \cdots + \frac{Q_n}{4\pi T}W(u_n) = \frac{1}{4\pi T}\sum_{i=1}^{n}Q_i W(u_i) \tag{9-37}$$

式中：$u_1 = \dfrac{r_1^2 S}{4Tt}, u_2 = \dfrac{r_2^2 S}{4Tt}, \cdots, u_i = \dfrac{r_i^2 S}{4Tt}, \cdots, u_n = \dfrac{r_n^2 S}{4Tt}$

当各个井的抽水量呈阶梯状变化时，共有 m 个阶梯，则在任一观测点的水位降为

$$s = \frac{1}{4\pi T}\left\{\sum_{i=1}^{n}\left[Q_{i,j}W(u_{i,j}) + \sum_{i=1}^{n}(Q_{i,j} - Q_{i,j-1})W(u_{i,j})\right]\right\} \tag{9-38a}$$

$$u_{i,j} = \frac{r_i S}{4T(t-t_j)} \tag{9-38b}$$

式中：$Q_{i,j}$——第 i 口井、第 j 个阶梯的抽水量，m^3/d；

　　　$W(u_{i,j})$——与 $u_{i,j}$ 相对应的泰斯井函数。

9.6　地下水的渗透破坏作用

渗透破坏是指岩土体在地下水渗流作用下土颗粒发生移动和土的结构发生改变的现象，主要形式有流砂、管涌和突涌。这些破坏作用常常发生在基坑开挖或隧道掘进过程中，其发生都与地下水的渗透压力密切相关。

地下水在渗流过程中对土骨架的作用力叫渗透压力，单位为 kN/m^3。地下水渗流时受到土骨架的阻力，其值与渗透压力相等，方向相反。渗透压力与水力梯度有如下关系：

$$G_D = \gamma_w i \tag{9-39}$$

取水的容重 $\gamma_w = 1$，则渗透压力 G_D 的大小与水力梯度的绝对值相等。在渗流过程中，如水自上而下渗流，则渗透压力的方向与重力方向相同，加大了土粒之间的压力；若水自下而上渗流，则渗透压力的方向与重力方向相反，将减少土粒之间的压力。当渗透压力等于土的浮容重 γ' 时，土粒之间就没有压力，理论上处于悬浮状态，土粒将随渗流水一起流动，造成渗透破坏。

9.6.1　流砂

流砂是指松散细颗粒土被地下水饱和后，在渗透压力的作用下，产生的悬浮流动现象。流砂多发生在颗粒级配均匀且比较细的粉、细砂等砂性土中，有时在粉土中亦会发生。其表现形

式是所有颗粒同时从一近似于管状的通道中被渗透水流冲走。流砂发展的结果是使基础发生滑移或不均匀下沉，基坑坍塌，隧道侧壁、掌子面塌方等。流砂通常是由于工程活动而引起，在有地下水出露的斜坡、岸边或有地下水溢出的地表面也会发生。流砂破坏一般比较突然，尤其是在管道渗漏水严重的地段，往往防不胜防，对工程危害很大。流砂形成的基本条件如下。

（1）岩性条件：土层由粒径均匀的细颗粒组成，一般粒径在 0.01 mm 以下的颗粒含量在30%～35%以上，并含有较多的片状、针状矿物（如云母、绿泥石等）和附有亲水胶体矿物颗粒，从而增加了岩土的吸水膨胀性，降低了土粒重量。在不大的水流冲力下，细小土颗粒即会发生悬浮流动。

（2）水动力条件：水力梯度较大，流速增大，当渗透压力超过了土颗粒的重量时，就能使土颗粒悬浮流动形成流砂。基坑或隧道侧壁表面由里向外水平方向受地下水渗透作用时，流砂破坏的临界水力梯度为

砂性土

$$i_{cr} = G_w(\cos\theta\tan\varphi - \sin\theta)/\gamma_w \tag{9-40}$$

黏性土

$$i_{cr} = [G_w(\cos\theta\tan\varphi - \sin\theta) + c]/\gamma_w \tag{9-41}$$

式中：G_w——土的浮重，即土的浮容重乘土的体积，kN；

φ——土的内摩擦角；

c——土的黏聚力，kPa；

γ_w——水的容重，kN/m³；

θ——基坑或隧道侧壁坡度。

可按单位土体进行计算。

9.6.2　管涌

地基土在具有一定渗流速度的渗透水流作用下，其细小颗粒被冲走，岩土的孔隙逐渐增大，慢慢形成一种能穿越地基的细管状渗流通路，从而掏空地基，使地基、基坑边坡或隧道侧壁变形、失稳，此现象称为管涌。管涌通常是由于工程活动而引起的，但在有地下水出露的斜坡、岸边或有地下水溢出的地带也有发生。

管涌发生在非黏性土中，其特征是：颗粒大小差别较大，往往缺少某种粒径，孔隙直径大而且互相连通。颗粒多由比重较小的矿物组成，易随水流动，有较大和良好的渗流出路。

管涌发生的条件包括：

（1）土中粗、细颗粒粒径比 $D/d>10$；

（2）土的不均匀系数 $C_u=d_{60}/d_{10}>10$；

（3）两种互相接触的土层渗透系数之比 $K_1/K_2>2\sim3$；

（4）渗流水力梯度大于土的临界梯度。

对于管涌的防治措施，一方面是通过降水降低水力梯度，同时在水流溢出处设置反滤保护层。

9.6.3　突涌

当基底下有承压水存在，基坑或隧道开挖减小了含水层上覆不透水层的厚度，在厚度减小到一定程度时，承压水的水头压力能顶裂或冲毁基坑底板，造成突涌现象。基坑突涌将会破坏

地基强度,并给施工带来很大困难。基坑突涌主要有 3 种形式:

(1) 基底顶裂,出现网状或树枝状裂缝,地下水从裂缝中涌出,并带出下部土颗粒;

(2) 基坑底发生流砂现象,从而造成边坡失稳和整个地基悬浮流动;

(3) 基底发生类似于"沸腾"的喷水冒砂现象,使基坑积水,严重扰动地基土。

关于基坑突涌产生条件,如图 9-25 所示,基坑底不透水层厚度与承压水头压力的平衡条件如下式:

$$H < \frac{\gamma_w h}{\gamma} \tag{9-42}$$

式中:H——基坑开挖后不透水层的厚度,m;

γ_w——水的容重,kN/m^3;

γ——不透水层土的容重,kN/m^3;

h——承压水水头高于含水层顶板的高度,m。

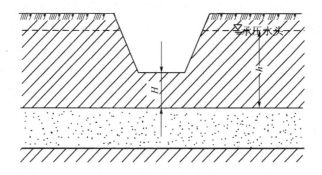

图 9-25 基坑突涌验算示意图

为防止基坑突涌,首先应查明基坑范围内不透水层的厚度、岩性、强度及其承压水头高度,承压水含水层顶板的埋深等,然后按式(9-42)验算基坑开挖到预计深度时基底能否发生突涌。若能发生突涌,应采取降水措施把承压水头降低到某一许可值。

第10章 施工降水方案与设计计算

不同地域的地下工程,特别是城市地铁工程采用的施工降水方案有着很大差别,甚至截然不同。有时,由于地铁结构施工方法的不同,也会造成降水方案的差异。对于采用何种施工降水方案,应认真进行经济和技术论证。我国地域辽阔,大城市所处不同的地质单元,各有特点。如北京、沈阳、成都等城市坐落在山前冲洪积扇上,上海、天津、广州、南京、武汉等滨海、滨江城市,坐落在三角洲或冲积平原之上,而山城重庆则处在河流侵蚀作用强烈的山地。各地的水文地质条件千变万化,三角洲或冲积平原地下含水层颗粒细,含水层多而薄,地下水水位高而不丰富;黏性土隔水层的孔隙比大,固结程度低,抽取地下水会引起严重的地面沉降,修建地铁大多要采用地下连续墙或止水帷幕把外围地下水隔开,然后在槽内降水,或同时在槽外降压,排水量往往不大。山前冲洪积扇地下含水层颗粒粗,透水性强,水量大;黏性土隔水层孔隙比小,固结程度高,降水施工一般不会产生大的环境问题,在基坑或隧道外围实施封闭降水后采用浅埋暗挖方法,或护坡桩、土钉墙支护即可安全进行地铁结构施工,但排水量往往很大,例如,北京、沈阳地铁某些车站的日排水量甚至超过了 $1 \times 10^5 \, m^3$。一般来说,建在山前冲洪积扇上的城市采用基坑外围降水方案,无须修筑很厚、很深的地下连续墙,无论是在经济上还是在技术上,都是合理、可行的。但是,近年来一些城市出台了限制施工降水和保护水资源政策,城市地下工程是否采取施工降水,还需进行经济、技术和安全施工等多方面的综合考量。

10.1 施工降水的特点、作用、原则和方法

10.1.1 施工降水的特点

由于地下工程特别是地铁隧道及车站埋深大、线路长,部分地段穿越城市复杂地区,因而降水施工是地铁明、暗挖施工的一项极为重要的技术保障措施。与其他工民建工程的基坑降水相比,地铁工程降水的特点在于以下几点:

1. 降水范围大

地铁工程降水范围一般都比较大。例如,北京地铁复八线全部采用浅埋暗挖法施工,位于地下水位以下的车站和区间总长约 8.5 km,除国贸桥区局部地段管道渗漏严重,采用冻结法施工外(不足 100 m),全部采用降水法施工,降水范围大体上纵贯了永定河冲洪积扇轴线的中部;北京地铁 5 号线、10 号线、4 号线的大部分车站及一半以上的区间隧道采用降水法施工,降水范围横贯了永定河冲洪积扇中上~中下部;沈阳市地处浑河冲洪积扇,由于潜水含水层巨厚,地下连续墙难以落底封闭含水层,因而很多地铁车站不得不采用降水法施工。

2. 降水深度大

地铁工程降水大多为超深降水。例如,北京地铁复八线地面下埋深一般为 20~23 m,5 号线蒲黄榆站—崇文门站埋深为 20~26.5 m,10 号线工体北路站—国贸站埋深为 25 m 左右,机场线东直门站埋深为 28 m 左右,施工竖井深度达到 33.5 m,北京南站交通枢纽的地铁 14 号线

预埋深度超过了 30 m;天津站交通枢纽预埋的天津地铁 2 号线、3 号线、9 号线的深度接近 30 m;沈阳地铁埋深也达到了 20 m。由于地铁结构埋深大,实际降水深度从几米到二十余米。

3. 降水时间长

降水工程需配合土建主体结构施工,延续到二衬结构施工结束,不能因故停止或间断降水。地铁工程降水周期一般都超过 2 年,至少要历经 2 个地下水丰、枯水期。对于丰、枯水期地下水动态变化大的地区,应认真分析地下水动态变化对地铁施工的影响。

4. 施工难度大

地铁线路大多顺城市主干道延伸,降水工程场地主要位于城市道路上,路面交通繁忙,地下各种管线纵横交错,有的紧临高楼大厦或居民住宅区,有的站体位于大型立交桥下方,施工场地狭窄,施工难度很大。

5. 技术要求高

由于地铁线路长,有的要穿过几个水文地质单元,甚至从地表水体下方通过,一些车站和区间段要求疏干潜水、层间水,并降低承压水位,降水层位多,降深幅度大;一些站段有时还涉及几种降水方法或堵水、排水结合应用的情况,施工技术要求较高。

6. 地铁工程对地下水环境的影响大

地铁修建后,在地下形成一道长长的截水坝,将改变地下水特别是浅层地下水天然状态下的分布、赋存和运移规律。如果在同一或不同的水文地质单元修建多条地铁,由于地铁对地下水的阻隔作用,使得地下水渗流场愈发复杂,已建成地铁对后建地铁降水施工的影响不容忽视。

由此可见,地铁工程降水与一般基坑降水相比复杂得多,对降水设计的可靠程度要求很高。因而其降水设计阶段应与地铁土建结构设计相对应,分为初步设计和施工设计,经多方评审确认后才能付诸实施。

10.1.2　施工降水的作用

(1) 防止基坑和隧道侧壁、基底和掌子面渗水,保持隧道开挖无水作业,便于施工。

(2) 消除地下水渗透压力的影响,防止地层颗粒流失,保证隧道围岩的稳定性。

(3) 减少土体含水量,提高土体物理力学性能指标。对于放坡开挖,可提高边坡稳定性;对于支护开挖,可增加被动区土抗力,减少主动区土体侧压力,从而提高支护体系的稳定性,减少支护体系的变形;对于浅埋暗挖施工,可提高隧道拱顶和掌子面的稳定性。

(4) 减少土中孔隙水压力,增加土中有效应力,提高土体固结程度,增加隧道围岩抗剪强度,防止塌方发生。

(5) 降低基底下部承压水水头,减小承压水头对基底土层的顶托力,防止基坑和隧道底板突涌。

10.1.3　施工降水方案的制定原则

(1) 施工降水方案的制定应符合相关规范、招标文件和地铁结构设计要求。如降水可能影响到市政排水设施,还应符合相关市政管理部门的具体要求。

(2) 应根据水文地质条件和土建施工工法制定施工降水方案,并慎重分析降水对周边环境的影响,必要时采取应对措施,以消除影响。

(3) 施工降水方案应进行经济、技术论证,以符合土建结构施工对安全、质量、进度的要求,做到经济合理。

(4) 施工降水方案应充分考虑区域上已完工地下工程的阻水作用,以及可能造成大量补给的地表水体的影响作用。

10.1.4 施工降水方法的选择

选择施工降水方法时需综合考虑工程场地水文地质条件、现场施工条件、施工对周边环境影响等因素,并结合当地降水施工的经验进行,无经验时可参考《建筑与市政工程地下水控制技术规范》(JGJ 111—2016)选择降水方法(见表 10-1)。

表 10-1 降水方法及适用范围

降水方法	土质类别	渗透系数/(m/d)	降水深度/m
集水明排	填土、黏性土、粉土、砂土、碎石土	—	—
真空井点	黏性土、粉质黏土	0.01~20.0	单级:≤6,多级:≤20
喷射井点	粉土、砂土	0.1~20.0	≤20
管井	粉土、砂土、碎石土、岩石	>1	不限
渗井	粉质黏土、粉土、砂土、碎石土	>0.1	由下伏含水层的埋藏条件和水头条件确定
辐射井	黏性土、砂土、砾砂	>0.1	4~20
电渗井	黏性土	≤0.1	≤6
潜埋井	黏性土、砂土、砾砂	>0.1	≤2

一般来说,针对山前冲洪积扇、冲积平原和基岩地区地铁工程降水,可以采用以管井为主的降水方法。对于穿过建、构筑物的地段,可以考虑采用辐射井方法降水。对于滨海、滨江等含水层颗粒细的地区,可考虑在止水帷幕内采用真空方法降水。减压井一般都采用管井形式。

10.2 制定施工降水方案应掌握的资料

由于地铁结构埋深不一,明、暗挖的施工方法不同,明挖基坑支护结构形式多样,同时工程场地水文地质条件和复杂程度不同,场地周围的环境要求的差异等,使得降水方案因地而异,个别地段甚至非常复杂。因此,在制定施工降水方案前,应对相关资料进行收集、分析和整理,以免造成不必要的损失。

10.2.1 地质、水文地质资料

(1) 区域的地质、水文地质资料,包括区域的地层、地质构造、第四纪地质和地貌,地下水的类型、含水层分布及边界条件、地下水的补给、径流和排泄条件,地表水和地下水的水力联系,以及场地所处地质环境和水文地质单元等。

(2) 场地的岩土工程详细勘察报告。其中应包括有估算降水引起的地面变形应掌握的参数:孔隙比(e)、压缩系数(a_v)、压缩模量(E_s)等。

（3）工程场地降水涉及范围内的含水层及隔水层的水文地质参数,包括:渗透系数(K)、给水度(μ)、弹性释水系数(S)、导水系数(T)、导压系数(a)、越流系数(B)、自然状态下地下水水力梯度(i)等。

10.2.2　基坑支护结构设计资料

基坑支护结构设计与基坑降水设计关系密切,基坑的开挖和支护,对相关的含水层和隔水层来说,除天然的边界条件外又增加了一个人工的边界。这个人工边界的形状、大小、插入深度和阻水条件等,与降水井布设共同影响着地下水渗流场。因此,在降水设计前必须掌握支护结构设计和各个施工工况的详细资料,包括:

（1）基坑形状、大小、开挖深度、开挖方法;

（2）基坑支护结构形式,包括采用放坡开挖、重力式挡墙、土钉墙、排桩、止水帷幕、地下连续墙等;

（3）支护结构设计对各个工况的要求;

（4）各个工况条件下可能引起的支护结构的变形和周围地面的变形预测资料。

10.2.3　工程场地周边的环境状况资料

（1）地下管线资料,包括上水管、煤气管、输油管线、供电线路管沟、电信管沟、雨污水等管线离基坑或隧道的距离、埋深、管径及重要程度的资料。特别应加强对隧道结构上方地下管线资料的收集和整理。

（2）基坑周边的建筑物,包括建筑的基础埋深、基础形式和上部结构形式,以及这些建筑物的沉降和变形的现状。

（3）市政设施情况,包括地铁沿线地下隧道、立交桥、高架道路等的规模、范围、深度、走向、基础形式及其使用现况。

（4）不同建、构筑物允许的最大变形量。

10.3　水文地质勘察的内容及要求

针对地铁工程降水开展的水文地质勘察是岩土工程勘察的重要部分,目的是查明地下水类型,含水层与隔水层的空间分布,地下水渗透性,地下水水位动态,地下水的补给、径流、排泄条件,以及地下水与地表水之间的补排关系,为降水设计和降水施工提供依据。

水文地质勘察应与不同岩土工程勘察阶段的工作内容和要求相一致,并同时进行。具体的勘察内容和工作量应根据水文地质条件的复杂程度和设计要求而定。条件复杂时,可以1个车站或1个区间为勘察单元;条件简单时,可以某个里程段(包括几个车站和几个相邻区间)为勘察单元。水文地质勘察成果可以单独形成专项报告,也可以与岩土工程勘察成果一并形成统一的岩土工程勘察报告。

10.3.1　勘察孔布置

勘察孔的布置以查明降水范围内的水文地质条件为原则。不同勘察单元的每个含水层不少于一个勘察孔、一个抽水试验井、一个观测孔。条件复杂时,勘察孔数量应适当增加。勘察孔可以与其他岩土勘察孔相结合,勘察孔布置应能控制降水范围内地层的平面分布,并查明基底以下的含水层,勘察孔孔径不宜小于 150 mm,深度应穿透降水目的含水层。

10.3.2　抽水试验

抽水试验是水文地质勘察的重要试验方法。其目的是测定含水层参数,评价含水层的富水性,确定井的出水量和特性曲线,了解含水层之间的水力联系和含水层的边界条件,为制定施工降水方案提供依据。根据不同需要,分为单井、多井、群井抽水,稳定流与非稳定流抽水,完整井或非完整井抽水,定流量或定降深抽水,分层或混合抽水等。以求取含水层参数为目的的抽水试验一般都用水泵以固定流量抽水,同时测定抽水主井及观测井随时间而变化的水位值。

1. 抽水试验的布置原则

(1)抽水试验的主井可以布置在预计会布置降水井的位置上,抽水试验结束后该井可留作以后工程施工降水所用。抽水试验井应深入降水目的层或减压目的层,具体深度可视目的层厚度而定,井管直径在松散层中不小于 200 mm,在基岩中不小于 150 mm,下泵深度位于降水深度下不少于 2 m。

(2)根据抽水试验的目的与要求的不同,观测井的布置也不同,但应尽可能满足计算水文地质参数所采用公式的需要,并与降水运行时作为观测井相结合。对于均质无限大含水层,可在垂直与平行地下水流向的方向上布置观测井。对于有界含水层,主要应垂直和平行边界布置观测井,必要时在边界附近增设观测井。对于非稳定抽水,用 $s-\lg t$ 或 $\lg s-\lg t$ 曲线计算时,布置 1~2 个观测井即可;用 $s-\lg r$ 曲线计算时,应布置 3 个或 3 个以上观测井。对于承压含水层的抽水试验,可考虑在上、下弱透水层和上、下越流补给含水层中也布置观测井。观测井一般应避开因主井抽水在抽水井附近形成的三维流和紊流的影响。多个观测井的距离由近到远应由密到疏。在与抽水含水层相邻的越补含水层和弱透水层中的观测井应离主井近一些。

稳定抽水试验时观测井的距离 r,一般应控制在

$$1.5M \leqslant r \leqslant 0.187R$$

式中:M——含水层厚度,m;

R——影响半径,m。

2. 抽水试验的要求

抽水试验前,抽水井和观测井均应按降水管井设计与施工的要求达到降水管井的质量要求,并已进行彻底洗井。每个抽水井和观测井在抽水试验开始前应测量自然水位,一般 1 h 测一次,连续 3 次测得的数字相同或 4 h 内水位相差小于 2 cm 时,可作为抽水前的自然水位。对于地下水位受动态变化明显的地区应有一天以上的观测记录,观测时间可每间隔 30~60 min 一次。需要时应在抽水试验影响区外同一水文地质单元内设观测井,掌握试验期间地下水位的天然变化。抽水结束或因故停止抽水时应测恢复水位。抽水试验过程中,应采取必要的措施防止抽出的水又回渗到含水层中。

(1)稳定流抽水试验。

一般要进行 3 次降深抽水,最大的一次降深应接近设计水位降深,其余两次分别为最大降深值的 1/3 和 2/3,每次下降值之差不小于 1 m。对出水量较小的含水层或已掌握较详细水文地质资料的含水层也可只做 1 次或 2 次降深的抽水试验。当出水量与动水位没有持续

上升或下降趋势,水位波动 2~3 cm,流量波动小于 3% 时,可认为抽水试验达到稳定。稳定延续时间要求:卵石、砾石、粗砂含水层为 8 h;中砂、细砂、粉砂含水层为 16 h;基岩含水层(带)为 24 h。

抽水试验开始后,应同时观测抽水主井动水位、出水量和各观测井的水位,一般在抽水开始后的第 5、10、15、20、25、30 min 各观测 1 次,以后每间隔 30 min 观测 1 次,流量可每间隔 60 min 观测 1 次。抽水试验结束或因故停抽,均应观测恢复水位。一般要求停抽后第 1、2、3、4、6、8、10、12、15、20、25、30 min 各观测 1 次,以后每间隔 30 min 观测 1 次。

(2)非稳定流抽水试验。

抽水试验前应精确测量主井与观测井的距离。非稳定抽水试验一般只做一次降深抽水,但如果需要测定井损,一般也要进行 3 次降深抽水,每次抽降开始前应测静止水位,试验过程中应取每次抽降开始相同的累计时间的流量和动水位,绘制 Q-s 曲线。

为满足求参计算需要,非稳定抽水试验的延续时间应根据观测井的水位下降与时间的半对数曲线,即 s-lg t 曲线来判定。当 s-lg t 曲线可以出现拐点时,抽水试验应延续到拐点以后,曲线出现平缓段,并能正确推出稳定水位下降值时试验即可结束;当 s-lg t 曲线不出现拐点,呈直线延伸时,其直线延伸段在 lg t 轴上的投影不少于两个对数周期时可以结束试验;当有几个观测井时,应以最远的观测井的 s-lg t 曲线进行判定。

所有抽水主井、观测井的动水位与流量都必须以抽水开始的同一时间作为起始时间进行观测。主井与观测井的动水位观测时间应在抽水开始后的第 1、2、3、4、5、6、8、10、12、15、20、25、30、40、50、60、80、100、120 min 观测 1 次,以后每 30 min 观测 1 次,5 h 后每 1 h 观测 1 次,为的是使每个观测所得的数据在 s-lg t 曲线上分布均匀。停抽或因故停抽后应测抽水主井和观测井的恢复水位,其时间间隔以停抽时间起算,以上述抽水开始时的时间间隔进行观测,直到水位恢复到自然水位为止。

非稳定抽水要求抽水量保持常量。整个试验期间流量 Q 的变化不大于 1%。抽水开始后抽水量的观测可间隔 5~10 min 一次,3~4 次后可改为每间隔 1~2 h 一次。为了保持抽水量稳定,应采用深井泵或潜水泵进行抽水。空压机抽水一般难以达到稳定流量的抽水要求。

10.3.3　水文地质参数计算

利用抽水试验资料计算水文地质参数,应该在分析勘察区水文地质条件的基础上,合理地选用公式。这里给出一些常用的计算公式。

1. 渗透系数

(1)单井稳定流抽水试验,当利用抽水井的水位下降资料计算渗透系数时,可采用下列公式:

① 承压水完整井:

$$K = \frac{0.366Q}{s_w M} \lg \frac{R}{r_w} \tag{10-1}$$

式中:s_w——抽水井水位降深,m;

　　　r_w——抽水井半径,m。

② 承压水非完整井:

$$K = \frac{0.366Q}{s_w M} \left(\lg \frac{R}{r_w} + \frac{M-l}{l} \lg \frac{1.12M}{\pi r_w} \right) \tag{10-2}$$

③ 潜水完整井:

$$K = \frac{Q}{\pi(H^2 - h^2)} \ln \frac{R}{r_w} \qquad (10-3)$$

④ 潜水非完整井:

$$K = \frac{Q}{\pi(H^2 - h^2)} \left(\ln \frac{R}{r_w} + \frac{\bar{h} - l}{l} \lg \frac{1.12\bar{h}}{\pi r_w} \right) \qquad (10-4)$$

式中:K——渗透系数,m/d;

　　Q——出水量,m³/d;

　　M——承压水含水层的厚度,m;

　　H——自然情况下潜水含水层的厚度,m;

　　$\bar{h}$——潜水含水层在自然情况下和抽水试验时的厚度的平均值,m;

　　h——潜水含水层在抽水试验时的厚度,m;

　　l——滤水管长度,m;

　　r——抽水井滤水管半径,m;

　　R——影响半径,m。

（2）对于单井稳定流抽水试验,当利用观测井的水位下降资料计算渗透系数时,可采用下列公式。

① 承压水完整井

有 1 个观测井:

$$K = \frac{0.366Q(\lg r_1 - \lg r_w)}{(s_w - s_1)M} \qquad (10-5)$$

有 2 个观测井:

$$K = \frac{0.366Q(\lg r_2 - \lg r_1)}{(s_1 - s_2)M} \qquad (10-6)$$

② 潜水完整井

有 1 个观测井:

$$K = \frac{Q}{\pi(h_1^2 - h_w^2)} \ln \frac{r_1}{r_w} \qquad (10-7)$$

有 2 个观测井:

$$K = \frac{Q}{\pi(h_2^2 - h_1^2)} \ln \frac{r_2}{r_1} \qquad (10-8)$$

式中:s_1, s_2——观测井的水位降深,m;

　　r_1, r_2——观测井到抽水井的距离,m;

　　h_1, h_2——观测井的水位标高,m。

（3）对于单井非稳定流抽水试验,在没有补给的条件下,利用抽水井或观测井的水位下降资料计算渗透系数时,可采用下列公式。

① 配线法。

承压水完整井:

$$\begin{cases} K = \dfrac{0.08Q}{sM} W(u) & (10-9) \\[2mm] u = \dfrac{S}{4KM} \cdot \dfrac{r^2}{t} & (10-10) \end{cases}$$

潜水完整井：

$$
\begin{cases}
K = \dfrac{0.08Q}{\bar{h}s} W(u) & (10\text{-}11) \\[3mm]
u = \dfrac{\mu}{4K\bar{h}} \cdot \dfrac{r^2}{t} & (10\text{-}12)
\end{cases}
$$

式中：$W(u)$——井函数；

S——承压水含水层释水系数；

μ——潜水含水层给水度。

② 直线法。

当 $\dfrac{S}{4KM} \cdot \dfrac{r^2}{t} < 0.01$ 或 $\dfrac{\mu}{4K\bar{h}} \cdot \dfrac{r^2}{t} < 0.01$ 时，可采用下列公式。

承压水完整井：

$$
K = \frac{Q}{4\pi M(s_2 - s_1)} \ln \frac{t_2}{t_1} \tag{10-13}
$$

潜水完整井：

$$
K = \frac{Q}{2\pi(\Delta h_2^2 - \Delta h_1^2)} \ln \frac{t_2}{t_1} \tag{10-14}
$$

式中：s_1, s_2——观测井或抽水井在 s-$\lg t$ 关系曲线的直线段上任意两点的纵坐标值，m；

$\Delta h_1^2, \Delta h_2^2$——观测井或抽水井在 Δh^2-$\lg t$ 关系曲线的直线段上任意两点的纵坐标值，m²；

t_1, t_2——在 s(或 Δh^2)-$\lg t$ 关系曲线上纵坐标为 s_1, s_2(或 $\Delta h_1^2, \Delta h_2^2$)两点的相应时间，min。

（4）对于稳定流抽水试验或非稳定流抽水试验，当利用水位恢复资料计算渗透系数时，停止抽水前，若动水位没有稳定，仍呈直线下降，可采用下列公式。

承压水完整井：

$$
K = \frac{Q}{4\pi Ms} \ln\left(1 + \frac{t_k}{t_T}\right) \tag{10-15}
$$

潜水完整井：

$$
K = \frac{Q}{2\pi(H^2 - h^2)} \ln\left(1 + \frac{t_k}{t_T}\right) \tag{10-16}
$$

式中：t_k——抽水开始到停止的时间，min；

t_T——抽水停止时算起的恢复时间，min；

s——水位恢复时的剩余下降值，m；

H——潜水含水层厚度，m；

h——水位恢复时的潜水含水层厚度，m。

如恢复水位曲线直线段的延长线不通过原点，应分析其原因，必要时应进行修正。

2. 影响半径

当利用稳定流抽水试验观测井中的水位下降资料计算时，可采用下列公式。

（1）承压水完整井。

有 1 个观测井：

$$
\lg R = \frac{s_w \lg r_1 - s_1 \lg r_w}{s_w - s_1} \tag{10-17}
$$

有 2 个观测井：

$$\lg R = \frac{s_1 \lg r_2 - s_2 \lg r_1}{s_1 - s_2} \tag{10-18}$$

（2）潜水完整井。

有 1 个观测井：

$$\lg R = \frac{s_w(2H - s_w)\lg r_1 - s_1(2H - s_1)\lg r_w}{(s_w - s_1)(2H - s_w - s_1)} \tag{10-19}$$

有 2 个观测井：

$$\lg R = \frac{s_1(2H - s_1)\lg r_2 - s_2(2H - s_2)\lg r_1}{(s_1 - s_2)(2H - s_1 - s_2)} \tag{10-20}$$

3. 给水度和释水系数

潜水含水层的给水度和承压水含水层的释水系数,可利用单井非稳定流抽水试验观测井的水位下降资料计算确定。

10.4 降水设计计算

10.4.1 降水参数的确定

水文地质参数的确定是降水设计计算的重要环节。采用的降水参数正确与否,直接影响降水设计方案的合理性及可靠程度。降水设计计算中常用到的水文地质参数有含水层的渗透系数、影响半径、给水度和释水系数。这些参数的取得有实测和经验两种途径,可根据不同设计阶段选取。

1. 经验值

在降水初步设计阶段,应充分搜集已有的地质、水文地质资料,一般可采用区域或邻区已有的水文地质资料,也可以采用经验值。渗透系数经验值见表 9-6。给水度(μ)经验值见表 9-3。影响半径(R)经验值见表 10-2。

表 10-2 根据颗粒直径确定影响半径(R)经验值

地层	颗粒粒径及其所占比例		R/m
	粒径/mm	占比/%	
粉砂	0.05~0.10	<70	25~50
细砂	0.10~0.25	>70	50~100
中砂	0.25~0.5	>50	100~300
粗砂	0.5~1.0	>50	300~400
砾砂	1~2	>50	400~500
圆砾	2~3		500~600
砾石	3~5		600~1 500
卵石	5~10		1 500~3 000

计算影响半径(R)的经验公式如下。

① 潜水含水层：

$$R = 2s\sqrt{KH} \tag{10-21}$$

② 承压含水层：

$$R = 10s\sqrt{K} \tag{10-22}$$

式中：R——影响半径，m；

　s——基坑水位降深，m；

　K——渗透系数，m/d；

　H——含水层厚度，m。

2. 实测值

实测值一般是在工程场地通过单孔抽水并布置有一个或多个观测孔的稳定和非稳定流抽水试验获取的含水层参数，是在充分整理、分析水文地质试验数据后计算而得，不同条件下各种含水层参数的计算公式见式(10-1)~式(10-20)。特别是在水文地质条件复杂的地段，应以实测值作为降水施工设计依据。

3. 基坑等效半径(r_0)的确定

对于圆形基坑，基坑半径 r_0 即为圆形布置的井点系统的半径。当基坑不规则时，为简化计算，常把它简化成一个理想的大圆，按一个大井来考虑并计算基坑涌水量，其半径即为基坑等效半径。

（1）当 $L/B > 2.5$ 时，按下式计算

$$r_0 = \eta \frac{L + B}{4} \tag{10-23}$$

（2）不规则基坑的等效半径

$$r_0 = \sqrt{\frac{A}{\pi}} \tag{10-24}$$

式中：r_0——基坑等效半径，m；

　L——基坑长度，m；

　B——基坑宽度，m；

　η——等效半径概化系数，由表 10-3 查得；

　A——基坑面积，m^2。

表 10-3　矩形基坑的等效半径概化系数 η

B/L	0.1~0.2	0.2~0.3	0.3~0.4	0.4~0.6	0.6~1.0
η	1.00	1.12	1.14	1.16	1.18

10.4.2　基坑涌水量计算

1. 均质含水层潜水完整井基坑涌水量计算

计算简图如图 10-1 所示。

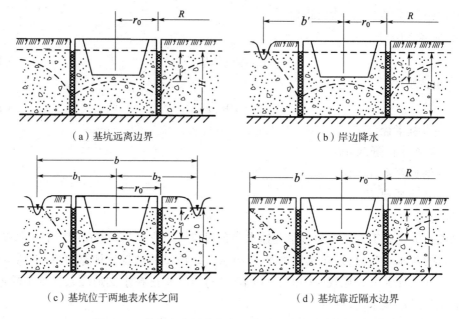

（a）基坑远离边界　　　　　　　　　　　（b）岸边降水

（c）基坑位于两地表水体之间　　　　　　（d）基坑靠近隔水边界

图 10-1　均质含水层潜水完整井基坑涌水量计算简图

（1）当基坑远离边界时[见图 10-2（a）]，基坑涌水量可按下式计算：

$$Q = 1.366K \frac{(2H - s)s}{\lg\left(1 + \dfrac{R}{r_0}\right)} \tag{10-25}$$

（2）当岸边降水时[见图 10-2（b）]，基坑涌水量可按下式计算：

$$Q = 1.366K \frac{(2H - s)s}{\lg\dfrac{2b}{r_0}} \qquad (b < 0.5R) \tag{10-26}$$

（3）当基坑位于两个地表水体之间或位于补给区与排泄区之间时[见图 10-2（c）]，基坑涌水量可按下式计算：

$$Q = 1.366K \frac{(2H - s)s}{\lg\left[\dfrac{2(b_1 + b_2)}{\pi r_0}\cos\dfrac{\pi(b_1 - b_2)}{2(b_1 + b_2)}\right]} \tag{10-27}$$

（4）当基坑靠近隔水边界时[见图 10-2（d）]，基坑涌水量可按下式计算：

$$Q = 1.366K \frac{(2H - s)s}{2\lg(R + r_0) - \lg r_0(2b' + r_0)} \qquad (b' < 0.5R) \tag{10-28}$$

式中：Q——基坑涌水量，m^3；

$\quad K$——渗透系数，m/d；

$\quad H$——潜水含水层厚度，m；

$\quad s$——基坑水位降深，m；

$\quad R$——影响半径，m；

$\quad r_0$——基坑等效半径，m。

2. 均质含水层潜水非完整井基坑涌水量计算

计算简图如图 10-2 所示。

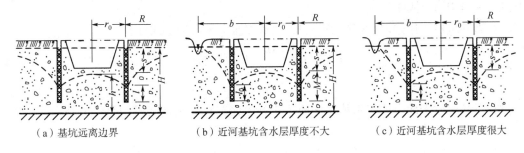

（a）基坑远离边界　　　（b）近河基坑含水层厚度不大　　　（c）近河基坑含水层厚度很大

图 10-2　均质含水层潜水非完整井基坑涌水量计算简图

（1）当基坑远离边界时［见图 10-2(a)］，基坑涌水量可按下式计算：

$$Q = 1.366K \frac{H^2 - h_m^2}{\lg\left(1 + \frac{R}{r_0}\right) + \frac{h_m - l}{l}\lg\left(1 + 0.2\frac{h_m}{r_0}\right)} \tag{10-29}$$

式中：$h_m = \dfrac{H + h}{2}$。

（2）当近河基坑含水层厚度不大时［见图 10-2(b)］，基坑涌水量可按下式计算：

$$Q = 1.366Ks\left(\frac{l+s}{\lg\frac{2b}{r_0}} + \frac{l}{\lg\frac{0.66l}{r_0} + 0.25\frac{l}{M}\lg\frac{b^2}{M^2 - 0.14l^2}}\right), b > \frac{M}{2} \tag{10-30}$$

式中：M——由含水层底板到滤水管有效工作部分中点的长度，m。

（3）当近河基坑含水层厚度很大时［见图 10-2(c)］，基坑涌水量可按下式计算：

$$Q = 1.366Ks\left(\frac{l+s}{\lg\frac{2b}{r_0}} + \frac{l}{\lg\frac{0.66l}{r_0} - 0.22\,\mathrm{arsh}\frac{0.44l}{b}}\right), b \geqslant l \tag{10-31}$$

$$Q = 1.366Ks\left(\frac{l+s}{\lg\frac{2b}{r_0}} + \frac{l}{\lg\frac{0.66l}{r_0} - 0.11\frac{l}{b}}\right), b < l \tag{10-32}$$

3. 均质含水层承压水完整井基坑涌水量计算

计算简图如图 10-3 所示。

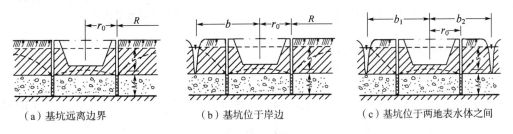

（a）基坑远离边界　　　（b）基坑位于岸边　　　（c）基坑位于两地表水体之间

图 10-3　均质含水层承压水完整井基坑涌水量计算简图

（1）当基坑远离边界时［见图 10-3(a)］，基坑涌水量可按下式计算：

$$Q = 2.73K \frac{Ms}{\lg\left(1 + \frac{R}{r_0}\right)} \tag{10-33}$$

式中:M——承压水层厚度,m。

(2) 当基坑位于岸边时[见图10-3(b)],基坑涌水量可按下式计算:

$$Q = 2.73K \frac{Ms}{\lg \frac{2b}{r_0}}, b < 0.5R \qquad (10-34)$$

(3) 当基坑位于两个地表水体之间或位于补给区与排泄区之间时[见图10-3(c)],基坑涌水量可按下式计算:

$$Q = 2.73K \frac{Ms}{\lg \left[\frac{2(b_1 + b_2)}{\pi r_0} \cos \frac{\pi(b_1 - b_2)}{2(b_1 + b_2)} \right]} \qquad (10-35)$$

4. 均质含水层承压水非完整井基坑涌水量计算

计算简图如图10-4所示,基坑涌水量可按下式计算:

$$Q = 2.73K \frac{Ms}{\lg \left(1 + \frac{R}{r_0} \right) + \frac{M - l}{l} \lg \left(1 + 0.2 \frac{M}{r_0} \right)} \qquad (10-36)$$

5. 均质含水层承压-潜水完整井基坑涌水量计算

计算简图如图10-5所示,基坑涌水量可按下式计算:

$$Q = 1.366K \frac{(2H - M)M - h^2}{\lg \left(1 + \frac{R}{r_0} \right)} \qquad (10-37)$$

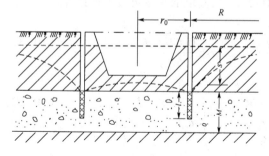

图10-4 均质含水层承压水非完整
井基坑涌水量计算简图

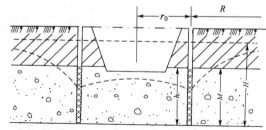

图10-5 均质含水层承压-潜水完整
井基坑涌水量计算简图

6. 狭长条形基坑涌水量计算

(1) 潜水完整井:

$$Q = KL \frac{H^2 - h^2}{R} \qquad (10-38)$$

$$q = \frac{\pi K(2H - s)s}{\ln \frac{d}{\pi r_w} + \frac{\pi R}{2d}} \qquad (10-39)$$

(2) 承压水完整井:

$$Q = \frac{2KMsL}{R} \qquad (10-40)$$

（3）承压-潜水完整井：

$$q = \frac{\pi K \left[(2H - M)\, M - h^2 \right]}{\ln \dfrac{d}{\pi r_\mathrm{w}} + \dfrac{\pi R}{2d}} \tag{10-41}$$

式中：Q——基坑涌水量，$\mathrm{m^3/d}$；

　　　q——干扰单井涌水量，$\mathrm{m^3/d}$；

　　　K——渗透系数，$\mathrm{m/d}$；

　　　R——影响半径，m；

　　　s——基坑水位降深，m；

　　　H——潜水含水层厚度，m；

　　　h——降水后剩余含水层厚度，m；

　　　L——降水长度，m；

　　　$2d$——降水井间距，m；

　　　$2r_\mathrm{w}$——降水井排距，m；

　　　M——承压含水层厚度，m。

10.4.3　单井出水能力计算

单井出水能力取决于降水场地的水文地质条件、滤水管结构、成井工艺和抽水设备能力。

1. 轻型井点和喷射井点单井出水能力

就目前常用的抽水设备与井点结构，在渗透系数较小地区，轻型井点出水能力的经验值为
$1.5 \sim 2.5\ \mathrm{m^3/h}$，喷射井点单井出水能力见表 11-5。实际使用过程中，经常出现的情况是地层
出水能力远小于抽水设备的抽水能力。因此，在进行降水设计时，应根据具体情况慎重选择抽
水设备。

2. 管井出水能力

管井出水能力可按式（10-42）和式（10-43）进行计算。

$$q = \frac{ld}{\alpha'} \times 24 \tag{10-42}$$

式中：q——管井出水能力，$\mathrm{m^3/d}$；

　　　l——滤水管工作部分长度，m；

　　　d——滤水管外径，mm；

　　　α'——与含水层有关的经验系数，见表 10-4。

表 10-4　与含水层有关的经验系数 α' 值

含水层渗透系数 $K/(\mathrm{m/d})$	α'	
	含水层厚度 ≥20 m	含水层厚度 <20 m
2~5	100	130
5~15	70	100
15~30	50	70
30~70	30	50

$$q = 2\pi \cdot r \cdot l' \cdot \frac{\sqrt{K}}{15} \qquad\qquad (10\text{-}43)$$

式中：q——管井出水能力，$\mathrm{m^3/s}$；

    l'——滤水管工作部分长度，m；

    r——管井半径，m；

    K——渗透系数，$\mathrm{m/d}$。

10.4.4　降水井数量及间距的确定

降水井数量及间距按下式确定：

$$n = 1.1 \frac{Q}{q} \qquad\qquad (10\text{-}44)$$

$$a = \frac{L}{n} \qquad\qquad (10\text{-}45)$$

式中：n——降水井数量；

    Q——基坑涌水量，$\mathrm{m^3/d}$；

    q——单井出水能力，$\mathrm{m^3/d}$；

    a——降水井间距，m；

    L——沿基坑周边布置降水井的总长度，m。

式(10-45)得出的是降水井间距初值，其应大于 $15d$（d 为滤水管外径）。对于轻型井点和喷射井点，井间距应尽可能与井点设备总管的接口相对应。对于管井，还需经过在满足降深条件下，群井干扰抽水时管井出水能力的检查验算。

10.4.5　水位降深检验

在井数、井间距及布井方式初步确定后，一般还要检验不同地段的水位降深是否符合要求，特别应验算基坑最不利点的降深。可以根据情况参照式(9-33)~式(9-38)进行检验。当计算出的降深不能满足降深要求时，应重新调整井数、井间距及布井方式。

第 11 章　地下工程施工降水技术

11.1　管井降水

11.1.1　管井降水及自渗降水的工作特性及适用条件

管井的口径和深度供选择的幅度很大,降水管井口径一般为 200~500 mm,井深可从 10 m 到 100 m 以上,单井抽水量可从 1 m³/h 到 80 m³/h 以上。管井常采用一井一泵抽水,当含水层富水性很强时,如降水井口径够大,也可一井多泵抽水。降水深度小到 1~2 m,大到几十米,能够满足对地下水来源比较丰富的砂、砾、卵石和基岩裂隙含水层的工程降水需要。管井降水工艺成熟,设备简单,维护管理便利,故广泛应用于各类工程的降水施工中。目前,全国大部分地铁降水施工,都采用了管井方法降水。

当上、下含水层存在较大天然水头差时,管井也可以不下泵抽水或少下泵抽水就能达到降水目的。不下泵的管井称自渗井。这种情况大多在冲洪积扇地区存在,城市建设大量开采深层地下水后,深层地下水位低于浅层地下水位,这时用管井将上下两个含水层连通,上部含水层的水便通过管井下渗到下部含水层中,因而形成自渗降水(见图 11-1)。有时自渗井也可不下管而在钻孔中直接回填砾料,形成连通上下含水层的垂向强导水通道,这种井称砂砾自渗井 [见图 11-1(a)]。

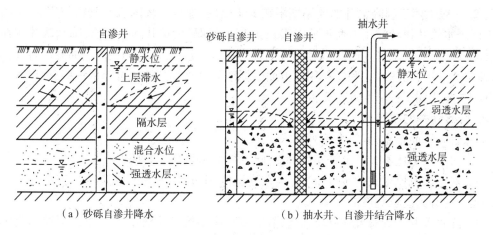

(a)砂砾自渗井降水　　　　　　　　　(b)抽水井、自渗井结合降水

图 11-1　自渗降水示意图

自渗降水一般用于浅层降水,用以疏导上层滞水和潜水,必要时辅以少量抽水井抽水,形成抽水井、自渗井结合降水形式 [见图 11-1(b)]。该方法操作简便,耗能低,动用抽水设备少,成本低,但受条件限制,只能是有针对性的应用,其适用条件如下所述。

(1)降水范围由 2 个以上含水层和隔水层互层组成,下部含水层的透水性强于上部含水层,水位低于上部含水层,如遇低于基槽需要降低的地下水位,水量又不大的情况,则可能形成完全自渗降水。

(2) 下部含水层具有一定厚度,消纳能力大于上部含水层的排泄能力,否则需辅以部分抽水井。

(3) 上部含水层水质无污染,上部含水层水质的主要指标与下部含水层水质基本相同。

(4) 受成井方法和井结构的限制,以及可能渗入浑浊水的影响,砂砾自渗井的时效性较差,一般不超过 3 个月就会逐渐淤塞而失效。地铁工程施工周期较长,可采用下管的自渗井,淤塞后可洗井处理,以恢复其自渗能力。

北京城区处于永定河冲洪积扇中部,存在 4~5 个含水岩组,受城市生产、生活用地下水开采影响,含水层水位由下而上一层比一层低,很多浅基坑都可以采用自渗降水,或把上层滞水通过自渗井渗到潜水含水层中,或把埋深 15~18 m 的潜水通过自渗井渗到 20 余米的第一承压含水层中。地铁工程由于结构埋深较大,很多地段都可采用抽水管井与渗水井相间布置的抽渗结合降水形式,抽水井主要用于降低承压含水层水头,渗水井则主要用于疏导上层滞水和潜水向下渗入承压含水层中。

11.1.2　管井设计

1. 降水管井的设计要求

降水管井的目的在于人工降低地下水位,以使基坑和隧道开挖达到无水安全作业要求,工程施工结束后,降水管井也就完成使命而报废,因而降水管井是临时的抽水构筑物。供水管井是以供水为目的而建造的地下水取水构筑物,使用寿命较长,一般要求使用期达到 20 年以上。两者的使用目的不同即决定了两者的设计要求也有所不同。

降水管井的结构与供水管井的结构是相同的,允许其设计要求可以有所不同的主要理由是:① 降水管井的布置是以形成一定"干扰降深"为目的,降水井之间的干扰程度比供水井大得多;② 一般土建工程降水井的使用期限在 1 年以内,地铁工程降水井延续使用 2~4 年也够了,因而降水管井设计使用寿命不要求很长;③ 为发挥最大单井降水效果,降水管井应在满足质量标准前提下,要求管井的出水量尽可能大一些,井损尽可能小一些。因而降水管井允许进水流速可大一些,在滤水管和滤料用材方面的标准与供水管井相比可降低一些,但出水含砂量不能放宽,应达到工程降水规范要求。

2. 降水管井的布置

降水管井平面布置,宜符合下列要求。

(1) 对于长宽比不大的地铁车站和施工竖井,宜采取环形封闭式布置。

(2) 对于长宽比很大的地铁隧道,应在隧道两侧布置双排井,隧道两端应延长布置降水井,外延长度宜为基坑宽度的 2 倍。

(3) 降水管井一般布置在基坑或隧道的外侧,距基坑外缘线不小于 2 m,以防遭受隧道开挖背后填充注浆破坏。当降深要求很大,中间部位的水位降深难以满足要求时,也可在基坑内部布置降水管井,但井管强度要高一些,通常可采用钢管,以防基坑开挖时被破坏。

(4) 基坑或隧道邻近地下水补给边界时,应在地下水补给方向一侧适当加密降水井。

(5) 降水管井的井位,可根据场地地下管线的实际情况适当调整,当井位移动较大时,应验算不利点的水位降深值。

3. 管井结构设计

1）井身结构

（1）降水管井的井深，应根据降水或降压目的层位置、干扰计算得出的设计动水位深度、井损大小、滤水管工作部分长度及沉淀管的长度确定。

（2）供水管井井径设计包括井身各段井径设计，即开口井径、安泵段井径、变径段井径、开采段井径及终孔井径的设计。降水管井一般都不太深，大多一径到底。应注意安泵段井径要比选用的水泵泵体直径大 50 mm，否则无法顺利将水泵下入井中。

2）井管配置

井管是井壁管和滤水管的总称。井壁管是支撑和封闭井壁的无孔管，俗称"死管"，降压井的降压目的层以上部位或降水管井水位以上部分一般下入井壁管，沉淀管通常也是井壁管。过滤管通常也称滤水管，起护壁、挡砂和过滤作用，一般下入与含水层对应的位置。

降水管井是临时抽水构筑物，井又比较浅，对井管的要求相对于供水管井来说可低一些，管材选用范围也较宽，选用井管应符合下列要求。

（1）井管应具有足够的抗压、抗拉、抗弯强度，以保证井管能够承受井壁地层和滤料的侧向压力及井管的全部重量。

（2）井管应无缺损、裂缝、弯曲等缺陷，两端面与管轴线垂直，保证井管连接后垂直。

（3）井管材质应无毒，对地下水质不构成污染。

（4）井管内径应满足下入抽水设备的要求。

（5）滤水管应有较大的孔隙率，以尽可能增加降水管井的出水量。

作为降水施工用途的井管类型有水泥管（包括水泥砾石滤水管和水泥砂石井壁管）、铸铁管、钢管、由钢筋笼包滤网制作的井管等。我国北方地区的农田灌溉井普遍使用水泥管，水泥砾石滤水管是将砾石和水泥按一定配比加水拌和后入模制成，壁厚 50 mm，管径 400 mm 或 500 mm，孔隙率可达 15% 以上。同样，调整材料配比并加入砂子即可制成水泥砂石井壁管。这种管每节管长 1 m，排管灵活，只一次性使用，非常经济，但强度较低，易损坏，不宜在超过 50 m 深的降水井或回灌井中使用。

地铁工程中结构内的降水井应下入强度较高的井管，以防土建施工破坏，钢板卷管是较为经济合理的选择，其滤水管是模压孔滤水管，模压孔呈桥形的称桥式滤水管。这种滤水管是采用钢板经冲压成孔后，卷焊并经防腐处理制成的。其优点是：无须在钢管上钻孔或切削，也无须垫筋缠丝，加工简便，成本较低。由于进水缝隙是侧向开孔，不容易被含水层颗粒或滤料堵塞，因此有效孔隙率较高，这种管在北方地区应用十分广泛。

河南省第一水文地质工程地质队滤水管厂生产的桥式滤水管的主要技术指标见表 11-1。

表 11-1　桥式滤水管的主要技术指标　　　　单位：mm

公称规格	108	127	146	159		168		219		273		325		377		426	
内径	92	111	130	140	138	150	148	200	198	254	250	305	300	357	350	406	400
壁厚	4	4	4	4	6	4	6	4	6	4	6	4	6	4	6	4	6
接箍外径	108	127	146	160	162	170	172	220	226	274	278	325	328	377	378	426	428

由钢筋笼制作的井管强度较高，可重复使用，在我国南方一些地区广为应用。对这种井管的滤网包扎质量要求很高，否则井内容易进砂而影响使用。

铸铁缠丝滤水管材料费用昂贵,多在供水井中采用,很少用于降水工程中。

4. 滤料填入位置及滤料规格

滤料是充填于井管与井壁环状间隙中有一定规格要求的砾石。在没有封闭止水要求时,往往全孔回填滤料,以便上层滞水顺着滤料下渗。有封闭止水要求时,滤料应与降水或降压目的层部位对应。

降水管井滤料规格可参照下述规则给定。

(1)砂土类含水层:

$$D_{50} = (8 \sim 12)d_{50} \tag{11-1}$$

(2)碎石土类含水层:

① 当 $d_{20} \leqslant 2$ mm 时,有

$$D_{50} = (8 \sim 12)d_{20} \tag{11-2}$$

② 当 $d_{20} \geqslant 2$ mm 时,可不填滤料或充填 $10 \sim 20$ mm 的砾石。滤料的不均匀系数 C_u 应小于 2, $C_u = d_{60}/d_{10}$。

式中:D_{50}——滤料筛分样颗粒组成中,过筛重量累计为 50% 时对应的最大颗粒直径,mm;

      d_{50}, d_{20}, d_{60}, d_{10}——含水层筛分样颗粒组成中,过筛重量累计为 50%、20%、60%、10% 时对应的最大颗粒直径,mm。

当砂土类含水层不均匀系数大于 10 时,应除去筛分样中部分粗颗粒后重新筛分,直至不均匀系数小于 10 时,取其 d_{50} 代入式(11-1)确定滤料规格。

5. 封闭止水位置及材料

对于降压井,其降压目的层以上部位应封闭止水,通常用黏土进行封闭。即用黏土做成球状,大小宜为 $20 \sim 30$ mm,在半干状态下缓慢填入。

11.1.3　管井施工

1. 施工设备

1)钻井设备

一般采用冲击钻机、回转钻机钻井。常用型号有:YKC-30 型冲击钻机、GZ50 型泵吸反循环钻机和迁安正反循环钻机等。旋挖钻机也可用于降水井施工,但钻井口径较大,在细颗粒地层中使用不经济。

2)洗井设备

一般采用空压机洗井,工作压力不小于 0.7 MPa,排风量大于 6 m³/min。空压机洗井的风管、出水管装置有同心式和并列式两种形式,下端配有混合器,出水管应为钢管,风管用高压胶管为宜。

3)抽水设备

根据单井出水量大小、水位埋深、井管内径及水位降深选择不同型号的潜水泵。

2. 施工方法的选择

针对地铁工程的降水井深一般在 40 m 之内,降压井可能稍深一些,钻井通常采用全面钻进,一径到底。对于粒径小于 150 mm 的第四系松散地层,宜采用泵吸反循环钻井工艺,该法的钻进效率较高,是降水管井施工的首选钻井工艺;对于粒径大于 200 mm 的地层,可以采用冲击钻机、空气动力潜孔锤钻机或旋挖钻机施工。正循环钻井工艺由于钻井效率较低,又大量使用泥浆护壁,建议不要采用。

1）泵吸反循环钻井工艺的优点

（1）该法是采用清水水压钻进,依靠水的静压力与地层压力达成平衡,保持井壁稳定,而不是采用泥浆护壁,避免了泥浆对含水层的淤堵,洗井比较容易。一般采用该法施工的水井只需用空压机洗井即可,不必配合化学洗井及其他方法洗井,成井后出水量较大,成井质量高。

（2）该法冲洗液上升速度快,钻进时排除岩屑能力强,岩屑一般不受重复破碎,钻进效率高。从北京地铁复八线、5 号线、10 号线施工的数千口降水井来看,采用该法施工井深 35 m 左右的降水井,大部分钻进时间仅约 4 h,一口井从钻井开始到具备抽水条件,只需 2~3 d。

（3）该法具有井底换浆功能,钻到设计深度后就可及时换浆,使得孔底沉渣较少,下管到位。

2）冲击钻井工艺的优点

（1）当钻进地层有较大直径的卵石、漂石时,使用冲击钻井方法较其他方法效率高,但洗井难度相对较大,一般要配合化学洗井或其他方法洗井。

（2）钻进时孔内不需要冲洗液循环排渣,水量消耗小,适用于缺水场地的降水井施工。

3. 工艺流程

定井位—挖（围）泥浆池—钻机就位—钻井—换浆—下管—回填滤料—洗井—下泵—铺设排水管线—试抽、验收—降水维护管理。

4. 操作方法

1）定井位

（1）根据降水设计井位图及地下管线分布图,参照车站或区间隧道中线控制点施放降水井井位,正常情况下井位偏差不宜大于 0.5 m,当因障碍物影响而偏差过大时,应验算不利点降深。井位应设立显著标志,必要时用钢纤打入地面以下 300 mm,并灌石灰粉做标记。

（2）在施放好的井位上人工挖探井,探井直径一般为 800 mm,深度以见原状土为准,确认无地下管线及地下构筑物后下入护筒,护筒外侧填黏土封隔好表层杂填土层,以防止钻井冲洗液漏失,必要时随挖随做混凝土护壁。如遇地下管线,应调整井位,重挖探井。

2）挖（围）泥浆池

泥浆池的大小按该泥浆池计划共用的打井数量和排渣量综合确定。在柏油路面及人行步道为不破坏地面,应采用“围”的方式,对于拆迁场地则可“挖”可“围”,围泥浆池可用挖探井的弃土,泥浆池底部及侧壁宜铺垫塑料布,以防跑浆污染环境。一般每 2~3 口井共用一个泥浆池。必要时可采用砖砌泥浆池。

3）钻机就位

钻机就位时需采用水平仪找平,做到稳固、周正、水平,以保证钻进过程中钻机稳定。起落钻塔必须平稳、准确。钻机对位偏差应小于 20 mm,钻塔垂直度偏差小于 1%。

4）钻井

（1）泵吸反循环钻进。

先启动砂石泵形成反循环再钻进。砂石泵启动有两种方式,一是用真空泵将砂石泵进水管段抽吸成真空,然后启动;二是用注水副泵给砂石泵进水管注满水,再开启砂石泵。

泵吸反循环钻进过程中,岩屑经钻头—钻杆—主动钻杆—水龙头—砂石泵吸口排入泥浆池中。钻进过程中要随时观察冲洗液的流损变化,水的补充应随冲洗液的流损情况及时调整,一般应保持冲洗液面不低于井口下 1 m。当钻遇卵石层,冲洗液大量漏失时,应加大补水量,必要时应投入适量黏土,形成一定黏度的泥浆以控制冲洗液漏失,防止塌孔事故。在以黏性土为主的地层中钻进时,由于钻井自造浆较稠,钻进效率降低,此时可排走一部分泥浆,补充清水,调整泥浆密度到适宜状态。

每次下入钻具前,应检查钻具,如发现脱焊、裂口、严重磨损等情况,应及时焊补或更换。钻机转速以不蹩车、岩屑排除正常为宜,一般应保持在 10~15 r/min,钻井每进尺 1 m 在排水管口捞砂样鉴别地层岩性。

钻进过程中如遇到个别较大粒径卵石,可提出钻具,更换上筒状钻头,捞出卵石。如在普通地层中钻进,发现钻具回转阻力增加、负荷增大等反常现象,应立即停止钻进,查明原因。

钻进过程中要经常观察排渣口的排渣状况及返水量大小。当发现钻渣突然减少或水量减少时,应及时串动钻具,减小钻压,控制进尺或暂停钻进,待排渣正常后再继续钻进。

泵吸系统的连接要做到严密、牢固、通顺。每次加接钻杆前,应使反循环延续 1~2 min,待吸到钻杆内的钻渣全部排出地表后再关停砂石泵。应防止因停泵过早,钻杆内钻渣回落到钻头吸口处造成堵塞。

（2）冲击钻进。

下钻前,应对钻头的外径和出刃,抽筒肋骨片的磨损情况及钻具连接丝扣和法兰连接螺栓松紧度进行检查,如磨损过多应及时修补,丝扣松动应及时上紧。

下钻时,应将钻头垂吊稳定后,再导正下人井孔。进入井孔后,不得全松刹车、高速下放。钻具进入井孔后,应盖好井盖板,使钢丝绳置于井盖板中间的绳孔中,并在地面设置固定标志,以便钻进中用交线法测量钢丝绳位移。

钻进中,当发现塌孔、斜孔时,应及时处理。当发现缩孔时,应经常提动钻具修扩孔壁,每次冲击时间不宜过长,以防卡钻。抽筒应配合钻进及时捞取岩屑,减少重复破碎。

提钻时,应缓慢提离孔底数米并确认未遇阻力后,再按正常速度提升,如发现卡钻,应将钻具下放,转动钻头方向后再提,不得强行提拉。提钻时,还应注意观察或测量钻进钢丝绳的位移,如偏差较大,应查明原因,及时纠正。

当在卵石层中钻进,井壁不稳定时,可向井内投入黏土,使黏土充填于卵石间的孔隙。当钻遇大的漂砾而发生井斜时,应填入一些较软的石块或废砖头,然后加强钻具回转向下钻进,可纠正井斜。在黏土层中钻进,应常修孔,慢进尺,防止缩径或井壁不圆正。

冲击钻进应掌握好悬距,放绳要少而勤,冲击次数和冲击高度要配合适当,以减小钻具抖动。

5）换浆

钻孔至设计深度后（一般应大于设计深度 0.5~1.0 m）,反循环钻进应将钻头提高 0.5 m 左右,然后注入清水继续启动反循环砂石泵替换泥浆;冲击钻进则用抽筒将孔底稠泥浆掏出,并加清水稀释,直到泥浆密度接近 1.05 g/cm³,黏度为 18~20 s 为止,现场观察一般以换浆后泥浆不染手为准。替浆过程中,应安排好泥浆的清运或排放工作。

6）下管

降水井井深较浅,井管重量不大,一般均采用直接提吊法下管。

（1）当井管为水泥管时,用钢丝绳兜住预制混凝土管鞋底部,将一节井管放置在管鞋上,并缓慢置于井口,包缠滤网,然后松动钢丝绳将井管缓缓下放。当管口与井口相差 20 cm 时,接下节井管,接头处用尼龙网裹严,以免挤入泥砂淤塞井管,井管竖向用 4 条 30 mm 宽、长 2~3 m 的竹条用 2 道 8#铅丝固定井管。井管下到孔底后,抽出钢丝绳。

（2）当井管为钢管时,一般利用钻机绞车或三脚架吊住井管分段下入。先吊起第一节井管置于孔口,包缠滤网,然后缓缓下放,用夹板夹住井管上口,将夹板承落在井口架上,然后起吊下节井管与第一节井管焊接,松开夹板,将第二节井管放入孔中,再用夹板夹住第二节井管上口,如此分段下入井管,直至下到孔底。下管过程中应做到夹板上紧,接头焊牢,以防跑管。

吊放井管时应垂直,并保持在井孔中心。井管要高出地面 200 mm 以防止异物落入井中。操作绞车或三脚架应稳拉稳下,严禁猛墩。

7) 回填滤料

井管下入后应立即填入滤料。填料时,应随填随测滤料填入高度,当填入量与理论计算量有较大出入时,应及时查找原因。应使用铁锹沿井壁四周均匀连续填入,不得用装载机或手推车直接倒入,以防填料不均匀或滤料冲击井管造成井管歪斜,如滤料发生蓬堵可向井内注水冲填。

8) 洗井

冲击成孔的降水井一般都采用了泥浆钻进,洗井应在下管填砾后 8 h 内进行,以免时间过长,影响洗井效果。泵吸反循环成孔的降水井洗井间隔可适当放长一些。降水施工简单、有效、经济的洗井方法是压缩空气洗井(通常称空压机洗井)。

对一般的降水施工来说,上部潜水层及层间水层是洗井的重点部位,应由上而下分段洗井,如沉没比不够,应注清水洗井,洗井过程中应观测水位及出水量变化情况。洗井后应达到上、下含水层串通并形成合理的混合水位。

当采用并列式装置洗井时,风管每 2 m 要用铅丝捆绑固定在出水管上,以避免橡胶风管抽打井管造成破损。风管入水沉没比一般应大于 40%,风管没入水中部分的长度,不应超过空气压缩机额定最大风压相当的水柱高度。

冲击成孔的降水井如使用黏土过多,应加入焦磷酸钠洗井液浸泡软化泥皮后再用空压机洗井。洗井液浸泡时间一般为 4~8 h,焦磷酸钠洗井液的配制浓度一般为 0.6%~1.0%,洗井液配制量可按静水位以下井孔容积计算。洗井后若发现滤料下沉,应及时补填滤料至设计高度。

9) 下泵

下泵前应检查泵的放气孔、放水孔、放油孔和电缆接头处的封口是否松动,如有松动,必须拧紧。然后用摇表检查水泵绝缘电阻,如绝缘电阻低于规定值,应打开放水孔和放气孔,进行烘干处理。检查全部电路和开关,然后空转 3~5 min,检查电动机旋转方向是否正确。必要时可在水池或水箱中试运转。

下泵时不得使电缆受力,应用绳索将电缆拴在水泵耳环上缓慢下放。如设计没有要求,水泵一般应下入到距孔底 1~2 m 的位置,然后将水泵用钢丝绳吊住(泵管为塑料管)或用夹板夹牢(泵管为钢管)放置在井管上口。水泵安装应做到单井单控电源,并安装漏电保护系统。

10) 铺设排水管线

排水管线一般布置在降水井的同一侧,通常采用 PVC 管、混凝土管或钢管作为排水主管路,若干降水井抽出的水汇入主管排走。也可采用单井直排方式,即单根排水管与泵管相连直接排入市政排水管道。排水管宜埋入地下,也可在地面架设。在地面架设排水管时,每隔 5~8 m 设置砖砌托台,托台高度应根据排水坡度确定。当场地允许时,排水系统也可采用排水沟,排水沟通常采用砖砌而成,并做防渗处理。

在排水系统接入市政排水管道前,应设沉淀池,沉淀池可按市政雨污水管线的检查井规格砌成,周圈及底部应做防渗处理。

11）试抽、验收

在上述工序完成后,应及时进行试抽水,检验井深、单井出水量、出水含砂量等情况是否符合要求。试抽正常后应组织现场验收。

5. 季节性施工

1）冬季施工技术措施

（1）不能用冻土块围泥浆池,必要时用塑料布围裹池壁,严禁泥浆外泄。

（2）采用明排水的集水管、泵管必须采取保温措施,施工用的排水管、洗井管、各类水泵、泥浆泵、砂石泵等使用后应及时放水,以防冻裂。

（3）开钻前应对钻机进行检查,防止机械受冻。施工中对机械传动部位应加强检查,如有问题,及时维修、调整。

2）雨季施工技术措施

（1）在雨季施工到来之前,料场、仓库地基要垫高,防止被雨水浸泡,排水管道、雨污水井等要随时检查疏通,防止排水不畅影响正常降排水。

（2）所有的配电箱、机电设备必须要搭防雨棚,要经常检查接零、接地保护,机械设备要防水、防漏电,随时检查漏电装置功能是否灵敏有效。

（3）钻机井架等高空设备应安装好避雷装置,并进行摇测检查。

（4）对杂填土较厚的施工地段,应做好地面防渗处理,以防地面因雨水浸泡产生塌陷。

6. 应注意的质量问题

（1）钻孔时,应根据水文地质条件和土层物理力学性质,合理选择凿井设备,正确制备泥浆,控制好孔内冲洗液面的高度和钻进速度,以防塌孔。

（2）下管时,井管要正中垂直、连接牢固,严禁井管强行插入沉淀的孔底。滤水管强度应符合要求,缠绕滤网应严实,以防出水含砂量超标。滤料粒径不得过大,填料厚度不得小于设计要求。

（3）当泥浆比重大,井壁泥皮厚,洗井方法不当,洗井达不到要求时,应对已完成的管井重新洗井直至符合要求。

（4）降水过程中,当发现存在井间距过大,水泵流量小或水泵扬程不足,不明外来水补给等问题时,应采取相应措施,保证降水深度达到要求。

（5）排水管之间应连接紧密,排水沟底部应铺设防渗材料,以防渗漏水回补基槽,并随时检查清理管道,确保排水管路畅通。

（6）应采用双路供电或常备发电机,特别是当降水目的层为强透水层时,必须保证停电时能及时切换电源连续降水。

7. 成品保护

（1）为防止异物掉入井中,井口应加盖保护。当地面上降水井影响车辆行驶时,应做检查井并加盖承重井盖,排水方式为铺排水管暗排。

（2）在土方开挖时,应注意对坑内降水井的保护。当采用锚杆或土钉进行边坡支护时,应在井位处做明显标记并引到基坑上口开挖线,以防锚杆或土钉施工破坏井管或注浆液渗入井内滤料。

（3）降水维护阶段应有专人值班,对降排水系统进行巡查,防止停电或其他外界因素影响降排水系统运行。

8. 安全环保措施

1）安全操作要求

（1）在进行安装钻机、拆卸钻机、钻进、下井管、故障排除等工作时,必须明确分工,统一指挥,避免忙乱。钻机的各防护罩都应固定在正确位置,并经常检查牢固程度。

（2）钻进时,应随时检查钻机及钻塔的支承情况,以防钻机和钻塔倾斜,钻杆上各法兰必须连接牢固,密封可靠,如遇蹩钻,可停止给进,情况严重时,应停钻并提升钻具。

（3）在提升和下降钻具时,钻台工作人员不得将脚踏在转盘上面,也不得将工具及附件放在转盘上。在拧卸钻具扣时,离合器应慢慢结合,旋转速度不得太快。用扳手拧卸时,应注意防止扳手回冲打人。

（4）配电盘、配电柜要有绝缘垫,并要安装漏电保护装置。各类电气开关和设备的金属外壳,均要设接地或接零保护。

（5）洗井时,送风管路接头处除应用卡子卡紧外,还应用铁丝拧紧,以防胶管脱出伤人。上提或下放风管、水管时,不得猛墩猛放,以防管子脱节或损坏井管。

（6）降水维护过程中,应经常观测动水位的变化,适时调整水泵的下入深度,必要时更换适当流量的水泵。水泵不得露出水面,也不得陷入淤泥中运转。

2）技术安全措施

（1）开工前应现场踏勘。查清场地及附近地上、地下管网,必要时进行管线探测,确保地下管线的安全。

（2）凿井前应认真研究地质勘察报告,当上部为松散填土时,应进行必要的土层加固,以保证钻机稳固,并防止塌孔。

（3）提拔钻具应尽量平稳,避免钻具剐蹭孔壁造成塌孔。

（4）当泵吸反循环钻进到粉细砂地层时,宜慢速钻进,以减小对地层的搅动,同时应适当加快给进速度,以快速通过粉细砂地层,避免在这个部位孔径扩大。在砾卵石层中钻进时,钻速和给进速度都不可太快,以免排渣速度跟不上,发生堵泵甚至埋钻事故。

（5）用活环钢丝绳连接冲击钻具,必须用钢丝绳导槽,钢丝绳卡子不得少于3个,相邻卡子应对卡。

3）环保措施

（1）对于钻井形成的泥浆,要及时清运,严禁直接排入市政雨污水管线,清运时应杜绝泥浆遗洒。对于降水井抽出的水,含砂量达到规范要求且水清砂净的才可排入市政雨水管线。对于基槽明排的浑水,排水口处应设沉淀池,以防泥砂堵塞市政雨水管线,影响城市环境。

（2）当施工场地邻近居民区时,钻机成孔或空压机洗井应避免在夜间进行。

（3）加强降水动态监测,根据水位变化情况调整开泵地段和开泵数量,控制地下水抽取量,减少地下水资源无谓排放。当工程场地邻近地表水体时,应给河湖补水。

（4）做好周边建（构）筑物的调查工作,并加强对建（构）筑物的变形监测,发现问题及时处理。

11.1.4　管井降水维护管理

降水工程施工结束后,是较长时间的维持降排水阶段,一般延续降排水要到二衬施工结束,降排水维护与动态观测是该阶段的工作重点。

（1）定时巡视降排水系统的运行情况,及时发现和处理系统运行的故障和隐患,如水泵抽水出水情况,是否需要检修;供电线路是否正常;排放水的含砂情况及排水联络管道是否畅通。

（2）在更换水泵前应量测井深,确定水泵下入的安全深度,以防埋泵,必要时重新洗井。

（3）检查井口的防护情况,防止杂物、行人掉入井内。

（4）当发生停电时,应及时接通备用电源,尽量缩短因断电而停抽的时间,备用发电机应保持良好,随时处于准备发动状态。

（5）进行地下水动态监测,对监测记录应及时整理,绘制 $s \sim t$ 的过程曲线,分析水位下降趋势,预测地铁隧道掘进掌子面的地下水位。

11.1.5　工程实例

1. 工程概况

北京地铁 5 号线 05 标崇文门站位于崇文门外大街与前门东大街的交叉路口,车站长约 208 m,宽约 24 m,附属结构主要有东南风井风道和西北风井风道。车站从既有环线地铁和盖板河下方穿过,周边高大建筑物有崇文门饭店、新侨饭店、哈德门饭店和同仁医院。该车站基底大部开挖深度约 24.7 m,两端开挖深度约 27 m,是地铁 5 号线土建结构施工和降水施工难度最大的车站之一,地铁结构与地层、地下水的关系见图 11-2。

2. 地质及水文地质概况

1）地层

按照地层的形成年代、成因类型及岩性,自上而下依次为:

（1）人工填土层（Q_4^{ml}）。

杂填土①$_1$ 层:杂色,松散~稍密,湿~饱和,表层为沥青水泥路面及混凝土路面,其下以房渣土为主,含砖渣、灰块和少量炉灰,局部地段为卵石回填土、炉灰渣等;粉土填土①层:褐黄~黄褐色,稍密,湿~饱和,含少量砖渣、白灰渣。

（2）第四纪全新世冲洪积层（Q_4^{al+pl}）。

粉土③层:褐黄~黄褐色,湿~很湿,中密~密实;粉质黏土③$_1$ 层:灰黄~褐黄色,可塑~硬塑;黏土③$_2$ 层:棕黄色,可塑,呈透镜体分布;粉细砂③$_3$ 层:褐黄色,饱和,中密。

粉质黏土④层:褐黄色,可塑~硬塑,呈透镜体分布;粉土④$_2$ 层:褐黄色,湿,密实,呈透镜体分布;粉细砂④$_3$ 层:褐黄色,饱和,中密~密实;中粗砂④$_4$ 层:褐黄色,饱和,密实。

（3）第四纪晚更新世冲洪积层（Q_3^{al+pl}）。

圆砾卵石⑤层:杂色,饱和,密实,亚圆形,最大粒径 120 mm,一般粒径 5~40 mm,粒径大于 20 mm,颗粒的质量占总质量约 55%~65%,砾石成分以辉绿岩、砂岩和玄武岩为主,褐黄色中粗砂充填,局部夹粉质黏土薄层和粉土薄层;中粗砂⑤$_1$ 层:褐黄色,饱和,密实,呈透镜体分布;粉细砂⑤$_2$ 层:褐黄色,饱和,密实。

粉质黏土⑥层:褐黄~黄褐色,硬塑,呈带状分布,局部尖灭;黏土⑥$_1$ 层:棕黄色,硬塑,呈透镜体出现;粉土⑥$_2$ 层:褐黄色,湿,密实,局部尖灭;细中砂⑥$_3$ 层:褐黄色,饱和,密实,含少量云母,呈透镜体局部出现。

卵石圆砾⑦层:杂色,饱和,密实,亚圆形,最大粒径 140 mm,一般粒径 15~40 mm,砾、卵石含量约占全重的 55%,中粗砂充填,砾、卵石成分以辉绿岩、砂岩为主,级配良好;中粗砂⑦$_1$ 层:褐黄色,饱和,密实;细中砂⑦$_2$ 层:褐黄色,饱和,密实,呈透镜体分布;粉土⑦$_3$ 层:褐黄色,湿,密实,呈透镜体局部分布;粉质黏土⑦$_4$ 层:褐黄色,密实,呈透镜体局部分布。

粉质黏土⑧层:褐黄色,硬塑,局部尖灭;黏土⑧$_1$ 层:褐黄色,呈透镜体局部分布;粉土⑧$_2$ 层:褐黄色,湿,密实;细中砂⑧$_3$ 层:褐黄色,饱和,密实。

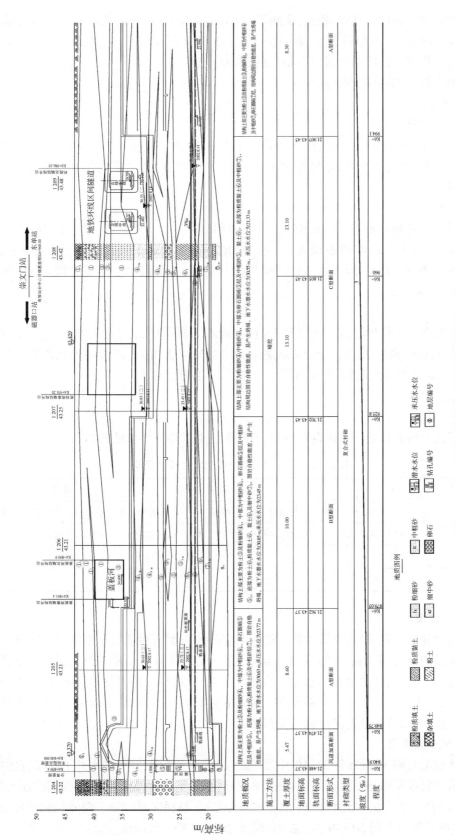

图11-2　北京地铁5号线崇文门站纵断面图

卵石圆砾⑨层:杂色,饱和,密实,亚圆形,最大粒径120 mm,一般粒径10~65 mm,砾、卵石含量约占全重的65%,中粗砂充填,砾、卵石成分以辉绿岩、砂岩为主,级配良好;中粗砂⑨$_1$层:褐黄色,饱和,密实;粉细砂⑨$_2$层:褐黄色,饱和,密实。

粉质黏土⑩层:褐黄色,硬塑。

2)地下水

(1)上层滞水。

仅局部赋存于粉土填土①层、粉土③层的孔隙中,实测水位标高35.09~38.06 m(水位埋深为4.41~8.00 m),主要补给来源为管线渗漏与大气降水,排泄方式为蒸发和垂直向下越流补给下层潜水。

(2)潜水。

潜水赋存于圆砾卵石⑤层,粉细砂④$_3$层、中粗砂④$_4$层、中粗砂⑤$_1$层、粉细砂⑤$_2$层,含水层厚度为6.0~7.0 m,渗透系数50 m/d。水位标高为30.15~31.29 m,埋深为12.10~13.63 m,底板埋深18.0~20.0 m,局部埋深达21.0 m。其下隔水层为粉质黏土⑥层和黏土⑥$_1$层,厚度约为3 m。

(3)承压水。

承压水赋存于中粗砂⑦$_1$层、粉细砂⑦$_2$层及卵石圆砾⑦层,含水层厚度为7.3 m,渗透系数75 m/d。水头标高为21.33~25.54 m,埋深为18.33~22.30 m,水头高出承压含水层顶板2 m左右。车站南部,卵石圆砾⑨层与⑦层串通,含水层厚度加大。

3. 降水方案

1)降水要求

崇文门站结构底板处于承压含水层中,不同部位水位降低要求见表11-2。

表11-2　崇文门站不同部位水位降低要求

降水部位	(结构底板标高/埋深)/m	(水位标高/埋深)/m			降深要求/m		
		上层滞水	潜水	承压水	上层滞水	潜水	承压水
站体	19.3~17.0/24.7~27	38.80/4.41	30.55/12.85	23.38/20.03	疏干	7(疏干)	5
东南竖井	18.62/25.06		31.05/12.53	23.29/19.8		6(疏干)	6
西北竖井	19.18/24.76		30.28/13.53	25.54/18.33		6(疏干)	7

2)降水方案

工程场地处于交通要地,有辐射井和管井两套降水方案可供选择。辐射井方案可减小施工对道路交通的影响,但辐射井竖井口径较大,部分辐射井竖井受地下管线影响无法落实井位,因而最终采用了以管井抽渗结合为主的降水方案,车站东北角因场地具备条件,布设了一口辐射井(见图11-3)。管井设计井深31.5 m,井径655 mm,井间距5~6 m,抽水井与渗水井相间布置,过环线地铁一段为向两侧延长布井。

4. 降水施工情况

降水井施工时间为2003年3—10月,共施工降水井175眼,其中抽水井110眼,自渗井65眼。全部采用泵吸反循环钻机成井,钻井效率很高,单井钻进时间仅3~4 h,采用空压机洗井。抽水泵型以175QJ20-40、175QJ32-39型潜水泵为主,下泵深度29.5 m。降水初期高峰开泵数80台,降水维持期减少到30~40台,主站体降水于2005年4月结束。

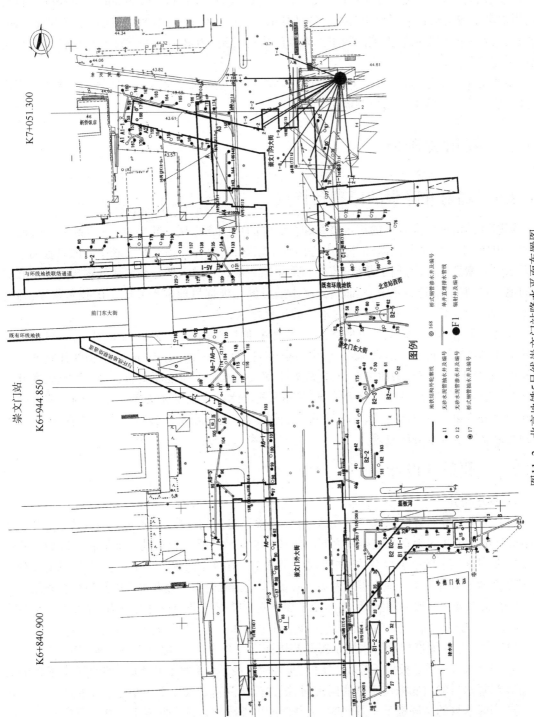

图 11-3　北京地铁 5 号线崇文门站降水平面布置图

5. 降水效果

在降水初期,该站东南风井风道和西北风井风道开挖表明,承压水头较快达到了设计深度,但潜水底板以上还有 0.2~0.5 m 残留水。为此采取了洞内打 φ200 mm 小口径砂砾自渗井,引渗潜水残留水到下部承压含水层的补救措施。待站体开挖时潜水彻底疏干,说明潜水疏干需要较长时间和形成较大范围降水。降水的成功实施,为该站暗挖穿过环线地铁和盖板河创造了先决条件。

地铁崇文门站施工期间,由于降水层颗粒较粗,尽管降深较大,降水时间较长,降水对周边的高大建筑物及环线地铁的影响极小。

11.2 辐射井降水

11.2.1 辐射井降水的原理及特点

辐射井是由一口大直径的集水竖井和自竖井向周围含水层一定方向、一定高程打进的水平井所组成,由于水平井是以竖井为中心向外呈辐射状,故称为辐射井。水平井的设置缩短了地下水渗流途径,十分有利于截取、疏导和采集地下水。通过水平井截取从外围流入基坑和隧道的地下水,并汇集到竖井中,从而达到降水的目的。根据目前水平井施工的技术水平,辐射井主要适用于针对粉土~圆砾粒级含水层的工程降水。

辐射井降水的主要特点如下所述。① 水平井伸展范围广,控制降水面积大,一般一口辐射井单线单排控制长度可达到 100 m,即向两侧施打的水平井长各 50 m。② 辐射井竖井占地面积少,适合于在城市复杂地带布设,能较好地解决降水施工与地面交通、占地的矛盾,尤其是地铁穿越建筑物、铁路、繁华道路等情况,采用常规降水技术根本无法实施,而辐射井降水会是较好的解决方案。③ 对于挖透多个含水层的深基坑,沿含水层底板打设水平井后,疏干含水层的效果比其他降水方法显著。

11.2.2 辐射井设计

1. 集水竖井

(1) 集水竖井布置应综合考虑场地条件、地铁线路走向而定,以不侵犯隧道结构,且距隧道结构外不小于 3 m 为宜。辐射井之间的距离以它们的水平井辐射范围能够相互影响到一定程度为准,其间距一般小于水平钻机进尺能力的 2 倍。在确定集水竖井位置前,对现场要充分踏勘,确保集水竖井井位不与地下管线冲突。必要时,地铁临时施工竖井也可以作为集水竖井。

(2) 集水竖井一般采用圆形,这样便于提供水平钻机钻进和拔管的反力,并方便水平井施工定位,竖井内径应满足水平钻机对施工作业面的要求,一般不小于 2.6 m。

(3) 集水竖井深度根据含水层位置及基坑深度综合确定,一般有以下几种情况:

① 当降水目的层底板位于基底以下时,竖井应比最下一层水平井孔口位置深不小于 2.0 m;

② 当降水目的层底板位于基底附近时,竖井应达到基础底以下不小于 2.0 m;

③ 当降水目的层底板高于基底时,竖井深度可按降水目的层底界下 2.0 m 考虑。

(4) 集水竖井成井方式。

常用的辐射井集水竖井成井方式有 3 种,即沉井、人工挖井和钻井。实际施工中可针对不同的施工场地条件和地质条件,采用不同的方式成井。

2. 水平井

（1）平面上，一般情况下水平井应在地铁结构外侧呈扇形布置，水平井之间的入射角为 10°~15°。当降水目的层为弱透水层时，这时降水往往以疏干弱透水层的饱和水为主，由于这类地层渗透性较差，预降水时间较长，为加快降水速度，水平井也可以穿插到结构内弱含水层中，结构初衬施工时做封堵处理即可。

（2）垂向上，水平井布设一般应低于基坑或隧道开挖底板下 1 m，如降水要求疏干含水层，即含水层底板位于基础底板以上时，含水层底板界面必须布设一层水平井。当含水层厚度较大时，可设置多层水平井。

（3）水平井的长度要充分考虑钻进地层岩性情况和水平钻机的能力，两者应兼顾，以确定适宜的水平井长度。目前水平钻机在细颗粒地层中钻进长度可达 60~70 m，但下管成井长度一般在 50 m 左右。

（4）水平井管材质。

常用的水平井井管有 3 种：波谷缠丙纶丝的 ϕ60PVC 波纹管、外缠 80 目纱网 ϕ50 打眼钢管和 ϕ58 钢丝骨架缠土工织布管。设计采用何种井管，要综合考虑场地地质情况和出水情况而定。

打眼缠网钢管孔隙率较大，出水量大，且便于在孔内安装，适用于强透水地层，如中、粗砂、砂砾石地层；波谷缠丙纶丝的 PVC 波纹管和钢丝骨架缠土工织布管适用于细砂、粉细砂、粉砂、粉土等弱含水层。

（5）水平井数量。

水平井数量根据水位降深、含水层厚度和透水性综合确定。单个水平井出水量可按下式估算。计算简图如图 11-4 所示。

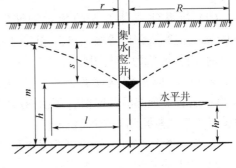

图 11-4 辐射井计算简图

$$q = \alpha \xi 1.36 K \frac{m^2 - h^2}{\lg \dfrac{R}{0.75l}} \tag{11-3}$$

式中：q——水平井单井出水量，m^3/d；

$\quad \alpha$——水平井干扰系数；

$\quad l$——水平井长度，m；

$\quad R$——影响半径，一般取 $R = l + 10$，m；

$\quad m$——含水层厚度，m；

$\quad h$——动水位以下含水层厚度，m；

$\quad \xi$——折减系数，根据含水层底板起伏情况确定，当水平井位于含水层底部时，含水层底板起伏变化很小，取 0.8~0.9；含水层底板起伏变化较小，取 0.6~0.8；含水层底板起伏变化较大，取 0.4~0.7；含水层底板起伏变化很大，取 0.2~0.4；当水平井位于含水层中部时，取 1.0。

式（11-3）适用于远离补给源的潜水、竖井底部不进水的情况，也可用于估算辐射井总出水量。

11.2.3　辐射井施工

1. 施工设备

（1）集水竖井成井设备:钻机法成井时采用反循环钻机钻孔,钻机就位及下管采用汽车吊。沉井法或人工挖孔成井时采用龙门吊提土。

（2）水平井成井可以采用 PD-50A 型水平钻机和 MGY-100 改进型全液压钻机。钻具配备有:ϕ89 mm 正循环钻杆和帽式钻头,ϕ114 mm 双壁反循环钻杆和双通道钻头。

（3）抽水设备应根据辐射井出水量大小、水位埋深及水位降深选择不同型号的潜水泵。如出水量很大,集水竖井中可下入多台潜水泵。

2. 材料和质量要求

1）集水竖井井管

（1）钻机法成井下入的预制钢筋混凝土管:井管外径 3 000 mm,内径 2 700 mm,长 1 m,壁厚 150 mm,底节管座的底板厚 200 mm,混凝土强度等级 C20。要求井管内外壁光滑平整,不露钢筋,井管送上后接缝严实。井管预制必须在集水竖井开凿前完成,检验合格后运到现场,堆放有序。

（2）沉井法成井下入的预制钢筋混凝土管:底节为刃脚节,整节高 2 000 mm,内径 3 000 mm,混凝土强度等级 C25,含筋率不小于 2%。刃脚踏面宽度 60 mm,采用钢筋加固并包以角钢,内斜坡角为 45°,刃脚内壁 500 mm 处有凹槽,为封底用密封槽。刃脚外径 3 500 mm,高 1 000 mm,应采用钢模板制作沉井刃脚。底节以上为标准管节,内径不变,外径缩为 3 400 mm,管节顶部沿井壁留有环状梯形凹槽,为上下节对接用密封槽。刃脚节和标准节均对称设置 4 个注浆孔和 4 个吊装插孔。

上述竖井井管的内、外径可根据水平钻机对操作空间的要求稍做调整。

2）水平井井管

（1）ϕ50 mm 钢滤水管:适用于强透水地层,如中、粗砂、砂砾石、卵砾石地层,用钢管加工而成,孔隙率不小于 10%,外缠 80 目尼龙网。

（2）ϕ60 mm PVC 波纹管:适用于细砂、粉细砂、粉砂、粉土、粉质黏土等弱含水层,在管的波谷处打眼,孔隙率不小于 3%,缠丙纶丝,丙纶丝要全部覆盖波谷处的孔眼。

（3）ϕ58 mm 钢丝骨架缠土工织布管:适用于粉砂、粉土、粉质黏土等弱含水层,要求弹性好。

一般情况下 ϕ60 mm PVC 波纹管较为经济实用。

3）造浆材料

钻井法施工集水竖井需造浆护壁,沉井法施工集水竖井需采用触变泥浆减小管壁与土层的摩阻力,泥浆采用膨润土、羧甲基纤维素钠（CMC）增黏剂、纯碱（Na_2CO_3）分散剂配制。

3. 施工方法的选择

1）集水竖井施工方法的选择

常用的辐射井集水竖井施工方法有沉井、人工挖井和钻井 3 种。实际施工中可针对不同的施工场地条件和地质条件,采用不同的或相组合的施工方法。

（1）沉井法适用于地层比较均匀,无影响沉井下沉的大块石或障碍物,如地层以饱和黏性土为主,可采用明排水措施开挖下沉;若在砂砾石含水层中沉井则要采取辅助降水措施。沉井法施工的主要优点是适用于狭小场地;缺点是沉井容易倾斜、突沉、超沉,施工效率较低,对土体扰动较大,需辅助降水。

(2) 人工挖井法是靠人工开挖支护成井,优点是适用于各种地层,可用于狭小场地。其缺点是施工效率低,成井深度有限,需辅助降水,遇局部渗漏水时,对地层扰动较大,一般上部回填土层采用人工挖井法施工比较稳妥,而后可采用钻井法或其他方法接力成井。

(3) 钻井法采用机械钻进成井,优点是适用于粒径不大于 150 mm 的各种第四系松散沉积地层,对土体扰动小、施工效率高,安全可靠。其缺点是围泥浆池需要较大场地,排除泥浆量比较大。

2) 水平井施工方法的选择

(1) 水力正循环钻进方法。

水力正循环钻进方法是在钻具旋转并液压顶进钻杆的同时,配合高压水冲钻进,高压水通过中空钻杆直抵钻头喷射地层,岩屑从钻杆与孔壁的间隙排出。钻至设计深度后,从钻杆中插入滤水管装备成井。其优点是钻杆较轻,操作方便;在黏质粉土~粉细砂地层中钻进效率较高。其缺点是对于砂土地层,有水土流失。

(2) 水力双壁钻杆反循环钻进方法。

该方法是采用双通道水龙头、双壁钻杆和孔底双壁钻头,钻进时冲洗液经水泵、高压胶管、双通道水龙头、双壁钻杆到达孔底,与钻头破碎下来的岩屑混合,经孔底喷射钻头进入钻杆中心通道,并排出孔口之外。其优点是:① 冲洗液不经过孔壁返出,对孔壁没有冲刷作用,孔径不扩大,不会造成空洞;② 适应地层较广,尤其适用于中粗砂层、砾石层,对于粒径小于 60 mm 的小卵石层也适用,能保证成井质量。其缺点是:钻杆较笨重,在粒径较大的卵石层中钻进容易堵管,水平井管下入难度较大。

4. 工艺流程

辐射井施工的工艺流程为:集水竖井井位施放—人工挖探井—集水竖井施工—下入工作平台—水平井定位—水平井施工—下泵抽水。

5. 操作方法

1) 钻井法施工集水竖井

施工工艺流程:上部回填土部分竖井分段开挖、钢筋混凝土护壁—围(挖)泥浆池及泥浆循环槽—钻机安装、就位—泥浆制备—钻孔—"漂浮法"下入井管—充填固井。

(1) 上部回填土部分竖井分段开挖、钢筋混凝土护壁。

由于上部杂填土多为房渣土,土质疏松,直接采用钻机钻井将会漏失泥浆,严重时甚至造成塌孔,因而杂填土深度内需采用人工挖井法施工。做法是:开孔直径 3.7~4.0 m,每下挖 1 m 绑筋,支模现浇或喷射混凝土护壁,厚 150 mm。肋筋 $\phi 12@300$,箍筋 $\phi 8@300$,人工开挖护壁深度以见原状土为准。在井口处做钢筋混凝土井字地梁,作为稳固钻机的基础。地梁中预埋钢管,以备"漂浮法"下管时穿钢丝绳,用于扶正井管。

(2) 围(挖)泥浆池及泥浆循环槽。

泥浆池的做法可挖可围,但对城市的硬化地面应采用围泥浆池的办法,这样可避免成井后修补路(地)面,有利于保护环境。泥浆池尽量远离孔口,以便于钻机操作,并减小泥浆池对井壁的侧压力,防止泥浆回渗造成塌孔。泥浆池容积最好略大于计算出渣量,否则容积过小就要边钻进边清渣,影响施工连续性。泥浆循环槽宽不小于 1 m,高 0.5 m,连接竖井和泥浆池。

(3) 钻机安装、就位。

先将钻头悬吊于孔口,然后安装钻机,转盘中心要采用十字标线铅锤对中,严格对准钻孔中心,以防钻头刮蹭、破坏上部人工开挖做好的孔壁。

（4）泥浆制备。

开钻前一般要制备不少于100 m³的泥浆，泥浆密度为1.05~1.15 g/cm³，黏度为20~28 s。水位越低，含水层粒径越大，则泥浆密度和黏度应大一些。泥浆制备方法：在泥浆循环槽内逐袋倒入黏土粉，并向泥浆池中注水，开动钻机用钻头在孔内搅拌，通过泥浆循环槽和泥浆池循环造浆。如果钻进地层以黏性土为主，含水层粒径小，水位又比较高，可降低对钻井泥浆的要求，甚至可清水钻进，靠钻进地层自然造浆。

（5）钻井。

钻进过程中，要随时观察泥浆液流损变化，若泥浆损耗大，则应边向孔内加黏土粉边加注清水，严禁只加清水，否则容易破坏孔壁泥皮，造成塌孔事故。在钻进过程中遇到卵石时要适量加大泥浆密度和黏度。在钻进黏土地层时泥浆不宜过稠，否则钻进效率将大大降低，这时要排走一部分稠浆，补充清水，调整泥浆密度到适宜状态。钻进过程中应始终保持泥浆液面不低于地面下1 m。

钻机转速一般应保持在10~20 r/min，钻进进尺每小时不大于0.5 m。应在水平井设置标高的3 m范围内，每进尺0.5 m在砂石泵的排渣管口捞砂样鉴别土层岩性。

（6）"漂浮法"下管。

将钻机吊离孔位，吊开钻头，在4个方向上打入钢管地锚，并将钢丝绳缠绕在地锚和预埋在井字地梁内的钢管上。将底节井座（带底板的井管）吊入并漂浮于井孔中，在井座入水前，在4个方向上用钢丝绳固定底节井座，绷紧钢丝绳。然后吊车起吊下一节井管，与井座对接。此时，4个方向上的钢丝绳应紧紧绷住，以防井管倾斜。

接管时，先在井座上口抹一层厚约5 cm的水泥砂浆，再吊上一节井管对接，外缝用掺水玻璃的素水泥浆勾抹严实；然后在接口部位上下15 cm范围用改性沥青防水卷材包裹并用喷灯烤粘三层，以防接口处漏水涌砂。

井管对接完后，均匀放松钢丝绳，并向井管内注水，使井管缓慢下沉到有利于下一节井管对接的位置，然后重复上述操作到下完最后一根管。下管过程中要保持井管下沉力和浮力的平衡，钢丝绳的放松和收紧应协调一致，否则会出现井管歪斜现象，造成井管不能正常下沉。下管过程必须保证连续作业，严禁无故中断，下管速度要均匀、平稳。

（7）充填固井。

由于井座底部为沉淀的泥浆和少量钻渣，当全部井管下完后，应向井管内注满水，使井管充分下沉（不小于24 h）。然后将井管外围与地层间的空隙用ϕ3~10 mm石屑充填密实，其目的是使井壁与地层连为一体，防止井管上浮，并且上部地层的水可通过砾料下渗，从水平井中流出，使集水井本身也起一定的降水作用，因而出于降水目的的辐射井一般不宜采用水泥浆固井。

2）沉井法施工集水竖井

施工工艺流程：井口护筒埋设—沉井下沉—上下管节连接—封底。

（1）井口护筒埋设。

上部回填土埋设钢护筒，钢护筒口径3 800 mm，用4~8 mm厚钢板制作，埋设深度根据地表回填土厚度确定，护筒顶部高出地面0.3 m。护筒周边场地用混凝土硬化。

（2）沉井下沉。

将刃脚节吊置于护筒内，从井中部取土使管节下沉，当底节沉入土中剩余0.3~0.5 m时，将上部管节凸牙朝下吊起并和底节凹槽对接，预埋钢板对齐并做防水，然后将上下预埋对接件里外焊牢后继续取土沉井。

当刃脚节沉入土中上接管节后,必须在井中安装安全罩,安全罩位于沉井第二节和第三节焊接钢板处。先在管节预埋钢板上焊接牛腿,再把安全罩钢骨架安装在牛腿上,钢骨架上置钢筋罩。安全罩外径 2 900 mm,中间开直径 1 000 mm 的圆孔作为为施工通道

为减小管壁与土层的摩阻力,沉井施工应采用触变泥浆减小摩阻力,即在沉井外壁设置 10 cm 厚泥浆槽。泥浆用膨润土、羧甲基纤维素钠(CMC)配制,一般地层保持密度为 1.05 ~ 1.15 g/cm³,卵石层则加大泥浆密度和黏度。用泥浆泵通过预设在井管上的压浆孔和设置在井管内壁上的压浆管压浆,根据需要可在刃脚节或标准节管路上压浆,射口处设一短角钢防护,沉井到射口以下 1.5 m 处即可启动压浆。随着井管下沉而不断补浆,使泥浆面保持在钢护筒底面之上 0.5 m 处。为防止漏浆,可在刃角台阶上钉一层 2 mm 厚的橡胶皮,同时在挖土时注意不使刃角底部脱空。当泥浆泄漏时,要及时补充。当沉井下沉到设计深度时,泥浆槽内泥浆需及时处理,一般可采用水泥浆或水泥砂浆通过泥浆泵压入泥浆槽内置换出泥浆。

(3) 下沉辅助措施。

① 纠偏:入土不深的沉井,可在刃脚高的一侧除土,使高的一侧逐渐下沉,即偏除土纠偏。也可在井顶强加水平牵引纠偏,同时在井内配合除土纠偏,即加压纠偏。也可在沉井偏斜的一侧刃脚底挖坑,将千斤顶置于刃脚底部,将管节顶正纠偏,然后在另一侧除土,逐步恢复正常取土,即千斤顶纠偏。

② 压重下沉:当沉井不能靠自重下沉或下沉速度很慢时,可用铁块、钢梁或用袋装砂土,以及沉井管接高增加荷载等方法加压配重,特别要注意均匀对称加重,使沉井均匀下沉。

(4) 封底。

沉井到预定标高后,应进行封底,特别是当开挖底板有突涌可能时,应及时进行封底处理,即沉井到底后安装底板格栅,浇筑或喷射混凝土封底。

设计不要求封底时,则在沉井达到设计标高后,应清干净沉井底部。为防止井底涌砂,井底应铺垫 20 ~ 30 cm 厚,粒径 2 ~ 4 mm 的滤料,并预埋几节滤水管,作为安放水泵位置,滤水管外围回填滤料。

3) 人工挖井法施工集水竖井

施工工艺流程:土方开挖—安装格栅及钢筋网片—喷射或浇筑混凝土—封底。

(1) 土方开挖。

采用跳跃式开挖土方,开挖范围依据水平格栅的尺寸进行,开挖步距依据水平格栅的竖向间距确定,一般为 0.5 ~ 0.75 m。土方严禁竖向超挖,水平方向超挖不大于 50 mm,利用吊线坠和尺量控制开挖标高。

(2) 安装格栅及钢筋网片。

安装格栅时,应将格栅下虚土及杂物清理干净。施工时要通过在井壁设置的吊线坠控制格栅的平整度,通过测量控制线控制水平偏差。格栅节点连接板用螺栓连接或满焊。格栅竖向之间采用纵向连接筋和钢筋网片连接,连接顺序为:先在格栅近土侧放置钢筋网片,再将格栅与纵向连接筋焊接,每个交叉点满焊,同时将近土侧钢筋网片与格栅绑扎牢固,最后安装另一侧钢筋网片,并与格栅绑扎牢固。竖向连接筋及网片的搭接长度应符合规范要求,钢筋网片搭接长度不小于一个网格长度。

(3) 喷射或浇筑混凝土。

喷射作业应分段分片依次进行,喷射顺序应自下而上。喷混凝土一次喷射厚度为 30 ~ 50 mm。分层喷射时,后一层喷射应在前一层混凝土终凝后进行,若终凝 1 h 后再进行喷,应先

用水清洗喷层表面。混凝土终凝到下一循环开挖时间不应小于 3 h。

如土层有渗水,则在喷射混凝土前应适当处理。当渗水呈线状时,应插入导水钢花管将渗水集中排出。当渗水呈面状缓慢渗出时,应挂钢丝网,施喷 30 mm 厚的混凝土将土层护住。

对于稳定性较好且无水的地层,也可采用支模、分层浇筑混凝土的方法护壁。竖井落底封闭后,按前述沉井法封底的要求及做法封底。

4) 水平井施工

施工工艺流程:下入工作平台—水平井定位—用合金钻头开孔—钻进至设计深度—安装滤水管—封堵井口。

(1) 将工作平台吊放至集水井内设计水平井标高下 0.5 m 并固定。工作平台下放到位后,在竖井口用 4 根钢丝固定,再用预留钢丝绳与锚具将其固定在井壁管或锁口上,最后将平台与管壁的间隙用 4 个木楔固定,防止平台左右晃动。

(2) 将水平钻机吊放至工作平台上,按设计方位角对准孔位,并固定试机。

(3) 在水平钻机上安装合金钻头,在竖井井管壁上开孔。

(4) 开孔完成后,迅速卸掉开孔钻头,换上双壁钻杆及钻头钻进,此间速度一定要快,否则容易流砂,酿成事故。开孔钻进应采用小水量、低转速、轻压慢进,注意孔口返渣情况,观察形成反循环的情况。如果孔口坍塌得厉害,还需要下入口径大一级的钢套管来保护孔口。

(5) 打开高压水,开动钻机和高压水泵,将第一根钻杆钻进含水层,再接上下一根钻杆,如此循环操作,直至达到设计孔深。

典型地层的钻进工艺:在黏土层中钻进时要注意糊钻、堵塞水眼等,为此要断续给进,一般以 5~20 cm 串动一次钻具为宜,水量水压大一些,待柱状黏土芯排出后再进尺,转速为中高速即可,切不可贪图进尺,造成糊钻堵塞。在砂层中钻进时要注意抱钻,此时水量水压中等,断续给进,视返水含砂量适当调整。在卵砾石层中钻进时,水量水压大一些,转速为中速,及时注意孔口返渣情况和倾听卵砾石对钻具的撞击声,断续给进,确认钻机内卵砾排净再给进。如遇较大卵石,可采用反复串动钻具,使其松动靠边。钻进过程中,应特别注意孔口返渣情况。

(6) 当水平孔钻进到预定深度时,可以超打一根钻杆后停止钻进,这时水泵应继续送水,直到孔口返水清洁,表明内管已清洗干净,退回卸下一根钻杆后可下入滤水管。将滤水管从钻杆中插入,直至钻头部位,滤水管接口部位要连接平整牢固,避免剐蹭钻杆。

(7) 从滤水管中间插入顶杆,将滤水管顶住,以防拔钻杆时将滤水管带出。如采用水力正循环钻杆钻进,则用顶杆顶掉帽式钻头。

(8) 启动油缸逐段拔出钻杆,将滤水管留在含水层中。

(9) 钻杆拔出后,迅速用蛇皮袋、棕树皮等材料封住滤管外的空隙,并在孔口安装封堵器,让水从滤水管中自动流出,防止砂子从未封严的孔壁流出。

每个水平井钻进必须连续施工,如发生故障需停钻,则把钻杆全部拔出,以免埋钻。

6. 下泵抽水

辐射井施工结束后,在集水竖井中下入潜水泵进行抽水,下入的潜水泵数量和泵量根据水平井出水情况确定。

7. 应注意的质量问题

(1) 沉井下沉过程中,发现沉井倾斜或偏移,应及时采取相应纠偏措施,控制竖井垂直度偏差在允许范围内。

（2）人工开挖现浇或喷射混凝土成井，遇松散土层时，应采取注浆等加固等辅助措施，以防井壁坍塌。

（3）钻井法成井时，泥浆池尽量远离孔口，以减小泥浆池对井壁的侧压力，防止泥浆大量回渗造成塌孔，泥浆池与孔口的距离不得小于 5 m。钻机开钻前要备有足够的施工供水水源、黏土或黏土粉。当钻进到原始水位较低的砂卵石层时，要加强对孔内泥浆液面的观察，一旦孔内液面下降，泥浆严重漏失，应立即注水，并加大泥浆密度，保持液面高度不低于孔口下 1 m。

（4）水平井施工应避免在涌砂严重的含水层中开孔，实际施工中可在该含水层底部一定范围的黏土层中开孔，钻孔时调整钻机上仰 1°～3°。由于含水层通常都是凹凸不平的，水平井钻孔标高的略微调整，一般不会影响降水效果，反而是保障施工质量和安全的技术措施。

（5）当采用水力正循环工艺施工水平井时，其钻进地层为干砂层或粉土层，若钻机给进和高压水力控制不当，则很可能形成空洞。若通过钻井时大量排砂等迹象反映出来，应及时注浆充填处理。

8. 成品保护

1）非承重井盖保护

非承重井盖保护主要用于位于绿地内的辐射井，具体做法如下所述。

（1）用 MU7.5 黏土砖将竖井口与地面找平，并略高出地面 5 cm，以防雨水流入辐射井。

（2）用角钢做成略大于井口直径 1 m 的圆，作为井盖的外边。然后用 φ16 的钢筋焊接成骨架，钢筋间距 15 cm，在钢筋骨架上焊接扁铁，最后铺上 2.5 mm 厚铁板，并用铆钉连接在扁铁上。

（3）在井盖上开一个 30 cm×30 cm 的方孔，并加盖保护，以便更换水泵和日常检查维护。

2）承重井盖保护

承重井盖用于水泥路面、沥青路面的地面恢复，地面恢复后可以承受重车碾压。具体做法如下所述。

（1）竖井口架设 I25a 工字钢，间距 50 cm，并在 2 根工字钢之间砌砖防止工字钢侧移。

（2）在工字钢上面铺 8 mm 厚钢板，钢板之间的连接为焊接，钢板铺上后与地面平齐，在盖板上开一个 30 cm×30 cm 的方孔，以便日常检查维护，方孔盖用防盗铁链与工字钢连接。

（3）在井口与周围路面的接缝处用水泥砂浆找平，如果接缝太大，应用细石混凝土充填。

9. 安全措施

1）安全操作要求

（1）挖井人员要戴好安全帽，挖土时要从上而下环状逐层开挖。作业时出现坍塌、涌水事故，立即封闭开挖面后，井下人员撤离到安全地方。

（2）挖井时井上井下人员要互相配合，禁止往井下扔工具或其他物品。挖出的土石应堆离孔口边 1.5 m 以外，并及时运走。

（3）当人员乘罐笼上下井时，罐笼要安装牢固，安设定绳并系好安全带。当罐笼提升人员到井口时，人员必须在罐笼停稳后进出罐笼，禁止装有物料的罐笼乘人。罐笼允许搭乘人数和最大载重量，应在井口挂牌明示，严禁超载。

（4）井内施工时，井口应有专人监护，如井内出现异常情况应及时将作业人员提升到地面，排除险情后再施工。

（5）提升机升降时，井底、井口和提升机房应设有电铃，以便联系。没有取得联系或联络信号不清时,一律禁止升降。提升机应由专人操作,其他人员不得擅自操作提升机。

(6)提升容器装土不得过满,禁止工具与土方混装提升,桶、筐悬吊在井筒中时,禁止装卸物件,以防坠落伤人。

(7)由于集水竖井中工作平台很小,工具、钻具不能随意乱放,应设置工具架,随用随取,用完放回,钻具一律放在井口固定位置,用时吊下,吊放位置为固定位置。

2)技术安全措施

(1)竖井井口应设置护栏及警示牌,当停止作业并确认井下无人时,应将井口盖好。

(2)竖井井内应设爬梯供人员上下,爬梯必须牢固、防滑,并经常对其进行检查、接长。

(3)从井内挖出的土方应装在专用出渣桶内,用电动葫芦提升,提升用的吊钩应有自锁装置。在升放出渣桶时,井底人员应站在安全地方,提升大石块时井内人员应先上到地面。

(4)压注触变泥浆时应控制好注浆压力,以免从井孔中喷出伤人。

(5)"漂浮法"下井管前,应根据集水竖井的深度、土质、环境条件等,确定吊车距井边的距离和井管排放位置。下井管时,起吊井管的吊索应准确置于吊点,吊具应安装牢固,井管起吊应平稳,吊速应均匀,回转应平稳,下落应低速轻放,不得突然制动。

(6)水平井施工时,竖井口设置钢筋焊制的安全罩,并加强井内通风换气,井下照明应采用低压照明电路。施工人员必须穿防水绝缘鞋和防水工作服,佩戴安全帽。

11.2.4　工程实例

1. 工程概况

北京地铁 5 号线 03 标段的蒲黄榆站至天坛东门站区间全长 1 705 m,采用浅埋暗挖法施工,在 K3+480~K3+900 段,地铁隧道需下穿南二环路、玉蜓桥、京山铁路及南护城河,而且在南护城河底,区间左线需进行桥桩托换,对降水效果要求很高。为把对城市环境、交通等影响降低到最低限度,采用常规的降水或堵水方法几乎无法实现。经认真分析比选,本工程采用了辐射井方法降水。

2. 地质及水文地质概况

1)地层

按照地层的形成年代、成因类型及岩性,自上而下依次如下所述(见图 11-5)。

(1)人工填土层(Q_4^{ml})。

粉土填土①层:黄褐色,稍湿,松散~稍密,湿,含少量砖渣、灰渣;杂填土①$_1$ 层:杂色,稍湿,松散~稍密,表层为沥青、水泥路面,以房渣土为主,含砖渣、灰块和少量炉灰;圆砾填土①$_3$ 层:杂色,稍湿,稍密。

(2)第四纪全新世冲洪积层(Q_4^{al+pl})。

粉土③层:褐黄色,湿,硬塑为主局部软塑,中密~密实;粉质黏土③$_1$ 层:褐黄色,硬塑为主局部软塑;黏土③$_2$ 层:褐黄色,软塑;粉细砂③$_3$ 层:褐黄色,湿,局部饱和,中密。本层中各亚层分布层不连续,厚变化大。

粉细砂④$_3$ 层:褐黄色,湿~饱和,中密,厚度 0.5~5.7 m;中粗砂④$_4$ 层:褐黄色,湿~饱和,中密。

(3)第四纪晚更新世冲洪积层(Q_3^{al+pl})。

粉质黏土⑥层:褐黄色~棕黄色,硬塑为主局部软塑;黏土⑥$_1$ 层:棕黄~棕红色,硬塑;粉土⑥$_2$ 层:褐黄色,很湿,密实。粉质黏土⑥层和粉土⑥$_2$ 层交互分布,黏土⑥$_1$ 层呈透镜体状局部分布。

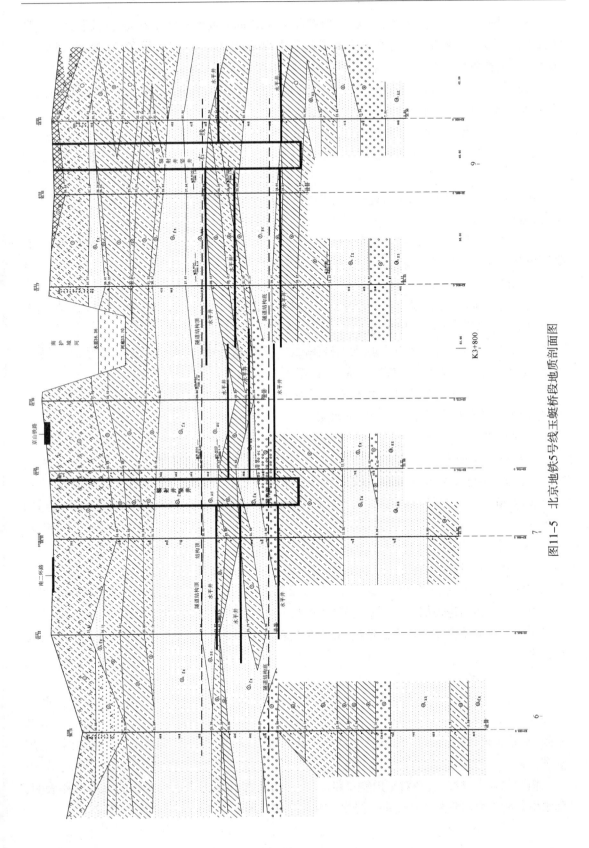

图11-5　北京地铁5号线玉蜓桥段地质剖面图

卵石圆砾⑦层:杂色,饱和,密实,一般粒径 15~25 mm,最大粒径 130 mm,亚圆形为主,卵砾石成分主要为辉绿岩、砂岩,充填物为褐黄色中粗砂;中粗砂⑦$_1$层:褐黄色,饱和,密实;粉细砂⑦$_2$层:褐黄色,饱和,密实;粉质黏土⑦$_4$层:褐黄色,硬塑。

粉质黏土⑧层:褐黄色,硬塑;黏土⑧$_1$层:褐黄色,硬塑局部软塑;粉土⑧$_2$层:褐黄色,很湿,密实。粉质黏土⑧层、黏土⑧$_1$层和粉土⑧$_2$层交互分布。

卵石圆砾⑨层:杂色,饱和,密实,一般粒径 15~25 mm,最大粒径 130 mm,亚圆形为主,卵砾石成分主要为辉绿岩、砂岩,充填物为褐黄色中粗砂;中粗砂⑨$_1$层:褐黄色,饱和,密实;粉细砂⑨$_2$层:褐黄色,饱和,密实。

粉质黏土⑩层:褐黄色~棕黄色,硬塑;粉土⑩$_2$层,褐黄色,很湿,密实;细中砂⑩$_3$层:褐黄色,饱和,密实。

卵石圆砾⑪层:杂色,饱和,密实,一般粒径 15~30 mm,最大粒径 130 mm,亚圆形为主,卵砾石成分主要为辉绿岩、砂岩,充填物为褐黄色中粗砂。

2)地下水

(1)潜水赋存于④$_4$层中粗砂层中,含水层底板埋深约 18 m,水位埋深 14.0~15.0 m,含水层厚度 3 m 左右,渗透系数 20 m/d。

(2)第一层承压水赋存于⑦层卵石圆砾和⑦$_1$层中粗砂中,含水层底板埋深约 23 m,水头埋深 17.0~18.4 m,含水层厚度 2~3 m,渗透系数 70 m/d。

(3)第二层承压水赋存于⑨层卵石圆砾中,水头埋深 27.5 m。地铁隧道开挖深度为 22~24 m,须疏干潜水含水层和第一承压含水层。

3. 降水方案

针对施工现场条件,共布设了 9 口辐射井(见图 11-6)。辐射井竖井设计井深 26~28 m,井径 3 000 mm;水平井设置 2 层,分别设置于潜水含水层底板和第一承压含水层底板,水平井设计长度 20~50 m,井径 114 mm。水平井在平面布置上完全截取并控制了从外围流入隧道的地下水。

4. 降水施工情况

辐射井施工时间为 2003 年 3—11 月,竖井上部 6~7 m 回填土段采用人工挖井法施工,下部采用钻井法施工,施工钻机为 GPS-20 泵吸反循环钻机,"漂浮法"下管。水平井施工采用了为适应本工程钻进地层要求而专门研制的 PD-50A 型水平钻机,对于穿过砂卵石层的水平井采用水力双壁钻杆反循环方法钻进,对于穿过粉土等弱含水层的水平井采用水力正循环方法钻进。

5. 降水效果

实际开挖证实潜水含水层和第一承压含水层彻底疏干,辐射井单井涌水量由成井初期的 50~60 m³/h 衰减为 10 m³/h 左右,体现出了含水层逐步疏干的过程。辐射井降水的成功实施,为暗挖隧道通过城市复杂地区创造了无水施工条件,使得隧道掘进及桥桩托换进展顺利。

辐射井降水过程中,经对京山铁路路基、玉蜓桥桥桩和邻近高大建筑物的沉降监测表明,降水引起的地面沉降量小于 7 mm,降水引起的桥桩沉降小于 4 mm,并属均匀沉降。

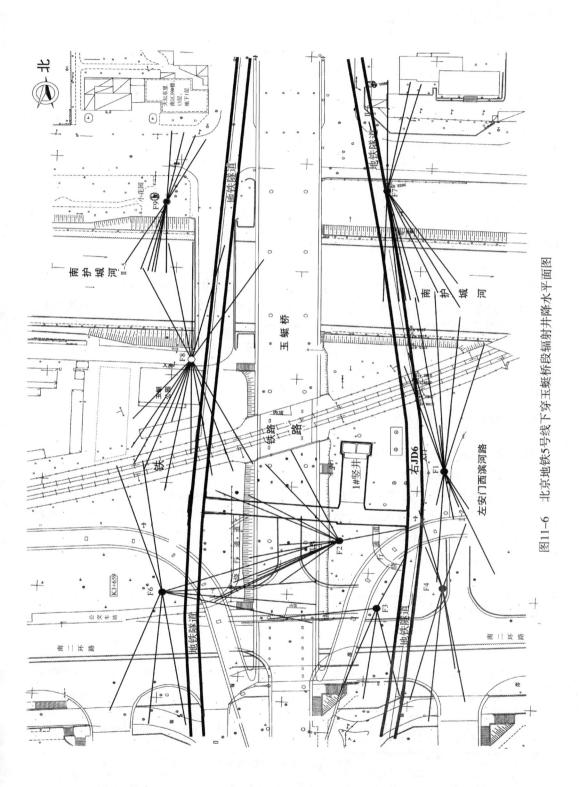

图11-6　北京地铁5号线下穿玉蜓桥段辅射井降水平面图

11.3 轻型井点降水

11.3.1 轻型井点降水原理及适用条件

轻型井点主要由井点管、连接管、集水总管和抽水装置组成。其抽水原理是:启动抽水装置后,井点管、集水总管内的空气被吸走,形成一定的真空度。由于管路系统外部地下水承受大气压力,为了保持平衡状态,地下水流向负压区,地下水被吸至井点管内,经总管至储水箱排走,从而达到降水目的。抽水装置产生的真空度一般达不到绝对真空,轻型井点吸水深度 H 按下式计算:

$$H = \frac{H_v}{0.1} \times 10.3 - \Delta h \qquad (11-4)$$

式中:H_v——抽水装置所产生的真空度,MPa;

    Δh——管路水头损失,取 0.3~0.5,m。

分母 0.1(MPa)为绝对真空度,相当于一个大气压(换算水柱高为 10.3 m)。

吸水深度是表示井点管内吸水高度,并不代表基坑水位降低深度。为充分发挥吸水能力,达到最大的降水深度,应尽量把井点抽水系统向下放置。

轻型井点主要适用于地下水位较高的弱透水层的降水,一级井点降水深度为 5~6 m,二级井点降水深度为 6~9 m,多级可到 12 m。此外,近年来作为辅助措施,隧道初支施工过程中也大量采用了洞内轻型井点降水,辅以疏干洞内残留水,效果良好。

11.3.2 轻型井点种类及特点

根据抽水装置的不同,轻型井点分为干式真空泵、射流泵和隔膜泵轻型井点。

1. 干式真空泵轻型井点

干式真空泵轻型井点的抽水设备由一台干式真空泵、一台离心式水泵和气水分离箱组成。干式真空泵抽水的优点是:安装方便,抽气能力较大,带动井点数较多,排水能力强,形成真空度较稳定。其缺点是:设备多,耗电量大,机械磨损发热量高,维修困难。干式真空泵轻型井点设备技术性能见表 11-3。

表 11-3　干式真空泵轻型井点设备技术性能

名称	规格型号	数量/台	性能	用途
真空泵	W4	1	真空度 99.992 kPa,抽气速率 379 m³/h,功率 10 kW	真空抽水
离心泵	3BL-9 或 3BA-9	2	流量 45 m³/h,扬程 326 m,功率 7.5 kW	排送主水气分离器中的水
	1BL-6	1	流量 11 m³/h,扬程 17.4 m	供真空泵冷却水
电动机	J0316 OS-6L	1	额定输出 11 kW,转速 970 r/min	带动真空泵
	J02-42-2	2	功率 75 kW,转速 2 900 r/min	带动离心泵
	J03-902	1	功率 2.2 kW,转速 2 880 r/min	带动离心泵

2. 射流泵轻型井点

射流泵由射流器、离心泵和循环水箱组成,利用射流技术在管路中产生真空。其工作原理是:启动离心泵驱动工作水运转,当水流经喷嘴进入混合室时,由于流速突然增大,在周围产生负压(真空),把地下水吸出。射流泵的关键设备是射流器,射流器主要由喷嘴和混合室组成。射流泵能产生较高真空度,可高达 80~93 kPa,一般真空度不低于 53 kPa。射流泵与干式真空泵相比,具有结构简单、加工容易、造价低廉、耗电量少、体积小、重量轻、使用方便等优点。但射流泵排气量小,稍有漏气则真空度就会下降,因而带动的井点根数较少,一般能带动 10 m 长的井点 25 根左右。由于射流泵的喷嘴易磨损,故工作时要求水质洁净。常用射流泵的技术性能见表 11-4。

表 11-4　常用射流泵的技术性能

项目	射流泵型号			
	QJD4-5	QJD-60	QJD-90	JS-45
抽吸深度/m	9.6	9.6	9.6	10.26
排水量/(m³/h)	45	60	90	45
工作水压力/MPa	≥0.25	≥0.25	≥02.5	>0.25
电机功率/kW	7.5	7.5	7.5	7.5
外形尺寸/mm（长×宽×高）	1 500×1 010×850	2 227×600×850	1 900×1 680×1 030	1 450×960×760

3. 隔膜泵轻型井点

隔膜泵是借助隔膜在活塞中做往返运动获得的真空、压力而工作的,隔膜泵的结构特性:板式进口阀及球形出口阀,阀体均依靠水封保证气密与真空,可以获得较高的真空度,由于出口阀采用球阀,也可以获得压力。隔膜泵井点采用双缸隔膜泵,为两套工作泵体,用轴杆、齿轮传动泵体内隔膜上下运动,一只向上,另一只向下。当胶质皮碗向上时,泵腔内产生真空,出水口阀口关闭,进水口阀口打开,地下水被吸入至腔内;当胶质皮碗向下运动时,进水口阀口关闭,出水口阀口打开,地下水被压出泵体流走,两者交替、反复循环地进行,达到连续抽水的目的。如 400 型隔膜泵,真空度可达 92.2 kPa 的泵,可带动井点 40 根左右,真空度保持在 52.6 kPa 以上,功率 3 kW,吸取地下水流量为 10 m³/h 左右。隔膜泵构造简单,加工容易,耗电少,功效高,是单根井点平均消耗功率最少的井点。但隔膜泵的安装质量要求严格,其底座安装应平稳牢固,泵出水口的排水管亦应平接,否则将影响泵功能。隔膜泵内胶质皮碗容易被磨损,修理频繁,其安装质量直接影响水泵的运行质量。

11.3.3　轻型井点布置

轻型井点的平面布置主要取决于基坑的平面形状和地下水降深要求,一般把井点布置成封闭状进行降水。对于长条形基槽可按线状布置井点,当基坑宽度小于 6 m,其降水深度不超过 5 m 时,可采用单排井点线形布置在基坑一侧。井点沿基坑外缘 0.5~1.0 m 布置,井间距 1.0~2.5 m。井点管长 7~10 m,滤水管长 1.0~1.7 m,沉淀管长 0.3~0.5 m。当不能封闭降水时,在基坑两端井点应适当外延,外延长度为槽宽的 2 倍。当降水基坑面积很大,降水浸润曲线在基坑中心不能满足降深要求时,可在基坑中部布置一排或数排井点。当降水深度较大,超过单层井点降水深度要求时,应采用双层或多层井点,构成阶梯状井点接力降水,每层井点降深以 4~5 m 为宜。

由于轻型井点降水的计算受很多不确定因素的影响,设备的排水量往往远大于地层出水能力,理论计算不够准确,一般不必进行计算,而根据工程场地水文地质条件和当地经验布置实施。

11.3.4　轻型井点施工

1. 施工设备

1) 成孔设备

(1) 钻孔法成孔时,采用长螺旋钻机,或小型正循环钻机。

(2) 冲孔法成孔时,使用吊车和水冲机具。

① 吊车:用于起吊冲水机具,起吊高度不小于 10 m,额定起重量不小于 3 t。

② 冲管:用于水冲土层成孔,为直径 50~70 mm,长度 7~10 m 的钢管,底部安装喷嘴。

③ 高压胶管:用于连接高压水泵和冲管,长度为 15~20 m,直径与冲管和高压水泵相匹配。

④ 高压水泵:额定压力不小于 1.5 MPa。

2) 洗井设备

采用小型空压机,工作压力 0.5 MPa,排风量 2~3 m³/min。

3) 降水设备

(1) 井点管:上部为钢管,下部为滤水管,底部为沉淀管。分节组装的井点管直径应一致,钢管直径一般为 38~55 mm。滤水管与钢管用螺纹套头连接,滤水管上滤孔呈梅花形分布,直径为 10 mm,滤管长度为 1.5 m,孔隙率不小于 15%,外壁垫筋缠镀锌铅丝后包尼龙网或土工布滤网,用铅丝捆扎牢固。沉淀管长度一般为 0.5 m,底部封死。

(2) 连接管:为加筋胶皮管或加筋透明塑料管,直径为 38~55 mm,直径与井点管和集水总管连接接头相匹配,长度为 1~2 m。

(3) 集水总管:根据出水量大小选用直径 75~150 mm 的钢管,在管壁一侧每隔 1.2~2.0 m 设一个与井点管的连接接头,两根管之间用法兰连接。

(4) 抽水机组:可选用射流泵、干式真空泵或隔膜泵机组。

2. 施工方法的选择

(1) 当工程场地地层以黏性土、粉土为主,地层不易塌孔、缩孔时,可优先选用长螺旋钻机沉设井点管,这种工艺施工效率较高,日沉设井点管可达 40 根以上,而且不存在泥浆排放问题。与其他成孔方法相比,该方法施工成本较低,且便于管理。

(2) 采用冲孔法成井时,泥浆排放量较大,需解决泥浆排放问题。

(3) 当工程场地地层以砂层为主时,可选用小型正循环钻机和小型冲击钻机沉设井点管,日沉设井点管 12 根左右。

3. 工艺流程

测设井位—钻机就位—钻(冲)井孔—沉设井点管—回填滤料—洗井—封填孔口—连接集水总管—安装抽水机组—安装排水管或开挖排水沟—试抽、验收—降水维护—井点系统拆除。

4. 操作方法

1) 测设井位

根据降水设计井位图及地下管线分布图,参照车站或区间中线控制点施放井位。

2）钻机就位

当采用长螺旋钻机成孔时，应使钻杆轴线垂直对准钻孔中心位置，孔位误差不得大于150 mm，并使用双侧吊线坠校正钻杆垂直度，钻杆倾斜度不大于1%。当采用冲孔法成孔时，起重机应安装在测设的孔位旁，用高压胶管连接冲管与高压水泵，起吊冲管对准钻孔中心，冲管倾斜度不大于1%。

3）钻（冲）井孔

（1）长螺旋钻机成孔。

螺旋钻进应根据地层情况选择和调整钻进参数，并通过电流表控制进尺速度，当电流值增大时，说明孔内阻力增大，应降低钻速。在开始钻进及穿过软硬土层交界处时，应保持钻杆垂直，控制钻速，缓慢进尺。当钻进到含有砖头瓦块卵石的土层时，应控制钻杆跳动与机架摇晃，以免孔径扩大并增加孔底落土。钻进中如遇到卡钻、不进尺或钻进缓慢情况时，应停机检查原因，及时处理。遇孔内渗水、塌孔、缩径等异常情况时，可采取调整钻进参数、投入适量黏土、上下串动钻具等措施。待钻到预定的深度后，应原地空转清土，然后起拔钻杆。

（2）冲孔法成孔。

用吊车将冲管吊起对准井点位置，开启高压水泵，并将冲管上下左右摆动，边冲边沉。冲水压力根据土层的坚实程度确定：砂土层水压 0.5 ~ 1.25 MPa；黏性土水压 0.25 ~ 1.50 MPa。冲孔深度应低于井点管底 0.5 m，以弥补沉淀后孔深不足。冲孔达到预定深度后降低水压，拔出冲管，下入井点管，回填滤料，以防止孔壁坍塌。

4）沉设井点管

沉设井点管应缓慢、保持井点管位于井孔正中位置，禁止剐蹭井壁和插入井底，出现上述现象时应提出井点管，检查滤水管及滤网有无损坏，合格后重新沉设。井点管应高于地面200 ~ 300 mm。管口应用尼龙网扎好，以免杂物落入井管。

5）回填滤料

回填滤料应均匀地从四面围填，保持井点管居中，并随时探测滤料深度，以免堵塞架空。滤料回填至地面下 1 m 为止。

6）洗井

回填滤料后应及时洗井，洗井可用清水反冲法和空压机法。应注意采取措施防止洗出的浑水回流入孔内。洗井后，如果滤料下沉，应补填滤料。

（1）清水反冲法洗井：将供水胶管插入距井底 1 m 处，打开水龙头或水泵，将清水注入井点管，浑水从滤料层返出，水清后停止。

（2）空压机法洗井：采用直径 20 ~ 25 mm 的风管将压缩空气送入井点管底部滤水管位置，将滤料层中的泥浆洗出，应视地层出水能力间隔送风洗井，必要时也可注入一定量清水再洗。

7）封填孔口

洗井后应用黏性土将孔口填实封平，防止地表水、雨水顺滤料流入孔内。

8）连接集水总管

井点管施工完成后应使用加筋软管与集水总管连接，接口必须密封严实。各集水总管宜稍向管道水流下游方向倾斜。为减少管内负压损失，集水总管的放置标高应尽量降低。

9）安装抽水机组

抽水机组应被稳固地设置在平整、坚实、无积水的地基上，水箱吸水口与集水总管处于同一标高。机组宜设置在集水总管中部，接口必须密封严实。

10) 安装排水管

排水管可在地面或地下敷设,应连接严密。也可以开挖排水沟将抽出的水排出场地之外,排水沟应做好防渗处理,以防抽出的水回渗到基槽。

11) 试抽、验收

每组井点系统安装完后,应及时进行试抽水,检验水位降深、出水量、管路连接质量、井点出水和泵组工作水压力、真空度及运转情况等。试抽后应组织现场验收,当发现出水浑浊时,应查明原因,及时处理,严禁长时间抽吸浑水。

5. 季节性施工

1) 雨期施工

(1) 雨期降水时,集水总管平台地面应硬化处理,并平整好场地地面,确保雨期场地内无积水。抽水机组应架设防雨设施。

(2) 应采取措施防止地表水渗入或流入基坑,遇大雨或暴雨必须及时排除基坑内积水。

(3) 对于进入现场的设备和材料,应避免堆放在低洼处,露天存放的要垫高加苫布盖好。

2) 冬期施工

(1) 冬期降水时,应对硬化的集水总管平台地面做防滑处理,并及时排除井孔周围的积水,防止结冰。

(2) 抽水机组应有避风、防冻的保温措施。

(3) 停泵时应及时放掉集水管和水泵内的存水。

6. 应注意的质量问题

(1) 真空度是判断井点系统好坏的尺度,一般真空度不应低于 55~66 kPa,如真空度不够,通常是由于管路漏气,可通过听、摸、看等方法检查。

听——有上水声音的是好井点,无声的可能是井点已被淤塞,可用高压水反冲洗通。

摸——手摸连接软管有振动,冬热夏凉的为好井点。

看——夏天湿、冬天干的井点为好井点。

(2) 在同一组泵带动的井点系统中,沉设后井点管口应在同一高程上。

(3) 应采用双路供电或备用发电机,以备停电时也能保证正常降水。

(4) 井点抽水时应保持要求的真空度,除降水系统做好密封外,还应采取保护坡面的措施,以避免随着开挖的进行使坡面因暴露造成漏气。

7. 成品保护

(1) 降水期间应对抽水设备的运行状况进行维护检查,并做好记录。发现有地下管线漏水、地表水入渗时,应及时采取断水、堵漏等措施进行治理。

(2) 检查抽水设备时,除观察仪器仪表外,还应采用听、摸、看等方法检查并结合经验对井点出水情况逐个进行判断。

(3) 当发现井点管不出水时,应判别井点管是否淤塞。当发现井点失效,影响降水效果时,应及时处理。

(4) 应注意对井点系统的保护,施工机械、车辆不得刷蹭井点系统。当采用锚杆或土钉进行边坡支护时,应在井位处做明显标记并引到基坑上口开挖线,以防锚杆或土钉施工破坏井点。

8. 安全措施

(1) 钻(冲)井孔时,应及时排除泥浆,清除弃土,保持地面平整坚硬,防止人员跌伤。

（2）长螺旋钻机成孔作业中，电缆应有专人负责收放，钻机行走时应专人提电缆同行。如遇停电，应将控制器置于零位，切断电源，将钻头接触地面。

（3）吊装或起拔井点管时，应遵守起重设备操作规程，注意避开电缆或照明电线，防止触电。

（4）集水管和抽水设备的安装必须平稳、牢固，保证降水期间设备的正常运行。

11.3.5　轻型井点降水维护管理

（1）正式抽水后应对井点系统运转状况进行定时巡视，不能时抽时停，否则容易抽出浑水，造成地层颗粒流失，孔底沉淀加厚，淤死井点滤水管。

（2）降水期间应按规定观测记录地下水的水位、流量、降水设备的运转情况及天气状况。对水位、水量监测记录应及时整理，绘制水位降深值 s 与时间 t 的过程曲线图，分析水位下降趋势并查明降水过程中的不正常状况及其产生的原因，及时采取调整补充措施，确保降水顺利进行。

（3）当基坑中的基础结构高出降水前静止水位高度时，降水可以停止。停止降水前，必须验算基础结构的抗浮稳定性，当不能满足要求时不得停泵。

（4）多层井点系统拆除应从低层开始，逐层向上进行，在下层井点拆除时，上层井点应继续抽水。可使用倒链或撬杠拔出井点管，井点管拔除后，应及时用砂子将井孔回填密实。

11.4　喷射井点降水

11.4.1　喷射井点降水的原理及适用条件

喷射井点降水系统由高压水泵、进水总管、井点管、喷射器、测真空管、排水总管及循环水箱所组成，如图 11-7 所示。

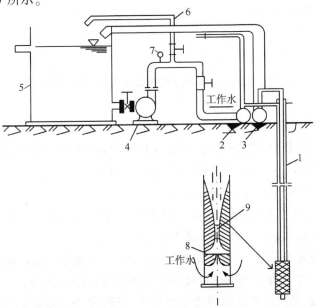

1—井点管；2—进水总管；3—排水总管；4—高压水泵；5—循环水箱；6—调压水管；7—压力表；8—喷嘴；9—混合室。

图 11-7　喷射井点降水系统

喷射井点采用高压水泵将高压工作水经供水管通过喷射器两边的侧孔流向喷嘴,压入井点与供水管之间的环形空间。由于喷嘴截面的突然变小,喷射水流加快(一般流速达 30 m/s 以上),这股高速水流喷射之后,在喷嘴喷射出水柱的周围形成负压,从而将地下水和土中空气吸入并带至混合室。这时地下水流速度得以加快,而工作水流流速逐渐变缓,二者在混合室末端基本上混合均匀。混合均匀的水流射向扩散管,扩散管截面是逐渐扩大的,目的是减少摩擦损失。当喷嘴不断喷射水流时,就推动着水沿内管不断上升,混合水流由井点进入回水总管,再进入循环水箱。部分作为循环用水,多余的水溢流排出,从而达到降水目的。

喷射井点主要适用于粉土、粉细砂等渗透系数较小的含水层,对于渗透系数大的含水层,采用管井降水会更为经济一些。喷射井点降水深度 8~20 m,降深基本能满足浅埋地下工程需要。其缺点是井点管构造较复杂,且井点系统分别有进水总管和排水总管与各井点管相连,地面管网敷设复杂,对地面交通影响大。

不同型号喷射井点的工作特性与渗透系数的关系见表 11-5。喷射井点布置形式与轻型井点基本相同。

表 11-5 不同型号喷射井点的工作特性与渗透系数的关系

型号	外管直径/mm	喷射器		工作水压力/MPa	工作水流量/(m³/h)	吸入水流量/(m³/h)	渗透系数/(m/d)
		喷嘴/mm	混合室直径/mm				
1.5型(并列式)	38	7	14	0.6~08	4.7~6.8	4.22~5.76	0.1~5
2.5型(同心式)	68	7	14	0.6~0.8	4.6~6.2	4.30~5.76	0.1~5
4.0型(同心式)	100	10	20	0.6~0.8	9.6	10.80~16.20	8~10
6.0型(同心式)	162	19	40	0.6~0.8	30	25.0~30.0	20~50

11.4.2 喷射井点施工

1. 施工设备

1)成井设备

钻井法成孔时,一般采用正循环、反循环或长螺旋钻机。冲孔法成孔时,使用吊车和水冲机具。

2)降水设备

主要有井点管、喷射器、高压水泵、进水总管、排水总管、循环水箱等。

(1)井点管:常采用同心式井点管。同心式井点管由内管和外管组成,其内管一般为直径 50~73 mm 的钢管,其外管一般为直径 68~127 mm 的钢管。

(2)喷射器:由喷嘴、混合室、扩散室组成。

(3)高压水泵:为井点系统提供工作水,常采用流量 50~80 m³/h 的多级高压水泵,水压宜大于 0.75 MPa,每泵组约能带动 20~30 根井管。

(4)进水总管与排水总管:一般采用直径 75~100 mm,每根长度 6 m 的钢管,在管壁一侧每隔 1.5~3.0 m 设一个与井点管的连接接头,两根管之间用法兰连接。

(5)连接管:为加筋胶皮管或加筋透明塑料管,直径为 38~55 mm,直径与井点管和排水总管连接接头相匹配,长度为 1~2 m。

(6)高压胶管:用于连接进水总管和井点管,长度为 1~2 m,直径与井点管进水接头和进水总管连接接头相匹配。

（7）循环水箱：与排水总管和进水总管相连接，为井点系统运行提供循环水，抽出地下水经溢流口排出。

2. 施工方法的选择

一般采用正循环、反循环钻机成孔，由于反循环钻井工艺效率高，成井质量好，应优先选用泵吸反循环钻机施工。对于不易产生塌孔、缩孔的地层，可采用长螺旋钻机成孔。对于以较为软弱的黏性土为主的地层，也可采用冲孔法成孔。

3. 工艺流程

测设井位—安装抽水设备—钻机就位—钻（冲）井孔—沉设井点管—填滤料—封填孔口—井点管与进、排水总管连接—洗井—连接循环水箱—试抽、验收—降水维护—井点系统拆除。

4. 操作方法

1）测设井位

根据设计要求标高平整场地，实地测放井位和进、排水总管排放位置。

2）安装抽水设备

抽水设备包括进、排水管路，高压水泵和循环水箱。先敷设进、排水总管的目的是利用其提供施工和洗井水源。进、排水总管的接头位置与井点的布置应相互适应。抽水设备应稳固地设置在平整、坚实、无积水的地面上。高压水泵出水管必须安装压力表和调压回水管路。水箱吸水口应与进、排水总管和井点管口标高一致，各接口须严格密封。

3）钻机就位

当采用正循环或反循环钻机成孔时，钻机就位需采用水平仪找平，做到稳固、周正、水平，钻机对位偏差应小于 20 mm，钻塔垂直度偏差 1%。当采用长螺旋钻机成孔时，应使钻杆轴线垂直对准钻孔中心位置，孔位误差不得大于 150 mm，并使用双侧吊线坠校正调整钻杆垂直度，钻杆倾斜度不得大于 1%。当采用冲孔法成孔时，起重机应安装在测设的孔位旁，用高压胶管连接冲管与高压水泵，起吊冲管对准钻孔中心，冲管倾斜度不得大于 1%。

4）钻（冲）井孔

参见 11.3.4 节中的内容。

5）沉设井点管

沉设井点管应缓慢、保持井点管位于井孔正中位置，禁止剐蹭井壁和插入井底。发现有上述现象发生时，应提出井点管对过滤器进行检查，合格后重新沉设。

6）回填滤料

回填滤料应均匀地从四面围填，保持井点管居中，并随时探测滤料深度，以免堵塞架空填料，至距地面 1 m 时停止。滤料填好后应用黏性土将孔口填实，以防止地表水流入孔内。

7）井点管与进、排水总管连接

井点管与进、排水总管连接的所有接头应严密。各井点管的连接管及进水高压胶管应分别安装阀门，以便井点检修。

8）洗井

射井点安装完成后，应及时开泵对井点管进行逐根清洗，泵压控制开始要小一些（不大于

0.3 MPa),而后逐步开足,如发现井点管周围有翻砂冒水现象,应立即关闭该井点管并进行检修。洗井水浑浊时,不能进入循环水箱,应做好洗井水的排放问题。

9)试抽、验收

各组井点系统安装完后,应及时进行试抽水,当发现出水浑浊时,应查明原因,及时处理,直至水清砂净后方能将排水总管与循环水箱连接。此前应用清水持续补充入循环水箱作为工作用水。试抽后对降水系统应组织现场验收,全面检查水位降深、抽水量、管路连接质量、井点出水情况和泵组工作水压力、真空度及井点系统运转情况,一切正常后方可验收合格。

10)井点系统拆除

降水结束后,一般使用吊车拔出井点管,井点管拔除后,应及时用中粗砂将井孔回填密实。

5. 应注意的质量问题

(1)抽水过程中,应视工作水浑浊程度定期更换清水,并清理循环水箱中沉淀的泥砂,以减轻对喷射器喷嘴和水泵叶轮的磨损。

(2)应确保喷射器的加工质量,如果喷嘴直径加工尺寸偏大,则工作水流量需增大,否则真空度降低,将影响降水效果。如果喷嘴、混合室、扩散室的轴线不重合,则会降低真空度,而且由于水力冲刷,喷射器磨损较快。为防止工作水反灌入地层,应在滤水管下端设置逆止球阀。

(3)井点管和总管在安装前必须清除铁屑、泥砂和焊渣等杂物,如安装后出现喷嘴堵塞或芯管、过滤器淤积,可通过内管或出水管(并列式)施加高压水反冲疏通。

(4)为避免井点管淤积堵塞,在沉设井点管、回填滤料、接通进水总管后,应及时针对单井进行试抽。

11.5 真空管井降水

11.5.1 真空管井降水系统的工作原理及适用条件

一般情况下,管井降水对各类透水性强的砂、砾、卵石含水层十分有效,对于黏质粉土、粉土、粉砂等弱透水层效果较差,其主要原因是弱透水层的毛细作用较强,仅靠重力作用地下水难以形成井流。真空管井降水是在管井基础上,对井管抽真空,在以井管为中心的一定范围内的含水层中施加负压,迫使弱透水层中的地下水流入井中,再通过潜水泵抽水的一种降水方法。这种真空管井复合降水技术能够较好地解决弱透水层的疏干问题,降水深度可达 30 m以上。

真空管井相较单一管井来说,多了一套抽真空系统,相当于加大了地下水流向井的水力梯度,因而真空管井降水能缩短针对弱透水层的预降水时间,并提高降水效果。本节只表述与管井降水的不同之处。

11.5.2 真空管井降水设计

1. 井管

真空管井的井管可以采用 HDPE 双壁波纹管、水泥管和钢管,在需要密封的井段下入井壁管,对应需要降水的含水层部位下入滤水管。HDPE 双壁波纹管和钢管的接头少,密封性比较好;水泥管每米一节,排管灵活,非常经济,但每节管间接头的密封处理较复杂。

2. 真空管井的密封

真空管井的密封处理是真空管井降水的关键,包括井口密封和井段密封。

1) 井口密封

井管口一般可采用法兰密封。法兰密封套件由套桶、上法兰盲板、下法兰、密封橡皮圈和固定螺丝等组成。可根据井管管径和材质的不同,确定法兰密封套件的尺寸,下法兰与套桶之间为焊接,在上法兰盲板应设置电缆线孔、水位观测孔、泵管排水孔、抽真空孔和真空表孔,组装时这些孔洞同样要做好密封。对于丝扣连接件,在连接处用生胶带进行密封;对于电缆和出水管孔的密封,在穿电缆线和排水管后用防水密封胶密封。

2) 井段密封

井段密封主要针对不需降水的含水层和地表下与大气的隔离段,大气隔离段一般不小于 5 m,可采用预制风干黏土球密封。

3. 真空泵的选取

真空泵的选取需根据管井真空系统的真空度要求来确定。

当泵所需的真空度或气体压力不高时,可优先在单级泵中选取。如果真空度或排气压力较高,单级泵往往不能满足,或者,要求泵在较高真空度情况下仍有较大气量,即要求性能曲线在较高真空度时较平坦,可选用两级泵。如果只作真空泵用,则选用单作用泵比较好。因为单作用泵的构造简单,便于维护,且在高真空情况下抗汽蚀性好。初步选定了泵的类型之后,对于真空泵,还要根据抽真空系统所需的抽气量来选择泵的具体型号。

一般来说,水环式真空泵可作为真空管井降水的首选泵。其优点是结构紧凑,操作方便,泵体与电动机直联,转速较高,用较小的结构尺寸可以获得较大的排气量,泵腔内没有金属摩擦表面,无须对泵内进行润滑。例如 SK-3 水环式真空泵,其抽气速率为 3 m^3/min,极限真空度为 -0.093 MPa,电机功率为 5.5 kW,根据管井内真空度要求,一台可带 1~3 口降水管井。

11.5.3　施工工艺

1. 工艺流程

定井位—挖(围)泥浆池—钻机就位—钻井—换浆—下入滤水管—下入井壁管(井壁管接头密封)—下部回填滤料—上部井段黏土球密封—洗井—井口密封—潜水泵、真空系统安装—铺设排水管线—试抽、验收—降水维护管理(下划线部分是真空复合增加的流程,其余与管井降水流程一致)。

2. 操作方法

1) 井壁管接头密封

在接头周圈均匀涂抹一层厚约 1 cm 的掺速凝剂素水泥浆,对接后将接口外缝用的素水泥浆勾抹严实;然后在接口部位的 30 cm 范围裹缠改性沥青防水卷材,并用汽油喷灯烘烤后粘贴压实。如为钢管,则两节管间进行焊接。

2) 上部井段密封

在填滤料过程中,随时测量滤料回填深度,当滤料填至设计封井位置时,沿井管四周均匀填入直径为 20~30 mm 的黏土球,并应在黏土球处于半风干状态下缓慢填入,直至距地面 1 m

时停止。

3）井口密封

以降水井为中心将井室范围内的土体挖除。将高出的井管切除并保持其高出井室底约
10 cm。适当补充或挖除井管外充填的黏土，形成一定宽度的环状间隙，底部低于井管上口
40 cm，然后灌入 M10 的水泥砂浆至 30 cm 高，再将已加工好的带下法兰的钢套桶套在井管外，
并插入到水泥砂浆中，之后将钢套桶外侧间隙浇筑水泥砂浆与井室底取平。

4）真空系统安装

应根据真空泵的抽速和管井容积确定一台真空泵带一口或若干口管井。安装真空管路前
应对管路进行清洁处理，以免碎片、碎屑焊渣被吸入泵内，造成损坏；进气管路管径应不小于泵
进气口直径，管道宜短，接头宜少，否则影响井管真空度。排气管路管径不应小于真空泵体排
气口直径，排气管口应朝下，以避免雨水及杂物进入泵内。

5）抽真空系统调试及运行

（1）试车前检查各接口处的紧固情况，检查好电气线路，检查冷却水管路是否畅通。

（2）用手缓慢转动皮带轮，检视传动部分是否正常，不可直接开动电机，以防造成损坏。

（3）打开进气管上的放空阀。

（4）启动电机，注意转动方向应与泵转动方向一致。

（5）开泵 5 min 后缓慢打开进气阀，注意真空表是否指向正确的工作压力。如管井较深，
井管容积较大，则进气阀开小一点，使其真空保持在 -0.05 MPa 左右。待抽真空系统都在
-0.05 MPa 以上时，开足进气管道总阀。

（6）真空系统运行中，应定期检查真空泵的运行情况，关停真空泵之前应先关闭真空系统
的进气阀，然后关闭电动机，并打开放空阀让空气进入泵内。

11.5.4　抽水系统的自动控制

由于真空管井复合降水系统主要用于弱透水层中，很难配备合适流量的潜水泵，地层出水
与抽水不易达成平衡，故还应配备高低水位感应自动控制装置，以控制潜水泵间歇启动，即当
水位上升接触到高水位感应探头（一般设置在开挖底板以下 1 m）时，潜水泵启动；当抽水到低
水位感应探头（一般设置在潜水泵吸水口以上 1 m）时，潜水泵停止工作。这样既可避免潜水
泵无效运转而浪费能源，也可延长水泵使用寿命。

11.5.5　工程实例

1．工程概况

北京地铁 10 号线 18 标段劲松站—折返点区间隧道断面变化大，断面最宽约 15 m，最高约
11 m，开挖底板深度约 26 m，隧道东侧距多层住宅楼仅 7 m 左右，暗挖施工难度较大。从北侧
劲松站已实施的管井降水施工情况看，对于砂层效果良好，而对于粉土等弱透水层则效果较
差，该站全面降水半年后，开挖粉土层断面时仍有水渗出，给暗挖施工造成了一定困难，因而决
定在劲松站南侧折返线进行真空管井降水试验。

2．地质及水文地质概况

1）地层

按照地层的形成年代、成因类型及岩性，自上而下依次如下所述（见图 11-8）。

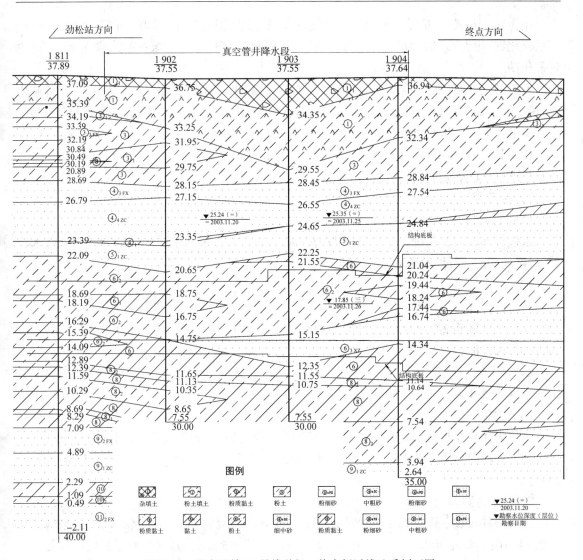

图 11-8　北京地铁 10 号线劲松—终点折返线地质剖面图

（1）人工填土层（Q^{ml}）。

杂填土①$_1$层：稍湿~湿，以碎石填土的路基为主，含砖块、混凝土块等；粉土填土①层：稍湿~湿，含砖渣、灰渣。

（2）第四纪全新世冲洪积层（Q_4^{al+pl}）。

粉土③层：湿~很湿，含多量云母、少量氧化铁；粉质黏土③$_1$层：可塑，含少量云母、多量姜石；粉细砂③$_3$层：饱和，含多量云母、少量氧化铁。

粉质黏土④层：可塑，含少量云母、氧化铁；黏土④$_1$层：可塑，含少量云母、氧化铁；粉细砂④$_3$层：饱和，含多量云母、少量氧化铁；中粗砂④$_4$层：饱和，含多量云母、少量氧化铁。

（3）第四纪晚更新世冲洪积层（Q_3^{al+pl}）。

圆砾⑤层：饱和，最大粒径 70 mm，一般粒径 10~20 mm，粒径大于 2 mm 的颗粒约占总质量的 60%，中粗砂填充，砾石成分以砂岩、辉绿岩为主；中粗砂⑤$_1$层：饱和，含多量云母、少量氧化铁、个别砾石。

粉质黏土⑥层:可塑,局部硬塑,含少量云母、多量氧化铁;黏土⑥₁层:可塑,含少量云母、多量氧化铁;粉土⑥₂层:饱和,含少量云母、多量氧化铁;细中砂⑥₃层:饱和,含多量云母、少量氧化铁。

粉质黏土⑧层:可塑,含多量姜石、少量氧化铁;黏土⑧₁层:硬塑,含多量姜石、少量氧化铁;粉土⑧₂层:很湿,含多量云母、少量氧化铁;细中砂⑧₃层:很湿,含多量云母、少量氧化铁。

中粗砂⑨₁层:饱和,含多量云母、少量氧化铁;粉细砂⑨₂层:饱和,含多量云母、少量氧化铁。

粉质黏土⑩层:硬塑,含氧化铁;粉土⑩₂层:很湿,含云母。

粉细砂⑪₂层:饱和,含云母。

2) 地下水

(1) 上层滞水。

水位标高 32.33 m,埋深 5 m 左右,赋存于粉土③层中,其主要接受管沟渗漏及大气降水补给,以蒸发和向下补给潜水的方式排泄。

(2) 潜水。

水位标高为 25.24~25.35 m,埋深 12 m 左右,赋存于中粗砂④₄层和中粗砂⑤₁层中,主要接受大气降水和侧向径流补给为主,以侧向径流、向下越流补给承压水及人工排水的方式排泄。

(3) 层间潜水。

水位标高为 17.58~17.85 m,埋深 20 m 左右,赋存于粉土⑥₂层和细中砂⑥₃层,主要接受上层潜水越流补给,以向下越流补给承压水的方式排泄。

(4) 承压水。

水位为标高 6.91 m,埋深 30 m 左右,赋存于中粗砂⑨₁层和粉细砂⑨₂层中。

地下水流向总体方向为自北向南。根据地铁隧道开挖要求,降水需疏干层滞水、潜水和层间水。

3. 降水方案

试验段共布真空管井 22 口(见图 11-9),其中无砂水泥管井 12 口,井深为 39 m,结构大样见图 11-10;钢管井 10 口,井深为 38 m。抽水采用扬程 45 m 的 Q3-45/3-1.1 型潜水泵。由于地面交通条件限制,真空系统必须暗埋于地下井室,因而选择了体积较小的 2X-15 旋片式真空泵,其抽气速率为 0.9 m³/min,极限真空度-0.06 MPa,电机功率 1.5 kW,可安装于管井的地下检查井室中,适于一台带 1 眼降水井。由于抽水泵量与地层出水量不能匹配,而设置了自控装置控制潜水泵间歇启动。

4. 降水效果

2005 年 8—9 月完成真空管井降水施工,10 月全面启动降水。由于真空泵抽吸量较小,井管内真空度一般只达到 0.015 MPa。尽管如此,真空管井降水系统运行后,从土建隧道开挖情况来看,真空管井降水试验段部位的粉土层开挖断面无水渗出,而在试验段南侧的普通管井降水段,开挖粉土层时不断有渗出水。

通过对土层含水量的测定表明,真空管井降水段开挖出的粉土⑥₂层的含水量比管井降水段粉土⑥₂层含水量平均小 12.4%,黏土⑥₁层含水量平均小 27.45%(见表 11-6),说明了真空管井降水除了疏干重力水外,对岩土中的毛细水和弱结合水的析出也起了作用,从而有效降低了弱透水层的含水量。

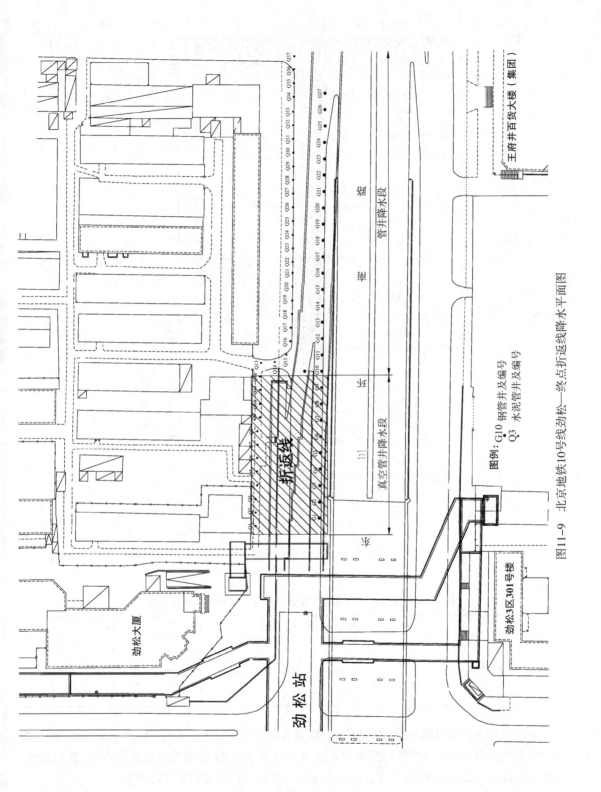

图11-9　北京地铁10号线劲松—终点折返线降水平面图

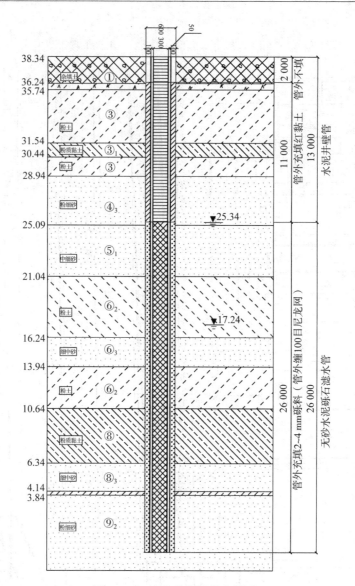

图 11-10 真空管井结构大样图

表 11-6 真空管井降水与普通管井降水后开挖土层含水量对比

降水方法	黏土⑥₁层			黏土⑥₂层		
	1#	2#	3#	1#	2#	3#
真空管井降水(左线)	18.9%	19.9%	19.6%	21.7%	25.0%	23.3%
普通管井降水(右线)	25.8%	27.6%	27.1%	25.7%	28.3%	25.8%

通过对受真空管井降水影响的地层中真空度的测定表明:粉土⑥₂层真空影响范围在水平方向上可达到 13 m,有效影响距离为 6 m;垂直方向的真空影响与地层岩性有关,在黏性土和粉土等透水性较差的地层中形成的真空度明显比在砂层中形成的真空度高。

对真空管井与普通管井出水流量进行测定,结果表明真空管井的出水流量也明显大于普通管井。

11.6　明排降水

11.6.1　明排降水的特点及适用条件

明排降水是指基坑开挖过程中,在基坑周边开挖排水沟并设置一定数量集水井,然后从集水井中抽出地下水,从而达到降水目的。这种降水方法设施简单,成本低,管理方便,但使用的限制条件较多。

明排降水的适用条件如下。

(1) 地下水类型一般为上层滞水或薄层潜水,含水层渗透性较差。对于渗透性较强的含水层,通常不能采用明排降水方法。

(2) 一般适用于浅基坑降水或隧道内排除残留水,降水深度不宜大于 2 m,降水时间不宜太长。

(3) 含水层土质密实,坑壁稳定,不会产生流砂、管涌等渗透破坏。

11.6.2　明排降水施工

一般采用人工开挖排水沟和集水井。排水沟底比基坑深 0.3~0.5 m,沟底宽大于 0.3 m,坡度为 1/5 000 ~1/1 000;在基坑四角或每隔 30~40 m 间距设一口直径为 0.6~0.8 m 的集水井,集水井底比排水沟深 1 m 左右,下入水泥砾石滤水管或钢护筒,四周及井底 0.3 m 左右填入砂砾石形成反滤层。

当基坑及隧道内排水沟不便裸露时,可将排水明沟做成盲沟或盲管。盲沟即在排水沟内填入级配砂石,表层铺一层粗砂,以防施工时被黏土堵塞,影响盲沟滤料的渗透能力。盲管是在排水沟内埋入滤水管,再填入级配砂石,滤水管的选择与管井中的滤水管相同,材质多为水泥管、塑料管和钢管,管外包缠滤网。排水沟(盲沟)完成降水后,可直接采用级配砂石回填密实。

明排降水方法的局限性较强,但由于地质条件千变万化,地铁工程降水在个别地段难免会用到明排降水,有时明排降水也会作为补救措施不得已而为之。因此对明排降水要有正确认识:对于明排降水,地下水沿基槽坡面、坡脚或隧道掌子面渗出,容易造成基底土质软化,降低表层地基土的强度。若降水地段夹有粉细砂薄层,还易造成地下水潜蚀,造成隧道拱角土颗粒流失。因而,明排降水地段应加强对拱角的注浆加固处理。

11.7　降水监测与管理

11.7.1　水位观测

地下水水位观测是检验降水施工是否达到目的的主要手段,特别是采用管井方法降水时,水位观测尤为重要。一般来说,水位只需降到槽底之下 0.5 m,而往往在很多情况下,地下水补给与抽排水能力不能达成平衡,或者说它们之间的平衡是动态平衡,需要通过对地下水位的实时观测,调整降水管井的开启与关停,使降水深度或降压深度维持在满足土建安全施工要求的一定水平。由于地铁工程施工周期较长,降水维护要经过一两个地下水丰、枯水期的水位自然升降,抽水井或水泵的调整是必然的。

降水范围内的观测井应均匀布置,观测井距离不宜大于 20 m。除降水设计布置的专门水位观测井外,水文地质勘察孔、试验孔,以及降水井(特别是自渗井)都可以作为观测井。一般应选定降水管井总数的 20% 作为观测井,其位置均匀分布于降水区域内。当在设置了止水帷幕的基坑内降水时,应在基坑外围布置一定量的观测井,观测基坑外围地下水位,如发现水位下降幅度较大,应及时采取措施,以防周边建、构筑物的安全受到影响。

通常采用电测水位计观测地下水位。水位观测周期:降水开始后,水位未达到设计降深之前,每天观测 1 次;水位达到设计降深后,每 5 天观测 1 次。应及时整理水位观测资料,绘制降深与时间的水位变化过程曲线,分析水位下降趋势,预测掘进掌子面的地下水位,并根据水位变化情况调整开泵地段和开泵数量,在保证地铁隧道无水掘进的同时,减小地下水资源浪费。

降水过程中观测静水位是必要的,对抽水井动水位的观测也同样重要。当动水位太深或水位已到潜水泵的吸水口时,水泵抽水通常是一股股出水,这种情况说明井损较大,或含水层出水能力比预计的要小,应及时更换流量小一级的水泵,以节约电能并避免水泵损坏。采用真空方法降水时,抽水能力在多数情况下大于地层出水能力,但更换井点管和抽水系统难度太大,一般都维持持续抽水。

11.7.2 水量观测

对于降水工程,一般对抽排水量进行粗略观测即可,目的是核实降水设计计算与实际情况的差异。如差异很大,则很有可能是水文地质参数确定有误,应及时调整降水方案。通常采用堰测法测量比较简单实用,堰板可以使三角堰、梯形堰或矩形堰,堰板设置如图 11-11 所示,流量的计算式分别见式(11-2)~式(11-4)。观测频率和观测时间可根据具体情况确定。

三角堰:

$$Q = 0.013\ 43H^{2.47} \tag{11-5}$$

梯形堰:

$$Q = 0.018\ 6BH^{\frac{3}{2}} \tag{11-6}$$

矩形堰:

$$Q = 0.018\ 38(b - 0.2H)H^{\frac{3}{2}} \tag{11-7}$$

式中:Q——流量,L/s;

H——堰口零点以上水位高,cm;

B——梯形堰的堰口底边宽,cm;

b——矩形堰的堰口宽,cm。

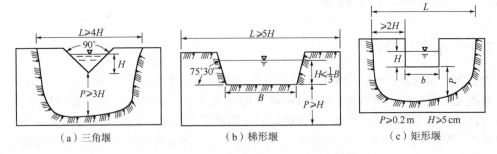

（a）三角堰　　　　　　（b）梯形堰　　　　　　（c）矩形堰

图 11-11　采用堰测法测定流量时的堰板设置示意图

11.7.3　出水含砂量监测

降水管井出水含砂量的大小直接关系到管井的正常运行和使用寿命,影响含砂量大小的主要因素是滤料、滤网规格和管井施工质量。正常情况下在抽水开始初期含砂量会出现峰值,而后逐步下降,并随着水位的稳定而稳定下来。因而对于降水管井只需在抽水稳定后测定一次即可。降水施工的抽排水含砂量(砂水体积比)应达到《建筑与市政工程地下水控制技术规范》(JGJ 111—2016)中的有关要求:

(1) 管井抽水半小时内含砂量,粗砂含量应小于 1/50 000,中砂含量应小于 1/20 000,细砂含量应小于 1/10 000;

(2) 管井正常运行时含砂量应小于 1/50 000;

(3) 辐射井抽水半小时内含砂量应小于 1/20 000;

(4) 辐射井正常运行时含砂量应小于 1/200 000。

对于出水含砂量过大的降水井应妥善处理,使其达到规范要求,或将其改变为渗水井或观测井。当然,在降水设计和施工过程中,也不必刻意把含砂量控制得很小,否则会影响井的出水能力。通常采用过滤法测量出水含砂量比较准确。

11.7.4　建、构筑物及地面沉降监测

1. 基准点、监测点的布置与设置方法

针对一条地铁线路的降水工程,至少应设置 2~3 个深埋水准基点和多个工作基点,使其形成高程控制网,并定期联测,以检验其稳定性。

为避免降水影响,水准基点埋深一般应略深于降水井,或深入到密实(或基岩)地层,距降水区域的距离不小于 100 m。宜采取钻孔埋设钢管水准基点方法设置,水准基点由标杆、保护管、扶正器、标头和标底五部分组成。

工作基点标石,可选择浅埋钢管水准标石或混凝土普通水准标石。设置数量和位置以便于一测站施测监测点为好,但应避开交通干道,而设置在稳定、安全不易遭损坏且便于观测的地点。

2. 沉降观测点的布置与设置方法

1) 建、构筑物沉降观测点

建、构筑物沉降观测点的布置应根据建、构筑物的体型与结构形式、工程地质条件、降水和土建施工引起的沉降规律等因素综合考虑,要求布置在便于观测且不易遭到损坏处。沉降观测点一般可布设在建、构筑物的角点和周边中点上,如果是立交桥桩,应把测点设置在桥桩或承台之上。测点布设前,先与各建、构筑物的产权单位进行协调。布设时,采用冲击电锤在建、构筑物墙体上钻孔,孔径 28 mm,孔深 20 cm,离地面约 30 cm,然后将直径 22 mm 的 L 形测点插入孔内,再用水泥砂浆填实。

2) 地面沉降观测点

地面沉降观测点的布置可顺地铁走向布置,观测点位置及间距以能直观上反映地铁工程降水引起的沉降范围为宜。一般做法是:在地铁沿线地面每隔 100 m 布设一个观测点,每隔200~300 m 布设一排横向地面观测点,每排布设 5 个点,横向观测点应分别与地铁结构对称或与降水井排的中心线对称,间距宜为 20~30 m。测点应深入到地表硬壳层,一般不小于 80 cm。

3. 观测方法

各观测点的沉降量以 2 次测得各观测点的高程值之差计算得出,各沉降观测点的高程以起算水准基点和各工作基点与沉降观测点组成的闭合水准路线来测定。

1) 基点联测

降水工程开始前,水准基点与各工作基点应进行 2 次联测,确定工作基点的起始数值。之后,基点联测应每 3 个月进行 1 次,以检查工作基点的稳定性。基点联测按一等水准精度要求执行。

2) 监测点测量

降水工程开始前,利用已联测过的工作基点(或水准基点)对建、构筑物及地面的监测点连续进行 2 次测量,取得监测点的首次高程。在降水工程开始初期,每周测量 1 次,如果日沉降量≤±0.04 mm,则改为每 2 周测量 1 次。如发现沉降速率突然加大,应加密监测频次。当降水工程结束时,沉降观测应推后 2 个月结束,以观察水位恢复对已发生沉降的影响。监测等级按二等水准精度要求执行。

4. 监控测量预警预报

在降水工程及地下工程隧道掘进开始前,应根据建、构筑物的基础形式、结构形式、建设年代和地基条件确定不同建、构筑物绝对沉降和差异沉降的预警值和报警值。当累计沉降量达到预警值时,应提请业主、监理及建、构筑物产权单位等商讨针对沉降可能产生后果的对策,并制定处理措施。当累计沉降量达到报警值时,应及时采取处理措施。

第 12 章　地下工程施工降水引起的环境问题及对策

地下工程施工降水对环境的影响主要体现在以下两个方面：

(1) 降水影响范围内会引发一定量的地面沉降,对周围建、构筑物的正常使用构成威胁;

(2) 地铁工程降水历时较长,抽水强度较大,会影响地下水环境,特别对一定时期的地下水均衡有影响。

这是地铁工程降水必须面对并要解决的问题,相应对策如下：

(1) 对地铁沿线重要建、构筑物进行安全评估,必要时预先进行加固处理;

(2) 在邻近建、构筑物一侧施作止水帷幕或采取回灌措施,以控制建、构筑物地基土的地下水位不受降水影响;

(3) 对抽排的地下水采取回灌措施或加以利用,以减少地下水资源浪费;

(4) 制定合理的降水方案和土建施工方案,尽可能缩短降水时间。

12.1　降水引发的地面沉降

12.1.1　地面沉降的发生机制

由于地下水位下降而引发地面沉降的机制研究已较为深入,对其认识也逐渐清楚。最初对其进行研究源于大规模开采地下水作为供水水源而引发的地面沉降。地下工程降水主要针对浅层地下水,与供水水源地的长期开采相对而言,地下工程(包括规模较大的地铁)施工降水总体来说还是局部的、短暂的,引发的地面沉降具有范围小、持续时间短、恢复快等特点,它不同于农业灌溉、城市供水需要常年大量、大范围地开采地下水,造成地下水位持续下降,引发持久的地面沉降,并造成一系列灾害现象。

地下水位下降造成地面沉降发生的根本原因是土中的应力变化,研究土中应力的目的是研究土体受力后的变形和强度问题,但是土的体积变化和强度大小并不是直接决定于土体所受的总应力,这是因为土是一种由三相物质构成的松散材料,受力后存在下列问题:

(1) 外力如何由三种成分来分担?

(2) 它们是如何传递与相互转化的?

(3) 它们和材料的变形与强度有什么关系?

含水层是由固体颗粒构成的骨架和充满其间的水组成的两相体,当外力作用于土体后,一部分由土骨架承担,并通过颗粒之间的接触进行应力的传递,称为粒间应力(有效应力);另一部分则由孔隙中的水来承担,水虽然不能承担剪应力,但却能承受法向应力,并且可以通过连通的孔隙中的水传递,这部分水压力称为孔隙水压力。

图 12-1 表示饱和土体中某一放大了的横截面 a—a,面积为 A,假设土颗粒较小,a—a 面都通过了土颗粒的接触点。由于颗粒接触点所占面积 A_s 很小,故面积 A 中绝大部分都是孔隙

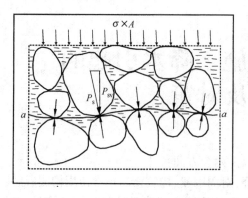

图 12-1　有效应力的概念模型示意图

水压力所占据的面积 $A_w = A - A_s$。若在该截面每单位面积上作用有垂直总应力 σ，则在 a—a 面上的孔隙水处将作用有孔隙水压力 u，在颗粒接触处将存在粒间作用力 P_s。P_s 的大小和方向都是随机的，现将其分解为竖直向和水平向两个分力，竖直向分力为 P_{sv}。考虑 a—a 面的竖向力平衡可知：

$$\sigma A = \sum P_{sv} + uA_w \qquad (12\text{-}1)$$

两边均除以面积 A，则

$$\sigma = \frac{\sum P_{sv}}{A} + u \frac{A_w}{A} \qquad (12\text{-}2)$$

式中，右端第一项 $\sum P_{sv}/A$ 为全部竖直向粒间作用力之和除以横断面面积 A，它代表全面积 A 上的平均竖直向粒间应力，并定义为有效应力，习惯上用 σ' 表示；对于右端第二项中的 A_w/A，由于颗粒接触点面积 A_s 很小，据有关研究不超过 $0.03A$，故 $A_w/A \approx 1$。由此，式(12-2)可简化为

$$\sigma = \sigma' + u \qquad (12\text{-}3)$$

式中：σ——作用在土中任意面上的总应力（自重应力与附加应力）；

σ'——有效应力，作用于同一平面的土骨架上，也称粒间应力；

u——孔隙水压力，作用于同一平面的孔隙水上。

式(12-3)即为饱和土有效应力原理的表达式。这意味着引起土的体积压缩和抗剪强度发生变化的原因，并不是作用在土体上的总应力，而是总应力与孔隙水压力之间的差值——有效应力 σ'。孔隙水压力本身并不能使土发生变形和强度的变化，这是因为水压力各方向相等，均衡地作用于每个土颗粒周围，因而不会使土颗粒移动，导致孔隙体积变化。它除了使土颗粒受到浮力外，只能使土颗粒本身受到静水压力，而固体颗粒的压缩模量 E 很大，本身的压缩可以忽略不计。另外，水不能承受剪应力，因此孔隙水压力自身的变化也不会引起土的抗剪强度的变化。正因为如此，孔隙水压力也被称为中性应力。但是应当注意，当总应力 σ 保持为常数时，孔隙水压力 u 发生变化将直接引起有效应力 σ' 发生变化，从而使土体的体积和强度发生变化。

由抽取地下水而引起土层压缩的力学效应符合太沙基的有效应力原理。当承压水头降低时，向上作用的水头压力也随之减少，使原土层中的压力平衡受到破坏，在含水层与黏土层之间产生水力梯度，造成易压缩的黏土层中的孔隙水外流，在空隙水压力减小的情况下，要保持总应力不变，必然要增大有效应力，相当于地层颗粒之间增加一个外压力，从而使土层进一步固结和压缩。对砂、砾、卵石类含水层而言，随着水位下降，水的浮托力减小，使其压密，由于这类岩土压缩模量很大，压缩变形一般很小，而且砂、砾、卵石层压密属弹性变形，待孔隙水压力恢复后，此类岩土大体上仍能恢复原状。对于弱透水层来说，由于是塑性变形，黏性土释水压密时结构发生了不可逆转的变化，即使孔隙水压力恢复，黏性土基本上仍保持压密状态。

由于砂层和黏性土层透水性能的显著差异，上述讨论的孔隙水压力减小、有效应力相应增大的过程，在砂层和黏性土层中的表现是截然不同的。在砂层中，这一过程可以认为是"瞬时"完成，因而砂层压密也是"瞬时"完成的。然而在黏性土中，它却进行得十分缓慢，所需时间往往需要几个月甚至几年，时间长短主要取决于黏土层的厚度和透水性。也就是说，黏性土层固结压缩的开始时间与抽水所引起的水位下降同步，但沉降过程的结束则要滞后于地下水位下降期。

12.1.2　地质环境模式与地面沉降

目前已认识到,并非所有位于第四纪松散沉积层之上的城市都因抽取地下水而引起显著的地面沉降。北京是大量开采地下水作为生活及工农业用水的城市,城区潜水位多年累计下降了十余米,承压水位甚至下降了二十余米。从 20 世纪 60 年代修建地铁 1 号线开始,到后来修建地铁 4、5、6、7、10 号线等,也都采用了降水措施,而没有发现北京城区,特别是东二环路以西出现较明显的地面沉降。工程监测表明北京地铁复八线降水沉降最大不足 6 mm。这是由于北京城区坐落在冲洪积扇中上部,含水层密实,隔水层固结程度高的缘故。然而,在冲洪积扇下部或扇间地带,如在北京市东四环外,由于工业生产大量、长期开采地下水,形成了以东郊化工和棉纺织工业区为沉降中心的地面沉降区,多年累计沉降超过了 500 mm。

大量实例证明,较大幅度的地面沉降一般产生于岩土层未完全固结、具有多层粗细交错沉积结构模式的环境中。这就反映了较大幅度地面沉降的产生对地质环境有选择性,尤其是选择未完全固结的土层。明确这一点,也就明确了一座城市地铁工程降水方案的选取,能否在采取降水措施后进行明、暗挖施工,或是需在帷幕止水后,再降帷幕内的水,还是降水与回灌同时实施,然后进行开挖。

能够出现较大范围未完全固结状态土层的环境主要有现代冲积平原模式、三角洲平原模式和断陷盆地模式。

1. 冲积平原模式

包括未固结的所有冲积平原地区。这种地质环境范围比较大,新近沉积、富水而固结程度不高的土层占有一定比例。

2. 三角洲平原模式

这种模式内,尤其是现代冲积三角洲平原地区,坐落其上的城市区域往往是地面沉降灾害广泛发育的地区。如我国长江三角洲主体部分属于建设性三角洲,该三角洲自 6 000 年前的最近一次冰期后开始向海面方向推进。至公元 8 世纪时,包括上海、南通等的三角洲平原已初步形成。14 世纪时,其海岸线已大致和现代相似。三角洲平原的形成过程与漫长的地质历史过程相比,只是匆匆一瞬,浅部沉积层的固结程度都还处于很低的水平。至目前为止,长江三角洲的主体部分还继续向外淤积扩充,并形成以南汇为代表的耳状建设性三角洲。常州靠近三角洲的上部,无锡、苏州位于三角洲以南的太湖河网冲积湖沼平原,上海位于三角洲前缘,而嘉兴、萧山、宁波位于滨海平原。认清城市所处地质环境,对城市的地面沉降研究和预测是极有意义的。

3. 断陷盆地模式

它可分为近海式和内陆式两类,近海式主要是滨海平原,而内陆式则为河湖冲积相。

12.1.3　地层的固结特性与地面沉降

岩土物质经过搬运、沉积后,在各种因素的作用下,地层将逐渐排水、固结,压密。地层在地质历史上所承受的最大垂直有效应力称为地层前期固结压力 P_c。根据 P_c 与 P_0(自重应力)的相对大小,可将地层分为欠固结、正常固结及超固结三种固结状态。

(1) 欠固结地层 $P_c/P_0 =$ OCR < 1[见图 12-2(a)],其中 OCR 为超固结比。这类地层在地质历史中,在自重应力作用下,固结尚未完成,仍将继续排水固结,产生压密变形。这种地层最容易产生地面沉降,即使不抽水,仍会产生一定量的地面沉降。

（2）正常固结地层 $P_c/P_o = OCR = 1$[见图 12-2(b)]。这类地层中,如果不抽水,地层内应力处于平衡状态,不会产生地面沉降。但如果抽水,引起水位下降,则破坏了地层内的原有应力状态,使地层内孔隙水压力降低,有效应力增加,将出现一定量的压缩变形。

（3）超固结地层 $P_c/P_o = OCR > 1$[见图 12-2(c)]。这类地层的前期固结压力 P_c 要大于现有地层自重压力。对于超固结地层,当抽水引起水位下降,水位下降值在地层内引起的附加荷载只要不超过图 12-2(c)中的 A_2 点,就不会出现明显压缩变形。

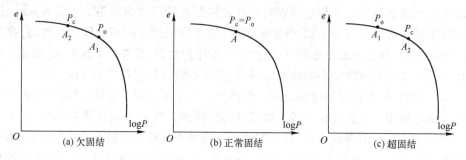

图 12-2　地层固结状态曲线

可以看出,3 种类型固结状态土层与地面沉降的关系是不同的,在同样的地下水开采条件下,欠固结土层最容易发生地面沉降,正常固结土层次之,超固结土层沉降的可能性最小。

12.1.4　地面沉降预测计算

关于地面沉降的计算方法较多,归纳起来大致有:理论计算方法、半理论半经验方法和经验方法。由于地质条件和各种边界条件的复杂性,经实践证明,采用半理论半经验方法是较简单实用的计算方法。此外,运用灰色系统理论、模糊数学和数值分析等进行地面沉降计算的方法,近年来也得到了较多的应用。

这里介绍几种常用的地面沉降计算方法。

1. 分层总和法

地下水位下降引起的地面沉降的预测计算包括含水层变形计算和黏性土或粉土层的变形计算。

（1）含水层变形采用弹性公式计算:

$$S_\infty = \frac{\Delta P \cdot H}{E} \tag{12-4}$$

（2）黏性土或粉土层按下式计算:

$$S_\infty = \frac{a_v}{1 + e_0} \Delta P \cdot H \tag{12-5}$$

式中: S_∞——最终沉降量,cm;

　　　a_v——黏性土或粉土的压缩系数或回弹系数,MPa^{-1};

　　　H——计算土层厚度,cm;

　　　E——含水层的弹性模量,MPa;

　　　ΔP——水位变化施加于土层上的平均荷载,MPa。

总沉降量等于各土层沉降量的总和,即

$$S = \sum_{i=1}^{n} S_i \tag{12-6}$$

2. 单位变形量法

单位变形量法也称比拟法。以已有的地面沉降实测资料为根据,计算在某一特定时段(水位上升或下降)内,含水层水头每变化 1 m 的相应的变形量,称单位变形量,可按下列公式计算:

$$I_s = \frac{\Delta S_s}{\Delta h_s} \tag{12-7}$$

$$I_c = \frac{\Delta S_c}{\Delta h_c} \tag{12-8}$$

式中:I_s,I_c——水位升、降期的单位变形量,mm/m;

Δh_s,Δh_c——同时期水位升、降幅度,m;

ΔS_s,ΔS_c——相应于该水位变幅下的土层变形量,mm。

为反映地质条件和土层厚度与 I_s,I_c 参数的关系,将上述单位变形量与土层厚度 $H(\text{mm})$ 之比称为该土层的比单位变形量,按下列公式计算:

$$I_s' = \frac{I_s}{H} = \frac{\Delta S_s}{\Delta h_s \cdot H} \tag{12-9}$$

$$I_c' = \frac{I_c}{H} = \frac{\Delta S_c}{\Delta h_c \cdot H} \tag{12-10}$$

式中:I_s',I_c'——水位升、降期的比单位变形量,L/m。

在已知水位升降幅度和土层厚度的情况下,土层预测回弹量或沉降量按下式计算:

$$S_s = I_s \cdot \Delta h = I_s' \cdot \Delta h \cdot H \tag{12-11}$$

$$S_c = I_c \cdot \Delta h = I_c' \cdot \Delta h \cdot H \tag{12-12}$$

式中:S_s,S_c——水位上升或下降 $\Delta h(\text{m})$ 时,厚度为 H 的土层预测沉降量,mm;

H——厚度为 H 的土层,mm。

3. 黏性土固结过程计算

为预测地面沉降的发展趋势,在水位升降已经稳定的情况下,土层变形量与时间变化关系可按下列公式计算:

$$S_t = S_\infty \cdot U \tag{12-13}$$

$$U = 1 - \frac{8}{\pi^2}\left(e^{-N} + \frac{1}{9}e^{-9N} + \frac{1}{25}e^{-25N} + \cdots\right) \approx 1 - 0.8e^{-N} \tag{12-14}$$

$$N = \frac{\pi^2 C_v}{4H^2} \tag{12-15}$$

式中:S_t——预测 t 月以后的土层变形量,mm;

S_∞——最终沉降量,mm;

U——固结度,%;

t——时间,月;

N——时间因素;

C_v——固结系数,$\text{mm}^2/$月;

H——土层计算厚度,两面排水时取实际厚度的一半,单面排水时取全部厚度,mm。

12.1.5　降水引发地面沉降的一般规律

根据预测计算和实测结果分析,降水引发的地面沉降具有一定的规律性。

（1）与降水漏斗形状相吻合,降水中心区沉降值最大,但差异沉降最小。处于降水漏斗坡线位置的沉降值自内向外逐渐减小,且降水中心区与降水漏斗坡线的过渡带部位的差异沉降最大。所以,有时为了减小建、构筑物的差异沉降,可以把降水范围扩大一些,把对差异沉降敏感的建、构筑物整体置于降水范围之内,北京地铁10号线东三环段的部分立交桥区就采用了这一做法。

（2）对于多层或厚度较大的细颗粒含水层,经降水疏干后,降水影响范围较小,总沉降量偏大,易形成较为明显的差异沉降。针对此类含水层降水,应同时制定预防地面沉降的配套措施,如施作止水帷幕或降水与回灌结合应用等。

（3）对于粗颗粒含水层,经降水疏干或减压后,降水影响范围较大,但总沉降量较小,差异沉降不明显,沉降量一般都在建、构筑物允许沉降的范围内,不会引起灾害性后果。

（4）根据对北京地铁复八线及后来的北京地铁5号线、10号线、机场线、6号线、7号线、8号线等的降水沉降实测资料判断,北京地铁施工降水沉降的一般规律是:

① 中砂以上的粗颗粒含水层,多为中上密~密实状态,颗粒间接触紧密,水位下降后的地层压密属弹性变形,降水中心区的总沉降量一般小于5 mm。

② 北京城区东南部和东北部,饱和粉土层多为中密~密实状态,降水疏干后引起的沉降较明显,降水中心区的总沉降量一般为10~15 mm。

③ 北京城区的原状黏性土,早已完成自重固结,基本都达到硬塑状态。在降水施工的持续时间段内,黏性土层的释水固结不明显,因而在降水沉降预测计算中,一般可不考虑硬塑以上黏性土层的释水固结问题,否则会严重失实。

12.2　地下水回灌

地铁降水工程采取回灌措施的目的和意义在于:① 控制由于降水引发的地面沉降,最大限度减少对邻近建、构筑物的影响,这类回灌一般为浅层回灌;② 为减少地下水资源浪费而把抽排出的地下水回补到下部含水层或工程场地外围的含水层中。

12.2.1　回灌井的布设

1. 控制降水引发地面沉降的回灌井布设

为控制降水引发地面沉降的回灌井应布置在需要保护的建、构筑物一侧,以使建、构筑物所处位置地下水位不致因降水而降低。回灌井与降水井的间距不小于5 m(见图12-3),回灌井深度可与降水井深度一致。回灌井的结构可以采用管井结构,也可以采用与降水井点(轻型井点或喷射井点)一致的井点结构,这种类型的回灌井一般靠设置高位水箱来提高回灌水头。回灌井布设数量应根据水文地质条件和建、构筑物的地基条件而定,回灌井之间的距离一般为10~15 m。

2. 回补地下水资源的回灌井布设

回补地下水资源的回灌井一般都比较深,宜采用管井结构。回灌井结构和抽水管井大同小异,不同之处在于回灌井要将上部非回灌层用黏土封住。回灌井的布置应考虑尽量减少回灌水对降水目的层的影响,即把回灌井布置在降水场地的下游或邻近工农业用水的集中开采区。为减小回灌井之间的回灌干扰,回灌井之间的距离宜大于30 m。

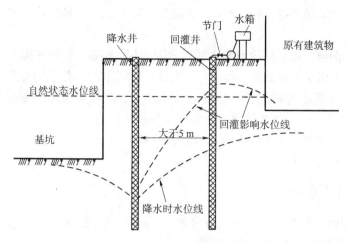

图 12-3　地下水回灌控制建筑物沉降示意图

12.2.2　回灌水质要求

地下工程降水一般只涉及 40 m 以上的浅层地下水,对很多城市来说,浅层地下水都受到了不同程度的污染,因而抽出的水能否作为回灌水源,应做检测并视回灌目的而定。一般情况下,控制降水引发地面沉降的回灌井的回灌层位就是降水目的层,因而抽出的水可直接作为回灌水源,其回灌水质应着重从回灌效果方面考虑,应注意浑浊度、总铁、溶解氧和耗氧量等物理、化学性质指标,如这些指标过高将严重影响回灌效果。对于浅层回灌,一般要求回灌水质指标不低于浅层水水质现况。

降水工程抽出的水能否作为深部含水层的回灌水源,应通过检测确定。在向可作供水的含水层中回灌时,回灌水质必须达到回灌水水质标准。如果水质不良的水灌入地下,就会使地下水遭受污染和水质变坏,还可能堵塞含水层和滤水管。一般可按下述原则确定回灌水源:

(1) 回灌水的水质最好能达到生活饮用水标准,但考虑到水在岩土中的自净作用,因而可稍低于饮用水水质标准;

(2) 回灌后不会引起地下水的水质变坏和受到污染;

(3) 回灌水不会堵塞回灌井和地下含水层;

(4) 回灌水不含有能腐蚀滤水管的特殊离子和气体。

1. 回灌水的物理性质指标

(1) 嗅味。回灌水不得有异嗅异味,通常受人畜粪便污染或混入工业废水后容易产生异嗅异味。

(2) 色度。回灌水应为无色,色度不超过 20 度。

(3) 浑浊度。浑浊度是评价回灌水质的重要指标,水中因含有悬浮物和胶体而产生浑浊现象。浑浊度大的水往往会使滤水管和含水层产生堵塞,降低回灌效能,因而要求回灌水的浑浊度不超过 10 度。

2. 回灌水的化学性质指标

一般降水回灌常需考虑的化学性质指标有 pH、氯化物、溶解氧、耗氧量和铁。

(1) pH。回灌水的 pH 以 6.5~7.5 为宜。水的 pH 过低会加强水对铁和铅的溶解,腐蚀回灌井的井壁管和滤水管,过高又会析出溶解性盐类。

（2）氯化物。回灌水的氯离子含量不宜超过 250 mg/L,含量过高对铁质井管的腐蚀性较强。

（3）溶解氧。溶解氧也是评价回灌水质的重要指标,回灌水的溶解氧含量不宜超过 7 mg/L,含量过高会与地下水中的亚铁离子作用产生高价铁的沉淀物而堵塞含水层。

（4）耗氧量。回灌水的耗氧量不宜超过 5 mg/L,水的耗氧量大一般也反映了水中腐殖质、微生物和有机物含量大,耗氧量增加时会有异嗅异味产生。

（5）总铁。回灌水的总铁离子含量不宜超过 0.5 mg/L,最好在 0.3 mg/L 以下。铁离子含量过大,有利于铁细菌繁殖。

12.2.3　管井回灌技术

目前我国应用较多的管井回灌方法有自流(无压)、真空(负压)、压力(正压)3 种,可根据回灌层条件、井的结构和设备条件进行选择。

1. 自流回灌

自流回灌是将水直接灌入回灌井中,又称无压回灌,适用于地下水位较低、透水性强、含水层厚度大的情况。这种回灌方式的管路无须密封,设备装置比较简单。为避免回灌时将大量空气带进含水层,造成气相堵塞,进水口要安置在井管中水位之下。

2. 真空回灌

1）真空回灌的适用条件

真空回灌又称负压回灌,回灌水位与回灌层的水头差在地面之下,适用于地下水位埋藏较深,回灌层静水位埋深大于 10 m,透水性强的地段。滤水管、滤网强度较低的降水井改为回灌井时,也可以采取这种回灌方式。

2）真空回灌的原理

在具有密封装置的回灌井中开泵扬水时,泵管和管路内充满了水。停泵并立即关闭控制阀门和出水阀门,此刻由于重力作用,泵管内的水体迅速向下跌落,在泵管内的水面与控制阀门之间造成真空。由于大气压作用在地下水面上,为保持泵管内外的压力平衡,泵管内的水柱只能下跌至静水位以上 10 m 的高度。在这种真空状况下,开启进水阀门和控制阀门,因真空虹吸作用,回灌水就能迅速进入泵管,流入回灌井中,形成真空回灌。其实质是利用大气压力抬高井内水头,与井周围的地下水位产生水头差,使回灌水克服渗流阻力向含水层中渗透。

3）真空回灌的管路

回灌管路由输水管路、进水管路和排水管路组成。

输水管路一端连接泵管,另一端连接进水管路和排水管路,输水管路上应安装控制阀门、出水水表和真空表,控制阀门用于拉真空并调节回灌量。进水管路一端连接输水管路,另一端连接回灌水源管,管路上应安装进水水表和进水阀门,进水水表用于计量回灌量。排水管路主要用于回扬,一端连接输水管路,另一端连接至排水管道,管路上应安装出水阀门。

密封好坏是真空回灌成败的关键。密封不好就不能形成真空,就无法利用虹吸原理产生水头差进行回灌,甚至会将空气吸入含水层中造成气相堵塞。对于用潜水泵回扬来说,真空回灌需密封的部位主要有输水管与泵管的接头、管路接头和控制阀。

3. 压力回灌

1）压力回灌的适用条件

压力回灌又称正压回灌,是在真空回灌装置的基础上,把井管也密封起来,使回灌水不能从井口溢出,并用水泵加压产生高出地面的回灌水头差,机械加压的大小可根据井的结构强度和回灌量而定,因而压力回灌适用范围较广,特别是地下水位较高、回灌层透水性差、回灌量要求大的地段采用压力回灌效果较好。

2）压力回灌的管路

压力回灌的管路与真空回灌大体相同,不同点如下。

（1）真空回灌只能从泵管内进水,而压力回灌不仅可以从泵管内进水,还可以从井管里进水。因而在进水管路中还要设置回流管路装置,回流管路一端与输水连接,另一端与井管连接,中间用阀门控制。

（2）压力回灌需要放气。由于开泵回扬时井内水位下降,空气也随之进入井内,停止回扬后地下水位回升,井内空气被排出,因而需要在井口基座上安装放气阀。

3）压力回灌的密封

压力回灌的密封是在真空回灌密封的基础上,在井口把井管与泵管之间的间隙也进行了密封。由于潜水泵的电机和泵体都在水下,因而密封做法相对深井泵来说较为简单。井口密封一般采用井管座(见图 12-4),

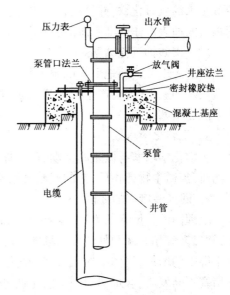

图 12-4　压力回灌井潜水泵井管座密封示意图

在进水法兰与泵管的接头可采用橡皮垫圈密封,潜水泵下入的电缆可采用压兰密封。

12.2.4　回灌过程中经常出现的问题及处理方法

1. 回灌井的堵塞

在回灌过程中,若回灌水位突然上升或持续上升,回扬时的动水位突然下降或持续下降,说明回灌井已发生堵塞。产生堵塞的主要原因是回灌水中的混浊物质堵塞滤水管或堵塞含水层。按发生堵塞的性质可分为物理堵塞、化学堵塞和生物化学堵塞。

1）物理堵塞

物理堵塞主要有气相堵塞和悬浮物质堵塞。

（1）气相堵塞。

当回灌水中溶解有较多气体,特别是回灌水温度较低时,回灌水进入含水层后,随着温度的升高,溶解于水中的一部分气体逸出,在含水层中产生气泡或由于回灌装置不严密大量空气被带入井内,形成水气混合体,在回灌水流速度大于气泡上升速度时,气泡与水便一起被带入含水层,充填于孔隙内,造成水路堵塞。这种把气体带入含水层引起的堵塞被称为气相堵塞。

（2）悬浮物质堵塞。

由于回灌水浑浊,水中带有胶结物和有机物等物质,这些悬浮物被带入管井后,常聚积在滤水管及其周圈含水层中,形成不透水膜,堵塞回灌水通道。

2）化学堵塞

降水工程采取的回灌措施一般都要涉及不同含水层中的地下水混合,由于不同含水层中地下水水质的差异,可能发生化学作用而产生沉淀,从而堵塞含水层和滤水管。比较常见的是氢氧化铁和碳酸钙沉淀引起的堵塞。

（1）氢氧化铁沉淀堵塞。

若回灌水中含有较多的溶解氧或混入空气，它与地下水中的二价铁发生化学作用生成不溶解于水的氢氧化铁，并沉淀在滤水管或含水层的孔隙里，产生化学沉淀堵塞。用漂白粉进行消毒过的地表水作回灌水源时，由于次氯化钙的氧化作用也能产生氢氧化铁沉淀。

（2）碳酸钙沉淀堵塞。

由于人工补给使地下水的温度和压力发生变化，水中的碳酸平衡遭到破坏。如果有二氧化碳从水中逸出，就会产生碳酸钙沉淀，并聚积在滤水管缝隙、填料层和含水层的孔隙里，产生化学沉淀堵塞。

3）生物化学堵塞

生物化学堵塞与微生物活动有关，如回灌水中含有微生物或能助长含水层内微生物繁殖的物质，当微生物死亡后，它的残骸会堵塞含水层的有效空隙。

2. 回灌井堵塞的处理

处理回灌井堵塞的方法，主要是进行回扬和化学处理。在回灌初期，一般以物理堵塞为主，常出现气相堵塞和悬浮物质堵塞；在回灌中期，则逐渐转化为以化学堵塞为主，因为气体在含水层中的增加，气体中的氧大部分溶解于水中，促使水的化学成分发生变化；在回灌后期，化学堵塞不断发展，含水层周围氢氧化铁等铁质盐类的大量沉淀，为铁细菌的繁殖提供了良好条件，造成生物化学的铁细菌堵塞。为了防止各种堵塞现象发生，在回灌过程中应经常检查回灌装置的密封效果，发现漏气要及时处理。

1）回扬处理

由于回灌方法的不同，回扬方式也不相同。真空回灌的回扬方法较简单，只要关闭进水阀门，开启出水阀门及控制阀门，即可开泵扬水。

压力回灌的回扬方法较复杂，随回扬方法的强度不同，所适用的井结构强度和用以处理的问题也有所不同。

（1）真空回扬。

加压回灌时，因井内充满水体，当开泵回扬时，若不打开放气阀门，则井内水位下降，在水面以上的井管内就处于真空状态，真空度可达 80~90 kPa。这种回扬对地层的吸力大，消除井内砂层里的沉淀物能力也大，因此适用于堵塞严重的回灌井，也可用于井管结构强度较大的回灌井。

（2）吸气回扬。

开泵回扬时，同时打开放气阀门。当井内水位下降时，空气就从放气阀门进入井管内。此种回扬对地层的吸力中等，适用于一般回灌井。当停泵回灌时，应先从泵管内进水，待水位恢复后进行放气，放气阀门溢水时，才能关紧放气阀门，再开回流阀门，从井管内进水。

（3）回流回扬。

开泵回扬时，同时打开回流阀门，并调节回流阀到许可值，使回扬水部分地回流到井管内，以减少单位降深出水量。此种回扬，切勿打开放气阀门，否则空气会随回流水被带入井内，造成堵塞。回流回扬对地层的吸力较小，回扬时间要长，才能清除浑浊水，适用于出砂的回灌井或老井。

若回灌井堵塞较轻、滤网强度较小，采用回流回扬效果较好；若堵塞较重，滤网强度又比较大，可用真空回扬及间隙反冲的方法进行处理。所谓间隙反冲，是指开泵 3~5 min 后，再停泵

3~5 min;反复数次,视井的堵塞程度而定,但反冲必须在回扬水清后进行,否则,堵塞物被冲入含水层反而加重堵塞。

回扬时出现回扬水浑浊并夹带杂质和泥,或呈乳白色,夹有大量微小气泡,就是物理堵塞的表现。回扬水呈黄褐色,含有铁锈色的氢氧化铁絮状物,就是化学堵塞的表现。若是生物化学堵塞,回扬时可见水中含有大量棕红色胶体状黏着物,并带有臭味。

2) 化学处理

如果井下沉淀的碳酸钙和铁的氢氧化物在滤管上形成坚硬水垢,用回扬方法是无法处理的,一般可采用盐酸处理。在用酸处理之前,必须掌握井的结构、井的材料和井内静、动水位等。为了避免盐酸对井管产生腐蚀作用,可采用浓度为 10% 的低浓度盐酸,并加入 2% 酸洗抗蚀剂。

3. 回灌井出砂

在回扬抽水时,有时会发现出砂现象,出砂常有以下几种情况:

(1) 少量出砂。在回灌初期,回扬时出少量粉细砂是较为常见现象,一般经过一段时间后,即可恢复正常,但要加强观测,控制好回灌压力和回灌量。

(2) 大量出砂。如出大量粉细砂并夹有中粗砂,这种现象可能是回灌压力过大,使水流速加快,部分滤料随同回灌水被带到含水层,在滤网附近形成空洞,引起填砾高度不断降低,当高度降至滤水管顶端以下时,回扬时就会涌砂。这时必须暂停回灌,及时补填滤料。

12.3　工程降水与水资源的再利用

任何工程降水,都不同程度地改变了自然状态下地下水的均衡状态,通过回灌来保护地下水资源固然十分重要,但不是所有排放的地下水都能回灌,而且回灌的成本较高,回灌量有限。把宝贵的地下水资源白白地浪费掉十分可惜,如能加以利用,对本来就缺水的城市开发和建设将起到不可估量的作用。一般可以从以下两方面考虑降水工程的水资源再利用问题。

(1) 制定降水方案前即与农林部门、水务管理部门进行探讨,研究抽出的地下水用于农林灌溉并向灌渠、河湖景观水体补水的可行性,争取把降水工程排出的地下水利用起来。

(2) 在降水工程的维护运行过程中,其他土建工程也在进行,土建施工也需要用水,如施工现场混凝土养护、施工现场降尘、现场搅拌混凝土和清洁卫生用水等,在水质符合要求的情况下,工程降水排出的地下水可用作这些用途。

第 13 章　水泥土搅拌桩帷幕

13.1　概述

水泥浆搅拌法是美国在第二次世界大战后研制成功的施工方法,称之为就地搅拌桩(MIP)。之后日本开发、研制出加固原理、机械规格和施工效率各异的深层搅拌机械,常应用于防波堤、码头岸壁及高速公路高填方下的深厚层软土地基加固工程中。我国从 20 世纪 80 年代开始在软土地基的加固处理中使用该方法,取得了良好效果。

水泥土搅拌桩是采用搅拌机械,将水泥和土就地强制搅拌而形成的一种防渗隔水加固体,适用于增加构筑物、地下工程的地基承载力,并可用作基坑工程的侧向围护结构和隔水帷幕。根据施工方法不同,水泥土搅拌桩可分为水泥浆搅拌桩和粉体喷射搅拌桩。前者是用水泥浆和原位土搅拌,后者是用水泥粉直接和原位土搅拌。水泥土搅拌桩可根据需要,灵活地采用柱状、壁状、格栅状和块状等隔水或加固形式。

13.1.1　水泥土搅拌法的特点

(1) 水泥土搅拌法由于将固化剂和原地基软土就地搅拌混合,因而最大限度地利用了原位土进行竖向加固和构筑竖向隔水帷幕。

(2) 搅拌时不会使地基侧向挤出,对周边既有建筑物的影响小。

(3) 按照不同的加固土或隔水含水层的性质及工程设计需要,合理选择固化剂及配比,加固和隔水效果好。

(4) 施工时无振动、无噪声、无污染,可在市区内施工。

(5) 土体加固后重度基本不变,对软弱下卧层不致产生附加沉降。

(6) 与其他形式的隔水帷幕相比,隔水效果好,造价低。

(7) 平面布置上,可灵活地采用柱状、壁状、格栅状和块状等隔水或加固形式。

13.1.2　水泥土搅拌桩的作用

采用水泥土搅拌法加固的土质有新吹填的超软土、泥炭土和淤泥质土等饱和软土,加固深度达 60 m。北京用于施作砂、砾石含水层隔水帷幕深度可达 30 m 以上。

(1) 作为建筑物或构筑物的地基、厂房内具有地面荷载的地坪、高填方路堤下基层等;

(2) 对码头进行大面积地基加固,防止岸壁失稳滑动。

(3) 构筑水泥土重力式围护墙,兼具基坑支护与竖向隔水帷幕功能。

(4) 作为独立或支护结构外侧的地下隔水帷幕墙,墙体渗透系数可达 10^{-6} cm/s,隔水效果好。

(5) 对基坑内侧的软土进行加固,增加围护结构被动土区抗力。

(6) 桩体插入型钢可构成 SMW 支护桩,兼备支护和隔水作用。

13.2　水泥土搅拌桩的加固机理

水泥加固土的物理化学反应过程与混凝土的硬化机理不同,混凝土的硬化主要是在粗骨料(比表面不大、活性很弱的介质)中进行水解和水化作用,所以凝结速度较快。而在水泥加固土中,由于水泥掺量少,水泥的水解和水化反应完全是在具有一定活性的介质(土)的围绕下进行的,所以水泥加固土的强度增长过程比混凝土缓慢。

13.2.1　水泥的水解和水化反应

普通硅酸盐水泥主要是由氧化钙、二氧化硅、三氧化二铝、三氧化二铁及三氧化硫等组成,由这些不同的氧化物分别组成了不同的水泥矿物:硅酸三钙、硅酸二钙、铝酸三钙、铁铝酸四钙、硫酸钙等。用水泥加固软土时,水泥颗粒表面的矿物很快与软土中的水发生水解和水化反应,生成氢氧化钙、含水硅酸钙、含水铝酸钙及含水铁酸钙等化合物。所生成的氢氧化钙、含水硅酸钙能迅速溶于水中,使水泥颗粒表面重新暴露出来,再与水发生反应,这样周围的水溶液就逐渐达到饱和。当溶液达到饱和后,水分子虽继续深入颗粒内部,但新生成物已不能再溶解,只能以分散状态析出,悬浮于溶液中,形成凝胶体。

13.2.2　土颗粒与水泥水化物的作用

当水泥的各种水化物生成后,有的自身继续硬化,形成水泥石骨架;有的则与其周围具有一定活性的黏土颗粒发生反应。

1. 离子交换和团粒化作用

黏土和水结合时就表现出一种胶体特征,如土中含量最多的二氧化硅遇水后,形成硅酸胶体微粒,其表面带有钠离子或钾离子,它们能和水泥水化生成的氢氧化钙中的钙离子进行当量吸附交换,使较小的土颗粒形成较大的土团粒,从而使土体强度提高。

水泥水化生成的凝胶粒子的比表面积约比原水泥颗粒大 1 000 倍,因而产生很大的表面能,有强烈的吸附活性,能使较大的土团粒进一步结合起来,形成水泥土的团粒结构,并封闭各土团的空隙,形成坚固的联结,从宏观上看也就使水泥土的强度大大提高,并起到隔水作用。

2. 硬凝反应

随着水泥水化反应的深入,溶液中析出大量的钙离子,当其数量超过离子交换的需要量后,在碱性环境中,能使组成黏土矿物的二氧化硅及三氧化二铝的一部分或大部分与钙离子进行化学反应,逐渐生成不溶于水的稳定结晶化合物,增大了水泥土的强度。

通过扫描电子显微镜观察可知:水泥土龄期 7 d 时,土颗粒周围充满了水泥凝胶体,并有少量水泥水化物结晶的萌芽;龄期 1 个月后,水泥土中生成大量纤维状结晶,并不断延伸充填到颗粒间的孔隙中,形成网状构造。龄期时纤维状结晶辐射向外伸展,产生分叉,并相互联结形成空间网状结构,水泥的形状和土颗粒的形状已不能分辨出来。

13.2.3　碳酸化作用

水泥水化物中游离的氢氧化钙能吸收水中和空气中的二氧化碳,发生碳酸化反应,生成不溶于水的碳酸钙,这种反应也能使水泥土强度增加,但增长速度较慢,幅度也较小。

从水泥土的加固机理分析,由于搅拌机械的切削搅拌作用,实际上不可避免地会留下一些未被粉碎的大小土团。在拌入水泥后将出现水泥浆包裹土团的现象,而土团间的大孔隙基本上已被水泥颗粒填满。加固后的水泥土中形成一些水泥较多的微区,而在大小土团内部则没有水泥。只有经过较长的时间,土团内的土颗粒在水泥水解产物渗透作用下,才逐渐改变其性质。因此在水泥土中不可避免地会产生强度较大和水稳性较好的水泥石区和强度较低的土块区。两者在空间相互交替,从而形成一种独特的水泥土结构。可见,搅拌越充分,土块被粉碎得越小,水泥分布到土中越均匀,则水泥土结构强度的离散性越小,其宏观的总体强度也最高,隔水性能也最好。

13.3　水泥土的物理力学性质

水泥土搅拌桩加固土的物理力学性质,与天然地基的土质、含水量、有机质含量等因素及所采用固化剂的品种、掺入比、外加剂等因素有关,也与搅拌方法、搅拌时间、操作质量等因素有关。

13.3.1　物理性质

1. 重度

水泥土的重度主要与被加固土体的性质、水泥掺入比及所用的水泥浆有关。当水泥掺入比为 5%~20%、水灰比为 0.45~0.5 时,水泥土较被加固的土体重度增加约 1%~3%。

2. 含水率和孔隙比

与天然软土相比,水泥土的含水率和孔隙比有不同程度的降低。一般来说,天然软土含水率越大或水泥掺入比越大,则水泥土加固体的含水率降低幅度越大。

3. 液限与塑限

不同含水率的软土用不同的水泥掺入比加固后,其液限将稍有降低,而其塑限则有较大提高。

4. 渗透性

水泥土的渗透系数 K 随着加固龄期的增加和水泥掺入比的增加而减小,水泥土搅拌桩隔水帷幕的渗透系数可减小到 10^{-6} cm/s 以下,隔渗性能明显。

13.3.2　力学性质

水泥土的无侧限抗压强度在 0.5~4.0 MPa,比天然软土强度提高数十倍到数百倍,主要受土质、龄期、水泥掺量、水泥品种与标号、外加剂等因素的影响。

(1) 水泥土的强度随水泥掺入比的增加和龄期的加长而增长,但有不同的增长幅度,一般初始性质较好的土加固后强度增量较大,初始性质较差的土加固后强度增量较小。

(2) 水泥土的抗压强度随其加固龄期而增长。这一增长规律具有两个特点:① 它的早期(如 7~14 d)强度增长不甚明显,对于初始性质差的土尤其如此;② 强度增长主要发生在龄期 28 d 后,并且持续增长至 120 d,其趋势才减缓,这同混凝土的情况不一样。因此应合理利用水泥土的后期强度。

(3) 水泥土的强度随水泥掺入比的增加而增长。其特点是随水泥掺入比的增加,水泥土的后期强度增长幅度加大。在实际应用中,当水泥掺入比小于 10% 时,加固、隔水效果往往不能满足工程要求,北京地区采用三轴搅拌桩施作隔水帷幕的水泥掺量一般要达到 20% 左右。

（4）天然土的含水率越小，加固后水泥土的抗压强度越高。含水率对强度的影响还与水泥掺入比有关，水泥掺入比越大，则含水率对强度的影响越大。反之，当水泥掺入比较小时，含水率对强度的影响不甚明显。

（5）土的化学性质，如酸碱度、有机质含量、硫酸盐含量等对加固土强度的影响甚大。酸性土（pH<7）加固后的强度较碱性土为差，且 pH 越低，强度越低。土的有机质或腐殖质会使土具有酸性，并会增加土的水溶性和膨胀性，降低其透水性，影响水泥水化反应的进行，从而会降低加固土的强度。在实际工程中，当土层局部范围遇到 pH 偏低的情况时，可在水泥中掺入少量石膏 $CaSO_4$，即可使土的 pH 明显提高。

（6）水泥搅拌桩可以采用不同品种的水泥，如普通硅酸盐水泥、矿渣水泥、火山灰水泥等，其标号一般也不受限制。但水泥的品种和标号对水泥土的强度有一定影响。一般在其他条件均相同时，普通水泥的标号每提高一级，可使水泥土强度有一定的提高。

（7）外加剂具有改善土性、提高强度、节约水泥、促进早强、缓凝或减水等作用，所以掺加外加剂是改善水泥土加固体的性能和提高早期强度的有效措施。常用的外加剂有碳酸钙、氯化钙、三乙醇胺、木质素磺酸钙等，但相同的外加剂以不同的掺量加入不同的土类或采用不同的水泥掺入比，会产生不同的效果。

（8）粉煤灰是具有较高的活性和明显的水硬性的工业废料，可作为搅拌桩的外加剂。室内试验表明，用10%的水泥加固淤泥质黏土，当掺入占土重5%～10%的粉煤灰时，其90 d 龄期强度比不掺入粉煤灰时提高45%～85%，而且其早期强度增长十分明显。

13.4　水泥土搅拌桩施工

目前，国内水泥土搅拌桩施工机械主要有单轴、双轴和三轴搅拌机，其中隔水帷幕通常采用三轴搅拌机施工，其施工效率高，桩间搭接宽度稳定，隔水效果好。三轴搅拌机有普通叶片式、螺旋叶片式或同时具有普通叶片和螺旋叶片的形式。在黏性土中宜选用以叶片式为主的搅拌形式；在砂性土中宜选用以螺旋叶片式为主的搅拌形式；在砂砾土中宜选用螺旋叶片搅拌形式。选用钻头时，在软土地层选用鱼尾式平底钻头，在硬土地层选用定心螺旋尖式钻头。

13.4.1　施工顺序和工艺流程

1. 施工顺序

三轴水泥土搅拌桩一般采用套接一孔施工，施工顺序一般分跳槽式和单侧挤压式两种。

1）跳槽式

跳槽式双孔全套打复搅式连接是常规情况下采用的连续方式，施工时先施工第 1 单元，然后施工第 2 单元。第 3 单元的 A 轴及 C 轴分别插入到第 1 单元的 C 轴孔及第 2 单元的 A 轴孔中，完成套接施工。以此类推，施工第 4 单元和套接的第 5 单元，形成连续的水泥土搅拌墙体，施工顺序如图 13-1（a）所示。

2）单侧挤压式

单侧挤压式连接方式一般在施工场地受限制时采用，如：在围护墙体转角处，密插型钢或施工间断的情况下。施工顺序如图 13-1（b）所示，先施工第 1 单元，将第 2 单元的 A 轴插入第 1 单元的 C 轴中，边孔套接施工，以此类推施工，完成水泥土搅拌墙体。

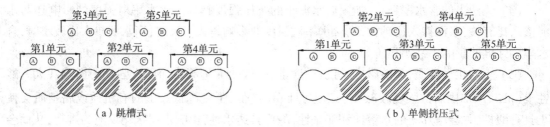

图 13-1 三轴水泥土搅拌桩施工顺序

2. 工艺流程

三轴水泥土搅拌桩工艺流程如图 13-2 所示。

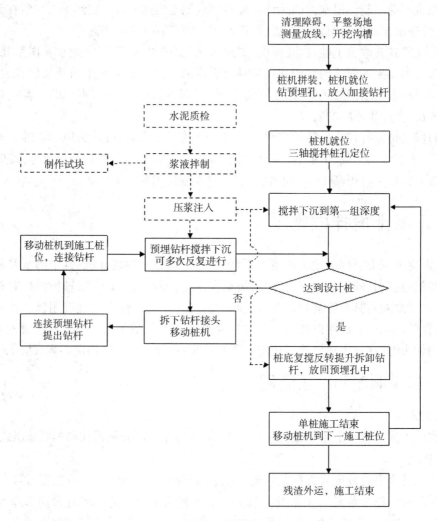

图 13-2 三轴水泥土搅拌桩工艺流程图

13.4.2 施工要点

1. 试成桩

水泥土搅拌桩需通过试桩确定实际采用的各项技术参数和成桩工艺,包括:浆液的水灰比、下沉(提升)速度、浆泵的压送能力、每米桩长或每幅桩的注浆量。土性差异大的地层,要确定不同地层(含水层)技术参数。成桩工艺应保证水泥土能够充分搅拌。搅拌机下沉、提升速度,水灰比和注浆量对水泥土搅拌桩的强度及隔水性起着关键作用,施工时要严格控制。

2. 工艺要求

根据施工工艺要求,在采用三轴搅拌机设备施工时,应保证型钢水泥土搅拌墙的连续性和接头的施工质量,桩体搭接长度满足设计要求,以达到隔水作用。在无特殊情况下,搅拌桩施工必须连续不间断地进行。如因特殊原因造成搅拌桩不能连续施工,时间超过 24 h 的,必须在其接头处外侧采取补做搅拌桩或旋喷桩的技术措施,以保证隔水效果。对浅部不良地质现象应事先处理,以免中途停工影响工期和质量。

3. 桩机就位、校正

桩机移位结束后,应认真检查定位情况并及时纠正,保持桩机底盘的水平和立柱导向架的垂直,并调整桩架垂直度偏差小于 1/250,具体做法是在桩架上焊接一半径为 4 cm 的铁圈,10 m 高处悬挂一铅锤,利用经纬仪校直钻杆垂直度,使铅锤正好通过铁圈中心,每次施工前必须适当调节钻杆,使铅锤位于铁圈内,即把钻杆垂直度误差控制在 0.4% 内,桩位偏差不得大于 50 mm。螺旋钻头及螺旋钻杆的直径应符合设计要求。

4. 三轴搅拌机钻杆下沉(提升)及注浆控制

三轴搅拌机就位后,主轴正转喷浆搅拌下沉,反转喷浆复搅提升,完成一组搅拌桩的施工。对于不易匀速钻进下沉的地层,可增加搅拌次数。完成一组搅拌桩的施工,下沉速度应保持在 0.5~1.0 m/min,提升速度应保持在 1.0~2.0 m/min 范围内,在桩底部分适当持续搅拌注浆,并尽可能做到匀速下沉和匀速提升,使水泥浆和原地基土充分搅拌,具体适用的速度值应根据地层的可钻性、水灰比、注浆泵的工作流量、成桩工艺计算确定。

注浆泵流量控制应与三轴搅拌机下沉(提升)速度相匹配。一般下沉时喷浆量控制在每幅桩总浆量的 70%~80%,提升时喷浆量控制在 20%~30%,确保每幅桩体的用浆量。提升搅拌时喷浆对可能产生的水泥土体空隙进行充填,对于饱和疏松的土体具有特别意义。三轴搅拌机采用二轴注浆,中间轴注压缩空气进行辅助成桩时应考虑压缩空气对水泥土强度的影响。施工时如因故停浆,应在恢复压浆前,将搅拌机提升或下沉 0.5 m 后注浆搅拌施工,确保搅拌墙的连续性。

5. 施工工艺参数的控制

严格按设计要求控制配制浆液的水灰比及水泥掺入量,水泥浆液的配合比与拌浆质量可用比重计检测。控制水泥进货数量及质量,控制每桶浆所需用的水泥量,并由专人做记录。水泥土搅拌过程中置换涌土的数量是判断土层性状和调整施工参数的重要标志。对于黏性土特别是标贯 N 值和内聚力高的地层,土体遇水湿胀、置换涌土多、螺旋钻头易形成泥塞,不易匀速钻进下沉,此时可调整搅拌翼的形式,增加下沉、提升复搅次数,适当增大送气量,水灰比控制在 1.5~2.0。对于透水性强的砂土地层,土体湿胀性小、置换涌土少,此时水灰比宜调整在 1.2~1.5,控制下沉和提升速度和送气量,必要时在水泥浆液中掺 5% 左右的膨润土,堵塞漏失通道,既可以保持孔壁稳定,又可以利用膨润土的保水性,增加水泥土的变形能力,提高墙体抗渗性。

13.4.3 施工质量控制措施

(1) 搅拌桩桩机对位后应复测桩位,如定位架有误或偏位必须调整桩机重新就位,只有桩位对中准确无误,且桩机保持垂直度偏差不大于 1/250,方可进行搅拌桩施工。

（2）下搅与上提喷浆时的搅拌效果与钻头的钻速有关,应确保土体任何一点均能经过 20 次以上的搅拌。下搅与上提喷浆的速度太快,土体任何一点搅拌的次数低于 20 次,且喷浆量达不到要求,将影响成桩质量;下搅与上提喷浆的钻速低,喷浆量达到或超过要求,水泥浆与土体搅拌效果好,成桩质量好,但成桩时间长,不经济。下搅喷浆的速度应控制在 1 m/min 以内,上提喷浆的速度应控制在 2 m/min 以内,成桩质量较好且经济。发生喷浆中断再喷浆时,中断时间不超 1 h,要求上提喷浆必须将钻头放至原喷浆位置以下 0.5 m 后再上提喷浆,继续施工;下搅喷浆时应提至原喷浆位置以上 0.5 m 后再下搅喷浆,继续施工。

（3）喷浆量的控制。控制每根桩的水泥浆用量,确保搅拌桩桩身质量。在进行搅拌桩施工时,下搅喷浆搅拌与提升喷浆搅拌一次后,重叠搭接的桩再下搅和提升喷浆一次,即每次都有 2 根桩须重复下搅和提升喷浆,注浆时的压力由水泥浆输送量控制,且泵送必须连续进行,不得中断送浆。

（4）制备的水泥浆不得离析,配制水泥浆停置超过 2 h,应降强度等级使用。

（5）水泥浆的搅拌时间不能少于 3 min,如果时间较短,水泥浆搅拌不均匀,注入后将影响搅拌桩的成桩质量。

（6）不论何种原因导致的重叠搭接施工间隔超过 24 h,都应进行补桩处理。

（7）当提升喷浆到地面发现钻头被泥包住时,必须下搅上提,用高速甩掉黏泥,避免出现空心搅拌桩。

（8）当搅拌桩施工中喷浆未到设计桩顶面(或桩底),浆池内供注浆泵的水泥浆不足,或浆池内供注浆泵的水泥浆泵出较少,必须找出原因及时补救。

13.4.4　改善搅拌桩强度的技术措施

1. 多次搅拌

在深层搅拌法施工中,为了使水泥浆液均匀地分布到土颗粒中,可以对土体进行多次搅拌。对搅拌头下沉和上升的速度应加以控制。在搅拌头下沉进程中,遇较硬土层时,可以降低搅拌头下沉的速度,以便更好地切削土体,使切片更薄,以利于水泥与土拌合。遇较软土层时,可以将调速电动机调到高速,加快搅拌头搅拌速度,并进行多次复搅,增加土颗粒的比表面积,使水泥与土充分接触,提高桩体强度。

2. 加压喷浆

加压喷浆搅拌施工,可使水泥与土充分搅拌,从而提高桩体强度和单桩承载力。搅拌头在下沉和上提过程中进行加压喷浆处理,可以使浆液与土体充分接触,增强土体搅拌的均匀程度,从而提高桩体强度。

3. 掺加外加剂

对高含水率或富含有机质的软黏土,添加外加混合固化剂,促进水泥水化反应,可以使水化物生成量增多,桩体孔隙减小,强度提高,同时也有助于提高水泥土搅拌桩的抗侵蚀性。

常用的外加剂有粉煤灰、石膏、减水剂、缓凝剂等。水泥浆中的外加剂除了掺入一定量的减水剂、缓凝剂以外,还应掺入一定量的膨润土,这样可以利用膨润土的保水性增加水泥土搅拌桩的抗变形能力,防止墙体变形后过早开裂而影响其抗渗性。

4. 土方开挖时对水泥土搅拌桩的保护

SMW 工法中,由于水泥土搅拌桩不仅有隔水作用,而且更重要的是对型钢的侧向移动和扭转有约束作用,以保证型钢的稳定性,所以在基坑开挖过程中,必须注意对型钢水泥土搅拌墙复合围护结构中水泥土搅拌桩的保护,尤其是对型钢间的水泥土搅拌桩,禁止任何超挖与损害,以确保水泥土搅拌桩对型钢的有效约束,从而保持围护结构整体稳定性。

13.5　水泥土搅拌桩新发展

13.5.1　预钻孔成桩方式

预钻孔成桩方式适用于标贯 N 值大于 50 的砂砾卵石地层,即在进行水泥土搅拌墙施工前,预先用装备有大功率减速机的螺旋钻机,先行施工如图 13-3、图 13-4 中的 a_1,a_2,a_3 等孔,然后用三轴水泥土搅拌机用跳槽式或单侧挤压式施工水泥土搅拌墙。搅拌桩直径与先行钻孔直径关系见表 13-1。

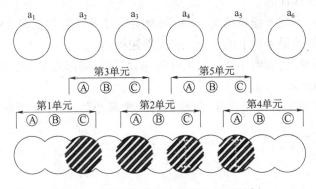

图 13-3　预钻孔水泥土搅拌桩施工顺序 1

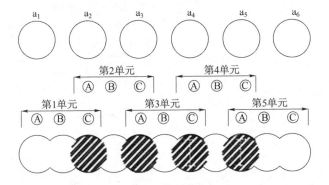

图 13-4　预钻孔水泥土搅拌桩施工顺序 2

表 13-1　搅拌桩直径与先行钻孔直径关系表

搅拌桩直径/mm	650	850	1 000
先行钻孔直径/mm	400~650	500~850	700~1 000

13.5.2　TRD 工法

　　渠式切割水泥土连续墙工法(trench cutting & re-mixing deep wall method,TRD 工法)通过 TRD 主机将多节箱式刀具(由刀具立柱、围绕刀具立柱侧边的链条及安装于链条上的刀具组成)分节插入地基至设计深度。在链式刀具(链条及安装于其上的刀具)围绕刀具立柱转动作竖向切削的同时,刀具立柱横向移动并由其底端喷射切割液和固化液。由于链式刀具的转动切削和搅拌作用,切割液和固化液与原位置被切削的土体进行混合搅拌,如此持续施工而形成等厚度水泥土连续墙。TRD 工法是针对三轴水泥搅拌桩桩架过高、稳定性较差、成墙深度较浅等缺点研发的新工法。该工法具有以下特点。

　　(1) TRD 工法的施工机架重心低、稳定性好,其刀具系统可切割、搅拌砂砾卵石层,成墙深度达 50~60 m,常用成墙厚度为 550 mm、700 mm 和 850 mm。

　　(2) TRD 工法和 SMW 工法一样,插入型钢可作为基坑工程的支护结构,还可用于基坑围护结构主、被动区的土体加固。

　　(3) 成墙质量好,水泥土搅拌均匀,在相同地层条件下可节约水泥 25%。相对于传统的水泥土搅拌桩,在相同地层条件下的水泥土强度普遍提高。

　　(4) 墙体连续等厚度,成墙作业连续无接头,隔水帷幕隔渗效果好,帷幕墙体渗透系数在砂土中可以达 10^{-6} cm/s。

　　(5) TRD 工法可将主机架变角度,与地面的夹角最小为 30°,可以施工倾斜的水泥土墙体,满足特殊设计要求。

第 14 章　冻结帷幕

14.1　概述

土体是一个多相和多成分的混合体系,由水、各种矿物和化合物颗粒、气体等组成,而土中的水有重力水、结合水、固态水三种形态。当降到负温时,土中的重力水和部分弱结合水逐渐结冰成为固态水,并将土颗粒胶结在一起形成冻土。天然冻土可看作土、水、冰、气四相系统,其形成是一个物理力学过程,随着温度的降低,冻土的强度逐渐增大。

人工冻结技术是一种起源于天然冻结现象的土层加固及地下水控制技术,是用人工制冷的方法,将开挖空间周围含水地层冻结成一个封闭的不透水的帷幕(冻结壁),用以抵抗水、土压力,并阻隔地下水侵入。而后,在冻结壁保护下进行开挖和衬砌施工。传统上,较普遍的人工土冻结技术是使用盐溶液间接制冷法,将盐溶液用氨或氟利昂通过压缩方法冷却后作为冷媒,在土体内埋设的管道中循环,吸收土体及地下水热量,增加自身显热,不断循环制冷,直到土体和地下水冻结,达到加固土体和控制地下水目的。直接制冷法即不循环制冷的发展和使用较晚,是用液氮或干冰等物质,使它们在土体内发生相变,直接作为冷媒吸收土体热量,使土体降温,土中水分冻结形成冻结壁。人工冻结技术不仅能够提高土的强度,增强土体的稳定性和整体性,而且能够达到其他止水方法所无法比拟的隔水性能。

人工冻结技术具有隔水性能好、强度高、整体支护性能好、土体可复原、不污染环境、冻结结构物的性状和扩展范围可控等优点,其实质是利用人工制冷临时改变岩土和地下水的状态固结地层。目前,人工冻结技术已被越来越多地应用到复杂地质条件下的地下工程中,冻结法施工基本上已经成为地铁盾构隧道中联络通道、泵房和盾构进出洞等工程施工的一种行之有效的专用施工方法。

14.2　冻结制冷系统

14.2.1　氨(氟利昂)-盐水冻结制冷系统

氨(氟利昂)-盐水冻结制冷系统是由三大循环系统构成,即氨(氟利昂)循环、盐水循环和冷却水循环系统,这种制冷系统可获-25~ -35 ℃的低温盐水。

1. 氨(氟利昂)循环

氨(氟利昂)循环的制冷过程实际上是热工转换过程。氨(氟利昂)循环在制冷过程中起主导作用,为使地层、地下水和压缩机产生的热量传递给冷却水再释放到大气中,须将蒸发器中的饱和蒸气氨压缩成为高温高压的过热蒸气,使其与冷却水产生温差,在冷凝器中将热量传递给冷却水,同时过热蒸气氨冷凝成液态氨,实现从气态到液态的转化。液态氨经过流阀降压流入蒸发器中蒸发,再吸收其周围盐水中的热量变为饱和蒸气氨,周而复始,构成氨循环。

2. 盐水循环

盐水循环以泵为动力驱动盐水进行循环,其作用为冷量传递。盐水循环系统由盐水箱、盐水泵、去路盐水干管、配液圈、冻结器、集液圈及回路盐水干管组成。冻结器是低温盐水与地层进行热交换的换热器,盐水流速越快,换热强度就越大。冻结器由冻结管、供液管和回液管组成。根据工程需要可采用正反两种盐水循环系统,正常情况下用正循环供液。积极冻结期间,冻结器进出口温差一般为 3~7 ℃。维护冻结期间,其进出口温差一般为 1~3 ℃。蒸发器中的氨的蒸发温度与其周围的盐水温度相差 5~7 ℃。上述盐水循环系统称为闭路盐水循环系统。

低温盐水在冻结管中流动,吸收周围地层、地下水的热量形成冻结圆柱,冻结圆柱逐渐扩大交圈连接成封闭的冻结壁,直至达到其设计厚度和强度为止。冻结壁扩展到设计厚度所需要的时间通常称为积极冻结期,而将维护冻结壁的期间称为消极(或维护)冻结期。

3. 冷却水循环

冷却水循环由水泵驱动。通过冷凝器进行热交换,然后流入冷却塔再进入冷却水池。冷却水循环在制冷过程中的作用是将压缩机排出的过热蒸气氨冷却成液态氨,以便进入蒸发器重新蒸发。冷却水温越低,制冷系数就越高,冷却水温一般较氨的冷凝温度低 5~10 ℃。

14.2.2　液氮冻结系统

液氮冻结系统是液氮自地面储罐,经管路输送至地下工程工作面。液氮在冻结器内汽化吸热后,经管路排出地面,进入大气。液氮冻结无须建立冻结站和维护制冷的循环系统。由于钢铁工业的发展,制氧过程得到了大量的液氮副产品,液氮在一个标准大气压下的汽化温度为 −195.8 ℃,汽化潜热 5.56 kJ/mol。它由于沸点低,通常处于剧烈的沸腾状态。液氮固有的物理化学性质,使之成为一种比较理想的制冷介质。因此液氮冻结作为一种廉价、低温、快速冻结、冻土强度高的液氮冻结技术,非常适用于冻土体积不大的局部地下工程,或抢险堵漏工程。

液氮无色,透明,稍轻于水,酷似于水。其惰性强,无腐蚀性,对振动、热和电火花也是稳定的。在积极冻结期内,液氮需不断灌注,汽化活动连续不断,含水地层逐渐冷却、冻结。冻结壁形成达到设计厚度后,在开挖、衬砌施工的维护冻结期内,液氮可断续灌注。

14.3　冻结温度场

空间一切点的瞬间温度值称为温度场。温度场分为稳定的温度场和不稳定的温度场。场内任何点的温度不随时间而改变的称为稳定温度场;场内各点的温度不仅随空间发生变化,而且随时间的改变而改变的称为不稳定温度场。在人工冻结法中,冻结温度场属于不稳定的温度场。冻结温度场是一个相变的、移动边界的和有内热源的、边界条件复杂的不稳定导热问题。掌握冻结温度场的目的在于:用于求冻结壁的平均温度,为确定冻土强度提供依据;用于确定冻结锋面的位置,并计算冻结壁的厚度;用于确定冷量的消耗。了解冻结温度场,也就是掌握了冻土中温度分布情况,可以较准确地知道冻结站供出的有效冷量,作为冻结方案比较的依据;可以确定冻结壁的扩展速度,为估算所需积极冻结时间提供参考。

14.3.1　冻结壁的形成

在冻结系统开始运行后,冻结管中的低温盐水流动与其周围地层进行热交换,土体温度不断降低。当温度降到土的冻结温度时,土体内的水发生相变,由液态水变成冰,此时融土变为冻土。

　　土的冻结温度是指土体中孔隙水稳定冻结的温度。土体孔隙水的冻结有其自身特点,这是由于与土体矿物颗粒表面的相互作用和水中具有某种盐分所决定的。孔隙水冻结的同时伴随着土体体积增大、析冰作用、土颗粒冻结。冻土的形成过程,实质上是土中水冻结并将固体颗粒胶结成整体的物理力学性质发生质变的过程,也是消耗冷量最多的过程。

　　融土变为冻土后,冻土温度继续下降以致在每个冻结管周围形成冻土柱。随着冻结管道不断供冷,冻土圆柱半径不断增加,冻土圆柱内的温度场发生变化。随着冻土圆柱的增长,结冰区各等温线距离也要增加,但冻结管的温度及冻土圆柱外围温度保持不变。在此期间,平面上的等温线是以冻结管轴心为中心的一组同心圆,此后冻结壁继续发展,相邻的各冻结管的冻土圆柱开始连接,即零度等温线相遇,称为交圈。

　　在冻结圆柱交圈之前,冻结扩展速度较快,冻结圆柱很快交圈。交圈后零度等温线的弧度逐渐变缓,冻土墙扩展的速度也逐渐变缓,在邻近的各个冻土圆柱相连接后,形成一个连续的冻结壁。此时,平面图上围绕着冻结管的各个等温线是彼此相互平行的波状曲线,其波峰正对着冻结管,离开冻结管越远,等温线越趋向拉直。这样冻结温度场就形成了以冻结管为中心,向外扩展的冻土区、融土降温区、常温土层区。冻结壁中等温线如图 14-1 所示。

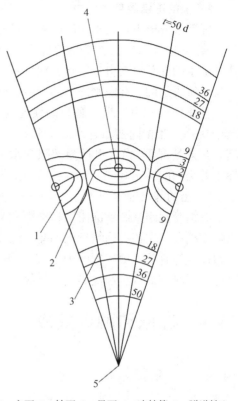

1—主面;2—轴面;3—界面;4—冻结管;5—隧道轴心。

图 14-1　冻结壁中等温线示意图

14.3.2　冻结壁温度场的影响因素

1. 未冻水含量

　　土颗粒的结合水由吸附水(强结合水)和薄膜水(弱结合水)组成。结合水的密度大,冰点降低。其中吸附水的厚度只有几十个水分子厚,相对密度为 1.2~1.4,最低冰点为-186 ℃,呈不流动状态,吸附水在土层的总含量中约为 0.2%~2%,薄膜水的相对密度也大于 1,冰点一般在-20~-30 ℃时才全部冻结。在冻结法施工的条件下,大部分薄膜水被冻结,吸附水不能被冻结,重力水则全部被冻结。也就是说,当土体冻结时,特别是当细粒土(如黏性土)冻结时,并非所有的水都结成了冰,而只是其中的一部分变成了冰。

　　土体中的未冻水含量多,土体冻结较慢,黏性土比砂土中含较多的未冻水,砂土就较容易冻结。土体中的未冻水含量直接影响到土体的相变潜热,进而影响土体温度的下降。

　　黏土的矿物粒径小且成片状,其结合水的含量多,未冻水最多;砂、砾、卵石孔隙含水层绝大部分为重力水,它与普通的水相同,服从重力定律,能传递静水压力,相对密度一般为 1。在一个大气压下其冰点为 0 ℃,几乎无未冻水。冻结法施工主要是冻结重力水和弱结合水,它在地层中含量的多少,直接影响着冷量的消耗、冻结速度和冻土强度。

重力水存在于岩土孔隙中,冻土中未冻水的存在对冻土的强度和热物理性质有着极大的影响。在同样的负温和同样的含水量情况下,冻结砂砾的强度就要比冻结黏土的强度高。这是由于砂砾中的水几乎全部冻结成冰,把砂粒牢固地胶结在一起;而黏土中存在着相当数量的未冻水,土粒被胶结的程度差,所以强度低。

2. 土的冻结温度

标准大气压下重力水的冻结温度是0℃,但处于矿物颗粒表面力场中的孔隙水,特别是当其呈薄层(薄膜水)时,冻结温度更低,而土的冻结温度是指土体中孔隙水稳定冻结的温度,土体孔隙水的冻结有其自身特点,这是由与土体矿物颗粒表面的相互作用和水中具有某种数量的盐分所决定的。孔隙水冻结的同时伴随着土体体积增大、析冰作用、土颗粒冻结。

土体中的水由于受土颗粒表面能的作用及溶质的存在和地压力的影响,其冻结温度均低于0℃。在相同初始含水量的情况下,土颗粒细的其冻结温度低,土颗粒粗的冻结温度高。一般情况下,当含水量为液限含水量时,黏性土类的冻结温度为$-0.1 \sim -0.3$℃,砂和砂性土的为$-0.2 \sim 0$℃。

3. 土的冻结速度

冻结管间距是影响冻土圆柱交圈和冻结壁扩展速度的主要因素。土的冻结速度越快,冻土强度越高。它还与冻结管内的盐水温度、盐水流量和流动状态、土层性质、冻结管直径、地层原始地温等有关。由于影响因素较多,解析理论分析很复杂,土的冻结速度一般按冻结过程中测温孔观测到的数据和经验公式推算。

14.4   冻胀和融沉效应

14.4.1   冻胀效应

冻胀可分为原位冻胀和分凝冻胀。孔隙水原位冻结,造成体积增大9%。分凝冻胀是由冻土的温度梯度引起的,它包括两个物理过程:水分迁移和成冰作用。由于外界水分补给并在土体迁移到某个冻结位置,体积增大往往较为显著,所以饱水土体在开放体系下的分凝冻胀是土体冻胀的主要分量。分凝冻胀发生的强弱主要取决于土颗粒粒径组成、土中水分、温度及荷载作用等因素。

1. 土颗粒粒径组成对冻胀的影响

土粒表面力场的差异性影响着土冻结过程中水分迁移能力,并导致冻胀变形各不相同。对于粗粒土来说,基本不存在冻胀影响。在细颗粒土中,尤其是粉土、黏质粉土、粉质黏土,冻胀影响明显。一般粒径为$0.5 \sim 0.005$ mm的细粒土持水性和毛细作用强,其孔隙结构为水分迁移创造了最好的条件,是冻胀敏感性最强的土层。

在水分、温度及冻结条件大致相似的情况下,各类土的冻胀性强弱大致按下列顺序递减:粉土>黏质粉土>黏土>砂>砾石。

2. 土中水分对冻胀的影响

工程实践表明,只有土中水分超过一定界限之后才会产生冻胀,在外界条件相同的情况下,土体含水量越高,其冻胀的强度也就越大。此外,在没有外界水源补给的封闭系统中,由于水分迁移受到了限制,冻胀达到一定量时就不再增长,而在有水源补给的开放系统中,只要条件适宜,冻胀就会持续增长。

3. 温度对冻胀的影响

土体温度降低引起水结晶、冰分凝,引起土体内部液态水向冻结锋面的不断迁移。冻土土温越低,土体中未冻水含量越少,含冰量越大。冻土的温度梯度决定着水分迁移量的大小。冻土的温度梯度越小,水分迁移量越大,冻胀量越大;温度梯度越大,水分迁移量越小,冻胀量越小。

4. 荷载对冻胀的影响

荷载的增加会对土体的冻胀产生抑制作用。首先,荷载的增加会使得土体的冻结温度降低,要继续维持土体的冻结状态,则需要更低的冻结温度。其次,外部压力的作用会引起土体内水分的重分布。若荷载的增加超过冻结锋面所产生的界面能量,水分则会从高应力区的冻结锋面向低应力区发生反向迁移,使得土体冻胀急剧减少,甚至停止。

14.4.2 融沉效应

人工冻结施工结束,冷量供给停止,冻土逐渐融化。冻土中的冰晶融化成水,土体体积缩小,加上土体原有结构冻胀时形成的微裂缝在融化时的闭合,即产生融沉;同时冻土在融化过程中未冻水含量随地温的升高而增加,直至达到相变温度点,冰全部变成孔隙水。当未冻水含量增加到足以摆脱静电作用时,土体便在重力和上覆荷载的作用下发生排水固结,土颗粒重新排列,孔隙变小而压密,产生固结沉降。融化终结后,排水固结并不马上结束,而是继续进行一段时间,直至土体固结沉降稳定为止。

冻土融沉量主要与融土固结、冻结过程中产生的土粒结构的破坏情况、冰融化成水释放的自由孔隙空间及上覆荷载的大小有关。通常压密沉降与正压力成正比,一般冻土的融沉量要大于冻胀量,有时融沉会变为突陷。融沉的不均匀性及突陷往往会影响地下工程上方建、构筑物的安全,因而人工冻结法施工须严格控制冻土融沉。

14.5 冻土强度

与未冻土相比,冻土具有较高的强度,这源自冰的胶结作用。冻土的强度是指导致冻土破坏和稳定性丧失的某一应力标准。冻土是一种非均质、各向异性的非弹性材料,它属于流变体,有其特殊的强度特征,这与冻土的生成环境、荷载作用、温度、土的含水率、含盐量和土的颗粒组成等因素有关。其中,影响冻土强度的主要因素有:冻结温度、土的含水率、土的颗粒组成、荷载作用时间和冻结速度等。

14.5.1 冻土的抗压强度

在一定的负温范围内,冻土极限抗压强度 σ_c(MPa)按下式计算:

中砂
$$\sigma_c = C_1 + C_2 t^{1/2} \tag{14-1}$$

粉砂和粗砂
$$\sigma_c = C_1 + C_2 t \tag{14-2}$$

式中:C_1,C_2——根据土的孔隙率和温度选取的系数;

t——冻结土的温度,℃。

1. 冻结温度对冻土强度的影响

冻土强度随着冻结温度的降低而增大。这是因为随着温度降低,冰的强度和胶结能力增大,冰与土颗粒骨架之间的联结加强,同时使土中原来的一部分未冻水逐步冻结,而增加土中含冰量。当负温不太大时,温度对强度的影响较明显。但是,随着负温的继续增加,强度的增长逐渐变慢,所以强度与温度的关系虽然密切,但却不是线性的。

2. 土的含水率对冻土强度的影响

在土中含水量未达到饱和时,冻土强度随着含水率的增加而提高,但当达到饱和后,含水量继续增加时冻土强度反而会降低。当土的含水率比饱和含水率大很多时,冻土强度就降低到和冰的强度相近。

3. 土的颗粒组成对冻土强度的影响

土颗粒成分和大小是影响冻土强度的一个重要因素。在其他条件相同的情况下,土颗粒越粗,冻土强度越高,反之就低。这主要是由不同的颗粒成分造成土中所含结合水的差异所引起的。例如,粗砂、砂砾和砾石的颗粒粗,其中几乎没有结合水,冻土中不存在未冻水,所以冻土强度高。相反,黏土类土颗粒很细,总的表面积很大,因而其表面能也大,在其中含有较多的吸附水和薄膜水,吸附水一般是完全不冻结的,薄膜水也只是部分冻结,因而在冻土中保存了较多的未冻水,使冻土的活动性和黏滞性增加,强度降低。另外,土颗粒的矿物成分和级配对强度也有一定的影响。

4. 荷载作用时间对冻土强度的影响

由于冻土的流变性,其强度随着荷载作用时间的延长而降低。在实验室条件下,荷载作用时间少于 1 h 时的冻土强度称为瞬时强度,大于 1 h 的强度称为长时强度。一般荷载作用 200 h 时的破坏应力称长时强度。所以冻土的瞬时强度比长时强度要大得多,而且冻结温度越高,两者相差越大。

当冻结温度在 $-4 \sim -15$ ℃时,冻土长时强度与瞬时强度大致为:长时抗压强度约为瞬时抗压强度的 $1/2 \sim 1/2.5$;长时黏结力约为瞬时黏结力的 $1/3$;长时抗剪强度约为瞬时抗剪强度的 $1/1.8 \sim 1/2.5$;长时抗拉强度约为瞬时抗拉强度的 $1/12 \sim 1/16$。冻结法的设计和施工须按长时强度考虑。冻土的这种特性要求在开挖支护施工时尽量缩短冻结壁的暴露时间,及早施工初衬支护。

冻结壁的形成是在外力作用下达到一定强度的,因此冻结壁内的冻土强度比在实验室内不受外力的情况下形成的冻土强度要大。而且,冻结壁一般是处在三向受力状态,其强度也要比试验时的单向受力强度为大。

由于冻结壁内温度分布是不均匀的,其各点的强度也是不均匀的,例如紧挨冻结管周围的冻土强度最大,靠边缘的强度最小,要用数理方法精确计算冻结壁的强度是困难的,所以一般都是用冻结壁的平均温度去计算其平均强度。

5. 冻结速度对冻土强度的影响

冻土形成的快慢速度直接影响到冰的结构。若冻结速度快,冻土中的细粒冰就多,呈六面晶体结构,冻土强度就高;相反,若冻结速度慢,冻土中的粗粒冰含量增多,呈片状晶体结构,冻土强度相应降低,所以,积极冻结期的冻结状况对冻结壁的形成有重要意义。为此必须尽量降低盐水的温度或缩小冻结孔间距,以加速冻结壁形成,并使冻结壁获得较高强度。采用液氮直接制冷的低温快速冻结工艺更具有这方面的优势。

6. 冻土长时抗压强度参考值

根据试验和工程经验,冻土长时抗压强度参考值见表 14-1。

表 14-1　冻土长时抗压强度参考值

土层名称		中粒砂			粉砂			软泥		
孔隙率/%		38			42			46		
含水率/%		10.0	16.7	22.5	8.3	15.0	23.0	8.0	14.7	24.0
饱和度		0.44	0.73	0.97	0.30	0.56	0.85	0.27	0.49	0.80
荷载作用时间为 72 h 时的冻土抗压强度/MPa	−1 ℃	1.30	1.85	2.74	0.17	0.36	0.48	0.22	0.39	1.08
	−2 ℃	1.70	2.39	3.33	0.26	0.52	0.69	0.31	0.51	1.22
	−3 ℃	2.00	2.81	3.79	0.36	0.69	0.90	0.39	0.62	1.37
	−4 ℃	2.27	3.17	4.18	0.46	0.84	1.11	0.48	0.74	1.52
	−5 ℃	2.50	3.49	4.52	0.56	1.0	1.32	0.56	0.85	1.67
	−6 ℃	2.71	3.76	4.82	0.65	1.16	1.53	0.64	0.96	1.81
	−7 ℃	2.91	4.03	5.12	0.75	1.32	1.74	0.73	1.08	1.96
	−8 ℃	3.07	4.27	5.38	0.85	1.48	1.95	0.81	1.19	2.11
	−9 ℃		4.49	5.62	0.94	1.64	2.16	0.90	1.31	2.28
	−10 ℃	3.40	4.70	5.88	1.04	1.80	2.37	0.98	1.42	2.40
	−11 ℃	3.55	4.91	6.07	1.15	1.94	2.58	1.06	1.53	2.55
	−12 ℃	3.69	5.10	6.28	1.23	2.10	2.79	1.15	1.65	2.70
	−13 ℃	3.83	5.28	6.48	1.33	2.26	3.00	1.23	1.76	2.84
	−14 ℃	3.96	5.45	6.67	1.43	2.42	3.21	1.32	1.87	2.99
	−15 ℃	4.08	5.61	6.86	1.53	2.58	3.42	1.40	1.99	3.14

14.5.2　冻土的抗拉强度

冻土的抗拉强度是指冻土所能承受的最大拉应力。影响冻土抗拉强度的因素和影响冻土抗压强度的因素基本相同。冻土在压缩试验中既能发生脆性破坏，也可能发生延性破坏。但对冻土进行抗拉强度试验，无论温度高低，无论加载速度快慢，都是脆性破坏。抗拉强度比抗压强度小 50%~80%。瞬时抗拉强度比长期抗拉强度要高出 12~16 倍。冻结黏性土的长期抗拉强度大于冻结砂土的长期抗拉强度，这是因为在压缩时矿物颗粒之间的距离减小，彼此相互接触的数量增大，而在拉伸时其距离增加，从而接触数量减少。

砂土与黏土的瞬时抗拉强度见表 14-2。

表 14-2　砂土与黏土的瞬时抗拉强度

岩性	含水率/%	瞬时抗拉强度/MPa			
		−10 ℃	−15 ℃	−20 ℃	−25 ℃
砂土	22~25	3.43	2.80	4.20	4.57
黏土	33~35	1.85	2.23	2.54	3.03

14.5.3 冻土的抗剪强度

冻土的抗剪强度是指冻土在一定的应力条件下(正应力)所能承受的最大剪应力。在一定的土温、荷载作用时间和固定的土质条件下,冻土的抗剪强度可用库仑公式表示:

$$\tau = c + \sigma \cdot \tan \varphi \qquad (14-3)$$

式中:τ——抗切强度,MPa;

c——冻土的黏结力,MPa;

σ——正应力,MPa;

φ——冻土的内摩擦角,(°)。

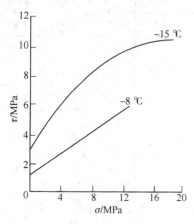

图 14-2 冻土的抗剪强度与抗压强度的关系

冻土的抗剪强度与抗压强度的关系如图 14-2 所示。

冻土的温度、含冰量、压力和荷载持续时间等都影响着冻土的黏聚力和内摩擦角。随着土温的降低,土中水相变成冰,冰的胶结作用提高了冻土的凝聚力,因而,冻土黏聚力比未冻土大得多。由于冰在长期荷载下产生缓慢塑流,冻土在长期荷载作用下的抗剪强度要比瞬时荷载作用下的抗剪强度小很多。当冻土温度相同时,冻结砂土较冻结黏土的抗剪强度高。冻土的抗剪强度随着土温的降低而增大,冻土的黏结力与冻土温度的绝对值呈线性关系。

14.6 盾构隧道联络通道冻结法设计

地下工程中盾构隧道联络通道采用人工土冻结法施工已得到广泛应用,被认为是安全可靠的施工方法。人工土冻结法设计是以保证土方开挖和结构施工的安全,并使周围环境、地下管网和建(构)筑物不受损害为原则。冻结壁作为临时结构,开挖暴露后需及时设立初期支护结构隔绝暴露冻土与空气的接触,形成复合承载体系或隔水体系。

14.6.1 冻结壁设计

1. 冻结壁类别

冻结壁的选取主要是依据冻结壁的功能要求。冻结法施工对冻结壁的功能要求分为3类:

(1)仅用于止水而无承载要求,如岩石裂隙和混凝土界面缝隙止水;

(2)仅用于承载而无止水要求,如不透水黏性土层的加固;

(3)既要求承载又要求止水,如砂砾石含水层的加固与止水。

2. 冻结壁结构形式

冻结壁结构形式综合考虑土层冻胀与融沉对周围环境的影响。联络通道部分一般采用直墙圆拱冻结壁;泵房集水井、侧向泵站一般采用满堂冻结加固或采用 V 形冻结壁;在砂砾石含水层中需采用全封闭的冻结壁结构形式。

冻结壁须按受压结构设计,开挖后冻结壁应设初衬支护,冻结壁承载力设计应按承受全部荷载计算。

3. 冻结壁荷载计算

（1）冻结壁的荷载包括土压力、水压力、地表水体压力、土方开挖影响范围以内地表建（构）筑物荷载、地表超载及其他临时荷载。

（2）土压力和水压力对于地下水位以下的砂土、砂质粉土和碎石土按水土分算的原则计算；对于地下水位以下的黏性土、黏质粉土按水土合算的原则计算。

（3）垂直土压力按计算点以上覆土重量及地面超载计算；侧向土压力一般按兰金主动土压力计算；基底土反力按静力平衡计算。

4. 冻结壁平均温度

冻结壁平均温度一般根据冻结壁承受荷载大小（或开挖深度）、盐水温度、冻结孔间距、冻结壁厚度、冻结管直径、冻结时间综合确定。可采用成冰公式法、面积法或数值分析法计算冻结壁平均温度。根据工程实践经验，一般情况下联络通道冻结壁平均温度可按表 14-3 选取。冻结壁与隧道管片交界面平均温度不能高于-5 ℃。

表 14-3　冻结壁平均温度设计经验值

开挖深度 H_j/m	<12	12~30	>30
冻结壁平均温度 T_p/℃	-6~-8	-8~-10	≤-10

5. 盐水温度与盐水流量

（1）盐水温度与盐水流量要求在规定的时间内使冻结壁厚度和平均温度达到设计需要。

（2）根据设计的冻结壁厚度、平均温度、地层环境及气候条件确定最低盐水温度，一般可按表 14-4 选取。当设计冻结壁平均温度低且地温较高时，应取较低的盐水温度。

表 14-4　最低盐水温度设计参考值

冻结壁平均温度 T_p/℃	-6~-8	-8~-10	≤-10
最低盐水温度 T_y/℃	-25~-26	-26~-28	-28~-30

（3）一般情况下，积极冻结 7 d 后盐水温度应降至-18 ℃以下，积极冻结 15 d 后盐水温度应降至-24 ℃以下，开挖构筑时盐水温度应降至设计最低盐水温度以下。初期支护施工冻结盐水温度不能高于-25 ℃。

（4）开挖时，去、回路盐水温差不宜高于 2 ℃。在保证冻结壁平均温度和厚度达到设计要求且实测判定冻结壁安全的情况下，可适当提高盐水温度，但不能高于-25 ℃。

（5）冻结孔单孔盐水流量可根据冻结管散热要求，去、回路盐水温差和冻结管直径确定，冻结管内盐水流动状态处于层流与紊流之间。

6. 冻结壁相关的设计计算

（1）冻结壁厚度设计是根据联络通道的工程地质及水文地质条件、埋藏深度、结构、几何特征和可能达到的冻结壁平均温度等综合条件确定的。有承载要求的冻结壁需按承载力要求设计冻结壁厚度。

（2）冻结壁内力可采用结构力学或数值计算方法计算。

（3）冻结壁的力学计算模型可按均质线弹性体简化，其力学特性参数可取设计冻结壁平均温度下的冻土力学特性指标。

（4）采用数值计算方法时，数值计算应建立合理的计算模型。隧道的钢筋混凝土衬砌的弹性模量、泊松比、重度,未冻土的弹性模量、泊松比、重度和冻土的弹性模量、泊松比、重度,宜根据现场试验或者参考类似材料进行选取。

（5）开挖后应及时进行初期支护,冻结壁的暴露时间不宜大于 24 h。

（6）冻结壁一般只需进行抗压、抗折和抗剪强度验算。

冻结壁的强度验算公式:

$$K\sigma \leq R \tag{14-4}$$

式中: σ——冻结壁应力,MPa;

R——冻土的强度指标,MPa;

K——冻结壁强度检验安全系数,既要求承载又要求止水的冻结壁强度检验安全系数宜按表 14-5 选取,其他类型冻结壁强度检验安全系数可按其 9/10 倍计。

表 14-5　既承载又止水的冻结壁强度检验安全系数

项目	抗压	抗折	抗剪
安全系数	3.0	3.0	2.0

（7）有特殊要求的工程冻结壁设计时应验算冻结壁的变形,计算冻结壁最大变形一般不能超过 30 mm。

（8）联络通道与管片交界处的冻结壁设计厚度不能小于 1.0 m,且平均温度不高于 -5 ℃,其他部位的冻结壁设计厚度不能小于 1.4 m。

（9）冻结壁有效厚度估算:

$$E_{yj} = 2v_{dp}t - E_{qr} \tag{14-5}$$

式中: E_{yj}——设计冻结壁有效厚度,mm;

v_{dp}——冻结壁单侧平均扩展速度,mm/d;

E_{qr}——冻土侵入开挖面以内厚度,mm;

t——冻结时间,d。

（10）冻结壁单侧平均扩展速度按表 14-6 选取或采用测温数据计算。

表 14-6　冻结壁(或冻土圆柱)单侧平均扩展速度设计参考值

冻结时间 t/d	0~20	21~30	31~40	41~50	51~60
黏土冻结壁单侧平均扩展速度 v_{dp}/(mm/d)	34~28	28~24	24~22	22~20	20~18
砂土冻结壁单侧平均扩展速度 v_{dp}/(mm/d)	50~40	40~35	35~30	30~28	28~25

（11）冻结壁交圈时间估算:

$$t_{jq} = \frac{S_{max}}{2v_{dp}} \tag{14-6}$$

式中: t_{jq}——预计冻结壁交圈时间,d;

S_{max}——冻结孔成孔控制间距,m;

v_{dp}——冻结壁单侧平均扩展速度,m/d。

14.6.2　冻结孔设计

1. 冻结孔布置原则

（1）冻结孔的布置必须满足能够形成有效的冻结壁厚度和平均温度的设计要求。

（2）冻结孔布置参数应包括冻结孔孔位、冻结孔开孔间距、成孔间距、冻结孔深度和冻结孔偏斜精度要求等。冻结壁形成参数应包括冻结壁交圈时间、预计冻结壁扩展厚度和冻结壁平均温度等。

（3）对于线间距较小的联络通道，可采用从一侧布置冻结孔；对于线间距较大的联络通道，宜采用从隧道两侧布置冻结孔。

（4）当单排冻结孔不能满足冻结壁设计要求时，可布置多排冻结孔。

（5）冻结孔布置设计时宜布置不少于 2 个的透孔，用于验证隧道管片预留门洞位置、线间距长度和对侧冻结管与冷冻排管供冷。

2. 冻结孔精度要求

冻结孔最大允许偏斜值即冻结孔成孔轨迹与设计轨迹之间的距离。冻结孔偏斜精度见表 14-7。

表 14-7　冻结孔偏斜精度要求表

冻结孔类型	水平或倾斜冻结孔		竖直冻结孔	
冻结孔深度 H/m	≤10	10~30	≤40	40~100
冻结孔最大偏斜值/mm	150	150~350	150~250	250~400

14.6.3　制冷系统设计

1. 冻结管吸热能力计算

$$Q_g = qA \qquad (14-7)$$

式中：Q_g——冻结管总吸热能力，kJ/h；

q——冻结管吸热系数，可取 $1\,000$~$1\,200$ kJ/（m²·h）；

A——冻结管总表面积，m²。

2. 冻结站所需制冷能力计算

$$Q_z = mQ_g \qquad (14-8)$$

式中：Q_z——冻结站所需制冷能力，kJ/h；

m——冷量损失系数，一般可取 1.2~1.5。

3. 冷冻机选择

（1）制冷剂循环系统的冷凝温度应比冷却水循环系统的出水温度高 3~5 ℃。

（2）制冷剂循环系统的蒸发温度应比设计最低盐水温度低 5~7 ℃。

（3）冷冻机的型号与数量应根据计算工况制冷能力、制冷剂循环系统的冷凝温度、蒸发温度实际工况制冷量与标准制冷量之间的换算系数确定。选定冷冻机实际工况的总制冷能力不得小于计算制冷能力，并应考虑备用冷冻机。

4. 冷媒剂（盐水）选择

（1）地层冻结用冷媒剂一般采用氯化钙水溶液，氯化钙水溶液的凝固点应低于设计盐水温度 8~10 ℃,比重宜小于 1.27 kg/L。

（2）盐水中可通过掺加氢氧化钠或重铬酸钠以减轻盐水对金属的腐蚀。

（3）氯化钙水溶液需充满循环系统中所有的容器和管路。氯化钙用量可按下式计算确定：

$$G = \frac{1.2g(V_1 + V_2 + V_3)}{\rho} \tag{14-9}$$

式中:G——氯化钙用量,kg;

g——单位盐水体积固体氯化钙含量,kg/m^3;

ρ——固体氯化钙纯度;

V_1——冻结器内盐水体积,m^3;

V_2——干管及集、配集液圈内盐水体积,m^3;

V_3——蒸发器和盐水箱内盐水体积,m^3。

5. 盐水管路

（1）按盐水流速计算供液管、干管和配、集液管管径。盐水在冻结器环形空间的流速一般为 0.1~0.3 m/s,在供液管中的流速一般为 0.6~1.5 m/s,在干管及配、集液管中的流速一般为 1.5~2.0 m/s。

（2）盐水干管及配、集液管一般选用普通低碳钢无缝钢管,管壁厚度不宜小于 4.5 mm,也可采用其他满足使用要求的新型材料。供液管可选用钢管或聚乙烯增强塑料管,供液管接头必须有足够强度以防断裂。

（3）在盐水干管中一般安装软接头以减小温度应力和制冷设备运转引起的振动。

6. 盐水泵

（1）盐水循环总流量计算:

$$W = \frac{Q_Z}{\Delta T \cdot \gamma \cdot c} \tag{14-10}$$

式中:W——盐水循环总流量,m^3/h;

Q_Z——制冷能力,kJ/h;

γ——盐水密度,kg/m^3;

c——盐水比热,kJ/(kg·℃);

ΔT——去、回路盐水温差,一般取 ΔT=1~2 ℃。

（2）盐水泵扬程计算:

$$H_c = 1.15(h_1 + h_2 + h_3 + h_4) + h_5 + h_6 + h_7 \tag{14-11}$$

式中:H_c——盐水泵扬程,m;

h_1——盐水干管和配、集液管中的压头损失,m;

h_2——供液管中的压头损失,m;

h_3——冻结器环形空间的压头损失,m;

h_4——盐水管路中弯头、三通、阀门等局部阻力,取值为 (h_1+h_2+h_3) 的 20%,m;

h_5——盐水泵的压头损失,可取 3~5 m;

h_6——封闭式循环系统中回路盐水管高出盐水泵的高度,宜取 3~5 m;

h_7——蒸发器内的盐水压头损失,m。

其中:

$$h_1 + h_2 + h_3 = \lambda \frac{L}{d} \cdot \frac{\omega^2}{2g} \tag{14-12}$$

$$\lambda = \frac{0.3164}{\sqrt[4]{Re}} (紊流) \tag{14-13}$$

$$\lambda = \frac{64}{Re} (层流) \tag{14-14}$$

$$Re = \frac{\omega \cdot d \cdot \gamma}{\mu \cdot g} \tag{14-15}$$

式中:d——盐水干管的直径,m;

　　　L——盐水管的长度,m;

　　　g——重力加速度,一般取 9.8 m/s^2;

　　　ω——盐水流速,m/s;

　　　λ——盐水流动阻力系数;

　　　Re——雷诺数;

　　　μ——盐水动力黏度系数,Pa·s;

　　　γ——盐水密度,kg/m^3。

（3）盐水泵电动机功率计算:

$$N = 1.25 \frac{W \cdot H_c \cdot \gamma}{102 \times 3600 \times \eta_1 \cdot \eta_2} \tag{14-16}$$

式中:W——盐水循环计算总流量,m^3/h;

　　　H_e——盐水泵计算扬程,m;

　　　η_1——盐水泵的效率,取 0.75;

　　　η_2——电动机的效率,取 0.85;

　　　γ——盐水密度,kg/m^3。

7. 冷却水

（1）冻结站冷却水总循环量计算:

$$W_0 = W_1 + W_2 \tag{14-17}$$

式中:W_0——冷却水计算总循环量,m^3/h;

　　　W_1——冷凝器冷却水用量,m^3/h;

　　　W_2——冷冻机冷却水用量,m^3/h。

（2）采用壳管式冷凝器时的冷却水用水为

$$W = \frac{Q'_Z}{1000 \cdot \Delta T} \tag{14-18}$$

式中:Q'_Z——冻结站总制冷能力,kJ/h;

　　　ΔT——冷凝器进出水温差,取 $\Delta T = 3 \sim 5$ ℃。

（3）补充冷却水需采用不结垢的水,水温宜低于 28 ℃,补充水量按下式计算:

$$W_3 = \frac{W_0(t_2 - t_1)}{t_2 - t_0} \tag{14-19}$$

式中:W_3——补充水量,m^3/h;

t_2——冷凝器出水温度，℃；

t_1——冷凝器进水温度，℃；

t_0——补充水温度，℃。

（4）按冷却水计算总循环量选择冷却水循环泵型号和台数，水泵扬程宜为 12~40 m，冻结站和冷却塔不在同一水平的要考虑其高差。

8. 低温容器及管路保温

制冷剂循环系统的中压、低压容器和管路及盐水箱、盐水干管和集、配液管等低温容器和管路必须保温。保温层敷设宜使其外表面温度比环境露点温度高 2 ℃以上，保温层不能产生凝结水，使冷量损失控制在允许范围内。

保温层应采用阻燃型保温层。当采用保温板材时，应采用专用胶水将保温板密贴在隧道管片上，板材之间不得有缝隙。低温容器、管路的保温层均应铺设防潮层。

14.7　冻结施工

14.7.1　冻结钻孔施工

1. 施工流程

冻结钻孔施工工序流程如图 14-3 所示。

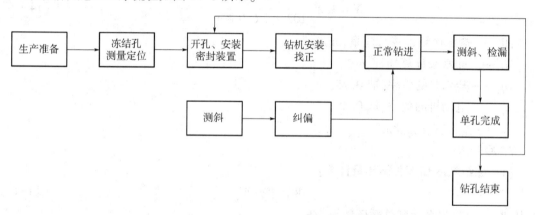

图 14-3　冻结钻孔施工工序流程

2. 定位开孔及孔口管安装

依据施工基准点，按冻结孔施工设计图布置冻结孔，实际孔位需避开隧道管片接缝、管片主筋和钢管片肋板。开孔倾角和方位角可采用经纬仪、罗盘或全站仪确定。

采用金刚石取芯钻头按设计角度开孔，当开到 300 mm 深度时停止钻进（盾构管片厚度一般为 350 mm，留不小于 50 mm 厚保护层），用钢楔楔断混凝土岩芯，取出后安装孔口管。孔口管内径宜大于冻结管外径 10~20 mm，一般采用 φ133×4.5 mm 无缝钢管加工，带有法兰和旁通阀，管端加工 200 mm 长的鱼鳞扣。孔口管的安装方法为：首先将孔口处凿平，安装好四个膨胀螺丝，而后在孔口管的鱼鳞扣上缠上麻丝，将孔口管砸入孔口，用膨胀螺丝上紧，装上 DN125 铸钢球阀，再将闸阀打开，用 φ110 mm 金刚石钻头从闸阀内开孔，一直将混凝土管片钻透，并及时关闭闸门。孔口管及防喷装置如图 14-4 所示。

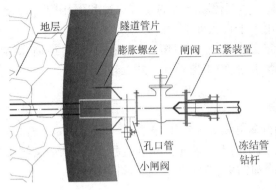

图 14-4　孔口管及防喷装置图

3. 钻孔施工与冻结器安装

利用冻结管作钻杆钻进的施工方法是冻结孔的主要施工方法。即在冻结管端部连接钻头和逆止阀，钻进到设计深度后用丝堵密封冻结管端头，冻结管管壁厚度不小于 8 mm。测温孔、泄压孔的施工方法与冻结孔相同。

（1）按冻结孔施工方位要求调整好钻机位置，并固定好钻机，将钻杆插入孔口装置内，并将盘根轻压在盘根盒内，启动钻机。同时打开旁通小阀门，观察出水、出砂情况。利用阀门的开关控制出渣量，并按理论出渣量进行控制，如出渣量过大，则应适当注浆，补偿地层损失。

（2）为了保证钻孔方位与倾角的精度，开孔段是关键。钻进前 2 m 时，要反复校核钻杆方向，精准调整钻机位置，确保冻结管方位满足设计要求。

（3）冻结管连接采用螺纹接头，接缝须焊接补强，冻结管钻进达到设计深度后采用接长杆的方法将丝堵上到管底，利用反扣在卸扣的同时将丝堵拧紧。

（4）冻结孔施工过程中需不断测斜，一般采用经纬仪或全站仪灯光测斜法进行测斜。

（5）冻结管在钻孔前要先配管，保证冻结管同心度。下入冻结管后，须复测冻结孔深度，并打压试漏。冻结孔耐压试漏压力控制应为盐水工作压力的 1.5~2 倍，须试压 30 min 压力下降不超过 0.05 MPa，再延续 15 min 压力保持不变，才能认定为合格。

（6）冻结管安装完后，用注浆堵漏材料密封冻结管与孔口管之间的间隙，然后拆卸孔口密封装置。

（7）在冻结管内下入供液管，供液管可采用聚乙烯增强塑料管或钢管。供液管底端连接 150 mm 长的支架，支架采用 $\phi8$ mm 钢筋焊接，然后安装去、回路羊角，外露部分应与冻结管管端钢盖板采用连续焊缝焊接，焊缝高度不小于 5 mm，供液管安装完成后再次对整个冻结器进行耐压试验。

除采用回转钻进施工冻结孔外，对于软弱地层，也可采用夯（顶）管法施工冻结管，冻结管的管壁厚度不宜小于 6 mm，并采用带衬管的对焊连接接头。夯（顶）管法施工冻结管的主要优点是：

（1）快捷高效，质量好；

（2）地层水土不会流失且有挤密地层作用，有利于控制地层沉降；

（3）施工中孔口不会涌水冒泥，施工安全更有保障。

对试压不合格的冻结管必须要进行妥善处理，达到密封要求后方可使用，无法处理的应打孔。向下倾斜的冻结管漏管，可以在漏管中下入小直径冻结管，并在小直径冻结管外侧充满清水或泥浆。小直径冻结管内径不应小于 48 mm，下小直径冻结管的冻结孔不得相邻，下小直径冻结管的冻结孔数不得多于冻结孔总数的5%。小直径冻结管的下放深度和耐压应符合设计要求。水平和向上倾斜的冻结管漏管不得采用下小直径冻结管的处理方法。

全部冻结孔施工完成后,应绘制喇叭口、泵房等冻结关键部位的实际孔位图,预估冻结壁交圈情况。当相邻冻结孔成孔间距大于设计要求时,应采取补孔方式处理。

14.7.2 穿透孔施工

(1) 施工穿透孔时,在 $\phi89\,mm$ 冻结管前配置 $\phi94\,mm$ 锥体,再配上一段 $\phi89\,mm$ 岩芯管,长度 $L\geqslant65\,cm$,并配 $\phi91\,mm$ 金刚石取芯钻头,如图14-5所示。钻孔过程中,一旦钻头触及对面管片,马上改用回转钻进工艺钻进,用清水冷却钻头,按取芯工艺要求操作钻机。

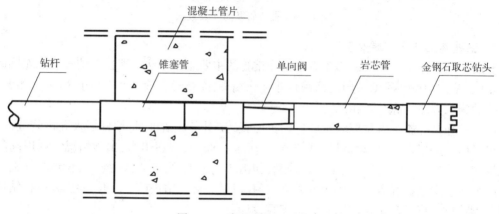

图 14-5 穿透孔施工示意图

(2) 取芯钻进工艺要求先慢速旋转低压给进,转速控制在 $100\,r/min$ 左右,同时给进压力控制在 $1.0\,MPa$ 左右,防止钻头打滑错位,待进尺 $5\sim10\,cm$ 后,采用正常取芯钻进,直至打穿对面管片。

在钻具触及对面管片时,对面隧道处应做好穿透管片的封堵工作,一旦钻头穿透管片,立刻封孔,以防泥沙喷涌。

(3) 穿透孔穿透面的密封。

① 在钻具和单向阀后加一个长 $200\,mm$、外径为 $\phi94\,mm$、内径和钻杆相同的锥塞管,用于封堵管片与钻杆之间的间隙。

② 穿透孔施工结束后,采用夹板将麻丝等密封物强行压入冻结管与钻孔的环形间隙,封堵孔口,确保孔口不发生涌水、涌砂、涌泥。

③ 密封装置安装固定在孔口管上,利用盘根封堵冻结管与密封装置之间的缝隙。

14.7.3 冻结站安装

(1) 冻结站位置应便于运输,供水、供电方便,并应利于散热通风,可选择在地面、地铁车站中板或冻结工作面附近的隧道内,一般优先选择距离作业面较近位置。当冻结站设置在隧道内时,宜采用高压供电。

(2) 冻结站应通风良好,采用冷却塔散热时,冻结站要加强通风排热,必要时可安装轴流风机强制通风。

(3) 冻结站布置应规整有序,冷冻机组就位后,先将机组牢固地固定在冻结站施工平台上,底梁与工字钢进行连接。固定时注意要用水平尺对机组进行找平,通过不断调整底梁将机组调平,然后对电机和压缩机进行调平找正。

（4）当冷却水源水质不符合冷凝器等设备的使用要求时,应安设冷却水水质处理装置,以提高冷却效率。

（5）冻结器与配、集液管之间宜用软管连接,软管在工况温度下耐压不应小于 1 MPa。在冻结器与配、集液管之间的连接管路上应安装控制阀门和温度测点,管路连接应便于安装流量计监测单孔盐水流量。

（6）盐水循环系统最高部位处应设置排气阀,盐水箱应安设盐水液面可视自动报警装置,干管上及位于配液管首尾冻结器的供液或回液管上,应设置流量计。

（7）盐水管路系统必须进行压力试验,试验压力不得小于冻结工作面盐水压力的 1.5 倍,并持续 15 min 压力不下降为合格。

（8）在充入制冷剂前,制冷系统各部位必须进行打压试漏检验,冻结站管路密封性试验合格后,再给制冷系统的低压、中压容器,管路及盐水箱、盐水干管、配(集)液管等铺设保温层和防潮层。

14.7.4　清水、盐水泵及管路安装

（1）清水和盐水泵的基础平面应水平,安置好后需再次检查机组的水平度,泵的吸入管路和吐出管路应有各自的支架,严禁管路重量直接由泵承受,泵的吸入口不宜过高,以高于清水、盐水箱底 20 cm 左右为宜。

（2）清水泵的吸入口应安装一层滤网,并在盐水箱中间设置一道滤网,以防杂物吸入管路内。

（3）清水管路和盐水干管采用焊接,在需要调整的地方采用法兰连接。隧道内的盐水管用管架敷设在隧道管片斜坡上,采用法兰连接。盐水管路要高于地面安装,避免浸水和高低起伏。回路盐水干管上要做"∩"形弯起。

（4）盐水管路和冷却水循环管路上要设置阀门、压力表、测温仪等测试组件。

14.7.5　保温施工

（1）盐水管路经试漏、清洗后可采用聚乙烯保温板或橡塑海绵保温,保温层厚度不小于20 mm,保温层的外面用塑料薄膜包扎。

（2）冷冻机组的蒸发器及低温管路用棉絮保温,盐水箱用厚度不小于 20 mm 的聚乙烯保温板或橡塑海绵保温。

（3）联络通道两侧管片保温:由于混凝土相对于土层来说容易散热,为加强冻结帷幕与管片间的冻结胶结,需采用厚度不小于 30 mm 的聚乙烯保温板对冻结帷幕发展区域的盾构管片进行隔热保温。

（4）在隧道副线侧冻结区域范围内布置冷冻排管,然后采用厚度不小于 30 mm 的聚乙烯保温板对管片进行隔热保温。

14.7.6　冻结器连接安装

（1）集配液圈设置分水器,去、回路均安装 1.5″闸阀,以控制冻结器盐水流量,并与冻结管头部采用 ϕ45 mm、5 层线以上的夹布胶管连接。每 3～5 个冻结孔串联,串联应间隔进行,以每组冻结器总长度和每路盐水循环阻力接近为宜。

（2）冷冻排管的敷设方法为用膨胀螺栓和压板直接将其固定在管片上。冷冻排管与穿透冻结孔之间用胶管连接。冻结加固范围内铺设厚度不小于 30 mm 的聚乙烯保温板。冻结器连接实际效果图如图 14-6 所示。

图 14-6　冻结器连接实际效果图

14.7.7　仪器仪表安装

（1）在冷冻机进、出水管上安装温度计，在去、回路盐水管路上安装压力表、温度传感器和控制阀门，在盐水管出口安装流量计，在盐水箱安装液面指示装置。

（2）在盐水管路的高处安装放气阀。盐水和冷却水管路耐压分别为 0.5 MPa 和 0.3 MPa。

冻结站安装示意图和实际效果图分别如图 14-7 和图 14-8 所示。

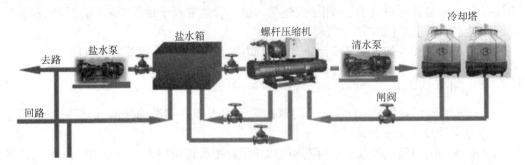

图 14-7　冻结站安装示意图

图 14-8　冻结站安装实际效果图

14.7.8 溶解氯化钙和机组充氟、加油

（1）先在盐水箱内注入约 1/4 的清水,然后启动盐水泵并逐步加入固体氯化钙,直至盐水浓度达到设计要求,溶解氯化钙时要除去杂质。盐水箱内的盐水不能灌得太满,以免高于盐水箱口的冻结管盐水回流时溢出盐水箱。

（2）机组充氟、加油按照设备使用说明书的要求进行。首先进行制冷系统的检漏和氮气冲洗,在确保系统无渗漏后,再充氟加油。

14.7.9 积极冻结与维护冻结

（1）冻结站设备安装完毕后进行调试和试运转,检查确认电路系统、冷却水循环系统、盐水循环系统运行参数正常后才开冷冻机。冷冻机先空转 1~3 h,观察运转是否异常。

（2）冻结站试运转的各系统应满足下列要求:

① 补充水量、水温及水质应达到设计要求且循环系统运转正常;

② 盐水浓度及总流量应达到设计要求且循环系统正常运转,空气放净,无杂物堵塞;

③ 冷却水、盐水系统试运转后方可充制冷剂。

（3）冻结站正式运转应具备下列条件:

① 在充制冷剂过程中,制冷剂、盐水、冷却水系统应运转正常且盐水温度逐渐下降;

② 配电系统应能连续正常供电;

③ 制冷剂、盐水、冷却水循环系统温度、流量、压力应正常,盐水温度应逐渐下降并达到设计要求,各冻结器回液温度正常且基本一致,冻结器头部、胶管结霜均匀;

④ 制冷剂冷凝压力和蒸发压力应与冷却水温度、盐水温度相对应;

⑤ 冷媒温度比制冷剂蒸发温度应高 5~7 ℃,冷凝温度应高于冷却水出水温度 3~5 ℃;冷却水进、出水温差宜为 3~5 ℃;盐水去、回路温差:积极冻结期宜为 1~3 ℃,开挖期间不宜大于 2 ℃。

（4）冻结系统运转正常后进入积极冻结期。应完整记录冻结站运转日志,内容包括:

① 冷冻机及其辅助设备中的温度、压力、流量、液面、电流、电压等的班记录、运转日记、每次制冷剂充量及冷冻润滑油加油量的记录;

② 冷媒泵班运转日志、冷媒泵压力、流量、冷媒箱水位计温度的班记录;

③ 配、集液管冷媒温度、冻结器头部冷媒温度及冻结器头部胶管结霜情况的班记录;

④ 补水及循环水水泵班运转日志、补水的流量及水温,冷凝器进、出水温度及流量的班记录。

（5）开挖条件判定。

积极冻结时间达到设计要求后,应先对开挖条件做出判断,然后再进行开挖掘进。开挖条件判定方法见表 14-8。

表 14-8 开挖条件判定方法

序号	检测项目		设计要求和标准	试验、检验方法
1	冻结设备	冷冻机	备用冷冻机 1 台	现场检查备用设备是否接入系统,试运转正常
		盐水泵	备用水泵 1 台	
		冷却水泵	备用水泵 1 台	
		供电保证	双回路供电系统正常	—

续表

序号	检测项目			设计要求和标准	试验、检验方法
2	冻结运转	系统运行		在1个月内未发生停机24 h以上的故障	检查冻结运转记录
		盐水管路		未发现冻结管盐水漏失	检查冻结运转记录
		盐水比重		盐水比重为1.26	检查冻结运转记录
		盐水干管去、回路温差		开挖前一周内盐水干管去、回路温差不大于1.5 ℃	检查监测报表
		最低盐水温度		保持在-28 ℃以下	检查监测报表
		积极冻结时间		累计达到设计要求	检查冻结运转记录
3	交圈判定	交圈判定		冻结孔发展半径大于最大孔间距	根据测温资料计算
		泄压孔		压力持续上涨,打开泄压孔,无泥水持续流出	现场观察连续12 h
		水平探孔		在防护门内未冻区打探孔	孔内12 h无持续泥水流出
4	冻土帷幕厚度和平均温度			不小于设计值	按现有测温孔测温结果分析计算,可疑薄弱面打探孔测温
5	应急预案	防护门	防护门安装	防护门按设计安装完毕	防护门耐压设计值为0.30 MPa,安装后进行气密性试验,要求在不停空压机时试验气压保持在0.23 MPa
		预应力支架	预应力支架安装	预应力支架按设计安装完毕	每个千斤顶的顶力不大于100 kN,且各个千斤顶的顶力要基本均匀。安装偏离隧道管片环缝处截面不大于20 mm
		应急设备	空压机	—	试运转正常
			潜水泵	—	现场检查,状态完好
			其他设备	千斤顶、电锯、电焊机、冲击钻等	现场检查,状态完好
		应急材料	水泥	现场备袋装水泥	堆放于联络通道两侧
			砂子	现场备袋装砂子	堆放于联络通道两侧
			黏土	现场备袋装黏土	堆放于联络通道两侧
			水玻璃	现场备水玻璃	检查现场库房
			木材	松木板材和200 mm×200 mm方木	检查现场库房
			工字钢	16#工字钢	检查现场库房
6	测量放样			定出开挖控制基准线,误差小于5 mm	通过三级复核验证
7	开挖条件核查			通过专家评估,业主、监理和施工单位会签同意	通过审批

（6）维护冻结。

① 确定冻结帷幕形成并达到设计要求后,即进入维护冻结阶段。其主要目的是补充冻结帷幕随开挖掘进、随时间损失的冷量,控制冻结帷幕厚度不再继续增长,保证其在掘进开挖及二衬阶段达到有效隔水并加固地层。

② 维护冻结期间,不仅要做好正常的冻结施工监测,还要监测开挖暴露冻土帷幕的表面温度和位移量,通过对冻结帷幕温度的监控确定盐水温度、流量等参数。如发现局部冻土帷幕温度较高、变形较大,可用串接管道泵的方法加大对应位置的冻结孔盐水流量。

③ 维护冻结期在保证冻结壁平均温度和厚度达到设计要求且实测判定冻结壁安全的情况下,盐水温度可适当提高,但不宜高于−25 ℃;冻结壁与隧道管片的交界面温度不宜高于−5 ℃;去、回路盐水温差不宜高于 2 ℃。

(7) 停止冻结。

浇筑完混凝土内衬后即可停止冻结,割除冻结管,并对冻结管进行充填和防渗处理。混凝土结构层养护 3~7 d 可进行结构充填注浆。

14.7.10　结构充填注浆与融沉补偿注浆

衬砌后充填注浆和地层融沉补偿注浆应在停止冻结并完成冻结孔封孔工序后进行。

1. 充填注浆

(1) 应在停止冻结并完成冻结孔封孔工序后 3~7 d 内,结构混凝土强度达到设计强度的 60%以上进行充填注浆。注浆孔宜在联络通道结构施工时预埋,注浆管预埋深度应穿透二衬结构层。

(2) 注浆按由下而上的顺序进行,当上一层注浆孔连续返浆后即可停止下一层注浆。喇叭口最顶部的预留注浆孔作为注浆观测孔,直至冒浆方可停止注浆。第一次注浆后,间隔 8~24 h 应进行复注。

(3) 充填注浆可采用 1∶0.8~1 单液水泥浆。注入水泥浆前应先注清水,检查各注浆孔之间衬砌后间隙是否畅通。

2. 融沉补偿注浆

(1) 充填注浆结束后应根据地层沉降监测情况进行冻结壁融沉补偿注浆。融沉补偿注浆应遵循少量、多点、多次、均匀的原则。

(2) 应在结构施工时预留注浆管,并沿通道轴线方向均匀布置,注浆孔深到达初衬与冻土墙之间。

(3) 注浆的顺序是先底板后侧墙,具体顺序为:集水井底部注浆—集水井侧墙注浆—通道底部注浆—通道侧墙注浆—拱顶部注浆。

(4) 融沉补偿注浆浆液以水泥-水玻璃双液注浆为主,单液水泥浆为辅。水泥-水玻璃双液浆配比可为:水泥浆与水玻璃溶液体积比 1∶1,其中水泥浆水灰比 1∶1,水玻璃溶液可采用 B35~B40 水玻璃加 1~2 倍体积的水稀释。注浆压力不宜大于 0.5 MPa 或联络通道结构设计要求的允许值。注浆范围应为整个冻结区域。

(5) 融沉补偿注浆遵循多次、少量、均匀的原则。当地层沉降速率大于 1 mm/d,或累计地层沉降大于 3 mm 时,应及时进行融沉补偿注浆。当地层隆起达到 3 mm 时,应暂停注浆。

(6) 地层冻融过程中,要加强地面变形监测、冻土温度监测、冻结壁后水土压力监测,为注浆参数调整提供依据。

(7) 融沉注浆结束应以地面沉降变形稳定为依据。在冻结壁全部融化且不注浆的情况下实测地层沉降,持续一个月,每半月不大于 0.5 mm,即可停止融沉补偿注浆。

14.7.11　冻结孔管封堵处理

(1) 所有冻结孔用压缩空气吹干管内盐水,用强度不低于 M10 的水泥砂浆充填封孔,孔口段充填长度不小于 1 500 mm。

(2) 割去露出隧道管片的孔口管和冻结管,混凝土管片上割除孔口管或冻结管深度要求进入管片不得小于 60 mm。混凝土管片上割除孔口管或冻结管后留下的孔口立即用速凝堵漏剂封堵,并预埋注浆管进行注浆堵漏。

冻结孔管封堵处理示意图如图14-9所示。

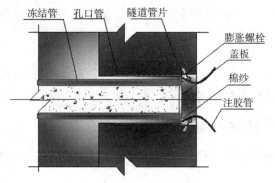

图14-9 冻结孔管封堵处理示意图

14.8 冻结施工监测

人工冻结法施工是一个随时间变化的动态复杂过程。冻土帷幕的性状受到制冷系统运行状况、地质条件、边界散热、施工工况等诸多因素的影响。冻土性质、冻土帷幕的结构状态都是温度的函数。为了保证冻土帷幕的安全和有效,须进行全面的实时监测。冻结施工监测是完善冻结设计和指导施工的重要手段,是判断冻结壁是否达到设计要求的重要依据。

14.8.1 冻结站制冷系统运转监测

人工制冷系统相对复杂,如果冻结站制冷系统某一部分出现故障,将直接影响冻土帷幕质量。冻结站制冷系统运转监测是在三大循环系统管路中分别安设测温组件、压力计等,对冻结站氨(氟利昂)、盐水、冷却水系统中的温度等进行连续监测,分析冻结站运转指标的合理性,确保制冷效率。

14.8.2 冻结制冷盐水温度、流量、冻结器回路监测

通过对冻结制冷盐水循环系统的盐水温度、流量、冻结器回路的监测,了解每个冻结器的工作和热交换情况,确保提供足够的冷量给每个冻结器,使冻结壁均衡发展且安全稳定。

1. 盐水温度监测

冻结系统的异常会直接反映在盐水温度上。通过预埋在冻结系统去、回路中的测温传感器对冻结系统盐水温度进行监测,监控盐水去、回路温差,据此可以判断冻结系统工作是否正常,如有异常,及时采取处理措施。

2. 冻结管纵向盐水温度监测

采用单点热电偶和数字温度计对冻结管内盐水进行纵向温度监测,据此判断冻结器是否畅通,掌握冻结壁纵向上的扩展状况。

3. 盐水流量监测

对每个冻结器盐水流量进行监测,并设置流量调节器,确保冻结管盐水流量基本保持均匀。

4. 盐水箱水位监测

在盐水箱上安装液位指示器,用于监测盐水漏失情况,分析漏失原因,确保可及时补充盐水。

14.8.3 冻结温度场监测

利用测温孔在开机冻结前测量原始地温,并通过冻结温度场监测随时掌握冻结壁的发展状

况,了解其厚度、平均温度、强度及冻结壁形成规律,合理确定开挖时间和正确指导掘砌施工。

(1) 测温孔应设置在冻结区域内,监测冻结壁厚度、冻结壁平均温度、冻结壁与隧道管片界面温度和开挖区附近地层冻结情况。

(2) 测温孔宜布置在冻结孔间距较大的冻结壁界面上或预计冻结薄弱处,当测温孔实测温度为土的冻结温度时,测温孔处即为冻结壁边界。实测冻结壁平均温度为开挖区外侧界面上的实测温度分布曲线与结冰温度线所包围的面积除以对应的冻结壁厚度。

(3) 检测冻结壁厚度的测温孔不应少于 2 个,在冻结壁内、外设计边界上均应布置测温孔。检测冻结壁平均温度的测温孔不宜少于 4 个,在冻结壁内、外设计边界和冻结壁中部均应布置测温孔。在冻结壁上、下设计边界上均应布置测温孔。测温孔深度不得小于 2 m。在泵房集水井中部应布置 1 个以上测温孔,深度应能满足监测集水井底部测温。

(4) 测温孔内应安装测温管,测温管宜采用具有良好导热性的钢管,且不得渗漏。测温管规格以方便安装测点为宜。

(5) 测温孔内测点布置原则。

① 测点的布置应满足判断冻结壁形成质量的要求。

② 冻结壁最薄弱处的部位应有测点。

③ 在测定冻结壁与隧道管片界面温度时,测温点应布置在界面内外两侧,测点距离界面不得大于 50 mm,通过插值方法确定界面温度。

14.8.4　泄压孔压力监测

(1) 盾构隧道联络通道管片上应布置泄压孔,泄压孔数量不少于 4 个。泄压孔应布置在开挖区的非冻土内,泄压孔应贯通开挖区内的含水层。

(2) 泄压孔孔口应安装压力表和用于泄压的旁通管和控制阀门。

(3) 须在冻结站运转前观测地层初始水压,并与勘察时水位进行对比分析。积极冻结期间,当泄压孔压力上涨达到最大值时应放水泄压,如泄压孔中的水成线流持续流出,应关闭阀门继续观测,待压力上涨超过初始压力后再继续泄压,以此反复进行,直到最终压力为 0 且孔内无泥水流出为止。

14.8.5　冻胀力监测

随着冻结时间的增加,冻土体积会不断增大,而土体冻结时往往产生较大体积膨胀,当这种膨胀受限于既有地下结构物时,土体会产生较大的冻胀力,并对既有结构物产生不利影响。对于强冻胀地层,应预埋压力传感器对冻胀力进行监测,并分析冻胀对既有结构物的影响程度。

14.9　工程实例

14.9.1　工程概况

呼和浩特市轨道交通 2 号线一期工程五里营站—水上公园站区间为地下双单线盾构区间,全长 848.7 m,设联络通道及泵房一座。采用矿山法施工,拱顶覆土约 17 m,集水坑底板埋深为 23 m,联络通道结构主要处于<2-9-2>圆砾中,泵房结构主要处于<2-4-2>粉砂层中。结构全部淹没在强透水含水层中,地下水位高出联络通道结构顶板约 7 m,平面位置如图 14-10 所示。

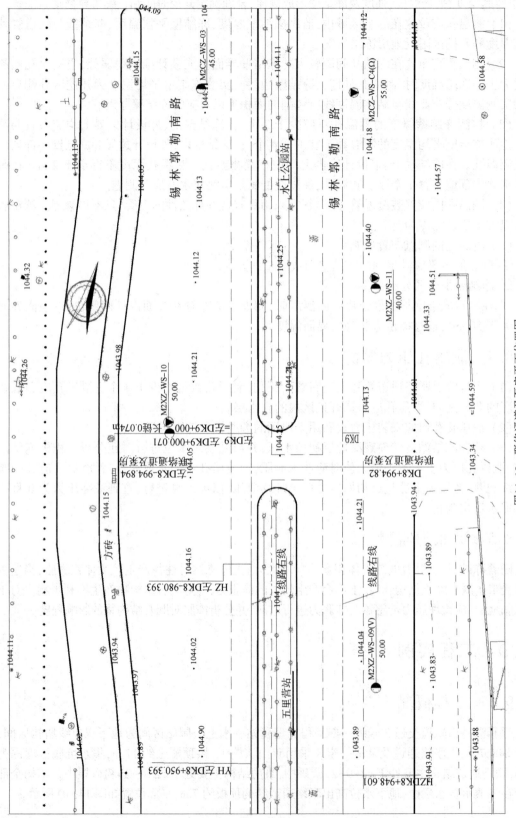

图14—10 联络通道及泵房平面位置图

1. 工程地质条件

联络通道及泵房地质剖面图如图 14-11 所示,其对应的地层情况如下所述。

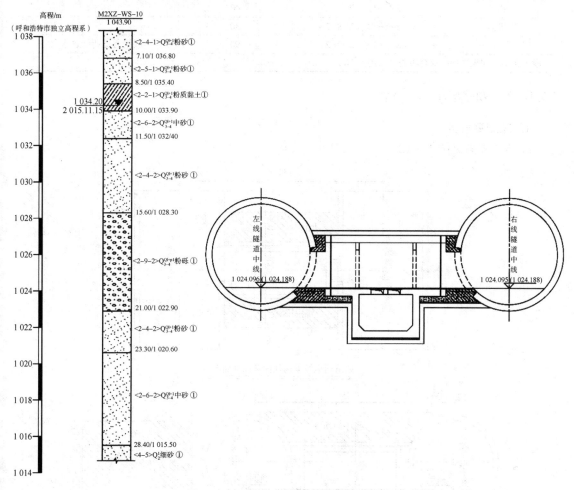

图 14-11　联络通道及泵房地质剖面图

(1)<2-9-2>圆砾:层状分布,黄褐色,主要成分为砂岩、花岗岩,磨圆度一般。粒径大于 20 mm 的约占 25%~10%,粒径为 2~20 mm 的约占 50%~60%,最大粒径约 80 mm,其余为杂砂及土质充填。修正后的重型动力触探平均值为 23.5,密实,饱和。

(2)<2-4-2>粉砂:呈透镜体分布于圆砾层中,褐黄色,主要成分以石英、长石为主,砂质不纯,局部夹有粉土。标贯值 $\overline{N}=32.2$(击),密实,饱和。

2. 水文地质条件

工程场地地下水主要是赋存于第四系松散层中的孔隙潜水,含水层岩性主要是砂类土和圆砾地层,富水性属富水或中等富水。地下水位埋深 10 m 左右,含水层渗透系数见表 14-9。

表 14-9　含水层渗透系数表

含水层岩性	层号	渗透系数/(m/d)	备注
粉砂	<2-4-1>、<2-4-2>	5	泵房所处含水层
细砂	<2-5-1>、<2-5-2>	10	
中砂	<2-6-1>、<2-6-2>	20	

含水层岩性	层号	渗透系数/(m/d)	备注
粗砂	<2-7-1>、<2-7-2>	40	
砾砂	<2-8-1>、<2-8-2>	80	
圆砾	<2-9-1>、<2-9-2>	90	联络通道所处含水层

潜水含水层加权平均的综合渗透系数约为 50 m/d。

14.9.2　冻结方案设计

1. 冻结壁设计

冻结加固图见图 14-12。

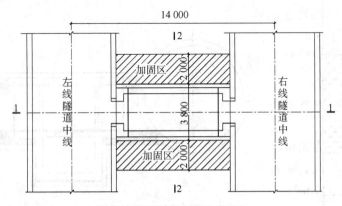

联络通道及泵房加固范围平面图

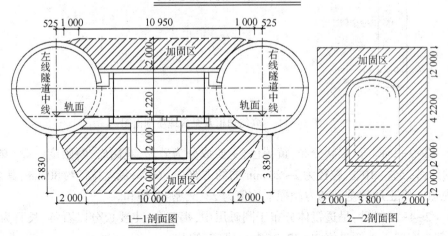

1—1剖面图　　　　　　　2—2剖面图

图 14-12　冻结加固图

2. 冻结施工设计参数

冻结施工主要设计参数见表 14-10。

表 14-10　主要冻结设计参数一览表

序号	参数名称	单位	数量	备注(规格)
1	冻结壁设计厚度	m	2	喇叭口处1.7 m
2	冻结壁平均温度	℃	≤-10	冻结壁与管片交界面≤-5 ℃
3	积极冻结时间	天	45	

序号	参数名称	单位	数量	备注(规格)
4	最低盐水温度	℃	−26~−30	
5	维护冻结盐水温度	℃	−25~−28	可根据冻结情况适当调整
6	单孔盐水流量	m³/h	≥5	
7	冻结孔个数	个	69	
8	冻结孔开孔误差	mm	≤100	为避开管片缝或螺栓除外
9	冻结孔允许偏斜	%	1	
10	冻结孔最大孔间距	mm	1 400	
11	冻结管总长度	m	522.5	$\phi89×8$ mm 低碳无缝钢管
12	测温孔	个/m	8/28.5	$\phi32×3.5$ mm 无缝钢管
13	泄压孔	个/m	4/8	$\phi32×4$ mm 无缝钢管
14	联络通道需冷量	kcal/h	$5.62×10^4$	
15	盐水干管	m	100	DN150 无缝钢管
16	副线侧冷冻排管	m	128	$\phi42×3.5$ mm 无缝钢管

3. 冻结孔布置

共布置冻结孔 69 个,其中主线侧(右线)15 排计 51 个冻结孔,造孔量共计 412.0 m,其中穿透孔 4 个,用于冷冻排管及冻结站对面副线侧(左线)冻结孔供冷;副线侧 3 排计 18 个冻结孔,造孔量共计 110.5 m。

4. 测温孔、泄压孔及冷冻排管布置

布置测温孔 8 个,造孔量 28.5 m;卸压孔 4 个,造孔量 8.0 m,副线侧铺设冷冻排管。
布置形式及冻结孔设计详见图 14-13、图 14-14 和表 14-11。

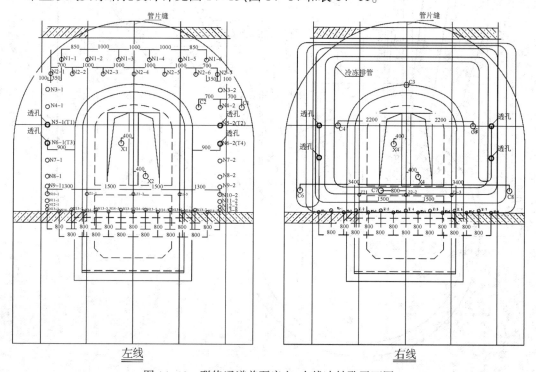

图 14-13　联络通道兼泵房左、右线冻结孔平面图

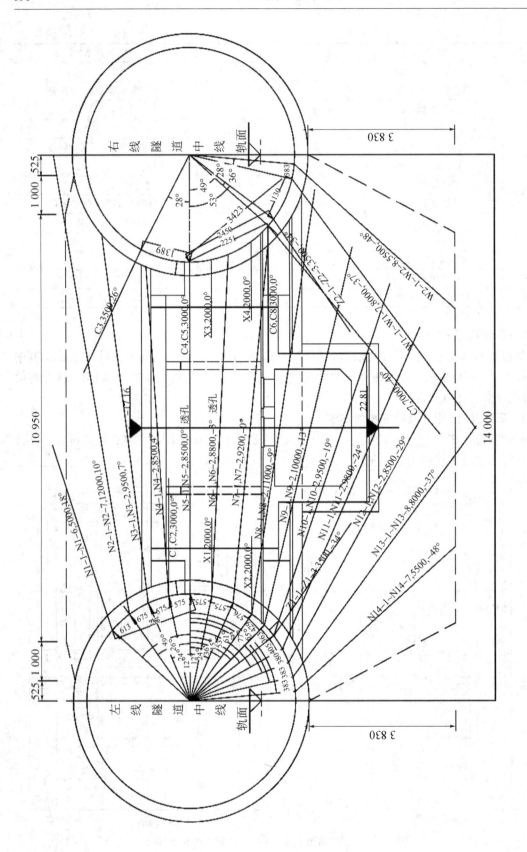

图14-14 联络通道兼泵房左、右线冻结剖面透视图

表 14-11　冻结孔设计一览表

造孔类型	排孔号	冻结管规格/mm	单孔长度/m	定位角度/(°)	倾角/(°)	数量/根	总长度/m
冻结孔	N1	$\phi 89 \times 8$	5.0	49	18	6	30
	N2	$\phi 89 \times 8$	12.0	36	10	7	84
	N3	$\phi 89 \times 8$	9.5	24	7	2	19
	N4	$\phi 89 \times 8$	8.5	12	4	2	17
	N5 透	$\phi 89 \times 8$	8.5	0	0	2	17
	N6 透	$\phi 89 \times 8$	8.8	−12	−3	2	17.6
	N7	$\phi 89 \times 8$	9.2	−24	−6	2	18.4
	N8	$\phi 89 \times 8$	11.0	−36	−9	2	22
	N9	$\phi 89 \times 8$	10.0	−45	−13	2	20
	N10	$\phi 89 \times 8$	9.5	−53	−19	2	19
	N11	$\phi 89 \times 8$	9.0	−61	−24	2	18
	N12	$\phi 89 \times 8$	8.5	−69	−29	2	17
	N13	$\phi 89 \times 8$	8.0	−77	−37	8	64
	N14	$\phi 89 \times 8$	5.5	−85	−48	7	38.5
	W1	$\phi 89 \times 8$	8.0	−77	−37	7	56
	W2	$\phi 89 \times 8$	5.5	−85	−48	8	44
	Z1	$\phi 89 \times 8$	3.5	−53	−34	3	10.5
	Z2	$\phi 89 \times 8$	3.5	−53	−34	3	10.5
	合计					69	522.5
测温孔	C1	$\phi 32 \times 3.5$	3.00	12	0	1	3.00
	C2	$\phi 32 \times 3.5$	3.00	12	0	1	3.00
	C3	$\phi 32 \times 3.5$	3.50	28	26	1	3.50
	C4	$\phi 32 \times 3.5$	3.00	0	0	1	3.00
	C5	$\phi 32 \times 3.5$	3.00	0	0	1	3.00
	C6	$\phi 32 \times 3.5$	3.00	−49	0	1	3.00
	C7	$\phi 32 \times 3.5$	7.00	−49	−40	1	7.00
	C8	$\phi 32 \times 3.5$	3.00	−49	0	1	3.00
	合计					8	28.5
泄压孔		$\phi 32 \times 4$				4	8.0
造孔工程量总计						69+8+4=81	559
冷冻排管		$\phi 42 \times 4$					128

5. 冻结制冷设计

（1）冻结孔散热能力。

考虑到盐水循环量为 5~7 m³/h，且地层导热系数较大，冻结器及冷冻排管的单位热流量（K）取 300 kcal/m²。

冻结孔散热能力 $Q_散 = 4.38 \times 10^4$ kcal/h；

冷排管散热能力 $Q_{散} = 5.1 \times 10^3 \, kcal/h$；

总散热能力 $Q_{散} = 4.89 \times 10^4 \, kcal/h$。

（2）冻结站需冷量。

由于隧道内空气流通性好，盐水管路冷量损失较大，因此冷量损失系数 m_c 取 1.15，计算冻结站需冷量 $Q_{冷} = Q_{散} \, m_c = 5.62 \times 10^4 \, kcal/h$。

（3）冻结站制冷设备选型。

冻结站安置在隧道内联络通道一侧，如图 14-15 所示，距离联络通道 10 m 左右。根据需冷量计算，选用 CWZ-290，其低温工况下的制冷量为 115 kW。

（4）制冷剂：选用 R22 制冷剂。

（5）冷媒剂：为 $CaCl_2$ 水溶液，盐水比重 1 260 kg/m^3。

（6）冷冻机油选用 N46 冷冻机油。

6. 盐水系统设计

（1）盐水泵选择。盐水循环泵选用 IS150-125-315 型单极单吸离心泵，流量 $Q = 200 \, m^3/h$，扬程 $H = 32 \, m$，电机功率 $W = 30 \, kW$。

（2）供液管采用 $\phi42 \times 4 \, mm$ 管。

（3）盐水干管采用 $\phi159 \times 6 \, mm$ 无缝钢管。

（4）冻结站需氯化钙用量 9.3 t，盐水箱容积 6 m^3。

7. 清水系统设计

冷冻机清水循环量为 27.4 m^3/h，冻结施工冷却水用量为 10 m^3/h。冻结站选用 IS150-125-200 型清水泵 2 台，运行 1 台，备用 1 台，流量 125 m^3/h，扬程 20 m，电机功率 17.5 kW。冷却水冷却系统选用 GLT-60 冷却塔，冷却水管采用 $\phi127 \times 4.5mm$ 无缝钢管。

14.9.3　冻结施工

1. 冻结施工流程

冻结施工流程如图 14-16 所示。

2. 冻结施工实施情况

五里营站—水上公园站区间联络通道冻结法施工于 2019 年 1 月 25 日开钻，冻结孔施工期间克服了密实圆砾地层钻孔断管的困难，2019 年 3 月 12 日冻结孔施工及冻结管安装完成，扣除春节放假时间，实际工期为 28 d。至 2019 年 3 月 24 日，冻结站安装并试运转成功，进入积极冻结阶段，历时 37 d 冻土壁达到设计厚度。由于受到钢筋加工场地影响，至 2019 年 5 月 7 日，即冻结开机的第 44 天实现开挖。冻土开挖、维护冻结及结构构筑历时 28 d。2019 年 6 月 5 日主体结构施工完成。

14.9.4　冻结效果

积极冻结期的第 6 天，盐水去路温度下降到 -26 ℃，达到了设计盐水温度。尽管冻结地层强透水，地下水流速较大，但从测温孔、泄压孔观测到的数据来判断冻土的扩展速度，冻土帷幕的交圈时间为 23 d，圆砾含水层冻结发展速度还是达到了约 31 mm/d。

从开挖情况看，打开洞门后有少量孔隙水渗出，如图 14-17 所示。冻结土体的强度完全达到设计要求，实测冻结壁暴露侧壁的温度一般都不大于 -8 ℃，掌子面仅存约 0.6 m^2 未冻"糖心"，大部分要用风镐开挖，如图 14-18 所示。开挖过程中冻土帷幕几乎没有收敛变形。由于冻结地层主要为强透水的圆砾层，几乎没有冻胀、融沉现象发生。

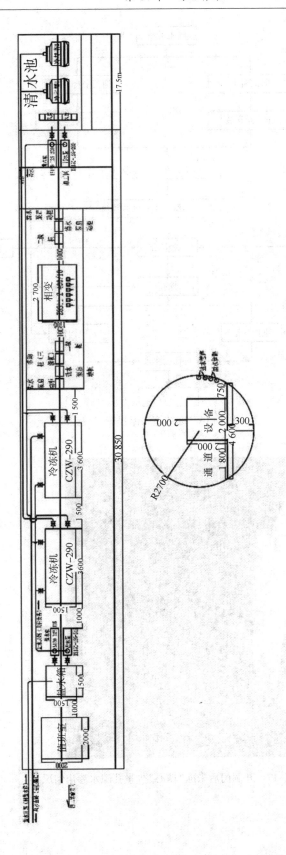

图14-15 隧道内冻结站布置图

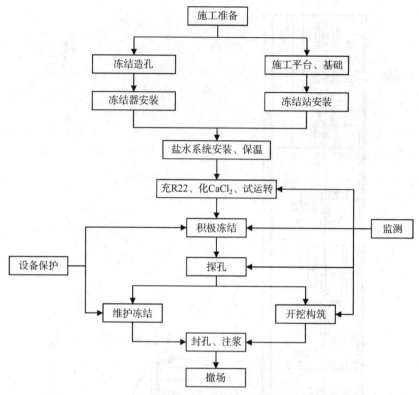

图 14-16　冻结施工流程图

图 14-17　开洞门后未冻"糖心"少量孔隙水渗出情况

图 14-18　联络通道掌子面开挖及实测冻结壁温度情形

14.9.5　结构充填注浆及结构渗漏注浆

在停止冻结并完成冻结孔封孔工序后的第 5 天,进行了第一次结构充填注浆,注浆浆液为水泥单液浆,24 h 后进行复注。之后冻结壁逐步自然解冻,6 月 16 日联络通道及泵房出现渗漏,且渗漏水量逐步加大,6 月 23 日采用 DZH 无机盐(硼镁–丙烯酸盐)复合型注浆料进行了背覆式再生防水注浆,彻底解决了结构渗漏问题。

第 15 章　高压喷射注浆帷幕

15.1　概述

高压喷射注浆是 20 世纪 70 年代发展起来的一种先进的土体深层加固方法。它是利用钻机把带有特殊喷嘴的注浆管钻进至土层的预定位置后,用高压注浆泵,将水泥浆液通过钻杆下端的喷射装置,向四周以高速水平喷入土体,借助液体的冲击力切削土层,使喷流射程内土体遭受破坏,与此同时钻杆一边以一定的速度旋转,一边低速徐徐提升,使土体与水泥浆充分搅拌混合,胶结硬化后即在土中形成直径比较均匀且具有一定强度的圆柱体。

高压喷射注浆法用途较广,不仅可以用于深基坑支护,也可以做成旋喷墙用于防渗隔水,还可以用于加固地基、改善土的变形性质、稳定边坡等。

15.1.1　高压喷射注浆的分类

1. 按固结体的形状分类

(1) 旋喷。

喷嘴一边喷射一边旋转和提升,固结体呈圆柱状,称为旋喷桩。

(2) 定喷。

喷嘴一边喷射一边提升,喷射的方向不变,固结体呈壁状。

(3) 摆喷。

喷嘴以一定的角度摆动,边摆动边提升,形成扇状固结体。

2. 按喷射介质及其管路个数分类

(1) 单管旋喷。

单管旋喷是通过单根管路,利用高压浆液(20~30 MPa)喷射冲切破坏土体,借助于注浆管的提升和旋转,使浆液和被冲切破坏的土体搅拌混合,固结后在土中形成圆柱状的直径较小的固结体。

(2) 双重管旋喷。

双重管旋喷是在单管旋喷的基础上加以压缩空气,并使用双通道的二重注浆管在管的底部侧面有一个同轴双重喷嘴,高压浆液以 20 MPa 左右的压力从内喷嘴中高速喷出,在射流的外围加以 0.7 MPa 左右的压缩空气喷出。在高压浆液射流和它外围环绕气流的共同作用下,破坏土体能量显著增大,喷嘴一边喷射一边旋转和提升,最后在土体中形成直径较大的柱状固结体。

(3) 三重管旋喷。

三重管旋喷是使用分别输送水、气、浆三种介质的三重管。高压水射流和外围环绕的气流同轴喷射冲切破坏土体,在高压水射流的喷嘴周围加上圆筒状的空气射流,进行水、气同轴喷射,可以减少水射流与周围介质的摩擦,避免水射流过早雾化,增强水射流的切割能力。由于使用的高压水压力较高,在高压水射流和压缩空气的共同作用下,喷射流破坏土体的有效射程显著增大。喷嘴边旋转喷射边提升,在土中形成较大的负压区,携带同时压入的浆液充填空隙,形成直径更大的固结体。

15.1.2　高压喷射注浆的作用

1. 高压喷射流切割破坏土体作用

高压喷射流以脉冲形式冲击土体,使土体结构破坏并出现空洞。

2. 混合搅拌作用

钻杆在旋转和提升的过程中,在射流后面形成空洞,在喷射压力作用下,迫使土粒向与喷嘴移动相反的方向(阻力小的方向)移动,与浆液搅拌混合后形成固结体。

3. 置换作用

三重管旋喷法又称置换法,高速水射流切割土体的同时,由于通入压缩空气而把一部分切割下的土粒排出孔外,土粒排出后所空下的体积由注入的浆液进行置换。

4. 充填、渗透固结作用

高压浆液充填冲开的及原有的土体空隙,析水固结,还可渗入一定厚度的孔隙较大的砂砾石层而形成固结体。

5. 压密作用

高压喷射流在切割破碎土体的过程中,在破碎带边缘还有剩余压力,这种压力对土层可产生一定的压密作用。

15.1.3　高压喷射注浆的特点

(1)提高地基土的抗剪强度,改善土的变形性质,在荷载作用下地基土不产生破坏和较大沉降。

(2)利用小直径钻孔旋喷成比小孔大 8~10 倍的大直径固结体;通过调节喷嘴的旋喷速度、提升速度、喷射压力和喷浆量等制成各种形状桩体;可制成垂直桩、斜桩或连续成墙,并获得需要的强度。

(3)可用于已有建筑物地基加固而不扰动附近土体,施工噪声低,振动小。

(4)可用于任何软弱土层,加固范围可控。

(5)施工设备简单、轻便,机械化程度高,占地少,能在狭窄场地施工。

(6)浆材来源广,施工简便,效率高,操作容易,管理方便,用途广泛。

15.2　浆液材料

15.2.1　浆液特性

(1)可喷性。

目前,国内基本上采用以水泥为主剂,掺入少量外加剂的水泥浆进行喷射。水灰比一般采用 0.8~1.5 能保证较好的喷射效果。浆液的可喷性可用黏度来衡量。

(2)稳定性。

浆液稳定性的好坏直接影响到固结体质量。以水泥浆液为例,其稳定性好是指浆液在初凝前析水率小,水泥的沉降速度慢、分散性好及浆液混合后经高压喷射而不改变其物理化学性质。掺入少量外加剂能明显地提高浆液的稳定性。浆液的稳定性可用浆液的析水率来衡量。

（3）气泡。

若浆液带有大量的气泡,则固结体硬化后就会有许多气孔,从而降低喷射固结体的密度,导致固结体强度及抗渗性能降低。为了尽量减少浆液气泡,应选择非加气型的外加剂。

（4）胶凝时间。

胶凝时间是指从浆液开始配制起,到土体混合后逐渐失去其流动性为止的这段时间。胶凝时间由浆液的配方、外加剂的掺量、水灰比和外界温度而定,一般从几分钟到几小时,可根据工程需要、施工工艺及注浆设备来选择合适的胶凝时间。

（5）力学性能。

影响抗压强度的因素有很多,如浆材的种类、浆液的浓度、配比和外加剂等,可根据地基加固或防渗等工程需要确定适宜的力学性能。

（6）无毒、无臭。

浆液对环境无污染,对人体无害,凝胶体为不溶和非易燃、易爆物。浆液对注浆设备、管路无腐蚀性并易于清洗。

（7）结石率。

固化后的固结体结石率高,并有一定的黏结性,能牢固地与土粒相黏结。要求固结体耐久性好,能长期耐酸、碱、盐及生物细菌等腐蚀,并且不随温度、湿度的变化而变化。

15.2.2　水泥浆材

水泥来源广泛,价格低廉,是高压喷射注浆的基本材料。为提高浆液的流动性和稳定性,改变浆液的胶凝时间,或提高固结体的抗压强度,可在水泥浆液中加入外加剂,外加剂浆液配方及特征见表15-1。根据加入的外加剂及高压喷射注浆目的的不同,水泥类浆液可分为以下几种类型。

表 15-1　外加剂浆液配方及特征

序号	外加剂成分及加量（水泥重量百分比）	浆液特征
1	氯化钙 2%～4%	促凝,早强,可喷性好
2	铝酸盐 2%	促凝,强度增加慢,稠度大
3	水玻璃 2%～4%	初凝快,终凝时间长
4	三乙醇胺 0.03%～0.05%,食盐 1%	有早强作用
5	三乙醇胺 0.03%～0.05%,食盐 1%,氯化钙 2%～3%	促凝,早强,可喷性好
6	氯化钙（或水玻璃）2%～4%,亚甲基二萘磺酸钠 0.05%	促凝,早强,强度高,稳定性好
7	氯化钙（或氯化钠）1%,亚硝酸钠 0.5%,三乙醇胺 0.03%～0.05%	防腐,早强,后期强度高,稳定性好
8	粉煤灰 10%～50%	调节强度,节约水泥
9	粉煤灰 25%,氯化钙 2%	促凝,节约水泥
10	粉煤灰 25%,硫酸钠 1%,三乙醇胺 0.03%	促凝,早强
11	矿渣 25%	提高强度,节约水泥
12	矿渣 25%,氯化钙 2%	促凝,早强,节约水泥
13	膨润土 10%～50%,黏土粉 15%～30%	促凝,抗渗

（1）普通型。

普通型浆液一般采用 PO 42.5 的普通硅酸盐水泥,不加任何外加剂,水灰比一般为 0.8~1.5,固结体的抗压强度(28 d)可达 3~15 MPa。对于无特殊要求的工程,宜采用普通型浆液。

（2）速凝早强型。

对地下水位较高或要求早期承担荷载的工程,需在水泥浆中加入氯化钙、三乙醇胺等速凝早强剂。其用量为水泥用量的 2%~4%,纯水泥浆与土的固结体 1 d 的抗压强度为 1 MPa,而掺入 2%氯化钙的水泥土的固结体的抗压强度为 1.6 MPa,掺入 4%氯化钙后为 2.4 MPa。

（3）高强型。

凡喷射固结体的平均抗压强度在 15 MPa 以上的称为高强型。若想提高固结体抗压强度,可以选择高标号水泥,或选择高效能的减水剂和无机盐组成的复合配方浆材。

（4）抗渗型。

在水泥浆中掺入 2%~4%的水玻璃,其抗渗性有明显提高。施作隔水帷幕最好使用“柔性材料”,可在水泥浆液中掺入占水泥重量 10%~50%的膨润土,增强固结体的可塑性和防渗性。

15.3　旋喷固结体的基本性状

1. 直径

旋喷固结体的直径大小与土的种类和密实程度有较密切的关系。对于黏性土、粉土地层,单管旋喷注浆加固体直径一般为 0.3~0.8 m;三重管旋喷注浆加固体直径可达 0.7~1.5 m;双重管旋喷注浆加固体直径介于以上二者之间。

2. 固结体形状

按喷嘴的运动规律不同而形成均匀圆柱状、非均匀圆柱状、圆盘状、板墙状、扇形壁状等,同时因土质和工艺不同而有所差异。在均质土中,旋喷的圆柱体比较匀称;而在非均质土或有裂隙土中,旋喷的圆柱体不匀称。

3. 重度

固结体内部土粒少并含有一定数量的气泡,因此,固结体的重度较小,小于或接近于原状土的重度。黏性土固结体比原状土轻约 10%,但砂类土固结体也可能比原状土重 10%。

4. 渗透系数

固结体内虽有一定的孔隙,但这些孔隙并不贯通,而且固结体有一层较致密的硬壳,其渗透系数可达 10^{-6} cm/s 或更小,故旋喷桩帷幕具有防渗隔水性能。

5. 强度

影响固结体强度的主要因素是土质和浆材,有时使用同一浆材配方,软黏土的固结强度会成倍地小于砂土固结强度。一般在黏性土和黄土中的固结体,其抗压强度可达 5~10 MPa;在砂类土和砂砾层中的固结体,其抗压强度可达 8~20 MPa。固结体的抗拉强度一般为抗压强度的 1/5~1/10。

6. 耐久性

固结体的化学稳定性较好,有较强的抗冻和抗干湿循环作用的能力。

15.4 高压喷射注浆施工

15.4.1 设备和机具

高压喷射注浆施工设备和机具主要包括钻孔和旋喷注浆两部分,一般配套情况见表15-2。设备及机具的选择应能满足高压喷射注浆固结体设计尺寸、强度、深度和倾斜度的要求。

表 15-2 高压喷射注浆配套设备和机具一览表

设备及机具名称	性能要求	单管	双重管	三重管
高压注浆泵	压力:20~60 MPa;流量:60~150 L/min	√	√	√
注浆泵	压力:1~9 MPa;流量:40~160 L/min	—	—	√
造孔钻机	造孔深度:30~100 m	√	√	√
空压机	流量:1.0~10.0 m³/min;压力:0.7~2.0 MPa	—	√	√
浆液搅拌机	容量:1~3 m³	√	√	√
普通钻杆	ϕ42~50 mm	√	—	—
特殊钻杆	ϕ40~75 mm;ϕ7~90 mm	—	√	√
高压喷射平台(钻机)	造孔深度:30~100 m	√	√	√
高压胶管	ϕ19~22 mm;压力:20~70 MPa	√	√	√
排污泵	压力:2~3 MPa;流量:30~80 L/min	√	√	√

注:√为适用于高压喷射注浆施工工艺的设备及机具。

15.4.2 高压喷射技术参数

常用的高压喷射技术参数见表15-3,具体工程应现场通过工艺性试验确定施工技术参数。

表 15-3 常用的高压喷射技术参数

介质	施工技术参数	单管	双重管	三重管
水	压力/MPa	—	—	25~40
	流量/(L/min)	—	—	80~120
	喷嘴孔径/mm	—	—	2.0~3.2
	喷嘴数/个	—	—	1~2
浆液	压力/MPa	25~35	25~35	1~5(30~40)
	流量/(L/min)	65~120	80~120	85~150
	比重	1.4~1.6	1.4~1.6	1.5~1.8
	喷嘴孔径/mm	2.0~2.5	2.0~3.0	10~14(2.0~3.2)
	喷嘴数/个	2	1~2	1~2

续表

介质	施工技术参数	单管	双重管	三重管
空气	压力/MPa	—	0.5~0.8	0.5~1.0
	风量/(m³/min)	—	1~2	0.9~3.0
	喷嘴环状间隙/mm	—	1~2	1~2
	喷嘴数/个	—	1~2	1~2
喷浆管	提升速度/(cm/min)	15~20	10~20	5~20
	旋转速度/(r/min)	15~20	10~20	10~20
	外径/mm	42~50	50~108	50~108

注:表中括号内数据适用于双高压喷射工法。

15.4.3　施工准备

（1）平整施工场地,清除地下障碍物,用素土填压密实。

（2）开挖孔口返浆排放沟和集浆坑,以便收集和处理造孔和高压喷射注浆时排出的废弃浆液。

（3）设置基线点和水准点,按施工图布设高压喷射注浆点位,用 $\phi25$ mm 钢筋在桩位处扎入深度不小于 30 cm 的孔,填入白灰并插上钢筋棍,标识桩位,所有桩位一次全部放完。

（4）设置现场施工用电、用水、设备维修及材料堆放场地等施工临时设施。

（5）根据地质条件、设计要求进行现场工艺性试验,即按初步选择的施工工艺、浆液配合比和高压喷射注浆施工技术参数,进行高压喷射注浆试施工。然后开挖检测注浆固结体的大小、均匀性、抗渗性、强度等指标。如试验效果不能达到工程要求,应分析原因,调整施工工艺、施工技术参数等工艺方法或技术指标,直到满足工程要求。

15.4.4　施工工艺

1. 工艺流程

构筑高压喷射注浆隔水帷幕一般是采用三重管旋喷工艺施工咬合的旋喷桩帷幕墙,其工艺流程如图 15-1 所示。

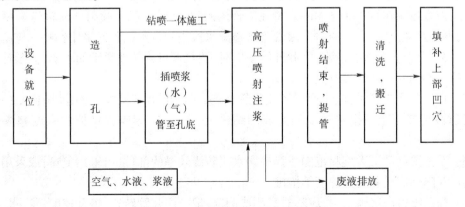

图 15-1　三重管高压旋喷桩工艺流程图

2. 造孔

（1）造孔钻机就位对中误差应小于 2 cm，钻杆要保证垂直，可采用双锤法检验，要求垂直度小于 1%，并确保机座安装平稳，立轴或转盘中心轴线应与孔位对正。

（2）根据造孔直径、岩土性质、设备条件、钻进方法等选择和控制钻进技术参数。在采用回转钻进方法造孔时，要选择和控制好转速、钻压、泵量钻进三要素在采用刮刀钻头钻进时，钻进技术参数可按表 15-4 选用。造孔过程中应详细记录孔位、孔深、地层变化及漏浆、掉钻、卡钻、塌孔等现象。

表 15-4　刮刀钻进技术参数表

类别	钻压/kN	转速/(r/min)	泵量/(L/min)
钻进参数	5~10	30~120	50~150

（3）一般情况下可采用泥浆护壁钻进。当孔壁垮塌严重时，可采用套管护壁，跟管钻进。

（4）造孔完成后及时清孔并下入注浆管，否则，孔壁可能会发生缩径甚至塌孔，使注浆管难以插入到设计深度。当成孔后确实要停待较长时间时，可向孔内灌入高比重、低失水量泥浆，也可下入套管进行防护。

（5）当采用钻喷一体施工方法造孔时，由于是直接利用注浆管作钻杆钻进，处于喷头上的喷嘴很容易被堵塞。所以，钻进时除浆液喷嘴作冲洗液的主流通道外，水喷嘴和气喷嘴可适当带水、带气。钻喷一体施工对于一般黏性土和砂层地层比较适合，其优点是成孔后不需要再进行插管作业，也减少了专门的成孔钻机，从而在降低工程造价、缩短施工时间、提高工程质量方面更具优势。但是，对于极松散或密实的砾卵石地层，由于容易塌孔，且钻进困难，一般不适合采用钻喷一体施工。

3. 高压喷射注浆

（1）高压喷射注浆前应检查注浆设备和管路系统。注浆管应先在地面试水、试压。设备的压力和排量应满足设计要求，管路系统的密封必须良好，各管道和喷嘴内不得有杂物。为减少压力损失，高压注浆管线总长度不宜过长，长度一般不于 80 m。

（2）按设计配比进行制浆，根据每米桩长用水泥用量，一次性配制一根桩所用的水泥浆量，搅浆时间应不小于 3 min。进入贮浆桶的浆液要经过滤筛，筛网孔径不大于 20 目。贮浆桶内的浆液必须持续搅拌防止沉淀。对停置时间超过 2 h 的水泥浆，应降低标号使用或废弃。

（3）插管过程中，应采取防止喷嘴被泥砂堵塞的措施。当采用带浆或水插管的方法时，浆或水的压力宜控制在 0.3~0.6 MPa。待注浆管插入到设计深度后，喷射介质输送顺序一般是先送气，再送浆液，最后送高压水。因管路系统试水检查和带水插管或采用钻喷一体施工法带水造孔后，管路中会残留有清水，因此开始喷射时，注浆管只旋转或摆动而不提升，预计浆液喷出喷嘴后 1~3 min 可开始提升喷射作业。

（4）在提升注浆管时，应快速拆卸注浆管，续喷时的上下搭接长度不应小于 0.3 m，避免前后喷射段衔接不上或衔接过少而造成固结体上、下分离，影响固结体的强度和渗透的均匀性。

（5）对需要局部扩大旋喷范围或提高含水层防渗效果的部位，可采用复喷，或采用增大压力和流量并降低旋转和提升速度等措施。

（6）高压喷射注浆施工中，应随时观测或测定、记录注浆管转速、提升速度，浆、水、气压力及流量等情况，并通过对孔内返浆的观察，及时了解土层状况、喷射的大致效果和喷射参数的合理性。

（7）进行高压喷射注浆的同时，用标准试模采集返浆试样，并测定其初凝、终凝及力学性能指标。返浆试样数量视工程要求确定，但每个主要土层，特别是砂层含水层段不应少于6组。

（8）浆液由于析水作用，一般均有不同程度的收缩，造成固结体顶部出现凹穴。凹穴的深度随土质、浆液的析水性、固结体的大小等因素而不同，一般深度在 0.5~1.0 m。对于有些漏浆地层，其深度还要大一些。高压喷射注浆后，需消除固结体顶部的凹穴。若固结体顶端未到地面，在喷射过程中，应提高喷射高度，把浆液喷射至固结体设计标高以上 1.5 m，同时利用返浆补充到孔口。

（9）旋喷施工结束后，应把注浆管等机具设备冲洗干净，即把浆液换成水在地面上喷射，以便把注浆泵、管内的浆液全部排除。

15.4.5　质量检验

高压喷射注浆可采用开挖检查、钻孔取芯、标准贯入、载荷试验和抽水试验等方法进行检验。作为隔水需要的旋喷帷幕，一般不需要进行载荷试验。

（1）开挖检验。

待浆液凝结且具有一定的强度后，即可开挖检查固结体垂直度、形状和质量。

（2）钻孔检查。

从固结体中钻取岩芯，并将岩芯做成标准试块进行室内物理力学性能试验。此外，亦可利用取芯钻孔，做压水试验，测定帷幕的抗渗能力。

（3）标准贯入试验。

在旋喷固结体的中部可进行标准贯入试验，检验帷幕的均匀性。

（4）抽水试验。

利用封闭隔水帷幕内的疏干降水井进行抽水试验，观测帷幕外观测井的地下水位变化，以判断帷幕内外的水力联系。如帷幕内、外地下水位没有联动效应，则防渗效果良好。

15.5　高压喷射注浆技术的新发展

近年来，在传统的高压喷射注浆技术的基础上，又出现了全方位高压喷射注浆技术（MJS工法）、双高压旋喷注浆技术（RJP 工法）和水平旋喷技术等新的施工技术。这些新技术从不同角度对传统高压喷射注浆工艺技术进行了改进，拓宽了高压喷射注浆技术的应用范围。

15.5.1　全方位高压喷射注浆技术（MJS 工法）

MJS 工法在传统高压喷射注浆技术的基础上，开发了独特的多孔管和前端装置，同时把水泥等硬化材料泥浆的配料、加压输送、喷射、地层切削、混合、强制排泥、集中泥浆等一系列工序作为监控对象。在倒吸水和倒吸空气适配器的作用下，地下的废泥浆能被强制抽出。其设备的钻头上装有地层内部压力传感器和排泥阀，并且能够自由控制排泥阀门大小。当地层内部压力显示异常时，可以通过调整排泥阀门的大小顺利排浆，从而使地层内部压力变得正常，以防止由地层内部压力过大而导致的地面隆起，从而减小施工对环境的影响。MJS 工法特点如下所述。

（1）可以"全方位"进行高压喷射注浆施工。MJS工法可以进行水平、倾斜、垂直各方向及其他任意角度的施工。特别是其特有的排浆方式，使得在富水土层、需进行孔口密封的情况下进行水平施工变得安全可行。

（2）桩径大，桩身质量好，喷射流初始压力达40 MPa，流量约90~130 L/min，使用单喷嘴喷射，每米喷射时间30~40 min（平均提升速度2.5~3.3 cm/min），喷射流能量大，作用时间长，再加上稳定的同轴高压空气的保护和对地内压力的调整，使得MJS工法成桩直径较大，可达2~2.8 m（砂土$N<70$，黏土$c<50$），桩身质量好。

（3）对周边环境影响小，超深施工有保证。传统高压喷射注浆技术产生的多余泥浆通过土体与钻杆的间隙在地面孔口处自然排出，这样的排浆方式往往造成地层内压力偏大，深处旋喷排泥比较困难，造成钻杆和高压喷嘴四周的压力增大，喷射效率降低，影响旋喷效果及可靠性。MJS工法通过地内压力监测和强制排浆的手段，对地内压力进行调控，可以减少施工对周边环境的扰动，并保证超深旋喷施工的效果。

（4）泥浆污染少。MJS工法采用专用排泥管进行排浆，有利于泥浆集中管理，保持施工场地干净。

（5）自动化程度高。转速、提升速度、角度等关系质量的关键参数均为提前设置，并实时记录施工数据，尽可能地减少人为因素造成的质量问题。

MJS工法虽然有上述的诸多优点，但同时也存在一些不利之处，主要是其施工工艺复杂，施工效率较低，施工成本较高，这决定了MJS工法更适用于环境复杂、变形要求严格的工程，从而限制了其在一般工程中的推广应用。

15.5.2　双高压旋喷注浆技术（RJP工法）

双高压旋喷注浆技术（RJP工法）有两个喷射流，一是压缩空气和超高压水形成的喷射流，二是压缩空气和超高压水泥浆形成的喷射流。这两个喷射流对土体进行两次切割，即上段采用高压水辅以同轴压缩空气进行一次切削，下段采用超高压水泥浆辅以同轴压缩空气进行二次切削，与此同时，水泥浆与切割下的土体混合形成较大直径的水泥固结体。RJP工法与传统工艺相比，其施工速率更高效快速，且旋喷质量高。RJP工法有以下特点。

（1）造价适中，效率更高。在RJP工法中使用极小摩擦阻力的喷射头，独立的喷射搅拌，以及上段和下段分别安装的喷射部件，这些改进对喷射搅拌效率和施工速度的提高起主要作用。

（2）搅拌效率的提高使得排泥量减少，同时针对旋喷加固体体积所投入的水和混合泥浆的总注入量也会减少，使得对环境的影响减小。

（3）该工法工艺相对简单，成桩直径大，成桩质量好。

15.5.3　水平旋喷技术

1. 工法介绍

水平旋喷技术不仅可以在隧道轮廓线外一定范围或隧道全断面构筑隔水帷幕，而且可以起到超前预加固作用。它是在洞内开挖面的前方沿隧道开挖轮廓，利用水平旋喷机按一定间距、深度钻孔。当钻至设计长度后，高压泵开始输送高压浆液，同时钻头一边旋转一边后退，并使浆液从钻头处的喷嘴中高速射出。射流切割下的砂土与喷出的浆液在射流的搅拌作用下混合，最后凝固成一定直径的旋喷柱体。相邻柱体之间环向相互咬合，在开挖面前方形成整体性较好的旋喷拱或水平旋喷帷幕体,如此所形成的固结体强度比原状砂土有极大程度的提高。又由于高压射流对固结体周围砂体的挤压和渗透作用,固结体周围砂土的物理力学性能也有显著改善。水平旋喷超前加固系在隧道开挖前就已深入到开挖扰动范围以外,且每一水平旋喷循环预支护段长度可达 15 m 左右,隧道开挖时旋喷拱就会立即发挥作用,可抑制围岩位移,承受地层压力,并阻隔地下水,避免地下水渗透破坏。

2. 施工工艺流程

水平旋喷桩施工流程如图 15-2 所示。

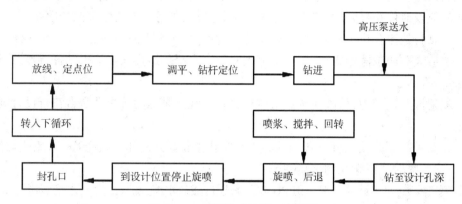

图 15-2　水平旋喷桩施工流程图

3. 施工作业要求

1) 试桩

施工前现场应进行两根成桩试验,以掌握钻进的速度、退钻速度、旋喷速度、喷浆压力及单位时间喷浆量,并进行成桩质量检测,检测项目包括桩径、桩长、桩体连续性及强度等指标。

2) 测放桩位

测定并放出桩位,做好桩位标志,编定桩号。水平旋喷桩施工上扬角度一般是在隧道坡度的基础上增加 1.0%。

3) 钻孔

(1) 为确保钻孔质量,应先打设 1~2 个探孔,查明地层变化情况及地层对钻孔角度的影响,然后根据探孔情况确定旋喷桩钻孔的打设角度。将导向钻头及第一根钻杆送入孔口管内。

(2) 开孔安设孔口管。采用开孔器开孔,开孔角度根据现场围岩情况进行调整,退出钻头后,埋入孔口管,孔口管外漏 100 mm,用钢格栅与孔口管焊接牢固,加固孔口管。开孔、密封装置安装和封孔等施作方法可参照本书 14.7 节的相关内容。

(3) 安装法兰盘、球阀等密封装置。打开循环液排出口后开始钻进,每钻进 4 m 检测一次,并做好测量记录。一旦发现偏斜过大要及时进行纠偏,直到钻至设计深度。钻进过程要保持护壁浆液压力在 1.0~2.0 MPa,通过时常观察压力变化,防止在钻进过程中砂石堵住喷嘴。

(4) 钻进时必须控制好返浆量,施作过程中通过循环液排出口调节返浆量,防止地表沉降过大。

(5) 钻孔终孔时应进行检测。检测项目包括:孔深、孔径、仰角角度、旋喷桩水平位置等。

4) 配制浆液

(1) 浆液搅拌必须均匀,搅拌时间不小于 5 min,一次搅拌使用时间应控制在 4 h 以内,同时要求对浆液进行试块试验。

（2）在制浆过程中应随时测量浆液比重，每孔高压喷浆结束后要统计该孔的材料用量。

5）水平高压旋喷

（1）进行高压喷浆前应检查高压注浆泵，查看泵压读数是否达到设计要求，在达到20～25 MPa 时，方可开始喷浆施工。

（2）在孔底高压喷浆时应停留一定时间，然后再缓慢外拔钻杆。在高压喷浆时，操作人员应随时观察泵压变化，喷浆过程中喷浆压力表数值不应瞬间剧烈变化。一旦发现泵压瞬间过低或过高时应及时停止喷浆，快速查明原因并进行处理，处理完毕再恢复高压喷浆。

（3）当钻杆拔至孔口1.0 m 时，慢速旋喷一段时间，再慢慢拔至离孔口0.5 m 处，高压泵停止注浆。应先关闭浆液输送通道，待管道内浆液完全释放后再缓慢拔出钻杆，最后进行封孔作业。

（4）喷射注浆过程中，检查注浆流量、空气压力、注浆泵压力等参数是否符合设计要求，做好钻进记录。

（5）在每根高压旋喷钻杆被拔出后，应立即用清水将其高压冲洗干净，以免残留浆液凝固，防止下次旋喷时残留颗粒物堵喷嘴。

（6）喷浆参数：水平旋喷一般采用 PO 42.5 普通硅酸盐水泥，水灰比为1；水平旋喷桩喷浆压力一般控制在 20～25 MPa，转速 10～15 r/min，回拔速度为 15～20 cm/min。

6）封孔

（1）当喷浆至孔口面0.50 m 时，应停止喷浆，完全释放出管道内的压力。

（2）卸下孔口管最外端的密封装置，关闭循环液排出口。

（3）快速拔出钻杆和钻头，关闭密封球阀。

（4）高压旋喷注浆完成后应在循环液排出口处安装压力表，然后用注浆泵补注浆，注浆压力控制在 0.8～1.0 MPa。

（5）补注浆完成12 h 后方能卸下密封球阀。

7）施工控制要点

（1）为了保证相邻旋喷桩相互咬合，应严格控制各桩的方位角。方位角误差控制在±0.2%范围内。

（2）施工过程中，须做好钻孔测斜工作，及时进行纠偏，确保预导孔精度，同时要严格控制各种施工参数。

（3）浆液配制须严格按照设计配合比进行，配制好的浆液应在喷射前进行过滤，防止喷射过程中堵塞喷嘴。浆液宜在喷射前 30～40 min 制备好，旋喷过程中应对浆液进行搅拌，防止浆液沉淀。

（4）旋喷管应按要求分段回抽，每次回抽作业时应处理好搭接，搭接长度不小于 10 cm。

（5）水平高压旋喷应全孔连续进行，若中途换管，搭接处进行复喷，搭接长度不小于 20 cm。

（6）当喷嘴堵塞或冒浆堵塞喷嘴时，应前后移动注浆管，待堵塞消失后再进行复喷，出现不冒浆或断续冒浆时，是土质松散的现象，可适当进行复喷，冒浆量为注浆量20%左右时属于正常现象，超过时应采取相应措施，可在浆液中加入适当速凝剂，缩短胶凝时间。

第16章 注浆帷幕

16.1 概述

注浆是将具有充填、胶结性能的材料配制成浆液,用注浆设备将浆液注入地层的孔隙、裂隙或空洞中,浆液经扩散、凝固和硬化后,减小岩土的渗透性,增加其强度和稳定性,从而达到隔水或加固地层的目的。注浆技术是地下工程施工中重要的辅助施工技术,它对于软土(岩)加固、帷幕堵水、沉降控制、渗漏及涌水整治等工程处理起着重要作用。

注浆的分类方法有很多,按注浆材料种类分为水泥注浆、黏土注浆和化学注浆;按注浆施工时间不同分为预注浆和后注浆;按注浆对象不同分为岩层注浆和土层注浆;按注浆工艺流程分为单液注浆和双液注浆;按注浆目的分为堵水注浆和加固注浆;按作用机理分为渗透注浆、劈裂注浆、压密注浆、充填注浆、喷射注浆等。

注浆在能源、矿业、交通、水利和建筑等诸多行业中的应用已有 200 多年的历史。随着注浆技术的广泛应用,注浆材料及施工技术得到了较大的发展。注浆材料从最早的石灰、黏土、水泥浆液,发展到水泥-水玻璃浆液、各种化学浆液、有机-无机材料复合浆液,同时,细颗粒水泥注浆材料的开发,克服了水泥浆液难以渗透到较细颗粒土层中的缺点。由于化学浆液对周围环境及地下水存在有不同程度的污染,所以许多使用时伴有化学污染的注浆材料在应用上受到了限制。在特殊条件下,一些无污染、低污染的化学浆材得到了开发、改性和使用。渗透性强、可注性好、无污染、固结体强度较高、胶凝时间易于控制、价格便宜和施工方便的注浆材料一直是注浆界期望和研发的目标,近年来研发的 DZH 无机盐(硼镁-丙烯酸盐)复合型系列注浆料遇水快速反应,可形成早期弹性大、后期强度高的固结体,已成功应用于国内数十项工程中。

为改善注浆效果,除研制、选用合适的注浆材料以外,注浆方法的重要性也逐渐被人们所认识。从最初采用比较经济、简便的填压式注浆法,到后来出现了循环式注浆法、双管注浆法、花管套壳料注浆法及电渗注浆法等许多工艺技术,大幅度改善了注浆效果。从渗透注浆、脉状注浆发展到应用多种材料和多管同步的复合注浆法,进一步提高了固结体的强度,降低了岩土体的透水性,并改善了注浆效果。

除注浆材料、注浆方法外,注浆设备的改进、注浆技术的管理及注浆效果检测方法也是注浆技术发展中的重要方面。在注浆机具方面,使用了轻型全液压、360 度全方位高效钻机;注浆设备出现了专用化、机组化、系列化的趋势;研发了高速搅拌机、集中制浆系统、各种新型止浆塞和混合器。在施工管理方面也取得了长足的进步:对注浆过程的控制,出现了自动记录、集中管理和自动化监控的趋向。在注浆效果检测方面,应用了压水或注水试验、抽水试验、电测弹性波探测、各种物理力学测试、放射能探测、微观测试等多种检测仪器和手段。在注浆工艺技术上,以高压注浆为代表的整套注浆技术、水泥浆液与化学浆液联合注浆技术等,推动了注浆技术不断向前发展。

16.2 注浆材料

16.2.1 注浆材料的分类及要求

1. 注浆材料的分类

注浆材料分类方法很多,按浆液所处的状态,分为真溶液和悬浊液;按注浆工艺性质,分为单浆液和双浆液;按浆液颗粒,分为粒状浆液和化学浆液;按浆液主剂性质,分为无机系列和有机系列两大类。注浆工程中使用的浆液是由主剂、溶剂(水或其他溶剂)及各种外加剂(固化剂、凝胶剂及缓凝剂等)按一定比例混合配制而成的液体。通常所说的浆材是注浆浆液的构成材料的简称,多指主剂。浆液以主剂为准,分为化学浆液和非化学浆液。化学浆液主要是指水玻璃类浆液和有机高分子类浆液。非化学浆液主要是指以水泥、黏土、砂、膨润土、硅粉、粉煤灰等无机细颗粒为主剂,以水为溶剂混合而成的悬浊浆液。注浆材料分类如图 16-1 所示,注浆材料由原材料固结成结石体的过程如图 16-2 所示。

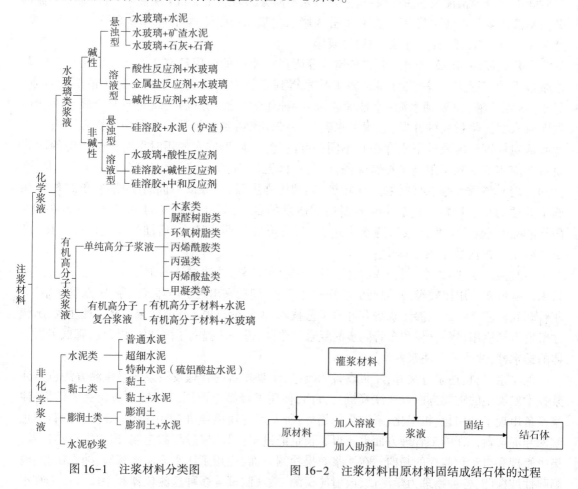

图 16-1　注浆材料分类图

图 16-2　注浆材料由原材料固结成结石体的过程

由颗粒状浆材配成的浆液是悬浊液型浆液。由于固体颗粒悬浮在液体中,所以这种浆液容易离析和沉淀,沉降稳定性差,结石率低。另外,浆液中含固体颗粒尤其是较大颗粒,使浆液难以进入岩土的细小裂隙和孔隙中。为改善粒状浆材的性质,以适应各种不同的需要,往往在浆液中加入各种外加剂。粒状浆材由于具有来源丰富、成本较低、工艺设备简单、操作方便等特点,在各类工程中一直都被广泛使用。

一般的化学浆液属溶液型浆液。化学浆液较粒状浆材配成的浆液不易出现颗粒的离析,且一般黏度较低,易于进入土体的微小裂隙或孔隙之中,其注入能力较强。但化学浆液通常成本较高,且有不同程度的污染问题等,所以部分化学浆液的应用受到了限制。

浆液中的溶剂往往是稀释剂,主要用来提供浆液的流动性。浆液中的助剂根据需要加入,可能是一种或数种。助剂根据它在浆液中所起的作用,分为催化剂、速凝剂、缓凝剂、悬浮剂、流动剂、改性剂等。对于某种注浆浆液来说,主剂、固化剂可能是一种或数种;溶剂、助剂或有或无,多根据注浆材料特性和工程需要确定。

2. 注浆材料的要求

注浆材料品种繁多,但理想的注浆材料应满足下列要求。

(1) 浆液的初始黏度低,流动性好,可注性强,能渗透到细小裂隙或孔隙内。

(2) 浆液胶凝时间可在数秒至数小时范围内任意调整,并能准确控制。

(3) 浆液对注浆设备、管道、混凝土结构物等无腐蚀性,并容易清洗。

(4) 浆液固化时无收缩现象,固化后与岩体、混凝土等有一定的黏结力。

(5) 结石体具有一定的抗压、抗拉强度,抗渗性好,抗冲刷及耐老化性能好。

(6) 浆液稳定性好,在常温、常压下较长时间存放不改变其基本性质,便于储存和运输。

(7) 浆液无毒、无臭,对环境无污染,对人体无害。不易燃易爆,对设备、管路无腐蚀性。

(8) 材料来源广泛,价格便宜,注浆工艺简单,浆液配制方便。

16.2.2 注浆材料的主要性能

不同的注浆材料有不同的性能,同种浆材也可以根据需要而改变其性能。注浆材料的主要性能指标有黏度、胶凝时间、可注性等。

1. 黏度

黏度是表示浆液流动时,因分子间相互作用而产生的阻碍运动的内摩擦力。通常所说的浆液黏度是指浆材所有组分混合后的初始黏度。黏度的大小影响着浆液的可注性及扩散半径。黏度的单位用 Pa·s 表示。现场施工常用简单的漏斗黏度计测定浆液的黏度,单位为 s。

2. 胶凝时间

胶凝时间是指从浆液各组合成分混合时起,直至浆液凝胶不再流动的时间间隔。胶凝时间除与参加反应的成分有关外,还受浆液的配比、浓度、催化剂、溶剂、水的 pH 及温度的影响。胶凝时间对注浆作业、浆液扩散半径和浆液注入量等都有明显的影响。能否正确确定和准确控制浆液的胶凝时间,是注浆成败的关键之一。因此,要求浆液的胶凝时间能随意调节和准确控制,以满足不同的需要。测定浆液胶凝时间可使用黏度计法和倒杯法。黏度计法适用于胶凝时间大于 3 min 的溶液型材料。倒杯法是现场使用的比较简便的一种方法,该方法适用于各种注浆材料,胶凝时间从瞬时至几十分钟都能使用。

3. 可注性

可注性是指浆液注入能力,表明浆液注入岩土裂隙或孔隙的难易程度。注浆材料的选择首先应考虑注浆材料的可注性。如果可注性好,浆液扩散半径可以选取较大值,这样,可以有效地减少注浆布孔数量,否则,应增加布孔数量。如果可注性差,则不宜选取该类注浆材料,否则,即使通过提高注浆压力强行将浆液注入地层,也会由于浆液的可注性差而形成较大的注浆盲区,难以达到好的注浆效果。浆液扩散半径可根据岩土体空隙大小、地下水压力、浆液材料、注浆压力等因素参照表 16-1 取值。

表 16-1　浆液扩散半径经验取值

地层	黏性土、粉土	细、中砂	粗、砾砂	卵石	断层破碎带
扩散半径	0.20~0.40	0.25~0.50	0.30~0.60	0.40~1.0	0.80~2.0
取值方法	① 地层空隙大,浆液扩散半径宜取高值;② 地层水压高,浆液扩散半径宜取低值;③ 注浆压力高,浆液扩散半径宜取高值;④ 浆液颗粒细,浆液扩散半径宜取高值;⑤ 在不同地层界面处,浆液扩散半径宜取低值。				

颗粒状浆材的注入能力主要由浆液的流动性、稳定性和颗粒粒径等因素决定,并与所处理岩土的裂隙或孔隙大小有关。化学浆液则主要由浆液的流动性(黏度)决定。常用注浆材料的可注性见表 16-2。

表 16-2　常用注浆材料的可注性

注浆材料名称	砾石			砂粒			粉砂
	大	中	小	粗	中	细	
普通水泥单液浆	√	√	√	√			
超细水泥单液浆	√	√	√	√	√	√	
普通水泥-水玻璃双液浆	√	√	√	√			
超细水泥-水玻璃双液浆	√	√	√	√	√	√	
改性水玻璃单液浆	√	√	√	√	√	√	√
TGRM 单液浆(超细型)	√	√	√	√	√		

受地层沉积颗粒自然级配的影响,注浆实践中发现,对于致密的粉细砂层,即使采用可注性好的超细水泥、TGRM 浆材仍不能达到渗透注浆止水的目的,浆液只能以大劈裂、强挤压、密充填的方式进入地层,难以形成均匀、连续的固结体构造,开挖后还会造成涌水涌砂,故采用任何单一的注浆材料都难以达到理想的固砂堵水效果。

4. 稳定性

浆液的稳定性是针对悬浊型浆液而言的,是指浆液在其流动速度减慢及完全静止后,其均匀性变化的快慢。它是搅拌好的浆液在停止搅拌和流动后,继续保持原有分散度和流动的时间。维持的时间越长,稳定性越好。反映浆液稳定性的另一个指标是浆液的析水率和析水速率。颗粒的初始析水速率(颗粒下沉的速度)越小,稳定性越好。不稳定浆液的颗粒沉淀分层将引起注浆机具管路和地层孔隙的堵塞,严重时会造成注浆过程过早结束,使浆液扩散的均匀性和结石率降低。

5. 结石率

结石率是浆液固结后结石体积与浆液体积的百分比。结石率越高注浆效果越好,悬浊液的水灰比或浆液的含水率是影响结石率的主要因素。

6. 抗压强度

抗压强度指的是注浆材料自身的抗压强度和浆液结石体的抗压强度。当以加固为注浆的主要目的时,就应选择高结石体强度的浆材;当以帷幕隔水为注浆的主要目的时,浆材结石体的强度可低些。

16.2.3　常用注浆浆液

1. 普通水泥浆液

注浆工程中最常用的是普通硅酸盐水泥,某些情况下也采用矿渣水泥、火山灰水泥等,但通常要求水灰比不大于 1。注浆用水泥必须符合质量标准,不能使用受潮结块的水泥。水泥属颗粒性水硬性材料,最大粒径为 0.085 mm。配制水泥浆用水应符合拌制混凝土用水要求。水泥水化硬化依赖水,注浆液作为流体更需要大量的水,一般浆液中的水分远大于水泥水化硬化所需水量,所以浆液固化过程中析水较多,硬化需要的时间也较长,需加入分散剂或悬浮剂等助剂来增加其稳定性。虽水泥浆液有不足之处,但其材料容易取得,成本较低,无毒性,施工工艺简单方便,适用于大多岩土地基的防渗与加固,常用于岩体裂隙注浆。

水泥密度的大小与熟料的矿物组成、混合材料的种类及掺量有关,硅酸盐水泥的密度一般为 3 050~3 200 kg/m³。水泥随储存时间延长,其密度减小。水泥的细度是决定水泥性能的重要因素之一。水泥的颗粒越细,其比表面积越大,水化反应速度越快,标准强度越高。水泥的凝结时间对工程施工有重要意义。水泥浆的凝结时间会随着水灰比的增加而延长。温度升高,水化作用加速,凝结时间缩短。

纯水泥浆易沉淀析水,稳定性差,凝结时间较长,在地下水流速较大的条件下注浆时,浆液易受水的冲刷和稀释。纯水泥浆的基本性能见表 16-3。为了改善水泥浆的性质,常在水泥浆中掺入一定量添加剂,添加剂及掺量见表 16-4。根据不同的需要,可配制出各种性能的浆液,不同添加剂水泥浆的基本性质见表 16-5。

表 16-3　纯水泥浆的基本性能

水灰比	黏度/s	密度/(g/cm³)	结石率/%	胶凝时间		抗压强度/MPa			
				初凝	终凝	3 d	7 d	14 d	28 d
0.5:1	139	1.86	99	7 h 41 min	12 h 36 min	4.14	6.46	15.3	22.0
0.75:1	33	1.62	97	10 h 47 min	20 h 33 min	2.43	2.60	5.54	11.2
1:1	18	1.49	85	14 h 56 min	24 h 27 min	2.00	2.40	2.42	8.90
1.5:1	17	1.37	67	16 h 52 min	34 h 47 min	2.04	2.33	1.78	2.22
2:1	16	1.30	56	17 h 7 min	48 h 15 min	1.66	2.56	2.10	2.80

注:采用 PO 42.5 普通硅酸盐水泥;测定数据为平均值。

表 16-4　水泥浆添加剂及掺量

名称	试剂	用量(占水泥重)/%	说明
速凝剂	氯化钙	1~2	加速凝结和硬化
	水玻璃	3~5	加速凝结
	硅酸钠铝酸钠	0.5~3	

续表

名称	试剂	用量(占水泥重)/%	说明
缓凝剂	木质素磺酸钙	0.2~0.5	增加流动性
	酒石酸	0.1~0.5	
	糖	0.1~0.5	
流动剂	木质磺酸钙	0.2~0.3	产生空气
	去垢剂	0.05	
	萘磺酸盐甲醛缩合物	0.2~1.5	
加气剂	松香树脂	0.1~0.2	产生约10%的空气
膨胀剂	铝粉	0.005~0.02	约膨胀15%
	饱和盐水	30~60	约膨胀1%
防析水剂	膨润土	2~10	
	纤维素	0.2~0.3	
	硫酸铝	约20	产生空气

表 16-5　不同添加剂水泥浆的基本性质

水灰比	附加剂		凝结时间		抗压强度/MPa				备注
	名称	用量/%	初凝	终凝	1 d	3 d	7 d	28 d	
1:1	—	—	14 h 56 min	24 h 27 min	0.8	2.0	5.9	8.9	(1) 水泥为 PO 42.5 普通硅酸盐水泥。 (2) 附加剂用量为占水泥重量的百分数。 (3) 氯化钙用量一般占水泥重量的5%以下。 (4) 水玻璃用量一般占水泥重量的3%以下。
1:1	水玻璃	3	7 h 20 min	14 h 23 min	1.0	1.8	5.5	…	
1:1	氯化钙	2	7 h 10 min	15 h 4 min	1.0	1.9	6.1	9.5	
1:1	氯化钙	3	6 h 50 min	13 h 8 min	1.1	2.0	6.5	9.8	
0.4:1	"711"	3	1 min	2 min	15.1	—	30.9	47.8	
0.4:1	"711"	5	4 min	5 min	19.8	—	35.9	47.1	
0.4:1	阳泉一型	2	3 min	6 min	0.6	—	—	34.1	
1:1	三乙醇胺/氯化钙	0.05/0.5	6 h 45 min	12 h 35 min	2.4	3.9	7.2	14.3	
1:1	三乙醇胺/氯化钙	0.1/0.1	7 h 23 min	12 h 58 min	2.3	4.6	9.8	15.2	
1:1	三异丙醇胺/氯化钙	0.05/0.5	11 h 3 min	18 h 22 min	1.4	2.7	7.7	12.0	
1:1	三异丙醇胺/氯化钙	0.1/0.1	9 h36 min	14 h12 min	1.8	3.5	8.2	13.1	

帷幕注浆要求水泥细度为通过 $80 \mu m$ 方孔筛余量不宜大于 5%,制浆材料采用重量称量。现场制浆时,要求加料准确并注意加料顺序,即先往搅拌机中放入规定量的水,然后再加入水泥搅拌均匀,最后加入附加剂。浆液的搅拌时间,使用普通搅拌机时不少于 3 min,使用高速搅

拌机时不少于 3 s。搅拌时间大于 4 h 的浆液应废弃。在任何季节,注浆浆液的温度应保持在 5~40 ℃。

2. 水泥黏土类浆液

黏土的粒径一般极小(0.005 mm),遇水具有胶体化学特征。黏土矿物的特征是其原子呈层状排列,不同的排列形式组成了不同的黏土矿物,常见的有高岭土、伊利土、蒙脱土。在水泥浆中,根据注浆目的和要求,经常需要加入一定量的黏土。水泥黏土浆的浓度一般按水泥、黏土、水的质量比表示,黏土颗粒密度通常取为 2.75 t/m³。黏土用量对浆液性能的影响见表 16-6。

表 16-6　黏土用量对浆液性能的影响

水灰比	黏土用量占水泥重量的百分比/%	黏度/s	密度/(g/cm³)	胶结时间		结石率/%	抗压强度/MPa			
				初凝	终凝		3 d	9 d	14 d	28 d
0.5:1	5	滴流	1.84	2 h 42 min	5 h 52 min	99	11.85	—	33.2	13.6
0.75:1	5	40	1.65	7 h 50 min	13 h 1 min	93	4.05	6.96	7.94	7.89
1:1	5	19	1.52	8 h 30 min	14 h 30 min	87	2.41	5.17	4.28	8.12
1.5:1	5	16.5	1.37	11 h 5 min	23 h 50 min	66	1.29	3.45	3.24	7.36
2:1	5	15.8	1.28	13 h 53 min	51 h 52 min	57	1.25	2.58	2.58	7.85
0.5:1	10	不流动	—	2 h 24 min	5 h 29 min	100	—	—	20.3	—
0.75:1	10	65	1.68	5 h 15 min	9 h 38 min	99	2.93	6.96	5.12	—
1:1	10	21	1.56	7 h 24 min	14 h 10 min	91	1.68	4.55	2.88	—
1.5:1	10	17	1.43	8 h 12 min	20 h 15 min	79	1.56	2.79	3.30	—
2:1	10	16	1.32	9 h 14 min	30 h 24 min	58	1.25	1.58	2.52	—
0.75:1	15	71	1.70	4 h 35 min	8 h 50 min	99	0.40	2.40	2.95	—
1:1	15	23	1.62	6 h 20 min	14 h 13 min	95	1.30	1.56	2.18	—
1.5:1	15	19	1.51	7 h 45 min	24 h 5 min	80	0.85	0.97	1.40	—
2:1	15	16	1.34	9 h 50 min	29 h 16 min	60	0.73	1.13	2.24	—

水泥浆掺入黏土后可使浆液结石率提高,还可改善水泥分层离析程度,从而改善浆液的可注性。但掺入黏土过多会使结石体抗压强度降低,凝结时间延长,一般掺量为 5%~15%。

3. 水泥水玻璃类浆液

水泥水玻璃类浆液亦称 CS 浆液,"C"代表水泥(cement),"S"代表水玻璃(silicate)。它是以水泥和水玻璃为主剂,必要时加入速凝剂或缓凝剂所组成的注浆材料。采用双液方式注入,两者按一定的比例注入后混合。这种浆液克服了单液水泥浆的凝结时间长且不能控制、结石率低等缺点,提高了水泥注浆的效果,扩大了水泥注浆的适用范围,尤其适用于地下水流速较大的粗颗粒地层的隔水帷幕。

1) 水玻璃

水玻璃不是单一的化合物,而是氧化钠(Na_2O)与无水二氧化硅(SiO_2)以各种比例结合的化学物质,其分子式为 $Na_2O \cdot nSiO_2$。水泥浆中加入水玻璃有两个作用,一是作为速凝剂使用,掺量较少,一般约占水泥重量的 3%~5%;另一个作用是作为主材料使用,掺量较多。

注浆用水玻璃对其模数和浓度有一定的要求,模数 M 是描述水玻璃性能的一个重要参数,其定义为

$$M = \frac{n(SiO_2)}{n(Na_2O)} \tag{16-1}$$

水玻璃模数的大小对注浆影响很大。模数小时,二氧化硅含量低,胶凝时间长,结石体强度低;模数大时,二氧化硅含量高,胶凝时间短,结石体强度高。模数过大过小都对注浆不利。注浆时,一般要求水玻璃的模数在 2.4~3.4 较为合适。

水玻璃的浓度以波美度°Bé 表示。用波美度表示的浓度与密度有如下关系:

$$1 °Bé = 145 - \frac{145}{\rho} \tag{16-2}$$

水玻璃出厂浓度一般为 50~56°Bé,而注浆使用的范围为 30~45°Bé,其浓度变换可用下式计算:

$$V_p\rho_p + V_w\rho_w = V_d\rho_d \tag{16-3}$$

$$V_p + V_w = V_d \tag{16-4}$$

式中:V_p——原水玻璃体积;

ρ_p——原水玻璃密度;

V_w——稀释水玻璃的加水量;

ρ_w——水的密度;

V_d——稀释后的水玻璃体积;

ρ_d——稀释后的水玻璃密度。

稀释水玻璃的加水量可按下式计算:

$$V_w = \frac{V_p(\rho_p - \rho_d)}{\rho_d - \rho_w} \tag{16-5}$$

2) 水泥水玻璃类浆液的凝胶机理

在水泥浆中加入水玻璃,水玻璃与硅酸三钙水化反应生成的氢氧化钙很快反应,生成凝胶性硅酸钙。

$$3CaO \cdot SiO_2 + nH_2O \longrightarrow 2CaO \cdot SiO_2 \cdot (n-1)H_2O + Ca(OH)_2 \quad (水泥水化反应)$$

$$Ca(OH)_2 + Na_2O \cdot nSiO_2 + mH_2O \longrightarrow CaO \cdot nSiO_2 \cdot mH_2O \downarrow + 2NaOH$$

3) 水泥水玻璃类浆液的性能

(1)胶凝时间。水玻璃能显著缩短水泥的胶凝时间。胶凝时间随水玻璃浓度、水泥浆的浓度(水灰比)、水玻璃与水泥浆的体积比等因素的变化而变化。

一般情况下,水玻璃浓度减小,胶凝时间缩短,二者呈直线关系变化;水灰比 W 越小,水泥与水玻璃之间的反应越快,胶凝时间越短。总体来说,水泥浆越浓,反应越快;水玻璃越稀,反应越快。各因素对浆液胶凝时间的影响见图 16-3、图 16-4。

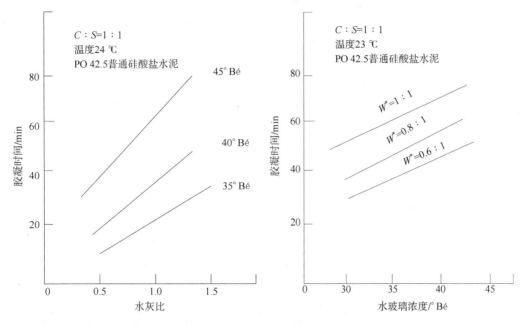

图 16-3　水泥浆浓度对胶凝时间的影响　　　图 16-4　水玻璃浓度对胶凝时间的影响

（2）抗压强度。决定水泥水玻璃类浆液抗压强度的主要因素是水泥浆的浓度（水灰比）。当其他条件一定时，水泥浆越浓，其抗压强度越高（见表 16-7）。水玻璃浓度对水泥水玻璃类浆液结石体抗压强度的影响见表 16-8。

表 16-7　水泥浆浓度对水泥水玻璃类浆液结石体抗压强度的影响

水玻璃浓度/°Bé	水泥浆浓度（水灰比）	水泥浆与水玻璃的体积比	抗压强度/MPa		
			7 d	14 d	28 d
40	0.5：1	1：1	20.4	24.4	24.8
40	0.75：1	1：1	11.6	17.7	18.5
40	1：1	1：1	4.4	10.6	11.3
40	1.25：1	1：1	0.9	4.4	9.0
40	1.5：1	1：1	0.5	0.9	2.3

表 16-8　水玻璃浓度对水泥水玻璃类浆液结石体抗压强度的影响

水玻璃浓度/°Bé	水泥浆浓度（水灰比）	水泥浆与水玻璃的体积比	抗压强度/MPa		
			7 d	14 d	28 d
35	0.5：1	1：1	17.4	20.0	20.2
35	0.75：1	1：1	14.4	13.2	14.8
35	1：1	1：1	7.3	8.5	10.4
35	1.25：1	1：1	3.2	4.0	5.8
35	1.5：1	1：1	1.2	2.0	2.8

水玻璃浓度/°Bé	水泥浆浓度 （水灰比）	水泥浆与水玻璃的 体积比	抗压强度/MPa		
			7 d	14 d	28 d
40	0.5∶1	1∶1	20.4	24.4	24.8
40	0.75∶1	1∶1	11.6	17.7	18.5
40	1∶1	1∶1	4.4	10.6	11.3
40	1.25∶1	1∶1	0.9	4.4	9.0
40	1.5∶1	1∶1	0.5	0.9	2.3
45	0.5∶1	1∶1	24.5	25.0	25.8
45	0.75∶1	1∶1	8.2	16.9	19.2
45	1∶1	1∶1	2.9	6.9	11.3
45	1.25∶1	1∶1	0.5	2.6	5.8
45	1.5∶1	1∶1	0.3	0.6	0.8

当水泥浆浓度较大时,随着水玻璃浓度的增加,抗压强度增高;当水泥浆浓度较小时,随着水玻璃浓度的增加,抗压强度降低。当水泥浓度处于中间状态时,则其抗压强度变化不大,也比较复杂。

水泥浆与水玻璃体积比对结石体抗压强度有一定的影响。当水泥浆与水玻璃的体积比在(1∶0.4)~(1∶0.6)时,其抗压强度最高,说明水泥浆与水玻璃有一定适当的配合比,在这个配合比的范围内,反应进行得最完全,强度也就最高。实际上,浓水泥浆需要浓水玻璃,稀水泥浆需稀水玻璃,水玻璃过量对其抗压强度将产生不良影响。

综合考虑胶凝时间、抗压强度、施工及造价等因素,水泥水玻璃浆液的常用配方为:

水泥为 PO 42.5 或 PO 52.5 普通硅酸盐水泥;

水泥浆浓度(水灰比)为(0.8∶1)~(1∶1);

水泥浆与水玻璃的体积比为(1∶0.5)~(1∶0.8);

水玻璃模数为 2.4~3.4,浓度为(35~40)°Bé。

4）浆液配制

水泥水玻璃类浆液的组成及配制方法见表 16-9。

表 16-9　水泥水玻璃类浆液的组成及配制方法

原料	规格要求	作用	用量	主要性能
水泥	PO 42.5 或 PO 52.5 普通硅酸盐水泥	主剂	1	胶凝时间可控制在几十秒至几十分钟范围内,抗压强度 5~20 MPa
水玻璃	模数:2.4~3.4,浓度:30~45°Bé	主剂	0.5~1	
氢氧化钙	工业品	速凝剂	0.05~0.20	
磷酸氢二钠	工业品	缓凝剂	0.01~0.03	

使用缓凝剂时,应注意加料顺序、搅拌放置时间。加料顺序为:水—缓凝剂—水泥,搅拌时间应不少于 5 min,放置时间不宜超过 30 min。放置时间对缓凝效果的影响见表 16-10。

表 16-10 放置时间对缓凝效果的影响

水玻璃浓度/°Bé	水泥浆浓度(水灰比)	水泥浆与水玻璃的体积比	浆液放置时间/mm	胶凝时间
40	1:1	1:1	15	13 min 48 s
40	1:1	1:1	30	12 min 20 s
40	1:1	1:1	60	8 min 0 s
40	1:1	1:1	90	6 min 13 s

5)水泥水玻璃类浆液的特点

(1)浆液胶凝时间可控制在几秒至几十分钟范围内。

(2)结石体抗压强度较高,可达 10~20 MPa。

(3)凝结后结石率可达 100%。

(4)可用于裂隙为 0.2 mm 以上的岩体或粒径为 1 mm 以上的砂层。

(5)材料来源丰富,价格较低。

(6)对环境及地下水无毒性污染,但有 NaOH 碱溶出,对皮肤有腐蚀性。

(7)结石体易粉化,有碱溶出,化学结构不够稳定,耐久性较差。

4. 超细水泥浆液

普通水泥颗粒较大,渗透能力有限,一般只能渗入大于 0.1 mm 的裂隙或孔隙。超细水泥是一种性能优越的注浆材料,其颗粒的最大粒径为 12 μm,平均粒径可达 4 μm,比表面积相当大,因而其在非常细小的裂隙中的渗透能力远高于普通水泥。如在其中加入一些助剂,可改善超细水泥浆液的可注性。国内外的注浆实践证明,在细小的孔隙中,超细水泥具有较高的渗透能力,能渗入细砂层(渗透系数为 $10^{-3} \sim 10^{-4}$ cm/s)和岩石的细裂隙中,且具有较高的强度和较好的耐久性能。由于其比表面积很大,同等流动性条件下用水量增加,欲配制流动性较好的浆液,需水量较大,而保水性又很强的浆液中多余的水分不易排除,将影响结石体的强度。所以当采用超细水泥注浆时,浆液的水灰比应控制在一定范围内,往往需要掺入高效减水剂来改善浆液的流动性。超细水泥浆的基本性能见表 16-11。

表 16-11 超细水泥浆的基本性能

编号	配比(重量比)			密度/(g/cm³)	凝结时间		抗折强度/MPa			抗压强度/MPa		
	水泥	水	助剂		初凝	终凝	7 d	28 d	90 d	7 d	28 d	90 d
1	100	60	1	1.71	5 h 55 min	7 h 10 min	4.92	6.28	5.25	34.2	37.3	37.5
2	100	80	1	1.59	7 h 2 min	8 h 40 min	4.82	5.74	5.78	20.9	23.5	25.8
3	100	100	1	1.50	7 h 53 min	9 h 3 min	3.99	5.59	5.73	20.5	23.1	24.5

超细单液水泥浆具有强度高、可注性好等特点,可代替部分化学浆材,广泛应用于细砂及细小裂缝堵水和加固工程中。

5. TGRM 浆液

TGRM 浆液以硫铝酸盐水泥为主要材料,通过添加不同类型的外加剂,使浆液具备在水中有较强的抗分散性和早强性特点,并可以根据不同工程的特殊要求进行材料性能指标的调整。

该类浆液的特点是早强、抗分散、永久加固、颗粒小、不收缩、无毒无污染等,可以在构筑物穿越保护、地下水流较大、地层颗粒较细、早期浆液强度等要求较高的注浆工程中使用,是解决水泥-水玻璃和化学注浆料耐久性问题的首选材料。TGRM 注浆料已形成多品种、系列化注浆产品,可根据不同工程特点选择使用不同型号的 TGRM 水泥基特种注浆料,如防水型、超细型、加固型、双液型等。

(1) 防水型 TGRM 水泥基特种注浆材料:具有水下不分散、抗渗性好、微膨胀的特点。适用于隧道衬砌与围岩的防水帷幕注浆和开挖隧道的超前预注浆,是替代水泥-水玻璃的首选材料。

(2) 超细型 TGRM 水泥基特种注浆材料:具有超细粒径(98% 以上的粒径 $\leqslant 8$ μm),可满足对细小裂缝的可灌性要求,适用于围岩二次帷幕注浆和衬砌体加固注浆,对有阻水要求的,超细型 TGRM 水泥基特种注浆料也可以具有水中抗分散性。

(3) 加固型 TGRM 水泥基特种注浆材料:具有突出的超早强施工性能,适用于隧道基床、路基加固注浆、锚杆加固注浆等。

(4) 双液型 TGRM 水泥基特种注浆料:具有突出的超早强施工性能,适用于砂土层隧道开挖加固、断层涌水及岩溶突水地质的隧道帷幕注浆、围岩加固注浆等。

6. 水玻璃类浆液

水玻璃又称硅酸钠($Na_2O \cdot nSiO_2$),在某些固化剂作用下,可以瞬时产生凝胶。水玻璃类浆液以水玻璃为主剂,加入胶凝剂后反应生成凝胶。其由于来源广泛,价格便宜,对环境无害而被广泛采用。它既可作为单一浆液注入,还可用作水泥浆液的速凝剂使用。一般用于注浆的水玻璃模数以 2.4~3.4 为宜。

水玻璃浆液用作主剂时,可以根据工程需要采用不同的固化剂,其胶凝时间及性能可通过不同的配方试验来确定。作水泥掺加剂时,也应依不同目的与要求通过试验确定。

1) 水玻璃氯化钙浆液

水玻璃、氯化钙两种浆注解在土体中相遇时发生反应而生成二氧化硅胶体,与土颗粒一起形成整体,起到防渗和加固的作用。这种浆液主要用于地基加固或砂砾石含水层的堵水。水玻璃-氯化钙浆液的反应为

$$Na_2O \cdot nSiO_2 + CaCl_2 + mH_2O \longrightarrow nSiO_2 \cdot (m-1)H_2O + Ca(OH)_2 \tag{16-6}$$

水玻璃氯化钙浆液可用一根管交替注入,但在换液前必须清洗管路;也可用双管注入法,即一根管注入水玻璃,另一根管注入氯化钙浆液,使两种浆液在地基中相遇,从而发生化学反应产生凝胶。为提高浆液的扩散能力,可为两根管通直流电,称为电动硅化法。需要说明的是:两种浆液在相遇时的瞬间可产生化学反应,胶凝时间不好控制,注浆效果受操作技术及施工经验影响较大。

2) HS 酸性水玻璃浆液

水玻璃为碱性材料,其凝胶体有碱溶出、脱水收缩和腐蚀现象,这影响了它的耐久性。而酸性水玻璃可在中性或酸性条件下凝胶,且凝胶体没有碱溶出。水玻璃酸化反应为

$$Na_2O \cdot SiO_2 + (n-1)H_2SO_4 \longrightarrow nSi(OH)_2SO_4 + Na_2SO_4 + H_2O \tag{16-7}$$

在酸化过程中,必须保持 pH 不大于 2,因为此时它的稳定性最高,不易自凝。

在该种酸性(pH $\leqslant$ 2)水玻璃中,加入一定量的凝胶剂能使其凝胶。因 pH 对浆液的凝胶

影响很大,对胶凝时间的控制较为困难,可采用加 pH 缓冲液的方法来改变胶凝时间的控制条件,以便能较容易地调整浆液的胶凝时间,参见图 16-5。

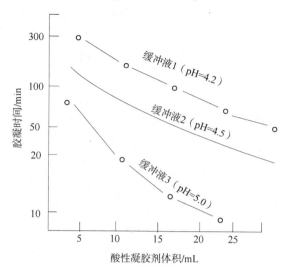

图 16-5　pH 缓冲液和碱性凝胶剂合并使用的浆液胶凝时间

该种酸性水玻璃浆液的黏度为 $3×10^{-3}$ Pa·s,相对密度为 1.10,胶凝时间可以从瞬时到数十分钟内调整,凝胶体的渗透系数小于 10^{-6} cm/s,固砂体的抗压强度在 0.2~0.5 MPa 范围内变化。

北京地铁用于加固粉细砂层的酸性水玻璃浆液如下。

(1) 原材料。

水玻璃:模数 2.8~3.4;浓度大于 40 °Bé;

硫酸:浓硫酸(98%),或用废硫酸代替;

缓凝剂:若干。

(2) 改性(酸性)水玻璃组成及制浆方法。

甲液:水玻璃浓度 15 °Bé;

乙液:10%~20%硫酸加适量缓凝剂;

甲与乙液的配比为(6~7.5):1,另加 10%外加剂,浆液的 pH 在 4~7 范围内变化。在配制浆液时,将一定量甲液倒入乙液中,混合均匀。

(3) 改性(酸性)水玻璃性能。

相对密度:1.07~1.11;

黏度:$(2~5)×10^{-3}$ Pa·s;

pH:4~6(根据胶凝时间调整);

胶凝时间:空气中 30~40 min,细砂中 5~30 min;

固砂体单轴抗压强度:0.3~0.5 MPa。

试注结果:改性(酸性)水玻璃浆液在粉细砂中渗透性良好,扩散均匀,每立方米浆液可固结砂体 4.2~4.8 m^3。

7. 聚氨酯类浆液

聚氨酯类浆液是一种防渗和加固效能都很高的高分子化学注浆材料,它属于聚氨基甲酸酯类的高聚物,是由异氰酸酯和多羟基化合物反应而成。浆液由于含有未反应的异氰酸基团,遇水发生化学反应,交联生成不溶于水的聚合体,因此能达到防渗、堵漏和固结的目的。另外,反应过程中产生二氧化碳,使体积膨胀而增加固结体积比,并产生较大的膨胀压力,促使浆液二次扩展,从而加大了扩散范围。这种浆液黏度较低,可灌性好,结石强度和抗渗性能高,耐久性好,适用于砂层及软弱夹层的加固,也适用于在动水条件下的防渗堵漏。

聚氨酯类浆液可分为水溶性聚氨酯浆液(简称 SPM)和非水溶性聚氨酯浆液(简称 PM)两大类,其区别在于:前者与水能混溶,后者只溶于有机溶剂。聚氨酯类浆液的特点如下。

(1)浆液黏度低,可注性好,浆液能均匀地分散或溶解在大量水中,遇水开始反应,胶凝时间几秒到几十分钟,凝胶后形成包有大量水的弹性体,因此不易被地下水冲稀,可用于动水条件下堵漏,封堵各种形式的地下、地面及管道漏水,止水效果好。

(2)浆液遇水反应时,放出气体,使浆液产生膨胀,向四周渗透扩散,直到反应结束时止。浆液由于膨胀而产生了二次扩散现象,因而有较大的扩散半径和凝固体积比。

(3)浆液可与水泥注浆相结合;采用单液系统注浆,工艺设备简单。

(4)固砂体抗压强度高,一般在 0.6~1.0 MPa,渗透系数可达 10^{-6} ~ 10^{-8} cm/s。

16.2.4 注浆材料的选择

地下工程注浆施工,注浆材料的选择关系到注浆的成败和工程造价的高低。不同地质、水文地质条件的注浆方案存在很大差异,选择注浆材料时必须进行可注性研究,并根据注浆材料的特性有针对性地进行选择,才能达到预期的效果。

一般的地下工程注浆施工,注浆材料主要采用普通水泥单液浆(简称 C 浆)、水泥水玻璃类浆液(简称 CS 浆)、超细水泥液浆(简称 MC 浆)、超细水泥-水玻璃双液浆(简称 MC-S 浆)、TGRM 浆液(简称 T 浆)。注浆材料选取应遵循下列原则。

1. 粒径匹配原则

按照地质构造条件不同,对一般断层破碎带地段,宜采用 C 浆、CS 浆等普通廉价型注浆材料。在砂层含水层地段,应采用 MC 浆、MC-S 浆、TGRM 浆等超细型特种注浆材料。

2. 方案匹配原则

按照注浆方案不同,在径向注浆施工时,一般地段可采用 C 浆,特殊地段应采用 MC 浆。在超前帷幕堵水注浆施工时,应选择采用 C 浆、CS 浆、MC 浆、MC-S 浆和 TGRM 浆等两种以上材料的综合注浆材料。

3. 水文地质条件匹配原则

按水文地质条件不同,在一般富水或少量水条件下,可采用 C 浆、MC 浆。但在高承压水、强富水甚至出现涌水情况下,应选择采用 C 浆、CS 浆、MC 浆、MC-S 浆、TGRM 浆、聚氨酯浆等多种注浆材料。

4. 综合动态调整原则

目前,很难有一种注浆材料能完全达到理想注浆材料的要求,因此,在复杂地质、水文地质条件下,应采用综合注浆材料选择方案。原则上按照由粗到细、由单液到双液、由高浓度到低浓度、由粒状浆液和化学浆液的准则进行动态调整。

5. 配比参数确定原则

由于水泥品种和地下水质的不同,可能会对浆液的胶凝时间和抗压强度产生一定的影响,因此,注浆施工前,应对配比参数进行室内试验,然后再进行现场试验,最终确定注浆材料配比。

同时,还应考虑地下水的稀释影响。当注浆位于地下水以下时,水灰比取低值;当注浆位于地下水以上时,水灰比取高值。

16.3　注浆机理

注浆液在地层中的扩散机理主要表现为渗透扩散、压密扩散和劈裂扩散。

16.3.1　渗透注浆

岩土体是由土颗粒、水和空气组成的三相体。渗透扩散是指浆液在注入压力条件下,在不改变岩土体结构和颗粒排列的情况下,挤走岩石裂隙或孔隙中的游离水和空气,并填充岩土体裂隙或孔隙。通过物理化学反应,浆液在孔隙中形成具有一定强度和低透水性的结石体,堵塞或充填孔隙,起到加固和防渗作用。通过增大注浆压力,浆液向岩土层中更远处渗透。对细砂层采用化学浆液注浆,以及采用水泥浆灌注孔隙较大的粗砂层、砂砾石层、砂卵石层都属于渗透扩散。注浆液在松散地层孔隙中的渗透扩散是基本均匀的扩散,结石体与土颗粒呈基本均匀混合。

影响粒状浆液(悬浊液)渗透注浆效果的因素主要是尺寸效应。渗透注浆所用的注浆压力相对较小,基本不改变原状岩土的结构和体积。所以浆材的颗粒尺寸必须小于岩土体的孔隙、裂隙尺寸,只有这样才能实现渗透性注浆。也就是说,满足浆材对岩土体的孔隙、裂隙的尺寸效应是进行渗透性注浆的前提。一般情况下,浆液颗粒粒径越小,浆液流动性越好,则浆液渗透性越强。对于悬浊液型浆液,渗透注浆一般只适用于中砂以上的砂性土和裂隙较为发育的岩石。

溶液型浆液由于没有悬浊颗粒,其渗透性比粒状浆液要好。它能渗透注入更细的粉细砂层和更小的岩石裂隙。对于黏性土层,其虽孔隙度大,但间隙小,本身可视为不透水地层,溶液型浆液也无法实现渗透性注入,只能劈裂注入。

16.3.2　压密注浆

压密注浆是用很稠的浆液注入岩土中,在注浆处形成浆泡,浆液的扩散靠对周围土体的挤压。浆体完全取代注浆范围的土体,在注浆邻近区存在大的塑性变形区,土的密度明显增加。

16.3.3　劈裂注浆

劈裂扩散是浆液在较高压力(超过渗透注浆和压密注浆的极限压力)作用下,弱透水地层产生水力劈裂,浆液的劈裂路线呈纵横交叉的脉状网络,也就是在土体内突然出现裂缝,地层吸浆量突然增加,浆液呈脉状注入。此时,浆液在土体中并不是与土颗粒均匀混合,而是呈两相各自存在。劈裂面发生在阻力最小主应力面,劈裂压力与土体中的最小主应力及抗拉强度成正比。

劈裂注浆时,在注浆压力作用下,浆液在垂直于最小主应力的平面上发生劈裂,浆液便沿此劈裂面渗入和挤密土体,并在其中产生化学加固和形成作为骨架加固的浆脉。劈裂注浆通过形成网状劈裂脉,使土体的力学性质及透水性得以改善,从而达到一定的注浆加固和堵水的目的。由于劈裂注浆形成的劈裂浆脉不均匀,对于砂层含水层的劈裂注浆,其堵水效果一般不会太好,仍会出现不同程度的渗漏,需要采取进一步的控制措施。

劈裂注浆的扩散范围与注浆压力、注浆时间、岩土层的阻力系数等有关。在其他条件相同的情况下,注浆压力越大、注浆时间越长、阻力系数越小,劈裂扩散范围越大。劈裂注浆需要一定程度上破坏被注对象的原始结构,它不同于渗透注浆,一般应选用浆材颗粒较大、强度较高的悬浊液(如水泥浆液和水泥-水玻璃浆液)。但悬浊液的析水率较大,因此一般需在浆液中加入膨润土或分散剂。

在进行浅层劈裂注浆时,应防止劈裂作用导致地表隆起而危及注浆周边构筑物的安全。因此,在注浆过程中应随时进行地表变形监测,以防止地表发生过量的变形。

虽然注浆扩散机理有以上 3 种形式,但在实际注浆中浆液往往以多种形式注入岩土中,只是以某一种形式为主而已。例如在劈裂注浆施工时,浆液在压力未达到劈裂压力时,首先以渗透形式充填岩土中的空隙,然后局部堆积对岩土形成压密;当压力达到劈裂压力时,在岩土中形成劈裂裂缝,在向裂缝注入时也伴随着渗透和压密,但其主要注入方式是劈裂扩散形式。

16.4　常用的注浆施工工艺

目前,国内地下工程中深孔注浆施工主要采用全孔一次性、钻杆后退式、分段前进式和袖阀管注浆 4 种方式进行。深孔注浆是指注浆孔施作需要钻机进行,注浆钻孔深达到 6 m 以上的注浆施工,主要区别于使用风钻等小型工具成孔的小导管注浆。

16.4.1　全孔一次性注浆

全孔一次性注浆方式是指按设计将注浆钻孔一次完成,在钻孔内安设注浆管或孔口管,然后直接将注浆管路和注浆管(或孔口管)连接进行注浆施工。超前小导管注浆、径向注浆和大管棚注浆一般都采取全孔一次性注浆方式进行钻孔注浆施工。超前小导管注浆和大管棚注浆采取有管注浆,为保证注浆管安设顺利,往往将注浆管前端加工成圆锥状并用电焊封死。在注浆管上间隔一定距离钻设梅花形溢浆孔,一般间隔距离为 20~50 cm,溢浆孔直径为 10~12 mm,浆液通过注浆管上钻设的溢浆孔注入地层。径向注浆根据地质条件采取有管注浆或孔口管注浆。注浆管管尾采取丝扣连接。

16.4.2　分段后退式注浆

分段后退式注浆是指先通过钻杆一次性钻孔到位,然后通过钻杆从里往外分段压浆,待注浆压力达到设计要求后,后退钻杆再压浆,如此依次进行直到该孔注浆结束,如图 16-6 所示。钻杆后退式的注浆方式包括单管工艺和双管工艺。双管的注浆材料一般采用水泥-水玻璃双液浆或改性水玻璃浆。其优点是实现了较长距离的深孔注浆,相对于传统的小导管注浆工艺扩大了注浆加固范围。

分段后退式注浆在一定程度上实现了分段进行,较全孔一次性注浆方式在工艺上有先进性,但钻杆和地层之间的空隙密封问题是该注浆方式能否实现有效分段的关键,注浆加固效果有一定的随机性,所以要强化注浆的精细化管理。

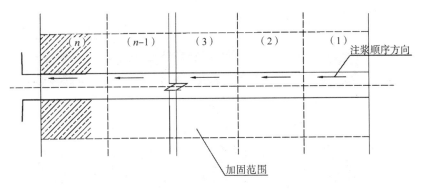

图 16-6　分段后退式注浆钻孔注浆施工模式图

16.4.3　分段前进式注浆

　　分段前进式注浆是采取钻、注交替作业的一种注浆方式,即在施工中,实施钻一段、注一段,再钻一段、再注一段的钻、注交替方式进行钻孔注浆施工,如图 16-7 所示。每次钻孔注浆分段长度 1~3 m,分段前进式注浆可采用水囊式止浆塞或孔口管法兰盘进行止浆。其工艺要求是必须采用早强速凝的浆液,CS 浆和 TGRM 浆是常用的两种早凝浆液,TGRM 浆既有 CS 浆早强快凝的特点,也有水泥基材料永久加固的性能,是近年内国内普遍采用代替 CS 浆的理想材料。

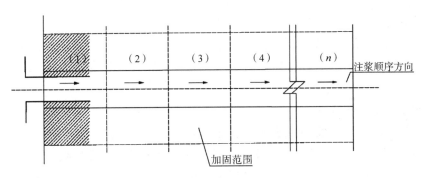

图 16-7　分段前进式注浆钻孔注浆施工模式图

16.4.4　袖阀管注浆

　　袖阀管注浆是由法国索列坦修基础工程公司开发研究的一种注浆工法,因而该注浆工法又称索列坦修工法。被引入中国后,该工法被称为袖阀管注浆工法。该工法针对土、淤泥、粉细砂等极软弱地层,是一种精细、可靠的注浆工法。

1. 袖阀管结构

　　袖阀管主要由 PVC 外管、镀锌注浆内管、橡胶皮套、密封圈等组成,袖阀管结构如图 16-8 所示。袖阀管是一种只能向管外出浆,不能向管内返浆的单向闭合装置。注浆时,压力将小孔外的橡皮套冲开,浆液进入地层。当管外压力大于管内时,小孔外的橡皮套自动闭合。当注浆指标达到技术要求时停止注浆,进行下一阶段注浆。

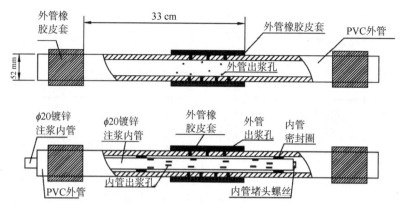

图 16-8　袖阀管结构图

2. 袖阀管注浆施工步骤

（1）钻孔。采用套管钻机进行跟管钻孔,钻到设计深度。

（2）插入袖阀管。为使套壳料的厚度均匀,应确保袖阀管居中放置。袖阀管节长为 33~50 cm,其壁上开有小孔(出浆孔),孔口外侧用橡胶皮套包好。橡胶皮套的作用是当孔内加压注浆液时,橡胶皮套胀开,浆液从小孔中喷出进入土层,不注浆时橡胶皮套封闭喷射口,因此,土和地下水均被橡胶皮套阀拒之喷射口之外,不会逆向进入注浆管内。

（3）浇筑套壳料。一边拔出套管一边注入套壳料(水泥膨润土液),套壳料置换孔内泥浆,浇筑时应避免套壳料进入袖阀管内,并严防孔内泥浆混入套壳料中。

（4）注浆。待套壳料具有一定强度后,把两端都有密封栓塞的注浆芯管插入袖阀管内。由于注入压力的作用,浆液从两组栓塞的中间经喷射口胀开橡胶皮套进入土层中,逐次提升(或下降)芯管,即可实现逐段分层注浆。

3. 袖阀管注浆工法特点

（1）由于地层、含水层条件的复杂性,注浆需要达到的效果也不尽相同。袖阀管注浆能通过对地质条件的深入分析,根据地层可注性的好与坏,含水层透水性的强与弱,进行针对性的分层、重复注浆,不同的地层还可以采用不同的注浆材料,不易产生注浆盲区和薄弱区。

（2）钻孔和注浆这两个步骤分开进行,可缩短施工周期。

（3）因注入的是长凝浆液,注浆效果较好,浆液胶凝时间一般为十几分钟。

（4）因为浆液喷出的开口面积比钻杆注浆大,所需注入压力小,故对周围环境的影响小。

（5）由于可进行多点、定量、均衡的注浆,注浆体在岩土中均匀分布,均匀连接,形成的隔水帷幕连续有效。

16.4.5　注浆顺序

注浆顺序的合理与否对注浆效果有着极其重要的影响,因此,在注浆施工中,应充分分析工程场地的工程地质、水文地质条件,确定合理可行的注浆顺序。对于帷幕外围,注浆顺序应达到“围、堵、截”目的;对于帷幕内部,注浆顺序应达到“填、压、挤”目的。

1. 分区注浆

地下工程帷幕注浆往往注浆范围和注浆规模较大,由于地质、水文地质条件存在较大的差异,因此,很有必要将注浆范围进行分区,即对每个区域进行注浆试验,确定各自的注浆材料和注浆参数。

2. 跳孔注浆

由于注浆施工受前期注浆孔的影响,后期注浆孔所注入的浆液将会随着注浆压力或其他因素而发生偏流,同时,注入量也会减少。跳孔注浆可以有效地逐步实现约束注浆,使浆液逐渐达到挤压密实,促进注浆帷幕的连续性,并且通过逐序提高注浆压力,利于浆液的扩散和提高浆液结石体的密实性。

3. 由下游到上游

当地下水径流强烈时,应考虑水流对注浆效果的影响。为了防止上游注浆时浆液顺流而下,避免上游注浆形成假象,应先对下游进行注浆,形成堵截帷幕,以防浆液不断流失。

4. 由下层到上层

在注浆施工中,由于浆液在重力作用下会向下沉积,同时,由于钻孔中泥砂也会对下部造成堆积,从而影响下部注浆的顺利进行,因此,宜采取由下层到上层的原则进行注浆施工。

5. 由外侧到内侧

在帷幕注浆施工中,应先对外圈孔进行注浆,将注浆区域围住,然后逐步对内圈孔进行注浆,形成对注浆区域的挤密、压实,从而实现有效的约束注浆。

6. 定量-定压相结合

在注浆施工中,由于注浆扩散半径是一个选取值,它不代表浆液在地层中最大的扩散距离。当注浆施工采取跳孔分序注浆时,应对先序孔采取定量注浆,对后序孔采取定压注浆。

7. 多孔少注

注浆设计一般是根据扩散半径布设注浆孔,如果实际施工中对一个孔的注浆量很大,结果很多孔注不进浆,导致注浆均一性差,将产生注浆盲区。因此,在注浆定量-定压相结合的基础上,要多孔少注,使设计的每个注浆孔都发挥其应有的作用,从而提高注浆整体效果。

16.5　注浆试验

由于地质条件千变万化,注浆目的要求亦不尽相同,而同类工程的注浆经验往往仅能作为参考,不宜直接搬用,因此为了了解地层注浆特性,必须取得必要的注浆技术经济数据,确定或修正注浆方案,使设计、施工更符合实际情况。对于重要工程或地质条件复杂的工程,应先期进行现场注浆试验,并以试验成果作为注浆设计和施工的重要依据。

1. 试验目的

(1) 确定注浆帷幕技术上的可行性、效果上的可靠性和经济上的合理性。
(2) 确定合理的注浆施工顺序和施工工艺。
(3) 确定适宜的注浆材料、配合比和注浆压力。
(4) 确定注浆施工相关技术参数,如:孔距、排距、注浆帷幕厚度、每个注浆循环的长度。

2. 试验程序和内容

(1) 制定注浆试验方案和实施细则。
(2) 进行注浆材料、浆液及结石体的物理、力学和化学性能试验。
(3) 按拟定的注浆工艺进行钻孔并实施注浆。

（4）按注浆效果鉴定的标准和方法进行注浆质量检查。

（5）对注浆试验资料、成果进行分析整理，编写注浆试验报告。注浆试验报告内容包括：试验的工程环境、目的、任务、工程地质及水文地质条件；试验的实施状况和质量效果检查情况；试验成果的分析和评述。

3. 试验地段的选择

应考虑选择地质情况具有代表性的地段，一般宜选择在地质条件中等偏劣的地段。对于重要工程，可根据试验目的、技术方案、地质条件的差异状况选择若干个地段进行试验。

4. 试验孔布置

试验孔的布置主要根据试验目的和地质、水文地质条件确定，暗挖隧道工程应按一个帷幕注浆循环布置注浆试验孔。

5. 注浆参数

注浆参数是保证注浆施工顺利进行，确保注浆质量的关键。在注浆试验施工中，应对注浆参数进行不断的动态调整，以适应现场注浆需要。

（1）浆液胶凝时间。

浆液胶凝时间是注浆施工的重要参数之一，它不但影响着浆液的扩散范围，还影响着浆液的堵水性能。在注浆施工中，单液浆的胶凝时间原则上不宜超过 8 h，否则难以控制浆液的扩散范围。对于双液浆，浆液的胶凝时间与含水层的渗透系数、涌水量及现场注浆操作人员对工艺掌握的熟练程度有关。一般情况下，双液浆的胶凝时间宜控制在 30 s ~ 3 min。当地层透水性强、现场操作人员对工艺熟练时，取小值，否则取高值。

（2）单孔单段注浆量。

在注浆施工中，对于以堵水和加固地层为目的的注浆，先序孔往往也以定量注浆为原则，因此，对注浆量的计算必须合理。单孔单段注浆量可采用下式进行估算：

$$Q = \pi r^2 h n \alpha (1 + \beta) \tag{16-8}$$

式中：Q——单孔单段注浆量，m^3；

r——浆液扩散半径，m；

h——注浆分段长度，m；

n——地层孔隙率或裂隙度；

α——地层孔隙或裂隙充填率；

β——浆液损失率。

（3）注浆压力。

注浆压力是注浆能量的来源，是控制注浆质量的重要因素。使用较高压力的优点在于：使浆液能更好地被压入地层孔隙，并利于水泥浆液中的水分尽快、尽多地析出，结石充满、密实；可获得较大的扩散范围，可使孔距增大，孔数减少，使施工经济，工期缩短。但过高的注浆压力会使临近建、构筑物和地层产生不利的变形，并使浆液产生过度劈裂扩散，造成浪费。对于以堵水为主要目的的注浆，注浆终压可按下式计算：

$$P_{终} = P_{水} + (2 \sim 4) \tag{16-9}$$

式中：$P_{终}$——注浆终压，MPa；

$P_{水}$——现场实测静水压力，MPa。

（4）注浆步距。

注浆步距是指采取分段注浆时,每一个分段的注浆段长度。大量工程实践表明,对于砂层和黏性土地层,在采取后退式分段注浆时,分段长度宜取 0.4~0.6 m。对于断层破碎带、充填型溶洞地层,在采取前进式分段注浆时,分段长度宜取 3~5 m。

（5）注浆速度。

注浆速度的选取主要取决于注浆加固的目的、注浆材料的种类、注浆机械的特点、地层的吸浆能力及施工工期要求。注浆速度的合理选择影响着注浆压力和注浆量的匹配关系,从而影响注浆效果。若注浆速度过快,虽可加快注浆进程,缩短注浆工期,但会因地层吸浆能力的影响而使注浆压力过高,这样,当注浆量达到设计标准时,终压会远远高于设计值,易造成地表隆起过大;同时注浆机理上也可能会由渗透注浆变化为劈裂注浆,严重影响注浆效果。若速度过慢,将难以保证工艺实施的连续性。

一般来说,对于粉质黏性土,注浆速度宜取 20~40 L/min;对于砂砾石层等孔隙较大的地层,注浆速度宜取 40~60 L/min;对于断层破碎带,注浆速度宜取 60~120 L/min。

（6）注浆结束标准。

单孔或单孔单段注浆结束标准:当采取定量注浆量时,达到设计注浆量,或注浆终压达到设计终压时,注浆速度小于 5~10 L/min;当采取定量-定压相结合注浆时,先序孔应达到设计的单孔单段注浆量的 1.2~1.5 倍,后序孔应达到设计终压,注浆速度小于 5~10 L/min。

全段注浆结束标准:所有注浆孔均符合单孔或单孔单段注浆结束标准;注浆孔无漏注现象;对注浆效果进行检查评定,注浆效果达到设计要求。

16.6　注浆效果检验与评定

对注浆效果进行合理的评价是保证安全施工,确保注浆质量的关键。在实际注浆施工中,应根据注浆要求高低、现场条件和注浆目的等综合选择合理的注浆评定方法和技术评判标准。目前,常用的注浆效果评价方法可划分为 4 类。

16.6.1　分析类方法

分析类方法是通过对注浆施工中所收集的参数信息进行合理整合,采取分析、比对等方式,对注浆效果进行定性、定量化评价。分析类方法具有快速、直接的特点,通过分析类方法可以较为可靠地进行注浆效果评价。

1. P-Q-t 曲线法

P-Q-t 曲线法是通过对注浆施工中所记录的注浆压力 P、注浆速度 Q 进行 P-Q-t 曲线绘制,并根据地质特征、注浆机制、设备性能、注浆参数等对 P-Q-t 曲线进行分析,从而对注浆效果进行评判。

2. 涌水量对比法

将注浆过程中或注浆前后各钻孔涌水量的变化规律进行对比,从而对注浆堵水效果进行评价。

3. 浆液填充率反算法

统计总注浆量,并采用下式反算出浆液填充率,最后根据浆液填充率评定注浆效果。

$$\left.\begin{array}{c} \sum Q = V \cdot n \cdot \alpha \cdot (1 + \beta) \\ \alpha = \dfrac{\sum Q}{V \cdot n \cdot (1 + \beta)} \end{array}\right\} \qquad (16-10)$$

式中: Q——总注浆量, m^3;

　　　 V——注浆加固体体积, m^3;

　　　 n——地层孔隙率或裂隙度;

　　　 α——浆液填充率;

　　　 β——浆液损失率。

16.6.2　检查孔类方法

　　检查孔类方法是针对注浆要求较高的工程所采用的一种方法,该方法也是目前公认的最为可靠的方法。检查孔类方法是在注浆结束后,根据注浆量分布特征,以及注浆过程中所揭示的工程地质及水文地质特点,并结合对注浆 $P\text{-}Q\text{-}t$ 曲线的分析,对可能存在的注浆薄弱环节设置检查孔,通过对检查孔观察、取芯、注浆试验、渗透系数测定,从而对注浆效果进行评价。一般来说,检查孔数量宜为钻孔数量的 $3\% \sim 5\%$,且不少于 3 个。注浆要求越高,检查孔数量应越多。

　　(1) 检查孔观察法。通过察看检查孔成孔是否完整、涌水、涌砂、涌泥、坍孔等,定性评定注浆效果。

　　(2) 检查孔取芯法。对检查孔进行取芯,通过检查孔取芯率、岩芯的完整性、岩芯强度试验等进行综合分析,判定注浆效果的方法。

　　(3) 检查孔渗透系数测试法。对于注浆堵水工程,特别是注浆截水帷幕,注浆后测试地层渗透系数是评定注浆堵水效果的最主要、最可靠的方法。测试注浆后地层渗透系数的方法常采用注水试验。可采用下式计算地层注浆后渗透系数:

$$k_{g} = \frac{0.366Q}{ls} \lg \frac{2l}{r} \qquad (16-11)$$

式中: k_{g}——注浆后地层渗透系数, m/d;

　　　 Q——稳定注水流量, m^3/d;

　　　 l——试验段长, m;

　　　 s——水位差,也可用注水压力替代,即水头压力高度, m;

　　　 r——钻孔半径, m。

16.6.3　过程类方法

　　(1) 开挖过程加固效果观察法。指通过对开挖面进行观察,宏观评定注浆加固效果的方法。

　　(2) 监测测试数据判定法。通过监测注浆前后及施工过程中被保护体的沉降变形,分析评判注浆加固效果的方法。

　　(3) 水位推测法。通过监测注浆帷幕内外水位监测孔的水位变化,分析评判帷幕注浆效果。

16.6.4　物探类方法

（1）雷达法。指根据雷达探测成果的前后对比判定注浆效果的方法。

（2）电法。指根据电法探测成果的前后对比判定注浆效果的方法。

根据注浆工程的特点，注浆效果评定一般在这 4 类方法中选取 2~3 种组合采用。

16.6.5　注浆效果评价标准

注浆效果评价标准参见表 16-12。

表 16-12　注浆效果评价标准表

评定方法		评价标准
分析类方法	P-Q-t 曲线法	注浆施工中，P-t 曲线呈上升趋势，Q-t 曲线呈下降趋势；注浆结束时，注浆压力达到设计终压（常取 0.5~4 MPa），注浆速度达到设计速度（常取 5~10 L/min）
	涌水量对比法	①随着注浆进行，钻孔涌水量不断减少；②注浆堵水率应达到 80%以上
	浆液填充率反算法	当地层中含水量不大时，浆液填充率应达到 70%以上；当地层富含水时，浆液填充率应达到 80%以上
检查孔类方法	检查孔取芯法	检查孔取芯率应有含浆液的芯样，岩芯强度应达到 0.2 MPa 以上
	检查孔观察法	经过注浆后，检查孔应成孔完整，不得有涌砂、涌泥现象。检查孔放置 1 h 后，也不得发生上述现象，否则，应进行补孔注浆或重新设计
	检查孔渗透系数测试法	注浆后地层的渗透系数降低一个数量级。若采用注浆帷幕止水施工，地层的渗透系数同时应小于 10^{-4} cm/s，否则，应进行补孔注浆或重新设计
	开挖面观察法	开挖面浆液填充饱满，或浆脉发育、密布，开挖面能自稳，开挖面无水

第17章　地下连续墙与水下浇筑混凝土封底止水

本章以北京地铁 8 号线三期与 14 号线的换乘站——永定门外站为工程实例,论述地下连续墙与水下浇筑混凝土封底止水技术。

17.1　工程概况

车站位于永定门外大街与京沪铁路的立交路口南部,永定门外大街沙子口路口北部,沿永定门外大街南北向布置。车站主体总长 139.2 m,标准段宽度为 24.7 m,扩大段宽度为 28.9 m,采用明挖法施工,为地下四层三跨框架结构,如图 17-1 所示。采用 1 200 mm 厚的地下连续墙作为车站基坑开挖的围护结构和四周的侧向止水结构,车站结构底板以下采用厚度为 4 m 的水下混凝土(C35)封底进行止水。

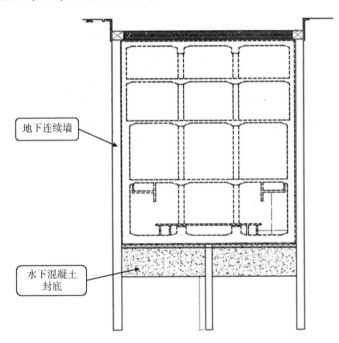

图 17-1　永定门外站主体结构横剖面

17.2　地质和水文条件

在车站站位范围内,勘探孔的最大深度为 60 m。勘探孔所揭露的地层,按成因年代分为人工堆积层、第四纪新近沉积层及一般第四纪冲洪积层 3 类,按地层岩性进一步分为 9 个大层。各层土的地层岩性及其特点自上而下依次如下所述(见图 17-2)。

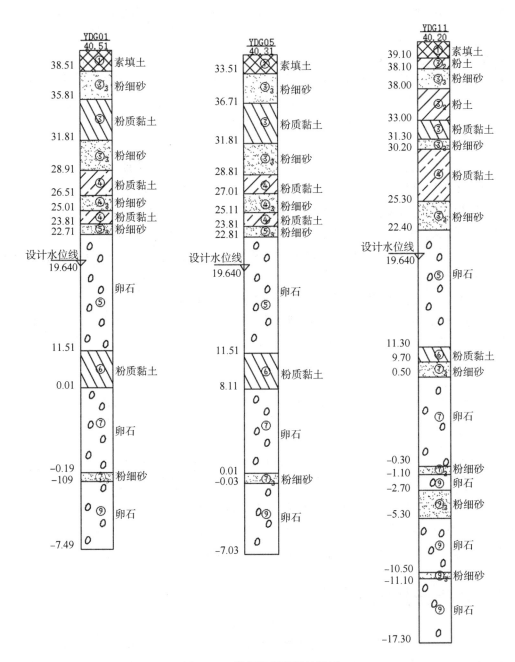

图 17-2　勘探孔所揭露的地层

(1) 人工堆积层。

杂填土①层:杂色,松~稍密,稍湿,含砖块、灰渣、水泥块、碎石等,局部夹粉土薄层,路上钻孔约有 20 cm 沥青路面;粉土填土①₂层:褐黄色,松~稍密,稍湿~湿,含云母、氧化铁、砖块、灰渣和植物根等。人工填土层连续分布,厚度为 1.1~6.2 m。

(2) 一般第四纪冲洪积层。

粉质黏土③层:褐黄色,湿~很湿,可塑,含云母、氧化铁,局部夹粉土薄层;

粉土③$_2$层:褐黄色,中密~密实,稍湿~湿,含云母和氧化铁等,局部夹粉质黏土薄层;

粉细砂③$_3$层:褐黄色,中密~密实,湿~饱和,标贯击数平均值为25,局部夹粉质黏土、粉土薄层;

粉质黏土④层:褐黄色,湿~很湿,可塑,含云母、氧化铁,局部夹粉土薄层;

粉土④$_2$层:褐黄色,中密~密实,稍湿~湿,含云母和氧化铁等,局部夹粉质黏土薄层;

粉细砂④$_3$层:褐黄色,中密~密实,湿,标贯击数平均值为43,局部夹黏性土、粉土薄层;

卵石⑤层:杂色,密实,湿~饱和,重型动力触探数平均值为85,局部夹黏性土,中粗砂填充约35%;

粉细砂⑤$_3$层:褐黄色,密实,湿~饱和,标贯击数平均值为46,局部夹黏性土、粉土薄层;

粉质黏土⑥层:褐黄色,很湿,可塑,含云母、氧化铁,局部夹粉土薄层;

卵石⑦层:杂色,密实,饱和,重型动力触探数平均值为115,中粗砂充填约30%~35%;

粉细砂⑦$_3$层:褐黄色,密实,饱和,局部为中粗砂,夹黏性土、粉土薄层;

卵石⑨层:杂色,密实,饱和,重型动力触探数平均值为136,中粗砂充填约30%~35%;分仓墙底部位于此层;

粉细砂⑨$_3$层:褐黄色,密实,饱和,局部夹黏性土、粉土薄层。

车站的开挖主要受到潜水(二)和层间潜水(三)的影响,这两层地下水的情况见表17-1。层间潜水(三)的渗透系数高达近400 m/d,且具有一定的承压性。

表17-1　地下水的详细情况

地下水性质	水位/水头埋深/m	主要含水层
潜水(二)	12.6	粉细砂③$_3$层
层间潜水(三)	21.30~25.08	卵石⑤层、卵石⑦层、卵石⑨层

因层间潜水(三)的含水层很厚,车站的地下连续墙无法深入到其下的隔水层,因此采用了如图17-1所示的在车站结构底板下浇筑水下混凝土封底进行止水。车站标准段的水下开挖深度约为15.22 m,两端的盾构井加深段的水下开挖深度约为16.4 m。

17.3　水下开挖技术

整个基坑开挖区域分为6块。南、北侧端头各为1、6号施工区域,每个区域平面尺寸为15.3×29.0 m²。标准段分为2、3、4、5号施工区域,区域平面尺寸为27.2×24.9 m²,如图17-3(a)所示。基坑内设置1 000 mm厚地下连续墙,将基坑分成16仓,如图17-3(b)所示。

采用"施工平台+旋挖钻机"作为主要开挖方式,以重力式抓斗机、射流式反循环设备排渣及潜水员水下作业作为辅助开挖方式。

水下开挖过程中,潜水员水下作业主要涉及工程范围内为封底混凝土范围内的地下连续墙(围护结构)墙壁清理、地下连续墙剪力槽清理、止浆铁皮清理、腰梁及板撑(阴角)下部土体清理、分仓墙钢筋切割、基坑底面整平、淤泥清理及拍照摄像,如图17-4所示。

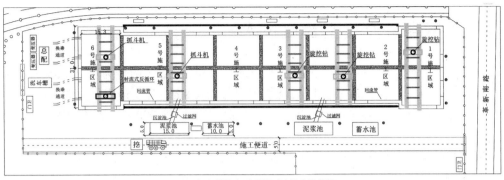

（a）基坑水下开挖区域划分示意图

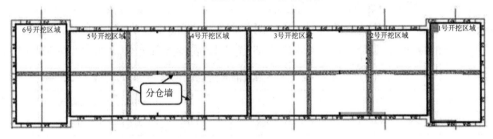

（b）基坑开挖分仓

图 17-3　基坑水下开挖布置图

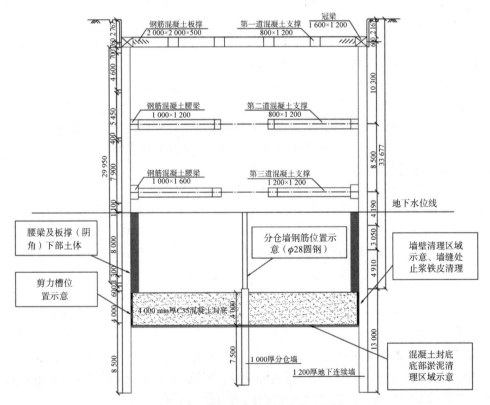

图 17-4　潜水员主要作业内容示意图

17.4 水下浇筑混凝土封底技术

如图 17-3(b)所示,封底混凝土分为 16 仓进行浇筑,混凝土标号为水下 C35,厚 4.0 m。分仓最大尺寸 14.0 m×15.3 m(扩大段),浇筑体积为 856.8 m³;分仓最小尺寸为 16.8 m×11.9 m(标准段),浇筑体积为 799.68 m³。共计浇筑封底混凝土 13 090 m³,浇筑顺序与开挖顺序相同。

混凝土性能是水下封底成败的关键。水下混凝土要求不离析、不翻浆、不板结、和易性好,初凝时间控制在 20~25 h。混凝土坍落度应分为两个等级:①首灌混凝土:坍落度为 160~180 mm,保证导管周围混凝土的堆积高度和减小流动半径;②补灌与找平混凝土坍落度控制在 200~220 mm,以加大混凝土的流动半径,便于混凝土面找平。为确保止水效果,水下封底采用的混凝土的强度等级高于设计要求的 C35,为 C40 混凝土其配合比如表 17-2 所列。

表 17-2　水下封底混凝土的配合比

材料名称	水泥	水	砂	骨料	外加剂	粉煤灰	矿粉
用量/(kg/m³)	220	160	728	1 092	4.60	100	80

混凝土浇筑导管采用内径 $\phi300×6$ mm 快速螺纹接头导管,由无缝钢管制成,导管内壁光滑、圆顺、内径一致、接口严密,导管扩散半径取 3 m。施工前应进行导管的水密承压试验和抗拉试验,水密承压水压力不小于基坑内水深的 1.3 倍压力,也不应小于导管浇筑混凝土时最大内压力的 1.3 倍。按照导管的 3 m 扩散半径,每一个分仓均匀布置了 9 根导管。

封底混凝土浇筑时,按照先低处、后高处的顺序进行。

混凝土浇筑流程为:采用砍球工艺浇筑首灌混凝土,在料斗储料前,在导管内根据导管内径安装定做的皮球,皮球充气后紧贴管壁,料斗的底部用塞子封闭管口。当料斗混凝土灌满后,然后拔起塞子,皮球在混凝土的重力作用下随混凝土从导管底口压出。待首批混凝土埋住导管底部后,进行下一根导管首灌,依次完成所有导管首灌。具体操作步骤如下。

(1) 安装导管,按照要求编号。

(2) 按照预先导管编号,从 1 号导管开始按顺序安装料斗。

(3) 安装皮球、盖塞作封水装置,向导管对应的料斗内灌注混凝土,待料斗内灌满混凝土后,用吊车小钩提升料斗底盖,混凝土流入导管内,两台泵车不断向料斗内补充混凝土,同时现场技术人员进行混凝土液面上升测量,测量计算后,导管埋深大于 1.5 m 后即完成首灌,然后灌注下一根导管,所有导管完成首灌后,即进入正常灌注。

(4) 正常浇筑过程中进行标高找平,直至封底混凝土标高达到设计要求。

待所有导管按照顺序完成首灌后,立即进行首批混凝土的浇筑高度和扩展度的测量。封底混凝土灌注最初 2 m 厚及最后 1 m 厚的过程中,每 0.5 h 应进行一次标高测量。采用吊车缓慢提升导管,以实际测量深度为提管依据,确保每次提升后导管埋入混凝土深度超过 1.5 m。临近浇筑结束时,使用测绳及水下可视探头相结合,全断面测出混凝土面标高,根据测量结果,对混凝土标高偏低的测点附近的导管增加灌注,力求顶面平整。

第4篇

地下工程施工

第18章　地下工程施工方法

地下工程的施工方法有很多,主要有明(盖)挖法、暗挖法(主要指新奥法、浅埋暗挖法)、盾构法、顶管法和沉管法等,在选择施工方法时,要综合考虑场地条件、工程地质和水文地质条件、地面交通状况、工期要求,并做综合的技术经济比较,从而确定最为经济合理的施工方法。限于篇幅,本章主要介绍地下工程的明挖法施工、山岭隧道的新奥法施工、城市地下工程的浅埋暗挖法施工及盾构法施工,并简要介绍新意大利隧道施工法和沉埋管段隧道施工法,以及详细介绍地铁车站施工方法比选案例,以期使读者对地下工程的主要施工方法有一个总体认识,通过本章的学习,能够建立起地下工程施工的基本概念,了解地下工程主要施工方法、施工方案及工艺,为今后从事地下工程设计与施工打下良好的基础。

18.1　地下工程明挖法施工

明挖法是构建地下工程的常用施工方法,具有施工作业面多、速度快、工期短、易保证工程质量、工程造价低等优点,因此在地面交通和环境条件允许的前提下,应该尽可能地加以采用。广义上的明挖法包括了盖挖法。按地下工程主体结构的施工顺序,盖挖法又可分为盖挖顺作法、盖挖逆作法、盖挖半逆作法。此外,狭义上的明挖法,除了最常见的敞口开挖法,尚有先构筑顶盖,再开挖的铺盖法。

常见的明挖法施工的一般程序是:从地表向下开挖基坑至设计标高,然后自下向上构筑防水层和主体结构,最后回填恢复路面。

根据基坑是否设置围护结构,可将明挖法基坑分为放坡开挖基坑和有围护结构基坑两类。城市地下工程采用明挖法施工的基坑,基本上是有围护结构的基坑这一类。

基坑周边一般会有重要建(构)筑物或地下管线。为了控制基坑开挖的变形对建(构)筑物和地下管线的不利影响,要设置围护结构。对于有围护结构的基坑,其设计内容主要包括围护结构的选型、入土(嵌固)深度、支撑系统、挖土方案、支(换)撑措施、地下水控制方案和基坑坑底的加固等。上述各项设计内容是相互联系的,在进行某一具体基坑工程设计时必须综合考虑。基坑围护结构设计应遵循"安全、经济、施工简便"的原则。

按制作方式分,围护结构分类如图18-1所示。

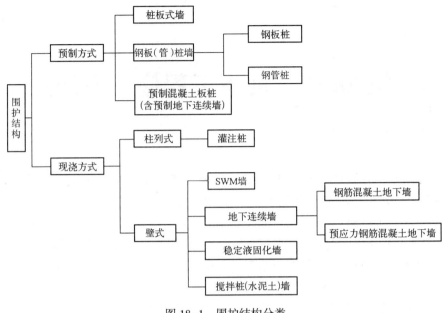

图 18-1　围护结构分类

图 18-1 中各类围护结构的特点如表 18-1 所示。

表 18-1　各类围护结构的特点

类型	特点
桩板式墙	(1) H 钢的间距为 1.2~1.5 m; (2) 造价低,施工简单,有障碍物时可改变间距; (3) 止水性差,地下水位高的地方不适用,坑壁不稳的地方不适用
钢板(管)桩墙	(1) 成品制作,可反复使用; (2) 施工简便,但施工时有噪声; (3) 刚度小,变形大,与多道支撑结合,在软弱土层中也可采用
钢管桩	(1) 截面刚度大于钢板桩,在软弱土层中开挖深度大; (2) 需有止水堵水措施相配合
预制混凝土板桩	(1) 施工简便,但施工时有噪声; (2) 需辅以止水措施; (3) 自重大,受起吊设备限制,不适合大深度基坑
灌注桩(钻孔桩、挖孔桩)	(1) 刚度大,可用在深大基坑; (2) 施工对周边地层、环境影响小; (3) 需和止水措施配合使用,如搅拌桩、旋喷桩等
地下连续墙	(1) 刚度大,开挖深度大,可适用于所有地层; (2) 强度大,变位小,隔水性好,同时可兼作主体结构的一部分; (3) 可邻近建筑物、构筑物使用,环境影响小; (4) 造价高
SMW 墙	(1) 强度大,止水性好; (2) 内插的型钢可拔出反复使用,经济性好; (3) 南京、上海等地均有使用,在软土地区具有较好发展前景
(水泥土)搅拌桩墙	(1) 墙体止水性好,造价低; (2) 墙体变位大

18.2　地下工程盖挖逆作法施工

所谓逆作法,其施工顺序与顺作法相反,在地下结构施工时不架设临时支撑,而以结构本身既作为挡墙又作为支撑,从上向下依次开挖土方和修筑主体结构。其基坑围护结构多采用地下连续墙、钻孔灌注桩,无水、稳定性好的地层也有采用人工挖孔桩。

1. 逆作法的优缺点

1) 逆作法的优点

(1) 由于结构本身用来支撑,所以它具有相当高的刚度,这样使挡墙的变形减小,减少了临时支撑的工程量,提高了工程施工的安全性。其由于能在最短时间内恢复地面交通,也减少了对周边环境的影响。

(2) 由于最先修筑好顶板,这样地下、地上结构施工可以并行,缩短了整个工程的工期。

(3) 由于开挖和结构施工的交错进行,逆作结构的自身荷载由立柱直接承担并传递至地基,减少了大开挖时卸载对持力层的影响,降低了地基回弹量。

2) 逆作法的缺点

(1) 有的情况下需要设临时立柱和立柱桩,增加了施工费用,且由于支撑为建筑结构本身,自重大,为防止不均匀沉降,要求立柱具有足够的承载力。

(2) 为便于出土,需要在顶板处设置临时出土孔,因此需对顶板采取加强措施。

(3) 地下结构的土方开挖和结构施工在顶板覆盖下进行,因此大型施工机械难以展开,降低了施工效率。

(4) 混凝土的浇筑在逆作施工的各个阶段都有先后之分,这不仅给施工带来不便,而且给结构的稳定性及结构防水带来一些问题。

2. 逆作法的适用条件

逆作法主要适用于以下情况。

1) 大平面地下工程

一般来说,对开挖跨度较大的大平面工程,如果按顺作法施工,支撑长度可能超过其适用界限,给临时支撑的设置造成困难。

2) 大深度的地下工程

大深度开挖时,由于土方的开挖,基底会产生严重的上浮回弹现象。如果采用顺作法施工,必须对基底采用抗浮措施,目前国内多采用深层搅拌桩作为抗拔桩。如果采用逆作法施工,逆作结构的重量置换了卸除的土重,可以有效地控制基底回弹现象。

此外,随着开挖深度的增大,侧压也随之增大。如果采用顺作法施工,对支撑的强度和刚度要求较高,而逆作法是以结构本身作为支撑,刚度较大,可以有效地控制围护结构的变形。

3) 复杂结构的地下工程

当平面是一种复杂的不规则形状时,如果用顺作法施工,那么挡墙对支撑的侧压力传递情况就比较复杂,这样就会导致在某些局部地方出现应力集中现象。

在这种情况下,当采用逆作法施工时,结构本身就是与平面形状相吻合的钢筋混凝土或型钢钢筋混凝土支撑体系,大大提高了安全性。

4) 周边环境状况苛刻,要求较高

当在邻近地铁或管道等位置施工时,往往要求挡墙变形量的精度达到毫米级。逆作法施工,不仅多采用刚度较大的挡墙(如地下连续墙),而且逆作结构的顶板、中层板本身具有很大的刚度,有效地控制了整体变形,从而也就减少了对周围环境和地基的影响。

5) 作业空间狭小

由于逆作法施工时先浇筑顶板,它很快能用作作业场地,又能确保材料进场,另外还能发挥地上钢结构安装和混凝土浇筑等的交错作业的优越性。

6) 工期要求紧迫

有些工程,由于业主的需要及其他一些原因,工期较短,这时采用逆作法施工,能做到地上地下同时施工,可以合理、安全、有效地缩短工期。

此外,要求尽快恢复地面交通的地下工程也宜采用逆作法。

3. 逆作法施工的难点

逆作法施工的围护结构通常采用地下连续墙形式,为节省工程投资,一般都把连续墙作为结构侧墙的一部分。由于逆作法施工工艺的特殊性,连续墙先施工,而地下结构的各层梁、板则随挖土进展自上而下逐层浇筑,造成整体结构不同步施工,因此必须考虑它们之间的连接问题,即施工节点的连接形式、节点连接的操作程序是控制工程施工质量的重要因素。

4. 逆作法的应用现状

逆作法已经有半个多世纪的应用历史,特别是日本,在逆作法的实践方面积累了大量的经验,但是目前在逆作法的应用上,仍然存在着一些需要解决的问题,如顶板(中层板)下作业效率和作业环境、立柱施工的精度及混凝土逆作交接处的质量等。逆作法在我国上海、南京和北京等地的地铁车站施工中得到了较多的应用。例如,早期的上海地铁1号线淮海路下面的常熟路站、南京地铁1号线新街口站、北京地铁1号线的天安门东站和永安里站等,就开始应用了逆作法施工。

5. 地铁车站的盖挖逆作法施工

地铁车站的盖挖逆作法施工步骤如图18-2所示。

先在地表面向下做基坑的围护结构和中间桩柱,基坑围护结构一般采用地下连续墙或钻孔灌注桩。中间桩柱则利用主体结构本身的中间立柱以降低工程造价。随后开挖地表土至主体结构顶板底面标高,利用未开挖的土体作为土模浇筑顶板。它还可以作为一道刚性很大的支撑,以防止围护结构向基坑内变形,待回填土后将道路复原,恢复交通。以后的工作都在顶板覆盖下进行,即自上而下逐层开挖并建造主体结构直至底板。

采用盖挖逆作法施工时,若采用单层墙或复合墙,结构的防水层难做,只有采用双层墙,即围护结构与主体结构墙体完全分离,无任何连接钢筋,才能够在两者之间敷设完整的防水层。但需要特别注意中层板在施工过程中因悬空而引起的稳定和强度问题,由于上部边墙吊着中板而承受拉力,因此,上部边墙的钢筋接头按受拉接头考虑。

盖挖逆作法施工时,顶板一般都搭接在围护结构上,以增加顶板与围护结构之间的抗剪强度和便于敷设防水层,所以需将围护结构上端凿除。

由于在逆作法施工中,立柱是先施作,而且立柱一般都采用钢管柱,则滞后施作的中层板和中纵梁如何与钢管柱连接,就成了逆作法中的施工难题,解决此难题的常用方法是采取双纵梁或在法兰盘上焊接钢筋。逆作法地下结构的梁、板、柱节点的构造是设计和施工控制的关键。

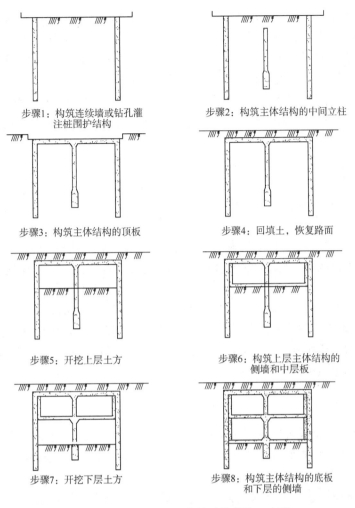

步骤1：构筑连续墙或钻孔灌注桩围护结构

步骤2：构筑主体结构的中间立柱

步骤3：构筑主体结构的顶板

步骤4：回填土，恢复路面

步骤5：开挖上层土方

步骤6：构筑上层主体结构的侧墙和中层板

步骤7：开挖下层土方

步骤8：构筑主体结构的底板和下层的侧墙

图 18-2　地铁车站的盖挖逆作法施工步骤

18.3　山岭隧道新奥法施工

18.3.1　山岭隧道工程特点

隧道施工过程通常为：在地层中挖出土石，形成符合设计轮廓尺寸的坑道；进行必要的初次支护和砌筑最后的永久衬砌，以控制坑道围岩变形，保证隧道长期的安全使用。

在进行隧道施工时，只有充分考虑隧道工程的特点，才能在保证施工安全的条件下，快速、优质地完成隧道施工。隧道工程的特点可归纳如下。

（1）整个工程埋设于地下，因此工程地质和水文地质条件对隧道施工的成败起着重要的甚至是决定性的作用。例如，当年修建穿越阿尔卑斯山的圣哥达铁路隧道时，由于遇到事先未预料到的高温（41 ℃）和涌水（660 L/min），给施工带来很多困难，最后延期两年才完成。因此，不仅要在勘测阶段做好详细的地质调查和勘探，尽可能准确地掌握隧道工程范围内的岩体性质、岩石强度、完整程度、地应力场、自稳能力、地下水状态、有害气体和地温状况等资料，并根据这些原始资料，初步选定合适的施工方法，确定相应的施工措施和配套的施工机具。而且由于地质条件的复杂性和勘探手段的局限性,在施工中出现先前所未预料到的情况仍不可避免。因此,在长大隧道的施工中,还应采取试验导坑(如我国铁路西康线上的秦岭隧道和日本青函隧道)、水平超前钻孔、声波探测、导坑领先等技术措施,进一步查清掘进前方的地质条件,及时掌握变化的情况,以便尽快地修改施工方法和技术措施。

（2）隧道是一个狭长的建筑物,在正常情况下只有进口、出口两个工作面。相对于桥梁、线路工程来说,隧道的施工速度比较慢,工期也比较长,这往往使一些长大隧道成为控制新建铁路或公路通车的关键工程。为此,需要附加地开挖竖井、斜井、横洞等辅助工程来增加工作面,加快隧道施工速度。此外,隧道断面较小,工作场地狭长,一些施工工序只能按顺序作业,而另一些工序又可以沿隧道纵向开展,平行作业。因此,要求施工中加强管理、合理组织、避免相互干扰。洞内设备、管线路布置应周密考虑,妥善安排。隧道施工机械应当结构紧凑、坚固耐用。

（3）洞内施工环境较差,甚至在施工中还可能使之恶化,如爆破产生有害气体等,因此必须采取有效措施加以改善,如人工通风、照明、防尘、消音、隔声、排水等,使施工场地合乎卫生条件,并有足够的亮度,以保证施工人员的身体健康,提高劳动生产率。

（4）山岭隧道大多穿越崇山峻岭,因此施工工地一般都位于偏远的深山峡谷之中,往往远离既有交通线,运输不便,供应困难,这些也是规划隧道工程时应当考虑的问题之一。

（5）山岭隧道埋设于地下,一旦建成就难以更改,所以除了事先必须审慎规划和设计外,施工中还要做到不留后患。

18.3.2　隧道施工方法及其选择

一个多世纪以来,世界各国的隧道工作者在实践中已经创造出能够适应各种围岩的多种隧道施工方法,习惯上将它们分为矿山法(传统矿山法和新奥法)、机械化施工法、沉管法、顶进法、明挖法等。

矿山法因最早应用于矿石开采而得名,它包括上面已经提到的传统矿山法和新奥法。由于在这种方法中,多数情况下都需要采用钻眼爆破来进行开挖,故又称为钻爆法。有时候为了强调新奥法与传统矿山法的区别,而将新奥法从矿山法中另立系统。

机械化施工法包括隧道掘进机(tunnel boring machine,TBM)法和盾构法。前者应用于岩石地层,后者则主要应用于土质围岩,尤其适用于软土、流砂、淤泥等特殊地层。

沉管法和顶进法则是用来修建水底隧道、城市市政隧道等,明挖法主要用来修建埋深很浅的山岭隧道或城市地铁隧道。

选择施工方案时,要考虑的因素有以下几方面:

（1）工程的重要性,一般由工程的规模、使用上的特殊要求及工期的缓急体现出来;

（2）隧道所处的工程地质和水文地质条件;

（3）施工技术条件和机械装备情况;

（4）施工中动力和原材料供应情况;

（5）工程投资与运营后的社会效益和经济效益;

（6）施工安全状况;

（7）有关污染、地面沉降等环境方面的要求和限制。

应该看到隧道施工方法的选择,是一项"模糊"的决策过程,它依赖于有关人员的学识、经验、毅力和创新精神。对于重要工程则需汇集专家们的意见,广泛论证。

18.3.3　新奥地利隧道施工法——岩石地层的新奥法施工

以往,人们都认为在地层中开挖坑道必然要引起围岩塌陷掉落,开挖的断面越大,塌陷的范围也越大。因此,传统的隧道结构设计方法将围岩看成是必然要松弛塌落而成为作用于支护结构上的荷载。传统的隧道施工方法是随挖随用钢材或木材支护,然后,从上到下或从下到上砌筑刚性衬砌。这也是和当时的机械设备、建筑材料、技术水平相一致的。

20 世纪 60 年代以来,人们对开挖隧道过程中所出现的围岩变形、松弛、崩塌等现象有了更深入的认识,为提出新的、经济的隧道施工方法创造了前提。1964 年,新奥地利隧道施工法(new Austria tunneling methord),简称新奥法(NATM)正式出台。新奥法是由传统矿山法发展起来的。传统矿山法施工把地层压力视作外力荷载,而新奥法把围岩和支护结构作为一个统一的受力体系来考虑,围岩既是荷载的来源,又是支护结构体系的一部分,围岩和支护结构相互作用。新奥法施工的基本思想是:充分利用围岩的自承能力和开挖面的空间约束作用,采用以锚杆和喷射混凝土为主要支护手段,及时对围岩进行加固,约束围岩的松弛和变形,并通过对围岩和支护结构的监控、量测来指导地下工程的设计与施工。新奥法的主要特点如下。

(1) 充分保护围岩,减少对围岩的扰动。因为岩体是隧道结构体系中的承载单元,甚至是主要承载单元,所以在施工中必须充分保护围岩,尽量减少对它的扰动。

(2) 充分发挥围岩的自承能力。为了充分发挥岩体的承载能力,应允许并控制岩体的变形。一方面允许变形,使围岩中能形成承载环;另一方面又必须限制它,使岩体不致过度松弛而丧失或大大降低承载能力。为此,在施工中应采用能与围岩密贴、及时砌筑又能随时加强的支护结构,如锚喷支护和复合式衬砌等。这样,就能通过调整支护结构的强度、刚度和它参加工作的时间(包括仰拱闭合时间)来控制岩体的变形。

(3) 尽快使支护结构闭合。为了改善支护结构的受力性能,施工中应尽快使之闭合,而成为封闭的筒形结构。另外,隧道断面形状要尽可能地圆顺,以避免拐角处的应力集中。

(4) 加强监测,根据监测数据指导施工。在施工的各个阶段,应进行围岩变形和支护结构受力及变形的量测,及时提出可靠的、数量足够的量测信息,如坑道周边的位移或收敛、接触应力等,并及时反馈信息,用来指导施工和修改设计。

上述新奥法的基本原则可扼要地概括为"少扰动、早喷锚、快封闭、勤量测"。

新奥法施工,按其开挖断面的大小及位置,基本上又可分为全断面法、台阶法、分部开挖法三大类及若干变化方案。

1. 全断面法

按照隧道设计轮廓线开挖成型的施工方法叫全断面法。钻爆开挖的施工顺序如下:

(1) 用钻孔台车钻眼,然后装药、连接导火线;

(2) 退出钻孔台车,引爆炸药,开挖出整个隧道断面;

(3) 排除危石,安设拱部锚杆和喷第一层混凝土;

(4) 用装渣机将石渣装入矿车,运出洞外;

(5) 安设边墙锚杆和喷射混凝土;

(6) 必要时可喷拱部第二层混凝土和隧道底部混凝土;

(7) 开始下一轮循环;

(8) 在初期支护变形稳定后或按施工组织中规定日期,灌注二次衬砌(内衬)。

全断面法适用于Ⅰ~Ⅲ级岩质较均匀的硬岩,且必须具备大型施工机械。隧道长度或施工区段长度不宜太短,否则采用大型机械化施工的经济性差。根据经验,这个长度不宜小于1 km。

根据围岩稳定程度亦可以不设锚杆或设短锚杆,也可先出渣,然后再施作初期支护,但一般仍先施作拱部初期支护,以防止应力集中而造成的围岩松动剥落。

全断面法的优点是:工序少,相互干扰少,便于组织施工和管理;工作空间大,便于组织大型机械化施工。

采用全断面法应注意下列问题:摸清开挖面前方的地质情况,随时准备好应急措施(包括改变施工方法等),以确保施工安全;各种施工机械设备务求配套,以充分发挥机械设备的效率;加强各项辅助作业,尤其加强施工通风,保证工作面有足够的新鲜空气;加强对施工人员的技术培训,实践证明,施工人员对新奥法基本原理的了解程度和技术熟练状况,直接关系到施工的成败。

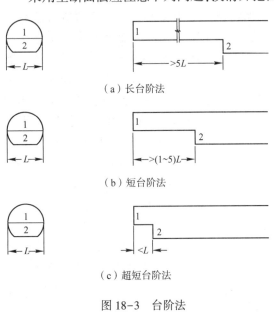

（a）长台阶法

（b）短台阶法

（c）超短台阶法

图 18-3　台阶法

2. 台阶法

根据台阶长度,台阶法分为长台阶法、短台阶法和超短台阶法 3 种,如图 18-3 所示。至于施工中究竟应采用何种台阶法,要根据以下两个条件来决定:

① 初期支护形成闭合断面的时间要求,围岩越差,闭合时间要求越短;

② 上断面施工所用的开挖、支护、出渣等机械设备施工场地大小的要求。

在软弱围岩中应以快封闭为主,兼顾后者,确保施工安全。在围岩条件较好时,主要考虑如何更好地发挥机械效率,保证施工的经济性,故只要考虑后一条件。现将各种台阶法叙述如下。

（1）长台阶法。

长台阶法是将断面分成上半断面和下半断面两部分进行开挖,上、下半断面相距较远,一般上台阶超前50 m 以上或大于5 倍洞跨。施工时,上下半断面可配属同类机械进行平行作业,当机械不足时也可用一套机械设备交替作业,即在上半断面开挖一个进尺,然后再在下半断面开挖一个进尺。当隧道长度较短时,亦可先将上半断面全部挖通后,再进行下半断面施工,即为半断面法。

长台阶法的作业顺序如下。

① 上半断面施工。用钻孔台车钻眼、装药爆破,地层较软时亦可用挖掘机开挖。安设锚杆和钢筋网,必要时加设钢支撑、喷射混凝土。用推铲机将石渣推运到台阶下,再由装载机装入车内运至洞外。根据支护结构形成闭合断面的时间要求,必要时在开挖上半断面后,可建筑临时仰拱,形成上半断面的临时闭合结构,然后在开挖下断面时再将临时仰拱挖掉。但从经济观点来看,最好不要这样做,而应改用短台阶法。

② 下半断面施工。用钻孔台车钻眼、装药爆破,装渣直接运至洞外,安设边墙锚杆(必要时)和喷混凝土。用反铲挖掘机开挖水沟,喷底部混凝土。开挖下半断面时,其炮眼布置方式有 2 种:平行隧道轴线的水平眼;由上台阶向下钻进的竖直眼,又称插眼,如图 18-4 所示。前一种方式的炮眼主要布置在设计断面轮廓线上,能有效地控制开挖断面的轮廓。后一种方式的爆破效果较好,但爆破时石渣飞出较远,容易打坏机械设备。

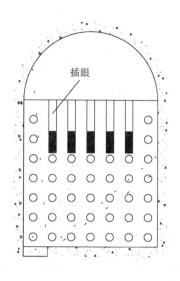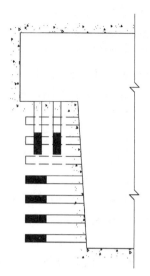

图 18-4　长台阶法炮眼布置

③ 待初期支护的变形稳定后,可根据施工组织所规定的日期敷设防水层(必要时)和建造二次衬砌(内衬)。

相对于全断面法来说,长台阶法一次开挖的断面和高度都比较小,只需配备中型钻孔台车即可施工,而且对维护开挖面的稳定也十分有利。所以,它的适用范围较全断面法广泛。

(2) 短台阶法。

这种方法也是分成上下两个断面进行开挖,只是两个断面相距较近,一般上台阶长度小于5 倍但大于 1~1.5 倍洞跨。上下断面采用平行作业方式。

短台阶法的作业顺序和长台阶相同。

短台阶法由于可缩短支护结构闭合的时间,改善初期支护的受力条件,有利于控制隧道收敛速度和量值,所以适用范围很广,Ⅰ~Ⅴ级围岩都能采用,尤其适用于Ⅴ、Ⅳ级围岩,是新奥法施工中主要采用的方法。

短台阶法的缺点是上台阶出渣时对下半断面施工的干扰较大,不能全部平行作业。为解决这种干扰,可采用长皮带运输上台阶的土渣,或设置由上半断面过渡到下半断面的坡道,将上台阶的石渣直接装车运出。过渡坡道的位置可设在中间,亦可交替地设在两侧。过渡坡道法适用于断面较大的双线隧道。

采用短台阶法时应注意:初期支护全断面闭合要在距开挖面 30 m 以内,或距开挖上半断面开始的 30 天内完成;初期支护变形、下沉显著时,要提前闭合,要研究在保证施工机械正常工作前提下台阶的最小长度。

(3) 超短台阶法。

这种方法也是分成上下两部分,但上台阶仅超前 3~5 m,因此只能采用交替作业。

超短台阶法施工顺序为:用一台停在台阶下的长臂挖掘机开挖(或人工开挖)上半断面至一个进尺;安设拱部锚杆、钢筋网或钢支撑;喷拱部混凝土;用同一台机械开挖(或人工开挖)下半断面至一个进尺;安设边墙锚杆、钢筋网或接长钢支撑,喷边墙混凝土(必要时加喷拱部混凝土);开挖水沟、安设底部钢支撑,喷仰拱混凝土;灌注二次衬砌(内衬)。

如无大型机械也可采用小型机具交替地在上下部进行开挖,由于上半断面施工作业场地狭小,常常需要配置移动式施工台架,以解决上半断面施工机具的布置问题。

由于超短台阶法初期支护全断面闭合时间更短,更有利于控制围岩变形,在城市隧道施工中能更有效地控制地表沉陷,所以超短台阶法适用于膨胀性围岩和土质围岩、要求及早闭合断面的场合,当然也适用于机械化程度不高的各类围岩地段施工。

超短台阶法的缺点是上下断面相距太近,机械设备集中,作业时间相互干扰较大,生产效率较低,施工速度较慢。

采用超短台阶法施工时应注意:在软弱围岩中施工时,应特别注意开挖工作面的稳定性,必要时可采用辅助施工措施,如向围岩中注浆或打入超前小导管,对开挖面进行预加固或预支护,或在上半断面开挖时留核心土。

最后还应指出,在所有台阶法施工中,开挖下半断面时要求做到以下几点。

① 下半断面的开挖(又称落底)和封闭应在上半断面初期支护基本稳定后进行,或采取其他有效措施确保初期支护体系的稳定性,如扩大拱脚、打拱脚锚杆、加强钢架的纵向连接等,使上部初期支护与围岩形成完整体系;采用单侧落底或双侧交错落底,避免上部初期支护两侧拱脚同时悬空;视围岩状况严格控制落底长度,一般采用1~3 m,并不得大于6 m。

② 下部边墙开挖后必须立即喷射混凝土,并按规定做初期支护。

③ 量测工作必须及时,以观察拱顶、拱脚和边墙中部位移值。当发现速率增大时,应立即进行仰拱封闭。

3. 分部开挖法

分部开挖法可分为台阶分部开挖法、单侧壁导坑法、双侧壁导坑法3种变化方案,如图18-5所示。

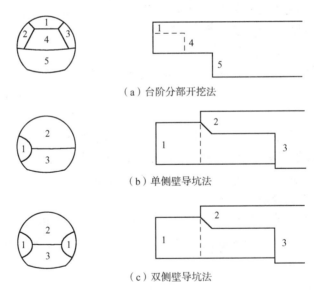

（a）台阶分部开挖法

（b）单侧壁导坑法

（c）双侧壁导坑法

图18-5　分部开挖法

（1）台阶分部开挖法。

台阶分部开挖法又称环形开挖留核心土法,一般将断面分成环形拱部[图18-5(a)中的1、2、3]、上部核心土[图18-5(a)中的4]、下部台阶[图18-5(a)中的5]3部分。根据断面的大小,环形拱部又可分成几块交替开挖。环形开挖进尺为0.5~1.0 m,不宜过长。上部核心土和下台阶的距离,一般双线隧道为 1 倍洞跨,单线隧道为 2 倍洞跨。

台阶分部开挖法的施工作业顺序为:用人工或单臂掘进机开挖环形拱部;架立钢架、喷混凝土;在拱部初期支护保护下,用挖掘机或单臂掘进机开挖核心土和下台阶,随时接长钢架和喷混凝土、封底;根据初期支护变形情况或施工安排建造二次衬砌(内衬)。

由于拱形开挖高度较小或地层松软,锚杆不易成型,所以施工中不设或少设锚杆。

在台阶分部开挖法中,因为上部留有核心土支挡着开挖面,而且能迅速及时地建造拱部初期支护,所以开挖工作面稳定性好。和台阶法一样,核心土和下部开挖都是在拱部初期支护保护下进行的,施工安全性好。这种方法适用于一般土质或易坍塌的软弱围岩。

台阶分部开挖法的主要优点是:与超短台阶法相比,台阶长度可以加长,减少上下台阶施工干扰;而与下述侧壁导坑法相比,施工机械化程度较高,施工速度可加快。

采用台阶分部开挖时应注意:虽然核心土增强了开挖面的稳定,但开挖中围岩要经受多次扰动,而且断面分块多,支护结构形成全断面封闭的时间长,这些都有可能使围岩变形增大。因此,常常需要采用辅助施工措施对开挖工作面及其前方岩体进行预支护或预加固。

(2) 单侧壁导坑法。

如图 18-5(b) 所示,单侧壁导坑法一般是将断面分成侧壁导坑 1、上台阶 2、下台阶 3 这 3 块。侧壁导坑尺寸应根据充分利用台阶的支撑作用并考虑机械设备和施工条件而定。一般侧壁导坑宽度不宜超过洞宽的 1/2,高度以到起拱线为宜,这样导坑可分二次开挖和支护,不需要架设工作平台,人工架立钢架也较方便。导坑与台阶的距离没有硬性规定,但一般应以导坑施工和台阶施工不发生干扰为原则,所以在短隧道中可选挖通导坑而后再开挖台阶。上、下台阶的距离则视围岩情况参照短台阶法或超短台阶法拟定。

单侧壁导坑法的施工作业顺序为:开挖侧壁导坑,并进行初期支护(锚杆加钢筋网或锚杆加钢架 ,喷射混凝土),应尽快使导坑的初期支护闭合;开挖上台阶,进行拱部初期支护,使其一侧支承在导坑的初期支护上,另一侧支承在下台阶上;开挖下台阶,进行另一侧边墙的初期支护,并尽快建造底部初期支护,使全断面闭合;拆除导坑临空部分的初期支护;施作二次衬砌(内衬)。

单侧壁导坑法是将断面横向分成 3 块或 4 块,每步开挖的宽度较小,而且封闭型的导坑初期支护承载能力大,所以单侧壁导坑法适用于断面跨度大,地表沉陷难以控制的软弱松散围岩。

(3) 双侧壁导坑法。

双侧壁导坑法又称眼镜工法。当隧道跨度很大,地表沉陷控制要求严格,围岩条件特别差,单侧壁导坑法难以控制围岩变形时,可采用双侧壁导坑法。现场实测结果表明,双侧壁导坑法所引起的地表沉陷仅为短台阶法的 1/2。

如图 18-5(c) 所示,双侧壁导坑法一般是将断面分成左、右侧壁导坑 1,中部上台阶 2,下台阶 3 这 4 块。导坑尺寸拟定的原则同前,但宽度不宜超过断面最大跨度的 1/3。左、右侧导坑错开的距离,应根据开挖一侧导坑所引起的围岩应力重分布的影响不致波及另一侧已成导坑的原则来确定。

双侧壁导坑法施工作业顺序为:开挖一侧导坑,并及时地将其初期支护闭合;相隔适当距离后开挖另一侧导坑,并建造初期支护;开挖中部上台阶,建造拱部初期支护,拱脚支承在两侧壁导坑的初期支护上;开挖中部下台阶,建造底部的初期支护,使初期支护全断面闭合;拆除导坑临空部分的初期支护;施作二次衬砌。

双侧壁导坑法虽然开挖断面分块多,扰动大,初期支护全断面闭合的时间长,但每个分块都是在开挖后立即各自闭合的,所以在施工中间的变形不大。

双侧壁导坑法施工安全,但速度较慢,成本较高。

4. 施工中可能发生的问题及其对策

新奥法施工的基本原则是,根据围岩性质允许产生适量的变形,但又不使围岩松动塌落。在设计、施工过程中,若对围岩性质判断不准或情况不明或喷射混凝土、打锚杆、立钢架时间和方法有误,围岩松动就会超过预计范围。此时,应根据观察和测量结果找出原因,进行改正。但是,很多场合不能明确原因,因此只能针对所发生的现象采取措施。根据实践经验,将新奥法中经常出现的一些异常现象及应采取的措施列于表 18-2 中,其中措施 A 指进行比较简单的改变就可解决问题的措施,措施 B 指包括需要改变支护方法等比较大的变动才能解决问题的措施。当然,表 18-2 中只列出大致的对策标准,优先用哪种措施,要视各个隧道的围岩条件、施工方法、变形状态综合判断。

表 18-2 施工中的异常现象及其处理措施

	施工中的异常现象	措施 A	措施 B
开挖面及其附近	正面变得不稳定	(1) 缩短一次掘进进度; (2) 开挖时保留核心土; (3) 向正面喷射混凝土; (4) 用插板或并排钢管打入地层进行预支护	(1) 缩小开挖断面; (2) 在正面打锚杆; (3) 采取辅助施工措施对地层进行预加固
	开挖面顶部掉块增大	(1) 缩短开挖时间及提前喷射混凝土; (2) 采用插板或并排钢管; (3) 缩小一次开挖长度; (4) 开挖时暂时分部施工	(1) 加钢架; (2) 预加固地层
	开挖面出现涌水或者涌水量增加	(1) 加速混凝土硬化(增加速凝剂等); (2) 喷射混凝土前做好排水; (3) 加挂网格密的钢筋网; (4) 设排水片	(1) 采取排水方法(如排水钻孔、井点降水等); (2) 预加固围岩
	地基承载力不足,下沉增大	(1) 注意开挖,不要损坏地基围岩; (2) 加厚底脚处喷射混凝土,增加支承面积	(1) 增加锚杆; (2) 缩短台阶长度,及早闭合支护环; (3) 用喷射混凝土作临时仰拱; (4) 预加固地层
	产生底鼓	及早喷射仰拱混凝土	(1) 在仰拱处打锚杆; (2) 缩短台阶长度,及早闭合支护环
喷混凝土	喷混凝土层脱离甚至塌落	(1) 开挖后尽快喷射混凝土; (2) 加钢筋网; (3) 解除涌水压力; (4) 加厚喷层	打锚杆或增加锚杆
	喷混凝土层中应力增大,产生裂缝和剪切破坏	(1) 加钢筋网; (2) 在喷混凝土层中增设纵向伸缩缝	(1) 增加锚杆(用比原来长的锚杆); (2) 加入钢架
锚杆	锚杆轴力增大,垫板松弛或锚杆断裂		(1) 增强锚杆(加长); (2) 采用承载力大的锚杆; (3) 为增大锚杆的变形能力,在垫锚板间夹入弹簧垫圈等

续表

施工中的异常现象		措施 A	措施 B
钢架	钢架中应力增大,产生屈服	松开接头处螺栓,凿开喷混凝土层,使之可自由伸缩	(1)增加锚杆; (2)采用可伸缩的钢架,在喷射混凝土层中设纵向伸缩缝
	收敛位移量增大,位移速度变快	(1)缩短从开挖到支护的时间; (2)提前打锚杆; (3)缩短台阶、仰拱一次开挖的长度; (4)当喷射混凝土开裂时,设纵向伸缩缝	(1)增强锚杆; (2)缩短台阶长度; (3)在锚杆垫板间夹入弹簧垫圈等; (4)采用超短台阶法或在上半断面建造临时仰拱

18.4 城市地下工程浅埋暗挖法施工

在城市地下工程施工方法中,浅埋暗挖法占有很大的比重,用浅埋暗挖法施工可以将对地面交通的干扰减少到最低。

浅埋暗挖法的工艺流程和技术要求主要是针对埋深较浅、松散不稳定的地层和软弱破碎岩层的施工提出来的。浅埋暗挖技术首次应用在北京地铁复兴门折返线工程。浅埋暗挖法在我国的地下工程施工中得到了广泛的应用,北京地铁的车站、区间隧道及其他一些市政工程广泛采用浅埋暗挖法进行施工,例如,北京地铁复-八线全长12.7 km,其中区间隧道长约为7 km,地铁西单站、天安门西站、王府井站、东单站等均采用浅埋暗挖法施工,北京地铁 4 号线、5 号线和 10 号线也有 53% 的区间隧道采用浅埋暗挖法施工,长安街下多条人行地下通道和原国家计委大型地下停车库也采用该技术施工。浅埋暗挖法是一种现代矿山法,其在原理上也属于新奥法的范畴,特别强调在施工过程中对地层的预支护和预加固,以及采用抗变形能力强的初期支护。

18.4.1 地铁区间隧道的浅埋暗挖法施工

在区间隧道的开挖支护施工中,严格执行"管超前、严注浆、短开挖、强支护、快封闭、勤量测"的十八字施工原则。在施工工序上坚持"开挖一段,支护一段,封闭一段"的基本工艺。

管超前——在工作面开挖前,沿隧道拱部周边按设计打入超前小导管。

严注浆——在打设超前小导管后注浆加固地层,使松散、松软的土体胶结成整体。增强土体的自稳能力,和超前小导管一起形成纵向超前支护体系,防止工作面失稳。此外,严注浆还包括初支背后注浆和二衬背后注浆。

短开挖——每次开挖循环进尺要短(北京地铁隧道的开挖循环进尺为 0.5 m),开挖和支护时间尽可能缩短。

强支护——采用格栅钢架和喷射混凝土进行较强的初期支护,以限制地层变形。

快封闭——开挖后初期支护要尽早封闭成环,以改善受力条件。

勤量测——量测是对施工过程中围岩及支护结构变化情况进行动态跟踪的重要手段,是对围岩和支护结构的变形监测,根据监测数据绘制位移-时间曲线。当位移-时间曲线出现反弯点时,表明围岩和支护已呈不稳定状态,需要加密监视、加强支护,以确保施工安全。

目前,在城市地下铁道和其他市政工程的浅埋暗挖法施工中,根据地表沉降的控制要求、地层条件及开挖断面大小,主要施工方法有台阶法、中隔壁法(CD 法)、十字中隔壁法(CRD 法)、双侧壁导坑法等。

1. 台阶法施工

在松散地层中采用台阶法施工,一般都要用超前小导管对地层进行超前支护,对于一些特殊地段,如隧道埋深浅、地表有重要建筑物、隧道穿越公路或铁路线等,则需要对地层采用大管棚和小导管联合支护的方式。

一般来说,台阶法施工的主要工序有:超前小导管注浆预支护,分台阶开挖土方、洞内土方运输、初期支护、初期支护背后压浆,补喷混凝土、防水层施工、浇筑仰拱及边墙、顶拱模筑钢筋混凝土二次衬砌。

图 18-6 为某地铁单线区间隧道的台阶法(留核心土)施工步骤图。

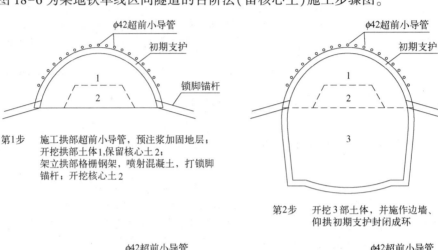

第1步 施工拱部超前小导管,预注浆加固地层;
开挖拱部土体1,保留核心土2;
架立拱部格栅钢架,喷射混凝土,打锁脚
锚杆;开挖核心土2

第2步 开挖3部土体,并施作边墙、
仰拱初期支护封闭成环

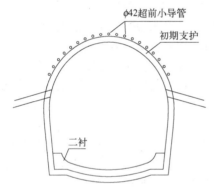

第3步 敷设仰拱防水板;
施作仰拱二次衬砌

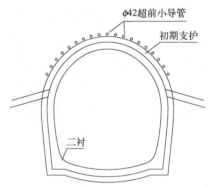

第4步 敷设边墙、拱部防水板,处理防水板接茬;
施作边墙、拱部二次衬砌,二次衬砌封闭成环

图 18-6 某地铁单线区间隧道的台阶法(留核心土)施工步骤图

2. CD 法和 CRD 法施工

当开挖断面比较大的时候,为确保地层沉降控制在允许范围内,需要将整个开挖断面分为若干个小断面,并在断面中部设置临时支撑,进行 CD 法或 CRD 法施工。CD 法的英文全称是 Center Diaphragm,也称中隔壁法;CRD 法的英文全称是 Cross Diaphragm,也称十字隔壁法。在具体施工时,开挖一个小断面,进行一个小断面的初期支护,最终使整个大断面初期支护闭合成环,在二衬前,拆除中间的竖向支撑或"十字"支撑。图 18-7 为某地铁区间隧道渡线段的CRD 法施工步骤图。在图 18-7 所示的工程案例中,其二衬的施工存在不合理性(施工缝多,易造成渗漏水;施工效率低),可以通过控制拆撑长度或换撑而得到优化。优化的二衬施工采用两步构筑法:第一步施工仰拱的二衬,第二步同时施工边墙和顶拱的二衬。

3. 双侧壁导坑法

图 18-8 为北京地铁某区间隧道渡线段双侧壁导坑法施工步骤图。

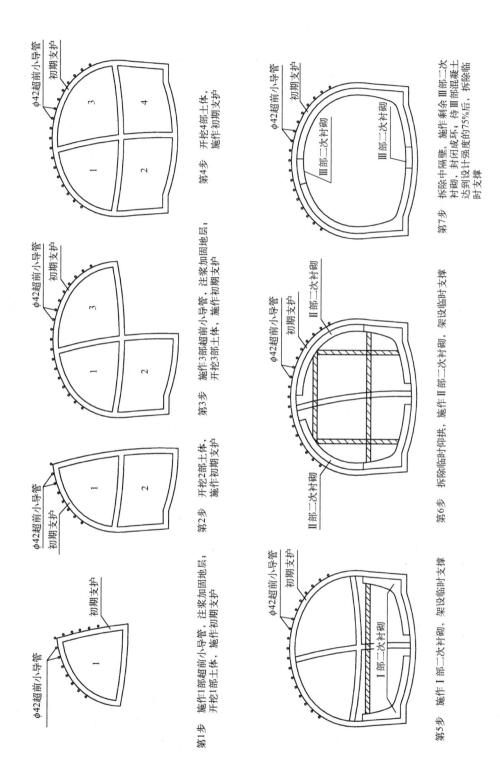

第1步　施作1部超前小导管，注浆加固地层；开挖1部土体，施作初期支护

第2步　开挖2部土体，施作初期支护

第3步　施作3部超前小导管，注浆加固地层；开挖3部土体，施作初期支护

第4步　开挖4部土体，施作初期支护

第5步　施作Ⅰ部二次衬砌，架设临时支撑

第6步　拆除临时仰拱，施作Ⅱ部二次衬砌，架设临时支撑

第7步　拆除中隔壁，施作剩余Ⅲ部二次衬砌，封闭成环；待Ⅲ部混凝土达到设计强度的75%后，拆除临时支撑

图18-7　某地铁区间隧道渡线段的CRD法施工步骤图

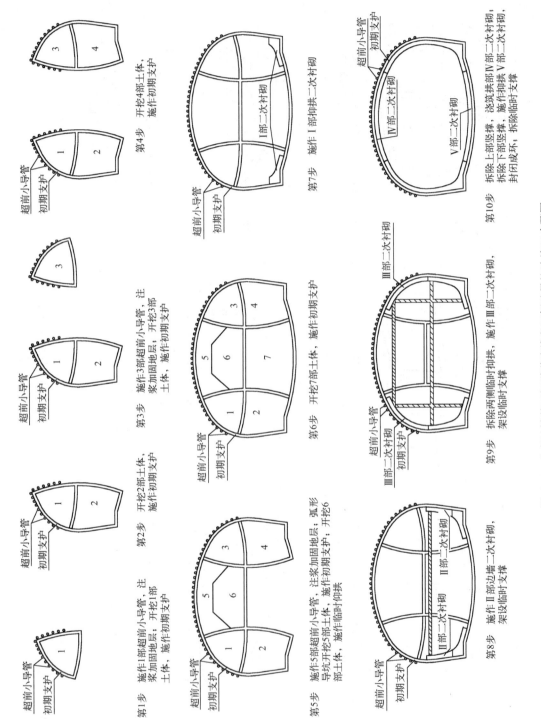

图18-8 北京地铁某区间隧道渡线段双侧壁导坑法施工步骤图

在图 18-8 所示的工程案例中,其二衬的施工也存在明显的不合理性,也可以通过控制拆撑长度或换撑而得到优化。优化的二衬施工采用三步构筑法:第一步施工仰拱的二衬,第二步施工边墙的二衬,第三步施工顶拱的二衬。如地层条件尚可,甚至可以采用两步构筑法。

4. 辅助施工措施

1)超前小导管

超前小导管一般布置在隧道拱部,超前小导管及注浆的目的是对地层进行预支护,起到棚护作用。施工步骤有施工准备、钻孔与打入超前小导管及注浆。

(1)施工准备。

超前小导管制作:超前小导管采用钢管制作,钢管一端做成尖形,另一端焊接上铁箍,在距铁箍端 0.5~1.0 m 开始钻孔,钻孔沿管壁间隔 100~200 mm 呈梅花形布置,孔位互成 90°。对于卵石层,超前小导管采用厚壁无缝钢管制作。

注浆压力:根据地层性质,注浆压力一般为 0.1~0.3 MPa。

(2)钻孔与打入超前小导管。

注浆钢管沿隧道开挖轮廓线布置,外插角取 5°~10°,在处理特殊地段时,可适当加大。纵向前后相邻两排超前小导管搭接的水平投影长度为 1 m 左右,环向间距一般为 3 根/m,超前小导管布设在的隧道的拱部。

(3)注浆。

在注浆前先喷混凝土,封闭掌子面,以防渗漏。对顶入的钢管要冲清管内积物,然后再注浆。注浆顺序由下而上。注浆的浆液有水泥浆或水泥、水玻璃双液浆。图 18-9 为某区间隧道采用超前小导管注浆预支护地层。

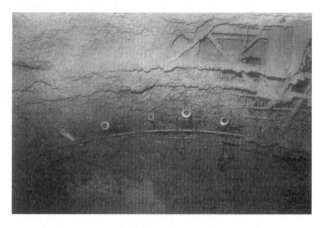

图 18-9 某区间隧道采用超前小导管注浆预支护地层

2)管棚

对于开挖断面比较大、隧道埋深小,或者隧道拱顶有市政管线时,为防止塌陷,一般都要采用大管棚对地层进行预支护,如图 18-10 所示。管棚规格有 $\phi108$、$\phi159$ 等,对于近距离下穿既有地铁工程,可以考虑采用 $\phi600$ 的超大管棚。

18.4.2　地铁车站的暗挖法施工

用暗挖法施工地铁车站可以将对地面交通的干扰减少到最低,因此暗挖法在北京地铁车站的施工中占有较大的比重,北京地铁 1 号线的西单站、天安门东站和北京地铁 5 号线蒲黄榆站、天坛东站、磁器口站等均采用暗挖法施工。采用暗挖法修建地铁车站,其基本作业程序包

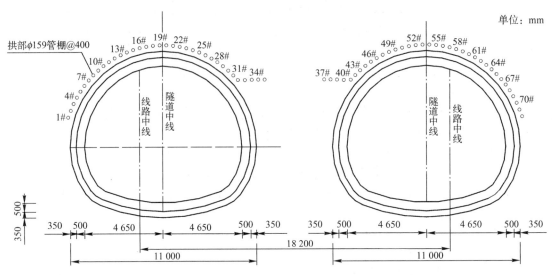

图 18-10　某地铁车站隧道下穿既有铁路线采用大管棚预支护地层

括地层预支护和预加固、土方开挖、初期支护及二次衬砌、监控量测指导施工组织设计等,这些与区间隧道的施工大体类似,只是车站的结构断面形式比区间隧道复杂,断面尺寸比区间隧道大,地表沉降控制相对更困难。

在进行地铁车站暗挖法施工时,要根据地表沉降的控制要求、地面交通状况、施工技术水平等情况,进行技术经济比较,选择相对较为合理的施工方法。实践证明:采用合理的支护技术和施工工艺,用暗挖法可以安全地建设地铁车站,并且可以将地表沉降控制在设计要求的范围内。

暗挖法的施工方法和工艺不是千篇一律的,下面通过北京地铁几个车站的施工,来阐述地铁车站暗挖法施工的主要步骤、主要工艺及控制地层沉降的措施。

1. 北京地铁 1 号线西单站的双侧壁导坑法施工

北京地铁 1 号线西单站位于西长安街下的砂土层和砂黏土层中,车站为三拱两柱式双层拱形结构,拱顶离地表的距离只有 6 m。西单站是我国首次用暗挖法建成的三拱两柱双层车站。

为了寻求一个可靠的施工方案及合理的支护结构,对台阶法、单眼镜法、中隔壁法、双眼镜法 4 种方案的 6 种开挖顺序,按相同的支护参数进行力学分析,结果见表 18-3。

表 18-3　不同方法的开挖顺序

编号	工法	开挖顺序
A	台阶法	
B	单眼镜法	

编号	工法	开挖顺序	
		C_1 横向开挖	C_2 竖立开挖
C	中隔壁法	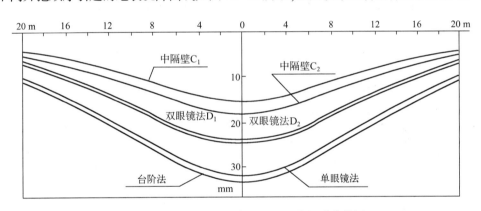	
		D_1 导坑对称同时开挖	D_2 导坑错开开挖
D	双眼镜法		

不同开挖顺序引起的地表沉降曲线如图 18-11 所示,主要技术经济指标比较见表 18-4。

图 18-11　不同开挖顺序引起的地表沉降曲线图

表 18-4　不同开挖方法的主要技术经济指标比较

施工方案	地表沉降量/mm	喷混凝土废弃量比	施工作业
台阶法	>30	0.9	作业空间大,便于大型机械使用,安全稳妥
单眼镜法	32.0	0.9	施工过程容易控制,安全稳妥
双眼镜导坑对称开挖法	24.7	1.0	施工过程容易控制,安全稳妥,但是作业空间小,不利于使用大型设备
双眼镜导坑错开开挖法	24.6	1.0	施工过程容易控制,安全稳妥,但是作业空间小,不利于使用大型设备
中隔壁竖立开挖法	15.8	1.1	安全度高,稳妥可靠
中隔壁横向开挖法	18.2	1.1	安全度高,稳妥可靠

　　通过对不同施工方法的地表沉降进行分析,最后确定采用以大管棚和小导管注浆进行超前预支护的双侧壁导坑法为最佳施工方案。

2. 天安门西站的暗挖桩柱法施工

　　天安门西站地处人民大会堂西侧路和石碑胡同之间,全长为 226.1 m,宽为 23.8 m,高为 15.25 m,结构上方覆土厚度为 5.8 m,车站主体所穿过地层主要为黏土、亚黏土和砂砾石地层,地下水主要是承压水,水位在结构底板下 1.5 m,采用的施工方法是将暗挖法和逆作法结合起来。主要施工步骤如图 18-12 所示。

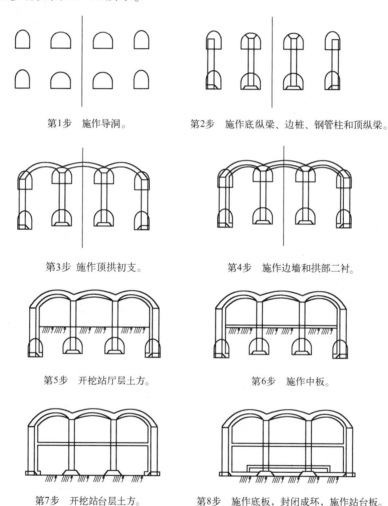

第1步　施作导洞。　　　　　　　　第2步　施作底纵梁、边桩、钢管柱和顶纵梁。

第3步　施作顶拱初支。　　　　　　第4步　施作边墙和拱部二衬。

第5步　开挖站厅层土方。　　　　　第6步　施作中板。

第7步　开挖站台层土方。　　　　　第8步　施作底板,封闭成环,施作站台板。

图 18-12　天安门西站暗挖桩柱法施工步骤

3. 天安门东站的条形基础盖挖逆作法施工

　　天安门东站地处天安门广场东侧、中国国家博物馆北侧,位于长安街下,车站结构形式为三跨两柱三层框架结构形式,车站主体位于杂填土、砂质黏土、粉质黏土和圆砾土中,车站长度为 218 m,宽度为 26 m,高度为 15 m,车站主体结构上方密布各种市政管线、电力管沟和通信光缆。

　　主要施工步骤如图 18-13 所示,该方法实际上是把传统的盖挖逆作法和浅埋暗挖法相结合,有关文献将这种施工工法称为条形基础盖挖逆作法。

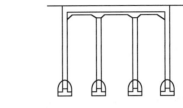

第1步　施作导洞。　　　　　　　　　　第2步　在导洞内浇筑梁式基础。

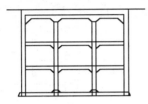

第3步　人工挖孔施作 ϕ800 边桩、ϕ1 500 钢管柱。　　　第4步　浇筑顶板，回填土，恢复路面。

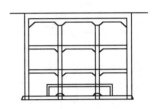

第5步　自上而下开挖一、二、三层土方并浇筑各层结构。　　　第6步　施作站台板。

图 18-13　天安门东站条形基础盖挖逆作法施工步骤

4. 磁器口站的暗挖中洞法施工

1）工程概况

北京地铁 5 号线磁器口站为双层岛式三拱两柱结构。车站主体覆土深度为 9.8~10.3 m，出入口通道覆土深度约为 11.8~12.4 m。

2）车站主体结构的施工步骤

（1）在车站主体结构的拱顶位置，按预先设计好的位置测量定位，打 ϕ108 的管棚，管棚长度为 30 m，分 5 节打入，每节长为 6 m。

（2）按照"小分块、短台阶、多循环、快封闭"的原则施工中洞，中洞采用 CRD 工法施工，并辅以小导管注浆预支护地层。

（3）在中洞开挖支护完成后，铺设底板防水层，施作结构底板及底纵梁，预留防水层和钢筋搭接长度。

（4）在中洞内施作上、下钢管混凝土柱、中板及中纵梁，预留钢筋搭接长度。上层中柱设可调式拉杆，以控制柱的垂直精度。

（5）铺设拱部防水层，施工拱部结构及顶纵梁，预留防水层和钢筋搭接长度，拆除中洞内临时支护，完成中洞施工。

（6）两侧洞同步采用台阶法开挖土体并支护，并辅以小导管注浆预支护地层。

（7）在两侧洞内铺设底板及下部边墙防水层，浇筑底板及下部边墙结构。

（8）施工侧洞内中板，与中洞内中板连接。

（9）继续施作两侧洞内边墙和拱部防水层及结构，与中洞内拱部结构连接，二次衬砌封闭，拆除所有临时支护，完成主体结构。

具体施工步骤如图 18-14 所示。

第1步 进行中洞拱部大管棚超前支护、小导管注浆加固地层。

第2步 中洞采用CRD法，按图中顺序进行开挖，及时封闭初期支护。

第3步 拆除部分竖向临时支护，铺设底部部分防水层，施作部分底板、底纵梁，预留钢筋及防水板接头。

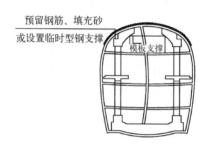

预留钢筋、填充砂或设置临时型钢支撑

模板支撑

第4步 恢复底部临时竖向支撑，施作钢管柱、中纵梁及部分中层板、铺设拱部部分防水板，并施作顶纵梁部分拱部衬砌，预留好钢筋及防水板接头。

第5步 拆除竖向临时支护，铺设拱部剩余防水板，施作拱部、中板剩余衬砌。

第6步 两边跨拱部施作大管棚超前支护及小导管注浆加固地层，对称开挖边跨上导坑，及时施作封闭初期支护。

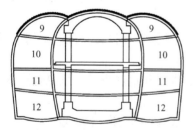

第7步 按图中顺序对称开挖两侧边跨，及时施作封闭初期支护。

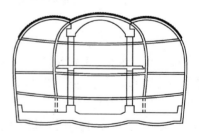

第8步 拆除中洞下部临时支护，铺设两侧边跨底板及部分边墙防水层，施作二次衬砌，并预留好钢筋及防水板接头，必要时在中隔壁下加临时支撑。

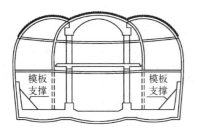

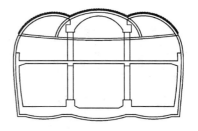

第9步　拆除下部临时仰拱及中洞部分临时支护,铺设两侧部分边墙防水层,施作二次衬砌,并预留好钢筋及防水板接头,必要时加临时支护。

第10步　拆除中部临时仰拱及中洞部分临时支护,铺设两侧边墙防水板,施作两侧边墙及两边跨中层板二次衬砌,并预留好钢筋及防水板接头。

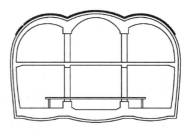

第11步　拆除剩余临时支护,施工边墙部分及拱部防水层,与顶纵梁上的防水层搭接好,灌注剩余衬砌。

第12步　施作站台板,完成全部主体结构。

图 18-14　中洞法施工步骤图

5. 洞桩法(PBA法)施工

图 18-15 为某工程洞桩法施工步序图。洞桩法施工安全风险控制的关键工序是小导洞之间的初期支护扣拱和二次衬砌扣拱过程的小导洞初期支护的部分拆除。初期支护扣拱过程安全风险控制的关键是确保中拱初期支护与小导洞初期支护预留节点的连接质量。二次衬砌扣拱过程安全风险控制的关键是:小导洞(2)内的钢管混凝土柱的顶纵梁应与导洞的初支顶紧,小导洞(2)初期支护的纵向拆除长度应合理,不能拆除过长。洞桩法(PBA法)是以崔志杰为代表的设计人员创立的。多层、多跨地铁车站采用洞桩法施工的突出优点是可较好地控制地表沉降和施工对周边环境的不利影响,以及主体结构部分的施工效率高。

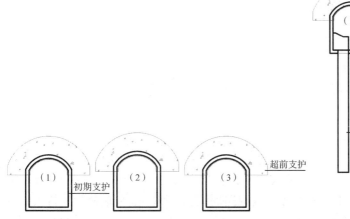

第1步　自横通道进洞,施工超前支护及加固地层后开挖小导洞。

第2步　自边导洞向下施工边桩及桩顶冠梁,边桩须跳孔施工;在中间导洞内施工钢管柱下桩,并施工钢管柱护筒。

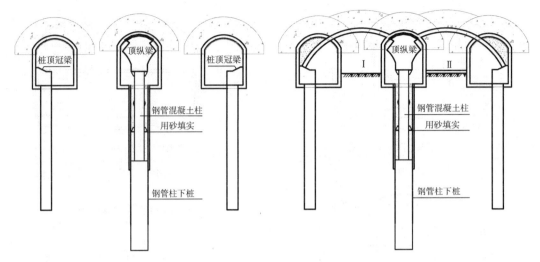

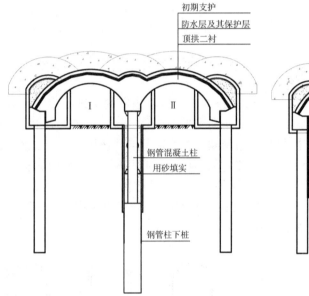

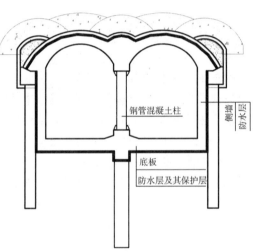

第3步　在小导洞(2)内施工钢管混凝土柱,
　　　然后在小导洞(2)内施工防水层及顶纵梁。

第4步　施工洞室Ⅰ、Ⅱ拱顶超前支护及加固地层,
　　　开挖和支护Ⅰ、Ⅱ洞室,也即初期支护扣拱。

第5步　导洞Ⅰ、Ⅱ贯通后,由中部向端头横通道方向
　　　后退,沿纵向分段凿除小导洞(1)(2)(3)部分
　　　初期支护结构,施工顶拱防水层及结构
　　　二衬,也即二衬扣拱。

第6步　破除小导洞(1)、(2)、(3)部分支护
　　　结构,逐层开挖土体至底板处,依次施作底板
　　　防水、底板、侧墙防水、侧墙,直至结构封闭。

图18-15　某工程洞桩法施工步序图

6. 棚盖法施工

2021年底建成运营的北京地铁19号线平安里站,因受线路条件和地下水条件的制约,为超浅埋暗挖车站。为保护其顶部的地下管线和控制道路塌陷,以曾德光、夏瑞萌为主持人的设计团队首次创立了棚盖法,并将其应用于该车站施工。可以说,棚盖法是继洞桩法(PBA法)技术之后的在暗挖建造地铁车站方面最显著的技术进展。棚盖法的主要技术特征是其棚盖为施工过程变形控制的关键受力构件。图18-16为某车站棚盖法施工的主要步序及其说明。

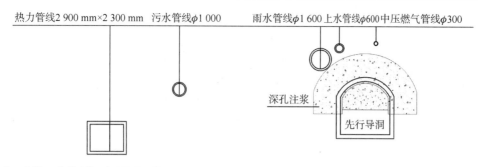

第1步　自横通道进洞前,对开挖范围拱顶及掌子面深孔注浆。采用台阶法开挖先行导洞,并施工初期支护(台阶长度为3~5 m),开挖步距同格栅间距,同时应加强监控量测。导洞初支封闭成环后必须及时进行初支背后注浆,必要时进行二次补浆。

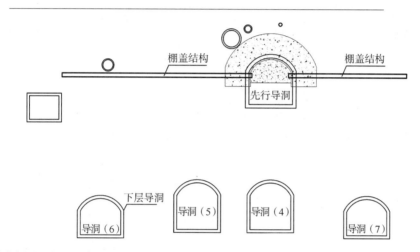

第2步　待先行导洞贯通后,采用顶进法垂直于导洞方向顶进棚盖暗作钢管,严格控制顶进方向,不得偏转。顶进顺序为先东侧,后西侧。将棚盖顶进后,开挖下层导洞,下导洞应滞后棚盖顶进工作面15 m以上。下层导洞平行开挖时,先开挖两侧导洞,后开挖中间导洞,且相邻导洞开挖面互相错开8~10 m。

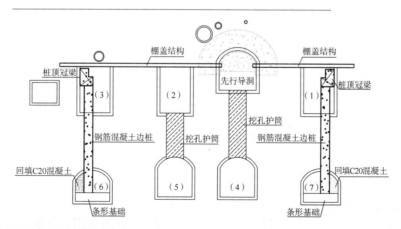

第3步　待东侧棚盖暗作钢管顶进完成后,开挖上导洞(1);待西侧棚盖暗作钢管顶进完成后,开挖上导洞(2)及(3),导洞(2)开挖面滞后导洞(3)开挖面8~10 m。上层导洞贯通后,导洞内施工挖孔桩(挖孔桩须跳孔施工,隔(3)挖(1),下导洞拱部开孔时仅凿除初期支护混凝土,格栅钢筋不切断),并施工上下导洞间钢管混凝土柱挖孔护筒。

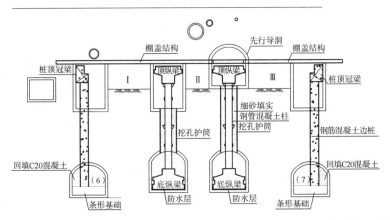

第4步 在下导洞(4)、(5)内施工底板梁防水层及底板梁后,施工钢管混凝土柱(挖孔护筒与钢管混凝土柱间空隙用砂填实),然后在导洞(2)及先行导洞内施工顶梁防水层及顶纵梁,并在先行导洞内连通棚盖暗作钢管,施工时需保护顶板梁上防水层不被破坏。台阶法开挖Ⅰ、Ⅱ、Ⅲ部分土体,施作初期支护,初期支护扣拱封闭后应及时进行初期支护背后注浆。

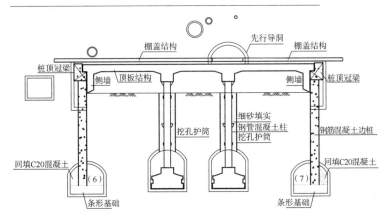

第5步 导洞Ⅰ、Ⅱ及Ⅲ贯通后,由车站端头(或两横通道中间位置)向横通道方向后退,沿车站纵向分段(每段不大于一个柱跨)凿除上层小导洞部分初期支护结构,施工顶板防水层及结构二衬。施工过程中加强监控量测。

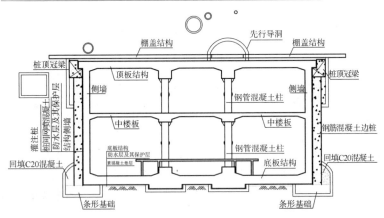

第6步 顶板二衬施工完成后,待顶板结构达设计强度,沿车站纵向分为若干个施工段(不大于两个柱跨),在每个施工段分层开挖土体至中楼板下0.2 m处(边开挖边施工桩间网喷混凝土及切割掉挖孔护筒),分段施工中楼板梁及中楼板,并施工侧墙防水层、保护层及侧墙。待中楼板及部分边墙达设计强度后,同上分层开挖土体至基底(边开挖边施工桩间网喷混凝土),并及时施工底板封底。先施工底板防水层及底板,然后施工侧墙防水层及侧墙,最后完成车站主体结构施工。

图18-16 某车站棚盖法主要施工步序图及其说明

图 18-17 为北京地铁 19 号线平安里站采用棚盖法施工时,在先行导洞内施作的钢管(φ402 mm)管幕棚盖。

图 18-17 棚盖法施工的钢管管幕棚盖

在平安里站之后,右安门外站、机场线 1 号区间风井、平安里~积水潭站区间、前门站等工程中成功地推广应用了棚盖法施工。

18.4.3 城市地下工程暗挖法施工控制地层沉降的主要措施

1. 把住超前支护关

在开挖之前,一般采用大管棚和超前小导管注浆联合加固地层,根据多个车站暗挖法的施工经验,大管棚主要起控制地层塌陷的作用,而小导管注浆起到加固地层的作用。为了增加大管棚的刚度,一般在大管棚内注水泥砂浆。另外,由于车站开挖断面大,埋深浅,控制地层沉降难度大,因此要重视超前小导管注浆加固地层的作用,在管棚施工比较困难的地段及地质条件差的地段,采取密排小导管注浆预支护及加固地层。

2. 及时施工初期支护

工作面暴露后,及时施工初期支护(钢格栅加网喷混凝土),这是控制地层沉降的关键环节之一,一般在工作面暴露后喷射混凝土,然后架设钢格栅,再喷射混凝土至设计厚度。如果地质条件差,拱顶离地表距离近或者地层沉降控制标准高,必要时先架设钢格栅,再喷射混凝土。

最重要的是要及时、快速封闭,以形成有效的受力结构,防止初期支护整体下沉。

3. 加强初期支护背后回填注浆

在初期支护背后,设立注浆管,对于暗挖区间隧道,一般每个断面设置 3~4 根注浆管,纵向间距为 6 m,注水泥浆或水泥砂浆。

4. 加强二衬背后压浆

注浆管纵向间距为 4 m,注水泥砂浆。

18.5 新意大利法隧道施工

意大利地下工程设计与施工领域的全球知名专家 Pietro Lunardi 于 2006 年以意大利语发表了他的专著《隧道设计与施工:岩土控制变形分析法(ADECO-RS)》(2008 年被译为英语,2011 年被译为中文)。岩土控制变形分析法后来被业界渐渐地称为新意大利隧道施工法,简称新意法,该方法已经纳入到意大利隧道设计与施工规范中。

如图18-18中的 S. STEFANO、S. ELIA 和 TASSO 隧道所发生的失稳、坍塌现象,Pietro Lunardi 在大量的工程实践中发现,通常情况下,隧道/洞室的坍塌(collapse of the cavity)是由于掌子面(或称工作面/开挖面)先发生坍塌(failure of the core-face)而引起的。

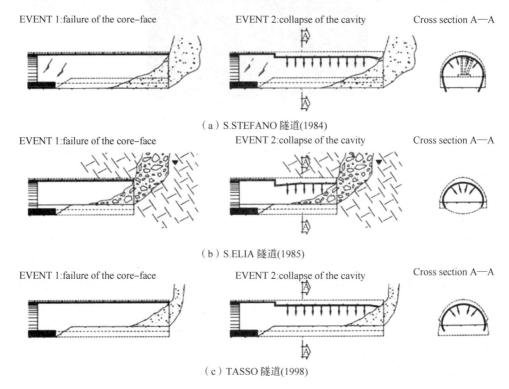

图18-18 掌子面先发生坍塌而引起隧道坍塌的工程实例

如图18-19所示,为了有效地防止隧道(tunnel)或洞室(cavity)的坍塌,关键是要控制隧道掌子面(face of the tunnel)前方的超前核心土(advance core)的变形和坍塌。超前核心土是指掌子面前方将要开挖掉的隧道设计轮廓内的岩土体。超前核心土的变形是指隧道掌子面的挤出变形(extrusion of the advance core)和掌子面前方隧道设计轮廓径向变形(radial deformation of the core)的相对值(称为预收敛,preconvergence)。

控制超前核心土变形的主要技术措施是采取掌子面水平旋喷和掌子面玻璃纤维锚杆对超前核心土进行预加固。对超前核心土进行有效的预加固后,进行隧道全断面开挖,如图18-20所示。新意法隧道施工的完整过程如图18-21所示。

新意法的理念是追求在隧道与地下工程的施工阶段,不再对设计方案与设计参数进行动态的调整。

新意法强调的对隧道掌子面挤出变形和超前核心土的预收敛的控制,对于城市浅埋隧道在施工过程中控制围岩变形、地表沉降和对周边建(构)筑物、地下管线的影响,具有特别重要的作用。

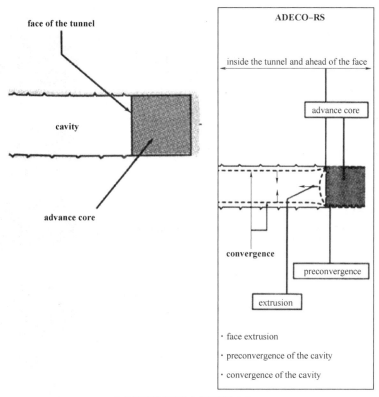

（a）隧道掌子面前方的超前核心土

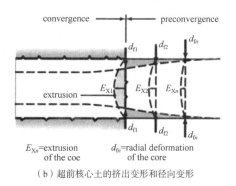

（b）超前核心土的挤出变形和径向变形

图 18-19　隧道掌子面前方的超前核心土及其变形

图 18-20　采用掌子面玻璃纤维锚杆进行超前核心土加固后的隧道全断面开挖

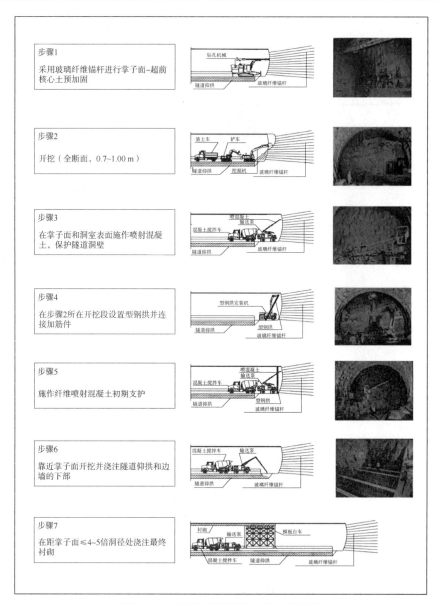

图 18-21   新意法隧道施工的完整过程

18.6 盾构法及 TBM 法施工

盾构法是隧道暗挖施工法的一种。在地下铁道中采用盾构法施工始于 1874 年,当时为了在伦敦地下铁道东线的黏土和含水砂砾层修建内径为 3.12 m 的区间隧道,采用了气压盾构及向衬砌背后注浆的施工工艺。20 世纪 40 年代起,苏联采用直径为 6.0~9.5 m 的盾构先后在莫斯科、列宁格勒(现圣彼得堡)等城市修建地下铁道区间和车站隧道,将盾构法施工水平推进到一个新高度。20 世纪 60 年代以来,盾构法施工在日本得到迅速发展,在东京、大阪、名古屋、京都等城市的地下铁道施工中都广泛地被采用。为了克服在城市松软含水地层中盾构施工引起的地面沉降,以及钢筋混凝土管片的制造精度和防水问题,日本和德国等制成了水泥加压式等新型盾构及其配套设备和各种新型衬砌,并研究了相应的施工工艺和防水技术。

1989 年,我国上海地铁 1 号线工程正式采用盾构法修建区间隧道,并已于 1994 年投入运营。但应指出,早在 1963 年上海就已开始了 ϕ4.16 m 的盾构隧道及 1968 年北京开始了 ϕ7.0 m 盾构隧道的工程试验,并在钢筋混凝土管片制造、防水技术、挤压混凝土施工等方面取得了成功。广州地铁早在 1 号线和 2 号线的区间隧道建设中就采用了盾构法施工。图 18-22 为广州地铁 2 号线使用的盾构机。

图 18-22　广州地铁 2 号线使用的盾构机

18.6.1　盾构法施工及其适用范围

盾构法施工概貌如图 18-23 所示,其主要施工步骤如下:

(1) 在盾构法隧道的起始端和终端各建一个工作井;

(2) 盾构在起始端工作井内安装就位;

(3) 依靠盾构千斤顶推力(作用在新拼装好的衬砌和工作井后壁上)将盾构从起始工作井的墙壁开孔处推出;

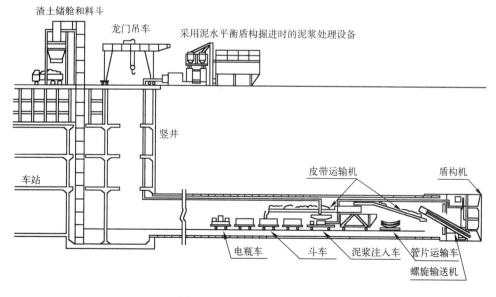

图 18-23　盾构法施工概貌

（4）盾构在地层中沿着设计轴线推进，在推进的同时不断出土和安装衬砌管片；

（5）及时地向衬砌背后的空隙注浆，防止地层移动和固定衬砌环位置；

（6）盾构进入终端工作井并被拆除，如施工需要，也可穿越工作井再向前推进。

盾构机是这种施工法中的主要施工机械。它是一个既能承受围岩压力又能在地层中自动前进的圆筒形隧道工程机械，但也有少数为矩形、马蹄形和多圆形断面的。

从纵向可将盾构分为切口环、支承环和盾尾3部分。切口环是盾构的前导部分，在其内部和前方可以设置各种类型的开挖和支撑地层的装置；支承环是盾构的主要承载结构，沿其内周边均匀地装有推动盾构前进的千斤顶，以及开挖机械的驱动装置和排土装置；盾尾主要是进行衬砌作业的场所，其内部设置衬砌拼装机，尾部有盾尾密封刷、同步压浆管和盾尾密封刷油脂注入管等。切口环和支承环都是用厚钢板焊成的或铸铁的肋形结构，而盾尾则是用厚钢板焊成的光壁筒形结构，如图18-24所示。

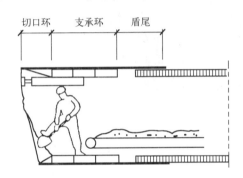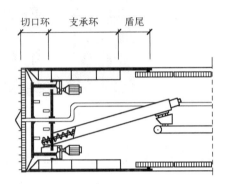

图18-24　盾构纵剖图

现代盾构能适用于各种复杂的工程地质和水文地质条件，从流动性很大的第四纪淤泥质土层到中风化和微风化岩层。它既可用来修建小断面的区间隧道，也可用来修建大断面的车站隧道，而且施工速度快（大于10 m/d），对控制地面沉降有较大把握。但应指出，盾构法施工在盾构与附属设备的设计和制造及建造端头工作井等工程设施上需要较多的时间和投资。同时，盾构法的施工技术方案和施工细节对岩层条件的依赖性，较之其他方法尤甚，这就要求事先对沿线的工程地质和水文地质条件做细致的勘探工作，并要根据围岩的复杂程度做好各种应变的准备。因此，只有在地面交通繁忙，地面建筑物和地下管线密布，对地面沉降要求严格的城区，不宜采用明挖法，且地下水发育，围岩稳定性差，或隧道很长而又工期要求紧迫，不能采用矿山法施工时，采用盾构法施工才是经济合理的。

18.6.2　盾构选型

1. 盾构选型

根据开挖、工作面支护和防护方式，一般可将盾构分为全面开放型、部分开放型、密闭型三大类。

对于密闭型盾构，根据支护工作面原理和方法可以分为局部气压式、土压平衡式、泥水加压式和混合式等。

2. 盾构选型的根据

根据不同的工程地质、水文地质条件和施工环境与工期的要求，合理选择盾构机类型，对保证施工质量、保护地面与地下建（构）筑物安全和加快施工进度是至关重要的。一种不适用的盾构将对工期和造价产生严重影响,但此时想更换已不可能了。

盾构选型的根据,按其重要性排列如下:

(1) 工程地质与水文地质条件;

(2) 地层的参数;

(3) 地面环境、地面和地下建(构)筑物对地面沉降的敏感度;

(4) 隧道尺寸——长度、直径、永久衬砌的厚度;

(5) 工期;

(6) 造价;

(7) 经验——承包商的经验、有无同类工程的经验。

盾构机选型的合理与否,关键取决于盾构机对地层条件和地下水状态的适应性。盾构机类型对地层条件和地下水状态的适应性如图 18-25 所示。开放式盾构适用于无地下水的地层,但开放式盾构现在已经很少采用。在存在地下水的地层中,应选用密闭式盾构机。在地下水的水压不太高时,一般采用土压平衡(earth pressure balance,EPB)式盾构机,也可采用普通泥水平衡式盾构机;当地下水的水压较高或为高水压(如修建水底隧道)时,因土压平衡式盾构机难以控制喷涌,则必须采用泥水加压式盾构机。当遇到粗粒径卵石地层,尤其是含有巨砾、漂石的卵石地层时,无论是土压平衡式盾构,还是泥水平衡式盾构,都应选择布置了破岩刀具(如单刃滚刀或双刃滚刀)的面板破碎式刀盘。

3. 土压平衡式盾构介绍

对于土压平衡式盾构来说,从理论上讲,通过注入塑流化添加剂和强力搅拌能将各种土质改良成土压平衡式盾构工作所需的塑流体,故一般认为土压平衡式盾构能适用于各种地质条件。但在含水的砂层或砾砂层,尤其在高水压的条件下,土压平衡式盾构在稳定开挖面土体、防止和减少地面沉降、避免土体移动和土体流失等方面都较难达到理想的控制状态。

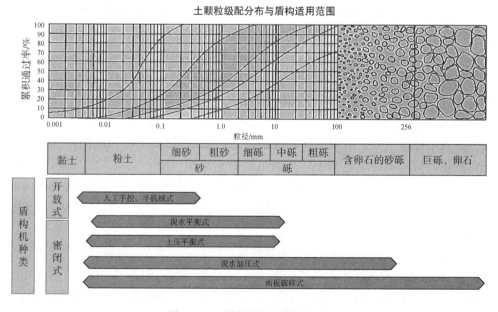

图 18-25　盾构机的地层适应性

土压平衡式盾构的前端有一个全断面切削刀盘,在它后面有一个储留切削土体的密封舱,在其中心处或下方装有长筒形的螺旋输送机,在密封舱和螺旋输送机及盾壳四周装设土压传感装置,根据需要还可装设改善切削土体流动性的塑流化材料的注入设备。各装置的主要功能如下。

(1)刀盘。用于切削土体,同时将削切下来的土体搅拌混合,以改善切削土体的流动性。因此,在刀盘的正面装有切削刀具,其中,齿形刀适用于软弱地层,盘形刀适用于坚硬地层。刀盘背面装有搅拌翼片。为了在曲线地段施工,刀盘周边还装有齿形的超挖刀。根据围岩条件,切削刀盘可以是面板形、辐条形和砾石破碎形,如图18-26所示。是否需要采用面板形刀盘,应根据工作面的稳定性及在切削刀盘腔内进行维修和更换刀具时的安全性而定。采用面板形刀盘时,其面板上开口槽的宽度和数目应根据围岩条件(黏结力、障碍物),以不妨碍土体的排出为原则而确定。

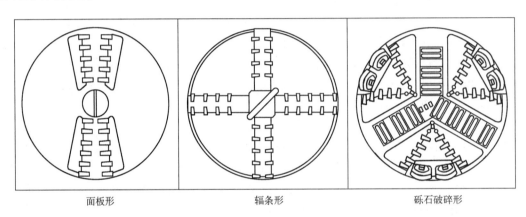

面板形   辐条形   砾石破碎形

图 18-26　切削刀盘形式

(2)密封舱。用于存储被刀盘切削下来的土体,并加以搅拌使其成为不透水的具有适当流动性的塑流体,使其能及时充满密封舱和螺旋输送机的全部空间,对开挖面实行密封,以维持开挖面的稳定性,同时也便于将其排出。

(3)螺旋输送机。用来将密封舱内的塑流状土体排出盾构外,并在排土过程中,利用螺旋叶片与土体间的摩擦和土体阻塞所产生的压力损失,使螺旋输送机排土口的泥土压力降至一个大气压力,使其不发生喷漏现象。

(4)塑流化材料。当土体中的含砂量超过一定限度时,由于其内摩擦角大,流动性差,单靠刀盘的旋转搅动很难使这种土体达到足够的塑流性。而一旦其在密封舱内储留,极易产生压密固结,无法对开挖面实行有效的密封和排土。因此,就需要向切削土体内注入一种促使其塑流化的添加剂,经刀盘混合和搅拌后能使固结土成为流动性好、不透水的塑流体。

(5)土压传感器。用于测量密封舱和螺旋输送机内的土压力,前者是判定开挖面是否稳定的依据,后者用来判断螺旋输送机的排土状态,如喷涌、固结、阻塞等。

土压平衡式盾构维持开挖面稳定的原理是依靠密封舱内塑流状土体作用在开挖面上的压力(P)(它包括泥土自重产生的土压力与盾构推进过程中盾构千斤顶的推力)和盾构前方地层的土压力与地下水压力(F)相平衡的方法,如图18-27所示,由图可看出:当螺旋输送机排土量大时,P 减小,当 $F>P$ 时,开挖面可能坍方而引起地面沉降;相反,当排土量小时,P 增大,一旦 $F<P_{max}$,地面将会隆起。因此,要控制土压平衡式盾构在推进过程中开挖面的稳定,可以用两种方法来实现。其一是控制螺旋输送机排土量 Q(调节其转速),但研究表明,对于黏性土来说,开挖面不破坏的排土量波动值必须控制在理论掘进体积的 2.8%左右,这就需要测量精度在 1%以内的切削土体积的监测系统,目前使用的监测系统的精度都达不到要求。其二是用调节盾构千斤顶的推进速度和螺旋输送机转速,直接控制密封舱内的土压力 P。一般情况下,不使开挖面产生影响的土压力 P 的波动范围为

$$主动土压力+地下水压力<P<被动土压力+地下水压力 \qquad (18-1)$$

对于面板形刀盘,若刀盘面板开口率为 x,刀盘上和密封舱内的土压力分别为 P_1 和 P_2,则式(18-1)可改写为

$$主动土压力+地下水压力<P_1(1-x)+P_2x<被动土压力+地下水压力 \qquad (18-2)$$

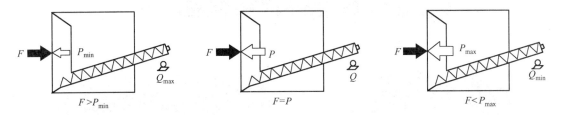

图 18-27　土压平衡式盾构维持开挖面稳定示意图

4. 泥水平衡式盾构介绍

泥水平衡式盾构系统如图 18-28 所示。在泥水平衡式盾构机的掘进过程中,通过保持泥水舱的泥水压力与盾构机刀盘前方地层的水土压力的动态平衡,以控制地层的变形和地表沉降。以兰州地铁下穿黄河隧道的泥水平衡式盾构机为例,图 18-29 为刀盘,因穿越的地层为含有漂石的粗粒径砂卵石层,刀盘上布置了可破碎卵石、漂石的滚刀。图 18-30 为设置于地面的泥浆制造系统。图 18-31 和图 18-32 分别为进泥浆、排泥水管路和排泥水泵。图 18-33 为设置于地面的泥水分离系统。

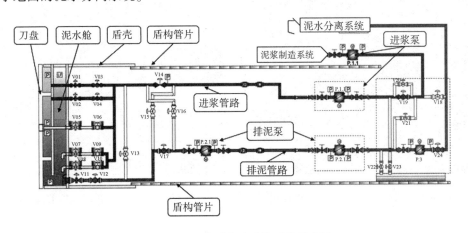

图 18-28　泥水平衡式盾构系统示意图

可破碎粗卵石、漂石的滚刀

图 18-29 兰州地铁下穿黄河隧道的泥水盾构机的刀盘

搅拌泥浆的电机

泥浆池中的泥浆

图 18-30 泥浆制造系统

图 18-31 泥水平衡式盾构的进泥浆管路和排泥水管路　　　图 18-32 泥水平衡式盾构的排泥水泵

图 18-33　泥水分离系统

18.6.3　盾构法施工

1. 施工准备工作

采用盾构法施工,除了一般工程应进行的施工准备工作外,还必须修建盾构始发井和到达井,拼装盾构、附属设备和后续车架,洞口地层加固等。

1) 修建盾构始发井和到达井(或称拼装室、拆卸室、工作井)

和矿山法施工不同,在盾构掘进前,必须先在地下开辟一个空间,以便在其中拼装(拆卸)盾构、附属设备和后续车架及出渣、运料等。同时,拼装好的盾构也是从此开始掘进的,故在此空间内尚需设置临时支撑结构,为盾构的推进提供必要的反力。

盾构隧道施工之前,应在盾构掘进始终点的线路上方,由地面向下开凿一座直达将要掘进的隧道底面以下的竖井,其底端即可用作盾构拼装(拆卸)室。盾构始发(到达)井的水平面形状多数为矩形,平面净空尺寸要根据盾构直径、长度、需要同时拼装的盾构数目及运营时的功能而定,一般在盾构外侧留 0.75~0.80 m 的空间,容许一个拼装工人工作即可。

如果地下铁道车站采用明挖法施工,则区间隧道的盾构拼装(拆卸)室常设在车站两端,成为车站结构的一部分,并与车站结构一起施工。但这部分结构暂不封顶和覆土,留作盾构施工时的运输井。图 18-34 表示了这种拼装(拆卸)室的布置图。若到达的盾构在此不拆卸,而是调头,则拆卸室的平面尺寸将根据盾构调头的要求而定。

在盾构拼装(拆卸)室的端墙上应预留出盾构通过的开口,又称封门,这些封门最初起挡土和防止渗漏的作用,一旦盾构安装调试结束,盾构刀盘抵住端墙,要求封门能尽快拆除或打开。根据拼装室周围的地质条件,可以采用不同的封门制作方案。

这里主要介绍现浇钢筋混凝土封门。一般按盾构外径尺寸在井壁上预埋环形钢板,板厚为 8~10 mm,宽度等于井壁厚度,环向钢板切断了围护结构的竖向受力钢筋,所以封门周边要做构造处理。这种封门制作和施工简单,结构安全,但是拆除时要用大量人力凿除,费工费时。

2) 盾构拼装

在盾构拼装前,先在拼装室底部铺设 50 cm 厚的混凝土垫层,其表面与盾构外表面相适应,在垫层内埋设钢轨,轨顶伸出垫层约 5 cm,可作为盾构推进时的导向轨,并能防止盾构旋转。若拼装室将来要做他用,则垫层将被凿除,费工费时。此时可改用由型钢拼成的盾构支承平台,其上亦需有导向和防止旋转的装置。

由于起重设备和运输条件的限制,通常盾构都拆卸成切口环、支承环、盾尾 3 节运到工地,

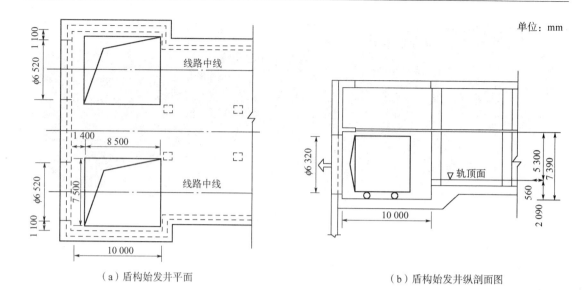

单位：mm

（a）盾构始发井平面　　　　　　　（b）盾构始发井纵剖面图

图 18-34　拼装（拆卸）室布置图

然后用起重机将其逐一放入井下的垫层或支承平台上。切口环与支承环用螺栓连成整体，并在螺栓连接面外圈加薄层电焊，以保持其密封性。盾尾与支承环之间则采用对接焊连接。

在拼装好的盾构后面，尚需设置由型钢拼成的、刚度很大的反力支架和传力管片。根据推出盾构需要开动的千斤顶数目和总推力进行反力支架的设计和传力管片的排列。一般来说，这种传力管片都不封闭成环，故两侧都要将其支撑住，如图 18-35 所示。

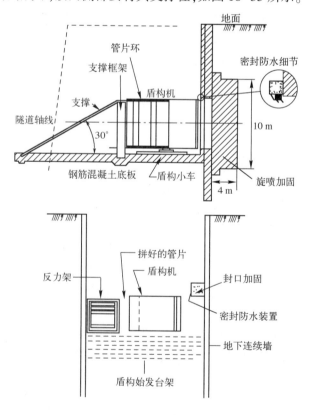

图 18-35　盾构始发工艺构造图

3）洞口地层加固

当盾构工作井周围地层为自稳能力差、透水性强的松散砂土或饱和含水黏土时,如不对其进行加固处理,则在凿除封门后,必将会有大量土体和地下水向工作井内坍陷,导致洞周大面积地表下沉,危及地下管线和附近建筑物。目前,常用的加固方法有注浆、旋喷、深层搅拌、井点降水、冻结法等,可根据土体种类(黏性土、砂性土、砂砾土、腐殖土)、渗透系数和标贯值、加固深度和范围、加固的主要目的(防水或提高强度)、工程规模和工期、环境要求等条件进行选择。加固后的土体应有一定的自立性、防水性和强度,一般以单轴无侧限抗压强度为 0.3～1.0 MPa 为宜,太高则刀盘切土困难,易引发机械故障。

2. 盾构掘进

盾构掘进中所产生的问题,因所采用的盾构类型而异,下面仅讨论密闭型盾构掘进的问题。

1）洞口密封装置和盾构出洞顺序

为了增加开挖面的稳定,在盾构未进入加固土体前,就需要适当地向开挖面注水或注入泥浆,因此洞口要有妥善的密封止水装置,以防此开挖面泥浆流失。目前,常用的密封止水装置如图 18-36 所示,其中图 18-36(a)为滑板式结构,它由橡胶密封板和防倒钢滑板组成,盾构通过密封装置前,将滑板滑下,盾构通过后,将滑板滑上去顶住管片,防止橡胶密封板倒退。图 18-36(b)为铰链式结构,防倒钢板是铰接的,始终压在橡胶密封板上。盾构通过密封止水装置前后,无须人工调整。

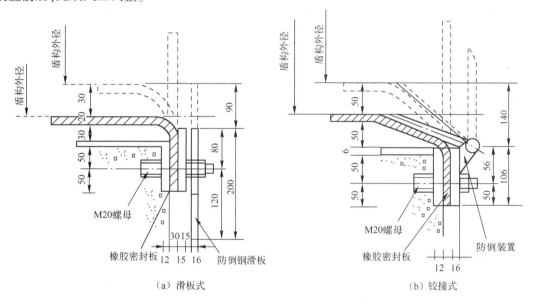

（a）滑板式　　　　　　　　　（b）铰接式

图 18-36　洞口密封止水装置图

盾构拼装出洞的顺序,可见如图 18-37 所示的流程图。

2）盾构掘进施工管理

(1)施工管理中的挖掘管理。对土压平衡式盾构来说,通过开挖面管理(刀盘和密封舱内的渣土压力)、添加剂注入管理、切削土量管理和盾构机管理使开挖面土压稳定在设定值。目前,挖掘管理已经实行自动化控制,用智能化系统来频繁调整开挖速度以控制开挖面孔隙水压力维持在天然地层孔隙水压力上下(泥水盾构),或维护天然地层不受干扰,优化选择密封舱渣土压力(土压盾构)。

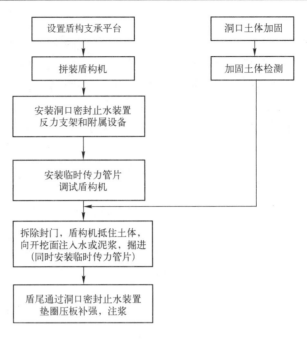

图 18-37　盾构拼装出洞顺序流程框图

（2）施工管理中的线形管理。通过一套测量系统随时掌握正在掘进中盾构的位置和姿态，并通过计算机将盾构的位置和姿态与隧道设计轴线相比较，找出偏差数值和原因，下达调整盾构姿态应启动的千斤顶的模式，从最佳角度位置移动盾构，使其蛇形前进的曲线与隧道轴线尽可能接近。

（3）施工管理中的注浆管理。通过浆体、注浆压力、注浆开始时间与注浆量的优化选择，达到能及时填满衬砌与周围地层之间的环向间隙，防止地层移动，增加行车的稳定性和结构的抗震性。

对于浆体的要求为：应具有能充分填满间隙的流动性；注入后必须在规定时间内硬化；必须具有超过周围地层的强度，保证衬砌与周围地层的共同作用，减少地层移动；在地震条件下，不产生液化；产生的体积收缩小；受到地下水稀释不引起材料的离析等。

18.6.4　TBM 施工简介

TBM 是 tunnel boring machine（隧道掘进机）的英文简称。图 18-38 是一台已经拼装好的隧道掘进机。TBM 是岩石隧道的掘进机，因而与盾构机有所不同。其刀盘上布置的均是切削破碎岩石的滚刀，其前进的推力和刀盘、刀具转动切削岩石的扭矩，均由撑靴牢牢地撑紧在洞周上而提供，而盾构前进的推力由纵向千斤顶顶在管片衬砌环上提供，盾构刀盘转动的扭矩主要由盾壳与地层之间的摩阻力提供。图 18-39 为国外一完成隧道掘进后，处于出洞状态的 TBM。

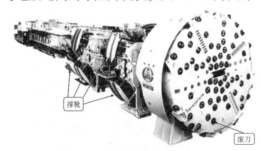

图 18-38　隧道掘进机（TBM）

图 18-39　完成隧道掘进后出洞状态的 TBM

　　按照隧道开挖之后的支护、衬砌作业是否封闭,可将 TBM 分为开敞式和护盾式两大类。护盾式又可分为单护盾式和双护盾式两种。开敞式 TBM 适用于自稳性好的围岩,护盾式 TBM适用于自稳性较差的围岩。

　　采用开敞式 TBM 施工的隧道的支护、衬砌类型与新奥法施工的隧道基本相同,但是,新奥法隧道的支护、衬砌作业可以紧跟掌子面,做到及时支护,而采用开敞式 TBM 开挖的隧道,其施设支护的位置,要滞后掌子面一定的距离,支护设置时间较迟。采用护盾式 TBM 施工的隧道,因需要拼装管片,与盾构法隧道的衬砌较为相似。

18.7　沉埋管段隧道施工法

　　沉埋管段隧道施工法简称沉管隧道施工法,它是修建越江隧道或海底、湖底隧道等水下隧道的一种施工方法。如图 18-40 所示,管段(或称管节)是指在岸边的干坞内或船台上预制的单节隧道结构,每节管段的长度一般不超过 150 m。

图 18-40　预制及处于水中养护状态的隧道管段

　　沉管隧道的主要施工步序如图 18-41 所示。第一步,修建干坞,预制管段/管节,如图 18-40 所示;第二步,开挖隧道的基槽,如图 18-42 所示,基槽开挖可与管段预制基本同步进行;第三步,管段的浮运,如图 18-43 所示;第四步,管段的沉放与水下对接,管段的沉放如图 18-43 所示;第五步,管段沉放至基槽底之后,对管段的基础按设计要求进行处理;第六步,对管段侧面及上部进行回填,通常称之为基槽回填,基槽回填之后,施作顶部保护层,如图 18-44 所示;最后一步,进行隧道的内部装修及机电设备安装。

　　在河流的下游,河床比较平坦,水流速度不太大(一般应不大于 3.0 m/s)及水流方向较稳定的地段,选择沉管隧道的方式修建越江通道,将是一种合理的选择。对于海底通道选择沉管隧道,为了能使管段顺利沉放,则要求隧址处的海水在 24 h 内有一个不短于 2 h 的平潮期。另外,沉管隧道的位置应避免选择在水流可使基槽快速回淤的地段。因为快速回淤可淤塞基槽底部,改变基槽内水的密度,影响浮力平衡,使管段的沉放变得较为困难。除了水流的状态,水深也是一个要考虑的重要因素。如水深超过 40 m,则矩形钢筋混凝土管段的沉放、水下对接很困难。对于圆形钢壳与混凝土组合的管段,则难以实施水下焊接及水下混凝土的浇筑,在水

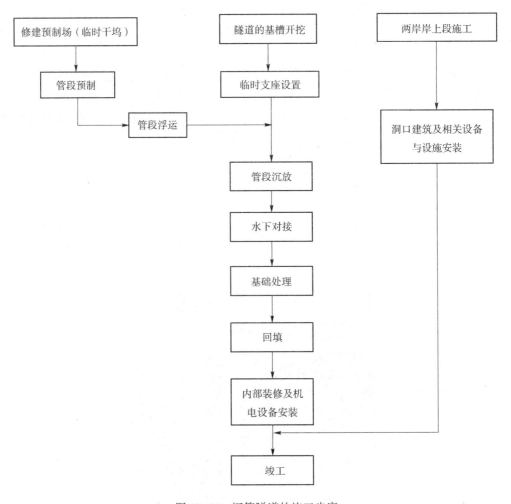

图 18-41 沉管隧道的施工步序

图 18-42 基槽开挖

下进行接头的处理亦十分困难。

　　沉管隧道施工法的最大优点是施工工期短,即两岸工程、管段预制、基槽开挖基本上可同步进行,管段的浮运、沉放、水下对接和基础处理等工序相对于总工期来说比较短。这些工序完成后,隧道内进行其他项目的施工(如压载水舱的拆除、压重层的浇筑、路面及内装修、机电设备安装等)对外部没有影响。因此,航道条件(能否有足够水深和足够宽的航道来实施管段浮运、转向)、是否能在隧址附近选到合适的干坞建设场地,也是选择该方法要考虑的重要条件。

图 18-43 管段的浮运与沉放

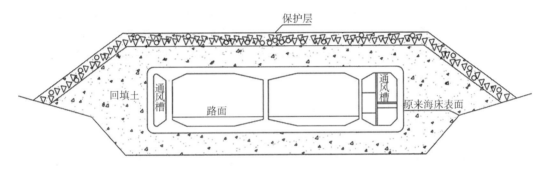

图 18-44 沉管隧道横断面图

采用沉管隧道施工法修建越江等水下通道的另一个优点是因其埋设于河床、湖底、海底的浅表层,与采用盾构法、TBM 法、钻爆法相比较,其在纵断面上位于最高处,便于与两岸交通线路的衔接,隧道的长度也是最小的。

沉管隧道对地基的适应性强,既可修建在较坚硬的地基(河、海床)上,亦可修建在软弱地基(河、海床)上。世界上已经建成的沉管隧道中,不少是修建在软弱地基上的。对于大断面的沉管隧道,其主要的问题在于抗浮,对地基承载能力的要求并不高。

沉管隧道建成后,易于受到非法采砂、异常冲刷、沉船、河(海)床稳定性的影响,这也是采用沉管法修建隧道应该考虑清楚的一个不利因素。

18.8 地铁车站施工方法比选案例

18.8.1 车站工程概况

车站位于朝阳路与规划定福庄路路口。

1. 周边建(构)筑物概况

车站站址附近除西北象限商业用地未实现规划外,其余部分均为教育科研设计用地,已基本实现规划。车站现状是:西北象限为朝阳门石道碑花园,东北象限为北京水利水电学院,东南象限为万东科技文化创意产业园,西南象限为第二外国语学院。

车站周边地面建筑物分布情况如下:①车站西端有 BRT 天桥 1 座,为预制三跨连续梁结构,基础形式及深度不详;②D 出入口南侧为北京华域文旅文化公司 17 层楼房,与出入口水平距离为 6.2 m;③C 出入口北侧邻近 35 kV 高压线塔,水平距离为 2.5 m;④A 出入口西侧邻近石道碑亭,水平距离为 9.02 m。

2. 车站路面交通状况

朝阳路为东西向城市主干路,规划道路红线宽度为 60 m,现状宽度为 56 m,双向 8 车道(含 2 条 BRT 车道)+2 条非机动车道,道路两侧为 20 m 宽规划绿化带。定福庄路规划红线宽度为 50 m,现状宽度为 9 m,双线 2 车道,尚未实现规划。

3. 地下管线状况

朝阳路地下敷设的管线主要有:3 m×2 m 雨水方涵(管底埋深约 4.86 m),DN1050 污水管(管底埋深约 6.54 m),DN400 中压燃气管(管顶埋深约 2.3 m),DN508 中压燃气管(管顶埋深约 2.3 m),DN600 上水管(管顶埋深约 2.25 m),DN400 上水管(管顶埋深约 1 ~ 1.5 m),36×24 通信管线(管顶埋深 1.1 m),74×79 通信管线(管顶埋深约 1 m),60×30 通信管线(管顶埋深约 1.5 m),60×10 通信管线(管顶埋深约 0.5 m),25×36 通信管线(管顶埋深约 1 m),106×74 通信管线(管顶埋深约 1.5 m),35 kV 高压线(架空线,最大垂弧处与地面垂直距离约 9 m),10 kV 高压线(架空线),900×300 电力线(埋深不详)、110×30 电力线(埋深不详)。

18.8.2 工程地质及水文地质概况

1. 工程地质概况

车站所处的地貌单元为永定河冲洪积扇中下部,该区自然地面下至 96 m 深度范围内地层以黏性土、粉土、砂土层及卵石互层为主,卵石层分布及厚度自冲积扇中部往冲积扇下部逐渐减小,直至消失,砂层逐渐增厚。一般自上而下可分为人工堆积层和第四纪沉积层两大类,表层主要以厚 1~6 m 人工堆积的杂填土、路基填土为主,一般结构松散,物质构成较复杂,物理力学性质较差。人工堆积层以下为第四纪沉积的黏性土、粉土与砂卵石土互层地层。本单元内地层土质整体性质较好,土质均匀,物理力学性质较好,车站站址区无不良地质作用。

1) 人工堆积层

人工堆积层,土质主要为杂填土①层及粉质黏土素填土$①_1$层。沿线分布较多道路、建筑物和地下管线等,受其影响该地区填土厚度不甚均匀且变化可能较大。人工堆积层的组成、结构及含有物性质较差。

2) 第四纪沉积层

第四纪沉积层的岩性主要以黏性土、粉土与砂卵石土互层为主。具体包括:黏质粉土、砂质粉土④层,粉质黏土$④_1$层,黏土$④_2$层及粉砂$④_3$层;粉砂、细砂⑤层,黏质粉土、砂质粉土$⑤_1$层,粉质黏土$⑤_2$层及有机质黏土$⑤_3$层;圆砾、卵石⑥层;粉质黏土⑦层,粉砂、细砂$⑦_1$层,黏土$⑦_2$层及黏质粉土、砂质粉土$⑦_3$层;卵石⑧层,细砂、中砂$⑧_1$层,粉质黏土$⑧_2$层及黏质粉土、砂质粉土$⑧_3$层;粉质黏土⑨层,黏质粉土$⑨_1$层及黏土$⑨_2$层;卵石⑩层,细砂、中砂$⑩_1$层,粉质黏土$⑩_2$层及黏土$⑩_3$层。

第四纪沉积的黏性土、粉土、砂土及卵砾石层工程性质相对良好,一般可选择其作为地下线路段的地基持力层。围岩等级一般为Ⅵ级,暗挖施工时须采取适宜的开挖方法并辅以地层预加固、超前支护措施。

2. 水文地质概况

根据地勘报告,车站区域内共观测到三层地下水。

1) 潜水

水位埋深约 2.9~4.4 m,赋存于粉土、砂类土层中。该层地下水水量较小,分布不稳定。其天然动态类型为渗入-蒸发、径流型,主要接受大气降水入渗及地下水侧向径流补给,以蒸发及地下水侧向径流为主要排泄方式。该层地下水水位年动态变化规律一般为 6—9 月水位相对较高,其他月份水位相对较低,年变幅一般为 1~2 m。

2) 层间水

水位埋深约 8.0~13.0 m,赋存于砂、卵石土层中。该层地下水稳定、连续分布。天然动态类型为渗入-径流型,主要接受地下水侧向径流及越流方式补给,以地下水侧向径流及越流为主要排泄方式。该层地下水水位年动态变化规律一般为 11 月—来年 4 月水位相对较高,其他月份水位相对较低,年变幅一般为 1~2 m。

3) 承压水

水头埋深约 23~35 m,赋存于砂、卵石土层中。该层地下水稳定、连续分布,不同区域的承压水头相差较大。承压水天然动态类型为渗入-径流型,主要接受地下水侧向径流及越流方式补给,以地下水侧向径流及人工开采为主要排泄方式。承压水的水头埋深位于车站结构底板以下。

18.8.3 车站施工方法的论证与方案比选

1. 施工方法的优缺点比较

地下结构的施工方法与结构形式是密切相关的,应综合工程地质及水文地质条件、周围环境、地面建筑物、地下构筑物及管线、地面道路交通、工期和造价等因素,选择安全、可靠的施工方法。地下结构可采用明挖、盖挖、暗挖等多种施工方法,各种施工方法的优缺点见表 18-5。

表 18-5 主要施工方法的优缺点

施工方法	优点	缺点
明挖法	施工方法及结构防水简单,技术成熟可靠,施工质量容易保证;土建工程造价低;总工期相比其他工法较短	施工期间需一直占用道路,施工对周围环境或地面交通影响较大;需拆除改移工程用地范围内的建筑物及地下管线
盖挖法	可有效控制地面沉降,对周围建筑物和地下管线的保护具有良好的效果;对地面交通及周围环境的干扰时间较短,一般需要 6~8 个月	施工难度较大,由于混凝土硬化过程中的收缩和自身沉降的影响,不可避免地要出现裂缝,对结构强度、刚度、防水和耐久性产生一定的影响,需设置临时竖向支撑及桩基,土建工程造价较高;顶板以下大型施工机械难以展开,施工效率较低,工期较长
铺盖法	施工方法及结构防水简单,技术成熟可靠,施工质量容易保证;能在最短时间内恢复地面交通,对地面交通及周围环境的影响时间短,一般需要 4~5 个月	需设置临时路面(军用梁临时路面体系或装配式铺盖法临时路面体系),军用梁临时路面体系当车站跨度较大时还需设置临时竖向支撑及桩基,土建工程造价较高;需两次占用地面道路
暗挖法	操作面小、技术较成熟,对地面交通影响很小	存在一定的施工风险;造价高;工期长;地下水控制难度大,费用高;防水做法较复杂;施工复杂,不适宜使用大型机械,个别工序的施工质量不易保证

从以上对比中可以看出,明挖法施工占地多、交通干扰大、地下管线拆迁量大,且当受线路条件限制,车站埋深较大时土建工程造价较高。暗挖法克服了以上缺点,减少了施工对环境的影响,能保证交通通畅和地下管线的正常使用,但施工难度及安全风险较大,造价较高。盖挖法在对环境的影响、造价及风险等方面介于以上两者之间。

2. 施工法选择

定福庄站位于朝阳路与规划定福庄路路口,目前朝阳路为东西向主干路,规划道路红线宽度为 60 m,目前道路宽度为 56 m,已基本实现规划,双向 8 车道(含 2 条 BRT 车道)+2 条非机动车道。若采用明挖法施工,地面交通导改不能满足"占一还一"原则,若采用分幅盖挖法施工,地面交通导改基本满足"占一还一"原则。

车站总长为 295.8 m,宽为 23.2 m,为地下两层岛式车站。该站主体结构施工影响范围内的控制性管线主要为 3 m×2 m 雨水方涵(管底埋深约 4.86 m)、DN1050 污水管(管底埋深约 6.54 m),车站周边另有燃气、上水、电力、通信等管线。采用明(盖)挖法施工,需将管线永久改移,采用暗挖法施工,相较于明(盖)挖法,需将车站埋深增加约 4 m。

本站场地具备一定的交通导改和管线拆改条件,采用分幅盖挖逆作法,对地面交通影响时间较短,对建筑物及管线的保护效果较好,同时相较于暗挖法,既能缩短施工工期,同时可以降低造价。由于北京水利水电学院及万东科技文化创业产业园路口处车流量较大,过路行人较多,且受限于横跨路中的 35 kV 高压线及线塔,线下明挖法施工难度较大,车站中部路口段(下穿高压线段)采用暗挖法施工。综合考虑施工工期及对地面环境的影响,车站主体结构选用了两端盖挖逆作法+中段暗挖法的综合工法。

18.8.4 地下水控制方案

施工过程地下水的控制方法总体上可以分为堵(止)水和降(排)水两大类。应根据水文地质条件、周边环境、施工方法,本着减少水资源浪费、经济、合理的原则确定地下水控制措施。

明(盖)挖法施工的堵(止)水方法,即采用地下连续墙、护坡桩+桩间旋喷桩、水泥土桩+型钢等帷幕隔水方法,隔断地下水进入施工区域。暗挖法施工的堵(止)水方法,主要有深孔注浆帷幕止水、导洞内咬合桩和冻结法止水。

影响定福庄站施工的地下水主要为层间水,承压水的水头位于车站底板以下约 4.3 m。车站底板以下有约 7.2 m 厚的隔水层。车站施工地下水的控制方案是:两端盖挖法施工段采用地下连续墙止水方案,中部暗挖段采用洞桩法+咬合桩止水。同时,为确保施工安全,车站周边设置应急降水井,如遇堵(止)水效果不好,可能引发施工安全风险的紧急状态,可进行抽水以降低地下水位,控制险情的发生。

18.8.5 明(盖)挖部分的施工方案

1)止水施工的基坑支护形式

目前北京地区采用止水方法施工的基坑,支护结构及止水帷幕的可选方案有:地下连续墙、排桩+止水帷幕、水泥土桩+型钢(SMW 桩)、钻孔咬合桩、水泥土墙(咬合的旋喷桩或搅拌桩)、注浆等。采用止水方法施工的基坑支护及止水方案的比较见表 18-6。

表 18-6　止水施工的基坑支护结构比较表

比较项目	地下连续墙	排桩+止水帷幕	钻孔咬合桩	SMW 桩
主要工艺	利用成槽机械,借助于泥浆的护壁作用,在地下挖出窄而深的沟槽,并在其内吊装钢筋笼网和浇筑混凝土而形成具有防渗、挡土和承载的连续的地下墙体	先期施作钻孔灌注桩,后以旋喷桩或长螺旋旋喷搅拌桩将水泥浆喷入灌注桩之间的土层与土体混合,与钻孔桩形成连续搭接的水泥加固体	钻孔咬合桩的排列方式为一根素混凝土桩与一根钢筋混凝土桩间隔布置,素混凝土桩采用缓凝型混凝土,先施工素混凝土桩,后施工钢筋混凝土桩	以多轴型钻掘搅拌机成孔,在钻进中通过水泥系强化剂与土混合搅拌,在水泥土混合体未结硬前插入 H 型钢或钢板,形成具有一定强度和刚度的、连续无接缝的地下墙体,H 型钢可拔出再次使用
机械设备	需大型成槽机械,设备不普遍	需大型钻机,北京地区应用广泛	需大型钻机,北京地区应用广泛	北京地区应用较少,机械设备不普遍
适用性	各种地层	各种地层	各种地层	卵石层不宜使用,深基坑不适用
对周边环境的影响	需泥浆护壁,泥浆需处理,对施工区域污染大	可采用套筒护壁,对施工区域污染小	可采用套筒护壁,对施工区域污染小	基本不形成对施工区域的污染
堵(止)水效果	好	较好	较好	较好
北京使用情况	较多	较多	较少	很少
费用	高	较高	较高	较低

采用止水方法的基坑支护结构,应根据基坑周边环境、开挖深度、工程地质与水文地质条件、施工工艺及设备条件、周边相近条件基坑的经验、施工工期及施工季节等条件,通过技术经济论证选择合理的方案。

地下连续墙是一种工艺成熟、安全可靠的基坑支护结构,被广泛应用于各种地层的基坑围护工程中。由于地下连续墙刚度大,整体性好,它不仅可以很好地用作施工期间的基坑挡土止水支护结构,也可以作为永久结构的侧墙使用。地下连续墙止水效果好,是一种可靠的基坑支护结构,但工程造价相对较高。

排桩+止水帷幕,以排桩作为挡土构件,利用止水帷幕阻断基坑内外的水力联系。止水帷幕的形式可能是高压旋喷桩、深层搅拌桩等。该止水措施受工程地质条件和基坑深度等影响较大,较深基坑止水效果较差。

咬合桩是相邻混凝土排桩间部分圆周相嵌(形成几何上的交集),并在后序次相间施工的桩内放入钢筋笼,使之形成止水、挡土的围护结构。咬合桩垂直度控制较困难,不适用于较深基坑。

SMW 桩(墙)从堵(止)水效果、施工工期、工程造价方面考虑,具有一定的优势,但在北京地区的地层条件不太适合其推广应用。

综合考虑堵(止)水效果的可靠性和有利于施工过程的变形控制,基坑的围护结构选用了地下连续墙。

2)基坑支撑系统

深基坑的支撑形式主要有锚杆和内支撑两种,内支撑主要有钢管支撑及钢筋混凝土支撑两种,各种支撑形式的比较见表18-7。

表 18-7　支撑形式比较表

支撑形式	优缺点分析
锚杆	(1) 工艺、设备较复杂、技术成熟,砂卵石地层成孔难度大; (2) 适用各种形状及平面大小的基坑; (3) 锚杆施工速度相对较慢,锚杆注浆体发挥强度需要一定时间,因此基坑施工速度相对较慢; (4) 基坑开挖和结构施工条件好,可提高挖土及结构浇筑的作业速度; (5) 锚杆基坑变形相对较大; (6) 基坑外围需要具备设置锚杆的空间; (7) 锚杆伸入基坑外围地层中,对周围地下环境影响大; (8) 锚杆工程费用高
钢管支撑	(1) 工艺、设备简单、技术成熟,架设及拆除施工速度快; (2) 较适用于窄长且平面较规则的基坑,但当基坑宽度较大时,需设置中间临时立柱支撑,施工较为不便,且立柱处底板防水不易处理; (3) 钢管支撑施工速度快; (4) 基坑开挖和结构施工条件相对较差,挖土及结构浇筑空间会受到一定的影响; (5) 钢管支撑刚度大,能有效控制支护结构的变形及地面沉降; (6) 对周围地下环境的影响较小; (7) 可多次倒换使用,摊销成本低,主体基坑采用钢管支撑比锚杆能节省费用35%左右; (8) 北京地铁明挖基坑中大量使用
钢筋混凝土梁支撑	(1) 工艺、设备简单、技术成熟,架设及拆除施工速度慢; (2) 适用各种形状及平面大小的基坑,但当基坑平面较大时,需设置中间临时立柱支撑,施工较为不便,且立柱处底板防水不易处理; (3) 钢筋混凝土支撑施工速度慢,其发挥强度需要一定时间,因此基坑施工速度相对较慢; (4) 基坑开挖和结构施工条件相对较差,挖土及结构浇筑空间会受到一定影响; (5) 钢筋混凝土支撑刚度大,能有效控制支护结构的变形及地面沉降; (6) 对周围地下环境的影响很小; (7) 钢筋混凝土支撑不能多次倒用,工程成本较高;而且在浇筑结构时,需凿除钢筋混凝土支撑,产生建筑垃圾,不符合绿色、可持续发展的要求; (8) 北京地铁明挖基坑中使用较少
钢筋混凝土板支撑	(1) 利用主体结构的钢筋混凝土顶板、中楼板作为基坑围护结构的支撑,这是逆作法施工的突出优点,减少了明挖顺作法施工的支撑工序和拆撑工序; (2) 刚度大,控制基坑围护结构变形的效果最佳

3) 基坑支护结构方案

基坑开挖深度 H 约为 18.94 m,宽为 23.2 m,本站基坑变形控制保护等级为一级,地面最大沉降量应小于 $0.15\%H$,围护结构最大水平位移应小于 $0.2\%H$,且应小于 30 mm。

本站站址区的地层主要以粉质黏土、粉细砂、黏质粉土等为主,基坑较深,周边存在高层建筑、高压线塔及多条带压带水的市政管线,对基坑变形控制要求较高。考虑各种止水基坑支护结构在北京的使用情况及成功经验,本站基坑支护结构选用了地下连续墙。

经过计算,基坑围护结构采用 800 mm 厚地下连续墙,利用车站结构顶板、中板作为施工过程对基坑围护结构的支撑。

4) 明(盖)挖施工方案

本站为 13 m 宽岛式站台车站,车站总长为 295.8 m,宽为 23.2 m,宜设置两排中柱,采用三跨结构。车站为双层站,上层为站厅层,下层为站台层,再由侧墙、梁、板、柱等构件组成,在板和梁、板和墙交接处设置斜托,以改善板的受力条件。因此,本车站选用了盖挖逆作法施工。

经试算车站主体结构自身不满足抗浮要求,需考虑设置压顶梁及柱下基础抗拔等措施。车站主体的结构参数见表 18-8。

表 18-8　车站主体的结构参数

结构部位	混凝土强度等级	结构尺寸/mm
顶板	C40(P10)	厚度 900
中板	C40	厚度 400
底板	C40(P10)	厚度 1 000
侧墙	C40(P10)	厚度 900
顶板纵梁(宽×高)	C40(P10)	1 400×2 000
中板纵梁(宽×高)	C40	1 200×1 000
底板纵梁(宽×高)	C40(P10)	2 500×2 500
中柱	C50	ϕ800 钢管柱
内部结构(楼梯、站台板)	C35	—

18.8.6　暗挖部分的施工方案

1. 暗挖施工方法比选

车站暗挖施工工法主要包括 PBA 法、分步开挖法。分步开挖法在车站施工中主要有中洞法、侧洞法、柱洞法等。各种施工方法的主要施工步序见表 18-9。

表 18-9　双层三跨地铁车站暗挖施工的主要方法及施工步序

施工方法	施工步序图	施工步序说明
中洞法	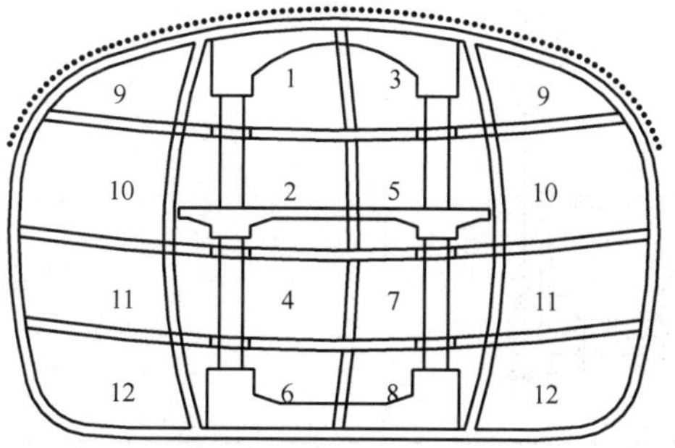	先采用 CRD 法开挖中跨结构(1~8),在中洞内施作梁、柱、板、拱结构体系,然后再对称分步开挖两侧部分(9~12),完成剩余部分的车站结构

施工方法	施工步序图	施工步序说明
柱洞法	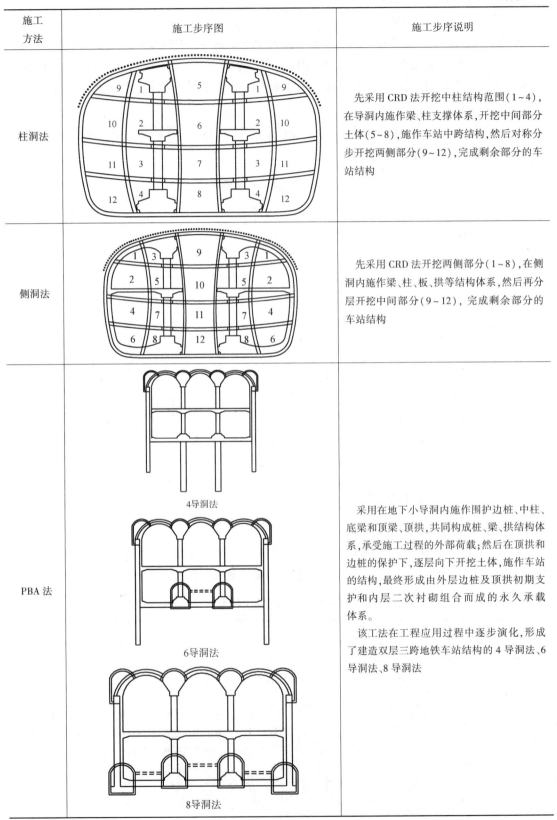	先采用 CRD 法开挖中柱结构范围(1~4),在导洞内施作梁、柱支撑体系,开挖中间部分土体(5~8),施作车站中跨结构,然后对称分步开挖两侧部分(9~12),完成剩余部分的车站结构
侧洞法		先采用 CRD 法开挖两侧部分(1~8),在侧洞内施作梁、柱、板、拱等结构体系,然后再分层开挖中间部分(9~12),完成剩余部分的车站结构
PBA 法	4导洞法 6导洞法 8导洞法	采用在地下小导洞内施作围护边桩、中柱、底梁和顶梁、顶拱,共同构成桩、梁、拱结构体系,承受施工过程的外部荷载;然后在顶拱和边桩的保护下,逐层向下开挖土体,施作车站的结构,最终形成由外层边桩及顶拱初期支护和内层二次衬砌组合而成的永久承载体系。 　　该工法在工程应用过程中逐步演化,形成了建造双层三跨地铁车站结构的 4 导洞法、6 导洞法、8 导洞法

PBA 法与分步开挖法的优缺点比较见表 18-10。

表 18-10　PBA 法与分步开挖法的优缺点比较

项目	PBA 法	分步开挖法
工序特点	(1) 小导洞及拱盖施工工序较少,地面沉降较小; (2) 作为围护结构的边桩可以作为永久受力结构的一部分,临时支护拆除量小	(1) 分块多,工序多,对地层扰动最大、地面沉降较大; (2) 临时支护拆除量较大
适用范围	适用于多层多跨地下结构工程	适用于单、双层中大跨度地下结构工程
防水质量	多层多跨结构,柱顶施工条件差,"V"形节点防水质量不易保证	如采用单拱多跨结构,避免"V"形节点,防水质量可保证
技术难度	导洞内施作桩、梁及形成拱盖作业条件较差;拱盖完成后作业空间大,可用大型机械施工,施工干扰小,工序转换少,施工难度小	作业空间较小,不利于大型机械施工;施工干扰大,工序转换多,施工难度大;不易控制顶拱二衬的纵向开裂(顶拱二衬易于产生纵向裂缝)
施工速度	拱盖形成后,施工速度可加快,总体施工进度一般	工序多次转换,进度慢
地面沉降及风险控制	较小,控制风险较有利	一般,控制风险较差
废弃工程量	作为围护结构的边桩可以作为永久受力结构的一部分,后期工序转换较少,临时支护拆除量小,废弃工程量一般	工序多次转换,临时支护拆除量较大,废弃工程量较大
造价	一般	较高

本站为两层三跨 13 m 岛式站台车站,朝阳路为北京主干路,车流量较大,且车站两侧上水管、中压燃气管距离较近。分步开挖法施工引起的周边地层及建筑变形相对更大,不利于风险控制。而 PBA 法主要变形阶段为导洞施工及扣拱施工阶段,受高度影响相对较小,控制风险相对较好。

综合考虑有利于变形控制、地下水控制和节约工期、造价等因素,车站选用了控制风险相对较好的 4 导洞 PBA 法施工。

2. 暗挖施工的结构参数

车站暗挖段的结构参数见表 18-11。

表 18-11　车站暗挖段的结构参数

项目		材料及规格	结构尺寸
初期支护	超前小导管	DN25×2.75,长度 2.5 m	每榀钢格栅打设一环;环间距:0.3 m
	深孔注浆	单液水泥浆	注浆圈厚度 2 m;12 m 长度一循环,搭接长度 2 m
	钢筋网	φ6.5,150×150 mm	拱墙铺设,内外双层
	喷射混凝土	C20 喷混凝土	边导洞厚度为 0.3 m,中间导洞及扣拱的厚度为 0.35 m
	格栅钢架	HRB400 钢筋	纵间距为 0.5 m

续表

项目		材料及规格	结构尺寸
围护结构	ϕ1 000 钻孔灌注桩	C30 钢筋混凝土	桩间距 1.5 m
	冠梁	C30 钢筋混凝土	1 400×1 000 mm
	钢筋网	ϕ6.5,150×150 mm	桩间铺设
	桩间喷混凝土	C20 喷混凝土	50 mm 厚
	柱下基础	ϕ1 800 钻孔灌注桩	长度 L=25 m,每根钢管柱下设置
主体结构		C40,P10 混凝土	顶拱 0.7 m,中板 0.4 m 底板 1.0 m,边墙 0.9 m
		Q235 钢,C50 混凝土	ϕ800 钢管柱、壁厚 20 mm

　　车站中部暗挖段的长度为 66.3 m,可直接从盖挖段进洞开挖,无须设置临时施工竖井及横通道。

第 19 章　地下工程施工监控量测

19.1　地下工程施工监测意义

地下工程的介质环境主要是岩石、土层和地下水,尽管目前岩石力学、土力学和地下水动力学的理论体系已经构建,但是由于这些介质与地下结构的相互作用机理尚不十分明了,加上施工等人为因素对地下结构受力和变形的影响又非常大,因此不管采用什么样的分析模型,地下结构的受力与变形理论分析结果仍然与实际有一定的偏差。为确保地下工程的安全、可靠和经济合理,必须在施工阶段进行监测,及时收集由于地下工程开挖在围岩和支护结构中产生的位移与应力变化等信息,并根据一定标准判断是否需要修改预先设计的支护结构和施工方案及流程,从而达到信息化施工的目的。

地下工程施工监测的意义概括起来主要有以下 3 个方面:

(1) 掌握地下工程施工过程中围岩、支护结构、地下管线和周边建筑物的动态,预防工程破坏事故和环境事故的发生;

(2) 将现场量测结果与预测值相比较,以判别前一步施工工艺和施工参数是否符合预期要求,以确定和优化下一步施工参数,从而指导现场施工,切实做到信息化施工;

(3) 将量测结果用于优化设计,使设计达到优质安全、经济合理,另外,还可将现场监测结果与理论预测值相比较,用反分析法导出更为接近实际的公式,用于指导其他工程的设计与施工。

19.2　监测方案的编制

(1) 监测方案的编制依据包括以下 4 个方面:

① 工程初步设计图和设计说明;

② 国家和地方的规范及技术标准;

③ 工程环境条件;

④ 工程地质、水文地质条件。

(2) 编制监测方案的步骤如下:

① 收集编制监测方案所需要的地质资料和工程周边环境资料;

② 确定工程的监测目的;

③ 确定监测项目,并区分出必测项目和选测项目;

④ 确定各类监测项目的控制标准。

(3) 监测方案的主要内容如下:

① 工程概况;

② 监测目的和意义;

③ 主要监测项目;

④ 测点布置平面图和剖面图;

⑤ 各类监测项目的实施方法,包括监测元件、仪器设备、测点布置、测量方法和监测周期及监测频率等;

⑥ 各类监测项目的警戒值确定;

⑦ 监测数据的处理与信息反馈;

⑧ 监测工程数量和监测费用的预算;

⑨ 监控量测的管理体系、组织管理措施和技术保证措施。

综上所述,一个完整的具有可操作性的地下工程监测方案应该包含的主要内容有施工监测的目的、监测方案的编制依据、监测测点布置、各监测项目的实施方法、监测控制标准、监测资料整理、分析和反馈、监测工程量统计、监测质量的保证体系和保证措施等。

19.3 地下工程施工主要监测项目

在地下工程施工中,选择什么样的信息尤其重要。首先,选择的信息应能较直接地反映围岩和支护结构的力学性态;其次,在技术上比较容易实施,具体是指量测元件和仪器便于在开挖面附近设置,测试方法简单、可靠并具有一定的精度;数据容易分析,量测结果比较容易实现反馈。

施工监测获得的信息大致可以概括为位移(变形)信息和应力信息两大类。

位移信息主要有基坑围护结构的变形、隧道支护结构变形、围岩或地层内部位移、地表变形、建筑物或桥梁基础沉降与倾斜、管线变形等。

应力信息主要有围岩与支护结构之间的接触应力(压力)、围岩内部应力、支护结构内部应力、支撑体系的内部应力、锚杆或锚索的轴力等。

对于上述监测项目,位移(变形)量测是最值得推荐的测试项目,尤其是隧道、地下洞室的周边位移(变形)最能反映围岩与支护结构力学性态的变化,比较容易建立一些标准来判断所设计的支护结构和施工流程是否需要修改。同时,位移(变形)测试可以采用一些比较简单、可靠的机械式仪表进行。

对主要施工监测项目介绍如下。

1. 隧道或地下洞室的变形监测

隧道或地下洞室的变形监测主要包括收敛量测和拱顶下沉量测。对于浅埋或水平岩层中的隧道工程,冒顶坍塌可能是比较容易发生的破坏性态。因此,应特别注意拱顶下沉的量测,在进行收敛量测时,则要强调设置斜基线。对于山岭隧道等深埋隧道,围岩水平初始压力比较大,可能会导致边墙剪切破坏,此时可采用收敛计,也可在边墙设置水平方向的位移计。当然,量测的重点放在水平方向或是垂直方向还与隧道的形状有关。

洞内收敛量测和拱顶下沉量测的测点原则上应布置在同一断面内,量测断面的间距视隧道长度、地质变化情况而定,一般为 10~20 m。在施工初期,为了掌握围岩变化动态,要适当缩小间距,等取得一定的监测数据后,可适当加大间距。

收敛量测的基线视围岩条件可选择 1 线、2 线、3 线,最多可达 6 线,如图 19-1 所示,最好能与位移计的量测相互印证。

图 19-1　收敛量测的基线布置

2. 地下工程周围地表沉降监测

深基坑开挖、城市地下工程(地铁隧道、车站,地下停车场和地下通道)的暗挖等都需要进行地表沉降观测。

(1) 基点的设置:一般利用城市中的永久水准点或工程施工时使用的临时水准点作为基点。基点要有一定的数目,以便组成水准控制网。要求对基点进行定期校核,基点应布设在监测对象的沉降影响范围以外,并保证其坚固稳定、通视良好。基准点的布置如图 19-2 所示。

(2) 沉降测点埋设:在地表钻孔,然后放入长 200~300 mm,直径 20~30 mm 的圆头钢筋,四周用水泥砂浆填实。

(3) 测量方法:观测方法采用精密水准测量方法。基点和附近水准点联测取得初始高程。观测时各项限差宜严格控制,每测点读数高差不宜超过 0.3 mm,对不在水准路线上的观测点,一个测站不宜超过 3 个,超过时应重读后视点读数,以作核对。首次观测时,对测点进行连续两次观测,两次高程之差应小于 ±1.0 mm,取平均值作为初始值。

(4) 沉降值计算:在条件许可的情况下,尽可能布设导线网,以便进行平差处理,提高观测精度,然后按照测站进行平差,求得各点高程。施工前,由基点通过水准测量测出隆陷观测点的初始高程 H_0,在施工过程中测出的高程为 H_n,则高差 $\Delta H = H_n - H_0$ 即为沉降值。

对于隧道工程来说,地表沉降测点最好与洞内测点布置在同一断面,以便不同的观测数据相互印证,地表沉降测点沿隧道纵向的间距一般为 10~50 m,埋深越浅,间距越小,地表沉降测点在横断面上的布置可参考图 19-3。

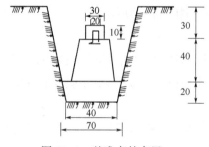

图 19-2　基准点的布置

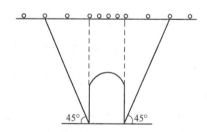

图 19-3　隧道工程地表沉降测点布置

3. 建筑物变形监测

城市地下工程周边常常有建筑物,在施工过程中必须保证建筑物的安全。建筑物变形监测的目的是:掌握施工期间建筑物的变形情况,为修改和优化施工提供可靠依据。建筑物变形监测项目包括沉降监测、水平位移监测、倾斜监测和裂缝监测。

在制定监测方案前,必须对建筑物进行详细的调查,包括建筑物的概况、建筑物的规模和基础形式,尤其必须弄清楚建筑物的基础形式。

1) 沉降监测

(1) 水准点的设置。水准点的设置必须离监测建筑物有一定的距离。水准点离监测建筑物的最近容许距离见表19-1。

表19-1　水准点离监测建筑物的最近容许距离

建筑物性质	层次	水准点离监测建筑物 的最近容许距离/m	建筑物性质	层次	水准点离监测建筑物的 最近容许距离/m
民用 建筑	6层以下	≥40~30	工业 厂房	单层厂房	≥40
	10	≥50		单层厂房	≥50
	20	≥60		（有吊车）	
	30	≥70		单层厂房	≥60
	40	≥80		（有震动基础）	

（2）沉降观测点。沉降观测点的位置和数量应根据建筑物的外形特征、基础形式、结构形式等因素综合考虑。沉降观测点一般设置在沉降差异较大的地方。

2）建筑物水平位移监测

建筑物水平位移监测的测点布置、观测方法与地表水平位移的观测基本一致，水平位移测点可利用沉降观测点。

3）建筑物倾斜监测

倾斜监测就是对建筑物的倾斜度、倾斜方向和倾斜速率进行测量。

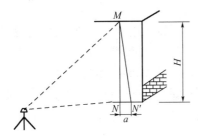

图19-4　建筑物倾斜观测原理

测试原理　在要观测的建筑物上设置上、下两个标志作为观测点，并使两点位于同一垂直视准面内。图19-4中的 M、N 分别为上、下两观测点（点 M 一般设置在建筑物的顶部）。如果建筑物发生倾斜，MN 将由铅垂线变为倾斜线。观测时，经纬仪与建筑物距离应大于建筑物高度，瞄准上部观测点 M，用正倒镜法向下投点得 N'，如果 N' 点与 N 点不重合，则说明建筑物发生倾斜，倾斜度 $i = a/H$。建筑物倾斜观测原理如图19-4所示。

4）建筑物的裂缝观测

目测巡检中若发现建筑物出现裂缝，则应增加沉降观测次数，并立即设置标志进行裂缝变化的观测，设置标志的要求是：当裂缝发展时，标志能相应开裂或变化，正确反映建筑物裂缝发展情况。

如果出现裂缝，在裂缝处设置两个标志，一个设置在裂缝最大开口处，另一个设置在裂缝末端，这样裂缝的继续开展和延伸可分别在两个标志中反映出来。

4. 地下管线变形监测

城市地下工程的周边或上方常常有大量的地下管线，如污水管线、雨水管线、上水管线、电力管沟等。如果管线部位的土层发生过量的不均匀沉降，容易使管线破裂，管线的接头部位最容易发生破坏。

1）管线资料调查

管线资料调查主要包括以下4个方面：

（1）管线的位置（平面位置、埋深）；

（2）材质与规格；

（3）管线的接头形式；

（4）管线的最大允许位移值。

2）测点埋设

目前地下管线测点主要有以下 2 种设置方法。

（1）抱箍式。将管线周围的土刨开,用扁铁或钢筋紧贴管线周围做一抱箍,抱箍上焊接一根测杆,注意测杆不要高出地面,在测杆附近做一个刚度比较大的保护箱,用来保护测杆,测量时,打开保护箱,如图 19-5 所示。

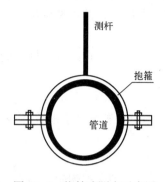

（2）直接量测。采用开挖的方式挖至管道表面,露出管道接头,在接头上涂上红漆,作为测点,直接进行量测,此法适用于管道埋深较浅,且管道直径比较大的管线。

无论采用何种形式,对管线的变形监测难度都很大。近年来,关于地下管线变形的间接监测研究也取得了一定的进展,其基本原理是:管线的变形与其周围地层变形值密切相

图 19-5　抱箍式测点示意图

关,而管线周围地层变形又与相应位置的地表沉降值密切相关。因此,可以根据管线与地下工程的相对位置、方位关系、管线材质,建立地表沉降值与这些因素的函数关系,通过测量地表沉降值,来计算管线的变形。相对来说,地表沉降值比较容易测量。

5. 围护结构的变形监测

由于受场地的限制,深基坑的开挖一般都要设置围护结构,围护结构发生过大的沉降或水平位移将带动周围地层、建筑物、地下管线的变形。对围护结构的监测主要是围护结构在不同深度的水平位移。位移量的大小主要取决于围护结构的刚度、支撑系统的刚度、水土压力及土方开挖强度、土方开挖顺序等因素。围护结构过大的水平位移将不利于基坑的主体结构施工和周边环境的安全。

根据对支护结构水平位移监测结果的分析,可以调整基坑土方开挖顺序、土方开挖强度,确保基坑和周围环境的安全。根据围护结构的位移量可以反算作用在围护结构上的水土压力。围护结构的水平位移量还可以作为测斜数据计算的起始数据。

在不同的开挖深度,围护结构水平位移不一样,围护结构水平位移沿深度方向的分布可以用测斜仪通过量测测斜管的变形来反映。

测斜仪能够精确测量土体内部不同深度的水平位移,分为固定式和活动式两大类。固定式测斜方式,是将测量探头固定埋设在结构物内部的测量点上;活动式测斜方式,一般先埋设带导槽的测斜管,测头放入测斜管内,沿导槽活动,测定测斜管的斜度变化,计算不同深度的围护结构水平位移。

目前工程上常用的是活动式测斜仪。

1）活动式测斜仪的组成

活动式测斜仪由测头、测读仪、电缆和测斜管部分组成,测头装有传感元件,测读仪与测头配套使用。电缆用于连接测头和测读仪,其主要功能是:向测头供给电源;给测读仪传递量测信号;测量测头所照测点处距离孔口的距离;放下和提升测头。测斜管一般是塑料管或铝合金管。测斜管内有两对互成正交的纵向导槽,其中一对槽口应该垂直于基坑边线,以保证测得围护结构挠曲的最大值。

2）测斜原理

如图 19-6 所示,活动式测斜仪采用带导轮的测斜探头,测斜管内分成 m 段,每段长度为 L（一般为 500 mm 或 1 000 mm）,围护桩在背后水土压力、机械荷载和其他活载的作用下,向基坑方向倾斜,绑扎在围护桩的测斜管也随之发生倾斜,假定第 n 次测得的测斜管倾角为 θ_n,则这一段围护桩的水平位移为

$$\Delta_n = L\sin\theta_n \tag{19-1}$$

第 n 次测量时围护桩总的水平位移值相对于第一次测量的围护桩水平位移值的差为

$$S = \Delta_n - \Delta_1 = L(\sin\theta_n - \sin\theta_1) \tag{19-2}$$

一般仪器测得的并非 θ_n,而是一个应变值 ε_n,为保证测量精度,对每一段都要进行两次测量,即第一遍测量结束后,将测头旋转 180°,再测一遍,有

$$\overline{\varepsilon}_n = \frac{\varepsilon_n^+ + \varepsilon_n^-}{2} \tag{19-3}$$

对于同一根测斜管来说,由于每一段的长度 L 是固定的,将 $\overline{\varepsilon}_n$ 乘以一个仪器系数,就可以得到某一段测斜管的水平位移。

3）测斜管的布设原则

测斜管的布设原则是:布设在基坑平面上挠曲计算值最大的位置;基坑周围有建筑物和管线等重点保护对象的部位。

为了真实反映围护结构的挠曲情况,测斜管一般与围护桩的钢筋绑扎在一起,在进行测斜管管段连接时,必须将上、下管段的滑槽相互对准,以便测斜仪的探头在管内能够平滑运行。为了防止泥浆从缝隙中渗入管内,接头处应进行密封处理,涂上柔性密封材料或贴上密封条。

4）测斜数据的整理

以测斜管每一段的水平位移值作为横坐标,以该段的深度作为纵坐标,就可以得到某一次测量时测斜管的不同深度的水平位移曲线,这条水平位移曲线也就是围护桩的水平位移曲线,如图 19-7 所示。

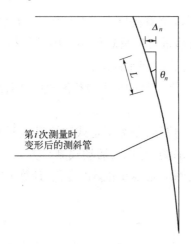

图 19-6　测斜原理图

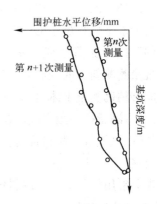

图 19-7　测斜仪获得的围护桩水平位移曲线

6. 地下水位监测

在城市进行地下工程施工,为了保证无水作业,常常要进行施工降水,将地下水位降低到

一个什么样的位置(标高),不但关系到工程本身的施工方便与安全,而且关系到周围环境的安全。地下水位降低太大,可能会造成地层过量沉降,导致工程周围建筑物破坏。因此,必须随时掌握地下水位的变化。地下水位的测量一般采用地下水位仪。地下水位仪是通过探头里面的水阻元件与水面接触,来反映地下水位的变化。

地下水位仪主要由钢尺水位计、水位管和测头组成。

7. 支护结构体系的内力监测

内力监测的目的是掌握基坑开挖过程中围护结构和支撑体系的内力变化情况,及时调整基坑土方开挖顺序和土方开挖强度,避免支护系统发生破坏。

支护系统的内力监测包括围护结构的弯矩监测和支撑杆件的轴力监测。监测元件主要有钢筋计、轴力计和应变计。

(1) 钢筋计。钢筋计是用来测量钢筋应力的元件,根据内部构造的差异,主要分为钢弦式和电阻应变式两类,前者采用频率仪接收,后者采用电阻应变仪接收。钢筋计一般采用焊接方式与受力钢筋连接,在焊接时要注意焊接质量,避免焊接高温对传感器的不利影响。

(2) 轴力计。在基坑开挖过程中,为了确保围护桩的稳定,需要设置一些内支撑,有些内支撑采用钢支撑,通过千斤顶施加轴力。为了监测土方开挖和结构施工过程中钢支撑的轴力变化,可以采用轴力计进行监测。工程上使用的轴力计主要有钢弦式和电阻应变式两种。

(3) 应变计。应变计是用来监测结构在各种外荷载作用下变形量的元件。应变计同样分为钢弦式应变计和电阻式应变计两类,工程上用得比较多的是钢弦式应变计。

8. 土压力监测

地下工程的结构受力分析之所以比较复杂,一个很重要的原因就是土压力的计算比较复杂。目前的土压力计算理论无论是库仑理论,还是兰金理论,都脱胎于经典力学理论。虽然库仑理论和兰金理论在一定程度上反映了实际的土压力状况,但是很多工程的监测实践表明:实际的土压力状况与计算的土压力结果差别很大。所以,要精确计算作用在支护结构上的土压力及地下工程施工引起的地层变形是比较困难的,对于重要的地下工程,除了采用理论计算外,还需要在施工过程中对土压力进行监测。

1) 土压力监测的目的

(1) 了解实际的土压力分布与理论计算的土压力分布之间的差距。

(2) 掌握由于地下工程的施工引起的不同距离和深度上地层土压力的变化规律,确保周围环境的安全。

(3) 探索在不同工程地质和水文地质条件下土压力的分布规律,为丰富土压力的理论和提高土压力分析水平提供依据。

2) 监测元件

工程上广泛采用土压力盒测定土压力。土压力盒是用来测量土体对结构的压力。土压力盒主要有钢弦式和电阻应变式等类型。

3) 土压力盒的埋设位置

土压力盒应紧贴测试对象表面埋设,并与围护结构的测斜监测点、轴力监测点和内力监测点相匹配,以便对测试结果进行综合分析。

9. 孔隙水压力的监测

无论是饱和土,还是非饱和土,土体受到荷载作用或施工扰动影响后,一般首先是孔隙水压力发生变化,随后才是土颗粒的固结变形,孔隙水压力的变化在一定程度上反映了土体的变形。

通过监测孔隙水压力的变化,可以为基坑开挖、隧道掘进等工程的施工提供可靠的技术资料。同时结合土压力监测,可以进行土体有效应力分析,从而为土体变形和稳定性分析提供依据。

目前孔隙水压力测量广泛采用孔隙水压力计,孔隙水压力计的两个重要组成部分是透水石和传感器,其测试原理是:如果孔隙水压力发生变化,孔隙水将透过透水石作用在传感器上。工程上使用比较广泛的是钢弦式孔隙水压力计。

19.4　监测资料的整理分析与反馈

1. 监测资料的整理要求

1) 资料采集

资料采集应严格按照监测元件和仪表的原理及监测方案规定的测试方法,坚持长期、连续、定人、定时、定仪器地进行采集,采用专用表格做好数据记录和整理,保留原始资料。在每次资料汇总前,测量人、记录人、审核人、整理人签名应齐全,以便各司其职,提高监测人员的责任心。特别是在发现量测数据异常时,应及时进行复测,并加密观测的次数,防止对可能出现的危险情况先兆的误报和漏报。当测量数据用人工录入计算机时,更应进行数据的二次核校,以确保打印出的曲线图表准确无误。

2) 采集质量控制

根据不同原理的仪器和不同的采集方法,采用相应的检查和鉴定手段,包括严格遵守操作规程、定期检查与维修监测系统、加强对上岗人员的培训工作等方面的内容。对仪器质量和采集质量的控制可从以下方面着手:

(1) 确定两侧基准点的稳定性;

(2) 定期检验仪器设备;

(3) 保护好现场测点;

(4) 严守操作规程;

(5) 做好误差分析工作。

2. 监测误差产生的原因和检验方法

1) 系统误差

系统误差是因量测方法不正确或限于现场测试环境条件无法消除的因素而造成的。常见的系统误差有固定的和变化的两类。固定的系统误差是在整个量测数据中始终存在一个符号不变的固定的数字偏差,或对一个数据多次测量中算出平均值之差的偏差,如零点漂移、仪器调试偏差等。如果量测数据的偏差是变化的,就是变化的系统误差,它们可能是有规律的累进变化、周期变化或按其他复杂的规律变化,如温湿度等环境的变化引起的系统误差。引起系统误差的主要原因有以下两个方面。

(1) 监测系统误差。包括监测元件、仪表自身测量特性(如线性度、重复性和迟滞性)引起的误差,电缆自身的传输特性(如电阻和频率)、绝缘性能在测量中引起的误差,以及切换箱或其他装置引入的误差。

(2) 环境条件误差。由于各种环境因素与标准状态不一致引起的测量装置或被测量体本身发生的变化所造成的误差,如温度、湿度、振动干扰引起的误差。

2) 过失误差

过失误差主要是由于测试人员的工作过失而引起的误差,如读错仪表刻度(位数、正负号)、测点与测读数据混淆、记录错误等,造成量测数据不可允许的错误。此类误差数值很大,使测试结果与事实显然不符,必须从测量数据中剔除。

3) 偶然误差

在测量数据中剔除了过失误差并尽可能地消除和修正了系统误差之后,剩下的主要是偶然误差。引起偶然误差的主要原因有偶然因素,如电源电压波动,对仪表末位读数估读不准确及环境因素的干扰等。偶然误差带有随机性质,无法从试验方法上加以防止,它们服从正态分布的统计规律,因此又称随机误差。

4) 检验误差的方法

查找错误数据和分析误差,主要是根据系统误差、过失误差和偶然误差在不同类型监测数据中的分布规律来判断。通常采用人工判断和计算机分析相结合的方法,通过下述两种手段相结合进行检验。

(1) 对比检验方法,包括一致性分析和相关性分析两个方面。

一致性分析,是分析同一测点本次实测值与前次观测值的关系。

相关性分析,是分析同一测次中该点与前、后、左、右、上、下邻近测点观测值的关系。

对比检验方法是以仪器量测值的相互关系为基础的传统逻辑分析方法。一致性分析是从时间角度作检验,相关性分析从空间的角度来作判断,然后使用数理统计方法对数据的误差类型作检验,并进行误差分析处理。

(2) 统计检验方法,包括数据整理、数据的方差分析、数据的曲线拟合和插值法 4 个方面。

① 数据整理。把原始数据通过一定的方法,如按大小排序,用频率分布的形式把一组数据的分布情况显示出来,进行数据的数字特征计算和离群数据的取舍。

② 数据的方差分析。被测物理量按随机规律受到一种或几种不同因素的影响,通过方差分析的方法处理数据,确定哪些因素或哪种因素对被测物理量的影响最显著。

③ 数据的曲线拟合。数据拟合是根据实测的一系列数据,寻找一种能够较好反映数据变化规律和趋势的函数关系式,通常是用最小二乘法进行拟合。

④ 插值法。插值法是导求数据规律的函数近似表达式的一种方法。它是在实测数据的基础上,采用函数近似的方法,求得符合测量规律而又未实测到的数据。

3. 监测资料的处理方法

(1) 对围岩及支护状态观测,详细记录洞内各项作业、时间与进尺,描绘每一开挖断面的工程地质断面和水文地质断面,记录描述支护厚度、质量等情况,每周绘制工程地质和水文地质纵向剖面图。

(2) 对洞内变形和支护格栅应力,记录填写日变化量和累计量的日报表,绘制累计变化量与时间、累计变化量与进尺关系散点图。

(3) 对于地表沉降观测,除对各断面最大沉降点进行如同洞内变形观测点一样绘制沉降与时间、沉降与进尺关系散点和回归分析外,尚需绘制各量测断面各测点的沉降关系,即沉降槽曲线,绘制最大沉降点沿隧道纵向的沉降关系曲线。

(4) 对孔隙水压力和结构振动测试,记录填写日报表,绘制量测值与开挖进尺的关系曲线。

4. 量测数据的曲线拟合

如果测得的位移或应力是随时间而变化的,则需要找出这种规律性,以判断所设计的支护结构和施工流程最终的可靠性。

由于量测误差等因素所造成的离散性,按实测数据所绘制的位移随时间变化的散点图上下波动,很不规则,难以用来进行分析,因此需要对量测数据进行处理,找出位移时态曲线,如

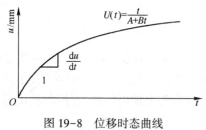

图 19-8　位移时态曲线

图 19-8 所示。将实测数据整理成试验曲线或经验公式的方法很多,数据拟合是根据实测的一系列数据,寻找一种能够较好反映数据变化规律和趋势的函数关系式。找出位移或应力随时间变化的规律性,对量测数据一般采用统计学中的最小二乘法进行处理,具体步骤如下。

（1）在以时间为横坐标、位移为纵坐标的坐标系中,标出由量测值确定的各对应的实测点,即可获得散点图。

（2）根据实测点,描绘出相对比较光滑的试验曲线,它一般不可能通过所有实测点,但应注意使曲线尽量靠近所有实测点,并使实测点分布在实验曲线的两侧。

（3）根据实验曲线形状选择回归函数,一般来说位移时态曲线都是非线性的,根据《岩土锚杆与喷射混凝土支护技术规范》（GB 50086—2015）的规定,在位移随时间变化渐渐趋于稳定的情况下,对地下洞室变形资料的回归分析,可选用以下 6 种函数作为回归函数:

$$u(t) = A(1-e^{-Bt}) ;$$
$$u(t) = \frac{t}{A+Bt} ;$$
$$u(t) = A + \frac{B}{\lg(1+t)} ;$$
$$u(t) = A[1-e^{-t}] ;$$
$$u(t) = A\lg(1+t) ;$$
$$u(t) = A+B\lg(1+t) 。$$

式中,A、B 为待定系数,可以通过最小二乘法获得。

设有一组实测数据

$$t_1 , t_2 , t_3 , t_i , \cdots , t_n$$
$$u_1 , u_2 , u_3 , u_i , \cdots , u_n$$

选择双曲线函数

$$u(t) = \frac{t}{A+Bt}$$

作为回归函数,考虑到该函数是非线性的,将其线性化,令 $y = \frac{1}{u}$,$x = \frac{1}{t}$,则得

$$y = Ax + B$$

则各试验点与它的偏差为

$$d_i = Ax_i + B - y_i = A\frac{1}{t_i} + B - \frac{1}{u_i}$$

根据最小二乘法原理,A、B 应满足

$$\min \sum_{i=1}^{n} d_i^2 = \sum_{i=1}^{n} (Ax_i + B - y_i)^2 \qquad (19\text{-}4)$$

为满足式（19-4）,应有

$$\frac{\partial \left(\sum\limits_{i=1}^{n} d_i \right)}{\partial A} = \sum_{i=1}^{n} 2(Ax_i + B - y_i)x_i = 0 \qquad (19\text{-}5)$$

$$\frac{\partial\left(\sum\limits_{i=1}^{n} d_i\right)}{\partial B} = \sum_{i=1}^{n} 2(Ax_i + B - y_i) = 0 \tag{19-6}$$

解方程式(19-5)和式(19-6),得

$$A = \frac{n\sum\limits_{i=1}^{n} x_i y_i - \sum\limits_{i=1}^{n} x_i \sum\limits_{i=1}^{n} y_i}{n\sum\limits_{i=1}^{n} x_i^2 - \left(\sum\limits_{i=1}^{n} x_i\right)^2} \tag{19-7}$$

$$B = \frac{\sum\limits_{i=1}^{n} x_i^2 \sum\limits_{i=1}^{n} y_i - \sum\limits_{i=1}^{n} x_i \sum\limits_{i=1}^{n} x_i y_i}{n\sum\limits_{i=1}^{n} x_i^2 - \left(\sum\limits_{i=1}^{n} x_i\right)^2} \tag{19-8}$$

将 $x_i = \dfrac{1}{t_i}$, $y_1 = \dfrac{1}{u_i}$ 代入式(19-7)和式(19-8),即可求得 A、B,则回归精度为

$$S = \frac{1}{n-2}\sum_{i=1}^{n}(Ax_i + B - y_i)^2$$

(4) 根据上述回归函数,预测的最终沉降值为

$$u_\infty = \frac{1}{B}$$

另外,如果位移时态曲线始终保持

$$\frac{\mathrm{d}^2 u}{\mathrm{d}t^2} < 0$$

说明位移速率不断下降,这是稳定的标志。

若

$$\frac{\mathrm{d}^2 u}{\mathrm{d}t^2} \geqslant 0$$

说明位移速率维持不变,或者不断增大,表示围岩有失稳的趋势。

5. 监测数据的反馈

1) 对施工的反馈作用

(1) 最大允许位移值的控制。最大允许位移值与地质条件、结构埋深、断面大小、施工方法、支护结构类型及参数等因素有关。施工经验证明:隧道拱顶下沉是控制稳定较直观和可靠的判断依据。对于地铁隧道,地表沉降也是一个重要的控制因素。地铁隧道施工允许的地表沉降一般为 30~50 mm。

(2) 复合式衬砌二衬施作时间。二次衬砌应在初期支护变形基本稳定后施作,基本稳定的标志是外荷载不再明显增大,位移基本稳定,一般都以位移值作为控制指标。当隧道断面小于 10 m² 时,周边位移速率应小于 0.1 mm/d;当隧道断面大于 10 m² 时,周边位移速率应小于 0.2 mm/d。如果满足上述指标,则认为初期支护变形基本稳定。当达不到基本稳定指标时,应对初期支护采取背后注浆等加强措施,或者立即施作二衬。

2) 监测数据对设计的反馈

由于地质条件的复杂性,使得地下工程设计不得不采用信息化动态设计方法,即根据施工时监测到的围岩动态信息(主要指位移信息),采用反分析方法,反推围岩的力学参数。再采用正分析方法,求出围岩和支护结构中新的位移场和应力场,在此基础上检算设计的可靠性。

参 考 文 献

[1] RABCEWICZ L V. The new Austrian tunnelling method (part one). Water power, 1964: 453-457.

[2] RABCEWICZ L V. The new Austrian tunnelling method (part two). Water power, 1964: 511-515.

[3] RABCEWICZ L V. The new Austrian tunnelling method (part three). Water power, 1965:19-24.

[4] 童林旭. 地下空间与城市现代化发展. 北京:中国建筑工业出版社,2005.

[5] 钟桂彤. 铁路隧道. 北京:中国铁道出版社,1996.

[6] 关宝树,杨其新. 地下工程概论. 成都:西南交通大学出版社,2001.

[7] 景诗庭,朱永全,宋玉香. 隧道结构可靠度. 北京:中国铁道出版社,2002.

[8] 施仲衡. 地下铁道设计与施工. 西安:陕西科学技术出版社,1997.

[9] 李晓红. 隧道新奥法及其量测技术. 北京:科学出版社,2002.

[10] 黄棠,王效通. 结构设计原理:上. 北京:中国铁道出版社,1990.

[11] 夏明耀,曾进伦. 地下工程设计施工手册. 北京:中国建筑工业出版社,1999.

[12] 冯卫星. 铁路隧道设计. 成都:西南交通大学出版社,1998.

[13] 王大纯,张人权. 水文地质学基础. 北京:地质出版社,1994.

[14] 姚天强,石振华,曹惠宾. 基坑降水手册. 北京:中国建筑工业出版社,2006.

[15] 石振华,李传尧,姚天强,等. 城市地下水工程与管理手册. 北京:中国建筑工业出版社,1993.

[16] 薛禹群,朱学愚. 地下水动力学. 北京:地质出版社,1979.

[17] 林宗元. 岩土工程治理手册. 北京:中国建筑工业出版社,2005.

[18] 高毓才,彭泽瑞,郭建国. 建设中的北京地铁—地铁"复—八"线. 北京:中国铁道出版社,1999.

[19] 广州市地下铁道总公司,广州市地下铁道设计研究院. 广州地铁二号线设计总结. 北京:科学出版社,2005.

[20] 崔玖江. 隧道与地下工程修建技术. 北京:科学出版社,2005.

[21] PIETRO LUNARDI. 隧道设计与施工:岩土控制变形分析法(ADECO-RS). 铁道部工程管理中心,中铁西南科学研究院有限公司译. 北京:中国铁道出版社,2011.

[22] 关宝树. 地下工程. 北京:高等教育出版社,2011.

[23] 乐贵平,贺少辉,罗富荣,等. 北京地铁盾构隧道技术. 北京:人民交通出版社,2012.

[24] 张民庆,彭峰. 地下工程注浆技术. 北京:地质出版社,2008.

[25] 贺少辉,李承辉,马腾,等. 盾构刀盘形式对砂卵石地层扰动状态的影响. 隧道建设, 2017,37(5):529-536.

[26] 贺少辉,张淑朝,李承辉,等. 砂卵石地层高水压条件下盾构掘进喷涌控制研究. 岩土工程学报,2017,39(9):1583-1590.

[27] 李承辉,贺少辉,刘夏冰. 粗粒径砂卵石地层中泥水平衡盾构下穿黄河掘进参数控制研究. 土木工程学报,2017,50(S2):147-152.

[28] 汪大海,贺少辉,刘夏冰,等. 基于主应力旋转特征的浅埋隧道上覆土压力计算及不完全拱效应分析. 岩石力学与工程学报,2019,38(6):1284-1296.

[29] 汪大海,贺少辉,刘夏冰,等. 地层渐进成拱对浅埋隧道上覆土压力影响研究. 岩土力学,2019,40(6):2311-2322.

[30] 刘夏冰,贺少辉,汪大海,等. 浅埋超大跨四线高铁隧道施工中初期支护体系力学特性研究. 中国铁道科学,2021,42(6):90-102.

[31] HE S H,LI C H,WANG D H, et al. Surface settlement induced by slurry shield tunnelling in sandy cobble strata:a case study. Indian geotechnical journal,2021,51(6):1349-1363.

[32] SINHA R S.Underground structures-design and instrumentation. Elselvier, 1989.

[33] BARTON N, LIEN R, LUNDE J. Engineering classification of rock masses for the design of tunnel support. Rock mechanics,1974,6(4):189-236.

[34] BIENIAWSKI Z T. Engineering classification of jointed rock masses. Transactions of the south African institution of civil engineers,1973,15(12):335-344.

[35] BIENIAWSKI Z. Rock mass classification as a design aid in tunnelling. Tunnels and tunnelling,1988,3: 19-22.

[36] PALMSTROM A, BROCH E. Use and misuse of rock mass classification systems with particular reference to the Q-system. Tunnelling and underground space technology, 2006,21:575-593.

[37] HOTZ S. Tunnel waterproofing with membranes:waterproofing at Senoko Cabele tunnel in comparison with international standards. 现代隧道技术,2004,41(增刊).

[38] ITA WORKING GROUP ON MAINTENANCE AND REPAIR OF UNDERGROUND STRUCTURES. Report on the damaging effects of water on tunnels during their working life. Tunnelling and underground space technology,1991,6(1):11-76.

[39] PIETRO L. Design and construction of tunnels:analysis of controlled deformation in rocks and soils (ADECO-RS). Springer, 2008.

[40] MAIDL B , THEWES M , MAIDL U. Handbook of tunnel engineering Ⅱ:basics and additional services for design and construction. 2014.

[41] GOEL R K,SINGH B, ZHAO J. Underground infrastructures planning, design and construction. Elsevier, 2012.

[42] TONON F. Sequential excavation, NATM and ADECO:what they have in common and how they differ. Tunnelling and underground space technology,2010(25):245-265.

[43] ORESTE P P. Analysis of structural interaction in tunnels using the covergence-confinement approach. Tunnelling and underground space technology, 2003(18):347-363.

[44] CANTIENI L,ANAGNOSTOU G. The interaction between yielding supports and squeezing ground. Tunnelling and underground space technology, 2009(24):309-322.

[45] GUGLIELMETTI V,GRASSO P,MAHTAB A,et al. Mechanized tunnelling in urban areas:design methodology and construction control. CRC press, 2007.